计 算 机 科 学 丛 书

原书第4版

用户体验设计

HCI、UX和交互设计指南

[英] 大卫·贝尼昂（**David Benyon**）著

李轩涯 卢苗苗 计湘婷 译

谭浩 审校

Designing User Experience

A guide to HCI, UX and interaction design Fourth Edition

机械工业出版社
China Machine Press

图书在版编目（CIP）数据

用户体验设计：HCI、UX和交互设计指南（原书第4版）/（英）大卫·贝尼昂（David Benyon）著；李轩涯，卢苗苗，计湘婷译；谭浩校 . —北京：机械工业出版社，2020.9
（计算机科学丛书）

书名原文：Designing User Experience: A guide to HCI, UX and interaction design, Fourth Edition

ISBN 978-7-111-66558-8

I. 用… II. ①大… ②李… ③卢… ④计… ⑤谭… III. 人 - 机系统 – 设计 – 指南
IV. TB18-62

中国版本图书馆CIP数据核字（2020）第177711号

本书版权登记号：图字 01-2019-7972

本书从以人为本的视角全面介绍了创建交互式系统、服务和产品的实际问题。书中拓展了人机交互（HCI）和交互设计（ID）的原理与方法，以解决21世纪计算机设计所面临的问题，并满足日益提高的用户体验需求。本书汇集了人与技术交互时所涉及的人类体验的关键理论基础，并探索了各种环境与情境中的用户体验问题。全书包含四部分，涵盖用户体验设计的要素、技术、情境和基础，同时注重心理学理论与技术发展之间的平衡。本书可作为用户体验设计课程的本科生和研究生的教材，也适合交互式系统设计师使用。

用户体验设计：HCI、UX 和交互设计指南（原书第 4 版）

出版发行：机械工业出版社（北京市西城区百万庄大街 22 号　邮政编码：100037）

责任编辑：冯秀泳	责任校对：李秋荣
印　　刷：中国电影出版社印刷厂	版　　次：2020 年 10 月第 1 版第 1 次印刷
开　　本：185mm×260mm　1/16	印　　张：36
书　　号：ISBN 978-7-111-66558-8	定　　价：149.00 元

客服电话：（010）88361066　88379833　68326294　　　投稿热线：（010）88379604
华章网站：www.hzbook.com　　　　　　　　　　　　　　读者信箱：hzit@hzbook.com

版权所有·侵权必究
封底无防伪标均为盗版
本书法律顾问：北京大成律师事务所　韩光 / 邹晓东

文艺复兴以来，源远流长的科学精神和逐步形成的学术规范，使西方国家在自然科学的各个领域取得了垄断性的优势；也正是这样的优势，使美国在信息技术发展的六十多年间名家辈出、独领风骚。在商业化的进程中，美国的产业界与教育界越来越紧密地结合，计算机学科中的许多泰山北斗同时身处科研和教学的最前线，由此而产生的经典科学著作，不仅擘划了研究的范畴，还揭示了学术的源变，既遵循学术规范，又自有学者个性，其价值并不会因年月的流逝而减退。

近年，在全球信息化大潮的推动下，我国的计算机产业发展迅猛，对专业人才的需求日益迫切。这对计算机教育界和出版界都既是机遇，也是挑战；而专业教材的建设在教育战略上显得举足轻重。在我国信息技术发展时间较短的现状下，美国等发达国家在其计算机科学发展的几十年间积淀和发展的经典教材仍有许多值得借鉴之处。因此，引进一批国外优秀计算机教材将对我国计算机教育事业的发展起到积极的推动作用，也是与世界接轨、建设真正的世界一流大学的必由之路。

机械工业出版社华章公司较早意识到"出版要为教育服务"。自1998年开始，我们就将工作重点放在了遴选、移译国外优秀教材上。经过多年的不懈努力，我们与Pearson、McGraw-Hill、Elsevier、MIT、John Wiley & Sons、Cengage等世界著名出版公司建立了良好的合作关系，从它们现有的数百种教材中甄选出Andrew S. Tanenbaum、Bjarne Stroustrup、Brian W. Kernighan、Dennis Ritchie、Jim Gray、Afred V. Aho、John E. Hopcroft、Jeffrey D. Ullman、Abraham Silberschatz、William Stallings、Donald E. Knuth、John L. Hennessy、Larry L. Peterson等大师名家的一批经典作品，以"计算机科学丛书"为总称出版，供读者学习、研究及珍藏。大理石纹理的封面，也正体现了这套丛书的品位和格调。

"计算机科学丛书"的出版工作得到了国内外学者的鼎力相助，国内的专家不仅提供了中肯的选题指导，还不辞劳苦地担任了翻译和审校的工作；而原书的作者也相当关注其作品在中国的传播，有的还专门为其书的中译本作序。迄今，"计算机科学丛书"已经出版了近500个品种，这些书籍在读者中树立了良好的口碑，并被许多高校采用为正式教材和参考书籍。其影印版"经典原版书库"作为姊妹篇也被越来越多实施双语教学的学校所采用。

权威的作者、经典的教材、一流的译者、严格的审校、精细的编辑，这些因素使我们的图书有了质量的保证。随着计算机科学与技术专业学科建设的不断完善和教材改革的逐渐深化，教育界对国外计算机教材的需求和应用都将步入一个新的阶段，我们的目标是尽善尽美，而反馈的意见正是我们达到这一终极目标的重要帮助。华章公司欢迎老师和读者对我们的工作提出建议或给予指正，我们的联系方法如下：

华章网站：www.hzbook.com
电子邮件：hzjsj@hzbook.com
联系电话：（010）88379604
联系地址：北京市西城区百万庄南街1号
邮政编码：100037

华章教育

华章科技图书出版中心

译者序

Designing User Experience: A guide to HCI, UX and interaction design, Fourth Edition

作为一个涵盖了计算机科学、工业设计、心理学、社会学、图形设计等多门学科的领域，"用户体验设计"这一概念自提出以来，便不断随着技术的发展而日新月异。

近年来，计算机、手机、智能音箱、智能导航仪等智能设备层出不穷，可以说，我们的生活已经离不开各种智能设备了。在这种情况下，智能设备产品能够提供什么样的用户体验显得尤为重要。但最重要的用户体验设计往往在于最容易忽略的细节。比如，我们对于网页设计中"空白状态"的理解——空白是一种设计理念，也是传达品牌个性的一种方式；又比如，在即将到来的人工智能时代，通过人工智能算法，机器能从图片中抓取元素，并应用格式化的电影标题来创建一个与用户兴趣、语言和位置对应的海报。

随着物联网的发展，人机交互的情景越来越多样，从点到线再到面，用户对智能设备或者系统的要求，远不及其功能本身。而用户体验设计以人为本的理念，以及对可用性的关注成为其长远发展的优势所在。

因此，如何让产品具备更人性化的用户体验，如何设计更符合大众需求的产品功能，如何创造出更便捷与更易触控的人机交互系统，成为用户体验设计从业者面临的首要问题。

本书是用户体验设计、人机交互与交互式系统设计领域的经典之作，书中不仅详细介绍了用户体验、人机交互与交互式系统设计的相关技术要素，还分析了与用户体验设计相关的心理学和社会学的基础理论。

作者通过大量翔实且富有实践意义的案例，对用户体验设计进行了深入具体的分析，这使得本书既适合有相关学科基础的专业人员研究参考，也适合零基础但有志于从事该领域工作的相关人员学习。

本书的翻译工作主要由李轩涯、卢苗苗和计湘婷完成，审校工作由谭浩完成。徐碧雯、陈枫和刘贺等几位同学也参与了部分翻译、校对工作。本书的翻译历经数月，在追求专业性的基础上力求使内容通俗易懂。由于译者水平有限，书中难免有不当之处，恳请读者不吝指正。

本书主要面向下一代用户体验（UX）和交互式系统设计师，从以人为本的视角出发，全面介绍了创建交互式系统、服务和产品的一系列实际问题。书中阐述了人机交互（HCI）和交互设计（ID）的原理与方法，以满足21世纪计算发展的需求和改进用户体验的需求。用户体验和交互设计涉及网站设计、桌面应用、智能手机应用、普适计算系统、移动系统、可穿戴系统和支持用户间协同的系统等的设计。此外，用户体验和交互设计还涉及新颖应用、可视化、听觉显示和响应环境的开发。人机交互涉及如何从以人为本的角度设计所需的体验，以兼顾人类的能力和偏好，同时确保系统便于访问、使用和接受。

本书可作为人机交互、交互设计和用户体验设计等相关大学课程的核心教材。书中涵盖了入门课程和高阶资料的核心素材，以及与本科阶段最后一学年和硕士阶段相关的资源的链接，以满足其在行业中的可用性和用户体验专业人员的需求。

20世纪80年代初，人机交互成为重要的研究领域。到了20世纪90年代初，人机交互领域已经出现了系统的教学大纲和相关教科书。20世纪90年代初，万维网的出现使得网站设计成为一个新的领域。作为重要的研究领域和新的应用领域，信息架构和信息设计在开放且未受控制的网络世界中非常重要。到了20世纪90年代末，手机已成为许多人的时尚标签，风格与功能同样重要。随着彩色显示屏和更高级屏幕的出现，手机越来越具有设计性。与软件工程师一样，交互设计师这个岗位开始出现，旨在为人们创造激动人心的体验。智能手机、平板电脑和其他信息设备对软件开发人员提出了更高的要求。用户界面变得有形、易于掌握，并且能够及时响应。软件系统必须同时具有吸引力和功能性。因此，用户体验设计时代来临。数字技术、无线通信和新的传感设备为新一代艺术派设计师提供了新媒介，这其中涉及整个装置，以及交互和可穿戴式计算的新模式。

所有这一切把我们引领到了如今的世界：许多人在不同的环境中将各种想法、方法和技术动态组合，做着截然不同的事情。本书旨在通过汇集人机交互、用户体验和交互设计的最佳实践与经验，来聚焦于这一新兴学科。它提供了以人为本的交互和体验设计方法。人机交互的优势和传统体现在其以人为本的理念和可用性。人机交互领域涵盖一系列方法、指南、原则和标准，以确保相关系统易于使用和学习。交互设计发源于设计学院，采用传统的设计方法，强调研究、洞察力和批判性反思。互联网时代的到来催生了用户体验，它强调整体互动体验的享受和参与。

人机交互领域的从业者、网站设计师、可用性专家、用户体验设计师、软件工程师，以及其他所有关注各种形式的交互系统设计的人，都会从本书中受益匪浅。本书介绍了如何设计人与技术之间的互动以支持人们想要做的活动以及创造进行活动的环境。

本书的组织结构

本书第3版已经成为交互设计、用户体验和人机交互领域的学生及专业人士的重要参考书。它已经被翻译成汉语、葡萄牙语和意大利语，这些传播确保了它具有真正的国际影响力。第4版旨在更新素材，并为未来的发展制定议程。

本书第 4 版书名的更改旨在反映该学科经历的重要变化。书中介绍了新兴技术和新的交互情境。随着时间的推移和媒体渠道的不同，许多互动体验随之产生。用户体验设计以交互设计或人机交互不能轻易做到的方式反映了这些变化。

之前的版本建立了清晰的结构，用于展示 HCI、交互设计和 UX 的相关课程。本书分为四个部分。

- 第一部分聚焦于用户体验设计的**要素**。
- 第二部分介绍了优秀设计师应掌握的以人为本的交互设计所涉及的关键**技术**。
- 第三部分侧重于交互设计的不同**情境**。
- 第四部分介绍了与该主题相关的心理学和社会学**基础**。

我回顾了本书的结构，整体来说，评论家和学生都很喜欢这种结构。有些人认为基础部分应该放在最前面，但首先介绍要素部分会使本书更易理解。一些人认为本书的结构应该遵循设计项目的结构，但交互式系统设计项目非常多样，以致没有一种结构可以反映这种变化。另一些人认为本书介绍的技术过于多样，而且本书应该更加规范。

考虑到所有这些问题，并观察自本书第 3 版面世以来该领域发生的变化，第 4 版应运而生。本书结构仍为四个部分——要素、技术、情境和基础。这使得教授和导师们可以选择最适合学生学习的组合。下面是一些建议。为了反映不断变化的技术，每一章都根据该领域的快速变化进行了修订，所有的案例都进行了更新。

本书的结构如下。

第一部分（第 1 ~ 6 章）介绍了用户体验设计问题的要素指南——主题的主要组成部分、设计过程的关键特征以及如何将这些特征应用于不同类型的系统。统一的思想由首字母缩略词 PACT 进行概述：不同的人（People）在不同的情境（Context）中使用不同的技术（Technology）从事不同的活动（Activity），设计师应该努力在此之间实现融合。这些元素的海量变化使得用户体验设计成为一项令人着迷的挑战。贯穿始终的关键概念是"脚本"。脚本意味着互动，这些脚本提供了有效的典型方法来考量研发过程中的某个设计。所有素材都已更新，第 4 章介绍跨渠道用户体验设计，其中添加了新素材以反映该学科的一个重要变化。用户体验跨越了 Facebook、Twitter、Whatsapp 等通信和媒体渠道，人们使用移动智能手机、计算机和公共显示器等不同设备来参与互动。人机交互和交互设计聚焦于单向互动。用户体验涉及随着时间推移的交互、不同的设备和媒体渠道的交互。第 4 章还将服务设计的素材整合到用户体验的概念中。第 5 章主要介绍其可用性——这是人机交互的传统重点。第 6 章则主要介绍良好体验的设计，它们兼具美感和舒适性，并且符合人们的价值观。

第二部分（第 7 ~ 13 章）汇集了人机交互、交互设计和用户体验所使用的主要技术，这些技术主要用于理解、设计和评估互动产品、服务和体验。这一部分介绍了相关技术，用于理解交互系统需求，探索人们的想法，让人们参与设计过程，运用卡片分类以开发信息架构，以及研究类似的系统以获得想法。第二部分的第 8 章介绍了展示技术、原型设计和评估设计思想的方法。第 10 章讨论了关于概念设计和实体设计的更加正式的方法，第 11 章介绍了任务分析的关键 HCI 技术，第 12 章和第 13 章详细展示了用户界面设计。其中，第 12 章侧重于可视化界面的设计，第 13 章则侧重于多模式界面的设计，包括声音、触摸、增强和虚拟现实以及手势。

第三部分（第 14 ~ 20 章）介绍了不同情境下的交互和体验设计，它们主导了当今的主题。第14章介绍了网站设计，第15章介绍了社交媒体。交互设计和用户体验的应用不再局限于台式计算机上的显示器，人们正在使用移动设备并与交互式环境进行交互。因此，第三部分包含了与移动计算和普适计算设计相关的章节。第20章是关于可穿戴式计算的。协同环境和人工智能（AI）也是用户体验、交互设计和人机交互的重要新兴环境，在该部分中都有一章介绍其内容。

第四部分（第21～25章）对人机交互、交互设计和用户体验的心理基础进行了深入介绍。第21章涉及影响互动的记忆力、注意力和能力。第22章介绍了如何理解人类情感以及这些情感是如何影响互动的。第23章聚焦于认知和行动的原理，介绍了具身认知的最新观点和概念融合以及它们是如何影响用户体验的。社交互动对用户体验和交互设计越来越重要，第24章针对这一领域的关键问题进行了专门讨论。第25章介绍了听觉、触觉和其他感知世界的方式以及航海心理学。这是专业人士应该具备的基本知识。这一部分为在心理学院或设计学院学习人机交互、交互设计和用户体验的学生提供了相关素材。

人机交互、用户体验和交互设计的主题

本书具有清晰的逻辑结构。然而，我不期望会有很多人从头到尾全部读一遍。为此，我在书中根据不同人的不同需求提供了大量的导引。本书也包括一个全面的索引来帮助不同的人寻找他们感兴趣的部分。每一部分的开头大致介绍了各章的主题。这些主题以英文的字母顺序排列展示如下。主题编号的第一个数字表示它出现在哪个部分，各部分的主题列表出现在每部分的介绍中。

Accessibility（可达性）	主题 1.8	5.1～5.2 节
Activities, contexts and technologies（活动、情境和技术）	主题 1.3	2.3～2.5 节
Activity theory（活动理论）	主题 4.10	23.5 节
Aesthetics（美学）	主题 1.14	6.4 节
Affective computing（情感计算）	主题 4.5	22.4～22.5 节
Agent-based interaction（基于智能体的交互）	主题 3.8	17.2～17.4 节
Artificial intelligence（人工智能，AI）	主题 3.9	17.1 节
Attention（注意力）	主题 4.2	21.3 节
Auditory interfaces（听觉界面）	主题 2.26	13.3 节
Augmented reality（增强现实，AR）	主题 2.25	13.2 节
Blended spaces（混合空间）	主题 3.13	18.3 节
Card sorting（卡片分类）	主题 2.6	7.6 节
Characteristics of people（人的特征）	主题 1.2	2.2 节
Collaborative environments（协同环境）	主题 3.7	16.4 节
Conceptual design（概念设计）	主题 2.12	9.4 节
Context-aware computing（情境感知计算）	主题 3.16	19.2 节、19.5 节
Cooperative working（协同工作）	主题 3.6	16.1～16.3 节
Culture and identity（文化与身份）	主题 4.15	24.5 节
Data analytics（数据分析）	主题 2.19	10.2 节
Design languages（设计语言）	主题 2.14	9.5 节
Designing for pleasure（愉悦感设计）	主题 1.13	6.3 节
Developing questionnaires（制定问卷调查）	主题 2.4	7.4 节

（续）

（续）

读者对象

在 21 世纪，有更多人参与到用户体验设计和开发中来。软件工程师为其所在机构开发新的应用程序，他们利用技术进步的优势重新设计系统，为遗留系统添加新的功能。软件公司的软件工程师开发新的通用软件产品或现有系统的新版本。系统分析师和设计师与客户、终端用户及其他利益相关者一起合作为商业问题提供解决方案。网页设计师越来越多地被要求组织和呈现网页内容，并添加新的功能。人们正为交互式电视、智能手机、个人数字助理及其他信息设备等新媒介开发应用程序。产品设计师会越发频繁地处理产品的交互特征。很多用户体验设计师、信息架构师和交互设计师也参与了这一快速变化的业务。所有这些人都需要教育和训练，需要获取快捷地验证设计和评估的方法并掌握核心理论。

加入交互式系统开发和部署的人越来越多，其活动范围也在不断扩大。设计的基本组成部分（建立需求和开发系统）是各类交互式产品和系统的共有部分，但细节大有不同。例如，办公室工作环境的分析师 / 设计师偏爱使用采访等传统的需求分析技术，而智能手机应用程序的开发者则可能使用焦点小组和"未来研讨会"（future workshop）的方式。网站设计师可能会利用导航地图，而应用程序开发者则可能使用诸如 Axure 等编程语言开发产品原型并展示给潜在用户。对手机的评估可能会着眼于美学、风格及对青少年的吸引力，而对大型银行中的共享日志系统的评价则可能会集中在高效性、省时性和容错性等方面。

交互情境也越来越多样化。医院等大型机构正在为医护人员引入个人数字助理（PDA）。大学已引入专用局域网共享系统来管理日益增长的课程资源。石油钻塔已采用三维虚拟现实训练程序，电子企业使用文本消息记录仪表读数。软件创业公司在软件开发过程中引入质量和可用性控制，而新的媒体公司正为其用户开发网页应用服务。家庭环境、在线社区、移动计算、办公室和远程虚拟组织只是 21 世纪用户体验设计情境中的一小部分。更重要的是，我们看到技术将人们联系在一起，在线社区及其他支持社交生活系统的设计不再像旧系统那样以信息检索为主要特征。

最后，技术也在发生变化。软件开发正在由头重脚轻的面向对象技术和统一建模语言（UML）方法转向敏捷开发方法。网站经常包含 Java 编程并需要与数据库进行交互。手机植入了安卓这样的操作系统，同时需要新的网络协议来支持手机语音应用系统及供暖控制装置等设备的远程控制。地理定位系统及车载导航系统已通过交互电视和家庭信息中心被视为数字娱乐中的新概念。多点触控界面和人工智能正在极大地改变着我们与技术的交互方式。

因此，教育者和从业者应如何跨越这些变化多样的领域并实现人、活动、情境和技术的结合？我们需要训练软件工程师来掌握并运用可用性原则，让网页设计师创作所有人都可以访问的创新性设计，让系统分析师能够认同工作的本质。我们需要那些可以为老年人和弱势群体提供设计的产品开发者，那些理解人类能力和局限的工程师，以及理解软件工程局限的创意人员。我们还需要信息架构师、用户体验设计师和服务设计专业人员理解人机交互的原理、可达性和可用性。本书旨在从多个必要的角度满足复杂群体在教育和实践中的需求。

如何使用本书

人机交互、用户体验和交互式系统设计发生在各种情境中，既有独立的个人工作，又有各种规模下的团队合作。所研制的系统或产品的大小和复杂度会有巨大的变化，也会采用各种不同的技术手段。没有一种万能的方法可以应对所有变化。在本书中，我提供了多样的视角来应对交互式系统设计中存在的各种变化。专业的交互式系统设计师需要掌握本书中的所有设计方法和技术，同时也需要理解所有更高级的主题和理论。本科生可能需要 3 年的学习才能达到这种程度。但并非每个人都要达到这样的水平，因此我对本书中的材料进行组织，使其适用于各种理解层次。

由于交互式系统和用户体验设计领域仍在发展中，因此写出一本全面的指南是非常艰巨的任务。然而，我尽量提供所有当前重要的议题，同时，在每章最后的"深入阅读"部分提供了特定问题发展方向的更详尽的介绍。

本书所采用的风格保证了它可同时满足学生和老师的需要。用"框"来强调研讨中主题的重要实例，并为读者提供有趣的消遣。前向和后向引用帮助展现主题间的链接。作者采用案例研究来描述问题，并为师生提供丰富的实例资源。

本书可用作多门课程的部分或完整教材，课程范围从人机交互专业的专业课程到软件工程专业的辅修课程，再到设计或工程专业、心理学专业、通信或媒体专业或注重交互式系统和用户体验设计的其他课程。

我和我的同事已经使用本书多年，我也和其他大学使用本书的读者会谈、探讨过。本书内容易于理解且十分灵活。例如，第 1～4 章可作为本科一年级 200 课时的基础课程的教材，第 1～10 章可作为 200 课时的研究生课程的教材。第 2、3、4 和 10 章可作为在线金融产品开发者 16 课时的教材。为更清楚地解释如何利用本书材料，我们将适合本科一年级或二年级课程的内容作为"等级 2"材料，适合本科三年级课程的内容作为"等级 3"材料，而适合本科四年级或硕士生课程的内容作为"等级 4"材料。

第一部分可构成等级 2 课程的基础部分，实际上我们也将这部分内容用于计算机专业二年级学生的课程。学生们把 Processing 作为一种原型语言来研究，我还包括了一些针对当前主题的"动机性"讲座，此外还提供了主题 1.1 ～ 1.6 和主题 1.8 ～ 1.12（第 1 ～ 6 章）的六次系列讲座，每次讲座历时两小时。

第一部分的内容也适合作为交互设计课程的教材或作为等级 3 学习模块的引导材料。例如，第二部分的内容可以作为以人为本的设计教学模块，加上第四部分的一些心理学知识，即可形成等级 3 的人机交互教学模块。第 3 章和第二部分可以用作脚本设计的教学模块。第四部分也适合作为人机交互理论背景的教材。过去，我开展了一个高级教学模块，将导航（第 25 章）和认知（第 23 章）应用于网页设计（第 14 章）和移动与普适计算（第 18 章和第 19 章）的教学。第二部分提供了大量的例子，可指导学生从中阐述设计问题，并在需要时学习特定的设计技术。

作为典型课程或教学模块单元，我们的经验法则是每个星期 10 ～ 15 学时。可以按照下表来组织教学并置换为学分。经过一年时间的学习，一个全日制的学生应当可以学习 8 个 15 学分的教学模块或 6 个 20 学分的教学模块。

内容	学时
材料的初级阐述（例如讲座）	1 ～ 2
中级阐述（例如研讨）	1 ～ 2
自由、非正式的学生讨论	2
实践练习和活动	2
以学生笔记和深入阅读推荐为基础的研究和深入阅读	2 ～ 3
复习和测试	2 ～ 4

下面是一些课程和教学模块的例子，展示了本书内容是如何用于教学安排的。当然，这只是其中一种可能的安排计划。

课程 / 模块	内容 / 章节
等级 2：人机交互介绍（15 学分） 基础等级课程，目的是让计算机专业的学生了解人机交互问题以及一系列的使用技能	第 1 ～ 5 章的大部分内容（主题 1.1 ～ 1.6 和主题 1.8 ～ 1.12）及原型开发的基本介绍
等级 3：交互设计（15 学分） 进阶模块，旨在阐述设计可用的和吸引人的交互式系统时需要注意的关键问题。本模块鼓励学生在纸上先画出原型，将注意力集中在设计问题上而非程序设计上	快速复习第 1 ～ 4 章，主要讲述第 7 ～ 10 章、第 12 ～ 13 章以及第三部分的补充模块（根据讲座和学生的兴趣而定）。关键点在于脚本，并发展展示、原型设计和创意评估的技能
等级 3：以人为本的设计（15 学分） 本模块要按照工业界对以人为本的设计要求来学习，非常适合交互设计	主要以第 3 章中介绍的基于脚本的设计作为设计方法。第 9 章的概念设计和物理设计都能够提供帮助，并以对象行为分析为辅助，同时也包含第 11 章的任务分析方法和第 10 章的进一步评估方法
等级 4：高级交互式系统设计概念（20 学分）	这是硕士水平的模块，主要关注高级的和现代的接口设计，例如可穿戴的、触摸式计算等。详细观察体验设计（第 4 ～ 6 章）、多通道交互（第 13 章）、活动理论（第 23 章）、感知与导航（第 25 章）。可运用协同环境和姿态交互（第 16 章）及混合空间（第 18 章）
等级 2：网页设计（15 学分）	主要是第一部分的内容和第 14、15 章的内容，包括评估（第 10 章）和可视化界面设计（第 12 章）
等级 3 或 4：人机交互的心理学理论基础（20 学分）	深入学习第四部分，还包括第三部分的一些实例以及第一部分的一些引导性材料

其他资源

书中在合适的位置注明了一些重要的资源，这里给出一些通用的资源。可用性专业协会（UPA，www.upassoc.org）为感兴趣的人们提供了一些优秀的实例和其他资源的链接。美国专业设计协会（AIGA，www.aiga.com）也越来越关注交互设计和信息设计领域。国际计算机学会（ACM，http://acm.org）有一个活跃的人机交互分会（SIGCHI）。英国计算机学会也为学术和专业人士建立了一个杰出团体（www.bcs-hci.org.uk）。这些机构都有着非常丰富的资源，同时还组织了很多相关的学术会议。最后，现在有两个关于可用性的国际标准——ISO 9241-11和 ISO 13407，欧洲资源中心对其有详细说明（www.usabilitynet.org）。

关于作者

大卫·贝尼昂（David Benyon）是爱丁堡纳皮尔大学人机系统方面的教授。他最初为很多软件公司或者工业界的公司做过系统分析。多年后，他进入学术界，并发表了一套更为正式的人机交互理论。第一届美国人机交互会议召开的同年，他在华威大学开始攻读计算机和心理学方面的硕士学位，并在 1984 年发表了第一篇关于该主题的论文。从那以后，他连续发表了 150 多篇论文，编写了 12 本书。1994 年，他被授予智能人机接口方面的博士学位，并与他人合作编写了第一本人机交互方面的书 *Human-Computer Interaction*（与 Preece、Rogers、Sharp、Holland 和 Carey 合著，Addison-Wesley 出版）和 *Usability Now!*（1993）。他还活跃在人机交互和交互设计研究领域，组织并参加了许多会议，包括 CHI (Computer Human Interaction)、DIS (Designing Interactive System)、Interact 会议和 Interactions（英国计算机学会）。

在整个职业生涯中，David 完成了 20 个欧洲赞助的研发和英国资助的研究项目，以及 10 个知识转移项目。他指导了 26 名博士生，检查了 43 个项目并承担了多个咨询项目。在人机交互、交互设计和用户体验领域的丰富经历让 David 在世界交互式系统设计领域占有一席之地。所有这些经历和知识都会在本书中体现出来。在角色项目（persona project）中，他还和来自瑞典计算机科学院的 Kristina Höök 一起开展关于信息空间导航和社交导航的研究。他与丹麦的 Bang & Olufsen 公司就家庭信息中心的概念展开研究，并对英国的根据用户自主服务机器进行接口个性化的 NCR 项目展开研究。他还与英国邓迪大学和其他团队对老年人相关的技术展开研究，并与欧洲的许多合作伙伴对存在性思想的项目展开合作研究，同时还与苏格兰的很多大学在无线传感网络方面展开了共同研究。他用了 4 年时间研究"拍档"这一概念，这是一种高级个性化的多模态网络接口，研究过程中他与西班牙电信、法国电信以及其他机构展开合作。此外，他还与印度理工学院对基于手势交互和多点触控的显示屏展开了研究。最近，他正在进行关于多点触控表面计算以及旅游应用和交互式穹顶环境的增强现实的研究。

致谢

本书的写作历经 10 多年，其间得到许多朋友和同事在思路、评论和材料评估方面的帮助。学生一直在使用初稿，我对这些学生在完成定稿方面所提供的帮助表示感谢。书中提到的技术和方法发展并应用于各种研究及项目，我对参与这些项目的研究者和学生表示感谢。尤其感谢参与欧洲 FLEX 项目工作的所有学生和研究者，我在他们的帮助下完成了第 6 章的实际案例以及第二部分的很多实例。他们是 Tom CunningHam、Lara Russell、Lynne Baillie、Jon Sykes、Stephan Crisp 和 Peter Barclay。我也感谢"拍档"项目的研究人员所做的贡献，他们是 Oli Mival、Brian O'Keefe、Jay Bradley 和 Nena Roa-Seiler。此外，我还要感谢曾经或现在还在为本书思想和实例做贡献的学生，他们是 Bettina Wilmes、Jesmond Worthington、Shaleph O'Neil、Liisa Dawson、Ross Philip、Jamie Sands、Manual Imaz、Martin Graham、Mike Jackson、Rod McCall、Martin Clark、Sabine Gordzielik、Matthew Leach、Chris Riley、Philip Hunt 和 David Tucker。也要感谢 Richard Nesnass、Aurelien Ammeloot 和 Serkan Ayan。感谢 Ganix Lasa、Laura Oades、Michele Agius 和 Al Warmington 为我们赢得 Visit Scotland 大赛做出了贡献，感谢 Callum Egan 一直从事混合交互花园项目。

非常感谢 Tom Flint 对本书第 4 版的最终校对和编辑。还要感谢爱丁堡纳皮尔大学的所有同事，包括那些已经离开的同事。特别要感谢 Catriona Macaulay，她参与了很多前期的讨论，并通过自己新颖的教学方式和课程开发为本书的完成做出了巨大的贡献。感谢 Michael Smyth、Tom McEwan、Sandra Cairncross、Alison Crerar、Alison Varey、Richard Hetherington、Ian Smith、Iain McGregor、Malcolm Rutter、Shaun Lawson、Gregory Leplatre、Emilia Sobolewska 和 Ingi Helgason 等人一直在参与讨论和修改。同时，我还要感谢计算机学院的其他同事。

David Benyon
爱丁堡纳皮尔大学

目录

Designing User Experience: A guide to HCI, UX and interaction design, Fourth Edition

第四部分 用户体验设计的基础

Designing User Experience: A guide to HCI, UX and interaction design, Fourth Edition

用户体验设计的要素

第一部分介绍

用户体验（UX）设计包含活动过程中的所有感觉、想法、知觉和参与行为。想想在餐馆用餐、购物或上班的用户体验。与在公园散步的用户体验相比，开车上班遇到堵车或者在拥挤的通勤列车上的用户体验可能不太好。

在本书中，我们关注设计交互式产品和服务，这些产品和服务有助于提供良好的用户体验，并为设计师开发良好的用户体验产品提供相应的知识和技能。例如，可能会要求设计师开发一个应用程序，餐馆中的服务员可以在平板电脑上使用这个应用程序接受客户的订单。他们可能会开发餐厅的网站，又或者会负责设计促销信息和照片，然后放在餐厅的社交媒体页面上。本书针对的设计师不太可能负责为餐厅选择餐具、桌布或玻璃器皿，也不会就餐厅的灯光、室内设计或者就食物或食物如何呈现提出建议。但是，希望本书针对的设计师能够与室内设计师、照明设计师和厨师进行交流，以确保交互式组件和提供服务的设计有助于餐厅的整体用户体验。

用户体验设计师旨在让其设计的交互式系统和服务更便于使用，并能够帮助用户完成有用的事情，从而改善用户的生活。作为用户体验设计师，我们希望我们的交互式系统可用、好用且引人瞩目。为达到这一目标，我们认为设计过程必须以人为本。也就是说，设计过程必须坚持以用户为中心，而非以技术为中心。然而，过去我们所设计的交互式系统、服务和产品，在考虑用户因素方面并没有留下良好的记录。很多系统都是由那些天天使用计算机的程序员设计的。而很多设计师都是年轻的男性，其中相当多的设计师玩计算机游戏已经很多年了，这意味着他们比使用其系统的用户有更多的、更不同的用户体验。这会导致他们往往会忽略那些没有相应经验的新手在使用他们设计的系统时会面临的很大困难和困惑，也会因此让他们忽略新手的这些糟糕用户体验会造成什么样的后果。

在网络时代，智能手机、平板设备和技术应用在相应的环境中，可用性问题和用户体验对于电子商务至关重要。而在电子商务出现之前，用户体验问题仅出现于付款之后。假如你买了一部非常好看的智能手机，把它带回家后发现它很难用，但是并不能退货！因为卖家会说你买的智能手机已经实现了它应有的功能，你要做的是学会如何熟练操控它。而在网络上，顾客会先考虑用户体验。如果系统或服务很难用或者用户无法理解，如果系统看起来不好看或者让用户生气，他们就会去别的地方购买。用户越来越认识到，一个交互式系统和服务的使用难度并不能太高。他们期待能有一个良好的用户体验。

本书第一部分阐述了用户体验设计的以人为本设计方法的必备要素。第1章主要介绍了用户体验的组成要素，包括设计的本质、交互式系统的特点以及以人为本的含义。这一章在介绍良好的用户体验的重要性之前，简要描述了人机交互（HCI）和交互设计的历史，并展望了未来。第2章介绍了交互的关键组成部分——人、活动、情境和技术（People, Activity, Context and Technology, PACT）。这些要素意义深刻，不仅可以用来理解交互设计的广度，还可以用来进行用户体验设计。这一章进而描述了用户体验设计的第一个设计方法：PACT分析。

根据该观点，设计产品和服务必须考虑如下问题：它们会做什么，它们将如何做，以及它们将要操纵的信息内容。第3章介绍用户体验设计的过程。我们将会了解设计过程如果以人为中心，思想评估为何会成为中心环节。所有的产品需求、早期设计和系统原型都必须经过用户测评，才能保证所设计的产品能够满足用户需求。人们会在不同的情景中运用不同的技术从事不同的活动。这一章介绍了设计任务中的重要抽象概念：角色与脚本。我们给出了许多角色的实际例子，并针对如何发展和使用角色提出了实用的建议。这一章还提出了一种以脚本作为关键统一结构的设计方法，该方法能够用于设计良好的交互系统和服务。

第4章讨论了当今世界背景下的服务设计。在当今世界，大多数人都随身携带智能手机，并经常使用网络。设计交互式产品的关注点必须通过对设计交互式服务的关注来强调。服务是必不可少的基础。想想Airbnb或Uber等公司，它们让客户直接与供应商保持联系。当我需要搭便车时，我能够通过Uber给司机打电话。Airbnb使我能够在另一个城镇找到住的地方。有这样一种说法，Uber是最大的出租车公司，但自己没有汽车；Airbnb 是最大的连锁酒店，但自己没有酒店。在其他情况下，你可能需要一种产品，如新西装或新鞋子。现在，许多人不再逛街，而是利用互联网、比价网站、社交媒体、电视、广播和其他一系列服务渠道获得他们想要的产品。用户体验设计师需要为这些新的服务生态而设计。

第 5 章介绍了设计的原则：如何保证系统的可达性、可用性和可接受性。可用性对于用户体验来说非常重要。随着交互式系统和社会生活相互融入程度的提高，这一目标已不再是奢望。可达性指所有的用户都能享受交互设计带来的好处。另一个关键概念是可用性，它一直是人机交互（HCI）的核心关注点。第 5 章详细讨论了设计过程中关于可用性和可接受性问题的思考。最后，结尾处提出了一些高级设计原则，以帮助设计师保证交互设计的可达性和可用性。

当用户使用我们设计的产品和服务时，他们感觉到了什么？他们是否感到满意、快乐，并沉浸于其中？第 6 章从美学和愉悦性设计的角度阐述了这些问题。这一章为用户体验设计师提供了非常重要的背景，使得设计师能够为用户创造良好的用户体验。这再次印证了用户体验设计所涉及的范围之广。

学完该部分内容后，你应该能够明白一些用户体验设计的必要特征。尤其是以下几点：

- 什么是用户体验设计。
- 用户体验设计涉及什么人。
- 用户体验设计涉及什么事物。
- 如何开发以人为本的系统和服务。
- 用来保证系统可用性和吸引力的用户体验设计准则。

3

案例研究

第 3 章介绍了"拍档"案例研究。第 4 章介绍了"乘公共汽车上下班"案例研究。

教与学

通过一些补充材料展示实例，另有网站链接、深入阅读以及课外练习，这些构成了人机交互、用户体验和交互设计的理想入门课程。第一部分涉及的主题如下，每一主题需要 10 ～ 15 个小时的学习才能较好地掌握，或者需要 3 ～ 5 个小时的学习才能掌握基本概念。当然，每一个主题都可以成为扩展学习或进一步学习的目标。

主题 1.1	用户体验概述	第 1 章	主题 1.9	可用性和可接受性	5.3 ～ 5.4 节
主题 1.2	人的特征	2.2 节	主题 1.10	用户体验设计原则	5.5 节
主题 1.3	活动、情境和技术	2.3 ～ 2.5 节	主题 1.11	体验	6.1 节
主题 1.4	进行 PACT 分析	2.1 节、2.6 节	主题 1.12	参与感	6.2 节
主题 1.5	设计过程	3.1 节	主题 1.13	愉悦感设计	6.3 节
主题 1.6	角色	3.2 节	主题 1.14	美学	6.4 节
主题 1.7	脚本	3.3 ～ 3.4 节	主题 1.15	服务设计	第 4 章
主题 1.8	可达性	5.1 ～ 5.2 节	主题 1.16	用户体验	第 6 章

4

用户体验简介

目标

用户体验关系着如何设计出符合人们日常习惯的高质量交互式系统、产品和服务。日常生活中人们用到的各种设备，比如洗衣机、电视、售票机和首饰，都嵌入了有计算和通信功能的子设备。所有的新潮展览、博物馆和图书馆，也都加入了交互的元素。现在的可穿戴技术比几年前的计算机强大得多，其中包括网页、在线社区、手机应用、桌面应用以及其他交互式设备，当然还有那些仍在开发中的设备。交互式系统设计就与以上列举的内容息息相关。

本章将探索用户体验的广度和深度。在学习完本章之后，你应：

- 理解用户体验的基本概念。
- 理解用户体验设计为什么要强调"以人为本"。
- 理解该主题相关的历史背景。
- 理解用户体验设计师所需具备的能力和知识。

1.1 用户体验的种类

用户体验关注许多不同类型的交互式服务和产品。诸如运行在用于办公的计算机上的软件系统，应用程序、游戏和诸如家居控制系统、数码照相机之类的交互产品，以及在 iPad 这样的平板设备上运行的应用，还包括让手机、平板、笔记本电脑、投影仪以及其他设备相互通信的平台，用户可以通过它与各设备进行交互。此外，也可以是用于家庭、工作或社区的用户体验设计、产品和服务。

以下是近年来出现的一些有影响力的交互式产品、服务和系统的例子。

例 1：iPhone 手机

2007 年，苹果公司推出的 iPhone 手机（如图 1-1 所示）改变了移动技术的面貌。iPhone 手机拥有设计精巧、目标明确的用户界面，可使用手指进行输入。同时它拥有革命性的触屏技术，允许多点触控完成输入。这一技术使许多新型交互技术的实现成为可能，诸如用两个手指向内捏合使图片缩小或反方向移动使图片放大等。现在，许多移动设备和大屏幕系统都采用了该技术，但该技术最初是由 iPhone 率先引入的。

图 1-1   iPhone

iPhone 手机同时含有传感器设备，能够识别用户手持手机的方式，如竖直、水平或倾斜等。这也为其他新颖的交互方式提供了可能。例如，界面显示可以根据用户手持手机的方式自动调节成横屏或竖屏。2008 年，"苹果应用商店"面世，使 iPhone 手机成为一个开发者可以自行设计开发软件的公共平台，开创了一个全新的应用开发行业。加之 iTunes 的发布，iPhone 手机成为一个多功能、多媒体的设备，拥有成千上万可供下载的应用，这些应用的范围覆盖从复杂的游戏到轻巧的娱乐再到信息的查询功能，都为用户创造和提供了全新的体验和服务，而现在这些用户也从苹果系统扩展到了安卓系统（谷歌公司）和 Windows 系统（微软公司）。iPhone手机还推出了语音识别系统——Siri，它可以让用户通过语音来打电话、发短信、管理日程以及在互联网中搜索。Google Now 和 Microsoft Cortana 也实现了相同的功能。

例 2：Nest 家庭控制

Nest 于 2014 年开发了一款用于控制房屋中央供暖的"智能恒温器"。该设备外观优雅（如图 1-2 所示）。它有一个简单的用户界面，用于设置温度；旋转刻度盘位于设备的外部。它通过称为 Heat Link 的专有通信协议与锅炉进行通信，以打开和关闭设备。它与家庭的 WiFi 系统相关联，并配备了一个能在用户智能手机和平板电脑上运行的应用程序，以便用户可以在离家很远的地方更改温度。2015 年，Nest 被谷歌收购，现在还有各种其他设备，如烟雾报警器、灯和相机，这些设备可以链接到同一系统。

图 1-2　Nest 恒温器

进一步思考：设备生态学

用户体验通常是通过设备生态而非单个设备来感知的。生态这个概念指的是许多不同生物（在此情况下指的是设备）共同作用来创造一个环境。用户体验越来越关注涉及许多不同设备的交互：设备生态理念。例如，前几天我和妻子一起坐在咖啡馆里，她连上 WiFi 并找到了一张她想让我看的照片，然后她使用 Airdrop 功能将它发送到我的 iPhone 上。仅仅是这个微型设备生态学里一个很典型的交互案例——两部 iPhone 与 WiFi连接，就提供了良好的用户体验。例 2 中描述的Nest 系统支持智能家居的生态学。设备生态学的其他好的例子包括运行技术，如图 1-3 所示。

图 1-3　索尼的 PS Vita 与 PS4 协作来创造设备生态

然而，其他生态系统可能包括 Apple 手表、数字投影仪以及使用 Apple 以外的其他人制造的个人计算机（PC），运行 Android 操作系统的智能手机。在这些情况下，创建一个成功的生态系统，要实现其中所有的设备都可以通信和共享内容可能会非常困难，这容易导致用户体验不佳，甚至会使用户产生挫败感和沮丧感。

例 3：Burberry

Burberry 是一个高端服装品牌制造商和零售商，其旗舰店位于伦敦摄政街（如图 1-4 所示），通过"将数字世界和物理世界模糊化"的概念为客户提供丰富的交互体验。Burberry 在整个店面的构造中集成了多种技术，包括无线通信、立体声扬声器、大型显示屏和交互式产品，客户可以边看时装秀边与品牌内容交互。射频识别（RFID）被编织到一些服装和配件中，触发特定的用户体验，用户还可以操控店内屏幕、智能手机或平板电脑，体验 Burberry 品牌中的各种内容交互。店中的镜子甚至可以变身"屏幕"，让用户在不需要试穿服装的情况下，立即看到他们穿上服装之后的效果。当然，他们也可以试穿实体服装，还能看到不同颜色的上身效果。基于 iPad 应用程序的数字标牌显示了品牌和用户关注的重点内容，通过这个应用程序，Burberry 的员工可迅速获取用户的购买历史记录和偏好，帮助用户实现个性化的购物体验。

例 4：i Robo-Q 家用玩具机器人

i Robo-Q 家用玩具机器人是市场上越来越普及的新型儿童玩具的典范（如图 1-5 所示）。i Robo-Q 家用玩具机器人通过采用机器人学、语音输入输出和种类繁多的传感器产出各种新颖有趣的交互形式和新技术，从而增强孩子们的游戏体验。

例 5：Facebook（脸书）

Facebook（如图 1-6 所示）是一个非常受欢迎的网站，通过这个网站人们能与朋友们随时保持密切的联系。如今 Facebook 在全球拥有近 10 亿的用户，在目前众多的互联网社交网络系统中是最著名的。它逐渐成为社交活动的重要平台，使得人们能够以相同的方式将应用程序添加到苹果和安卓中。通过 Facebook，用户可以存储和分享数码照片、相互留言以及了解好友的近况。其他类型的社交媒体包括网络约会服务、妈妈们的聚会、针织爱好者联盟、填字游戏玩家协会或者是其他任何你可以想到的活动或爱好。

图 1-4　Burberry 商店

图 1-5　i Robo-Q 家用玩具机器人

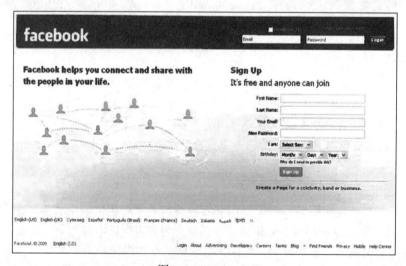

图 1-6　Facebook

小结

上述 5 个交互式系统和服务的案例包含许多值得用户体验设计师学习的内容。用户体验设计师需要了解新型交互存在的可能性，既能为固定设备进行设计，同时也能为移动设备进行设计；既能为用户个体进行设计，同时也能通过短信或动画和视频将不同用户联系起来。交互式系统设计的确是一个引人入胜的领域。

挑战 1-1

列举 5 个你正在使用的交互式产品或系统，如咖啡机、手机、主题公园、Sky 或 Virgin 这样的电视服务、类似《侠盗猎车手》的游戏以及类似《赫芬顿邮报》的网页服务等。记下针对每个产品或系统你喜欢和不喜欢的地方。从整体体验，而不仅仅是从功能方面着手，想想这些系统提供的内容：这是你需要的吗？它用起来有趣吗？

最好与其他人一起完成批判和设计活动，如果可能，找一位朋友或同事一起讨论这个问题。写下你赞成的部分和不赞成的部分，并说明原因。

1.2　用户体验的关注点

用户体验设计包括很多活动。有时，设计师要在软件和硬件上同时下功夫。在这种情况下，"产品设计"更能恰当地描述他们的工作。有时，设计师要设计出能够在计算机、可编程设备或者因特网上运行的软件。在这种情况下，"系统设计"或"用户体验设计"更能恰当地描述他们的工作。有时，设计师将致力于提供建立在多种设备上的一系列连接设施，在这种情况下，服务设计是最恰当的。我们将按照不同场景的需要使用以上术语。但是，用户体验设计师的关注点主要有以下几点：

- 设计：什么是设计以及如何设计？
- 技术：指交互式系统、产品、设备和组件本身。用户体验设计师需要了解技术。
- 用户：用户体验设计师需要思考谁会使用这些系统和产品，以及他们想通过设计让谁的生活变得更美好。
- 活动和情境：用户体验设计需要关注用户想做什么？用户的目标、感想和成就是什么？用户体验设计需要思考活动发生的情境是什么？

1.2.1　设计

什么是设计？设计就是一只脚踩在两个世界上，即技术的世界以及人类及其意念的世界，设计师努力要做到把两者结合到一起。

——Mitch Kapor, Winograd (1996), p.1

9

"设计"一词，既指创造新事物的过程，也指该过程的产出。所以，例如在设计网站时，设计师要制作并评估各种不同设计，包括页面布局、配色、图片设计和整体结构等。在其他设计领域，架构师完成草图和大纲，然后和用户讨论，最终以蓝图的形式将设计规范化。

设计很少是一个直接的过程，通常需要在需求（即系统的功能和质量）和设计方案之间进行多次迭代和探索。设计的定义有很多，其中大部分定义都涉及要解决的问题和解决过程的演化；这是因为在设计工作完成之前，很难完整描述清楚一个事物。

分辨清楚一个设计中形式化部分所占据的比例是很必要的：

- 形式化的一个极端是工程设计（如桥梁、汽车、房屋设计）。在建造之前，需要运用科学原理和技术规格来建立形式化模型。
- 形式化的另一个极端是创意性设计或艺术设计。其中创新、想象和概念想法是设计的关键要素。
- 中间方案是"工艺化设计"，它将工程设计和创意性设计相融合。

大多数设计都涉及这些方面。时装设计师需要了解着装者和布料；室内设计师需要了解涂料、光照等；珠宝设计师需要了解宝石、金银等金属的特性。著名的设计评论员 Donald Schön 曾将设计描述为"与材料的对话"，这意味着在任何领域的设计中，设计师必须充分了解他们所用到的材料（Schön, 1959）。设计与一个媒介打交道，并塑造这个媒介；而对于用户体验来说，这个媒介包含了交互式系统和服务，以及这些交互发生的物理空间。此外，有些人还强调，设计是一项有意识的社会性活动，而且这些活动通常都是在团队中进行的。

1.2.2　用户和技术

交互式系统是用来描述用户体验设计师所使用的技术的术语，它包括组件、设备、产品、服务以及主要涉及交互处理信息内容的软件系统。"内容"经常被用于此，它包含了呈现信息的所有方式，包括文本、图表、视频、语音、2D 动画、3D 动画等，它们通过各种形式，以不同的清晰度（高、中、低）展示出来。交互式系统和服务处理人们能够感知到的信息的传输、显示、存储和转换，是动态响应用户行为的设备或系统。

这一定义将桌子、椅子、门等物品排除在外（因为它们不能够处理信息），但同时也包含了以下物品：移动电话（移动电话能够使用户处理信息），网站（网站能够存储和展示信息，并能对用户行为进行响应），能够追踪快递的系统（包括网页服务、智能手机应用程序、送货车、包裹识别码和代码阅读器等），以及能够提供特定位置信息的景区，可以将游客从一个景点引导到另一个景点。

逐渐地，越来越多的产品引入了交互模块（如衣服、建筑、公交等），并共同形成了设备生态系统（参见"进一步思考"）。由此，物联网（IoT）被用于描述设备与互联网之间有更多连接的情况，它使传感器能够收集有关环境和执行器的数据以自动改变自身环境。可以说，用户体验不只关注一个人使用的一台设备，而是关注跨设备和交流渠道的交互。

用户体验的最大挑战在于理解人与交互式系统的区别（见表 1-1）。例如，以机器为中心的视角，认为人是模糊和混乱的，机器是精确有条理的；而以人为本的视角则认为人类具有创造力，并且资源丰富，机器则是呆板和受限制的。尽管我们采取"以人为本"（或者说"人本化""以人为中心"）的态度，但是仍有许多设计师采取"以机器为中心"的视角，因为这对他们来说更快捷也更简单，尽管对用户来说并非如此。人与机器的另一区别在于人和机器沟通的方式不同，人们通过他们想要做什么以及希望如何实现（他们的目标）来表达意愿和感受，而机器则需要输入严格的指令或者通过用户的行为做出推断。

表 1-1　以机器为中心和以人为本的视角

视角	人的特点	机器的特点
以机器为中心	模糊 条理性差 易分心 情绪化 逻辑性差	精确 有条理 不易分心 不情绪化 逻辑性强

（续）

视角	人的特点	机器的特点
以人为本	有创造力 变通的 留心变化 有想象力 能够灵活决策	呆板 顽固的 对变化不敏感 无想象力 总能做出一致决策

来源：改编自 Norman (1993), p.224

1.2.3　界面

交互式系统的界面，又称用户界面（UI），是用户与系统在肢体上、感知上和概念上联系的所有部分的总和：

- 肢体上，我们可以通过按压按钮、移动操纵杆与系统交互，系统能根据按钮或者操纵杆受到的压力进行反馈。
- 感知上，系统将内容显示在屏幕上让用户阅读，发出声音让用户听见，或者以一种我们能感知的方式表现出来。
- 概念上，我们通过思考系统的功能和系统应有的功能与系统交互。系统通过消息或其他界面显示来帮助用户完成交互。

界面应当为用户提供向系统发布指令或数据的机制：输入。同时，界面也应该为用户提供告知系统状态的反馈和显示内容的机制：输出。（第 2 章更详细地讨论了输入和输出设备。）内容可以是信息、图片、视频或动画等。这种界面可以实现由诸如互联网环境提供的设备和服务之间的连接。图 1-7 列出了多种界面。

a）摇控器

b）微波炉

c）家居系统

d）Xbox 控制器

图 1-7　各种用户界面

挑战 1-2

请看图 1-7，说出以下各界面包含的内容：a）遥控器；b）微波炉；c）家居系统；d）Xbox 控制器。

然而，用户体验设计并不仅仅是界面设计。不仅要考虑人与机器交互的整个过程，同时还要考虑系统支持的人与人之间的交互。逐渐地，交互式系统包含了越来越多的互连设备，有的被人穿戴在身上，有的嵌入建筑材料中，还有的被用户随身携带。用户体验设计师着眼于使用各种设备和系统将人与人联系起来，同时还需要考虑他们所创建的整个环境。

1.2.4　以人为本

用户体验的终极目标是构建用户的交互体验。所谓以人为本意味着始终把用户放在首位；意味着设计能够支持用户，并让用户愉悦的交互式系统。以人为本意味着：

- 思考人们想做什么，而不是技术能做什么。
- 设计新的让人与人联系起来的方法。
- 让用户参与设计过程。
- 设计的多样化。

框 1-1　用户体验设计的演化

人机交互（HCI）是设计学领域第一门为"以人为本"设计做出贡献的学科。人机交互起源于 20 世纪 80 年代，逐步发展为一门有关人类使用的交互式计算系统的设计、评估、实现，以及与之相关现象的学科（ACM SIGCHI, 1992, http://old.sigchi.org/cdg/index.html）。

人机交互的理论基础是认知心理学，设计方法则源于软件工程。20 世纪 90 年代，出现了与人机交互密切相关的计算机的支持和协同工作（CSCW），它致力于合作性质的理论研究，并提出了人机交互的新理论基础——社会学和人类学方法。同时，许多领域的设计师发现，他们也需要处理交互式产品或模块。1989 年，第一个与计算机有关的设计课程在英国皇家艺术学院开设。在美国，苹果公司的设计师把他们的思想写进了 *The Art of Human-Computer Interface Design*（Laurel, 1990a）。1992 年，斯坦福大学召开的一次会议促成了 *Bringing Design to Software*（Winograd, 1996）一书的发布。到了 2005 年左右，人机交互已经成为一门独立学科，并拥有了第一批教科书（包括本书的第 1 版），主要的设计师提出了自己的见解。1993 年，唐纳多·诺曼（Don Norman）提出了"用户体验"这一术语，当时，他加入苹果公司成为高级技术小组（Advanced Technology Group）的负责人（Gabriel-Petit, 2005）。如今，用户体验设计体现在众多工作和休闲活动中。

本书主要讲述以人为本的用户体验设计，即人机交互（HCI）和 21 世纪的交互设计。

1.3　数字化生存

1995 年，麻省理工学院（MIT）媒体实验室创始人尼古拉斯·尼葛洛庞帝（Nicholas

Negroponte），写了 *Being Digital* 一书，其中，他研究了将比特作为基本原子的时代的重要性。我们都生活在数字时代，所有设备都使用二进制数字（比特）来表示信息。数字化的重要性在于，比特可以使用数字信息进行转化、传播和存储。设想以下脚本：

> 早上，你被电子闹钟叫醒，同时它自动为你打开收音机。为了调整收音机的频道，你可能只需按下一个按钮，随后它会自动搜寻较强的信号。你拿起手机查看短信。你可能会打开计算机将一份私人定制的报纸下载到平板设备中。当你离开家的时候，你设置好安全报警器。上了汽车后你调节暖气、收听广播，并注意门是否关好、安全带是否系好等报警信号。到达车站后，你在停车机器前刷一下月票，从售票机中取出火车票，并从自动柜员机中取出现金。在火车上，你在平板设备上阅读报纸，用手指翻阅平板上显示的新闻。到达办公室后，你连通计算机网络、查看邮件、使用电脑上的文件、上网或收听国外的在线广播。你可以与其他城市的同事视频，甚至同时操作同一份文档。白天，你使用咖啡机、用手机打电话、从地址簿中查找联系人信息、下载新的手机铃声、拍摄午餐时间看到的迷人植物、用视频录下湖面的天鹅等。你把这些传到社交网络上，社交网络自动为你标记拍摄的时间和地点，并识别出照片中出现的人脸，把他们的名字也标在上面。回到家，你在手机上输入密码打开车库大门。晚上，你玩一个小时左右的游戏机、看机顶盒录制的深夜电视和节目。

13

这就是我们现在居住的世界，也是用户体验设计师设计的世界。我们每天都和大量的交互打交道，这些界面有的令人激动，有的却对用户提出了诸多挑战。此外，越来越多的设计师需要处理用户参与到不同设备中进行不同的交互这样的问题。他们还需要处理用户在不同的情境中使用一系列设备来访问服务和开展活动这样的情况。

1.3.1 历史回顾

早在第二次世界大战结束时，即 1945 年，第一台数字计算机的诞生成就了当今的世界。那时的计算机体积巨大，必须放在专门配备了空调的房间里，只有科学家、专业的计算机程序设计人员和操作人员才能用按下开关、调整电路的方式，让那些电子元件完成特定计算。

直到 20 世纪 60 年代，计算机的主要任务还是进行科学计算。数据存储在有孔的纸带或卡片上、磁带或者大型磁盘上，用户和计算机之间几乎没有直接交互。这些特殊的卡片被送到计算机中心供计算机处理，几天之后才能知道结果。在美国国防部高级研究计划署（ARPA）工作的 Licklider 的领导下，情况发生了一些变化。首先，屏幕和阴极射线管用于交互设备，随后，出现了早期的计算机网络——因特网。同时他的工作促进了美国 4 所高校计算机科学专业的诞生（Licklider，2003）。Licklider 的工作也被 MIT 的 Ivan Sutherland、发明鼠标的 Doug Englebart、提出超文本概念和物联网概念的 Ted Nelson 等人所延续。在英国，曼彻斯特大学是计算机研究的先驱机构，该校的 Brian Shackel 在 1959 年发表了论文"计算机的人体工程学""Ergonomics for a Computer"。

20 世纪 70 年代，计算机技术渗入商业领域，同时出现了将屏幕和主机相连的计算机。1972 年，计算机与网络相连接，并在 ARPANET 网络上发送了第一封电子邮件。20 世纪 70 年代，大多数计算机操作仍然主要基于"批处理"交互模式；待处理事务首先被收集起来，随后以批处理方式提交，在这一时期一台计算机通常为多人共用。随着 *International Journal of Man-Machine Studies* 的发行，人机交互开始引起人们的注意。20 世纪 70 年代末期，基于屏幕和键盘的人机交互方式逐渐盛行。直到 1982 年，第一个图形化的界面才出现在施乐公司的 Star 计算机（Xerox Star）、苹果公司的 Lisa 计算机（Apple Lisa）和 Macintosh 计算机（Apple Macintosh）上。它们运用位图来显示图形，支持图形用户界面（GUI）（第 12 章讨论）以及对图标和由组合命令构成的菜单的点击实现交互。1985 年，伴随个人计算机（当时通常使用 IBM 公司生产的 PC）上微软公司的 Windows 操作系统的出现，这种交互形式逐渐盛行起来。个人计算机和类 Windows 操作系统的出现都要归功于另一位计算机先驱——Alan Kay。在进入施乐公司的帕洛阿尔托研究中心之前，Kay 一直师从于 Ivan Sutherland，并于 1969 年获得博士学位。正是在这里，他开发了世界上第一种面向对象编程语言——Smalltalk。许多人认为，苹果第二代计算机上的电子表格软件 VisiCalc（"杀手级应用"）的出现，真正点燃了个人计算机的市场（Pew，2003）。

20 世纪 80 年代是微型计算机的时代。BBC 微型家用计算机的销量超过 100 万台，大量的家用计算机在世界范围内推广。同时，游戏终端也在家庭娱乐市场大受欢迎。在商业界，人们通过网络相连，因特网在电子邮件的基础上得以成长。在此期间，人机交互（HCI）正式成为一门学科。美国和欧洲分别召开了第一次人机交互大会，即 1983 年在马萨诸塞州波士顿召开的 CHI'83 和在伦敦召开的 INTERACT'84。Don Norman 发表了著名论文"UNIX 系统的难题：糟糕的用户界面"（Norman，1981）；Ben Shneiderman 发表了"软件心理学"（Shneiderman，1980）。

20 世纪 90 年代，彩色和多媒体技术降临，并自此主宰计算机市场。1993 年，另一种利用了简单标记语言的用户界面诞生了，即 HTML（超文本标记语言）。随后，出现了"万维网"（World Wide Web），并由此变革了文件传输和分享的整个过程。图片、电影、音乐、文字，甚至视频直播都突然间变得触手可及。个人网站、社区网站以及公司网站发展迅猛，一个完全连接的"地球村"成为现实。当然，这一时期的发展主要集中在西方，尤其是美国，因为美国的通信带宽较欧洲的低速连接能够为用户提供更好的体验。20 世纪 90 年代，世界上的许多国家还没有进入全球化连接，但是到了 21 世纪，几乎所有国家都进入了全球化连接范围。

到世纪之交，通信覆盖和计算机技术日趋完善。任何事物都能够与任意地点的事物相连接。因为所有数据都是数字化的，都可以通过无线电波或有线网络传输，而且也很容易从一种形式转化为另一种形式。移动设备和网络连接的广泛覆盖，使人类进入了"普适计算"（ubiquitous computing）时代。"普适计算"一词由 Mark Weiser 在 1993 年提出，指通过"平板级、标签级和面板级"的交互。他的愿景最初是由苹果公司实现的，后来由谷歌公司通过 Android 平台实现，苹果公司在 2007 年推出了 iPhone，在 2010 年推出了 iPad。

如今，计算机的使用已经非常普遍，在全世界也很普及，它们为人类提供了各种各样的服务和体验。（根据摩尔定律）计算能力依然每 18 个月翻一番，使得现在的移动设备比几年前最大的计算机的功能还要强大。在 21 世纪，计算机确实已经随处可见，人机交互也不再停留在个人计算机时代的键盘输入模式，而更多地使用触摸或手势来完成交互。现在，Weiser 所说的"平板级、标签级和面板级"交互已经以不同形式呈现，比如各种尺寸的手机、平板、公共场所的大屏幕和可穿戴设备，像苹果手表、谷歌眼镜和各种类型的运动和健康设备。它们都能与网络连接，并运行各种应用。计算设备存储的数据量越来越大，YouTube 中有上亿视频，Flickr 中有上亿照片。数据在"云"（实际上是由众多计算机组成的数据中心）中被同步存储起来，宽带和无线连接的速度也越来越快。网络和无线通信的互联使当下成为用户体验设计师的绝佳天堂。

1.3.2　发展方向

敢于预测科技发展方向的人肯定相当勇敢，因为这其中涉及很多让人费解的因素。一项技术的成功绝不仅仅源于技术本身，同时还需要有一个完善的商业模型和恰当的时机。Don Norman 在他的 *The Invisible Computer*（1999）一书中，对过去和未来的计算机技术提出了有趣的见解。通过讨论为什么 VHS 视频格式超越了 Betamax 格式，以及为什么爱迪生的留声机不如 Emile Berliner 的留声机成功等，他引出了成功产品的"三要素"：技术、市场和用户体验（如图 1-8 所示）。

图 1-8　产品开发的三要素

（资料来源：Norman, Donald A., 图 2-5, *The Invisible Computer: Why Good Products Can Fail*, © 1998 Massachusetts Institute of Technology, by permission of The MIT Press）

进一步思考：信任谁

现在，设备间的无线连接非常普遍，要么通过 IEEE 802.11 标准制定的 WiFi 协议连接，要么通过蓝牙连接。例如，你的手机可以通过蓝牙连接笔记本电脑，笔记本电脑通过无线网络连接到公司的内网，进而通过公司的有线网络连接到因特网，因此也连接到世界上的其他设备。但是，你如何知道你看到的数据究竟来自哪里呢？当你查看"个人手机"中的通讯录时，你实际访问的可能是笔记本电脑中的通讯录，或是公司网络中某台设备上的数据，甚至是世界上任一台计算机上的数据。当数据被复制时，怎样保证数据的一致性？通过哪个设备获得的一致性是最可靠的？

尽管我们不知道几年后的产品会是什么样，但是我们知道，新兴产品、商业模式、服务以及其他特征将很快出现，用户体验设计师必须随时做好准备。越来越多的设备将嵌入建筑物、道路和环境的其他方面以感知不同类型的数据并将其连接在一起，从而创建物联网。这种技术的嵌入已经对网球和板球等体育运动产生了影响，为了适应嵌入式技术，其中的游戏规则已发生改变。例如，自鹰眼（Hawk-Eye）系统推出以来，国际网球的规则发生了变化（如图 1-9 所示）。运动员现在可以对许多判罚提出上诉，裁判可以审查有争议的分数。我们做事以及看待事物的方式发生了根本性的变化，这是技术变革的结果。物联网将颠覆某些活动的性质，而用户体验设计师则将为此做出贡献。

微软在 2020 年的人机交互愿景（Mic-

图 1-9　鹰眼系统

16 rosoft 2008）中有这样一个观点：人机交互需要从关注产品和信息处理转向关注能够实现个人价值的交互式系统的设计和评估（p.77）——这与 Cockton（2009）强调和呼吁的"以价值为中心的设计"，以及 Bødker 提出的人机交互"第三次浪潮"（Bødker，2006）相吻合。

挑战 1-3

　　IDEO 设计公司开展了一系列用户体验设计的项目。其中一些项目探索多变的概念，如身份变化，其他的则致力于设计一些产品，还有一些致力于研究人们在日常生活中如何和各种技术打交道。访问 IDEO 的网站，观看他们的项目。找朋友讨论一下想法。

1.4　用户体验设计师需要具备的技能

　　用户体验设计师如果想将工作做好，需要掌握各种技能，并理解各种设计原则。他们需要掌握技能，从而达到以下目标：

- 学习并理解人的行为、目标和渴望，理解需要技术解决的产品发展的情境，进而产生对技术的需求（有时称为"用户研究"）。
- 了解技术带来的广阔可能性。
- 创造技术性解决方案以适应人们及其想从事的活动和活动发生的情境（有时称为"构思"）。
- 评价替代设计方案并不断地迭代设计（做更多的研究和设计），直到获得满意的设计。

　　对用户体验设计师有益的技能和学术原则的范围十分广泛。事实上，一个人往往很难同时具备所有交互式系统设计所需的全部技能，这就是为什么交互式系统设计往往是一个团队项目。用户体验设计师参与的项目可能是设计应用程序、网站和宣传材料这样的社区信息系统，图片处理系统，或者是房地产代理商的数据库系统，再或者是寓教于乐的儿童游戏。用户体验设计师不可能对每个领域都非常精通，但是，他们必须具备从不同的领域获得相关知识和技能的能力，以及在需要时获取跨学科研究内容的能力。本书从以下角度对促进交互式系统设计的因素进行了分类，分别是人的因素、技术因素、活动和情境因素以及设计因素，它们之间的关系如图 1-10 所示。

1.4.1　人的因素

17
~
18

　　人是一种具有社会属性的动物，所以社会学中的方法和技术应当被运用于理解人的行为和技术本身。社会学是研究社会中人与人之间的关系，以及人所在的社会组织和政治团体的一门学科。人类学与社会学相似，但同时还致力于研究文化、生物学和语言，以及它们的发展过程。无论是社会学还是人类学都使用访谈和观察等技术。人类学中的一种重要的研究方法是"民族志"（第 7 章包括对"民族志"的讨论），也就是用观察和非结构化访谈等定性方法获得对于某种文化或某个社会团体以及它们的环境的描述。另外一门与之相关的学科是文化研究（第 23 章讨论了认知心理学和具身认知），也就是研究人与人之间的社会关系，如身份等文化问题，同时还研究更加日常的文化活动，比如购物、玩计算机游戏、看电视等。这些描述倾向于从一个更具文学批评的背景出发，以体验和反思的形式进行呈现。Bardzell 和 Bardzell（2015）对"人文主义 HCI"进行了介绍，为理解用户体验带来了新的方法。心理学研究人如何思考、感知和行动。其中，认知心理学试图了解和描述大脑的功能，例如语言怎样工作，人们如何解决问题等。人体工程学是一门研究人与机器的契合度的学科。在进用户体验设计时，设计师需要借鉴以上所有学科，包括各种方法，它们能够帮助人们理解，从而设计出更好地为人服务的系统。

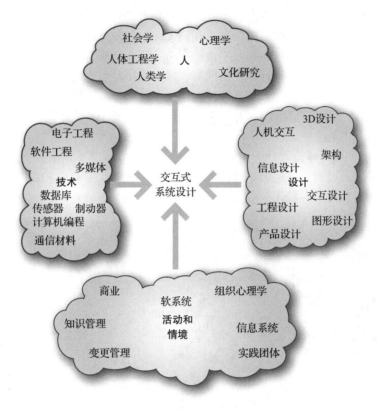

图 1-10 有助于交互式系统设计的学科

1.4.2 技术因素

交互式系统设计师需要同时理解硬件、软件、通信和内容。软件工程师发明了描述和实现计算机程序的方法。计算机编程语言用来发布在各类可编程设备上的指令，这些设备可以是手机、计算机、机器狗、耳环、衬衫和椅子。设计师同样需要了解能够感知不同数据的硬件设备（传感器），以及能够带来变化的硬件设备（执行器或效应器）。现在有很多能够产生不同效应的组件，为此，设计师需要借鉴工程学的知识、原则和方法。设备间通信基于各种"协议"。设计师不仅需要知道不同的设备之间能够以什么样的方式进行交流，还需要了解多媒体内容以及这些内容是如何产生和处理的。

1.4.3 活动和情境因素

交互通常存在于某些"实践社区"（community of practice）。该术语用来指代一群投入类似活动中的有共同利益和价值观的人。在商业社区和组织中，多年来一直使用信息系统方法来保证开发的信息系统有效，并满足在这里工作的人的需要。特别地，"软系统理论"（Checkland 和 Scholes，1999）提供了一个关注交互式系统设计的有益框架。社会心理学和组织心理学用于了解技术对于组织的影响，而最近，知识管理和社会计算逐渐成为重要的研究领域。最后，新的技术提供了新的商业机会，因为交互式系统设计师有时会发现全新的设计方式。

1.4.4 设计因素

用户体验设计用到了所有设计学科的原则和实践方法。在这里，建筑学、园艺学、外观

设计、时装设计和珠宝设计等的理念以不同的方式和形式呈现。从这些学科中提取对交互式
系统设计师有用的原则并非易事，因为这些知识大多与其各自特定的门类相关。设计师需要
掌握他所要处理的材料，关于这一点似乎也衍生出了一系列新的设计学科，产品设计就是其
中之一。产品设计在吸纳交互设计本质的同时，自身也在发生变化。产品设计为用户体验设
计师提供重要的技能。图形设计和信息设计在信息布局和产品的易理解性和美观性方面起到
重要作用（第 12 章讨论信息设计）。人机交互本身也衍生出许多设计技巧，以保证设计出的
产品能够更好地为人类服务。

　　图 1-11 显示了用户体验设计的一系列设计学科的分布，并提供了另一种观点，即用户
体验设计师需要知道或需要访问的技能。许多用户体验机构专注于一个或两个领域，并在需
要特殊专业知识时雇用自由职业专家。

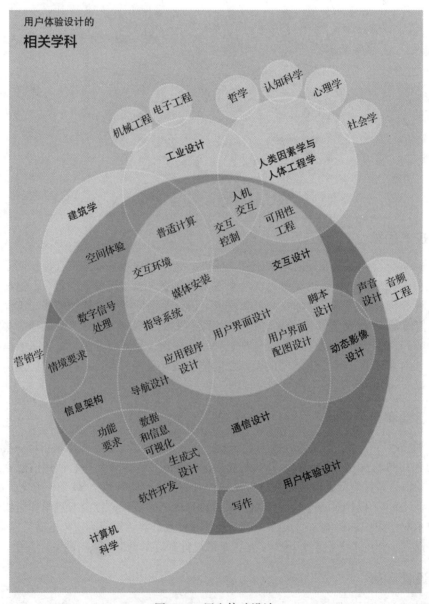

图 1-11　用户体验设计

挑战 1-4

设想你在负责一个项目团队，该团队的工作是为一家大型超市调查其配置的网络服务是否可行。这一服务可以让顾客通过网络连接任何地点的任何固定或移动设备来完成订货和送货。客户甚至想调查在"智能冰箱"缺货时，系统能否具备自动订货的可行性。为完成这些任务，你需要具备来自哪些学科的哪些技能？

1.5　以人为本设计的重要性

以人为本设计十分昂贵。无论是对人的观察和访谈，还是和用户一起讨论新的想法等都需要时间。由于以人为本的设计会给工程带来额外的开销，所以企业往往怀疑花时间去做访谈或是制作原型等工作是否值得。答案毫无疑问是肯定的。用以人为本的方法来设计交互式系统有很多优点。

1.5.1　投资收益率

Williams 等人（2007）通过大量案例研究分析了以人为本设计的投资和收益情况。关注人的实际需求、产品的可用性，并且整个用户体验将会减少顾客投诉和培训手册的使用，进而增加产品的吞吐量和销量。

让用户参与到设计过程中，也有助于提升产品的可接受性。使用以人为本思想设计的系统会更加有效。这一点在网页设计和电子商务网站设计中更为突出。Jared Spool 及其用户界面工程公司用一系列报告展示了良好的用户体验设计对电子商务网站的重要性，数据显示：通过将"为浏览器设计"转变为"为购买者设计"，网站的营业额与修改之前相比提升了 225%。

1.5.2　安全因素

20 世纪 80 年代，美国三里岛核电站发生了事故，并差点导致核泄漏。据说，导致该事故的原因之一是控制板显示某尚未关闭的阀门是关闭的，以及一个指示器被另一个控制板的标签挡住了。这两个设计的本质问题，一个是技术上的，另一个是组织上的，而以人为本的交互设计则可以有效避免这类问题。其他典型的悲剧案例包括飞机和火车事故，很多都是由于显示信息存在问题，或是操作人员没有正确理解屏幕显示的信息所引起的。系统设计应该以人为本并且符合情境。当系统设计本身容易导致错误发生时，不应当说这是一个"人为错误"。

1.5.3　道德因素

以人为本同时还能够确保设计师在其设计实践中是坦诚公开的。设计师们应该警觉起来，因为现在很容易做到暗中收集数据并把数据用在预想不到的方面。由于系统能够自动与其他设备相连并传输数据，所以对用户来说知道其提供数据的流向和用途就变得很重要。用户需要相信系统，并且有权力决定是否公开隐私以及以什么方式公开。

道德设计的另一个重要方面就是知识产权问题。现在可以很容易地从网上找一张图片并在不标明出处的情况下使用它。关于剽窃和其他对书面材料不诚实的行为，衍生出了很多问题。隐私、安全、控制和诚信，都是交互式系统设计师需要注意的方面。平等和信息访问是设计师们需要关注的两大"政治"问题。

随着科技的发展，针对道德和伦理等大问题的传统观念和方法也在发生着变化。交互式系统设计还需要符合行业标准和法律规定。从根本上说，由于交互式系统影响着人们的生活，因而系统需要满足道德设计，使用起来也必须简单舒适。设计师拥有改变他人生活的权力，所以应该以符合道德标准的方式行使权力。国际计算机学会（简称 ACM）的道德标准给道德设计提供了良好的建议。

1.5.4　可持续性

交互式系统对世界产生了巨大的影响，设计师应该从可持续的角度来设计系统。每年，几百万的移动电话和其他设备被丢弃，而且它们包含对环境有潜在危害的金属元素。大型显示屏和投影仪消耗了大量电力。文化被软硬件主要供应商的观点和价值体系侵蚀，随着大部分信息使用英文、中文和印度语来表示，地方语言逐渐灭绝。以人为本的设计需要认识到设计的多样性，并通过设计来提升人的价值。

总结和要点

由于用户体验涉及人类生活的方方面面，因而是一门富有挑战性且吸引人的学科。从计算机商业应用程序，到专业应用程序，再到融合了物理和数字空间的信息系统领域，已经有许多交互式系统和产品。用户体验设计就是为使用产品的人在特定情境中使用产品而进行设计。用户体验设计需要以人为本。

- 用户体验设计已经发展了好多年，已经从人机交互和交互设计的工作发展成为众多设计工作的核心。
- 用户体验设计借鉴了很多不同的设计学科。
- 用户体验设计师需要了解人、技术、人们从事的活动，以及这些活动发生的情境。
- 我们需要用户体验设计来完成安全、有效、符合道德标准和可持续的设计方案。

22

练习

1. 花些时间浏览商业网站，如 IDEO、索尼、苹果。不仅要关注网站的设计（尽管这可能是有益的），还要关注他们谈论的产品以及他们的设计方法哲学。寻找你喜欢的内容，并花时间和同事讨论。考虑和网站相关的所有方面：它看上去怎么样，是否容易使用，内容和网站的相关性，信息内容组织的清晰程度以及网站的整体"感觉"如何。

2. 以人为本指的是：
- 思考人们想要做什么而非技术能做什么。
- 设计新的连接人与人的方式。
- 在设计过程中引入用户。
- 为多样性设计。

写下你在设计挑战 1-4 中讨论的超市购物服务时会怎样着手设计，并写出方案。不需要真的设计，只是思考如何着手设计。是否有有效性、安全性、道德和持续性方面的问题需要考虑？

深入阅读

Laurel, B. (ed.) (1990) *The Art of Human–Computer Interface Design.* Addison-Wesley, Reading, MA. 虽然这本书很陈旧，但是许多文章仍然十分相关，这里面的许多作者仍然在交互设计的第一线工作。

Norman, D. (1999) *The Invisible Computer: Why Good Products Can Fail.* MIT Press, Cambridge, MA. 这是一本关于技术的成功和失败、过去和未来的令人愉快的书。

高阶阅读

Friedman, B. and Kahn, P.H. (2007) Human values, ethics and design. In A. Sears and J.A. Jacko (eds) *The Human–Computer Interaction Handbook,* 2nd edn. Lawrence Erlbaum Associates, Mahwah, NJ.

Norman, D. (1993) *Things That Make Us Smart.* Addison-Wesley, Reading, MA.

Norman, D. (1998) *The Design of Everyday Things.* Addison-Wesley, Reading, MA. 这两本易读的书提供了大量优秀的和糟糕的设计实例。

网站链接

用户体验设计专业人员联盟：www.uxpa.org。

交互设计联盟：www.ixda.org。

23

挑战点评

挑战 1-1

当然，结论取决于你所选择的产品或系统。重要的是，从大局着手去思考产品交互的本质、产品能够提供的活动及其性能。

以简单的功能设备咖啡机为例。简单地按一下按钮，一杯上好的咖啡就冲好了。然而，咖啡机能提供的品种有限，只有 4 种。相较于咖啡机提供的咖啡，我更愿意享用手工制作的咖啡。如果我加班晚了，不得不用另外的咖啡机，那就更糟糕了。咖啡机的投币口总是出问题，纸杯也太薄了且不隔热。默认情况下咖啡是加了糖的，但是我不喜欢加糖，这就需要按下"无糖"按钮，可是我又老是忘记。

该简单设备可与网站做个对比。选择一个你常用的网站。讨论一下网站的首页。它简洁美观吗？它有导航地图或者其他的导航帮助吗？它是如何陈列图片和信息的？它是否难以阅读和控制？观察用户是怎样从一个页面跳转到另一个页面的。

挑战 1-2

微波炉在用户界面的正面显示了各种用于设定时间和温度的按钮。通常微波炉还配有声音接口——用作预定时间结束时"叮"的提示音。遥控器仅仅用按钮作为交互界面，Xbox 的遥控器有很多按钮和一个包含四个方向的操纵杆。PDA 的用户接口是触控笔和触摸屏。触摸屏上有图标，外壳上也会有少量按钮。PDA 还接受涂鸦式的手写输入。

挑战 1-3

这个挑战的目的是超越用户界面和人机交互去思考新技术正在或者可能会为生活带来怎样的改变。当我们创造新的信息器械和商务名片这样的产品时，你、我以及交互式系统设计师都在某种程度上改变了这个世界。我们改变了可能性，也改变了人与人之间的交互方式。回顾（如有可能，与其他人讨论）我们之前提到的政治、伦理道德问题。

挑战 1-4

该项目需要很多技能。在技术层面，需要网络和软件工程知识来解决如何用编程实现这个功能，以及如何存储产品和订单数据。此外还包括支付时的授权和验证问题。如果项目中需要专门设备（比如商店内用于记录购买商品的智能扫描设备）来接入该服务，那么也会涉及产品设计。与此同时，还需要大量信息设计和图形设计的知识来完成信息的展示。在人的因素方面，通用心理学知识有助于设计，社会学知识能够帮助人们理解社会环境和项目的社会影响。在这个过程中，还可能需要开发相应的商业模型。最后，当然还需要信息系统方面的设计能力。

24

PACT：用户体验设计的框架

目标

本章所介绍的方法在设计用户体验时的一个重要原则是将用户放在首要位置，即以人为本。我们用缩写 PACT（People（人），Activity（活动），Context（情境），Technology（技术））作为场景设计的一个有用框架。设计师需要理解使用系统、服务和产品的用户，需要理解用户希望从事的活动，以及这些活动发生的情境。设计师还需要知道交互技术的特征，以及如何进行用户体验设计。

在学习完本章之后，你应：

- 理解活动和技术的关系。
- 理解 PACT 框架及其如何使用。
- 理解与用户体验相关的人的主要特点。
- 理解活动的主要问题和它们发生的情境。
- 理解交互式技术的关键特征。

2.1 引言

人们运用技术在不同情境中工作。例如，青少年坐在公交车上时用手机给朋友发短信。律师事务所的秘书用微软的 Word 软件编写文档。一群朋友运用谷歌日历安排假期活动。一位年过古稀的女士按下一系列按钮来启动房子里的入侵报警器。人们在网吧里使用 Facebook 跟其他人交流。

在所有这些场景里，我们都能看到人们在特定的情境中使用技术来进行一些活动。正是由于这其中因素的多样性使得用户体验设计成为一项充满困难但又吸引人的挑战。这些技术能够支持不同的人在不同的情境中进行不同的活动。如果技术改变了（包含通信、情境、硬件和软件），那么活动的性质也会随之改变。图 2-1 很好地总结了上述问题。

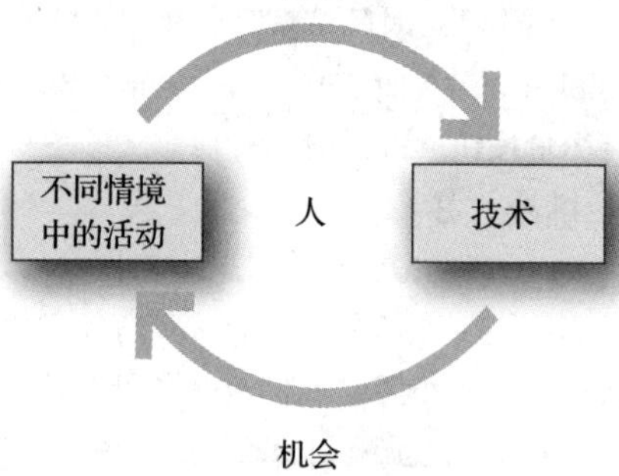

图 2-1 展示了活动（及其发生的情境）如何为技术建立需求，反过来技术又如何为改变活动性质提供机会。被改变的活动又给技术带来新的需求，这个循环便得以持续进行下去。设计师在试图理解和设计某些领域时应该时刻铭记该循环（这里的"领域"指一个研究领域，或一个"活动范围"）。例如，许多城市都引入了公交车跟踪系统，该系统能显示公交车到站的时间，并且带有计算两个地方之间最快路线的手机应用程序。这改变了乘公交出行的性质。另一个改变活动性质的例子展示在图 2-2 中。

图 2-1 活动和技术
（来源：基于 Carroll（2002），图 3.1，p.68）

图 2-2　随着技术的发展，电话活动的特性也在改变

（来源：Press Association Images; Susanna Price/DK Images; Mike van der Wolk/Pearson Education Ltd）

挑战 2-1

　　思考看电影这一活动，列举随着盒式磁带录像机（VCR）、数字多功能盘（DVD）的出现，以及影片能下载到笔记本电脑上而改变这一活动的方式。思考从电影出现的早期直到今天，该活动的情境发生了怎样的变化？

26

　　为了设计良好的用户体验，设计师需要了解 PACT 中 4 个元素的内在多样性，以及如何通过良好的设计来适应这种变化。

2.2　人

　　毫无疑问，人与人之间在很多方面都存在巨大差异。本书第四部分会详细阐释这些差异，这里只列举一些最重要的特征。

2.2.1　生理差异

　　人们在身高和体重等生理特性上存在差异。五感——视觉、听觉、触觉、嗅觉和味觉的可变性对处于不同情境中的人如何评价一项技术的可访问性、可用性以及愉悦程度有着巨大影响。例如，西方大约 8% 的男性患有色盲症（通常表现为不能正确地区分红色和绿色），还有很多人患有近视或远视，听力在不同程度受损的人也有很多。在欧洲，有 280 万人使用轮椅，还有许多人的手指运动不灵活，因此设计师必须考虑如何将技术运用到这些人的身上。相较于通常使用的按钮的大小，我们的手指要大得多。请看图 2-3 中的自动售票机，在设计该系统时需要考虑人的哪些生理特性？

人体工程学

　　"人体工程学"这一术语出现于 1948 年，用来描述关于人及其所处环境之间关系的研究。当时，高科技武器系统的发展十分迅速，为了使这些武器能够被有效、安全地使用，就要求在设计中考虑人和使用环境的因素。

　　环境包括物理环境（温度、湿度、气压、光照、噪声等）和社会环境（机器设计本身、健康和安全问题——比如卫生、毒理、暴露在电离辐射中、微波等）。

图 2-3   地铁自动售票机

（来源：Jules Selmes/Pearson Education）

人体工程学是一门交叉学科，综合了解剖学、生理学、心理学的诸多方面（如生理心理学和实验心理学），以及物理学、工程学和一些其他领域的研究。在日常生活中，我们会在每一个设计良好的交互式系统中发现与人体工程学相关设计准则的实际应用。在一款新车广告中，我们会期待看到符合人体工程学设计的仪表盘（这是一个非常好的、可取的特性），或是一个可调节的、符合人体工程学的驾驶座椅。在奔驰公司为新款 Coupé 提供的销售资料中可以看到如下人体工程学的描述：

> 从踏入 C 级运动 Coupé 轿车的那一刻起，你将会发现大量符合人体工程学的
> 细节和设计，绝不会辜负它的外观承诺。就像从一个完整的模子里刻出来一样，仪
> 表盘曲线将带给你平滑的触感。

在很多办公用具（比如椅子、桌子、灯、搁脚物等）和办公设备（比如键盘、显示器支架、腕托）的设计中也经常会用到"人体工程学设计"这一术语。现在，有许多设计原则具有法律效力（详见本章最后的深入阅读材料）。图 2-4 是一个符合人体工程学设计的键盘的例子。之所以说该设计符合人体工程学，是因为它体现了我们有两只手这样一个事实，所以要有两个分开的键盘模块和一个整体的腕托。该键盘设计满足了潜在用户的手和手指的实际情况。

图 2-4   人体工程学键盘

（来源：微软人体工程学多媒体键盘来自 www.microsoft.com/press/gallery/hardware/NaturalMultiMediaKeyboard.
jpg©2004 66Microsoft Corporation。版权所有，经微软公司许可转载）

框 2-1　人体测量学

人体测量学字面上是指对人的测量。它能告诉我们普通男人和女人的手腕数据范围（如直径和承重特性）。这些数据来自对不同种族、年龄、职业（比如办公室工作人员和体力劳动者）的人进行的数以千计的测量数据的总结，并且绘制成了表格。这类数据还能告诉设计师一个普通人是否能在按住按钮 B 和 C 的同时按下按钮 A，以及这一结论是否对惯用左手或右手的人同样适用。

28

虽然人体工程学的历史比人机交互（HCI）更为悠久，但这并不意味着人体工程学已经变得陈旧和脱节，事实恰恰相反。人体工程学能够为移动游戏终端、平板电脑、智能手机等交互式设备的设计提供很多有用信息。图 2-5 展示了一个这样的例子。

这类设备的设计面临着人体工程学的挑战。例如，相对于按钮，人类的手指则大得多。在移动计算世界，体积小是好事，但太小却未必（容易丢失，使用困难，容易被狗吃掉）。人体工程学能指出什么情况下是小且可用，以及什么情况下是过小以致不可使用。人体工程学知识运用于人机交互问题的最有名的例子是费茨定律（参见框 2-2）。

图 2-5　游戏控制器
（来源：Patrick File/Getty Images/法新社）

29

框 2-2　费茨定律

费茨定律是一个数学公式，它将一个距离函数（移动到一个目标位置所需的时间）与该目标自身的大小联系起来，即用鼠标移动一个箭头到某个特定的按钮。它在数学上的表示如下：

$$T_{（移动时间）} = k\log_2 (D/S + 0.5)$$

其中 k 约为 100 毫秒，D 指当前（鼠标）位置到目标位置之间的距离，S 是目标的大小。根据上述公式可以算出移动 15 厘米的距离到一个大小为 2 厘米的按钮的时间为：

$$T = 100 \log_2 \left(\frac{15}{2} + 0.5 \right) = 0.207 \text{ 秒}$$

费茨定律描述了运动控制。目标越小，距离越远，到达目标的时间就越长。费茨定律还能用于计算输入一句话的时间，更为重要的是，对于一些时间要求严格的操作，如踩踏机动车的刹车踏板，单击"确认"按钮而非"取消"按钮的可能性，或者触发"发射"或"引爆"按钮的时间等。

2.2.2　心理差异

人们在心理上存在诸多差异。例如，空间感好的人比空间感差的人更容易辨别方向，也更容易记住一个网站。设计师应该为空间感差的人们提供良好的标志和清晰的指示。毫无疑问，语言差异对于理解非常关键，文化差异也影响了人们对事物的解读。例如，在微软电子表格程序 Excel 中有两个按钮，其中一个按钮上有一个"叉"，另一个按钮上有一个"勾"。在美国，"勾"代表接受而"叉"代表拒绝；但在英国，"勾"和"叉"都可以用来表示接受（比如选票上的"叉"表示确认）。

框 2-3　个体差异

人们的心理能力通常存在很大差异。有些人的记忆力很强，而其他人则并非如此。有些人能够比别人更快地辨明自身所处环境，或是在心里更快、更精准地进行思考。有些人对文字敏感，而有些人对数字敏感。人们在个性、情绪控制以及压力下的工作表现方面也存在差异。有很多用于度量这些差异的测试。例如，Myers-Briggs 的类型指标就是将人分为 16 种性格的系列测试。其他则将人分为 5 种不同性格类型，称为 OCEAN：O 表示经验的开放性（openness to experience），C 表示责任心（conscientiousness），E 表示外向性（extraversion），A 表示宜人性（agreeableness），N 表示神经过敏性（neuroticism）。设计师需要考虑人与人之间的不同，并根据人类心理能力进行设计。

30

人们对于注意力与记忆力的需求和能力也会随着压力、疲劳程度等因素的影响而发生改变。大多数人不能记住很长的一串数字或复杂指令。对所有人而言，识别事物比记住事物要简单得多。一些人能够很快弄清事物运转的规律，而另一些人则需要花费更长的时间才能领悟。个人经历不同，对事物产生的概念"模型"也会不同。

2.2.3　心智模型

心智模型指我们所拥有的关于某个事物的理解和知识（Norman，1998）。如果人们缺乏对于某个事物的良好心智模型，那么就只能依靠死记硬背来完成动作。如果某处出了差错，他们也不会知道为什么，并且没法进行修复。人们使用软件系统的时候经常会这样，同时，人们在使用中央供暖系统、恒温控制器等"简单"的室内系统时也会出现类似情况。设计中至关重要的原则就是：设计的东西要让人们能对它们如何做以及做什么形成一个正确且有益的心智模型。

人们在与系统交互、观察自身动作和系统行为之间的关系，以及阅读使用手册或其他形式的说明材料的过程中形成对系统的心智模型。因此，设计师在界面中为用户提供构筑精确心智模型所需的完整信息（和任何相关文档）就显得尤为重要。

图 2-6 阐述了这一问题。随着 Norman 提出了他对于该问题的经典阐述（Norman，1986），设计师对于他们构筑的系统也有了一些构想。这些构想可能与系统实际做的事情相同，也可能不同。不仅如此，在任何一个大规模的系统中，没有一名设计师能够获悉系统做的所有事。设计师希望所设计系统的外在形象能够反映设计师自身的构想。但问题在于，

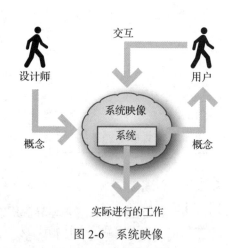

图 2-6　系统映像

只有通过系统映像——界面、系统行为和文档，设计师的构想才能得以展现。人们与系统的外观交互，并从中推导出他们关于这个系统是什么以及做什么的想法（即"心智模型"）。一个清晰的、逻辑一致的概念设计更容易和使用系统的人交流，进而也会帮助用户对系统产生更为清晰的想法。

Norman 对交互式系统心智模型的本质进行了广泛观察（Norman，1983）。他总结道：

- 心智模型是不完整的。人们对系统某些部分的理解会比对其他部分更好。
- 人们会在需要时"运行"（或尝试）自身心智模型，但通常模型的精度会受到限制。
- 心智模型是不稳定的——人们会忘记某些细节。
- 心智模型没有明确的边界：类似的设备和操作常相互混淆。
- 心智模型是不科学的，经常显示出"迷信"的行为。
- 心智模型是简约的。人们更愿意多做一些体力劳动来尽可能地减少脑力劳动。比如，人们会关掉设备并重启，而不是试图从一个错误中恢复。

心理学家 Stephen Payne（1991, pp. 4-6）描述了心智模型如何预测行为。他声称在很多情况下，人们的行为可以由他知道什么和相信什么，以及这些会如何影响其行为来解释。通过"心智模拟"可以做出推断。通过在 mind's eye 中运行这种模拟，可以实现对设备或物理世界的推理（第 22 章会依据工作记忆的视空间模板介绍 mind's eye）。

心智模型对用户体验来讲非常重要，特别是在引入不同服务的时候。例如，尼尔森诺曼集团（NN Group）的一篇文章（NN Group，2010）描述了与通常的电子商务网站退房模式相比，人们是如何误解从 Netflix 租借电影模式的。

挑战 2-2

　　你对电子邮件的心智模型是什么？一封电子邮件是如何从一个地方到达另一个地方的？写下你的理解，并与同事讨论。你们的心智模型有什么差别？为什么？思考不同心智模型呈现了哪些细节（或抽象程度）。

2.2.4　社会差异

人们使用系统、产品或服务的原因各异，使用系统的目标和动机也互不相同。一些人对某个系统特别感兴趣，而另一些人只是想完成一项简单的任务。同时，使用系统的动机也会随时间而改变。

新手和专家用户在使用一项技术时有着不同的知识背景，因此对设计的需求也各不相同。专家会频繁地和系统打交道，并学习系统的所有细节；然而，新手用户在与系统交互的过程中则需要引导。还有一些人可能并不需要使用某个系统，但系统的设计师却希望他们使用。当交互变得困难的时候，这些人（有时被称作"自主用户"）很快就会放弃。设计师需要想办法吸引这类用户来使用他们的系统。

针对同质用户群体（homogeneous groups of people）的设计与针对不同质用户群体的设计之间存在很大差异，因为同质用户群体之间有广泛的相似性，并且做很多同样的事情。网站需要迎合不同的人群，因此有特别的设计考虑。然而，一个公司的内网可以被设计成满足特定人群的特定需求。一个相对同质的用户群体的典型——秘书、管理者或实验室科学家，可以成为设计团队的成员，并且提供对于他们特定需求的更多细节。

挑战 2-3

再次思考图 2-3 中的自动售票机，设想一下它的用户。分析用户群体关于系统使用的不同特性，包括生理层面、心理层面（包含人们可能建立的不同心智模型）、社会层面等。

2.2.5   态度差异

人们在他们认为重要的事情以及不同问题的意识形态立场上也各不相同。人们可能会为拥有某种特定的产品而感到自豪。他们可能会使用一项服务来帮助自己实现个人目标，例如保持体形和健康。其他人可能更关心全球变暖这样的大问题。对于是否应该认真对待某些事情，人们也有不同的看法，这可能会影响他们对产品或服务的美学设计的反应。这些不同的态度会对面向不同人群的用户体验产生巨大影响。不同的价值观、愿景和意识形态立场都会成为让人产生有趣和愉快的用户体验感的影响因素。

2.3   活动

活动有很多特性需要设计师考虑。"活动"既指简单的任务，又指复杂度高、耗时长的活动，因此设计师在考虑活动的特性时需要注意。以下是我们列出的设计师需要考虑的 10 项重要活动特征。最重要的一点是，设计师应着眼于活动的最终目的进行设计。其他特征包括：

- 时间方面（第 1～4 项）。
- 合作（第 5 项）。
- 复杂度（第 6 项）。
- 安全攸关（第 7 和 8 项）。
- 内容的本质（第 9 和 10 项）。

（1）时间方面包括活动的频率。每天都会做的事情与每年发生一次的事情的设计会有很大不同。人们会很快学会如何用手机来打电话，但可能会在更换电池时遇到困难。设计师应该确保频率高的任务非常容易完成，但同样也应该确保频率低的任务非常易学（或易记）。

（2）活动的重要特征还包括时间压力、高峰期和工作时的想法。一个当一切都很安静时运行良好的设计有可能在繁忙时表现得非常糟糕。

（3）一些活动的发生是一个单独的、连续的动作集合，而另一些更容易被打断。如果人们在进行某个活动时被打断，设计应该确保他们能够找到被打断之前的地方，并能顺利地继续进行。这样一来，确保人们不会在某些活动中犯错误或遗漏某些重要步骤就非常重要了。

33

（4）系统的反馈时间也需要纳入考虑范围。如果一个网站在服务器繁忙时要花两分钟来传输一个反馈，对一个普通的查询请求来说这样的反馈时间是非常令人沮丧的，对一些紧急信息的查询更是致命的。大体上，人们对一个手眼合作活动的期望反馈时间是 100 毫秒，对一个因果关系（比如单击一个按钮然后发生某事）的期望反馈时间是 1 秒。他们会对反馈时间超过 5 秒的任何事感到沮丧和困惑（Dix，2012）。

（5）活动的另一个重要特征是这些活动是可以单独开展还是需要多人合作。如果是后者，对他人的考虑、交流和合作就非常重要了（第 16 章有许多多人合作活动的例子）。

（6）定义良好的任务和比较模糊的任务需要不同的设计。如果一项任务或活动被定义好了，那么它就能由简单的步骤式设计完成。一个模糊的活动意味着人们要环顾四周，观察不同类型的信息，从一件事切换到另一件事，等等。

（7）一些活动是与生命安全相关的，在这些活动中，任何错误都可能导致受伤或严重的事故，而另一些活动中发生错误的后果不会如此严重。显然，当安全被纳入考虑范围，设计师必须格外注意确保错误不会导致严重的后果。

（8）总体而言，设计师考虑当人们犯错误时会发生什么，以及为那种情形做出相应的设计是非常重要的。

（9）考虑活动所需的数据也很重要。如果大量字母数据需要作为活动的一部分输入（记录名字、地址，或文字处理的文档），那么键盘几乎是必需的。在其他一些活动中，可能需要展示录像或高质量的彩色图像。然而，在一些活动中，只需要很少量的数据，或者不常变化的数据，那么就可以用其他的技术。例如，图书馆只需要扫描一至两个条形码，所以可以设计一种技术来运用这类活动的特征。

（10）与数据同样重要的是活动需要的媒介。一个简单的显示数字数据的双色显示屏和一个全动态的多媒体显示屏需要完全不同的设计。

挑战 2-4

列出发送一封电子邮件的主要活动特征。用上述 10 项特征作为指导。

2.4　情境

活动总是在各种情境中发生，因此把两者结合起来分析是有必要的。情境可分为 3 类：组织情境、社会情境和活动发生的物理环境。情境这个术语理解起来可能很困难。有些时候可以把它看作活动的周边背景，而另一些时候则把它看作在一个整体中把一些活动结合起来的特征。

比如，对于一个"从 ATM 取出现金"的活动，对情境的分析可以包括设备的位置（通常是嵌在墙里）、阳光对显示屏可读性的影响、对安全性的考虑。对社会情境的考虑包括一次交易所用的时间或是否需要排队。组织情境会考虑银行办事方式对活动的影响以及银行与顾客的关系。考虑活动发生的情境和环境的范围是非常重要的。

2.4.1　物理环境

活动发生的物理环境是很重要的。例如，照到 ATM 显示屏上的阳光可能使显示屏无法阅读。周边环境可能非常嘈杂、寒冷、湿润或肮脏。同一个活动，例如登录一个网站，可能发生在网速很慢的偏远地区，或是发生在有着便捷设备和较快网速的大城市。

2.4.2　社会情境

活动发生的社会情境也很重要。一个支持性的环境会为活动提供大量的帮助。在那种环境中可能会有训练手册、培训，或是在人们遇到麻烦时可以求助的专家。隐私问题也要考虑在内，并且一个人完成活动和与他人合作完成是非常不同的。社会规范可能决定了是否接受特定的设计。例如，在一个开放式办公室环境中，外放声音是不被接受的，但在一个人工作时却有可能是高效率的。

2.4.3 组织情境

最后，由于技术的改变往往会影响交流和权力结构，还有可能对如非技能化的某些工作产生影响，因此组织情境（如图 2-7 所示）也是很重要的。有很多书专门研究组织和新技术对组织的影响。在此，我们无法公正地看待这个问题。活动发生的环境（时间、地点等）的差别同样很大，也需要纳入考虑范围内。

图 2-7 不同的工作情境

（来源：Peter Wilson/DK Images; Rob Reichenfield/DK Images; Eddie Lawrence/DK Images）

35

框 2-4 接口的可塑性

Joelle Coutaz 及其同事（Coutaz 和 Calvary，2012）提出了设计接口可塑性的思想。有可塑性的接口可以适应不同的情境，例如一个加热控制器的显示屏既可适应电视屏幕，又可适应更小的可移动设备屏幕。重要的是，他们把这种思想和为具体值的设计联系在一起。设计师应该明确地提出具体情境中的人需要的值。接口应设计为满足使用环境所要求的值。

2.5 技术

PACT 框架的最后一部分是技术：用户体验设计师工作时使用的媒介。交互式系统通常由相互通信的硬件和软件组成，并把一些输入数据转化为输出数据。交互式系统可以执行很多功能，而且通常包含大量数据或信息。使用系统的人重在交互，从物理角度，设备有很多种样式和审美。与其他设计领域（如室内设计、珠宝设计）的设计师一样，用户体验设计师需要理解他们工作所使用的工具。

当然，交互式技术变化迅速，到目前为止，设计师及时了解可选工具的最佳方式是注册登录一些网站。本章后面列举的网站上有大量最新的交互式技术。把技术进行分类也非常困难，因为它们不断被新的方式打包，而且它们的不同组合能方便不同类型的交互。例如，iPhone 上的多点触摸屏允许你用不同的方式浏览音乐收藏，并在台式计算机上从鼠标和键盘界面中选择特定的曲目。设计师要意识到输入、输出、通信和内容的各种可能性。

2.5.1 输入

输入设备考虑人们如何准确、安全地将数据和指令输入系统。开关和按钮是一种简单且直接的输入指令（如开灯、关灯）的方式，但它们很占空间。一个小的移动设备上没有足够的空间来放置很多按钮，所以设计师需要仔细考虑哪些功能需要单独的按钮。例如，在iPhone 上，设备侧边的一个按钮用来关掉和开启声音。设计师认为这是一个重要且常用的功能，因此需要有独立的按钮。

字母数字数据常通过一个"QWERTY"键盘输入交互式设备，该键盘于 1868 年由 C.

L. Sholes 发明。在那个时候，打字机的制造相对比较粗糙，按字母排列的键盘很可能在敲击 36 时产生混乱。Sholes 通过重新安排位置的方式解决了这个问题。除了有些设备会使用按字母顺序排列按键的键盘之外，这个设计到今天还伴随着我们。

　　触摸屏对手指的触摸非常敏感。它们通过红外感应或电容来工作。因为没有可移动的或可拆卸的部件，它们很适合设计为公共场合需要的应用，并且由于提供了设计良好的接口，触摸屏呈现出简洁和易用的外观。很多触摸屏只能识别单点触碰，但多点触摸屏支持对图片和文字的缩放与旋转。图 2-8 展示了微软的 Surface，一个多点触摸的平板电脑。

图 2-8　微软的 Surface

（来源：Reuters/Robert Sorbo）

　　触摸屏将人们的手指作为输入设备，由于手指是随时可用的，因此这个设计有明显的优势。光笔（如图 2-9 所示）也许是最早的定点设备。当它指到屏幕时，它会将屏幕的位置信息反馈给计算机，这样就能识别所指的东西。光笔比触摸屏便宜，可以在外面加一层壳（被制作得非常坚固），也可被消毒。光笔在工业和医学领域都有相应的应用。

图 2-9　光笔

（来源：Volker Steger/Science Photo Library）

　　其他形式的定点设备包括用于非常小的显示屏（手指太大，不能用作输入设备）或很多手持设备上的手写笔。由于手写笔比手指更加精准，它可以用作手写识别。理论上，这种将数据输入交互式设备的方式是很有吸引力的。用手写笔直接在计算机屏幕或平板上工作是一种非常自然的方式。

　　一种非常普遍的输入设备是鼠标（如图 2-10 所示），它由斯坦福大学的研究实验室在 20世纪 60 年代中期发明。鼠标是一个手掌大小的设备，它能在平整的表面上（如桌面）移动。最简单（也最便宜）的鼠标靠一个橡胶绝缘的小球来转动两个成直角的轮子。这两个轮子把鼠标的移动转换成其连接的计算机所能解读的信号。鼠标的顶部有一个或两个按钮，人们可以用手指来操作它们。鼠标已经成为默认的定点设备。更加现代化的鼠标设计包括一个用来滚动文档或网页的大拇指滑轮（如图 2-11 所示）。鼠标可以是无线的，它依靠红外线和计算机通信。2009 年，苹果公司发明了一种"神奇鼠标"，它结合了传统鼠标的功能和多点触控功能，可以实现一系列新的交互触控手势。

图 2-10　Mac 的一个单键鼠标。传统 Mac 只有一个点击按钮，具有"你总是知道按下哪个按钮"的好处

（来源：Alan Mather/Alamy Images）

图 2-11　微软的一个双键鼠标，带有滚轮（用来滚动）

（来源：www.microsoft.com/presspass/images/gallery/hardware/BNMS_mouse_web.jpg。经微软公司许可转载）

轨迹球是另一种定点设备，它被形象地描述为躺着的鼠标。用户通过移动小球来移动指针。跟其他定点设备一样，它也有一个或多个用来选择屏幕选项的按钮。由于轨迹球不容易被偷，而且不要求在平整的表面上移动，因此它常用在公共售货机上。

手柄（如图 2-12 所示）是一个以中心点为轴心旋转的柄。从上面看手柄，它可以向东、南、西、北（以及东北、东南、西南、西北方向）移动来控制一个屏幕的指针、飞船或屏幕上的任何物体。手柄绝大部分情况应用于计算机游戏，但它们也会用于 CAD/CAM（计算机辅助设计 / 制造）系统和 VR（虚拟现实）应用的连接。

随着 2007 年任天堂 Wii 的引入，新一代的输入方式成为可能。Wii 用红外线来检测一个遥控器的移动。这让手势变得可识别。其他系统，尤其是微软的 Kinect，通过跟踪肢体来识别手势，通过将传感器附在肢体上或用摄像机跟踪来识别身体的移动（如图 2-13 所示）。

图 2-12　一个基于人体工程学设计的游戏手柄

（来源：Microsoft SideWinder® Precision 2 joystick。Phil Turner 摄影，经微软公司许可转载）

图 2-13　Microsoft Kinect

（来源：David Becker/Getty Images）

现在，不同类型的传感器都可作为输入机器。气压传感器、声音传感器、震动检测器、红外动作检测器和加速计都可以被设计师用来检测某个方面的交互。Wilson（2012）列举了用于检测占据、移动和方向、物体距离和位置、触摸、注视和手势、人物识别（生物测定学）、环境和影响的传感器。有许多申请了专利的设备被用作具体对某一种移动设备的输入，比如慢跑轮被用于手机接口的导航。大脑活动也可以被感知，这使得脑 – 机接口（BCI）成为可能，这是未来令人兴奋的发展。

随着亚马逊、谷歌和苹果的广泛使用，语音输入变得越来越准确。前不久，我对苹果的语音识别系统 Siri 说：“向琳达发送一条短消息。”Siri 回答：“你的通讯簿中有两个人叫琳达，分别是琳达和琳达·简。”我回答：“向琳达·简发送一条短消息，说‘你好’。”Siri 发送了短消息并回复：“一条短消息‘你好’已经发送给琳达·简。”对这种简单、专门的任务的语音输入会成为交互设计师越来越普遍的选择。

其他形式的输入包括二维码（QR）和增强现实（AR）的基准标记（如图 2-14 所示）。二维码是手机上用途广泛的扫描应用，用来将手机连接到互联网上，或者用来执行一个短序列的操作。基准标记用来识别一个物体，这样就可以把一些交互操作朝它的方向调整。无标记的 AR 用一个物体的照片来注册一个连接，允许图形、视频和其他内容覆盖在一个场景中。全球定位系统（GPS）也可使用数字内容调整现实世界的视图，从而提供一个增强的现实。

图 2-14　二维码

（来源：Red Huber/Orlando Sentinel/MCT/Getty Images）

挑战 2-5

　　你会为放置在机场到达区域的游客信息显示屏应用选择哪种输入设备？这个系统要允许人们预订酒店房间等，以及找到关于这个区域的信息。说说你选择的理由。

2.5.2　输出

向人们显示内容的技术主要依赖于视觉、听觉和触觉三种感官能力。最基本的输出设备是显示屏和显示器。即使是在几年前，常见的显示器也是使用阴极射线管（CRT）技术，它需要将一个又大又重的盒子摆放在桌子上。现在，纯平显示器使用等离子体、薄膜工艺学（TFT），或者液晶显示（LCD）技术，它可以挂在墙上。它们中的一些可能有非常大的显示屏，这会产生明显不同的交互体验。用作屏幕显示的软性有机发光二极管（OLED）进入市场，它能显示任何形状和尺寸的图形，也可以弯曲，因此可以用在衣服上（如图 2-15 所示，第 20 章将详细讨论可穿戴计算）。

然而，显示设备的物理维度只是影响输出的因素之一。输出设备是由硬件（制图卡片）驱动的，它会随着可支持的屏幕分辨率和调色板而改变。更普遍的是，设计工作在一个或多个组合的硬件上的交互式系统是非常困难的。典型情况是，应用和游戏规定了最小的

40 规格。

　　一种解决显示"实体"受到限制的方法是使用数据投影仪（如图 2-16 所示）。虽然投影仪的分辨率通常比显示器低，但最后放映的图片仍可以是巨大的。数据投影仪的尺寸正在以很可观的速度减小，现在已经有移动数据投影仪了。当小到可以内置在手机或其他移动设备中时，它们注定会对交互式设计产生巨大影响。图片可以被投影到任何表面，指向它或者其他手势都可以被摄像机识别。这样，任何表面都有可能成为多点触控显示器。

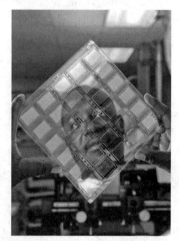

图 2-15　软性有机发光二极管显示器
（来源：Volker Steger/Science Photo Library Ltd）

图 2-16　三星 i7410 Sirius Projector Phone
（来源：Gaustau Nacarino/Reuters）

　　除了以视觉的形式显示内容外，声音也是输出的一个重要途径。声音是一种未被充分利用的输出媒介（第 13 章将详细讨论声音）。语音输出也成为一种越来越普遍的选择（比如在卫星导航系统中）。有了有效的文本 – 语音（TTS）系统，简单地向系统发送一条消息会有清晰的语音输出。

　　打印机是在纸上打印文本或图像的设备，而绘图机是在纸上画图像或形状。几家公司已经发明了三维打印机。这些机器的工作原理是将一层层粉末状的物质相互叠加起来，创建一个真实的数字图像模型。人们认为通过使用成百上千的粉末层，从"咖啡杯到汽车部件"的所有东西都能创造出来，就像将墨水印到纸上一样。通过使用粉末和黏合物（胶水），这些3D 打印机可以使新产品的物理设计快速成型。

　　"触觉"指触摸的感觉（第 13 章将进一步介绍触觉界面）。然而，触觉让我们可以与交互式设备和媒介发生直接的联系。最广泛应用的触觉设备可能是那些包含了所谓强力反馈的游戏控制器。强力反馈主要用于将反馈从游戏环境传输给正在进行游戏的人。那么强力反馈设备的明显好处有哪些呢？

- 感觉可以和交互联系起来，比如感觉驾驶表面和感觉脚步。
- 感觉也可以用来提供反馈，比如其他玩家、物体的位置等。
- 强力反馈使玩家产生挥舞一把剑、驾驶一辆高速轿车、高空操作一个"调速装置"，或处于一个有光军刀的帝国中的感觉。

　　强力反馈的一个更加严肃的应用是，美国航空航天局在 2001 年应对纽约 9·11 恐怖袭
41 击中的"软墙"（Softwalls）。软墙可以通过飞机上的机载系统来限制空域。爱德华·李说，软墙最基本的思想是可以防止飞机飞入限制的空域（比如城市中心），也会通过飞机上的摇杆

来与飞行员交流。其他的例子包括手机上静音模式的震动，甚至还有按下按键时的感觉。

挑战 2-6

你会为挑战 2-5 里描述的游客信息应用选择什么输出设备？解释你的选择。

2.5.3　通信

人与人之间、设备与设备之间的通信是设计交互式系统很重要的一部分。在这里，诸如带宽和速度的问题非常关键，给人们的反馈也很重要，他们会知道现在正在发生什么以及现在的确有事情在发生！在一些领域，大量数据的传输和存储是一个关键特征。

通信可以通过如电话线和办公室中常常使用的以太网这样的有线连接来进行。以太网是最快的通信方式，但设备必须连接网络才能使用。以太网允许连接到互联网上最近的节点。通过光纤电缆的超快通信将这些节点连接起来，因此可以将一台设备连接到世界任何地方的设备上。网络中的每个设备都有一个唯一的地址，即 IP（网络协议）地址，这个地址使得数据可以被传送到正确的设备上。可用的 IP 地址很快就会用光，到时就会需要一种新的地址形式——IPv6。

无线通信变得越来越普遍，通常，一个无线中心会被连接到以太网上。无线通信可以通过手机使用的无线电话网络或者 WiFi 连接进行。WiFi 的覆盖范围有限，你需要在离 WiFi 中心几米的范围内才能连接上，然而使用 3G 或 4G，电话网络的覆盖范围就更加广了。新的 5G 技术将会给移动设备更快的连接，超快的带宽很快就会覆盖全球范围内的所有城市。5G 技术正在被部署，它能够提供更快的速度和更高的安全性。人们一直在发明其他形式的无线通信，WiMax 会利用 WiFi 提供更大的覆盖范围。两台设备之间直接的短距离通信（即不使用网络）可以通过蓝牙技术实现。蓝牙用于将键盘等设备连接到计算机，将手机连接到平板电脑，将设备连接到蓝牙低功耗（LTE）信标。近距离通信（NFC）通过使设备彼此接近来连接设备。因此，人们可以使用手机进行移动支付。

2.5.4　内容

内容关注系统的数据和它的形式。对内容的考虑是理解上述活动特征的一个关键部分。技术可以支持的内容也是非常重要的。好的内容是准确、及时、相关和组织良好的。如果在提取时，信息已经是过时的或不相关的，那么即使是一个复杂的信息检索系统也没有意义。在一些技术中，内容意味着一切（比如网站常常是关于内容的）。而其他技术更关注功能（比如电视的遥控器）。大部分技术都是功能和内容的结合。

42

内容可以在需要时获取（称为"拉技术"），或者由服务器推送给设备。当网站内容发生变化时，网站的 RSS 订阅会提供自动更新功能。

数据的特征对于选择的输入方式非常重要。例如，条形码只在数据不经常改变时有意义。如果只有少量选项以供选择，触摸屏会非常实用。语音输入在没有噪音或背景干扰，且只有少量命令需要输入或输入域非常有限的情况下才可能实现。

视频、音乐和语音这样的"流式"输出与图标、文本或图片这样的"块式"输出有着截然不同的特点。最重要的特点可能是流式媒体不会长时间停留。例如，通过语音输出的指令需要被记忆，而如果通过文本形式展现，它们就可以被再次阅读。动画也是一种流行的展示内容的方式，有很多二维动画软件产品，而三维动画可以通过 3D Studio Max、Unity 和 Maya 这样的游戏"引擎"制作。

2.6 用 PACT 来审视问题

以人为本的用户体验设计的目的是在某个特定领域内将 PACT 的元素结合到最优。设计师希望通过正确的技术组合来支持人们在不同情境中进行的活动。PACT 分析对于分析和设计活动都有好处：理解目前的情况，探索还可能在哪里得到提高，或者展望未来的情形。为了做一次 PACT 分析，设计师会考量 P、A、C、T 在一个领域中的各种可能情况。这可以通过与人们一起观察、采访，以及在工作室中通过头脑风暴和其他通过想象的技术来完成。针对此目的有很多技术（详见本书第二部分）。PACT 分析也对构造人物角色和脚本（详见第 3 章）有帮助。设计师需要在 PACT 的组合之间做出权衡，也要考虑它们会如何影响设计。

针对人，设计师需要考虑在物理上、心理上和社会上的不同，以及这些不同在不同情况下会如何随着时间的流逝而发生改变。最重要的是设计师要考虑项目的所有利益相关者。针对活动，他们需要考虑活动的复杂度（明确的或模糊的、简单的或困难的、步骤少的或步骤多的），时间特征（频率、高峰和低谷、连续的或是会被打断的），协作特征和数据的本质。对于情境，他们需要考虑物理、社会和组织背景。对于技术，他们需要集中考虑输入、输出、通信和内容。

举个例子，假设一个大学的系让我们建立一个管理进入其实验室的人员的系统。PACT 分析可能包含以下几个方面。

1. 人

学生、讲师和技术人员是主要人群，这些人都受过良好的教育，理解诸如刷卡、输入密码这样的事。还需要考虑坐轮椅的人以及色盲患者。可能还有语言差异。人们需要对技术如何工作形成正确的心智模型。偶尔来访的人和经常来访的人都需要考虑。然而，也有一些其他的利益相关者需要进入实验室，比如保洁人员和保安人员。最重要的是，管理人员想要控制人员进入实验室的动机是什么呢？

2. 活动

整个活动的目的是输入某种形式的安全许可，然后打开大门。这是一个定义完好的活动，只需一个步骤。它发生的频率很高，在实验室刚开门的时段是高峰期。输入的数据是简单的数字或字母与数字的混合码。这个活动不需要与他人合作（当然，可以和别人一起完成）。虽然安全是很重要的一个方面，但活动并不是安全攸关的。

3. 情境

从生理角度来看，活动通常在室内发生，但人们可能携带图书或其他东西，这使得他们很难做复杂的操作。从社会角度来看，活动可能在人群中发生，也可能在深夜周围没有人的时候发生。从组织上看，情境主要是关于安全的，谁拥有进入哪间房间的权限，以及他们何时能够进入的问题。

4. 技术

少量数据需要快速输入。操作方法必须显而易见，以适应来访者和不熟悉系统的人们。该技术的输出应该非常清晰：保密数据已被接受或未被接受，门需要等到该过程成功后才能打开。与中央数据库通信来验证输入数据可能是必要的，但系统中几乎没有其他内容了。

挑战 2-7

　　为一个高速公路服务站的咖啡厅的自动售卖系统做一次快速的 PACT 分析，并将内容写下来。与同事讨论你的观点。

总结和要点

　　用户体验设计关心人、他们进行的活动、这些活动的情境以及他们使用的技术，即 PACT 元素。这其中的每一个元素都有非常多的情况，也正是这种多样性和它们所有可能的组合让交互式系统的设计充满吸引力。

- 用户体验的设计要求分析者/设计师考虑 PACT 元素的范围，以及它们如何在某个领域中与其他元素相适应。
- 人们在生理上和心理上都有很多不同，这导致他们在使用系统时也有所不同。
- 活动由于时间因素、是否需要合作、复杂性、是否安攸关以及所需内容的本质的不同而不同。
- 情境在生理、社会、组织方面不同。
- 技术在输入、输出、通信，以及它支持的内容方面有所不同。
- 对形势做 PACT 分析是挖掘设计问题的一种有效方式。

44

练习

　　1. 为穿过你所在城镇的新自行车道路网设计一个信息系统。系统的目的是为业余自行车手提供到城镇内主要景点的方向和距离信息。系统还需要提供一些别的信息，比如为往返上下班的人提供公交车和火车时刻表。为这个应用做一次 PACT 分析。

　　2. 为上述应用制定一个项目开发计划。你应该详细说明哪些需求的工作需要理解领域知识，项目团队需要怎样的人才或技能，以及将会采用的方法。识别出项目中的里程碑。

深入阅读

Jordan, P. (2000) *Designing Pleasurable Products*. Taylor and Francis, London。Patrick Jordan 提供了大量人与人之间的差异以及他们如何影响产品设计的细节。

Norman, D. (1998) *The Design of Everyday Things*. Doubleday, New York。Donald Norman 在他发表的一些著作中讨论了心智模型的思想。这本可能是最好的。

高阶阅读

Payne, S. (2012) Mental models. In J.A. Jacko (ed) *The Human–Computer Interaction Handbook: Fundamentals, Evolving Technologies and Emerging Applications*, 3rd edn. CRC Press, Taylor and Francis, Boca Raton, FL.

Wilson, A. (2012) Sensor and recognition-based input for interaction. In J.A. Jacko (ed) *The Human-Computer Interaction Handbook: Fundamentals, Evolving Technologies and Emerging Applications*, 3rd edn. CRC Press, Taylor and Francis, Boca Raton, FL.

挑战点评

挑战 2-1

录像机（VCR）出现后才有了录像带租用商店，看电影这一活动才从电影院转移到了家里。录像机也支持人们将电视节目录制下来，这样人们就可以随时观看了。在看电影之外 DVD 为人们提供了新的选择，现在，人们可以选择观看电影片段、电影的不同版本、对演员和导演的采访等。如今，看电影这一活动有了更多的交互性：看电影的人对于他们所观看的东西有了更多的控制权。

挑战 2-2

电子邮件从一个地方发送到另一个地方的过程是非常复杂的。这个过程更像是通过邮局寄一封信，而不是打一个电话。电子邮件被作为一个或多个数据"包"来传送，这些数据"包"会被不同的路由器传到世界各处。电子邮件从你的计算机通过一台提供网络连接的计算机，传输到一个主要的网络中心，在这里，它会进入一个高容量的主干电缆。当它离目的地越来越近时，之前的过程会反过来，邮件会离开主干电缆，到比较偏远的分支去。为了找到最好的路径，需要一个复杂的地址数据库和路由信息。

挑战 2-3

物理上的位置很重要，因为坐在轮椅上的人、小孩或其他人需要能接触到按钮。按钮必须能被轻松按下，这样老年人才能使用它。在心理上，机器不应该对人们有不合理的要求。在我们不知道机器的复杂程度时，很难说出确定性的东西。一些售票机器设计得非常简单，仅仅有选择目的地和出票的功能。另一些试图提供很完整的功能，票的不同类型、团队票、往返票等。这些机器有可能会变得非常复杂而难以使用。从使用的角度考虑，设计需要同时支持那些每天赶时间并且可能每天都使用这台机器的人，也要支持从来没有接触过这种机器的人，也许他们还说着不同的语言，并正尝试做一些很复杂的事。设计一个能很好地同时支持这两类人的机器是非常困难的。

挑战 2-4

发送邮件是一项经常进行的活动，也经常被打断。这个活动本身非常直接，但当它与其他活动（比如查找过去的邮件、查找地址、附上文档附件等）有交叉时，事情就可能变得非常复杂。进行这项活动没有必要跟别人合作。如果邮件系统有内置的地址簿，那么查找和输入地址的任务就会比较容易，因为人们只需要记住和输入一小部分数据。否则，人们就需要输入一长串邮箱地址。

挑战 2-5

出于耐用性的考虑，我们建议在触摸屏或普通的摄像机上使用跟踪球和坚固的键盘（来输入如酒店客人名字这样的数据），或者可在屏幕上操作的版本（用起来很麻烦）。其他的选择也是可能的。

挑战 2-6

用作输出设备的触摸屏，再加上一个嵌入在机壳内用于确认预订等操作的小打印机，可能会比确认号码更让人放心。声音输出（输入）也是可能的，但在机场的嘈杂环境中很可能会变得不实际。

挑战 2-7

当然，有许多复杂的事情都会涉及在内。这里只是一些可以着手的方面。所有可能的范围的人！从一群足球支持者或者远足的老年人到深夜在街上晃荡的人。关键是要考虑如何在不同的情况下应对不同的人群。活动是简单且被良好定义的。商品项需要被识别、得到单价和计算总价。付钱之后需要打印小票。有些超出这个简单任务框架的问题偶尔会被问道，比如"如果我……，那么需要多少钱？"或者是需要解决的价格争端。也会有其他的利益相关者：服务人员、经理等。他们也需要从系统中得到信息。在技术上，商品项上需要有条形码，但这对于肉类商品来说是困难的，因此通常来说，单个商品的价格是可以输入的，这需要花费时间。接口的设计非常关键，比如，对于茶叶或咖啡这样的东西可能会有特殊的关键码，但是为每个东西都设置关键码是否是一个好主意就是另外一件事了。现在，你有了一个思考这个问题的机会。花些时间去了解不同的咖啡厅或餐馆采取的解决方案吧。

以人为本的用户体验设计过程

目标

设计是一个创造性的过程，它关注的是新事物的产生，它是一类会引发各种社会性问题的社会活动。同时，它也关注意识上的变化与设计师和用户之间的交流。不同的设计规范提供了不同的方法和技术来辅助这一过程。设计方法和理念也一直在改变。一个成熟的规范建立了一些优秀的设计实例，人们可以从中研究和反思是什么让设计变得如此优秀、良好或糟糕。不同的设计规范有着不同的约束，例如，设计的对象是否"独立"，该对象是否必须适应遗留系统或者满足标准等。用户体验越来越关注于交互时刻以及这些体验是如何随着时间的推移而展开的。

本章将介绍用户体验设计涉及的各个方面，以及如何开始着手设计用户体验和服务。在学习完本章之后，你应：

- 理解用户体验设计的本质。
- 理解设计中涉及的四个过程：理解、设计、创意展示和评估。
- 理解评估以人为本用户体验设计的要点。
- 理解角色在用户体验中的应用。
- 理解脚本（scenarios）[⊖]在用户体验中的应用。
- 能够使用用户体验设计过程中的脚本。

47

3.1 引言

描述设计过程中的活动有许多不同的方法。IDEO 产品设计公司的创始人 David Kelley 认为设计包括三个活动：理解、观察和可视化。

> "请记住，设计是烦琐的，设计师一直试图去理解这种烦琐。他们观察产品是如何使用的，设计关心的是用户及其使用情况。设计师决定设计的哪些行为将进行可视化展示。"
>
> ——Kelley 和 Hartfield（1996），第 156 页

用户体验设计过程的另一个显著特征是英国设计委员会（Design Council，(UK)）于 2005 年开发的双钻石模型（完整参考见图 3-1）。这表征了设计过程中的四个过程：发现、定义、设计、交付。

本章将为设计师提供几种方法和过程来帮助他们处理用户体验设计中的"烦琐"问题。回想一下，在用户体验设计过程中，对需求、愿望以及设计解决方案的理解都在不断发展。这是一个迭代过程，而不是线性过程。

为了指导设计过程，设计师需要考虑 PACT 元素（在第 2 章中介绍过）。用角色来代表使用该系统的人员：设计师为不同类型的人设计了不同类型的配置文件或原型。通过使用脚本设想活动及其发生的背景。可以使用不同的具体方案来设想如何使不同的技术（硬件和软件）

⊖ 也有译"场景"的，这里选用"脚本"的变译法。——译者注

起作用以实现系统的总体目的，并且提供良好的用户体验。角色和脚本是在设计过程的早期开发的，使用各种理解和构思方法，并进行 PACT 分析。几乎不可避免的是，角色和脚本一起演变，因为思考角色需要思考角色想要做什么，而思考活动则需要考虑谁将会执行它们！

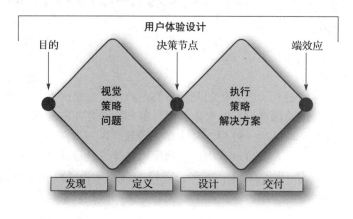

图 3-1 双钻石模型

3.2 用户体验设计的过程

图 3-2 展示了整个设计过程中的 4 个活动。这种表示方式的关键特征如下：

- 评估是交付良好用户体验的关键。在处理过程的每一步，任何事物都需要评估。
- 设计过程可以始于任意阶段——有时始于需求，有时始于原型系统这样的创意展示，或者始于理解。
- 活动可以按任意顺序执行。例如，可以先评估理解，接着建立和评估原型，然后确定部分物理设计。

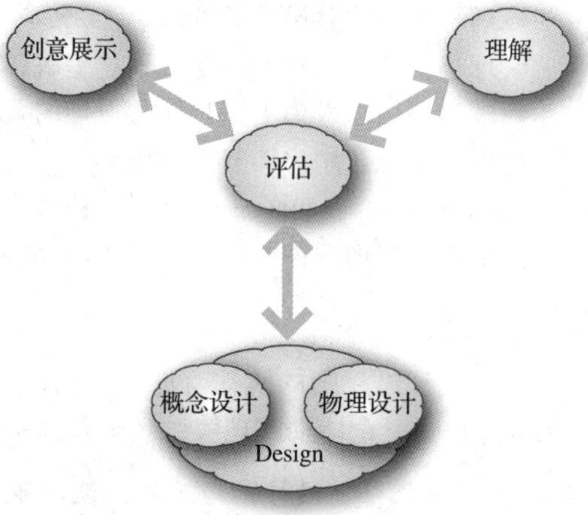

图 3-2 理解、设计、评估和创意展示

3.2.1 理解

理解关注于系统或服务必须做什么，是什么样子，以及如何与其他事物相适应。理解的过程涉及调研的产品、系统或服务的需求。这一过程也称为用户研究，因为设计师需要研究他们调研的一系列人群、活动和该领域的情境，这样他们就可以了解系统开发中的需求。同时，他们也需要了解技术手段带来的机遇和限制。

设计师需要同时考虑功能性和非功能性需求。功能性需求关注于系统或服务能够做什么，以及在系统有约束的情况下不能做什么。非功能性需求关注于系统或服务应提供的质量，以及对设计过程的约束。设计师需要用一种抽象的方式思考整个用户体验，这一点非常重要。在设计过程中设计师要决定谁做什么、何时显示何物、活动的执行顺序等。针对某一次活动的好的分析结果应当尽可能地独立于当前活动。当然，总会存在功能上的限制，例如某些活动虽然在技术上是可实现的，但是依然会不可避免地存在特定的排序、排列和功能分配问题，同时也会存在逻辑和组织上的限制使得某些设计无法实现（第 7 章会给出关于理解方法的一种详细处理)。

需求产生于设计师与所设计系统的用户或相关人士(即利益相关者,见框 3-1)间的讨论与交流。需求也可以从观察现有系统、研究类似系统,以及人们当前做的事情和他们想要做的事情中获得。用户研究包括和关键小组、设计工作室等类似部门的员工一起工作,在这些情况下可以考虑不同的脚本(见 3.4 节)。其目的是收集和分析人们讲述的故事。总之,需求的本质是理解。

框 3-1　利益相关者

"利益相关者"是一个术语,这里是指那些被源于用户体验设计过程的系统所影响的人群。它包括将使用新系统的人群(也称为"用户")和其他人群。例如,存在一些为某组织设计的系统或服务,但该组织中可能有许多人并不使用该系统而只是受到系统的影响,如改变他们的工作。例如,将一个新建的网站引入一个组织常常会改变员工的工作和信息交流方式。组织外也有利益相关者,如政府官员,他们需要去核实某些规程。开发一个新的应用程序可能会改变消费者与供应商的关系。根据系统类型的不同,它影响的人群数量和种类的方式也表现出很大的差异。理解过程中的一个重要部分是考虑所有不同的利益相关者和他们将会受到什么影响,然后再决定需要和哪些人员就设计问题进行讨论。

3.2.2　设计

设计活动包括概念设计和物理设计。概念设计是设计一个抽象的系统,物理设计是使事物具体化。设计涉及创意生成的创造过程——"构思"(第 8 章将介绍构思)。

1. 概念设计

概念设计关注于实现目标系统或服务所需的信息和功能。它决定了使用系统的用户需要了解什么。它试图找出一个清晰的概念化设计解决方案,以及如何让这个概念被人接受(这样人们将很快建立一个清晰的心智模型)(第 2 章介绍了心智模型)。

有许多用来辅助概念设计的技术。软件工程师喜欢使用对象、关系和"用例"(之后会讨论)对可能的解决方案进行建模。实体关系模型是另一种流行的概念化建模工具。其他人更喜欢通过草图来表达大致的想法。通过概念设计过程,用户体验设计人员将开发信息架构来支持新服务或系统。例如,一个网站的概念设计、一个网站地图和一个导航结构会包括该网站的观念与类别(第 4 章介绍信息架构,第 9 章讨论建模方法)。

概念化系统的一种主要的特征性的方法是使用"丰富图"。图 3-3 展示了两个例子。丰富图可以捕获系统中主要概念实体之间的概念化关系——一个脚本结构模型。软系统方法论(SSM,见框 3-2)的提出者 Peter Checkland(Checkland, 1981; Checkland 和 Scholes, 1999)也强调了应关注系统的关键转换,即概念模型的处理。应明确主要利益相关者,包括顾客、参与者和系统拥有者。设计师也应从如下角度来考虑设计,即将活动视为一个系统(世界观),同时也要考虑活动在进行过程中所处的环境(Checkland 提出了 CATWOE,这是丰富图元素的字母缩略词,包括顾客(customer)、参与者(actor)、转换(transformation)、世界观(weltanschauung)、拥有者(owner)和环境(environment))。最重要的是,丰富图明确了利益相关者的问题和诉求,因此它有助于设计师将精力集中于设计中发现的问题和潜在的解决方案。

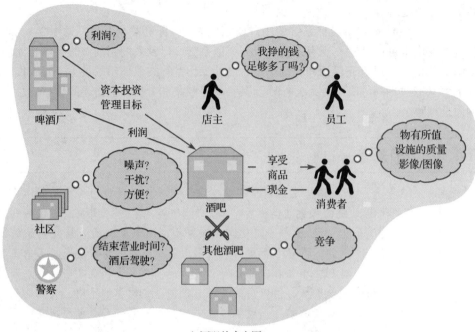

a）酒吧的丰富图

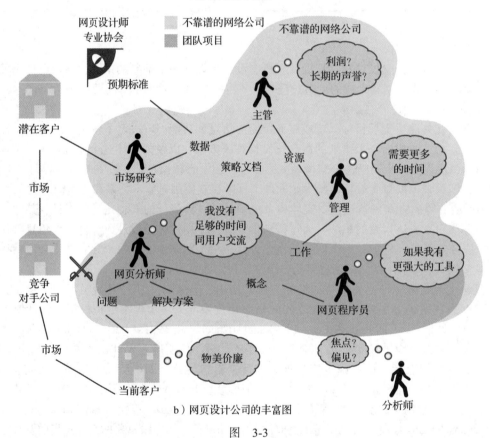

b）网页设计公司的丰富图

图 3-3

（来源：Monk, A. 和 Howard, S. (1998) Methods & Tools: the rich picture: a tool for reasoning about work context, *Interactions*, 5(2), pp. 21-30. © 1998 ACM, Inc. 经许可转载）

框 3-2 软系统方法论（Soft Systems Methodology，SSM）

SSM 是一种处理组织中变化的方法。它鼓励采用整体方法设计和使用概念模型作为观察整体情况的一种方式。Brian Wilson（Wilson 和 Van Haperen，2015）对该方法的历史进行了彻底的处理，并在当地警察局、卫生服务等多个方面应用了许多 SSM。重点是了解整体情况，开发概念模型，然后将模型与情况的描述进行比较，以发现需要变更的地方。

概念设计的关键特征是使事物抽象（关注于"是什么"而不是"怎样做"），避免对功能和信息的分配进行假设。概念和物理设计之间没有明确的界限，仅仅只是概念化程度的深浅区别而已。

2. 物理设计

物理设计关注于事物如何工作，详细描述产品或服务的外观和给人的感觉。物理设计将交互构建成逻辑序列，阐述并表示人与设备间的功能和知识的分配。区分概念设计和物理设计非常重要，概念设计涉及整个交互式服务或系统的全局目标，人与技术之间必须有足够的知识和能力来共同达到目标；物理设计的任务是采用这种抽象方式表示并将它转化为具体设计。一方面这意味着技术的需求，另一方面它明确了人们所需的知识和必须完成的任务及活动。回想一下 Mitch Kapor 在第 1 章中的引用，关于设计师试图将技术世界与人类世界及人类的目的结合起来。

物理设计由三部分组成：操作设计、展示设计和交互设计。

操作设计是指定所有事物如何工作、内容如何结构化与存储。从功能化角度看待用户体验意味着关注系统所有事物的处理、运动和流程。事件是指导致或触发某些其他功能时发生的情况。事件的发生有时由系统外部情况引起，有时则作为其他事情的结果出现。例如，某些活动会在特殊的日子或时间触发，还有一些活动会因某人或文档的到来而触发。

展示设计元素包括颜色、形状、大小和信息布局。这些设计元素与风格和美学相关，它们对用户体验和感受非常重要，对信息的检索效率也很重要（见 12.5 节的信息设计）。

风格是指系统给人的整体感觉。系统看起来是老气、笨重，还是漂亮、优雅、时尚？这种设计可以给用户带来什么样的心情和感觉？例如，大多数微软产品会给用户带来比较浓厚的"办公"和"工作"情绪，而不是娱乐的感觉。许多其他系统的目的是营造出一种迷人的交互氛围，其他一些则旨在具有挑战性或娱乐性，这在多媒体和游戏应用中显得尤为重要。

交互设计在本书中指人类或技术的功能分配以及交互的结构和顺序。功能分配对系统使用的简单度和舒适度有重要的影响，设计师为人们创建任务并据此实现了功能的分配。以打电话为例，从概念上讲某些功能是必需的：表明打电话的意图、连接到网络、输入电话号码和接通电话。很多年前，电话交换机是人工操纵的，这些人将物理的电话线手动接入连接器以完成通话连接。在有线电话时期，拿起电话筒就表示有打电话的意图，输入完整的号码电话交换机就会自动建立连接。如今，人们只需要按下手机的连接按钮，然后在手机通讯录中选择某人的名字，剩余的工作则交给电话自动完成。

回顾前述的活动——技术循环（见第 2 章），人与技术间的知识和活动的分配是经验随时间变化的一个重要组成部分。

51
∼
52

找一个同事讨论观看预先录制好的电影这一活动，关注由技术如 CVR 和 DVD 带来的功能分配方式的改变。如今在线电影很容易出现在我们的电视或计算机上，这又带来了怎样的改变？

3.2.3 创意展示

设计需要可视化，这样既有助于设计师厘清自己的思路又可以让人们对设计进行评估。创意展示是一种关于找到合适的媒介来显示设计的思想（第 8 章将给出创意展示技术）。媒介需要适应开发过程的各个阶段、受众、可利用资源和设计师试图回答的问题。

有许多可用于创意展示的技术，但它们都包括任意一种可将抽象概念生动化的方法。在信封背面绘制草图、完整的功能原型和纸板实物模型是几类常用的方法。脚本（有时用图示形式如故事板表示）是创意展示和原型中不可缺少的一部分。脚本提供了一种通过设计理念工作的方式，这样可以突出关键问题。有关脚本的问题将在后面讨论。

3.2.4 评估

评估与创意展示紧密相关，因为表现方式会影响评估的内容。评估标准也取决于谁可以使用该表现方式。其他任意设计活动都会根据评估进行，评估有时候仅由设计师检查以确保正确性和完整性。评估可以是提交给客户的需求列表或高级的设计纲要，可以是与同事讨论出来的抽象概念模型，也可以是未来系统用户对功能原型的一份正式评估报告。

评估技术的种类和数量很多，取决于具体情况。通过结合人们的工作方式等具体脚本来表达设计想法效果会更好。应当牢记的是，所使用的评估技术必须适合于表达方式、所提的问题和参与评估的人。在之后的设计过程中，设计师可以使用 A/B 测试评估替代设计，并使用网页和应用程序分析了解不同用户正在做什么（第 10 章将给出评估的细节。）

如果你打算在屋子里新建一间房间，或者更换一间房间的用途，请考虑你必须经历的过程。以下列条件开始：
- 一个概念设计。
- 一个物理设计。
- 一些需求。
- 一个原型或其他可展示的解决方案。

3.2.5 实现与项目管理

图 3-2 没有给出设计的实现和产生，也没有给出工程项目的所有规划和管理阶段。但是规划最终要实施，软件最终需要研发和测试，工程项目最终必须被管理并交付给客户。数据库需要设计和填充，各个程序均需要通过验证。整个系统需要不断检测以确保其满足需求，直到系统最终签署完成并正式"启动"。由于本书主要讨论设计，所以我们不打算在实现问题上花太多时间讨论，但是它们会占总开发成本的很大一部分。当客户看到系统即将完成时，

他们往往会提出额外的功能需求，但是他们必须交付购买这些新的功能。另一方面，开发人员需要确保他们的系统确实满足规范并且不含任何漏洞（第 9 章将给出多个半正式模型）。

如果用户体验设计师曾经是架构师，那么他们会有一些易于理解的方法和约定来说明设计过程的结果。设计师们将绘制不同角度和工程规范下的蓝图以表现设计的各个方面。在用户体验设计中有许多正式的、半正式的和非正式的方法规范，其中最著名的正式方法是统一建模语言（Unified Modeling Language，UML）（Pender，2003）。

在过去几年里，交互式系统开发的一个趋势是从大型软件开发方法到"敏捷开发"方法。敏捷开发的目的是高效地生产一些适用于目标的高质量系统，而不会产生由大型信息技术项目采用的大量规划和文档而带来的超额费用。

目前已经有许多可媲美敏捷开发的方法，其中最著名的方法来自一家软件开发公司的非营利组织 DSDM。他们的系统 Atern 提供了完整的文档，向人们揭示了小型团队如何开发软件。另一种方法是极限编程（XP、Beck 和 Andres，2004）。但是，实际上大多数企业都研发了自己的敏捷开发版本。该方法旨在让设计团队开发交互式服务或产品。项目将分为可管理的工作期（通常为两周），称为冲刺。设计团队将在每周初召开会议，以便就冲刺期间应该制作的内容达成一致并衡量进度。这些 scrums 或 huddles 旨在培养良好的团队精神，并确保每个人都知道他们应该做什么以及团队的其他成员正在做什么。目的是快速生产最小可行性产品（MVP）。这是产品或服务能够满足其目的的一个版本。然后可以由用户对其进行评估和测试。这可能会引向进一步的开发，或者它会成为产品或服务的第 1 版。通过进一步开发，可以添加其他功能，还可以开发和部署后续版本。实际上，在交互设计中，随着时间的推移，定期更新应用程序或 Web 服务是很常见的。

敏捷开发方法与设计过程中的四个活动兼容，并且与我们在本章其余部分讨论的基于开发脚本和角色的方法也兼容。请注意评估过程的核心特征，以及开发 MVP 的重点，允许设计人员试验和测试他们的设计思路及假设（Gothelf 和 Seiden（2013））。Obendorf 和 Finck（2008）描述了一种将敏捷开发相结合并且基于脚本的方法，但是这种方法尚未被广泛采用。

3.3 开发角色

角色是系统用户或服务对象的不同人群的具体表示。Alan Cooper 在 20 世纪 90 年代后期（Cooper，1999）介绍了有关角色的观点，这些观点作为获取系统用户特征的方法已经被大众接受。在 Cooper 所著书籍的最新版本（Cooper 等，2007）中，他将角色同目标驱动设计的观点紧密结合起来。角色想利用系统完成一些事情，实现他们的目的，想通过使用设计师完成的产品做一些有意义的活动。在开发角色的过程中，将潜在用户的愿望以及更多可实现的功能包括在内是很重要的。角色有助于塑造整个用户体验，人们将对产品或服务产生情感反应，并根据实际品质做出回应。因此，设计乐趣很重要，用户体验设计师需要考虑产品和服务的享乐特质（第 6 章将介绍为了用户体验的愉悦和其他享乐而设计的问题）。

设计师需要认识到他们不是在为自己设计这个系统，因此设计师需要创建角色，这样他们可以清楚系统将为哪些人群服务，也就可以站在相应用户的角度看问题。

因为任何新系统都会被不同类型用户使用，建立不同的角色就显得非常重要。例如，在为那些喜爱作者 Robert Louis Stevenson（第 14 章将详细描述）的用户设计的一个网站，他们开发了几个角色，分别是德国的中学教师、英国的大学讲师、非洲儿童和来自美国的 Stevenson 的粉丝。如此一组特点不同的人群有着十分不同的目标和愿望，并且在我们所讨论的思考 PACT 时的方式上都有不同，无论是从生理上，心理上还是对于网站的使用来讲都是如此（见第 2 章）。

没有统一的标准来定义和记录人物角色。Cooper 等人（2007）强调人们拥有不同类型的目标——经验目标、最终目标、生活目标，这些应该在所开发的角色中表现出来。通过观察这些变化的多样性（建议通过 PACT 分析观察变化），设计师可以识别不同角色可能展示的各种行为模式。Pruitt 和 Adlin（2006）对角色进行了深入处理，并提供了一些来自许多从业者的优秀建议和实用的模板。在互联网上有许多用户体验设计机构提供的免费模板。图 3-4 所示的图片取自 Mattias Arvola。

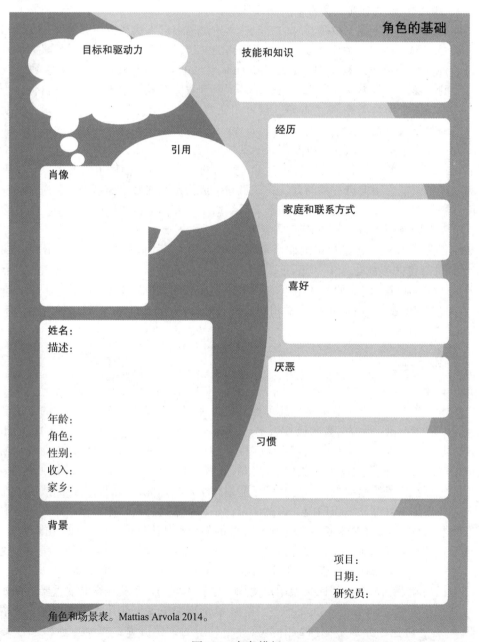

图 3-4　角色模板

当然，角色的使用也会招致批评，重要的一点是设计师不要陷入因为简单而创造刻板的个性，或创造与自己或理想的伙伴相似的角色！角色开发应该是敏捷的、可变的，并且应该关注用户体验的互动方面，而不是营销等其他方面。

在我们的示例中，角色包括主要脚本的片段（参见 3.3 节）。正如之前所说，如果不考虑角色可能想做什么活动以及为什么要这样做，就很难对角色进行设定。

例子：拍档

我们最近一直在关注一种新颖的交互形式，称为"拍档"。拍档被视为一个智能的、个性化的多模式因特网接口。拍档知道它们的"主人"，并且根据其兴趣、偏好和情绪状态选用相应的交互方式。通过调查拍档的概念，我们开发了许多角色和脚本。

例如，一个健康和健身拍档（HFC），会为人们提供保健和健身领域的专业建议和护理。我们在一次为期两天的研讨会中对"拍档"这个概念进行了探索，许多项目合作伙伴也参加了这个研讨会。在那期间和随后的工作中，我们开发了两个角色来探索不同生活方式、健康状况和锻炼方式的人的各种需求，如图 3-5 和图 3-6 所示。

Sandy

– 46 岁
– 经常开车
– 暴饮暴食
– 最近离异了
– 有个 20 岁出头的孩子
– 最近有健康恐慌（疑似心脏病，其实是心绞痛）
– 孩子为他买了健康拍档

1. 我们在医院里见到了正在被孩子们照顾的 Sandy。
2. 他们担心他的健康，他几乎不运动，自从妻子离开他，他的饮食变得非常糟糕。
3. 他们给了他一个健康拍档（这是什么？），它将与 Sandy 目前的家庭系统绑定。孩子们解释健康拍档旨在提高他的健康水平，监督他的健康状况，让他保持健康均衡的饮食。
4. 他们都离开了医院，Sandy 启动了设置。
5. 由于 Sandy 是一名退伍军人，所以他认为一个具有强硬性格的教官最适合他（他意识到他需要保持健康），因此他选择了 Alf，一个严肃的人物原型角色化身。
6. 他向他的孩子们开放了锻炼管理权限，他觉得孩子们的鼓励将是他坚持锻炼的额外动力。
7. 系统配置包含了生物计量技术，如体重、身高等，允许 Alf 建议适当的训练和饮食。
8. 拍档的目的是了解用户的状态以确定其是否需要进行恢复，或者是保持目前的健康状态，或者是得到更好的健康水平。
9. Alf 惩戒不良行为（如购买不健康食品），当他不锻炼时反复提醒他，但是当他锻炼时给予一定的积极鼓励。

图 3-5　HFC 脚本的 Sandy 角色

这次探索的一个主题是寻找一个激励性的途径以适合于不同脚本和角色。例如，相比于角色 Mari（图 3-6），角色 Sandy（图 3-5）可能需要更多鼓励去说服其进行锻炼，或许可以通过禁止播放录制的电视节目直到训练完成这个手段促使 Sandy 锻炼。因此，可以开发角色去反映设计中的问题和价值。

框 3-3　计算机说服技术

整个说服技术对于交互设计来说是一个很大的难题。在 20 世纪 90 年代晚期，B.

Fogg 介绍了一种说服技术，并将其命名为"计算机说服技术"，这是一个有争议的想法，计算机说服技术的基本目标是说服人们去做那些他们本不想做的事情。第一眼看上去这是非常不道德的。我们是谁？作为设计师，竟然说服别人做他们不想做的事。然而我们也应该看到类似于 Sandy 这样的例子，劝说他去做一些有益的身体锻炼。如果是一些危险的事情，我们也需要说服人们采取预防措施。如果一个软件系统在系统崩溃之前通知我保存工作，我会非常高兴（但是系统为什么不保存我的工作呢）。

说服是一个改变人们态度和行为的非强制性尝试（Fogg 等，2007），然而如果劝说我去购买一个超出我支付能力的东西，那么这是一件非常糟糕的事情，不管它是不是强制性的。这是人机交互领域中一个必须遵守的道德和价值观念。

Mari

– 23 岁
– 健美操教练
– 为第一次马拉松严格训练
– 她平时的训练伙伴已经离开
– 她的社交生活非常丰富，常常会体力透支
– 她有计划时间表
– 积极主动地调整节奏和激励自己

1. 她已经和健康拍档建立了一个长期的计划，可以让她在 4 个小时内跑完第一次马拉松。
2. 这里包括一些目标，如她在计划中的各个时间段应该进行多长时间的长距离跑步。
3. 当 Mari 的社会环境影响到她的训练能力时，健康拍档会根据该情况维持她的常规训练。
4. 如果她跑得太远或太快，拍档会建议这可能会对训练产生不良影响并且可能导致潜在的伤病。
5. 实际运行时的明确指令（好的，现在我们要加速跑 2 分钟……好的，做得非常好，在接下来的 5 分钟让我们放松一下，等等）。
6. 健康拍档可以访问她的社交日程（通过社交拍档？）并建议她在长跑前一个晚上参加一个聚会可能不是一个好主意。
7. 在实际马拉松时健康拍档成为她的推动力，给她实时建议（如"前方有个小山，请调整自己的脚步"，这些信息来源于她为健康拍档买的一个跑步插件）。

图 3-6　HFC 脚本的 Mari 角色

在另一个探索中，我们将拍档概念用来处理数字照片。这种拍档不仅可以有效帮助我们组织、编辑和分享照片，也可以成为一个可以对话的拍档。我们想象一个拍档可以和照片拥有者讨论这些照片并且回忆上面的人和事。

3.4　开发脚本

脚本是关于人们使用技术展开一系列活动的故事。脚本在整个用户体验设计中表现为不同形式，它们也是各种设计方法的重要组成部分。脚本已经长期应用于软件工程、交互式系统设计和人机交互工作。但是，还有很多不同的类型和方法来使用脚本。这是 Alexander 和 Maiden（2004）提出的一个重要的总结。

基于脚本设计的主要支持者之一约翰·卡罗尔（John Carroll）在其著作 *Making use*（2000）一书中对这种设计方法有一段非常著名的解释，他指明了脚本如何用于处理设计中的内在难题。描绘活动——技术周期（如图 2-1 所示）是为了显示脚本在产品开发中的位置，他指出脚本可以有效地处理开发中的 5 个问题（如图 3-7 所示）：

- 约束设计的外部因素，如时间约束、资源短缺、必须同已有设计相兼容，等等。
- 设计推移会产生许多影响和可能性，也就是说，一个独立的设计决议可以在许多方面产生影响，这些影响需要被探索和评估。
- 科学知识和通用解决方法如何落后于特殊情况。这个问题关注于通用性，对于其他设计理念，解决一般设计问题的通用设计解决方案已经发展了好多年。但是在交互式系统设计中却无法实现，因为技术改变的速度相比于通用解决方案的发现速度是同步的，甚至更快。尽管如此，用户体验设计的某些方面，如购物车、如何登录系统、管理日期和时间，已经开发了相当通用的解决方案。
- 设计中反思和行动的重要性。
- 设计中问题的滑坡性质。

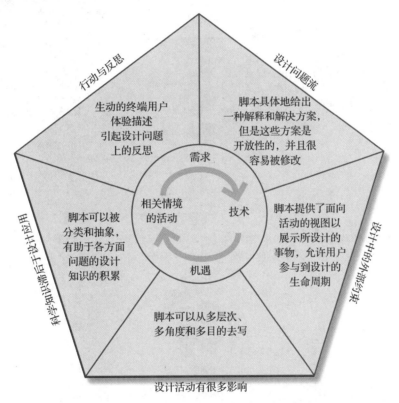

图 3-7　基于脚本设计中的挑战和处理方法

（来源：John M. Carroll. *Making Use*: *Scenario-based Design of Human-Computer Interactions*. 图 3.2, P.69 © 2000 Massachusetts Institute of Technology，获得 MIT 出版社许可）

57
～
59

　　基于脚本的设计方法会在 3.6 节中介绍。下面将列出在近期项目中我们是如何使用角色和脚本的。有些部分将非常详细，其他部分则仅针对交互使用，用于探讨设计选择。

　　图 3-8 描绘了一个脚本，其中一个人收藏了大量照片，并想要从最近一次旅行的照片中搜索出一些特定的相片。该脚本的一个特征是需要探索不同形式的拍档。根据所进行的活动，可以同时采用语音和触摸的交互形势。例如，相比于打字或单击一系列复选框，使用语音输入特定的搜索参数更加快捷方便（脚本的第二部分）。然而，当浏览进行搜索生成集合或者进行其他编辑功能的任务，如缩放裁剪时，触摸交互方式更为自然。例如，用手指来回随意

地拖动以调整图像的大小比通过说"让图片稍微大一点、再大一点……不，那太大了，小一点……太小了"等类似的话要快得多。然而，特定条件下语音编辑效果可能更好，例如"设置图片大小为 4×6 英寸然后进行打印"。交互体验的强大来自将两种方式结合在一起使用。

1. 用户正在从图片的标准视图转换成搜索模式，这是一个语音驱动的功能。

2. 这里，用户再次通过语音设置搜索参数以缩小搜索范围。注意，用户可以使用系统设置好的任意元参数及其组合进行搜索。事实上，系统可以主动给出一些额外的搜索参数。

3. 在使用语音缩小搜索范围后，用户现在可通过触摸来快速浏览图片。额外的触摸功能包括缩放、剪切和编辑。

4. 在找到想要发送的照片后，用户现在将语音和触摸与接触结合，以提示将照片移到左边的手势是指把它们通过 email 发送给用户的叔叔。

图 3-8　照片拍档的多模态交互脚本

在另一脚本中，我们观察了环境对交互的影响，例如，图 3-9 显示了显示切换的可能性。小显示器（例如数字相框）的触控性能要比大显示器（如图 3-9 中的交互式咖啡桌）小很多。图 3-10 展示了一个进一步的选择，所使用的显示器由于太远而无法触摸到。这将较好地反映当前大多数客厅的环境，在这种情况下，身体姿态成为一种适宜的交互选择，可通过手或用手挥舞一样东西来进行。这里允许设置运动的参数，如速度、方向和形状。

图 3-9　一个从数码相框到咖啡桌显示器切换的多模态交互的例子

图 3-10　一个远距离屏幕的基于手势多模态交互的例子

3.5 在设计中使用脚本

脚本（及其相关的角色）是用户体验设计中的核心技术，它们在理解、展示、评估、概念设计和物理设计，用户体验设计的 4 个主要阶段（如图 3-2 所示）中非常有用。我们将脚本划分为 4 种不同类型：故事、概念脚本、具体脚本和用例。故事是人们的现实生活经历；概念脚本是去除细节的抽象描述；具体脚本是通过对抽象脚本添加具体的设计决策和技术而产生的，一旦完成，具体脚本可以表示为用例；用例是可以交给程序员的正式描述。在设计过程的不同阶段，脚本将有助于当前实例的理解、任何可能出现的困难与问题的预测、想法的生成和测试、观点的记录和交流以及设计的评估。

图 3-11 显示了不同类型的脚本及其发生地点，以及产品的设计过程。各个类型脚本之间的连接线显示了它们之间的关系。若干概念脚本就可以表示许多故事。然而，每个概念脚本可以产生许多具体脚本，一些具体脚本可以通过一个单独用例表示出来。这些概念的不同点将在后文中具体阐述。

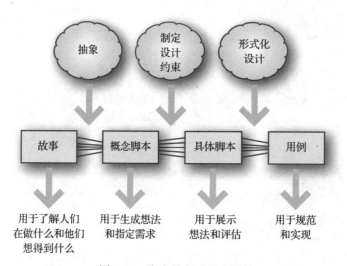

图 3-11　脚本贯穿于整个设计

图 3-11 还阐明了设计中的三个关键过程，以及它们与不同类型脚本的交互。设计师们对故事细节进行抽象得到概念脚本，他们在概念脚本上指定设计约束，从而获得具体脚本，最后通过用例使设计思想具体化。

3.5.1 故事

故事是现实世界中人们的经历、想法、轶事和知识。故事可以以任意形式捕获，由多个活动的小片段和发生的情境组成，包括人们的活动视频、日记、照片、文件、观察和访谈的结果等。（第 7 章讨论了故事的获取技术。）人们的故事富含背景，如果要求人们正式地描述所从事的活动，故事也会捕获许多琐碎的细节，但其往往会被忽略。

例子

这里有个故事，是某人描述的上次约见一位本地医生时所发生的事情。

"我想为我的小女儿 Kirsty 预约一位医生。她每次感冒耳朵都很疼，我非常想见福克斯大夫，她精通儿科。当然，理想的看病时间是在 Kirsty 不上学而我可以请假的时候。我打电话给医生，接待员告诉我福克斯医生的下一个预约日期是下周二的下午。这非常糟糕，因为周二是我一周中最忙的日子之一。于是我问再下一个预约日期是哪天，接待员说是周四上午。这意味着 Kirsty 上学会迟到，但是我同意了，因为他们听起来很忙，另一个电话一直响个不停。我也很忙，在不知道空闲预约日期的情况下很难找到一个更好的时间。"

3.5.2　概念脚本

概念脚本比故事还抽象。在**抽象**的过程中，许多情境被剥离（见框 3-4），类似的故事也组合到一起。概念脚本特别有助于设计师设计想法的产生和对系统需求的理解。

例子

一旦设计师收集了许多故事，他们就会发现一些共有的元素。在这种情况下，许多故事（如上一则故事）可以产生相应的概念脚本（如下所述），描述了重新设计的预约服务的一些需求。

> **预约一次会面**
>
> 仅需一些基本的计算机操作技能，任何人都可以在任意时刻通过互联网预约医生做手术，还可以查看每位医生的可预约时间，从而预约某个时间并收到就诊的确认信息。

你可以看到，在这个场景中，很少甚至没有进行确切的技术详细描述，也没有指出系统功能是如何提供的。脚本既可以通过不指明用户使用互联网而显得更为抽象，也可以通过明确使用计算机或者明确不能使用特定的设备（如电视）来进行预约，而让故事显得更加具体（或不那么抽象）。给定一个事物，找到一个合适的抽象级别来描述它，是设计师的一种核心技能。

框 3-4　抽象

抽象是一种分类和聚合的过程：将特定人群在具体环境中进行的活动、使用的技术的细节转换成更一般的描述，这种描述保留了具体活动的本质。

聚合是把整件事情作为一个单独实体处理的过程，而不是关注构成事情的元素。例如，人们会把显示器、处理器、磁盘驱动器、键盘和鼠标看作一个单一的整体，也就是一个计算机，而不是关注这些部件。然而，在另一种情况下处理器速度或磁盘大小可能是至关重要的，因此最好有两个聚合：处理速度快的计算机和处理速度慢的计算机。

分类是识别那些可以被聚集在一起的事物的过程，使得处理一类事务比处理单个事务简单（也更抽象）。这里没有分类的具体方法，所以分析师不得不去分析那些收集来的故事，并决定哪些事情应该分为一类和为什么这么分类。

在它们之间，聚合和分类产生抽象。当然，这会有不同程度的抽象，确定一个适当水平的抽象是设计师的技能之一。最抽象的层次是把每件事都简单地看作"一件事"，把每一个活动都看作"在做某件事"，但是这种抽象的表示通常不是很有用。

3.5.3 具体脚本

每个概念脚本都可以产生许多具体脚本。当设计师在解决一个具体问题时，他们常会确定一些特征，这些特征仅应用于特定环境下。据此设计师们可能会建立脚本的一个特定描述并与原始脚本相联系。因此，一个合理的抽象脚本可以产生一些更加具体详细的描述，从而有助于解决特定问题。注意，可能的设计特征和问题也可以添加到当前的脚本中。

具体脚本也规定了人机接口设计和具体的功能分配。具体脚本尤其在原型设计、通过线框图和评估来展示社交思想非常有用，因为它们就技术的某些方面来说更加规范。然而，在概念脚本和具体脚本之间没有明显区别，脚本的某些特征描述得越详细，脚本就越具体。（第 8 章详细介绍了线框。）

例子

这个例子决定使用下拉列表框，这样可以看到未来两周的预约时间。然而，脚本后的注意事项显示仍有许多设计决策需要采纳。

> **预约一次会面**
>
> 安迪·达尔瑞驰（Andy Dalreach）在未来一周左右需要为她的小女儿 Kirsty 预约一位医生。这次会面不能在 Kirsty 上学和 Andy 的重要工作时间，理想的情况是预约到福克斯（Fox）博士，她是儿童疾病治疗方面的专家。Andy 使用计算机和互联网工作，所以在使用预约系统上没有任何困难。她登录系统 [1]，从一系列的下拉列表框中选择未来两周中 Fox 博士 [2] 的空闲时间。
>
> ［脚本将继续描述 Andy 如何预约这次会面和收到确认信息。其他场景可以考虑从智能手机访问服务，从开始工作一直持续到在下班回家的公交车上，等等。］

> **预约会面系统的注意事项**
>
> （1）有必要登录吗？可能有，用来阻止虚假访问，但是需要根据门诊的记录进行查验，这也意味着可以发送确认邮件。
>
> （2）究竟是根据医生、日期，还是下一个可用时间来查看空闲时间列表？

3.5.4 用例

用例描述人（或其他"角色"）和设备之间的交流，它是一个如何使用系统的例子，因此需要描述人们做了些什么和系统做了些什么。每个用例都覆盖了事件，即具体脚本中许多细节的变化。图 3-11 的线条表示在经过规定和编码后，有多少具体脚本会产生一些用例。

在指定用例之前，设计师必须把任务和功能分配给人或设备，这个分配过程等价于用例具体化过程。这就是物理设计的交互设计部分。

最后，设计师会解决所有的设计问题，然后使用这组具体脚本作为基础。通过指定系统的完整功能和将发生的交互生成一组用例。（参见第 11 章的任务分析。）用例的表示方式很多，从抽象的图标到详细的"伪代码"。图 3-12 以一种代表性方式显示了一个"预约会面"用例。

为了预约一次会面
打开医生的主页
输入用户名和密码
指定医生选择预约
浏览空闲日期
选择合适日期和时间
输入病人的名字
单击完成

图 3-12 预约会面

框 3-5 用例

从 20 世纪 80 年代后期以来，尽管用例已经成为软件工程方法的核心元素，这一概念依然难以捉摸，不同的作者用不同的方式定义用例。在一篇名为"未定义用例"的文章中，Constantine 和 Lockwood（2001）强烈反对缺乏关键术语的清晰定义。统一建模语言（UML）是一种试图用公认的规范概念和符号来描述软件工程的语言，在该语言中，用例的定义结果冗长而且晦涩，这里就不重复了。Constantine 和 Lockwood 还提出如何指定用例，是用一种伪编程代码指定，还是简单地使用绘图形状和角色图解，或者以其他方式指定——不同的作者使用的方法存在很大差异。

同样，用例会用于不同的抽象层次，Constantine 和 Lockwood 的"基本用例"类似于本书描述的概念脚本。其他人将整个设计方法建立在用例模型的基础上。也可以用"用例"这个词描述一个可实现的系统，即已经制定了足够多的接口特性，人和系统之间的功能分配已经完成，从而用例描述了"角色"和系统之间一段连贯的动作序列。我们使用"角色"一词，因为有时候我们需要规定系统不同部分之间的用例（系统角色），但是通常情况下"角色"指人。

挑战 3-3

找到一台自动售货机或其他简单的设备，观察设备的使用者。写下他们的故事，依据这些故事定义一个或多个概念脚本。

66

3.6 基于脚本的用户体验设计方法

基于脚本的设计方法在设计过程中使用了不同类型的脚本。如图 3-13 所示，设计过程中的产品仍然用矩形框表示，流程则用云图形表示。除了这 4 个不同类型的脚本，设计过程也产生了其他 4 个要素：需求 / 问题、脚本语料库、概念模型和设计语言。系统规范是开发过程中创建的所有不同产品的组合。

设计中的每个主要过程：理解、创意展示、评估和设计都会在之后的章节中介绍。我们应当注意将设计约束地更具体与明确使用脚本之间的关系。对于创意展示和大多数评估过程来说，脚本需要更加具体。这意味着需要增强设计约束。但这并不表示设计师在展示每一个可能的设计时都需要重新设计一个具体的物理脚本。设计师可能会想象出带有特别的强制约束的脚本，来帮助他们评估设计。通过这种假设（一系列"如果……发生什么"的问题）来对具体的脚本进行生成和评估是设计中一种常见且重要的手段。

目前还没有讨论的关键产品是：需求和问题、脚本语料库、概念模型和设计语言。出于完整性考虑，下面对这些名词做简要介绍，但完整的理解需要更深入的研究。（第 7 ~ 10 章给出了更多细节。）

1. 需求和问题

在故事收集和对这些故事分析和提取的过程中，各种问题和困难都将呈现出来。这些活动有助于设计师或分析师建立一个需求列表——任何新产品或系统应有的质量和功能需求。（参见第 7 章的需求理解。）例如，在 HFC 这个例子中，机器拍档在室内或者锻炼时都应该是可用的，它需要路径和个人偏好等信息。需求和问题阶段是问题清单中的优先级，系统设计必须满足这些需求。

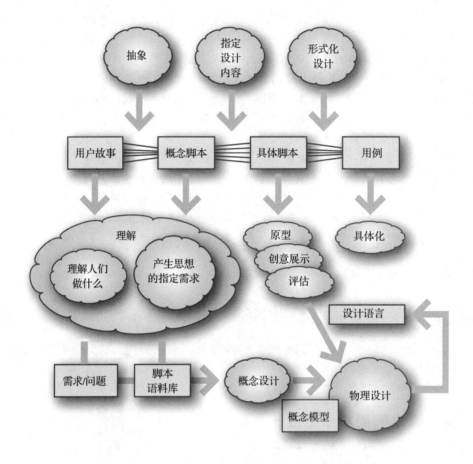

图 3-13   完整的基于脚本的设计方法

2. 脚本语料库

我们试图开发一套有代表性且经过深思熟虑的脚本语料库。在进行活动分析后，设计师会收集到广泛的用户故事，其中一些会非常普通，有些会非常特别，有些会是相对简单、直截了当的任务，另一些则会比较模糊。一个很重要的过程是，有时候设计师要将不同的经验整合在一起从而获得一个主要活动的高层抽象视图，所设计的产品需要支持这些主要活动。这些概念脚本通常仍然建立在一个真实例子上，诀窍是找一个具有许多其他活动特征的代表性例子。

脚本语料库开发的基本原理是发现设计环境的"维度"和证明这些维度的不同方面。维度包括产品各种应用领域（例如，大型和小型域，不稳定或静态域，等等）的特征，合适的媒体和数据类型，系统未来用户的特点。脚本语料库需要覆盖系统的所有功能和触发这些功能的事件。在提出不同类型的交互时，需要考虑任意一个关键的与之相关的可用性问题。维度包括不同类型的内容、如何结构化这些内容以及风格和美学方面的问题。

3. 概念模型

概念模型显示了系统中的主要对象及其属性，以及对象之间的关系等。（第 9 章将介绍概念建模。）概念建模是交互式系统设计中非常重要的一部分，但常常被忽略。一个精心设计的概念模型能使设计变得更加容易，从而人们可以开发一个优秀而精确的系统心智模型。概念模型也将成为系统信息架构和设计所用的隐喻的基础。

设计语言

设计语言包括一组交互的标准模式和所有物理属性，如颜色、形状和图标等。它们来自概念对象、概念行为、设计完成的"外观和感觉"的聚集体。"设计语言"定义了设计的关键元素（例如，使用的颜色、按钮的风格和类型、滑块和其他部件等）及其组合原则。一个具有一致性的设计语言意味着人们仅需要学习少量设计元素就可以处理许多不同的情况。（第 9 章再次介绍了设计语言。）

67
~
68

挑战 3-4

观察你的计算机使用的操作系统，列举一些设计语言所使用的关键元素。

---

1. 脚本文档化

脚本可能会很混乱，因此需要一个结构来控制它。我们使用 PACT 框架（人、活动、情境和技术）评价脚本并鼓励设计师制作一个更好的脚本描述（第 2 章描述了 PACT）。对于每个脚本，设计师列出了所涉及的不同人群、他们的活动、活动的环境和使用的技术。我们也对脚本进行结构化描述。每个脚本都要给出一份说明，这样才可以记录历史和原著作者，同时关于如何将脚本通用化（贯穿哪个领域）及其基本原理也可以被记录。为了便于引用，每个脚本的每个段落编号，对设计出现过问题的地方添加尾注。当脚本开发过程出现问题时，尾注显得尤为重要。它是一种捕获脚本设计过程中所提权益的方法（Rosson 和 Carroll，2002）。另外，需要收集相关数据和媒体的样例。可以开发软件系统来帮助记录和管理场景，并且可以使用诸如印象笔记之类的一般笔记工具来标记脚本，并将它们彼此交叉引用，以及将它们与来自这些场景的故事和示例数据交叉引用。

框 3-6　折中和权益分析

Rosson 和 Carroll（2002）描述了一种基于脚本的设计方法，在该方法中，脚本贯穿了设计的全过程，他们也阐述了如何帮助设计师证明那些与设计问题相关的权益的合理性。折中是设计中的重要特征。很少有一个简单的方法可以解决所有问题，通常采用某一个设计也就意味着其他目标无法实现。设计师们需要将他们的设计决策记录成文档，这样就可以对折中进行评估。脚本有助于将设计的基本原理变得更为清晰。设计师们需要记录他们在设计工作中提出的权益。权益分析是基于脚本设计的重要部分，用于明确问题和思考未来可能的设计（Rosson 和 Carroll，2002）。该过程十分简单，只需明确脚本的关键特征，以及列举出设计好或不好的方面的例子。Rosson 和 Carroll 在较好的特征旁标注加号，在不好的特征旁标注减号。权益分析使得蕴涵在设计背后的基本原理更清楚。

另一种类似的方法是 MacLean 等人在 1991 年提出的 QOC 方法：列出设计问题、设计选项和用来选择的标准。

69

挑战 3-5

利用一个现有的设备或系统，例如手机、网站或自动售货机，评价其设计，主要针对其使用方面的核心部分。列出与设计相关的权益清单。

在一个大型的设计团队中工作时，将脚本与真实数据相关联非常有用。这意味着团队的每个成员都可以分享具体实例，并将其作为讨论焦点。脚本写作的另一个关键特征是认真考虑所做的假设，目的是使假设清晰明白，或者是为引发讨论而故意使假设模糊不清。为有助于设计师关注具体问题，角色的使用尤为有用。例如，针对患有关节炎的老妇人这一角色，前台的访问操作和生理受损导致的交互不便就成了问题的焦点。

最后，为脚本的使用提供一个丰富的情境是十分重要的。脚本制作的指导原则是人、活动、情境和技术。

3.7　案例研究之秘密城市：爱丁堡

这个由 Al Warmington 开发的例子简明扼要地展示了使用基于脚本的设计方法。

1. 介绍

秘密城市（Secret City）：爱丁堡是一个网络应用程序，让人们以前所未有的方式发现或重新发现爱丁堡市。它是一个互动的叙事平台，允许用户在真实的地方创建和体验真实城市背景下的动态的、虚构的故事。

有一个蓬勃发展的、创造和分享互动小说的社区，由于数字图书格式的兴起和平板电脑设备逐渐地取代了书籍，这个社区不断地发展。社区得到了一系列免费软件工具的支持，例如 Twine*，并将继续得到重要的支持。

综述

Secret City 有两种用户类型：玩家和创作者。

玩家

玩家使用秘密城市智能手机应用程序在爱丁堡周围导航。当他们从一个位置移动到另一个位置时，将激活故事节点，故事节点由其地理位置定义并链接到文本 / 媒体和谜题。一个完成的故事节点将指引播放器定向到下一个故事节点的位置。

无论是通过追踪"痕迹"还是通过解决线索，玩家都可以完成整个城市的旅程。他们通常通过阅读每个故事节点附带的文本来体验故事。

有时，故事可以分支，由玩家输入驱动。通过故事导致多种潜在的路径，这可能反过来影响结果。

玩家和系统之间交互的确切性质对于应用程序的最终设计至关重要。作为分析的一部分，它将被探索和完善。

[70]

*Twine：http://twinery.org/

创作者

创作者是创建玩家体验故事的用户。他们主要与内容管理 Web 应用程序进行交互，他们组织、上传和创建构成每个故事的内容。

此活动与玩家的活动大不相同，因此会显著影响应用程序的设计。创作者对其创作内容的控制程度将影响更广泛应用的设计。这是另一个将作为分析的一部分来进行探索的领域。

用户故事

选择 Secret City 应用程序的一小部分潜在用户焦点小组。他们通过电子邮件、电话和即时通信进行了相互间的非正式访谈。目的是捕捉他们如何从高级描述中想象应用程序的功能,并确定要进一步探索的设计领域。以下是从这些访谈中转录过的故事,并在下一节中作为产生角色的基础。

> "因为我在这里找到了工作——总部设在皇后街,但我们的客户遍布全城,我花了很多时间在城里穿行。我的很多会议是在平时工作之后,因为我住在罗斯林,在上下班高峰时段来回奔波是没有意义的,所以我经常坐在办公室或出去喝咖啡。我必须随身携带手机,通常我也会用笔记本电脑。"

> "记得几年前我去过班诺克本。你得到了这些便携式 GPS 小工具——比 iPhone 大四倍,它引导你围绕战场并叙述事物,并且只有很少的文字片段。这很棒,但我记得我觉得如果它不仅仅是历史事实而是一个展开的故事会更好,你可以随时随地徘徊在喜欢的地方。我学习英语文学,喜欢写短篇小说。我喜欢做那样的事,但我不知道你是怎么做到的。"

> "20 世纪 80 年代,我父母常带我去外面的汽车里寻宝。当我的妈妈寻找标志和事物时,我的父亲会四处寻找,她会在纸上写下线索的答案。我不知道怎样知道是否做对了。无论如何,因为我那时还小,所以对我来说并不是很有趣,但他们很享受。我确信开车到处跑对环境不好。"

> "我喜欢玩桌面角色扮演游戏,听起来可能类似。我已经在这些方面构建了一些东西——你可以使用大量免费软件,但它们是相当有限的。我想要更多地控制布局和东西。如果你在第一部分中拿起一把剑怎么办?那么游戏会不会知道你最后将会拿到它?你也想控制自己页面上的颜色、字体和东西,否则它看起来就像其他人一样。"

明确的要求和问题

时间:用户使用应用程序可能没有超过几分钟的时间,并且可以随时被调用到另一个更重要的任务。

物理:用户可能没有能力在正常的日常工作中绕路,因为他们可能携带手提电脑等。

内容:内容实际上可能会吸引一些用户,特别是城市的访问者。

可用性:故事创建必须提供尽可能少的入门门槛,尽管是首次用户的引导式演练。

用户体验:需要一种反馈机制来显示用户的表现或成功完成故事,这可能包含社交分享工具或记分板。

物理:用户在游玩时可能希望使用多种交通工具穿越城市。这可能会对定时挑战产生影响。

技术:需要存储有关播放器的更多详细信息,而不仅是故事的进度,例如虚拟广告资源。

技术:创作者需要对故事的设计进行精细控制,包括如何在屏幕上向玩家展示。

2. 用户画像

姓名	位置
George	在城里工作但居住在市中心外
年龄	**喜好**
41	心理难题和逻辑游戏
职业	解决问题
系统架构师	记分牌

技术技能

熟练掌握各种形式的计算，但不太熟悉直接使用内容管理系统业娱的手机游戏玩家和常规的游戏机游戏玩家

目标

- 在会议之间娱乐。
- 为其他人设计谜题以弄清楚并研究他们如何解决这些谜题。
- 探索他通常不会找到的城市部分。

限制

- George 专注于玩手机游戏的时间有限，即使在正常工作之余也必须能够接听商务电话和电子邮件。
- 虽然是一个敏锐的步行者，但 George 有一条假腿，在长途旅行中和陡峭的山坡上行走时会感到不舒服。

玩家   **创作者**

姓名	位置
Sarah	工作和居住都在市中心
年龄	**喜好**
26	跑步
职业	基于时间的挑战
审计经理	创意写作

技术技能

拥有一台笔记本电脑，携带工作智能手机和个人智能手机。

熟悉这两种软件，尤其是 Office 软件，并且具有一些操作内容管理系统的经验。

偶尔播放视频游戏但发现游戏系统妨碍故事。大多时间喜欢读书。

目标

- 将她的短篇小说写作技巧带到一个新的平台上。
- 适应繁忙的工作生活。
- 对写作进行反馈。
- 使用应用程序作为正常运动的一部分。

限制

- 几乎没有时间学习新的内容管理系统。

- 对其他媒体类型不感兴趣。
- 工作旅行所以可以远离城市几天。

玩家　　　　　　　　　　　　　　　　　　　　　　　　　　　**创作者**

3. 概念场景

基于用户故事和人物角色识别的共同活动生成了一系列概念场景。

挑选故事

播放器加载应用程序并从可用故事列表中选择故事。他们可以按名称、类型、挑战类型、游戏长度或其他用户评分进行浏览。(见下文确定的要求和问题中的第 1 点。)

恢复故事

返回应用程序，提示玩家登录。(见下文确定的要求和问题中的第 2 点。)这样，它们将显示正在进行的故事列表。选择这一点，恢复了离开故事的状态。

保存故事

玩家选择停止播放当前的故事。他们关闭应用程序并将其进度保存以供日后继续播放。(见下文确定的要求和问题中的第 3 点。)

完成故事

玩家完成最终故事节点并接收屏幕确认。他们有机会评价故事并与他人分享成就。(见下文确定的要求和问题中的第 4 点。)

创造故事

创作者选择创造一个新故事。系统会提示他们登录，然后显示这些选项以命名他们的故事并输入说明。他们可以选择上传媒体内容并调整字体和背景颜色。(见下文确定的要求和问题中的第 5 点、第 6 点。)

发布故事

创作者已完成编辑故事并希望将其提供给玩家，他们登录并选择发布故事。然后，浏览新故事的玩家可以看到这个故事。

确定的要求和问题

（1）必须提示新玩家登录，但需要确定是否应该在第一次加载应用程序或选择保存进度时就提示。前者具有降低失去进度的风险的优点，但缺点在于新用户首先体验到的是登录页面。

（2）每个故事必须包含其他数据来描述各种类型、挑战类型和游戏长度。这应该由创作者、其他用户还是平台运营商决定？

（3）数据库需要能够存储各个玩家的进度并进行检索。这些保存点在哪里出现？它们可以在定时活动中被利用吗？

（4）需要一个评级系统，以使玩家能够评估已完成的故事。允许评级的时间是仅在完成时，或在固定时间之后，还是任何时间？

（5）故事标题和描述的文本输入需要限制。

（6）可选字体需要获得许可，并可从菜单中获取。

4. 要求清单

[这是一套简要的要求]

73

参考数字	功能性或非功能性	总结	合理
1001	功能性	玩家状态跟踪	并非所有玩家都可以预期或希望在一场比赛中完成一个单一的故事。需要一种方法来跟踪他们的状态，以便他们可以在以后返回应用程序，并且重新回到他们停止的地方
1002	非功能性	登录系统	为了跟踪玩家的使用情况，必须有一个登录系统，以便将账户与每个玩家相关联
1003	非功能性	按挑战类型筛选	一些用户需要面对时间的挑战，另一些用户需要谜题。他们需要根据自己的要求选择故事
1004	功能性	地理定位，GPS定位	用户需要能够识别每个故事节点的位置。这需要一种将玩家的物理位置与激活下一个故事所需的位置相匹配的方法
1005	非功能性	映射工具	为了帮助玩家找到他们的起点或特定故事节点，他们需要能够在地图上看到目的地

概念模型

Secret City 的核心组件本质上是一个数据库。玩家和创作者以不同的方式与该数据库交互并填充该数据库。他们与数据库交互的方式是设计的一个关键方面，必须通过进一步的原型开发。但是，有了坚实的基础，这项任务将变得更加容易。

74 该图概述了演员和利益相关者如何与故事元素互动。

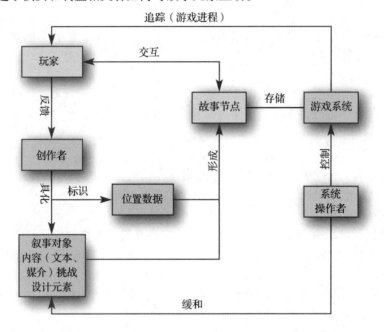

设计语言

Secret City 的主体是文字。浅色背景上深色文本之间的高对比度旨在为用户提供深刻的阅读书籍的印象。内容页面之间的转换应该模仿书籍，在菜单区域之间具有翻页效果。

颜色

在使用颜色的地方，它们是柔和的原色，特别是红色和橙色。

调色板

然而，颜色的选用应该保持谨慎，因为它应该成为用户关注的焦点。

图标

在整个过程中使用和放置的一小部分图标引导玩家在任何给定的故事节点上可用的选项。只要菜单栏可见（除了设置菜单、启动页面、主菜单和故事概述之外的所有时间），这些都会在整个应用程序中保持一致的定位。

一致性确保用户熟悉如何导航到他们需要的屏幕，同时灰显不活动图标意味着他们知道当前哪些选项可用或者不可用。

在正常的故事屏幕上，选项包括：主菜单、计时器、谜题、线索、故事和位置。在某些时候，或者在某些故事中，根据故事创作者的偏好，这些将是灰色的，以证明它们不可用。

活版印刷

默认排版强调可读性，结合两种易于分析的样式：Gill Sans用于标题和标题文本，与Merriweather serif 字体形成对比，以获得更传统的书籍式布局。

按钮

故事元素中的按钮可以由故事创作者控制，或者由故事主题驱动，但是在风格上应该与导航和控制元素保持不同。这些可能包含重要的故事元素，因此应强调其内容（见草图）。

75

原型截图

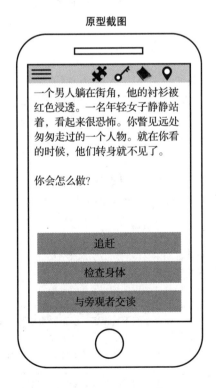

Merriweather serif字体

5. 具体脚本

描述：寻宝 PACT 分析

人物：Sarah

活动：基于时间的挑战

背景：晨跑

技术：带耳机的智能手机

脚本

Sarah 出去晨跑。她喜欢经常运动，因为今天天气很好，她不想去健身房。所以她选择了一个基于时间的挑战——她不想在跑步时停下来阅读大量文字，但她在慢跑时享受解决线索的挑战。^㊀她选择了一个适合她的距离要求，并注意到平均的完成时间。^㊁她从荷里路德公园的 Crags 底部开始出发。指示告诉她向北走，到古老小教堂的古迹那里。^㊂她开始慢跑并很快到达了目的地。应用程序确认她已经到达第一个目的地^㊃，并给了她下一个目的地的文字。几英里之后，很快就找到了目的地。应用程序祝贺她完成了此项挑战。^㊄她被要求评价已经完成的故事，最后，她评价了三颗星。^㊅"不错"，她写道。"我更喜欢一些谜题。"^㊆

6. 结论

对 Secret City 进行的基于脚本的初步分析已成功识别并缩小了系统的许多"后端"要求。然而，很明显，在决定如何设计最终界面之前还有很多工作要做。在这方面，使用一系列原型功能和布局进行焦点测试将非常有用。在最终指定用例之前，需要进行更多迭代。

由于玩家和创作者对此有不同的要求，因此先完成其中一个设计也是有可能的。这将有助于更接近最小可行性产品。预算限制和价值变现计划也会发挥重要作用。

由于玩家将构成用户群的最大部分，因此可以在 Creator Web 应用程序之前完成 Secret City 应用程序的 Player 版本。在玩家与故事进行交互的时候需要提供一些内容；然而，专注于设计的玩家端将更容易决定后续创造者应该拥有的控制程度。

总结和要点

用户体验设计关注于人、人的行为、活动的情境及其使用的技术。本章介绍了设计的主要元素——理解、展示、设计和评估基于脚本的设计和角色开发如何帮助指导设计师工作。本章探索了脚本及其在设计中的不同作用。

- 用户体验设计过程要求设计师从事这四项活动，并在它们之间进行迭代。他们需要参与理解、设计、展示和评估。
- 脚本是人、活动、情景和技术之间交互的故事，这是用户体验设计过程的核心。
- 基于脚本的设计方法为用户体验设计提供了一个有效的方式，可以帮助设计师产生设计思想，思考解决方法以及与他人交流。

㊀ 解谜和追随线索是故事创作者可用的叙事元素。然而，可能证明不必将它们与文本部分区分开。

㊁ 系统需要记录完成时间和总跑步距离，以便在选择故事时将其呈现给玩家。

㊂ 如果定位在成为下一个活动节点时不需要自动呈现到播放器屏幕，则需要创建者设置此位置。

㊃ 当应用程序成功导航到未标记的位置时，应用程序将需要通知玩家。如果用户因为他们要通过而快速移动，这一点就非常重要。可以用音频提示或振动的形式通知。如果他们不看设备，屏幕警报则可能无效。

㊄ 用户体验的一个重要部分是完成任务会给玩家带来怎样的感受。

㊅ 评级系统将帮助其他玩家找到新故事。为此选择了 1～5 星评级系统，因为它易于在触摸屏设备上理解和实施。

㊆ 事实证明，很难将谜题挑战的样子进行概念化，应该通过更多焦点测试和访谈来探索。

练习

1. 让某些人使用某些技术做一些事，观察他们做什么。写下与他们的活动有关的故事，通过消除情境细节和具体接口技术的细节，从一个经历中抽象出一个概念脚本。思考设计另一个设备，可以允许一些人进行类似的活动，然后根据这些设计约束产生一个具体脚本。最后将其描述为一个用例。

2. 为人们使用自动售货机开发一个脚本语料库。考虑使用的范围、交互的情境和需要考虑的一系列人。

深入阅读

Cooper, A., Reiman, R. and Cronin, D. (2007) *About Face 3: The Essentials of Interactive Design.* Wiley, Hoboken, NJ. *Cooper* 等人以一种深刻而愉快的方式展示了一些糟糕的交互式系统设计，并且给出了他们的方法，主要侧重开发角色和使用面向目标的方法来设计。

Winograd, T. (ed.) (1996) *Bringing Design to Software.* ACM 出版社，New York. 这本书包含了许多有趣的交互式系统设计师的文章，是所有想要成为交互式系统设计师的人的必读之书。

高阶阅读

Interactions 是一本专注于交互式系统设计的著名期刊。

Carroll, J.M. (ed.) (1995) *Scenario-based Design.* Wiley, New York.

Carroll, J.M. (2000) *Making Use: Scenario-based Design of Human–Computer Interactions.* MIT Press, Cambridge, MA.

Pruitt, J. and Adlin, T. (2006) *The Persona Lifecycle: Keeping People in Mind Throughout Product Design.* Morgan Kaufmann, San Francisco, CA. https://en.wikipedia.org/wiki/Special: BookSources/0125662513

Rosson, M.-B. and Carroll, J. (2002) *Usability Engineering.* Morgan Kaufmann, San Francisco, CA.

Rosson, M.-B. and Carroll, J. (2012) Scenario-based design. In J.A. Jacko (ed.) *The Human–Computer Interaction Handbook: Fundamentals, Evolving Technologies and Emerging Applications*, 3rd edn. CRC Press, Taylor and Francis, Boca Raton, FL.

一直以来，John (Jack) Carroll 在人机交互领域有很强的影响力，他和妻子 Mary-Beth Rosson 撰写了大量基于脚本设计的文章。他的第一本书是论文集合，展示了脚本的概念如何指导各种各样的人机交互和软件工程。第二本书来自他的许多文章，提出了许多成熟而清晰的基于脚本的系统开发方法；这本书阐述了脚本如何在系统开发中的所有阶段发挥作用。第三本是一本实用性的设计书籍。

78

网站链接

在 Jared Spools 的网站上有些很不错的白皮书，其中有些包含了角色的概念。参考 www.uie.com。

挑战点评

挑战 3-1

在录像机上看影片时，我们经常会自动选择电视频道，录像机则会自动播放。因此，"开始播放电影"的功能分配给设备，"选择录像机频道"的功能也常分配给设备。而使用 DVD 时，人们常常不得不选择一个合适的频道，再从菜单中选择"开始电影"或者"播放电影"，所以现在人们有额外的任务要执行。此外，DVD 的默认选项往往不是"播放电影"，因此，用户需要通过导航找到合适的选择，这也给用户增加了任务。PVR 又不同，需要人们执行一些任务来观看电影。由于存在大量的电影、电影的剪辑和片段，YouTube 要求人们进行更多额外的搜索和选择。在给人或设备分配任务和功能时，认真考虑哪些任务是迫使人执行的。

挑战 3-2

一个关于房间的概念性设计。你可能认为有一间温室或者楼下有洗手间是一个不错的选择，然后从这里开始继续设计。你可能会通过观看一些大商店的物理模型或者朋友家的房子来评估这个想法，这有助于需求定义，例如温室的大小或者它的位置等。从物理设计开始，你可能从朋友那儿或电视上看到一些例子然后产生一些较好的想法。一旦你有了概念，就展开上述行动。看书中的图片是另一种开始进行设计的展示方式。在其他场合的这一过程则由需求开始。你可能觉得需要一间书房、一间新的婴儿房或者是一个在冬天晒太阳的地方，正是这些需求触发了设计过程。注意，无论这个过程怎么开始、从哪开始，下一步都是评估。

挑战 3-3

一个穿着大衣背着背包的男人走到机器前，盯着它有两三分钟。当他看着机器时，两个年轻人来到他身后试图看前面的机器。最终，他将手插进口袋然后把钱塞入机器。他按下两个按钮，B 和 7，看着一包薯片落入托盘。

你可以想象一些类似的故事，得到的概念脚本遵守如下这条流程：一个人来到机器旁边，研究使用说明，可以买到什么，塞入钱，按下两个按钮和检索商品。

挑战 3-4

设计语言的关键方面是事物的标准特征，例如窗口和不同类型的窗口（有些可以调整大小，有些不能等）。其他特征包括设计菜单、对话框、提醒框等。颜色也是一样的，选择不同的颜色以给予人们不同的感觉。

挑战 3-5

当然，这取决于你选择的设备和你的评价方法。设计原则（第 4 章）是思考设计的一个较好的方法。一个自动售货机可能包括以下权益：

- ✓ 不限定销售时间
- ✗ 商品选择受限
- ✓ 快速交互
- ✗ 有时无法找开零钱
- ✗ 错误的操作导致漫长而费时的抱怨
- ✓ 服务成本高

跨渠道用户体验设计

目标

用户体验设计致力于开发契合人类生活方式的高质量交互系统、产品和服务。逐渐地，用户体验设计师不再只关注用户界面的细节，或者网站是如何运作的，而是更关注提供服务。这种服务是通过将无数交互时刻串联起来而实现的，因此这些短暂的微交互非常重要。但是，整个服务中可能涉及众多不同的设备和通信渠道，包括网站、手机应用程序、社交媒体和物理环境中的交互。看似简单的应用程序或网站服务能够很快地进化到一个复杂的跨渠道交互网络，有时称之为全渠道。

本章中，我们探索了现代社会背景下的用户体验，这些用户体验不仅发生在我们与各种类型的环境交互时，也发生在我们使用多种不同的媒体渠道之时。

在学习完本章之后，你应：

- 理解服务设计。
- 理解用户体验的多层要素。
- 理解用户、消费者和用户旅程。
- 理解跨渠道用户体验设计。
- 理解信息架构对用户体验设计的重要性。

4.1 引言

Gillian Crampton-Smith（2004）提出"设计师的工作不只是设计设备、软件以及交互方式，还要设计一整套连贯且舒适的服务体验（p.3）。"用户体验设计已经从设计一个网站或应用程序这样的单一事情转变为设计一整套服务。在用户体验的情境中，服务是指一系列交互，这种服务构成了一个完整的、更加抽象的成就。例如，智能手机可能会提供一种计算用户步数的服务。该服务使得用户能够在一天或一周的特定时间内查看步数信息，该服务使用图表和其他可视化形式来呈现数据。这项服务之所以能够实现，是因为手机里置有计步器，该计步器由运动传感器和其他软件构成，以此来计算移动的距离。

服务的关键之处在于，用户接触服务时会有多个接触点，而且这些交互伴随时间的推移而发生。为了实现更好的设计，这些接触点需要有一致的外观和感觉，以此来呈现一致的价值。大多数产品、网站和应用程序都提供了众多服务，它们共同构成了更大的系统。

苹果的服务设计就是一个很好的例子。其精心设计的网络图与该公司实体店紧密联系在一起，展现了流畅酷炫的产品（如图4-1所示）。不同于其他公司采取的线上展示和线下体验的方式，苹果采用相同的信息架构来构建网站和商店。Mac、iPad、iPhone、手表、电视、音乐目前都已经非常有系统性。正如4.5节中提到的，采用合适的信息架构对于能否提供良好的用户体验至关重要。除了线上和线下体验外，苹果应用商店和 iTunes 服务还负责管理应用程序的购买和在 iCloud 中租借存储空间，苹果 ID 则负责维护用户与公司的关系。iCloud

能够确保用户所有的苹果设备及其存储的内容（照片、音乐、视频、联系人）等信息都是同步的。

图 4-1 苹果商店

与服务的交互可能是间接性的，并且发生在不同的位置和设备上。因此，设计师需要考虑不同的交互媒体渠道。确切的是，组成媒体渠道的内容取决于用户在特定领域的需求和愿景，以及用户体验设计师如何诠释这些内容。例如，用户可能会将手机视为一个渠道。然而，智能手机上有许多应用程序，每一个都可以看作是一个媒体渠道。Twitter、Instagram 和 Facebook 都是渠道。类似于 Comparethemarket.com 这样的比较网站，以及 eBay、短信也都是渠道。而 WhatsApp 则是不同于 iMessage、Snapchat 或 Messenger 的短信渠道。

时间维度对于服务设计也很重要，例如，你可能会一直选择同一家银行为你提供服务。多年来你只有一个固定的牙医或医生。像购买洗衣机这样的服务则需要广泛的调研，选择合适的供应商，权衡其提供的包装、采购本身、送货、安装和洗衣机多年来的使用情况。

与产品不同的是，服务是无形的，人们必须通过接触点（或服务时刻）上的物理界面与服务进行交互。设计师需要随着时间变化考虑整个用户体验过程中设备、媒体的所有用户体验（见 4.3 节）。

挑战 4-1

写下在野外租来房子里度假的活动接触点？这些接触点使用了什么媒体渠道？

4.2 用户体验的基本要素

2003 年，杰西·詹姆斯·加瑞特（Jesse James Garrett）（Garrett，2003）提出了网站发展中的五个元素：战略、范围、结构、框架和表现。这就是那幅著名的被广泛用于优秀的网页设计指南的图（如图 4-2 所示）。2011 年，Garrett 出版了他这本书的第 2 版，论述了这些元素在交互设计中更为通用，无论是否在网上交付，都可以应用于产品、应用程序和服务设计。

　　这些元素具体阐述了用户体验设计的过程，从目标的抽象概念和用户需求到视觉设计中的具体实例，这种方式与我们在第 3 章中讨论的概念（抽象）脚本和具体脚本非常相似。最底层是最抽象的（并且最难实施）。战略层涉及理解交互系统或服务的总体目标，使用该系统的用户的性格和需求。战略层还涉及商业目标、企业品牌和市场分析。下一层为范围层，重点是功能（系统能使人们做什么）和系统要容纳的内容（信息）。Garrett 认为在范围层上花时间是很重要的，这样用户体验设计师才能知道他们要设计什么，不需要设计什么。确定用户体验设计的范围是为了为开发过程制订清晰的计划（这可能会涉及多次迭代，并在一段时间内开发不同版本的服务）。（见 7.1 节。）

　　用户体验设计的第三层元素为"结构"层。它不仅包括信息架构（见 4.5

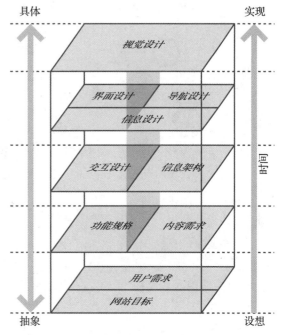

图 4-2　用户体验设计的基本元素

节），还包括指定交互设计、数据流和用户与系统间的功能分配。"框架"层则涉及信息设计、导航设计和界面设计。在第 3 章中我们从操作设计的角度讨论了这一方面，并在本书的其他部分详细讨论了这三个元素。信息设计（见第 12 章）关注的是如何以一种有效且有意义的方式呈现信息内容和数据。导航设计（见第 25 章）涉及菜单、链接、任务栏的设计以及用户从系统或服务的一部分转移到另一部分的其他方式。"线框图"是将所有这些元素组合在一起的关键技术（如图 4-4 所示）。线框图（见第 8 章）致力于为应用程序或网站服务勾画出常规页面布局的框架。由于页面的多种元素嵌入到线框图所描绘的标准架构中，在信息架构与信息设计方面没有明确的界限。界面设计（见第 12 章和第 13 章）关注的是如何将信息布局、导航和交互设计的所有元素组成连贯的整体。

进一步思考：服务生态系统

　　服务生态系统描述的是所有的利益相关者（用户）以及他们所访问和贡献的服务。这与我们在第 1 章中讨论的设备生态系统一样，所以我们可以用生态观念来看待服务。例如，一个城市的服务生态系统是一个复杂的物理服务混合体，例如垃圾收集、道路维护、公园和开放空间的提供、地方税收的市政服务、特许商店和地方政府的运营、失事招领以及如何游览城市的信息服务。对于当地人和在此地参观几日的游客来说，这个大有不同。

　　设计公司 Live Wire 开发了一些服务地图可以捕获服务的不同特性，如图 4-3 所示的车内服务地图。这些地图与第 3 章中介绍的丰富图有相似之处。

图 4-3 车内服务地图

Garrett 提出的最后一个元素是"表现"层，他将其称为视觉设计，但实际上这可能包含听觉或触觉等多种方式。在第 3 章中，我们称其为代表性设计。这种设计元素与设计美学相关，良好的设计指南也需要遵循该元素。在这里，展示的一致性和适当性是相当重要的。

正如在第 3 章中讨论的，实现一致性的有效方法就是使用设计语言。渠道不同，设计语言也可能不同，但关注通用原则将有助于确保跨不同交互的渠道具有一致的外观和感觉。设计语言不仅指定了特定设计的元素（例如字体样式、大小和颜色），而且还规定了组合设计中不同元素的规则以及交互时发生的各种情况（第 9 章讨论了设计语言）。

与用户体验设计的多层次观点相反，丹·塞弗（Dan Saffer）聚焦于微交互（Saffer，2010）。这些都是交互设计中小而集中的功能，比如，将手机调为静音，登录网络

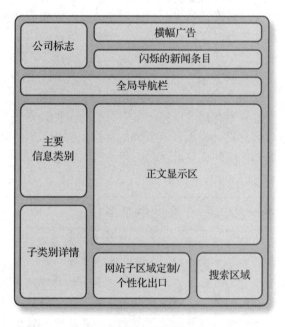

图 4-4 线框图

服务，查看邮件或加入无线网络。他提倡以娱乐为中心而设计。微交互中的"微"不仅指小动作，也指关注细节——通过关注设计的细节来设计良好的用户体验。他提供了大量示例来展示交互的操作设计是如何通过观察触发交互的因素与具有代表性的交互设计联系起来的，如何通过规则、循环和模式来控制交互，以及如何提供反馈，从而使人们能够了解正在发生的事情。他提供了大量示例，来展示交互的操作性设计图是如何与代表性设计和交互设计相关联的，这主要是通过查看触发交互的内容，如何通过规则、循环和模式来控制交互，以及如何提供用户可以跟踪正在发生的何种反馈来关联的。

微交互是用户体验设计的接触点，并且对服务的整体接受度和使用具有重大意义。Saffer 谈到一些微交互是如何成就标志性时刻的。交互中简单但却令人愉悦的时刻能够定义用户体验。如图 4-5 中给出了几个例子。但是，需要注意的是，其他接触点可能会"赶走用户"，糟糕的设计会导致人们弃用该服务。

85 ~ 86

4.3 用户旅程

交互时刻的设计能够提供良好的用户体验，但是思考如何将这

图 4-5 微交互的例子

些时刻与能够实现用户的目标的有用交互联系在一起也非常有意义。交互设计更大的图景针对整个用户旅程。

用户旅程的理念是规划出用户触达服务的所有方式，这需要花时间来设计这些服务接触点以提供连贯一致的用户体验。例如，想租车的人通过某种方式注意到有可用的租车服务（可能是电视广告或在谷歌上搜索"汽车租赁"），用笔记本电脑上网浏览可行的选项，然后用手机预定，去停车场取车，租完车后用平板设备做出反馈。

接触点的设计，包括数字的和物理的接触点（比如去停车场），如何将它们结合成一致且有趣的用户体验对设计师来说确实是一个挑战。接触点的设计对用户体验设计尤为重要。例如，一家大型线上零售商发现，当消费者接触到配送请求流程时，他们就会放弃网购。调查发现，当订单价格小于 10 英镑时，"继续订购"按钮会失效。页面会提示错误信息，但却只是以一排小字的形式显示在屏幕底部。用户察觉不到这些信息，所以就放弃网购了。但是如果在订单小于 10 英镑的情况下，"继续订购"按钮起作用了，用户就会明白问题出在哪了，就会去加购更多的产品。

如何设计这些服务涉及运营管理、创新管理、服务科学、市场营销、商业研究和交互设计等多个角度。Blomberg 和 Darrah（2015）对此进行了深入的分析。这些看待服务设计的不同视角使得这一主题产生了许多有趣的矛盾。对销售人员来说，他们关注如何将浏览行为转化为购买行为，成功的服务设计可以促进销量。从交互设计的角度看，设计的核心是从愉悦度、参与度和满意度等方面提供良好体验。Dubberly 和 Evenson（2008）将销售周期和体验周期区分开来。销售周期的目的是激发购买欲望，而体验周期是从更广泛的情境来考虑产品，致力于产生令人信服并具有持久影响的体验。

针对设计师如何开发消费者旅程，建议列一个接触点清单，将其制定为服务蓝图。该蓝图展示了用户、服务接触点以及后台服务是如何支持它们的。想想摇滚乐队的巡回演出，观众只看到了成功的演出，但是这些成功都是由后台的众多工作支撑的。服务设计也是如此。Blomberg 和 Darrah（2015）在图 4-6 中展示了这种服务蓝图。

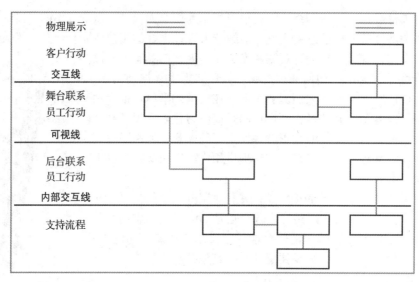

图 4-6　服务蓝图：展示了用户行动以及为了支持行动"后台"的运行

　　将接触点的前端和后台区分开来非常重要。如果要实现高效的跨渠道体验，图 4-6 所示的支持流程非常重要。系统必须以某种方式跟踪用户的交互及其交互历史。从用户角度看，支持该服务的技术通常无关紧要，用户只想继续进行活动。但从提供服务的角度看，维护交互的相关数据是相当重要的。因此，所谓的基于云端的服务优势在于数据可以储存在云端，任何连接到云端的设备都可以访问这些数据。

87

　　图 4-6 还阐述了数据化空间中的交互是如何超越物理空间的。例如，我们通常都是在服务完成后得到纸质收据，特别是涉及货币兑换的情况。餐馆账单、收据、电影票、登机牌都是交互渠道（如图 4-7 所示）。这些交互渠道的设计需要提供一致并且有趣的用户体验。再回到物理空间，餐馆本身的设计有助于餐馆的用户体验，店内布局在零售体验中非常重要，衣服上的标签是服务接触点，影院休息室的灯光设计推动影院的用户体验，机场的安全对航班的用户体验做出了巨大贡献。

图 4-7　付款

　　接触点或服务时刻的设计是用来鼓励和吸引用户的。用户体验设计师应当思考如何让用户与他们使用的接触点和渠道接触。他们需要考虑用户体验设计的基本要素和整个用户体验设计的多层性质，以及如何留住用户，并让其参与进来，这样用户才不会在执行接触点的过程中转身离开。用户体验设计师需要考虑如何完成服务，用户能从服务中得到什么，以及如何完成这个交易。

与设计其他手工艺品一样，接触点、服务和用户旅程体现在不同的抽象层面。用户体验设计师需要学习的技能之一就是找到适当的水平的描述层，既能满足用户及其需求，又适合开发交互设计后台的人员。以人为本的设计方法将帮助设计师把控这一点。

服务时刻汇聚到用户旅程中，就像一个接触点，用户旅程通常包括体验前、体验中和体验后。去度假之前，需要思考一下选择哪个目的地。买电视之前，要先看看广告和评论杂志。假期过后，你就可以看看照片，纪念这次旅程。

在接触到真正的服务或系统之前，用户需要知道它的存在。因此，前期阶段的设计应该考虑到用户的预期、广告及服务应如何出现在搜索引擎或网络上。反过来，这也要求设计师思考如何通过使用元数据对其进行描述。体验前期还包括社交媒体的设计以及如何共享现有服务的信息。

在体验过程中，用户体验设计关注的是让用户尽可能顺利和愉快地完成他们想要做的事。即使这项活动是一项身体活动，例如在餐馆用餐，在其背后也常常会有技术性基础设施运行，使这种用餐体验得以实现。其他服务可能是纯线上的，比如看视频或使用社交媒体。在这些情况下，用户可能不仅消费内容，也可以通过上传自己的帖子或照片生成内容。

进一步思考：商业模式

虽然在本书中，我们不会对商业模式进行过多的探讨（因为我们关注的是用户体验），但使用正确的商业模式对新服务和新产品的成功至关重要。比如，服务供应商应该按月收费还是把客户锁定在长期合同中？Netflix 和其他广播公司按月收费，而 Sky TV 则要求用户签订两年的合同。很多手机供应商也喜欢和用户签订长期合同。如果用户同意，他们将获得诸如免费流量、免费短信的额外功能，而这是那些随付随走的商业模式用户所不可用的。

一些智能手机应用程序需要提前购买；有些则是免费的，但附加功能要收费；有些可以免费使用六个月，继续使用则要收费。有些应用会在用户需要时额外收费（称为应用程序内购买）。除了采用哪种模式外，服务供应商还必须决定合适的收费标准。在服务的功能、收费金额和额外功能或长期使用所产生的额外收益之间寻求平衡，对服务的成功也至关重要。

88
~
89

当用户完成了主要目标之后，他们会反思这个体验。特别是在旅游或者是在参观主题公园这样的特殊活动中，他们可能想带走一件纪念品。他们可能想向体验媒介提供反馈，并与他人分享经验。不论是通过口口相传还是通过社交媒体的方式与他人分享，他们都成为他人体验前期的一部分。

展现用户旅程的方式有很多，并且没有统一的标准，所以设计师需要选择一个最喜欢的。图 4-8、图 4-9 和图 4-10 展示了一些用户旅程的示例。

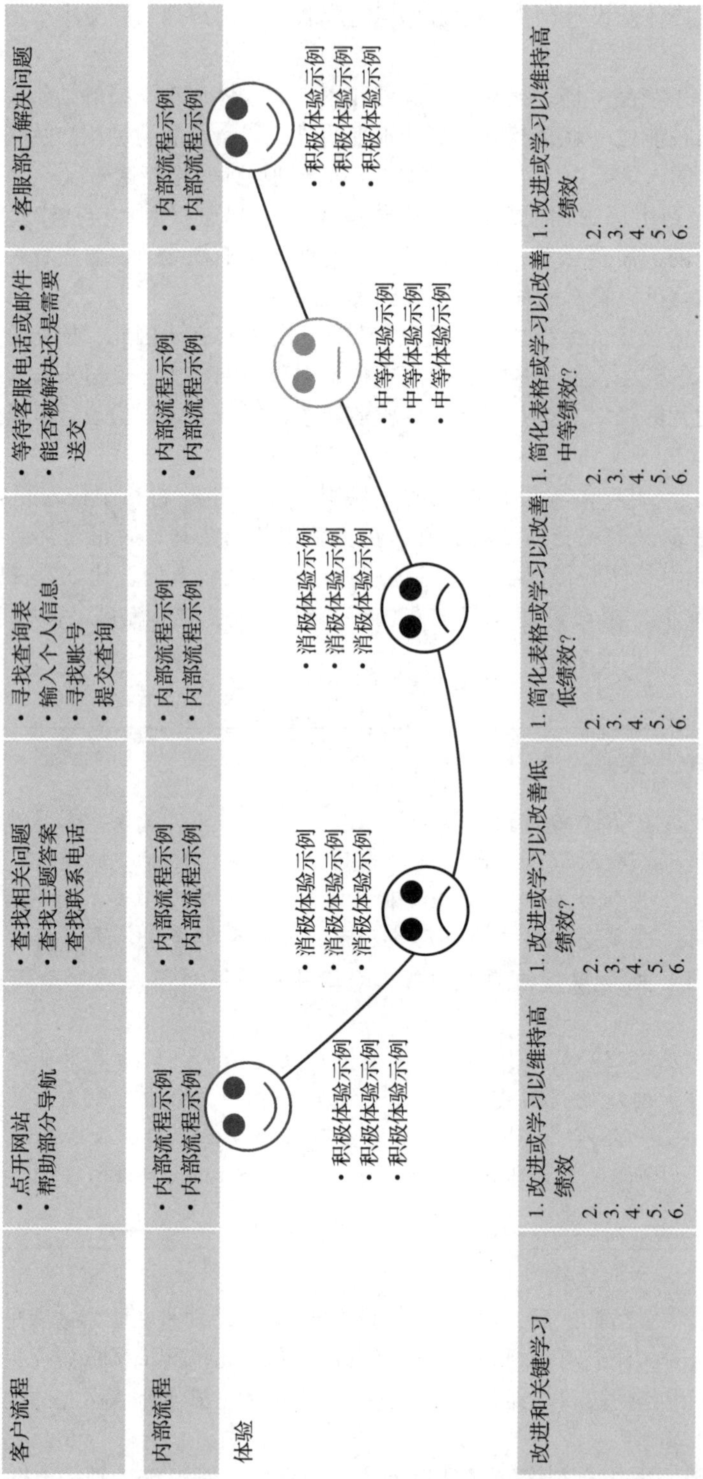

	导航网站	访问FAQ部分	提交请求	跟进客户服务	解决方案
客户流程	·点开网站 ·帮助部分导航	·查找相关问题 ·查找主题答案 ·查找联系电话	·寻找查询表 ·输入个人信息 ·寻找账号 ·提交查询	·等待客服电话或邮件 ·能否被解决还是需要送交	·客服部已解决问题
内部流程	·内部流程示例 ·内部流程示例	·内部流程示例 ·内部流程示例	·内部流程示例 ·内部流程示例	·内部流程示例 ·内部流程示例	·内部流程示例 ·内部流程示例
体验	·积极体验示例 ·积极体验示例 ·积极体验示例	·消极体验示例 ·消极体验示例 ·消极体验示例	·消极体验示例 ·消极体验示例 ·消极体验示例	·中等体验示例 ·中等体验示例 ·中等体验示例	·积极体验示例 ·积极体验示例 ·积极体验示例
改进和关键学习	1.改进或学习以维持高绩效 2. 3. 4. 5. 6.	1.改进或学习以改善低绩效? 2. 3. 4. 5. 6.	1.简化表格或学习以改善低绩效? 2. 3. 4. 5. 6.	1.简化表格或学习以改善中绩效? 2. 3. 4. 5. 6.	1.改进或学习以维持高绩效 2. 3. 4. 5. 6.

图4-8 用户旅程映射

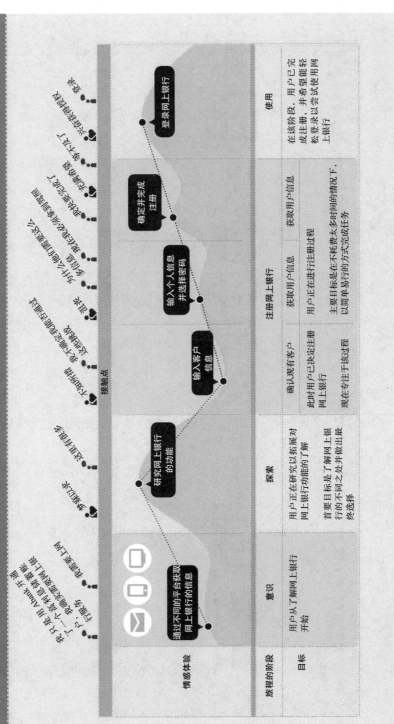

图 4-9 用户旅程映射

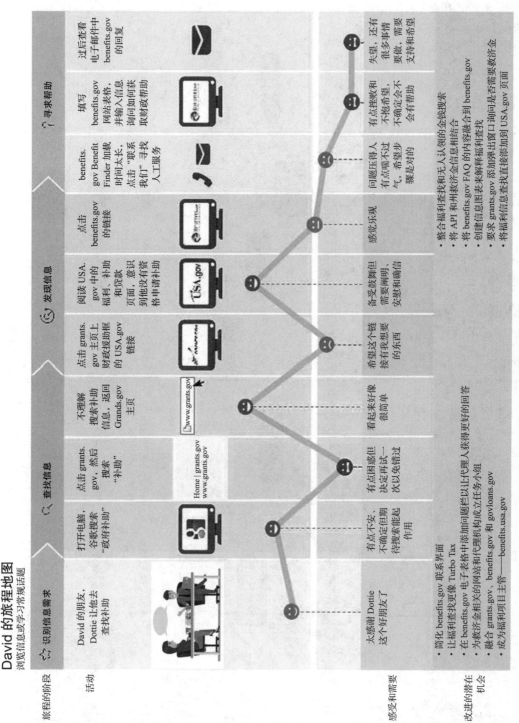

图 4-10   用户旅程映射

挑战 4-2

　　查看如图 4-11 所示的天气应用程序。用 Garrett 提出的用户体验框架中的元素进行描述。

图 4-11　天气应用程序

4.4　跨渠道用户体验设计概述

　　规划用户旅程的问题之一就是，现实生活中很少有用户会遵循设计师精心打造的理想旅程。在我们所处的多设备、多渠道环境中，设计师面临着新的设计挑战，来支持用户反复切换服务、改变计划等操作，然后拿起其他设备（期望它们是服务中的同一接触点）又继续从暂停处开始。此外，用户通常不会独自这样做，而是希望通过协作活动与其他人分享体验过程中的不同点，并且将从他人那里获得的运用到自己的体验过程中。

　　正是在这种背景下，许多交互设计和用户体验专家和学者都呼吁在方法上进行根本性的改变。Resmini 和 Rosati（2011）认为，我们正从多渠道服务转向跨渠道服务，这发生在"单个服务通过多渠道传播，这是通过对大量不同的环境和媒介进行轮询以被整体（如果真的是这样的话）感知的方式进行的（第 10 页）"。交互设计现在更像是建筑和城市规划，因为新的开发需要适应现有的基础设施，并利用现有的服务和不同用户拥有的不同设备。

　　当然，跨渠道服务有很多成功的例子：拍张照片上传到 Facebook 上来得到评论；将定位发给一群朋友；把 iPhone 上放的音乐传到客厅的扬声器；在公交车上用平板电脑看电影，稍后又投影到电视上；处理共享的电子文档或表格。当服务跨越这些特定的活动时，问题就出现了。

　　这时用户体验就如同从灌木丛里摘黑莓。你看到一颗鲜嫩多汁的黑莓，正要俯身去摘，然后又看了看旁边的灌木丛，发现了更多新鲜的黑莓。现在你俯身去摘一颗黑莓，然后看到了更多的黑莓。刚开始只打算摘一颗黑莓，但不久你就对所看到的事物做出反应，从事了完全不同的活动。用户体验设计就像这样，当用户看到新的交互机会时会改变自己的目标和兴趣，设计师则应适应这些改变，来满足用户需求。

　　基于这个原因，Resmini（2014）提出了跨渠道生态系统，他将其定义为"一个由行动者选择、使用并和渠道连接产生的生态系统，这个生态系统属于相同或不同的系统或服务，行动者试图在该系统的情境中明确或含蓄地实现其战略目标和期望未来的状态"（第52页）。行动者（用户和消费者）进行活动时不受特定渠道的影响。他们沉浸在设备和服务的生态系统中，在这些生态系统中，他们制定目标、挖掘需求并获取经验。

Resmini 和 Rosati（2011）提出了在服务或产品生态系统的情境中，渠道是如何识别用于信息传输的普适层的。例如，城市街道上的指示牌构成了一个渠道，置于城市各处的单个指示牌则是接触点。Resmini 和 Rosati（2011）讨论了如何让用户变得更像中间人，既能提供内容又能消费内容。体验是混合的，能够跨越数字空间和物理空间，信息架构需要适应不断变化的环境中的现存系统和服务。这就是跨渠道用户体验设计。Resmini 和 Rosati（2011）提出了5大策略来指导跨渠道生态系统设计师：帮助用户建立位置感和易读性（第25章讨论了位置感）；保持跨媒体渠道一致；有弹性空间并能适应不同用户；远离复杂和凌乱；帮助用户看到服务间的联系（第25章讨论了设计指南）。

90
～
92

用户旅程的概念很自然地引发我们思考用户如何从一个接触点转移到下一个接触点。Benyon（2014）将其称为导航，我们将在第25章讨论该主题。导航包括三种类型的活动：寻路是指导航到已知目的地；探索则是发现一个环境以及和其他环境的关系；对象识别是指理解和将环境中的对象进行分类，包括查找类别、群集和对象配置及其所包含的内容。很多原理都来自于物理空间中的导航设计，这些物理空间都与用户旅程设计相关（参见第25章）。

交互轨迹是 Steve Benford 及其同事经历数年复杂的现实和文化体验之后提出来的一个类似概念（Benford 等人，2009）。他们认识到了设计对交互的重要性，这些交互随着时间的变化在物理空间和数字空间内发生。他们探讨了这些混合体验是如何将人类带入混杂的空间、时间、角色和界面的。这种轨迹能让参与者身临其境（第712页）。他们认为这些轨迹需要有条理、经过精心策划、并且是相互关联的整体的一部分。

就跨渠道生态系统中的用户旅程体验设计而言，设计师应注意提供有助于导航的内容。地图显示了环境的概况、路标显示方向和距离；信息标识和"你在此地"标识有助于用户熟悉周围的环境；路径、路线、路标都是用来寻路的。当用户在消费者、生产者、探索者、浏览者或购买者这些不同的角色间进行切换时，他们需要不同类型的支持。不同的设计将跨越数字和物理空间的限制，在不同时间和不同生态层之间进行转换。

当用户跨越渠道，消费和创建内容时，用户体验由此展开。交互接触点之间的转换是整体用户体验的重要组成部分。需要吸引人们进行转换，参与随后的交互，然后优雅地离开，进入到下一个服务。人们将在物理空间和数字空间中来回切换，跨越各种渠道和设备。

93 图 4-12 展示了网上银行的登录界面。用户需要有手机应用程序和联网设备才能登录。应用程序生成一个验证码，用户必须在网站服务中输入该验证码。

理想情况下，设计师需要在不同的交互渠道中呈现共同的设计标识。通常，这些标识需要使用户能够在中断一个渠道的体验之后无缝连接另一个渠道。交互设计和用户体验设计的跨渠道特性仍是未来几年用户体验设计的重要特征。例如，设计师必须设计一个连接手机和网站的可穿戴设备。室内供暖系统在锅炉和恒温器之间有一个无线连接（通过 zigbe 通信协议），另一个连接到家庭控制中心（通过 WiFi）。恒温器可以通过该设备的界面直接控制，也可以通过网络界面或手机上的应用程序来控制。随着越来越多的控制照明、相机和传感器等设备应用到家具自动化服务中，这个小型设备生态系统也在不断发展（如图 4-13 所示）。

图 4-12　跨渠道用户体验　　　　　　　　　　图 4-13　Hive 供暖系统

挑战 4-3

开发一个用户旅程映射以便升级到你的手机。

4.5　信息架构

信息架构与信息空间的设计有关。这就像现实生活中的架构师必须理解用户需求并设计合适的结构来实现这些需求，信息架构师必须设计能够衍生信息的结构。这些结构可以作为应用程序和网站在数字空间中实现，也可以作为地图、标识和物理结构等在物理空间内实现。这些架构还涵盖用户，他们能消费信息，也能将生成的内容变成信息空间的一部分。在设计过程的不同阶段，用户体验设计师也要成为信息架构师。

信息架构关注的是理解和设计信息，也就是内容，这些内容对用户从事某些活动或者对用户体验都有益处。例如，如果我想参观一个历史遗址，哪些信息会给我带来良好体验（如图 4-14 所示）？信息架构师是否应该提供历史事件的日期、拜访过那里的名人信息以及地理

94

图 4-14　旅游应用程序。应该提供什么信息，如何提供

和地质信息？信息架构师是提供历史事件的视频，能获取更多的信息的网站链接，还是提供一个语音向导引导站点周围的游览？他们是应该在关键位置提供信息板、站点地图、指南，还是在手机应用上提供所有信息？信息架构师是否应该允许参观者拍照、留下音频信息并标记地理位置，以便其他参观者可以看到？（这通常称为用户生成内容（UGC）。）

信息架构师要提供一个包含用户体验的结构。概念模型中有介绍这种结构，概念表现形式用来描述用户感兴趣的领域。这个过程通常称为开发本体，"一些活动设计的概念化"（Gruber，1995）。（第 3 章介绍了概念模型。）

理解整个过程，分析某些领域（活动领域），并且在讨论、迭代和评估之后，信息架构师才会确定兴趣对象和对象间的关系。Johnson 和 Henderson（2011）出版了一本很好的讲解概念建模的入门书。找到合适的本体很重要，这将影响信息空间和后续用户体验的其他所有特征。

进一步思考：本体的影响

在交互系统中，信息架构与对象的结构和组织有关。设计师必须做的第一件事就是决定如何将领域概念化。他们需要定义本体。本体指的是领域的选定概念化，它非常重要并且会影响到信息空间的其他特性。

95

决定活动领域中的本体就是决定表现在活动中的概念实体、目标和关系。选择合适的抽象层对本体很重要，因为抽象层会影响实体种类的数量，每种类型的实例以及每个对象的复杂性。

粗粒度本体只有几种对象，每种都是"弱类型"的，例如会有一个相当模糊的描述。因此对象会相当复杂，每种类型也会有很多实例。

选择细粒度本体会得到一个结构，其中有很多强类型的简单对象，每个对象的实例相对较少。在细粒度本体中，对象类型的差异很小，而粗粒度本体中的对象类型则差异很大。

例如，作为一名信息架构师，你选择一个本体来协助办公室内文件整理的活动。有些人有的是多类型的细粒度结构（如教研研究论文、教员办公室、教员策略等），而有些人只有少类型的粗粒度结构（如教员论文）。这些不同的结构促进或阻碍了不同的活动。有细粒度本体的人不知道要把论文放到教研研究办公室的哪个地方，但却更容易找到 4 月份研究委员会的会议记录。

我的办公室里有一大堆的文件。归档新文件非常容易，放在最上面就行了。但检索特定文件就非常费时了。我的同事每次都会认真地将收到的文件归档，虽然这很耗时但检索更快。

信息空间的大小由对象的数量控制，反之又与本体相关。细粒度本体产生许多对象类型，每种类型的实例更少，粗粒度本体产生的类型更少但实例更多。更细粒度的本体会带来更大的空间，但是单个对象会更加简单。因此架构应该通过索引、群集、分类、内容表等来定位特定对象。由于粗粒度本体空间更小，因此重点在于寻找对象中特定信息的位置。细粒度本体需要在对象间移动，而粗粒度本体则在对象内部移动。

例如，如果一名信息架构师正在设计服装购物网站，本体将包括"女式上衣""男式上衣""女式裤子""女式夹克"等对象。这就是本体论，物理空间和物理对象以概念化的方式进行呈现。通常，网站的信息架构师会想出非常奇怪的本体，这就是为什么有时候很难在网

站上找到某些对象。例如，在某著名的服装购物网站上，"Levi's"这个词不被搜索引擎识别，也没有出现在"牛仔"等其他类别中。这个网站的设计师没有把"Levi's"放在本体中，所以没有人能找到它们！

挑战 4-4

写下一个餐馆的本体，与其他人进行对比和讨论。

信息架构还会影响交互的物理方面。例如，如果信息架构师将所有信息都放在网站的一个页面上，用户需要向下滚动页面来寻找他们感兴趣的信息。如果架构师将对象构造成不同的部分，并在页面的菜单栏中提供链接，那么用户可以直接跳转到他们感兴趣的部分（前提是他们明白信息架构师划分出的不同部分分别表示什么）。粗粒度本体（把所有内容都放在一个页面中）和细粒度本体（把每项内容都放在其专属页面中）的影响请参见"进一步思考"。

信息空间的信息架构也会影响空间的拓扑结构。拓扑关注对象之间的关系，例如，对象之间的距离以及对象类型和实例之间的方向关系。例如，本体会影响实例间下一个和前一个的关系。下一项是按时间顺序、字母顺序还是其他结构？一个特定的实例距离当前位置多远，或者用户需要往哪个方向走、距离多远才能到达空间中不同类型的对象？

信息空间的另一个关键特征是波动性，波动性指的是对象的类型和实例多久变化一次。一般来说，最好选择一个对象类型稳定的本体。给定一个小而稳定的空间，很容易实现制造地图或导航以清晰地呈现内容。但如果空间很大而且不断变化，那么就很难知道空间的不同部分是如何相互关联的。在这种情况下，界面必须看起来非常不同，用户体验设计也会不同。

信息空间的最后一个特征是代理商。代理商指的是不同类型的用户及其在信息空间的角色和人工代理的存在。代理商也关注空间内开展的活动，例如，用户是否可以在信息空间添加内容。在某些空间，每个用户都是独立的，没有其他用户，或许有其他用户，但他们却不知道。在某些空间，用户可以轻易地和他人（或人工代理）沟通。在其他空间里，可能会没有任何用户，但是有他们所做事情的痕迹。信息空间内的代理商（有时为虚拟助理，如图 4-15 所示）的可用性是影响其使用性和用户体验设计的另一个因素。

图 4-15　虚拟助理

信息空间包括不同的技术及用于访问和传输（信息）内容的设备生态。设备生态包括数

97 字技术的所有特征和与该领域相关的非数字化人造信息。内容创建、消费和操作技术对信息空间的用户体验有着巨大影响。例如，显示器可大可小，彩色的或单色的，可触或不可触，高分辨率或低分辨率。作为生态的一部分，语音可以是输入或输出，可能是音乐或其他非语言的形式；可能有手势识别、有形交互或触觉反馈；可能有视频、动画或 3D 图像；可能有不同的用于生产、消费、操作和传输内容的应用程序和软件。提供不同服务的设备将成为生态的一部分，这种生态取决于在不同时间使用它的不同用户。

4.6 举例：通勤

乘公交车是很多人上下班的选择。在瑞典公共交通公司的一项案例研究中（Lång 和 Schlegel，2015），支持该活动的跨渠道生态系统概念化主要考虑的因素有公司网站、移动应用、打印的客户信息和员工，以及包括标志、距离和城市布局在内的城市环境。通过对当下状况的分析，确定了移动端、网站、印刷媒体、服务点、公交系统和用户六大主要渠道。这些因素都是由数字空间和物理空间里无数的接触点组成的。比如，印刷媒体包括纸质票、小册子、公交时刻表和公交线路图。

公交车系统的本体包括公交车、公交车站、总线、路线、旅程和目的地等。拓扑决定了公交车站点之间的距离和方向，以及公交车站点与路线和目的地之间的距离和方向。基本的信息架构分布在设备、渠道和接触点之间。与路线、总线和公交车站相关的信息空间是比较静态的，会有变化，但并不频繁。因此，诸如地图这样的接触点可在纸上生成。然而，公交车的运行和行程时刻是造成空间波动的关键特征。在案例研究中，手机应用程序提供实时的公交车信息并显示在公交车站台上（如图 4-16c 所示）。这些公交车跟踪系统的数字空间解决了信息空间的波动部分并允许实时重新规划路线和抵达时刻。

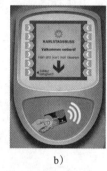

a)　　　　　　　　　　　b)　　　　　　　　　　　c)

图 4-16　上下班通勤生态中的一些物理接触点

需要注意此处提供的附加代理商。乘坐公交车通勤的原始范围需要人们站在公交车站，查询纸质时刻表然后等候。随着数字空间中的实时信息跟踪器的发展，"从此处回家"和"计算抵达时间"等新功能出现了。

代理商还包括信息空间的人，比如公交车司机。该代理可以提供问题咨询，并能提供实时和个性化需求的信息。

98 这个案例研究的分析结果展示在图 4-17 所示的服务蓝图中。

图的左侧列出了设备和不同的交互渠道。图的顶部列出了主要活动和不同的接触点。需要注意的是，此服务蓝图并不包括后台活动，为此需要另一个图表。然而，该蓝图能够代表典型的用户旅程。生态识别了超过 15 个不同的旅程，并由蓝图绘制出来。这种旅程显示在手机服务客户旅程地图中。

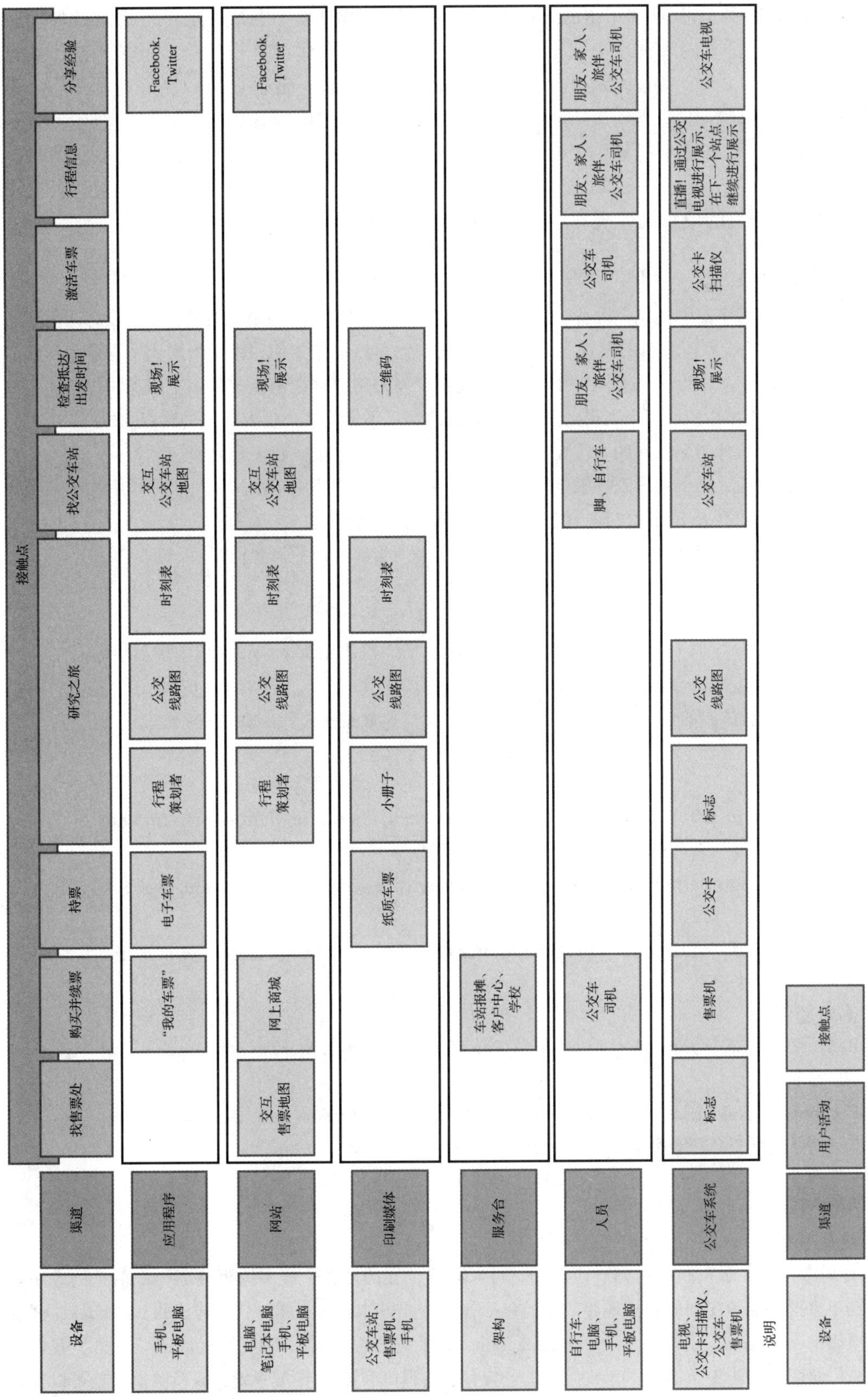

图 4-17　通勤领域的服务蓝图

设备	渠道		接触点									
			找售票处	购买/续票	持票	研究之旅			找公交车站	检查抵达/出发时间	激活车票	行程信息	分享经验
手机、平板电脑	应用程序			"我的车票"	电子车票	行程策划者	公交线路图	时刻表	交互公交车站地图	现场!展示			Facebook、Twitter
电脑、笔记本电脑、手机、平板电脑	网站		交互售票地图	网上商城		行程策划者	公交线路图	时刻表	公交车站地图	现场!展示			Facebook、Twitter
公交车站、售票机、手机	印刷媒体				纸质车票	小册子	公交线路图	时刻表	二维码				
	服务台		车站报摊、客户中心、学校										
自行车、电脑、手机、平板电脑	人员		公交车司机		公交卡	标志	公交线路图		脚、自行车	公交车站	公交车司机	朋友、家人、旅伴、公交车司机	朋友、家人、旅伴、公交车司机
电视、公交卡扫描仪、公交车、售票机	公交车系统		售票机		公交卡	标志	公交线路图			现场!展示	公交卡扫描仪	直播!通过公交电视进行展示,在下一个站点继续进行展示	公交车电视

说明

设备	渠道	用户活动	接触点

本案例研究的分析采用了 Resmini 和 Rosata 提出的策略，以研究设计问题以及如何改进系统从而鼓励更多的人乘坐公交车。他们给出的一个重要建议是设计应注意场景制作的概念。如果用户可以将公交系统及其如何与城市融合进行构思，他们就可以更好地利用生态系统出行。设计师研究了生态系统中不同位置的用户体验。在旅程开始之前，位置感包括城市的本体和拓扑以及公交车的整体系统。换句话说，用户需要知道简单、舒适、高效是衡量良好用户体验的标准，他们需要知道哪辆公交车要去哪里。生态系统中的其他位置包括公交车站的设计、售票机的位置、公交车本身以及起止点的位置。

总结和要点

有时，用户体验发生在包含设备、服务和物理空间在内的复杂生态系统的情境中。设计师需要思考整个系统以及特定界面细节的设计。他们需要从用户的角度思考如何将系统概念化，需要为导航和用户在系统中的运动而设计，这里面的轨迹纷繁复杂，因为用户会在不同的数字空间和物理空间中来回切换。此处的用户体验设计难度较大，因为在信息空间中不同的用户会有不同的路径。

- 用户体验设计是多层次的，需要考虑战略、范围、结构、框架和表现元素。
- 用户体验设计必须考虑到接触点以及它们是如何连接到用户旅程中的。
- 不同的用户会有不同的旅程，因为使用了不同的设备和渠道。
- 用户体验设计师需要考虑领域的信息架构，以开发指导设计的概念模型。

练习

1. 利用 beacon 技术（蓝牙 LTE），设计店内零售体验，可以跟踪下载该商店应用程序的人在店 30 厘米内的行动。

2. 在城市旅游体验的情境中，利用用户生成的内容（比如拍的照片或观点）提出观点。

深入阅读

Benford, S. *et al.* (2011) *Creating the spectacle: Designing interactional trajectories through spectator interfaces, ACM Trans.* Comput.-Hum. Interact. 18(3), 11:1–11:28.

Blomberg, J. and Darrah, C. (2015) *An Anthropology of Services.* Morgan and Claypool, San Rafael, CA.

Johnson, J. and Henderson A. (2011) *Conceptual Models; core to good design.* Morgan and Claypool, San Rafael, CA.

高阶阅读

Benyon, D.R. (2014) *Spaces of Interaction, Places for Experience.* Morgan and Claypool, San Rafael, CA.

Resmini, A. and Rosati, L. (2011) *Pervasive Information Architecture: Designing Cross-Channel User Experiences.* Morgan Kaufman, San Francisco, CA.

挑战点评

挑战 4-1

计划旅行的接触点包括网站、小册子、可以查看位置的地图、查看附近商店详细信息的应用程序、徒步旅行路线和皮划艇租借地等。渠道包括各种社交媒体，如向朋友咨询建议的 Facebook、观看相关电影的 YouTube、查看他人照片的 Instagram，以及把想法汇集在一起的 Pinterest。此外，我们还可以从野营商店中购买实体地图，我们手机上装有应用程序和 GPS 导航系统，以及我们最终可以发现物理位置、住宿地和穿越荒野的小径。

挑战 4-2

这款应用的目的是提供未来 7 天，每天 24 小时整点的天气预报。范围非常有限，几乎没有机会改变显示在应用程序上的内容。它的结构包括气温、是否会下雨、天晴或是两个都有。交互仅限于内容的滚动。框架层包括决定展示什么内容。这款应用的导航很少，除了滚动和基本的界面设计遵循了 Apple 的指南。颜色、字体、图标设计的选择都处于结构层。

挑战 4-3

我们的想法如下所示。当然，你可能选择其他表示。

101

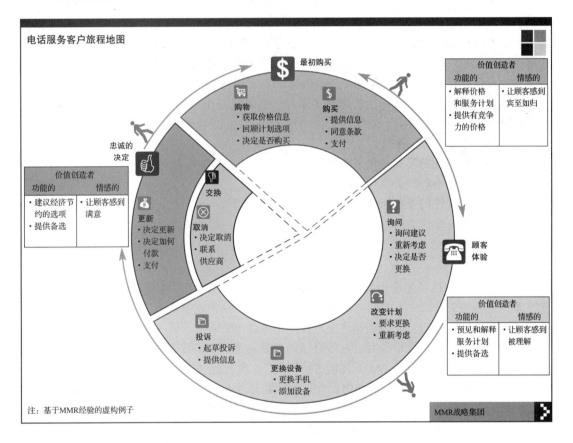

102

挑战 4-4

有桌子（可以坐一定数量的顾客）和顾客。有开胃菜、主菜和甜点，这些都是菜。有一个菜单和葡萄酒单。葡萄酒分为红、白和玫瑰红。菜肴和葡萄酒都有不同价位。除了菜单，还有一个会更换的特色菜板块。有账单、收据等。

你会考虑很多事情。下面是我们的一些想法。很多餐厅使用 iPad 和合适的应用程序来管理餐桌、点餐并确保价格正确。可能需要使用笔记本或其他餐厅的订餐本。还有一个收银台。请注意，特色菜板块和菜单的波动性有关。打印的菜单只适用于不经常更换的菜肴。后台通常需要一台打印机，来给厨师自动打印订单。当服务员准备将做好的菜端给顾客时，会有"请核对"或类似的提示。

Designing User Experience: A guide to HCI, UX and interaction design, Fourth Edition

可 用 性

目标

可用性一直是实现人机交互的核心工作。可用性的原本定义是指系统必须易用、易学、灵活，且能够引起用户极大的兴趣（Shackel，1990）。由于交互式系统设计中人类、活动、脚本和技术等种类的增加，这种定义虽然仍是有效的，但隐藏了许多重要的问题。例如，如今可访问性就是一种重要的设计目标，设计的可接受性也是如此。目前来说，可用性的首要目标涉及对系统有效性和效率这两个方面的考虑。可用性是良好用户体验的基础，设计师将注重一些通用设计原则，从而生产出易于学习、高效且易于理解和使用安全的系统和服务，并且可以适合不同的人使用。

在学习完本章之后，你应：
- 理解可访问性的要点和相关概念。
- 理解可用性下的相关原理。
- 理解可接受性的重要问题。
- 理解设计一个优秀的用户体验设计所需要遵守的一般原则。

5.1 引言

一个优秀的设计是无法用简单的几句话进行概括的，而用户体验设计师的活动也是如此，尤其是那些采用以人为本的方法进行设计的人员。一种观点认为"用户体验设计师的目标是设计可访问、可用、社会和经济上可接受的系统和产品"。另一种观点认为"用户体验设计师的目标是设计出易于学习、有效且适用性好的系统"。第三种观点是"用户体验设计师的目标是针对某一领域对 PACT 元素进行平衡"。所有这些观点都是合理的。本章将探索这些观点，这些观点与什么是优秀的设计这一问题是互补的。同时，我们将提出若干高级的设计原则用以指导设计师并评估设计思想。最后，我们将以上思想用于实践，主要是在不同设计情境中考察一些好的和不好的设计实例。

可访问性涉及去除阻止人们使用该系统、产品或服务的所有障碍。可用性指交互的质量，它往往使用一些参数进行度量，比如完成任务所需的时间、产生错误的次数和成为一个合格使用者所需的时间。显然，在讨论可用性之前，一个系统必须是可访问的。一个系统可能被一些可用性评价方法评估为具有较高的可用性，但是仍然不会被用户使用或者无法满足用户需求。可接受性指在使用环境下适合规定目的的能力。同时，它还涵盖了个性化偏好，这会影响用户接受或拒绝某一产品或服务。

5.2 可达性

一直以来，让残疾人融入物理空间就是一个重要的法律和伦理问题，如今，对于信息空间来说，这个问题变得越发重要。相关法律，比如英国《平等法案》（2010）（Equality Act 2010）和美国 Section 508 都规定了软件必须是易访问的。联合国和万维网联盟（W3C）也有相关的宣言和准则，保证每个人都可以访问那些通过软件技术进行传递的信息。随着计算机使用人员和技术领域的广泛扩大，设计师需要集中考虑所设计的系统对于人类能力的要求。设计师的设计需要面向老人或者儿童。Newell（1995）指出，在特殊环境（比如压力、时间压力等）下，一个普通人面临的问题种类和在正常环境下一个残疾人面临的问题种类往往是相同的。

人们会由于以下任一原因被交互式系统拒绝访问：

- 由于设备不恰当的设置或输入、输出设备对人的能力产生过高的要求，导致人们因身体条件被拒绝。比如，坐在轮椅上的人无法够到放置过高的自动取款机，儿童无法操作过大的鼠标，关节炎患者无法操作需要较高手指灵活度的移动手机。潜在使用者的运动能力和感官能力都需要纳入考虑的范围。
- 从概念上讲，使用者可能由于无法理解复杂或模糊的命令，或者无法形成一个清晰的关于系统或服务的心智模型从而被拒绝，需要根据认知需求来考虑用户的认知能力。使用者可能因为不懂该服务使用的语言而被拒绝。
- 如果人们无法承担关键技术的费用，会由于经济原因被拒绝。
- 由于设计师对人们如何工作、如何组织他们的生活做出不适当的假设，将导致用户在文化上被拒绝。比如，使用一个基于橄榄球的暗喻会导致那些不懂该运动的人们无法理解。
- 如果设备在某一合适时间和地点无法获得，或者人们不是某一特定社会群体的成员，无法理解某一特定的社会习俗或信息，将导致社会性的拒绝。

去除这些障碍以实现访问是设计的一个关键注意事项。实现可访问性设计的两种主要方法是"为所有人设计"和包容性设计。"为所有人设计"（也称为通用性设计）超出了设计交互式系统的范围，适用于所有的设计范围。这种设计方法建立在一定的哲学方法上，由国际设计界进行封装（见框 5-1）。包容性设计则基于如下 4 个前提：

- 改变能力不是存在于少数人的特殊情况，而是人类的一个共同特点，并且生理和智力的改变会贯穿我们一生。
- 如果残疾人可以轻松地使用某种设计系统，那么其他人可以更好地使用该设计系统。
- 生活中的任何一刻，个人自尊、身份和幸福都会深深地受到我们周围环境中的活动能力和舒适感、独立感和控制感的影响。
- 可用性和美学是相互兼容的（交互设计的美学在第 6 章进行讨论）。

框 5-1　通用设计的原理 *

公平使用。设计不会不利或贬低任何群体的使用者。

使用的灵活性。设计可以容纳大范围的个人偏好和能力。

简单直观的使用。设计的使用易于理解，与使用者的经历、知识、语言技能或现有专心程度无关。

可感知的信息。设计可以与使用者有效地交流必要的信息，与周围条件和使用者的感知能力无关。

错误的容忍能力。设计能够将意外或无意行为带来的危害和不良后果最小化。

低体力要求。设计的使用是高效和舒适的，尽量最小化给使用者带来的疲劳。

方法和使用的大小和空间。为方法、范围、操控和使用提供合适的大小和空间，而与使用者的体型大小、姿态和机动性无关。

*由通用设计的提倡者编制，按照字母顺序排序：Bettye Rose Connell, Mike Jones, Ron Mace, Jim Mueller, Abir Mullick, Elaine Ostroff, Jon Sanford, Ed Steinfeld, Molly Story, Gregg Vanderheiden。

© 通用设计中心，北卡罗来纳州立大学设计学院。

包容性设计是一种更为实用的方法，该方法认为通常总有理由（如技术或经济的）可以说明为什么完全包容是行不通的。Benyon 等人（2001）建议进行包容性分析，确保最小化无意排除，并且识别那些导致排除并且相对容易修复的共同特征。为了区分固定的和可变化的用户特性，他们提出了一个决策树（见图 5-1）。我们都有可能遭受意外伤害（例如手臂骨折），这会影响我们使用交互式系统的能力。所以，可访问性不是仅适用于一小部分人群的问题。

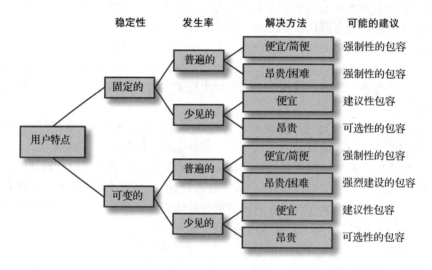

图 5-1 包容式分析的决策树

（来源：Benyon 等（2001），图 2.3,p.38）

作为保证系统可访问的一种方法，设计师必须：
- 将那些有特殊需要的人包括在已有系统的需求分析和测试中。
- 考虑新的特征是否可以影响用户的特殊需要（正面的和反面的），并在说明书中注解。
- 考虑指导方针——包括对指导方针的评估。
- 在可用性测试和 beta 测试中包含特殊需要的使用者。

已经存在一些辅助技术，比如可以阅读网页的网站浏览器，允许使用者设置和移动关注区域的屏幕放大机。声音输入也正逐步有效，不仅可用于文本输入，同时也可以作为鼠标 / 键盘控制的替代品。而键盘过滤器则可以去除手抖、不稳定运动和慢反应时间等影响。确实，存在着一些专门针对残疾人设计的高级专业输入和输出方法。例如，Majaranta 等人（2009）描绘了一个通过凝视某一特定字母即可进行文字输入的系统。

微软 Windows 操作系统中的 Ease of Access，允许设置键盘、声音、可视化警告和锁定键的声音。显示也可以被修改，比如设置分辨率，鼠标设置也可以调整。Windows 的 Ease of Access 控制面板中也提供了同样的设置（如图 5-2 所示）。一个屏幕阅读器可以为屏幕显示的文字提供合成语音输出，键盘的按键也具有同样的功能。基于语音的浏览器也使用了同样的技术，比如屏幕阅读软件，但是它们只针对网络应用而设计（如图 5-3 所示），同样的功能在 iOS 设备和安卓手机和平板电脑上也同样可用。

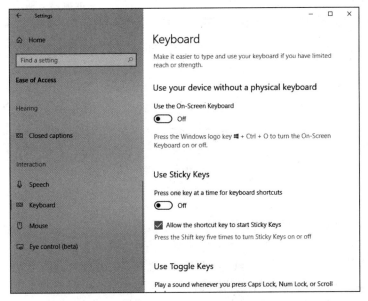

图 5-2　登录键盘设置选项

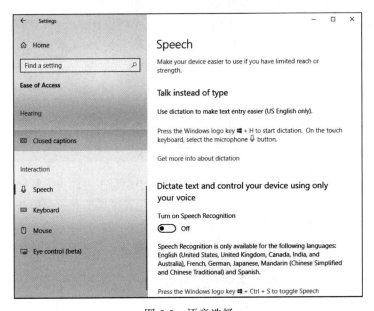

图 5-3　语音选择

　　网络访问在许多网站上是一个十分重要的部分，用来排除那些不适合和不能登录的使用者。W4A 会议和 ACM 的 SIGACCESS 组有许多专业的论文和讨论。W3C Web 可访问性计划（WAI）列出了许多自动化工具，这些工具将检查网页是否符合 W3C 标准并符合 Section 508。然而，在一份针对大学网站的研究中，Kane 等人（2007）发现了严重的访问性问题，可见克服这些问题仍有漫长的征程。

　　在很大程度上，为所有人的设计就是一种优秀的设计。其目标是迎合最广大范围的人们

106

的能力而进行设计。通过在设计之初考虑访问问题，整体设计会更好地适合于每一类人群。Stephanidis（2001）提供了一系列关于访问如何实现的观点，从可以适应针对不同人群的不同接口的最新计算机"体系结构"，到更好的需求生成过程、可选输入 / 输出设备的考虑以及国际标准的采用。大多数主要设备制造商现在都拥有出色的可访问性选项。苹果在其 iOS 操作系统和 tvOS 操作系统上投入了大量时间，现在包括用于语音激活的 Siri，用于放大文本和缩放图片，增加对比度以及节目和电影的音频描述。

挑战 5-1

英国政府正在考虑将电子访问作为一类社会权利（比如，失业津贴，住房补贴，等等），这里面存在的关于登录的问题是什么？

5.3　可用性

一个可用性很高的系统具有如下特点：

- 系统是高效的，表现在用户花费适量的精力就可以完成各种事情。
- 系统是有效的，表现在包含合适的功能和信息内容，并以合适的形式进行组织。
- 用户很容易就可以学会如何使用系统，并且仅需片刻就可记住如何使用系统。
- 系统在各种应用环境中都可以安全地进行操作。
- 系统是高度实用的，它可以按照用户的意愿完成相应的任务。

实现可用性需要我们采用以人为本的方法，并且采用以评估为核心的设计方法（见 3.1 节）。Gould 等人（1987）作为在可用性方面的早期先驱者为 1984 年奥林匹克运动会开发了信息亭。该方法以 Gould 和 Lewis（1985）提出的三项重要原则为基础，并在实施的前三年里逐步发展。

这些原则是：

- 提早关注使用者和任务。设计师必须首先理解用户是谁，一方面，可通过研究未来工作的本质是什么来完成，另一方面，可通过让使用者参与设计或者成为顾问的方式加入设计团队来完成。
- 经验测量。在开发阶段的早期，需要观察预期用户对于打印出来的脚本的反应，并对用户手册的编写仔细斟酌。接着，用户需要使用各个模型和原型展开实际工作，设计师观察、记录、分析他们的表现和反应。
- 迭代设计。在用户测试中发现的问题必须得到修正。这说明设计是一个迭代的过程：设计、测试和测量必须形成一个循环，重新设计和反复往往是必需的。经验测量和迭代设计是必需的，因为无论设计师多么优秀，都无法在很少几次中就得到正确的结果（Gould 等人，1987，758 页）。

在经历了这个项目之后，他们加入了第四条原则，使可用性更完整：

> 所有的可用性因素必须同时发展，并且可用性各方面的可靠性应当得到控制。

（p. 766）

奥林匹克信息系统（OMS）的开发在 Gould 等人（1987）的论文中有详细描述，同时它也提供了一些非常有趣的阅读资料，描述了所做的各种类型的测试，从使用的脚本到"尝试破坏"的测试。然而，这些经典原则并非被每个人所提倡。比如，Cockton（2009）认为设计师需要理解设计目标的价值，Gould 和 Lewis（1985）提出的建议是不安全的，并且过时了。虽然不会那么远，但是我们非常赞同设计师需要考虑他们的设计给世界带来了什么财富。

框 5-2　价值敏感设计

价值敏感设计是一种设计方法，其目的是以一种强调从道德角度、可用性和个人喜好的有原则并且全面的方式说明人类价值。它集中于如下三类调查：

（1）概念性的调查涉及在调查下对中心构想和问题的哲学认知分析。

（2）经验性的调查集中于人们对技术产物的反应和技术所处的更大社会背景。

（3）技术性的调查集中于技术的设计和性能本身，既包括对已有技术的回顾分析，也包括对新技术机制和系统的设计。

基于 http://www.vsdesign.org/。

看待可用性的一种方式是关注如何在以人为本的交互式系统的 4 个原则因素之间取得平衡这一问题，PACT（在第 2 章有介绍。）：

- 人
- 人希望进行的活动
- 交互发生的情境
- 技术（软件、硬件和内容）

这些元素的组合差异很大，例如一个公共亭、一个共享的日志系统、一个飞机驾驶舱或者一个移动电话，正是这种广泛的多样性使得达到平衡变得十分困难。设计师必须不断地评估不同的组合以实现平衡。

图 5-4 描述了人机交互式系统的一个重要特性。有两种关系需要优化。一方面是人类和他们所使用的技术之间的交互。这方面集中在用户界面。另一个关系是"人 – 技术系统"（将人类和技术作为一个整体）、所从事的活动和活动环境之间的交互。

Erik Hollnagel（1997）描述了一个实现活动优化的"人 – 技术系统"的思想的例子。他讨论了一个人骑着马在乡野旅游和坐着车在大路上旅游的区别。针对旅游环境的不同对技术组合进行平衡。不存在一种在所有情况下均为最优的组合。下面这个非常重要："人 – 技术系统"可能包括许多人和许多设备，他们共同工作，共同进行一些活动。

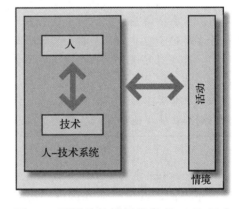

图 5-4　可用性的目标是实现 PACT 四个元素间的平衡

109

挑战 5-2

思考一下写作这项活动以及我们从事写作的各种环境。例如，你可能在为一项学生作业写报告，假期时在游泳池边的椅子上写明信片，在火车上写下若干想法，在课堂上记录笔记，等等。现在思考一下我们用来进行书写的不同技术：圆珠笔、签字笔、计算机、平板设备，等等。哪一种组合在哪一种情况下是最有效的？为什么？

Don Norman（Norman，1988）关注人和技术之间的界面，并且考察人通过这些接口将目标转化为特定行为的难度。Norman 的主要特性描述如下：

- 人有目标——他们想要在这个世界实现的事物。但是设备往往仅能处理简单的行动。这表示这两个鸿沟需要桥接。
- 执行的鸿沟关注将目标转换成行动，评估的鸿沟关注判断这些行动是否成功地将人们推向他们的目标。
- 这些鸿沟需要在语义上（人是否理解去做什么和发生了什么）和物理上（人能否在身体上或直觉上认识到在做什么和发生了什么）桥接。

关于可用性的一个重要问题是，技术时常妨碍人类和他们所希望进行的活动。如果我们将一个交互设备（例如，远程控制装置）与铁锤或驾驶车辆对比使用，就可以更为清晰地发现这些问题。当我们使用交互式系统时，我们时常会意识到技术的存在；我们需要停止按压所需的按键；我们可以意识到桥接这个鸿沟（如图 5-5 所示）。而当使用铁锤或驾驶时，我们则集中于活动，而非技术。技术是"出现在手上的"（见之后的"进一步思考"）。

[110]

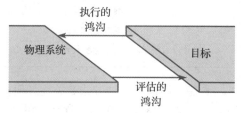

图 5-5　桥接鸿沟

（来源：after Norman and Draper (eds) (1986)）

进一步思考：技术故障

当使用锤子、驾驶或用笔书写时，我们通常会更集中于活动本身：我们在捶打、驾驶或书写。只有在某些事情阻碍了这些技术的流畅使用时，我们才能意识到这些工具的存在。比如你在用锤子时敲到了手指，又比如你在驾驶中必须转弯绕过路上的某一个洞，或者笔写不了字，这些对技术无意识的使用会转化为与技术有意识的交互。Winograd 和 Flores（1986）提到了这种现象，将其定义为"故障"。交互式系统设计的一个目标是避免这些故障，因为它导致了非常不好的用户体验。设计师为人类提供了一种进行活动的方法，而无须他们真正意识到那些使得他们可以从事所进行的活动的技术。

Vermeulen 等人（2013）指出了良好的可供性和前馈技术的重要性，以帮助弥合执行的鸿沟，构建良好反馈的重要性以弥合评估的鸿沟。他们引用 iPhone 锁屏（如图 5-6 所示）作为一个很好的前馈例子，尽管这在 iOS 10 中已经发生了改变。

可用性的另一个重要方面是试图为系统产生一个准确的心智模型（心智模型在第 2 章有深入讨论）。一个优秀的设计会采用一种清晰和结构良好的概念设计，这样可以轻松地与人进行交流。一个复杂的设计会使这一过程变得相当困难。尽最大努力设计一个清晰、简单和一致的概念模型会增强系统的可用性。

[111]

图 5-6　滑动解锁

挑战 5-3

图 5-7 显示了电视的远程控制设备。如你所见，所有数字都从按键上消除了。如果用户希望输入一行密码"357998"，写出使用该设备的整个过程。

图 5-7 我的电视可移动控制

（来源：Steve Gorton 和 Karl Shone/DK Images）

5.4 可接受性

可接受性旨在使技术更加适应人们的生活。例如，一些火车有"静音"客车厢，这里不允许使用移动电话，并且电影院在电影开始以前会提醒用户关闭手机。一台正在播放很大声音乐的计算机在办公室环境中一般是不会被接受的。

可用性和可接受性的一个显著区别是可接受性只有在具体的使用环境中才能被理解。而可用性可以在实验环境中评估（尽管测试十分有限），但是可接受性不可以（第 10 章介绍评估）。

框 5-3　技术可接受模型

技术可接受模型（TAM）是一种评估技术的方法，评估技术是否会被某一使用群体接受。它起源于商业研究而不是计算机或心理学研究。TAM 从以下两个角度分析技术可接受性：使用的舒适度和有效性。每一个角度又能进一步分解为技术的具体特征。TAM 有许多变种，以适应技术的每一个具体特性。我们的部分工作涉及评估生物识别技术的验收，并且认为第三方对生物识别技术的验收工作非常重要，即信任。

可接受性的主要特征包括：

- **政治性**。该设计是否在政治上可以接受？人们是否信任它？在许多组织中，新技术仅仅由于一些简单的经济原因被引入，并没有考虑人们对它的感受以及新技术带来的生活和工作方式上的改变。在更宽广的环境中，人们的权利可能会由于技术的改变而受到威胁，例如收集使用者的个人信息。
- **便捷性**。那些让人类尴尬或强制人类做事情的设计是不可接受的。设计必须易于融于当前脚本。如今，许多人发送电子化文档，但是也有许多人认为在电子屏幕上进行阅读不可接受。他们打印文档因为这样更便于携带和阅读。

- **文化和社会习俗**。如果政治可接受性主要与权力结构和原则相关，那么文化和社会习俗主要考虑人类喜欢的生活方式。例如，干扰别人是非常粗鲁的。人们喜欢使用 Twitter 这样的社交媒体，但是可能会很难接受网上那些侮辱人的评论。
- **有用性**。它超出了效率和有效性的范畴，主要考察具体环境的有用性。例如，许多人认为在手机上加入字典功能是十分必要的，但是还不足以支持日常生活中的普遍使用。
- **经济**。确定一项技术可接受还是不可接受有许多经济方面的考虑。价格是一个非常明显的问题，即该技术是否物有所值。但是经济问题不仅只是价格问题，因为新技术的引入可能会完全改变商业模式和赚钱方式。一个新的经济模型往往是经济可接受性的一个部分。

5.5　设计原则

多年来，人们已经提出了许多实现优秀交互式系统设计的原则。Don Norman 在 *The Design of Everyday Things*（Norman，1998）一书中提出了一些原则，Jacob Nielsen 在 *Usability Engineering*（Nielson，1993）中也提出了若干原则。网站 https://www.nngroup.com/articles/ten-usability-heuristics/ 有 Bruce Tognazzini 等人整理的一些在线的资源和清单链接。这些原则不仅会指导设计师，而且成为产品和服务的基础评价。基于这些指导，用户们可以使用可用性问卷调查（例如系统可用性量表，如框 5-4 所示）来决定产品或服务的可用性。（第 10 章有更多关于评估的讨论。）

框 5-4　SUS– 快速却又令人厌恶的可用性量表

系统可用性量表（SUS）是一个有十项指标的简单量表，它提供了关于可用性的主观评价的全面视角。

SUS 是李克特（Likert）量表。通常假设李克特量表只是一个基于强制选择问题的量表，其中提供陈述，然后受访者表明在 5（或 7）点量表上与陈述达成一致或不一致的程度。然而，李克特量表的构造比这更微妙。虽然李克特量表以此形式呈现，但受访者必须谨慎选择表示同意和不同意的陈述。

用于选择李克特量表的项目的技术是识别导致被捕获的态度的极端表达的事物的示例。例如，如果要探究一个人对犯罪和普通不正当行为的态度，可以使用连环谋杀和违规停车作为极端范围的例子。选择这些例子后，要求受访者在大量潜在问卷项目中对这些例子进行评分。例如，受访者可能会被要求回应诸如"绞刑都对他们太好了"或"我能想象到自己会做这样的事情"等类似陈述。

基于大量此类陈述，通常会有一些受访者达成一致意见。此外，其中还有一些是受访者之间达成一致或持不同意见的极端陈述。这些后者的陈述会被尝试列入李克特量表，因为我们希望，如果我们选择了合适的例子，就会对这些陈述产生极端态度。存在歧义的项目不是良好的项目。例如，虽然人们希望对于那些实施违法停车行为的人来说是存在普遍的，严重的分歧"绞刑都对他们太好了"，但是对于将这种说法应用于连环杀手来说可能不太一致，因为受道德规范和死刑的效力的影响。

使用这种技术构建 SUS。汇集 50 个潜在问卷条目，然后选择两个软件系统（一个是针对最终用户的语言工具，另一个是针对系统程序员的工具），这些是基于普遍标准的，即一个"非常容易使用"，而另一个几乎不可使用，即使对技术水平高的用户也是如此。

我们召集了 20 个来自办公系统工程组的人，职业从秘书到系统程序员，然后将这两个系统与所有 50 个潜在问卷条目进行评级，分为 5 分，从"非常同意"到"非常不同意"。

然后选择导致原始池最极端响应的条目。所有选定条目之间存在非常密切的相互关系（±0.7 至 ±0.9）。此外，选择的项目使得对其中一半的共同反应强烈的一致，而另一半则产生严重的分歧。这样做是为了防止受访者不考虑每个陈述而引起的回应偏差；通过交替正面和负面的条目，被访者必须阅读每个陈述，并努力思考他们的回答是同意或不同意。

SUS 将在本章下一部分进行讨论。可以看出，所选语句实际上包涵了系统可用性的各个方面，例如支持、培训和复杂性的需求，因此对于衡量系统的可用性具有较高的表面效度。

系统可用性量表

© Digital Equipment Corporation，1986。

	强烈不同意				强烈同意
（1）我认为我想经常使用这个系统。	1	2	3	4	5
（2）我发现系统没必要这么复杂。	1	2	3	4	5
（3）我认为这个系统很容易使用。	1	2	3	4	5
（4）我认为我需要技术人员的支持才能使用这个系统。	1	2	3	4	5
（5）我发现这个系统中的各种功能都很好地集成在一起。	1	2	3	4	5
（6）我认为这个系统有太多的不一致。	1	2	3	4	5
（7）我想大多数人都会很快学会使用这个系统。	1	2	3	4	5
（8）我发现这个系统使用起来非常麻烦。	1	2	3	4	5
（9）我对使用这个系统非常有信心。	1	2	3	4	5
（10）在开始使用这个系统之前，我需要学习很多东西。	1	2	3	4	5

114

使用 SUS

通常在受访者有机会使用需要被评估的系统之后，但在进行任何汇报或讨论之前使用 SU 规模。应记录下受访者对每个条目的即时回应，而不是长时间的思考条目。

应检查所有条目。如果被访者认为他们无法回应某个特定条目，他们应该标记该等级的中心点。

评分 SUS

SUS 产生单个数字，表示所研究系统整体可用性的综合度量。请注意，单个条目的分数本身没有意义。

要计算 SUS 分数，首先将每个条目的分数贡献相加。每个项目的分数贡献范围为 0 到 4。对于项目 1、3、5、7 和 9，分数贡献是等级数减 1。对于项目 2、4、6、8 和 10，贡献是 5 减去等级数。将得分之和乘以 2.5，得到 SU 的总值。

SUS 分数的范围为 0 到 100。

以下部分给出了评分 SU 比例的示例。

系统可用性量表

© Digital Equipment Corporation，1986。

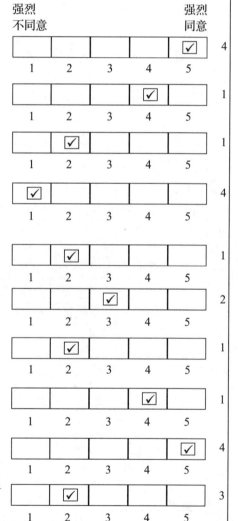

	强烈不同意				强烈同意	
（1）我认为我想经常使用这个系统。					☑	4
	1	2	3	4	5	
（2）我发现系统没必要这么复杂。				☑		1
	1	2	3	4	5	
（3）我认为这个系统很容易使用。		☑				1
	1	2	3	4	5	
（4）我认为我需要技术人员的支持才能使用这个系统。	☑					4
	1	2	3	4	5	
（5）我发现这个系统中的各种功能都很好地集成在一起。		☑				1
	1	2	3	4	5	
（6）我认为这个系统有太多的不一致。			☑			2
	1	2	3	4	5	
（7）我想大多数人都会很快学会使用这个系统。		☑				1
	1	2	3	4	5	
（8）我发现这个系统使用起来非常麻烦。				☑		1
	1	2	3	4	5	
（9）我对觉得使用这个系统非常有信心。					☑	4
	1	2	3	4	5	
（10）在开始使用这个系统之前，我需要学习很多东西。		☑				3
	1	2	3	4	5	

总分 = 22
SUS 得分 = 22 × 22.5 = 55

设计原则的概念可以非常广泛，但有时也会非常具体。例如，有一些较好的设计原则来源于心理学，比如"较少用户的记忆量"，指不需要用户记忆过多东西。我们会在第 12 和 13 章中的接口设计方面讨论许多设计原则，并在本书第四部分介绍相关心理学背景知识。苹果、微软和谷歌都提供相应的接口设计规范，用来指导各自平台下的产品开发。

这些设计原则的各种应用导致了在特定情况下需要构建的一些设计规范和交互模式。这些可能会应用在系统或服务的特征中，比如 Windows 程序中的"撤销"命令，网页应用的"后退"按钮。这些特征使得人们能够控制并从之前的行为汇总中恢复出来。（记忆和注意力将在第 21 章进行讨论。）

设计原则可以在整个设计过程中指导设计师，也可以用来评估和批判一些原型设计方案。我们结合了 Norman、Nielsen 和其他人的设计原则，提出了一系列高层原则，罗列如下。这些原则之间的联系十分复杂，它们互相影响，时而互相冲突，时而互相促进。但是它们能够帮助设计师认清优秀设计中的主要特征——具有高度的可用性，并让他们对设计中的一些重点变得更为敏感。提供具有高度可用性的产品或服务将带来更好的用户体验。

为了便于设计原则的记忆和使用，我们将其分为三大类——可学习性、有效性和适应性，但这不是一个严格的分类。交互式系统必须是易于学习的、有效的，并有广泛的适用性。

设计原则 1 ～ 4 主要考虑访问、易于学习和记忆（可学习性）。

设计原则 5 ～ 7 考虑易用性，设计原则 8 和 9 考虑安全性（有效性）。

设计原则 10 ～ 12 考虑对不同人的不同适应性，并能顺应这些不同点（适用性）。

设计交互式系统要以人为本，实现这一过程需要关注如下几个要点。

帮助人们更好地访问、学习和记忆系统。

（1）可见性。尝试保证事物是可见的，这样人们就可以看出哪些功能是可用的，知道系统目前正在做什么。这是心理学原则的一个重要部分，即识别比回忆更为容易。如果无法让它可见，也要让人们可以觉察到它。可以考察通过使用声音和触觉使事物"可见"。

（2）一致性。在使用设计特征时保持一致，在相同系统和标准工作流程下保证一致。一致性有时是一个不稳定的概念（见"进一步思考"）。概念上和物理上的一致性都十分重要。

（3）熟悉度。使用参与者熟悉的语言和符号。如果某些情况下由于参与者了解的概念与当前语言和描述符差异过大，导致这一点无法实现，那么要提供一个合适的隐喻来帮助他们在一个更为熟悉的领域下传递相同和相关的知识。（9.3 节介绍隐喻。）

（4）功能可供性。一个优秀的设计是能够清楚地看出它是用来做什么的。例如，把按钮设计成可按压的样子，那么人们在使用时就会按下它。功能可供性指的是事物具有的属性（或者认为有的属性），以及这些属性如何与事物的使用方式相关。按钮是用来按压的，椅子是用来坐的，记事贴是用来记录信息并贴在其他东西上的。功能可供性由使用者的文化决定。

让用户感觉到他们在控制，知道他们在做什么和怎样去做。

（5）导航。提供一些支持功能，让用户在系统的不同部分中到处移动：地图、有向提示和信息提示。

（6）控制。清楚何人或何物处于控制之中，并允许用户进行控制。如果在控制和其效果之间存在一个清晰并合乎逻辑的映射，可以增强控制。同时，系统所做的工作和系统外的世界所发生的事情间的关系也必须清晰。

116

（7）反馈。快速地从系统向人反馈信息，从而用户可以了解他们的操作所带来的影响。恒定而一致的返回会促进控制的感觉。安全而牢固。

（8）恢复。支持快速和有效的恢复操作，尤其是从失误和错误的操作中。

（9）约束。提供一些约束从而用户不会进行不合适的操作。尤其是，可以通过限制性允许的操作和对危险操作的确认来防止用户产生严重的错误。

使用一种适合他们的方法。

（10）灵活性。允许多种做事的方式，从而适应具有不同经验和兴趣程度的用户。为用户提供可以改变事情外观和行为的机会，从而实现系统的个性化。

（11）风格。设计必须是时髦且吸引人的。

（12）欢乐性。一个吸引人的系统必须是文雅的、友好的，一般是令人愉快的。没有什么会比一条威胁性的信息或一个生硬的中断更能毁掉一段使用交互式系统的经历。应当为优雅而设计（见框5-5）。在系统设计过程中应当添加欢乐的感觉，并且使用一些交互技术来联系和支持用户。

进一步思考：一致性

一致性是一个不稳定的概念，主要是因为一致性一直是相对的。一种设计会和某些事物一致，但也会和其他事物产生冲突。同时也存在一些更希望具备不一致性的情况，因为它可以将用户的注意力集中在一些重要的事情上。区分概念上和物理上的一致性十分重要。概念上的一致性指保证映射是一致的，使概念模型保持清晰。这既包括和系统内部保持一致，也要让系统和外部关联的事物保持一致。物理上的一致是保证行为的一致性，以及颜色、姓名、布局等在使用上的一致性。

在设计中保持概念一致性是十分困难的，一个著名的例子是设计施乐之星接口（Smith等人（1982）有描述）。被打印的文档将被拖动到一个打印图标上以实现文档打印功能。在所有方式中这是一致的。问题是在文档打印后如何处理。考虑的选项包括（1）系统在桌面上删除打印图标，或者（2）系统不删除图标，但是在桌面上之前的位置替换它，放置在桌面任意位置上，或者保留在打印机内让用户进行控制。讨论一下！

Kellogg（1989）引述了一些设计师的言论，设计师说在这个例子中，不删除图标会在外部一致性和内部一致性间产生权衡，外部一致性指这种行为表现得更贴近真实事物（复印机），内部一致性指表现得更像接口的其他动作，比如拖动图标到垃圾箱或文件夹图标。他们选择2a。在越来越多人对这种类型的接口更为熟悉的情况下，如今设计师是否还会这样做是一个问题。

框5-5　优雅的软件

Alan Cooper（1999）提到，如果我们希望用户喜欢我们的软件，我们必须将它设计得像一个讨人喜欢的人。Reeves和Nass（1996）发现与新媒体交互的用户会把这些媒体当作人（"媒体公式"），他们认为文雅行为的本质是质量、数量、关联和清晰。利用这个工作，Cooper继续列出了他的特性：

优雅的软件：

对我有兴趣	对于私人问题保持沉默
顺从我	见多识广
助人为乐	感知的
有常识	自信
预期到我的需求	保持专注
有求必应	懂得回避
给予及时的满足	值得信任

118

在行动中的设计原则

在本书的第三部分我们会介绍特定环境下的设计，包括网页、协作系统、可移动计算和普适计算。针对这些环境的特定的设计问题和原则将在那里进行讨论。在第 12 章和 13 章的接口设计中，也有一些相关问题的讨论。这里我们介绍一些行为设计原则的一般实例。

计算机的"桌面"已经陪伴我们很久了，我们很熟悉其窗口、图标、菜单和指针选取的组合，这称为 WIMP 接口。这种形式的交互——图形用户界面（GUI）和信息与交流技术一样变得无处不在，在掌上设备和其他可移动设备以及桌面计算机上出现。

关键因素是**一致性**。这种交互在许多问题上已经有了清晰的规范，如菜单布局、命令、对话框和使用图形用户界面相关的小工具。在提供**约束**方面也制定了相应标准，比如让菜单上的某些项变灰，使得其对选取操作无效。屏幕设计在这种环境中是一个重要的问题，我们需要将精力花费在屏幕中对象的布局上。避免凌乱可以有效保证**可见性**。我们也需要花费一些精力集中于使用合适而不冲突的颜色，以及酌情使用表格、图形或文字以细致地构建信息布局。然而，在移动应用程序中，可见性难以实现。图 5-8 显示了 Windows10 中的反馈条示例。

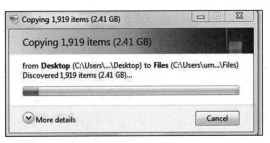

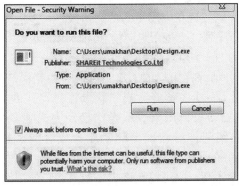

图 5-8　反馈示例

通常在图形用户界面的设计中，设计师可以与系统未来的相关使用者交谈，了解他们需要什么，以及他们如何描述事物。这将会帮助设计师保证使用熟悉的语言，并且设计会遵守任何组织规则。它会适合人们喜欢的工作方式。可以通过参与设计技术的方式将人们紧密联系在一起，一些利益相关者可以通过讨论班、会谈和设计方案的评估参与到设计过程中，并且可以获得相关文档和培训。

进一步思考：黑暗模式

除了这些开发优秀设计的指导方针之外，我们应该承认还存在其他欺骗用户的交互模式，或者让用户做他们不打算做的事情。这些所谓的黑暗模式旨在让用户注册全价服务，在社交媒体上发布项目，威慑用户做出一些选择或许多其他事情。www.darkpatterns.org 上有一个完整的列表。

一个优秀的设计会保证系统提供一个简单的错误恢复，它可以为一些极端操作提供警告信号，比如"你确定你要删除数据库?"一个较好的恢复设计方法是撤销操作（如图 5-9 所示）。

功能可供性由以下设计指南提供，并且有时候是通过拟态设计提供的（在拟态设计中，屏幕上的东西看起来非常像真实世界的事物）。用户期望在桌面顶部看到菜单，当菜单被点击时，会显示菜单中的各个项。没有变灰的项可用来进行选择。各种"小工具"，比如复选框、单选按钮和文本框必须支持选择，因为熟悉标准的用户已经知道这些工具的使用方法，即操作后的期望结果。然而，需要小心地保证机会易于被正确感知。

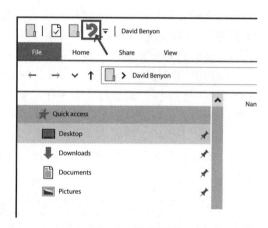

图 5-9　恢复示例

在移动设备上，物理按钮支持按压，但是由于受限于屏幕空间，同一按钮要在不同时间做不同的事情。这里的菜单通常位于屏幕的底部。这就带来了**一致性**问题（请看进一步思考）。图 5-10 显示了音频应用程序中的拟真设计。

菜单是图形用户界面中导航的重要形式（如图 5-11 所示）。用户通过在菜单中选择项，然后根据对话结构进行操作以实现在应用中的功能切换。许多应用使用了向导。向导提供一步步的指令让用户理解操作序列，支持用户向前和向后以保证整个步骤的完整性。

控制权往往保留在用户的手里。他们需要引发操作，尽管某些提供安全防护的功能会自动进行。许多应用会自动保存用户的工作，以防止由错误产生而引发的恢复操作。**反馈**可以使用多种方法实现。一个"蜜蜂"或"煮蛋计时器"的符号可以用来表示系统正忙于做某事。计时器和进度条可以用来表示操作已经完成了多少。反馈也可以通过声音实现，比如当电子邮箱收到邮件时会发出嘟嘟响，或者一个指示文件已被安全保存的声音。

灵活性可以通过快捷键实现，它可以允许更多专家用户使用键盘的组合控制键取代菜单去触发命令实现导航。许多窗口应用允许用户设置个人偏好或配置一些功能，比如导航栏、菜单项和取消一些不常用的功能。

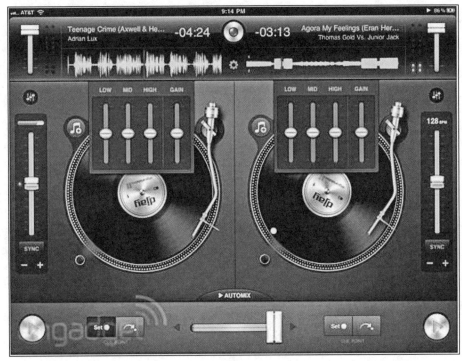

图 5-10　功能可供性 / 拟真设计案例

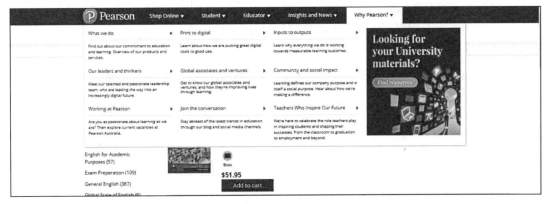

图 5-11　导航案例

而针对**风格**和**欢乐性**，图形用户界面十分局限，因为它们必须保持标准设计规范。Windows10 和苹果的 macOS 尝试使屏幕输出尽可能悦目。错误消息是一个区域，在这里，设计师可以通过仔细思考消息中的单词而向更具欢乐性的设计前进。然而，频繁的消息会显得十分粗鲁并会在不必要的情况下打断用户。

挑战 5-4

挑战 5-12 显示了一个典型的窗口式应用的实例。从一般设计原则上去评判该设计方案。

图 5-12   Mac 的 Entourage

恢复、**反馈**和**控制**在网上商店类应用中十分重要。在处理某件事情，比如支付转账时，通常会存在较长时间的停顿。反馈在这里十分重要，一些诸如"该操作可能需要 45 秒完成"的提示可以用来指示用户在转账时不要做任何事情（如图 5-13 所示）。然而，这些情况没有任何方法可以强制约束。

图 5-13   电子商务案例

欢乐性可以通过允许用户加入、支持和参与交流实现。网站和应用程序可以方便地将人和人联系起来。**风格**也是网页的一个要点，可以为设计师提供更多的机会来展示他们的创造力。使用动画、视频和其他一些设计特征可以真正地让用户完整地感觉到他们在使用网站。（见 6.2 节的参与。）

121
～
122

总结和要点

优秀的设计与可用性息息相关。可用性指确保系统可以被所有人访问，并且设计可以被人们和将要使用的环境接受。设计师需要和用户一起评估设计方案，并让用户参与到设计过程中去。关注设计原则有助于设计师对实现优秀设计的关键问题更为敏感。

- 让所有人能够访问交互式系统是一个重要的权利。
- 可用性关注在某一领域内平衡 PACT 元素。
- 可接受性关注保证设计适合于某一领域的使用。
- 十二项设计原则十分重要。它们可以被分成三大类设计问题：可学习性、有效性和适应性。

练习

1. 假设第 2 章中描述的实验室访问系统的设计师已经选定了一个系统，它使用一个磁卡和读卡器进入实验室。你如何着手评估该设计？使用设计原则讨论该关键问题。

2. 描述如何将设计原则用于指导第 2 章所述的自行车道路信息系统的设计。它怎样评估可访问性、可用性和可接受性？

123

深入阅读

Gould, J.D., Boies, S.J., Levy, S., Richards, J.T. and Schoonard, J. (1987) The 1984 Olympic Message System: a test of behavioral principles of system design. *Communications of the ACM*, 30(9), 758–769.

Newell, A., Carmichael, A., Gregor, P., Alm, N., Waller, A.,Hanson, V.L., Pullin, G. and Hoey, J. (2012) Information technology for communication and cognitive support. In Jacko, J. (ed.) *The Human–Computer Interaction Handbook: Fundamentals, Evolving Technologies and Emerging Applications* (3rd edn). CRC Press, Taylor and Francis, Boca Raton, FL, pp. 863–892.

Norman, D.A. and Draper, S. (eds) (1986) *User-Centred System Design: New Perspectives on Human-Computer Interaction.* Lawrence Erlbaum Associates, Mahwah, NJ.

Stephanidis, C. (ed.) (2001) *User Interfaces for All: Concepts, Methods and Tools.* Lawrence Erlbaum Associates, Mahwah, NJ. A good collection of papers on accessibility.

高阶阅读

Kellogg, W. (1989) The dimensions of consistency. In Nielsen, J. (ed.), *Coordinating User Interfaces for Consistency.* Academic Press, San Diego, CA.

Smith, D.C., Irby, C., Kimball, R., Verplank, B. and Harslem, E. (1982) Designing the Star user interface. *BYTE*, 7(4), 242–282.

Journal of Usability Studies 对于可用性及其如何评估有非常详细介绍。详见 http://uxpajournal.org/all-issues/。

网站链接

W3C 网页可访问性项目在 www.w3.org/WAI。

挑战点评

挑战 5-1

当然，这不仅是英国政府的实际问题，世界各国都通过使用电子化邮递方式来节约成本。潜在的障碍包括对计算机的恐惧仍存在于一些人中（通常是最弱势和需要支持的群体）。如果这一问题得到解决，那么物理上或者通过其他技术（比如交互电视）访问计算机是十分必要的。然而，交互电视的接口十分少，且功能也很有限。一些公共建筑中提供了登录系统的接口，比如图书馆或者在社会保险办公室中，员工往往手把手指导用户输入他们的细节材料。同时，还有一个因素，比如隐私权，这往往发生在要求提供一些细节但是用户又不愿提供的场合，或者对于这些信息集中但信任度不够，并且可能需要明确个人数据会被如何使用。

挑战 5-2

明信片适合用钢笔书写，签字笔可能过大。但是当我在笔记本上尝试各种方案时我喜欢使用签字笔进行书写——可能此时我在火车上。笔记本电脑十分好用，它避免了需要将书中的东西转移到计算机这种麻烦，但是你不能在飞机起飞或降落时使用笔记本电脑，此时你却仍然可以在书本上进行书写。我尝试在掌上电脑上进行书写，但发现它不是一种让人满意的工作方式。也许它更适合于那些只需要写很少材料的用户。

挑战 5-3

有许多方法用来弥补分歧。由于是用电视来显示，反馈十分有限。在这一例子中，我需要摘掉眼镜去看遥控器，再把它戴上去看电视。我反复地进行摘眼镜和戴眼镜的操作。由于遥控器上没有数字，所以来自遥控器上的反馈常常就不存在了。

挑战 5-4

从美学上来说，这种显示是令人愉快的。没有太多的杂乱要素，保证了大多数物体的可见性。显示的一部分可以被放大或缩小，满足了不同人做不同事对使用灵活性的需要。当然，整个设计是符合苹果规范的。Entourage 中一个有趣的问题是，它不允许用户从不经意移动的电子邮件中恢复出来。由于某些原因，"撤销"和在文件夹中传递电子邮件无关。使用不同字体标注已读和未读邮件，强制添加了一些可用操作上的约束，比如，如果你需要将电子邮件移动到一个不合适的位置，它会被弹回。

综合起来，这个系统证明了在 5.5 节被推荐的许多设计原则。

体验式设计

目标

用户体验设计师日益发觉他们不仅需要设计出可用的系统，更需要设计出能够提供非凡体验的交互式系统。游戏设计师已有多年交互式设计的经验，但是近几年来，iPhone 和基于安卓系统的平板设备等平台正在模糊游戏和普通应用程序之间的区别。例如，手机上的购物清单应用程序就需要兼具吸引力、娱乐性和趣味性，而不只有可用性。网站必须要吸引客户并且能留住客户，不仅要提供合适的功能和内容，而且要让人们享受浏览网站的过程，这样才能盈利。普适计算环境必须满足人们的需求，而且还需要提供具有吸引力和美感的体验。

本章讨论了使用交互式系统为人们创造高质量体验的有利因素。

在学习完本章之后，你应：

- 讨论关于体验的理念以及不同定义的由来。
- 理解 Nathan Shredroff 的体验模型。
- 理解游戏化体验背后的思想
- 理解"为愉悦感设计"。
- 理解审美的重要性。
- 理解生活方式的重要性。

126

6.1 引言

许多领域的学者都介绍了其对体验式设计的理解，Nathan Shedroff（2001）出版了一本非常有趣的书来介绍体验式设计。John McCarthy 和 Peter Wright 在其著作 *Technology as Experience*（2004）中借鉴了美国哲学家、心理学家 John Dewey 在 20 世纪中叶所著的一系列书籍中的哲学思想，并探索了更加广泛的体验类问题。Patrick Jordan 和 Don Norman 分别在其著作中介绍了为愉悦感设计的重要性，其他作者则分别讨论了"顽皮"设计、"幸福学"以及"快乐学"。关于审美的研究已经有很长的历史了，近来被应用于交互式系统设计。

框 6-1　游戏者

Homo Ludens 由 Johan Huizinga 于 1938 年所著，书中提到了玩乐在文化中的重要性。该书作者探索了不同文化对于玩乐的定义。玩乐是一种不同寻常的自由。Bill Gaver 在其称为"顽皮"设计的工作中，将这一思想普及于交互式设计之中。在一次线上采访中，Gaver 说道：

"我的意思并不是通过一系列的裁判规则来决定谁可以在某些条件下胜利，相反，我希望人们的'玩乐'能够兼具流畅性和主动性。玩乐的例子包括捉弄同伴，在聊天时扮演富有想象力的角色，把物品一个个堆积起来直到它们倒塌，从工作地点回家时走不同的道路看看能不能找到一些新的地点。但是我也倾向于拓展'玩乐'的范畴，比如享受风景，或是看向窗外并思考风是如何在树叶与树木之间吹过的，等等。"

(www.infodesign.com.cu/uxpod/ludicdesign)

Gaver 通过一系列有趣的家用物体阐述了以上理念，包括漂流桌以及历史桌布（如图 6-1 所示）。漂流桌是一个标记并显示英国地图的咖啡桌。历史桌布则显示了最近放置于其上的物体的印记。

a）漂流桌   b）历史桌布

图   6-1

（来源：版权归 the Interaction Research Studio, Goldsmiths 所有）

体验式设计让我们认识到交互式产品以及服务并不仅在世界范围内存在，甚至影响到我们是谁，影响了我们的文化以及我们的身份。正如 Dewey 所说："体验是对人们的行为、感知、思考、感情对于环境中的事物的理解的总和"（引用自 McCarthy 和 Wright，2004）。而对于 Jodi Forlizzi 来说，体验是"人们在神志清醒时不断的自我对话"，另外 Forlizzi 强调了社会中事物在共同感知中的重要性（Forlizzi 和 Batterbee，2004）。

体验涉及活动气氛的吸引力，无论是人们读一本好书时的沉浸感，还是玩一个好游戏时遇到的挑战，又或是在戏剧中对剧情的层层盘剥，它与所有能够使人难忘、满足、愉快并且有益的交互感受相关。正如体验关注人们的感受，情感是体验中非常重要的一个组成部分。

McCarthy 和 Wright 在对待技术和体验之间的关系时，突出了整体分析对于体验的重要性，采用了一种整体构建式的实用主义方法。他们的论据是，因为体验依赖于各个部分之间的关系，所以体验应该作为一个整体来理解，不能被分成不同的组成部分。正如我们所见，交互性是人类、科技、行为以及交互所发生的环境的结合。这里的环境包括更广泛的社会、文化环境以及当前的即时环境。

McCarthy 和 Wright 强调人们有权拥有其所需求的体验而不是勉强接受强加给他们的糟糕体验。通过体验，我们才能生活而不仅是生存，这就是如何体现自我价值和自我价值观的方法。体验就是将产品以及服务带入生活之中并且接受它们的方法。Ross 等人（2008）在其关于魅力的概念中阐述了相似的想法。

因此，体验并不能真正地被设计。设计师可以为了体验而设计，但这仍然是个人或者部分人的体验。

6.2 参与

参与就是要确保交互流。如果说可用性关注对某些领域的 PACT 要素的优化和平衡，参与就是要考虑到 PACT 要素真正的统一。

　　当然，关于参与的主要特点存在很多争论，也可以说，这属于艺术创作的领域。然而，Nathan Shedroff 在他的书 *Experience Design 1*（Shedroff，2011）中提出了"声明"，他认为这是一门新的学科。从他的著作中，我们可以确定以下关键要素：

- 身份。真实感需要身份和自我表达。只有当真实感遭到破坏时，才会被人注意到。如果你所经历的某些体验以及某些突然发生的事情让你明白这一切不是真实的，那么真实感将会消失。Shedroff 也在试图确认什么可以作为参与的关键要素。你喜欢使用 Mac 系统还是 Windows 系统，还是二者都可以？

- 适应性依靠变化和个性化，依靠改变难度、步速和移动的水平来完成某事。乐器经常用来作为优秀的交互设计范例。参与不是让事物变简单，而是为了能够以不同技能水平和乐趣体验事物。

- 叙事指的是如何讲好一个故事，这个故事包含令人信服的人物、情节和悬念。然而，叙事并不是小说。好的叙事与一部公司的宣传片、一场关于交互设计的讲座、一个移动电话的菜单或其他设计问题一样重要。我们在第 3 章中强调脚本和收集故事都是关于理解叙事。

- 沉浸就是完全参与某事，是一种被接管、被传送到某地的感觉。你可以沉浸在所有类型的事物中（例如读一本书），所以沉浸与媒介无关，与设计的质量相关。

- 流就是顺畅的运动感，从某个状态逐渐变化到另一个状态的感觉。流是设计哲学家 Mihaly Csikszentmihalyi 引入的重要概念（详细请见"进一步思考"）。

　　一个媒介如果能把人吸引进来，又与活动密切相关且能刺激想象力，那么它就非常具有吸引力。Malcolm McCullough 在其书 *Abstracting Craft*（McCullough，2002a）中提出，一个理想的媒介应该具有连续性和多样性，在微妙的条件分化之间具有"流"以及运动。该介质可以沿着人能够辨别的光谱采用许多略有不同的位置。想一想电影开始前灯光变暗是怎么回事。预期、满意以及被吸引的感觉都是通过可辨光线的改变所创造的。交互技术是用户体验设计师所塑造的媒介。

挑战 6-1

　　想想你喜爱的活动。也许是正和朋友们在手机上聊天、开车、骑自行车、玩电脑游戏、看电影、购物或参加讲座。使用上述 Shedroff 提出的 5 个特征，分析是什么使这些活动吸引人。如果采用不同的设计，是否会更加吸引人呢？

进一步思考：数字地——固定、流以及情境参与

　　"流需要情境。例如，一条河需要河岸，否则河水就会流向任何地方，直到变成一片咸水沼泽。相似的，汽车需要道路，资本需要市场，生命能量需要身体。"

　　流会相互影响。例如，我们知道，无线电通信产生运输，这源自 Alexander Graham Bell，他通过电话说出的第一句话是"Watson，请来一下。"同样，当你从亚马逊上订购一本书时，数据流也有从网页中蔓延到网页外的效果，这就使得飞机上出现了一个包裹。反过来也可得出地理意义上的结果：你订购的物品所在的仓库大概就在机场附近。

　　在流与流发生规律交叉的地方，渠道出现。

　　在这里我们得出了 MihalyCsikszentmihaly 经常引用的表达：当实践能力应用于易于克

服的挑战时，流作为参与感，在无聊和焦虑之间就会产生。这种对使用过的隐性知识的见解基于更多的交互设计。我们更加倾向于"活动理论""情况动作"以及"持续结构"这几个心理学概念。我们知道活动被感知的可能性有多大，特别是其间进行中的活动（并且过度使用了"功能可供性"这个单词来形容它们）。我们越来越了解感知如何依赖持续结构，无论是精神还是肉体，这些持续的结构与活动密切相关并赋予了活动意义。我们认识到并不需要刻意关注如何满足情境。我们发现参与的现象出现在交互性的根源上。

因此，该问题的核心是：流需要固定性。持续体现刻意的设定，这也称为体系，为流提供必要的情境。

来源：McCullough（2002b）

游戏化机制

游戏需要设计得有吸引力，并且在游戏的设计中我们可以看到许多关于参与的规则。这些规则更多地应用于不同的交互式系统。网页需要引起人们的注意力，而游戏的规则（"游戏化机制"）则可以用于吸引并激发人们的兴趣。

一款具有吸引力和趣味性的计算机游戏允许微妙的条件分化。这里的一个重要特点是需要集成媒体。一款无聊的游戏通常只有很少的变化和很少的流，媒体部分的深度太浅。计算机游戏说明了以上所有关于参与的特点——一种沉浸的感觉、对好的剧情线的需求、真实的游戏感觉、对角色的认可，适合不同能力者的不同等级和场景的平滑切换，即流。历史上其中一款最具吸引力的游戏是 Myst（查看挑战 6-1），这个游戏在 20 世纪 90 年代早期的 Macintosh 上出现，至今都是 iPhone 和 Nintendo DS 上的畅销游戏。图 6-2 给出了游戏中的一些画面，通过卓越的声音应用、角色设定以及缓慢的移动，极大地加强了气氛渲染效果。

图 6-2   Myst 的游戏画面

（来源：http://sirrus.cyan.com/Online/Myst/GameShots. © Cyan Worlds, Inc，获得使用许可）

进一步思考：游戏流（GameFlow）模型和老年人设计（gerontoludic design）

GameFlow 模型（Sweester 和 Wyeth，2005）是玩家在游戏中获得趣味性的特征，借鉴了本章中讨论的许多享受、愉悦和流的特征。GameFlow 模型有八个核心要素：专注、挑战、技能、控制、明确目标、反馈、沉浸和社交互动。正如作者所述，这些因素与 Csikszentmihalyi 的流概念以及技能与挑战之间的平衡密切相关。斯维斯特（Sweester）等人（2012）在实时战略游戏的背景下重新审视了 2012 年的原始模型，并开发了一些探索方法，涉及关于如何通过游戏的不同媒体（包括图形、声音、叙事等）实现这些要素。例如，可以通过在游戏加载时播放动听的声音和有吸引力的动画来增加沉浸感。

劳拉·奥德斯（Laura Oades）（2016）将该模型应用于老年人游戏设计：gerontoludic design（De Schutter 和 Vanden Abeele，2015）。她发现 GameFlow 的原始模型必须扩展到老年人这个群体，应该更多地关注如何提供对老年人的支持，以帮助提高专注力、增强面对挑战的能力、提高控制力，特别是提高社交互动水平。她的研究发现，老年人需要在游戏中体验自我效能（Bandura，1977）和满足感。他们需要将游戏体验视为有意义的活动，通过游戏得到开发的技能和知识，这在游戏之外的世界中也是有用的。

妮可·拉扎罗（Nicole Lazzaro）（Lazzaro，2012）在其试图理解使交互行为更具吸引力的因素的工作中给出了娱乐和感情之间的关系。她发现了 5 种影响游戏体验方式的情感（第 22 章介绍了"情感"的相关内容）：

（1）愉快。情感在内在感知中引起了强烈的变化。

（2）集中。情感帮助游戏者集中精力和注意力。

（3）决定。情感是在游戏中做出决定的重点。

（4）表现。情感提升了对更好表现的吸引力。

（5）学习。情感对动机和注意力非常重要。

Lazzaro 提出了"四种关键愉快"（Four Fun Key）模型，在该模型中她区分了 4 种不同类型的愉快——强愉快、简单愉快、严肃愉快以及人的愉快，每种愉快都继续将情感解锁为好奇、放松、激动以及娱乐，这有利于获得良好的游戏体验。更通俗地，我们可以将这些愉快看作创造高质量用户体验的关键情感。

（a）强愉快主要是克服逆境，Lazzaro 将其称为 Fiero。它与游戏机制中的精通等级、挑战等级以及策略相关。例如，在赛车游戏中，如果在开始比赛的过程中启动汽车就非常困难则没有乐趣。但是，如果很难避开障碍或是当行驶速度很快时很难将汽车控制在赛道上行驶则充满乐趣。这里的强愉快主要来自对驾驶的精通程度。

（b）简单愉快唤起了好奇这个重要情感。新奇、不明确、充满幻想以及角色扮演等游戏机制使用户对于整个交互系统的探索非常好奇。这是一种更加开放的交互，而不是像强愉快那样集中并以目标为中心的交互。

（c）严肃愉快关于放松。当交互体验提升了用户的自我价值，并允许他们专注于活动时，严肃愉快就会产生。严肃愉快涉及工作！

（d）人的愉快与娱乐情感相关。当人们通过合作或是竞赛的行为与他人互动时，人的愉快就会出现。这是游戏机制中社会性的一面，与人们的社交网络和渴望分享的特性相关。 |131|

通过使用这 4 种"愉快"可以帮助交互设计师创造从不同情感方面打动人们的用户体验，创造出一种富有吸引力的体验。在设计过程中，用户体验设计师需要考虑他们在系统中为人们创造什么种类的体验。以上 4 种"愉快"提供了思考这个问题的良好方式。接着设计师可以考虑他们需要使用来唤醒这些体验的机制。这些机制包括：

- 决定产品中应该包含哪些挑战，并决定应该是短期的挑战还是长期的"过关模式"。
- 决定如何应对具有不同技能等级的不同用户，以及如何更改这些技能等级。
- 决定应该给予用户怎样的挑战过关奖励，奖励与挑战、技能等级如何关联。
- 决定人们是否可以收集物品或是完成谜语类的题目，以及他们收集的物品如何与奖励、能力、技能等级相关联。
- 决定人们如何通过竞赛与他人互动，例如排行榜或是晒出成就；决定人们如何通过合作与他人互动实现一个共同目的。

框 6-2 Funware

　　Funware 是一款使特定系统或服务更具趣味性的软件，旨在增加服务的使用。Funware 使用了不同于本节所描述的方法。例如，Facebook 上的 TripAdvisor 应用程序为发布酒店、餐馆等评论的用户提供积分。用户发布三次以上评论后会获得徽章，徽章的不同颜色会反映不同的评论数量。这使得用户可以根据贡献获得总分，并且可以成为一个地方酒店或餐馆等的专家。其他用户可评价人们的评论，根据给出的评分和诸如赠送给其他人的活动等给予他们社交积分。用户可以添加个人信息，例如他们和谁一起旅行，以便在朋友撰写评论或前往特定地点时收到通知。该应用程序有一个排行榜，显示朋友与社交群体的排名。

　　类似的方法也用在其他专业性的组织中。例如，学术界在 ResearchGate 网站上评级；名为 Klout 的网络服务测量用户的在线资料。

6.3　为愉悦感设计

　　产品设计师长期都在关注如何将娱乐作为重要的营销点。曾经被易用性的功能方面统治的许多设计脚本，现在都让位于愉悦感。标榜轻薄以及优雅（只有 3 厘米厚度）的苹果公司的 MacBook Air 笔记本电脑拥有与众不同且有吸引力的钛金属外壳（如图 6-3 所示）。所有这些特征都有助于笔记本的易用性，同时也有助于增加用户拥有、使用以及（也许）见到这些笔记本电脑时的愉悦感。

图 6-3　苹果 MacBook Air 笔记本电脑
（来源：Hugh Threlfall/Alamy Images）

　　Patrick Jordan 在其所著的 *Designing Pleasurable Products*（2000）一书中认为，保证设计的愉悦感与保证交互设备的可用性一样重要。Jordan 将愉悦感描述为"一种由享受或者期待良好的感受而产生的意识或感觉，即享受、愉悦、满足"。在交互式设备或产品中，为愉悦感而设计有利于"情感、享受和实际的利益"（Jordan, 2000, p. 12）。

　　Jordan 的方法很大程度上参考了人类学家 Lionel Tiger 的著作，Lionel Tiger 开发了一个用于理解和组织愉悦感的框架。这个框架在 Tiger 的著作 *The Pursuit of Pleasure*（Tiger, 1992）中进行了大量的讨论。Tiger 认为存在四维或 4 个方面的愉悦感。分别是生理愉悦感、社会愉悦感、心理愉悦感和思想愉悦感。

6.3.1 生理愉悦感

这种感觉涉及身体和感官。生理愉悦感来自触摸、操作或是嗅觉。想想一辆新车的气味，或是设计良好的键盘给人的结实触感。这种愉悦感也可以来自无缝地集成在人体的设备上，尽管当这些设备相互配合不太理想时会比较容易被发现。科技和人体的契合问题一直是人体工程学家设计新产品时关注的重点。（第 2 章有更多关于人体工程学的介绍。）

6.3.2 社会愉悦感

社会愉悦感来自于和他人的关系。具有社会愉悦感方面的产品和设备要么有利于社会活动，要么改善了与他人的关系。非常明显的例子是：短信加强了许多人的社会通信；使用 Twitter 使人们之间保持联系；社交网站（例如 Facebook）的普及。社会地位或形象的提升带来的愉悦感也被认为是一种社会愉悦感，当然，这已经成功地为小型的个人科技销售商所使用。

6.3.3 心理愉悦感

在 Tiger 的框架中，心理愉悦感是指认知或情感上的愉悦感。这一维度的愉悦感有利于将所有的愉悦感来源聚集在一起，例如感知易用性、设备的有效性以及获得新技能的满足感。对于某些人，学习一门复杂的编程语言会产生一定的满足感，但是这些满足感绝不可能从移动屏幕上的 GUI 图标中获得。

6.3.4 思想愉悦感

思想愉悦感关注人们的价值、人们所珍视的有意义的事物以及人们的愿望。我们更加希望享受使用符合我们价值体系的事物。这里很容易想到的方面可能包括对细致的工艺以及设计的在意度，想获得一台明显很贵重的设备的愿望以及我们对于供应商的交易理念的认可（例如，商业软件和自由软件）。 [133]

6.3.5 实践中的 4 个方面

Jordan 使用此框架来开发产品利益规范，以帮助集中设计。他还根据对产品潜在用户的整体分析，开发人物角色（尽管他不使用该术语）。值得注意的是，这种类型的分析类似于 Lazzaro 在此前讨论的不同类型乐趣的分析以及 Zimmerman 在下列描述的产品依恋理论。虽然主要侧重于产品设计，但设计愉悦体验显然也是服务用户体验的一个重要方面。

让我们通过 MacBook Air 笔记本这个例子来看看它们如何起作用，并通过 4 个愉悦感来分析。苹果公司对 MacBook 的描述也强调了许多这些特性。

（1）生理愉悦感。机器本身很轻，钛金属外壳的质地让人非常舒服并且键盘回弹力很好。

（2）社会愉悦感。当笔记本第一次发布时，拥有一台 MacBook Air 被认为是能够提升用户的品位，用户可以对笔记本电脑进行个性化改造。成为广大 PC 用户中比较小众的苹果粉丝也能提供一定的社会愉悦感。

（3）心理愉悦感。苹果 MacBook Air 提供了不同媒介之间的无缝集成，从此简化了许多工作任务，产生了满足感。

（4）思想愉悦感。对于一些消费者来说，苹果的产品仍然是一种独立、创造力和思想自由的化身，这些属性继承自早期的公司品牌形象。这是否仍是一种准确的想法并不重要，只要人们感觉它是就可以了。（第24章讨论了文化和身份。）

产品依恋理论

Zimmerman（2009）讨论了如何将产品依恋理论应用于交互式设计。产品依恋理论考虑了人们对产品以及本产品向他们传递思想的方式的感受。他回想了"为自我设计"视角开发的一系列产品，"为自我设计"指的是通过为他人设计，使他人在与产品的交互过程中认识自我。他特别关注了6个产品（如图6-4所示）并关注了它们在设计模式方面具有的特点。设计模式包含某些成功设计特点的规律。设计模式是交互式系统设计的一个重要组成部分，在第9章中作为设计方法的一部分进行了讨论。

图6-4 Zimmerman 测试过的产品—Ensure，Hee Young Jeong 以及 Sun Young Park 设计；智能包，Min-Kyung Lee 设计；Cherish，Jeong Kim 设计；分享时刻，Rhiannon Sterling Zivin 设计；Magonote，Mathew Forrest 设计；反转闹钟，Kursat Ozenc 设计

（来源：Zimmerman, J. (2009) Designing for the self: making products that help people become the person they desire to be, *CHI '09: Proceedings of the SIGCHI Conference on Human Factors in Computing Systems*, pp. 395-404. © 2009 ACM, Inc，经许可转载。doc.acm. org/10.1145/1518701.1518765）

挑战 6-2

使用 Tiger 的分类，你认为什么才是你拥有或使用的设备/系统的设计所带来的主要愉悦感？如果可以，比较你和你的同事对同一设备的反应。

Zimmerman 检测的产品包括 Cherish、小型智能相框（如图6-4的左上角）、链接到家庭日程表的可携带运动装备的智能袋（如图6-4中上部），以及能够防止孩子在半夜吵醒父母的反转闹钟（如图6-4中下部）。在他的分析中，包括6种包含产品依恋理论要素的"框架结构"：

（1）角色参与，涉及对用户在其生活中扮演的不同角色的支持。它来自以下观察：人们需要按照环境（例如每天的时间）或按照特定活动所需要的关系来改变其角色。

（2）控制涉及使人们加强对产品的控制。这可以用于对产品"外观和感觉"的控制，使其更加个性化以适应人们的品位，或者可以用于对产品功能性的控制。

（3）从属关系涉及人们如何通过确保产品满足自己的实际需求来产生对产品的感觉。

（4）能力和不良习惯作为概念涉及人们能力的提高，防止他们犯错误或是继续维持他们的坏习惯。例如，智能包（smart bag）能够防止人们遗忘东西。

（5）长期目标以及短期的功能都需要支持。人们认识到产品可以支持他们的长期目标才会建立起产品依恋。

（6）惯例涉及产品如何与人们的日常生活惯例相切合。

Zimmerman 鼓励设计师在整个设计的理解、构想、设计和评估过程中都要记住这些框架结构。这样做，他们就能更加注重为自我而设计，为人们形成对产品的依恋而设计。 [135]

进一步思考：感性（Kansei）

感性工程学涉及将情感和审美元素带入工程学之中，用于各式各样的工程设计实践，以理解并体现能够使人们真正参与到设计之中的因素。但是目前为止，感性工程学很少用于交互式设计。

感性和理性（Chinsei）是设计和工程过程中的两条思路。感性处理情感，理性处理功能性。尽管该方法尚未成为用户体验的主流，但有证据表明，为了创造情感参与而进行设计可能很重要。例如，对于网站的第一次印象是在 50 毫秒内完成的（Lindgaard 等人，2006）。

6.4　审美

审美是一个非常大的研究课题，主要关注人们对美的欣赏以及事物被感知、感觉和判断的方法。审美将我们带入艺术批评以及艺术哲学本身的世界之中。这里存在着长期的争论：美到底是与生俱来的，还是"存在于旁人的眼中"。

这些年，在交互式操作系统的设计上，审美越来越显现出其重要性。从情感观点上来看审美，Don Norman 和 Pieter Desmet 都强调了要在设计的考虑之中加入情感。Norman 在其所著的 *Emotional Design*（2014）中，讨论了人们对本能、行为以及反射元素的体验。在本能层面上存在对体验的感知审美。在行为层面上，积极的情感来自控制感以及对使用的理解。在反射层面上，则是个人价值以及自我价值的问题。Pieter Desmet 在其所著的 *Designing Emotions*（2002）中指出了一组产品情绪。他认为这些是可控的情绪，例如，无聊、灵感、愉快等，这些都与产品设计师极为相关。这项工作产生了一个经验之感数据库，这个数据库包含产品和情绪、产品和情绪引导者以及用于度量人们对产品特征反应的非语言方法——PrEmo。PrEmo 包含 14 种卡通人物动画，每种都表示一种情感。PrEmo 包含 7 种正面情绪，即灵感、渴望、满意、惊喜、魅力、愉快、钦佩，以及 7 种负面情绪，即厌恶、愤怒、轻蔑、失望、不满、无聊和令人不快的意外（如图 6-5 所示）。各种版本的 PrEmo 得到了开发，并且也针对儿童开发了类似的方法，使得儿童能够在无须使用单词的情况下对设计做出反应。

Hassenzahl（2007）从务实属性和享乐属性方面讨论了审美，其中务实属性与传统的可用性观点大致相似，享乐属性涉及本章所述的许多问题。Hassenzahl（2010）在涉及意义、动机和情感的"目标"方面描述了一般（以及用户体验）的经验，关注于具体、期望结果和"运动目标"的"目标"物理层面的问题，提供了与 Jordan 的四个维度类似的结构（见上文）。务实美学和语用质量涉及产品或实现"要完成的目标"和享乐美学的服务能力，而且 [136]

语用质量支持"要成为的目标"。Hassenzahl 和同事通过开发一份调查问卷（见第 10 章）来实现这些想法，该问卷调查了用户体验的十个属性。语用质量根据混乱 - 结构化、不切实际 - 实际、不可预测 - 可预测、复杂 - 简单的程度来评估。享乐品质的衡量标准是沉闷 - 迷人、俗气 - 时尚、廉价 - 优质、缺乏想象力 - 富有创意。好 - 坏和美 - 丑是一般产品评估的衡量标准。它们的用户体验的 AttrakDiff 衡量标准将在第 10 章讨论。

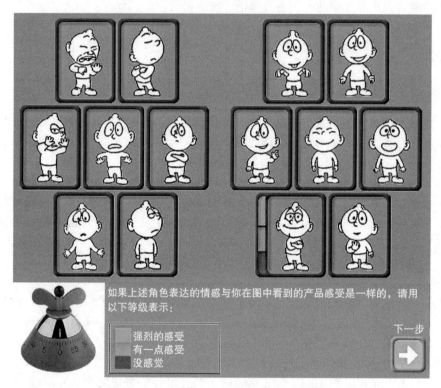

图 6-5   PrEmo

（来源：Desmet, P.M.A. (2003), pp. 111-23）

　　但是，最近对于享乐主义概念的批评指出了另类概念，即专注于享受美好生活而不仅是享受享乐主义带来的乐趣（Mekler 和 Hornbook，2016）。这借鉴了之前关于 Lazarro 发现的不同类型乐趣以及不同类型乐趣的讨论。思想愉悦感特别关注人们的价值观以及不同经历如何满足这些价值观或其他方面。充满激情的动机关注更长久、更有意义的参与度和个人需求的实现。

　　Lavie 和 Tractinsky（2004）将交互式系统的审美分为古典审美（干净、清晰、舒适、美观、对称）以及富有表现力的审美（原创、精致、迷人、特效、创意）。他们断言"美的东西就是可用的"。然而，Hartman 等人（2008）认为审美要比这更加复杂。当然，在人们对交互式操作系统的质量的评判标准中不只包括传统的可用性，但有时人们会认为可用性最重要。内容、服务以及品牌也是需要考虑的因素。

　　Sutcliffe（2009）开发了一个复杂的参与模式、用户体验和情感，展示了每个因素如何受到多种因素的影响。当然，人们对交互系统的美学和质量的判断不仅是传统上讲的可用性。内容、服务和品牌也是需要考虑的因素。为了增加这种复杂性，我们需要牢记第 4 章中描述的跨渠道用户体验问题，人们如何遇到各种交互接触点以及这些问题是如何共同促成整个用户体验之旅的。

对于 Boehner 等人（2008）来讲，问题是使产品不仅恰到好处而且意义重大。他们力图将设计中必要元素的编纂与人类体验中不可言说的本质密切相关。

挑战 6-3

访问你特别喜欢的网页并评价它的审美，看看是否还有提升的空间。

6.5 生活方式

当然，不同的人喜欢不同的东西。不同的人对美学的看法也不尽相同。有些人喜欢玩游戏，有些人则不喜欢。一些人觉得这件事令他们愉快，而另一些人却觉得其他事情令他们愉快。设计师需要考虑他们为不同的人及其不同的生活方式创造的体验。正如我们在 6.3 节中讨论过的那样，人们在不同的事物中采取不同的思想愉悦感。这种愉悦感反映了他们的价值观、动机、欲望和喜恶。随着时间的推移，生活方式会影响人们的愿望和成就。

品牌身份的发展是人们喜欢并享受系统的重要部分。有些人是"微软"用户，有些人则是"苹果"用户。有些人喜欢 Nike，有些人则喜欢 Reebok。这些公司花费了大量的精力和金钱来开发、改进和推广品牌。他们喜欢与某些特定的活动相关联，或赞助特定的足球或棒球队，因为这些协会有助于发展品牌。品牌通常会为设计师提供一致的指导方针，例如颜色、特定字体的使用等。品牌能即刻引发一种身份感，这是体验的关键方面之一。反之，体验也会影响品牌。用户与品牌产品和服务互动的体验创造了他们对品牌的感受和价值定位。图 6-6 显示了高档英国购物品牌 Waitrose，它赞助了英格兰板球队。打板球和购买杂货之间的复杂联系是其赞助的焦点。

图 6-6 Waitrose 赞助的板球赛

体验设计涉及用户或客户的品牌和生活方式之间的关系。公司必须密切关注它的品牌及其品牌的独特之处。它必须以适合客户生活的正确方式提供适合的服务。英国奢侈品牌 Burberry 就是一家这样的典型公司，该公司已经形成了自己的品牌（风衣、格子布等），并且目标群体指向拥有乡村散步风格和城市派对生活方式的富裕年轻人。该公司通过在店内、线

138 上和通过应用程序提供的不同体验来传播其品牌。

框6-3　为生活而设计

Karen Holzblatt 和 Hugh Beyer 最近重新审视了他们关于情境设计的观点，通过一个名为"Project Cool"的项目，研究新技术如何融入人们的生活方式（Holzblatt 和 Beyer，2015）。他们从成就、联系、认知和感受以及使用中的乐趣的角度来描述生活中的乐趣，生活中的乐趣具有简单实现意图、消除麻烦和易于学习的特点。他们指出这些特征在提供优秀用户体验方面和收集用户生活体验、人类核心动机和行为、更广泛的生活维度方面的数据的重要性，以及用户和谐有序的生活相互协调的方法。

总结和要点

体验式设计关注如何能够在短期和长期都提供具有吸引力和愉悦性的体验。体验式设计包括体验的前中后阶段、体验要素的多层次性质以及体验过程。在用户的生活方式、目标、价值观和期望的情境下，理解产品和服务提供的体验包括审美、愉悦和情感参与。特别是要在物理、行为以及社会层面考虑体验并且考虑人们从体验中获取的意义，这一点非常重要。体验式设计借鉴了：

139
- 体验理论
- 情感理论
- 审美理论
- 游戏理论

练习

1. 设计影响情感的技术时，理解人类的情感理论有多重要？请举例说明你的答案。

2. 设计一个故事板，来提示使用情感操作系统，该系统设计用于在检测到用户有挫败感和疲倦感时做出反应。

3. 考虑一个标准台式 PC 和一台小型交互设备，例如掌上电脑、移动电话或者数码相机。选择最近的例子。

（a）按照 Tiger 的 4 项原则分析每个设备，并确定设计师遵循了哪一个原则（如果有的话），记录下你的分析结果。

（b）对你选择的两种产品进行 PACT 分析（PACT 在第 2 章中进行了介绍）。考虑以上结果，讨论愉悦感是否应该是技术中的一项重要设计特点。

深入阅读

McCarthy, J. and Wright, P. (2004) *Technology as Experience.* MIT Press, Cambridge, MA.

Norman, D. (2004) *Emotional Design: Why We Love (or Hate) Everyday Things.* Basic Books, New York.

高阶阅读

McCullough, G. (2002) *Abstracting Craft: The Practiced Digital Hand.* MIT Press, Cambridge, MA.

Shedroff, N. (2001) *Experience Design.* New Riders, Indianapolis, IN.

网站链接

AIGA，设计专业人士联合网站：www.aiga.org。

挑战点评

挑战 6-1

计算机游戏 Myst 在 20 世纪 90 年代中期初次出现时就取得了巨大的成功。我花费了好几年时间和我的儿子一起玩这个游戏，直到我们解决了所有的谜题并前往了所有不同的世界。

- 身份——这款游戏很快发展了一批拥护者，他们认同游戏所在的神秘世界。 [140]
- 自适应性是游戏成功的关键。像许多游戏一样，有些关卡变得越来越难。当某一个关卡难度被挑战成功，玩家就可以进入下一个关卡。但也与许多游戏类似，不"作弊"的话，很多玩家甚至无法通过第一关。
- 在 Myst 中，叙事也很常见。所有游戏玩家都知道两兄弟身上发生了非常可怕的事情。游戏的目标就是探索发生了什么事情。随着游戏的进行，信息线索会被用户不断发现以保证游戏的叙事完整度。
- 尽管早前 Mac 计算机的屏幕非常小，但是沉浸感非常卓越。我们的机器上的扬声器很好，Myst 的音效非常好，寒风阵阵、水声涓涓，让人非常回味。在一个冬日午后，关灯沉浸在黑暗中，你就会被传送到 Myst 的世界中。
- 随着场景慢慢从一个转换到另一个，视野由远到近，流被展现在眼前。这在后期动画版的游戏中，效果更加完美。

挑战 6-2

正如你可能发现的，在我们的情境中，Tiger 的分类对于考虑愉悦感是有效的指导，胜于固定的分类。你可能会发现，即使是相同的产品，人们的反应也有可能不同，所以要考虑这些信息是如何指导设计选择的。

挑战 6-3

你将需要就审美是在旁观者的眼中以及是否存在良好的一般规则这两个问题进行辩论。讨论古典美学（干净、清晰、舒适、美观、对称）和表现美学（原创、精致、迷人、特效、创意）。 [141]

Designing User Experience: A guide to HCI, UX and interaction design, Fourth Edition

用户体验设计的技术

第二部分介绍

本书第二部分主要针对用户体验设计的相关技术进行整合。本书第一部分介绍了用户体验设计的关键步骤，包括理解、创意展示、设计和评估，但我们还没有真正去探讨如何着手这些过程。第一部分还介绍了 PACT、脚本和角色，以及一些有用的结构和一种用户体验设计的实用框架。重要的是，它介绍了当代的交互本质和跨渠道用户体验设计，也涵盖了可访问性、可用性和体验的设计原则，并描述了一种基于脚本的设计方法。

第二部分将介绍一些让设计师能够实现这些步骤的技术。如果想了解用户并建立角色，你应该知道如何与他们进行访谈，或者如何让他们参与设计。如果想评估一些设计理念，你需要知道如何制作草图、原型设计和评估。如果想设计出好的产品，你需要理解概念设计和物理设计的一些方法。你需要知道如何进行设想，以及如何评估这些设想。你需要了解图形化和多模态交互形式。这一部分将为这些问题提供一个完整的解决方案。

第 7 章将讨论理解用户体验设计领域的一些方法，其中的很多方法也适用于评估。与评估更为相关的一些其他技术将在第 10 章进行讨论。任务分析是一种特殊的分析形式，它可以深入地了解不同的设计需求，相关内容将在第 11 章介绍。

第 8 章和第 9 章将介绍更多针对设计的方法，这些方法可用于构想物理设计和探索概念空间设计。第 12 章将从视觉角度讨论这些方法的背景和界面设计的关键问题，第 13 章则将从多模态交互的角度对相关问题进行讨论。

这部分的目标是尽可能全面地覆盖我们讨论的问题。尽管许多设计公司和代理机构提供了很多特定方法，但是它们都是基于此提供的实例。正如我们在第 9 章进行的简要讨论那样，设计者使用的构造形式或建模方法将会影响设计的某些方面，这些方面需要进行着重处理或是弱化处理。因此，方法的选择决定了其对设计中不同方面的理解能力和关注程度。例如（见第 11 章），任务分析将专注于承担具体任务的难易程度，而不会对一个交互式系统的整体导航结构有过多的关注。焦点小组在项目早期会提供一些有用的思路，但在进行弹出式菜单细节的设计时，可能无法提供很好的意见。设计者需要广泛地理解各种可应用于用户体验设计的技术，并知道何时何地能够让这些技术发挥最大作用。

教与学

这部分可以不按照完整的顺序进行阅读。通过深入每个章节，阅读引言、目标和总结，你将了解每章的整体结构。跳过一些具体的细节，你可获得对这部分所包含的内容的一个高度概括。如果你需要对理解或评估的技术做一个深入的报告，如为某一项目选择合适的方法时，需要仔细阅读相关的章节，并学习该章相关的深入阅读部分及提供的相关网页链接。

142
~
144

各个主题应与第一部分提供的整体设计过程的理解相结合，从而了解设计中应包含哪些内容以及如何设计。这部分涵盖的主题如下所示，如果想更好地理解所列主题，需要 10 ～ 15 小时的学习时间，或者 3 ～ 5 小时的学习能够让你对内容有个基本的了解。当然，每个主题都可以进行扩展和深入的研究。

主题 2.1	需求	7.1 节	主题 2.6	卡片分类	7.6 节
主题 2.2	参与式设计	7.2 节	主题 2.7	观察和民族学研究	7.8 节
主题 2.3	用户访谈	7.3 节	主题 2.8	构思	7.7 节，8.1 节，9.1 ～ 9.2 节
主题 2.4	制定问卷调查	7.4 节	主题 2.9	草图和线框图	8.2 节
主题 2.5	调研	7.5 节	主题 2.10	原型	8.3 节

（续）

主题 2.11	构想实践	8.4 节	主题 2.21	界面设计	12.4 节
主题 2.12	概念设计	9.4 节	主题 2.22	信息设计	12.5 节
主题 2.13	隐喻和混合	9.3 节	主题 2.23	可视化	12.6 节
主题 2.14	设计语言	9.5 节	主题 2.24	多模态交互	13.1～13.2 节
主题 2.15	交互模式	9.5 节	主题 2.25	混合现实	13.2 节
主题 2.16	专家评估	10.2 节	主题 2.26	声音界面	13.3 节
主题 2.17	参与式评估	10.3 节	主题 2.27	可触用户界面	13.4 节
主题 2.18	实践评估	10.1 节，10.4～10.5 节	主题 2.28	手势交互	13.5 节
主题 2.19	任务分析	第 11 章	主题 2.29	表面计算	13.5 节
主题 2.20	图形用户界面（GUI）	12.3 节			

145

Designing User Experience: A guide to HCI, UX and interaction design, Fourth Edition

理　　解

目标

在创造性设计过程开始之前，设计师需要清晰而透彻地理解：参与到产品或系统中的人、设计的核心活动、这些活动发生的情境以及技术对于设计的影响（即 PACT 准则）。根据这些理解，设计师可以生成对要设计的系统的需求。然而直到部分设计工作完成和评估，设计师很少能对系统需求有一个透彻的理解。需求工作（理解）、设计过程、设计展示（构想）和评估这 4 个方面紧密交织。

理解过程的重点在于了解人们要做什么或者人们想要做什么，为什么做以及为了做这些事情他们需要什么，他们对当前使用的系统有什么问题。理解的过程还涉及了解调查领域如何与人们正在做的其他事情相适应。由此用户体验设计师可以开发新的技术，从而让人类生活的各个方面变得更为有效和愉快。

本章介绍了理解用户活动的主要技术，并将其融入设计过程中。用户体验设计师需要对其进行研究，也称为用户研究，以便让他们了解作为调查重点的活动范围（领域）。在软件工程或者信息系统项目中，这是一个正规的步骤，通常称之为需求分析。

在学习完本章之后，你应：

- 理解需求是什么。
- 理解各种需求生成技术。
- 使用一些技术来理解情境中的人们及其活动。
- 将交互技术、用户体验设计和服务的需求调研结果整理成文档。

146

7.1 需求

用户体验设计师需要了解用户想要从特定产品、服务或系统中得到什么。他们会将这些愿望和期待表达为"需求"。需求是"产品需要做的事情或产品需具有的特性"（Robertson 和 Robertson，2012）。设计师研究当前的活动、收集使用的案例，并快速获取大量关于现状和人们目标及需求的信息。接下来的任务是将这些信息转换为新的产品、系统或服务的需求。有时候这种转变很直观，但该转变过程通常需要（经过一个称为"构思"的过程）实现创造性的飞跃。这就是要反复进行"分析 – 设计 – 评估过程"的原因。只有在用户和其他设计师检验需求时，才能判断设计师创造性飞跃的有效性。而一些工作只有在脚本、早期设计或原型的帮助下才能做到最好。在设计过程中，会出现一些新增的需求，使得问题更为复杂。

应该使用下面哪个术语描述需求活动一直存在很多争议：

- *需求收集*，表明需求始终存在并等待我们去收集，而无须设计师和利益相关者的互动。
- *需求产生*，表明需求活动是一个更有创造性的活动，倾向于弱化现有方法之间的联系。

- 需求引出，表明需要利益相关者和设计者之间的互动。
- 需求工程，通常在软件工程项目中使用，是一种非常正式的方法。

以上是我们从关注“需求”转向关注“理解”的原因之一，因为它包含了收集和生成的概念。许多交互设计项目都从“设计概要”开始，这可能是对客户想要的东西的模糊描述。客户通常会要求设计师提供一份需求说明书（一种包含需求的正式书面文档）。在开发过程的某个时间点上，开发人员也需要一份明确的需求说明书，以便成功地进行项目的成本控制和管理。需求说明书的内容越来越丰富，其中包括了原型、屏幕截图以及其他的媒体数据。当书写需求说明书时，应该使用明确且无歧义的语言和文字进行表述，这样才可以在最终系统中验证相应的需求是否得到了满足。

进一步思考：需求模板

使用标准的格式或模板来确定需求是有用的，尤其在大型项目中。信息的精确展示可能并不重要，但对于每个需求，它至少包含：

- 唯一的编号，理想的情况下还要指明该需求是功能性的还是非功能性的。
- 一句概括的话。
- 需求的来源。
- 需求的合理性。

正如 Robertson 和 Robertson（2012）所建议的，添加一些额外元素能够在很大程度上提升需求说明书的价值，其中最重要的是：

- 衡量需求是否已经满足标准。
- 需求的重要性等级，例如，级别 1 ～ 5。
- 与其他需求的依赖关系以及冲突。
- 变更历史。

图 7-1 展示了 Volere 需求规范的示例。 147

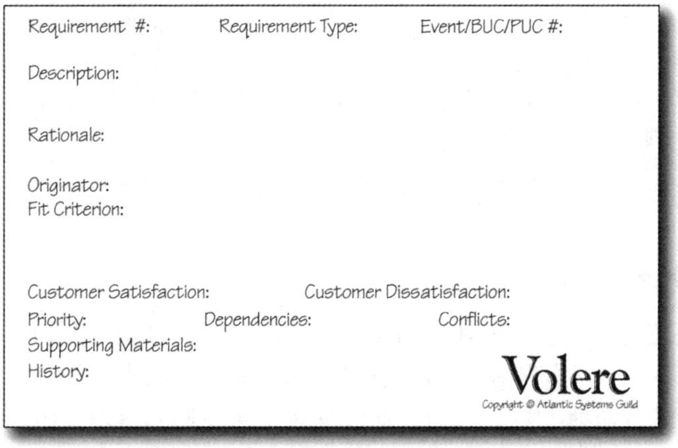
Requirement #: Requirement Type: Event/BUC/PUC #:
Description:
Rationale:
Originator:
Fit Criterion:
Customer Satisfaction: Customer Dissatisfaction:
Priority: Dependencies: Conflicts:
Supporting Materials:
History:
Volere
Copyright © Atlantic Systems Guild

图 7-1 Volere 需求规范的示例

传统上，需求可分为功能性需求和非功能性需求。功能性需求是系统必须要做的，非功能性需求是系统必须具有的特性。这些特性可能是产品的可接受程度、销售或使用方面的关键因素。非功能性需求覆盖了设计的多个方面，包括图片的美观性、可用性、性能、可维护性、安全、文化可接受性和法律限制。系统数据或者媒体方面的需求也同样重要，即明确需要处理的数据内容类型和使用的媒体类型。

对于这两种需求，要注意没有说明技术是如何满足这两种类型的需求的。这是设计的后续活动。在可能的情况下，最好使用一些证据对需求列表进行补充，包括访谈、观察报告、物品的照片以及视频片段。这将有助于阅读需求说明书的读者了解列表中各条目背后的原因。

需求优先级

需求应该与顾客或客户一起进行审查，必要时需要进行修改。因为很少有设计项目拥有无尽的资源，所以往往需要确定需求的相对优先级。其中的一种方法是使用 MoSCoW 规则。需求分类如下：

- 必须（Must）有——基本需求，没有它，系统将无法运行且毫无作用，是系统的最小可用子集。
- 应该（Should）有——如果有更多时间，这些需求同样重要。但即使没有，系统也具有相应的作用并且能够被使用。
- 可以（Could）有——不太重要，因此很容易能从目前的开发中排除掉。
- 希望（Want）有，但这一次不会有——等到下一次开发。

MoSCoW 是实现敏捷开发的重要组成部分（见 3.1 节），必须存在的基本需求决定了特定开发可接受的最小可行产品（MVP）。

挑战 7-1

家庭信息中心（HIC）的目标是成为家庭生活中的新设备。HIC 的这些需求哪些是功能性的？哪些是非功能性的？讨论需求优先级的排序问题。

（1）在家庭环境中不会显得唐突。

（2）可选择打印详细信息。

（3）快速下载信息。

（4）将"混乱"链接到紧急服务。

（5）音量控制 / 静音功能。

（6）可定制支持语言选项，包括那些包含不同字符集的语言。

（7）提供电子邮件。

（8）每个个体成员用户的安全性。

7.2　参与式设计

调研工作涉及使用各种技术来理解和分析别人的需求、目标和愿望。设计师需要记住的关键一点是：他们并非最后使用系统的人。设计师需要理解别人的需求，这并不容易，但通过访谈以及和人们进行对话、观察人们并通过视频记录他们的活动、组织焦点小组、进行专题讨论等，都将有助于设计者理解新的设计需求（即新系统或服务将提供的"收益"），以及人们现有处理方法存在的问题（即当前情形造成的"痛苦"）。通过使用各种技术鼓励人们参与到设计过程中，设计师将获得大量的案例从而构建分析工作的基础。通过组合若干类似的案例便可生成一个更加结构化的概念性脚本，这同样能够帮助设计师理解并产生需求。

在本书中，我们始终强调要采用"以人为本"的方法进行设计。首先，人类的特征和行

为要考虑在内，这一点很重要。除此之外，只要有可能，就要想办法让那些使用新交互技术

的人参与到设计过程中去。我们使用
限定条件"只要有可能"，并不是因
为设计过程必须排除所有范围的利益
相关者，而是因为在大规模商业化产
品环境下，让一小部分使用最终系统
的人参与进来才是更可行的。这种情
况与只为一小部分人定制系统不同，
在小规模定制的情况下，让相关用户
成为共同设计者是确实可行的，而且
他们还可以获得技术的所有权。

典型的参与式设计会话如图 7-2
所示。

图 7-2 典型的参与式设计会话

149

进一步思考：社会技术的传统

这种让人们参与系统设计的理念通常归功于斯堪的纳维亚（Scandinavian）传统，这里
的工人可以参与工作场所的管理。同时也与英国的社会技术设计运动和美国的社会信息学运
动有关（Davenport，2008）。该传统始于在系统设计时通过强调人的特点来支持手工作业，
例如煤炭开采。但后来演变出一些方法可以让用户参与到基于计算机的系统设计的过程中。
Enid Mumford 在曼彻斯特的工作，Ken Eason、Leela Damodoran、Susan Harker 和他们的同
事在英国拉夫堡大学和其他地方的工作是社会技术方法发展的核心。体现社会技术理念的方
法包括 Mumford 的 ETHICS（Mumford，1983，1993），为与用户的合作提供了一套全面且
实用的技术集的 HUFIT 工具包（Taylor，1990），旨在把系统性思考纳入系统设计的 ORDIT
（Eason 等人，1996）。

20 世纪 80 年代早期的 Scandinavian 参与式设计运动也十分重要。这是一个在政治上非
常有远见的倡议，它强调工作场所民主化，赋予工人成为工作实践共同设计者的权利，并
采用一些工具对其予以支持。纸上原型等技术的发明使得工人在使用技术的工作中不会处
于不利地位。这些倡议中最有影响力的是 Pelle Ehn 和他的同事在 UTOPIA 项目中的工作
（Bødker 等，1987；Ehn 和 Kyng，1987）。最近，Pekkola 等人（2006）将这些早期的方法进
行了综述，并对如何合并信息系统开发和参与式设计的需求提出了若干建议。他们使用迭代
方法进行设计，并引入参与式设计方法和原型以确保利益相关者参与到整个过程中。作为工
作的正常组成部分，利益相关者对原型进行评估。Deborah Mayhew 的可用性工程是另一个
文档化和结构化水平良好的以人为本的方法（Mayhew，2008），类似的还有 Karen Holtzblatt
的快速上下文设计方法（Holtzblatt 和 Beyer，2015）。

150

挑战 7-2

将那些受到系统影响的人包含到需求分析过程中，有助于确保最终的技术能够适应要支持的
人群、活动和脚本。同时也存在一个坚实的理论依据支持用户参与到设计过程中。你能想到这样
做的另一个原因是什么吗？

框 7-1　需求演示

　　Alan Newell 及其同事（如 Newell 等人，2012）已经为需求展示开发了一些方法，从而使它们能够更容易被设计的目标群体（主要是老年人）所理解。该技术要求设计师和专业的编剧合作，根据已生成的需求创作一个舞台剧。该舞台剧由训练有素的演员进行表演，而利益相关者则作为观众。之后一名训练有素的主持人将主持一场针对演出本身以及通过演出呈现出的问题的讨论。讨论的结果将反馈到理解过程中，这有助于得到一个关于人们的愿望、担心以及所关注事物的更为丰富的理解。

7.3　访谈

　　想要找出人们在想什么以及当前他们的问题是什么，最有效的途径之一是和他们进行交谈。采访领域内所有各种利益相关者是收集案例的一个重要途径。从一个完全结构化的调查到一场一般性的谈话，设计者采用了一系列不同风格的访谈。结构化的访谈使用预先准备好的问题，在访谈中完全根据行文来进行。民意调查通常是基于结构化访谈，例如在选举前大量进行的民意调查。因为已经预先建立了访谈的结构，所以结构化访谈易于开展。但是被访谈者会局限于一些特定的回答，因而很难给出超过预期的回答。下面是从学生信息系统结构化访谈范本中提取的一个样例。

考虑一个院系的网站，以及你在过去一周内的使用频率。			
课程表信息	从不□　　经常□	每天□	一天多次□
工作人员主页	从不□　　经常□	每天□	一天多次□
模块资料	从不□　　经常□	每天□	一天多次□

　　设计师经常使用半结构化访谈。有时候，虽然采访者备有预先准备的问题，但是可以适当地进行更改并探讨一些新出现的话题。通常情况下，采访者只需准备一份清单，上面有时会给出一些适当的提示，如"请告诉我，早上你进入办公室后做的第一件事情是什么？"显然，这种自由的方式对采访者提出了更高的要求，但由此获取的数据表明这些付出是值得的。

[151]

　　图 7-3 展示了这种访谈的例子以及一些访谈技巧的注解。访谈将从高层次开始，然后探讨更细节的层次。在这个例子中，分析师需要准备的清单包括各种所需信息的类型、现有来源（纸或者网上）以及与信息相关的具体例子。

　　在尤其需要突破设计师常规思维或在掌握的背景信息极少的情况下，会使用完全非结构化的访谈。顾名思义，除了项目主题以外，没有任何预设问题或议题。

进一步思考：情境调查

　　情境调查（Contextual Inquiry，CI）是 Holtzblatt 和 Beyer（Beyer 和 Holtzblatt，1998；Holtzblatt，2012）设计方法的第一阶段。他们认为"情境调查的核心前提非常简单：到客户的工作场所，观察客户是如何工作的，就他们的工作和客户进行谈话。做到这些，你就能够更好地理解客户。"

情境调查整合了一些技术，包括收集和观察在一个统一主题或理念下的人工产品。

情境调查有 4 个基本的指导原则：

（1）**情境**　建议到客户的工作场所并观察他们是如何工作的。这使设计师能够体验日常工作的丰富细节。关注最好集中于具体的数据和任务（也就是用户的案例）而不是泛化的抽象概念。

152

（2）**合作关系**　情境调查（Scandinavian 先驱）的核心前提之一是分析师、设计师和客户各自擅长不同的领域。设计师寻找工作的模式和结构，而客户则提供相应的信息，说明如何完成工作。当新的设计想法产生时，设计师与客户双方会共同探讨。这种方式能让客户真正影响设计师对工作的阐述及其相应的设计思想。Beyer 和 Holtzblatt 用师徒关系模型刻画这种关系。

（3）**解释**　对知识进行简单的观察和记载是不够的，设计师必须解释工作场所的数据以使其能被正确理解。分析师对案例进行抽象，生成更加概念化的解释。分析师应将他的分析返回给客户并聆听他们的反应。随时准备好应对各种错误。

（4）**重点**　每次田野调查和访谈都需要有一个重点，虽然集中于工作的一个方面有助于看到细节，但同时会忽略其他方面。明确重点使整个访谈不会太宽或者太窄。

CI 旨在让设计师通过沉浸在用户的生活中来获取设计数据。深入访谈之后是一个说明会议（interpretation session），通常涉及 2 ～ 5 名设计师。通过对数据的这种解释，他们生成笔记，每个笔记都从访谈中捕获一个关键点且是独立的。这些笔记记录了关键的事实问题、身份和文化观察、活动问题、设备使用、设计思路等。这些注释在生成活动图时将在设计过程的后期使用（7.6 节对卡片分类进行了讨论）。

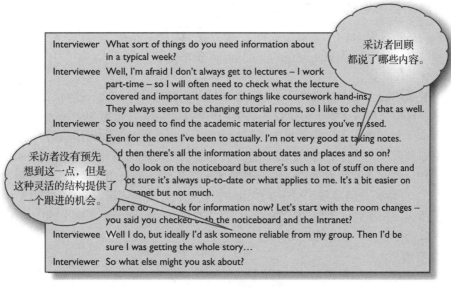

图 7-3　半结构化访谈样例

挑战 7-3

哪种类型的信息有可能被访谈者遗漏？为什么？

7.3.1   访谈中的故事、脚本以及早期原型

脚本和故事（故事和脚本已经在第 3 章中介绍）有助于理解活动，有助于避免人们只在抽象层次上想象（或重构）脚本。例如，人们可能会被要求回忆典型的"生活中的某一天"或者某一事件，而现有技术不支持这些需要。这就能够确定新设计需要考虑的情况。

在对新技术有了大致的想法后，去讨论一个方案将带来许多问题，包括从各个功能的命名到实际工作的影响。原型（即从草图到半功能的产品）经常用来展示可能的技术方案中的脚本。例如，在对工程师共享笔记本的后期分析阶段，我们使用 PowerPoint 创建简单原型并配以一个小型的使用方案。然后将其投影到屏幕上，并在小组会议中进行讨论，据此来研究我们的设计思想和工程师当前传播信息的方式之间是否匹配的问题。

不管是否使用原型，分析师和客户一起"演练"整个方案，分析师从总体上探讨评论、问题、可能的选择和建议。根据脚本 / 原型演练的结果，可能需要修改和进一步地迭代。若出现了许多新的问题，那么可能是脚本或者原型的早期概念不合适，从而需要从根本上重新进行考虑。

153

7.3.2   有声思维解释

当有必要了解关于目前技术的很多底层细节时，可以要求用户通过相关操作进行交谈——包括用户的内部认知过程（例如，用户正在思考什么？），当他们使用相关技术产生数据时，该数据的恰当术语为"非书面协议"（Ericsson 和 Simon, 1985），它能够为现有问题提供一些有用的指示。但重要的是，通过强制要求用户进行评价，同时也意味着你在干扰所研究的过程。此外，并非所有的认识过程都可以被有意识地获取。

7.3.3   访谈需要考虑的一些实际问题

本节包含一些实践性的"提示和技巧"，来自我们在各种情况下的访谈经验。访谈的一些计划和原型设计与项目研究的其他方面一样将带来好处。

1. 准备

首先，必须明确访谈的对象以及希望从访谈中获得的内容是什么，这将有助于你对整个访谈的理解。你需要提前确定你可以联系到的、想要采访的人。考虑为访谈过程带来一些惊喜，（意思不明）以帮助人们设想你想要了解的内容。框 7-2 显示了如何编写研究概要。了解项目的背景以及所涉及的任何组织。明确你进行访谈想要了解的内容以及哪种结构化、半结构化或非结构化的访谈是最有效的。明确是单独采访还是分组采访（有关使用小组的信息，请参阅 7.7 节）了解访谈的背景。对于工作活动，背景研究可能包括研究公司报告、宣传册、网站和组织图表或扫描软件手册和其他宣传材料。对于其他活动，互联网上的一般研究将有助于了解领域特征和人们参与的活动。

2. 跟踪访谈

访谈是一项艰苦的工作。如果有两名访谈者，访谈会更加有效。一个人起主导作用，另一个人则进行笔录。当然，如果采用音频或者视频记录访谈，笔录的负担则会减轻。在这种情况下，确保在会话开始前和进行中周期性地检查设备。即使在访谈中已经有了音 / 视频记录，笔录仍然是有用的，有利于帮助我们找到关键点。访谈可以转录并作为合理的理论分析的基础（见 7.8 节）。然而，这种分析形式非常耗时，设计师通常只观看采访的视频或听取音频就足够了。保证准时参加访谈。了解你想要了解的内容，并确保涵盖所需的一切。

3. 构建访谈

许多访谈（除非是完全结构化的访谈，例如调查）将混合使用开放式和封闭式问题。首先提出一些常见问题，使受访者快速进入状态。采访者不要使用太多术语，并可要求受访者对他们使用的任何行话或缩写词进行解释。不要害怕问这些问题会显得愚蠢。如果你已做好准备，那么人们就会愿意向你耐心解释详细信息。让受访者讲述他们的行动故事。作为听众，设计师希望找到用户目前正在经历的任何问题（痛苦），并对早期的设计理念进行改进或提供支持（收获）。作为讲故事的人，人们可能会提供看起来无关紧要的细节，但通常这些细节会包含设计师需要理解的有价值的信息。因此设计师需要询问用户是否遗漏了任何重要内容，以完成访谈，并给用户的故事讲述留出进一步讨论和澄清问题的余地。 154

4. 反馈和探索

在访谈期间将你的想法反馈给被访谈者，将有助于你确认是否已经明白用户所说的内容。让被访谈者检查访谈的内容概要，通常是设计师进行一次成功的用户访谈的好办法。这可能是因为被访谈者的知识是创造新设计的核心，或者涉及一些敏感的材料，或者环境非常陌生。你也应该检查访谈笔录，以找出需要确认的地方。

5. 设定通用的问题模板

这些问题将有助于访谈，尤其是在访谈的早期阶段或要访谈一个沉默寡言的对象时。我们发现的一些有用问题如下：

"告诉我你的典型一天。"

"告诉我关于……的三个优点。"

"再告诉我三个缺点。"

"你希望应用程序从哪三个方面改进从而变得更好？"

"最近应用程序出了什么问题？你是怎么处理的？"

"我们还应该问些什么？"

6. 何时停止

决定何时停止访谈意味着在实际限制和用于研究的数据完整性之间进行权衡。当然，所有显著的利益相关群体都要接受访问，每种类型的利益相关者有 2 个或 3 个被访谈者就足够了。可能需要查看不同类型的组织或使用情境。在很多情况下，客户资源限制了这一过程。在没有资源限制的情况下，通用规则是在无法再从谈话中获得新见解时停止。

框 7-2 Oil Mival 的指南：开发结构化的研究活动模板

Oli Mival 是一位经验丰富的用户体验设计师。他为一个客户编制了这份清单。

用户体验调研工作——10 步指南	
主题：	研究活动的名称（使其相关、清晰易懂）
作者：	谁撰写了这篇简报及其在项目中的作用
日期：	简报何时写成
代理：	委托谁进行研究（如果是内部项目，提供团队的详细信息）

本文档提供了的 10 个访谈设计的一连串步骤。通过回答这些步骤中的每个问题，有助于设计师确定和阐明研究的要求和动机。 155

设计活动和可交付成果（包括从用户界面设计和文案到用户旅程及其他内容）将受到这些要求和理由的驱动。

框架的逻辑可帮助你进行评估：

- 我在设计什么，为什么要设计？
- 我不确定哪些信息阻碍我做出明智的设计决策？
- 回答或解决哪些问题可以帮助我找到这些信息？
- 我需要问谁这些问题，我该怎么做？

完成这 10 个步骤后，你将希望有一份文档能够向团队、项目利益相关者、研究同事或研究计划中的第三方机构进行明确的简要介绍。

第 1 步 项目背景

这一步是为你希望根据正在研究的项目的规模和类型进行的研究活动提供**情境背景**。

你的研究活动涉及哪些项目？

简要介绍项目，包括目标、目的和相关团队。如果有的话，提供相关设计简报的链接（或标题）。

在这个项目中已经进行了哪些研究或其他设计活动？

这有助于为之前已完成的工作提供背景信息，而且你希望通过研究通知的设计活动位于更大的项目路线图中。

第 2 步 设计目标

这一步是为了阐明你希望通过研究所得出的设计工作背后的动机。

想要实现什么样的设计活动？

要明确并尽量避免使用非特定表达式，例如"让 X 更好"。

例子：

设计活动的重点是更新网页用户界面，旨在减少在线抵押申请流程中首次购买者的混淆和认知负担。

如何与当前的业务目标保持一致？

这种设计活动是更大相关设计作品集的一部分，还是独立的，对此进行解释。是否有旨在实现设计活动的特定业务 KPI？

第 3 步 研究原理

这一步是为了确定**为什么**需要进行研究以帮助设计活动。它将如何帮助你，为什么要这样做？

我们不知道是什么阻碍我们做出明确的设计决策？

说明阻碍你做出明智设计选择的问题。

例子：

在使用在线服务时，需要了解哪些 UI 组件和语言对首次抵押贷款申请人造成了混淆或不确定性。

如何进行研究推动设计过程？

解释你进行研究的理由。是否需要探索或验证与当前客户的想法，测试设计思路能否产生预期或预期的结果，或其他什么？

第4步 洞察目标

这一步旨在详细说明从收集的数据所获得的**洞察力**，以解决设计决策中的不确定性，这些设计决策会阻碍设计活动的进展。在你现在不了解的研究背后，你想知道什么？

你需要哪些信息才能推进设计？

列出这项研究需要提供的必要见解，以帮助实现设计目标。要明确。

例子：

按用户认知负荷从高到低的顺序提供如何直观地表示每月付款的排名。

步骤5 确认洞察认知差距

这一步旨在确认支持步骤4中确定的洞察目标的信息目前尚不清楚，并且你确定通过桌面研究方法（例如，搜索内部存储库或以前的研究报告）**无法**获得填补知识空白的信息。

是否进行过相关的研究？

包括对之前任何相关研究（作者简介、日期、项目、产出、发现）的参考，这些研究是相关的，可能有所帮助但不会弥合知识差距。这项研究本来可以在内部或外部进行。此外，包括搜索过的资源但未找到相关的先前工作。

第6步 研究问题

这一步旨在确定何时应答的高级问题将弥合知识差距，从而支持步骤4中概述的洞察目标。

我们需要回答什么问题来弥合知识差距并实现洞察目标？

明确并考虑回答问题的数据格式。这些问题将导致一系列子问题，你将在实际研究期间将这些问题提交给研究参与者（不需要在此列出这些子问题）。

例子：

- 目前的抵押贷款申请流程中哪些因素对于首次申请人来说与之前完成申请的人不同？
- 每月支付的不同图形表示对认知负荷的影响是什么？

第7步 参与者

这一步旨在确定谁可以帮助你收集弥合知识差距所需的数据。通常，这将是现有客户或竞争对手的客户，但请记住，还有其他人可以提供帮助，例如主题专家。

需要招募谁参与研究？

此时不要担心你需要多少参与者。而是专注于描述哪些人口统计变量是重要的，哪些是非常重要的（例如，年龄、职业、经验、收入）。

需要包含在参与者筛选器中的内容是什么？

参与者筛选器用于定义谁**不应该**参与研究以及为什么。它为参与者筛选研究，这些参与者可能不适合他们的背景、工作或经历等。

包括有关任何人口统计变量的详细信息，这些变量可能会对所收集的数据产生偏差并

157

使分析发生偏差，例如，"在财务方面工作"或"移动技术的专家用户"。解释你为什么认为这会影响数据。

第 8 步   研究材料

这一步旨在确定需要向参与者提供哪些研究材料，以帮助他们提供能够回答你的研究问题的数据。

需要提供哪些材料才能收集适当的数据？

指定你需要哪些材料来帮助参与者回答研究问题并生成所需数据（例如，介绍项目工作的幻灯片，设计思想的可视化表示，交互式原型）。

研究材料需要多高的保真度以及为什么？

根据高、中或低保真度思考，并提供你的理由。你是否需要完全实现的设计，或者说简单的表示是否足以获得你需要的数据？

例子：

我们需要一个具有考虑到副本的高保真、可点击原型，以确定所使用的语言如何影响用户在旅行中会明确点击哪些部分。

我们需要展示完整的东西还是展示设计的一部分？

原型是否显示每个页面的表示形式以验证用户旅程的细节是否至关重要，是否可以单独显示组件？

目前有多少可用，需要创建多少以及谁将提供它？

指定项目团队当前可用的内容，需要生成的内容以及执行此操作的人员。

第 9 步   研究数据

这一步详细说明将由研究活动生成的预期**数据输出**。

预期或需要什么类型的数据？

明确成功回答研究问题所需的数据格式。它是定性的、定量的，还是两者的结合？

例如，来自用户的引用（定性），完成任务的时间（定量）。

你对此类数据的理由是什么？

简要评估为什么需要此类数据来为研究问题提供最佳信息，从而支持洞察目标。

第 10 步   研究可交付成果和产出

这一步旨在确保代理机构或研究团队明确：

- 需要什么数据。
- 为什么需要它以及它如何与设计相关。
- 应如何共享、策划数据和分析。
- 谁应该收到数据、分析和见解。

如何报告生成的数据和进行的分析？定义共享信息的格式，这有助于管理与调整对交付内容和由谁进行的预期。

例子：

分析文档以及原始数据的电子表格。

什么是研究项目时间表？

建立并阐明研究活动的时间表，包括以下里程碑和预期持续时间：

158

> ● 参与者招募（如果需要）。
> ● 数据采集。
> ● 数据分析。
> ● 分析报告。
> ● 分析和洞察力分布。

7.4 问卷调查

本章讨论的大多数方法均涉及与人们进行面对面的交流。然而也有从远距离获取需求信息的方法。其中最常见的是问卷调查，但其中同样包含很多巧妙新颖的调查技术。

如果有大量的人需要采访，但却受限于可用资源无法单独和他们进行访谈，那么问卷调查是一种理解过程简单直接的方式。然而，设计一个有效的调查问卷相当困难且很费时，要满足以下要求：

● 可理解。

● 无歧义。

● 收集到的数据能够准确回答所要评估的问题。

● 易于分析。

在没有机会发现和消除可能发生的误解时，问题表述用语的设计就是一个需要技巧的任务。问卷的设计、原型设计和评估需要与其他任何形式的交互设计相同。对一小部分人来说，最多 10 个人左右，访谈能够获得同样的信息，如果处理得当，那么获取的信息会更多。如果将构建一个问卷调查的时间资源计算在内，相对而言，访谈不会消耗很多额外的资源。

挑战 7-4

考虑以下从一份关于网络使用的问卷调查中提取的选项。在表述上有问题吗？如何改进？

（a）你访问网络的频率是多少？（选择一项）

每天	☐
经常	☐
大约每周一次	☐
大约每月一次	☐
每月少于一次	☐

（b）请列出你通过网络经常访问的所有资源类型。

问卷调查非常适合收集大批可量化的数据，或者获取那些无法以更直接方式参与的人的反应。随着诸如 SurveyMonkey（如图 7-4 所示）在线问卷调查服务的大量出现，通过网络就可以构造相当复杂的问卷调查。

事实上，问卷调查的响应率可能非常低。如果期望受访者对技术设计没有特别的兴趣，或者没有办法激励人们参加（如参与抽奖），问卷回收率低于 10% 也是正常的。当问卷调查

159

作为面对面评估的一部分时，大多数人会完成。但如果允许人们把问卷带走并利用空闲时间填写，或者在网络上填写调查问卷，他们通常不会完成。

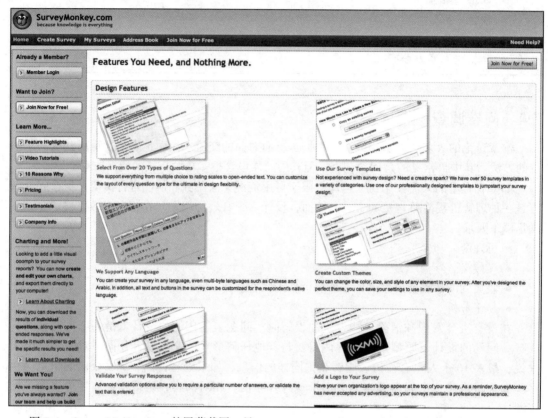

图 7-4　SurveyMonkey.com 的屏幕截图，见 www.surveymonkey.com/Home_FeaturesDesign.aspx

另外一种收集数据的技术是"众包"。这里，小而具体的任务被放到网络上，志愿者登录并完成任务以换取一小笔回报。亚马逊网站的"机械土耳其人"是最著名的例子，但这种方式需要小心地设计确保任务的有效性。

分析数据需要思考和时间。当大多数受访者都给功能"A"打 5 分（满分为 7），给功能"B"打 6 分，是否真正意味着功能 B 更好呢？或者这两个功能的得分都高于一半以上的分数，这是否已经足够了？也许功能 A 被人误解了，但没有进一步的问题，这些数据很难得到解释。这在访谈中很容易做到，但在问卷调查中明显会增加问卷的长度。受访者有机会通过非结构化的回答表达意见，在这种情况下，你需要制定一个计划来对这些材料进行分类，以使它们是可用的。

对系统设计的看法往往通过等级进行度量，称之为"里克特量表"（Likert，1932）。在众多表达意见的方法中，里克特量表是使用次数最多的。人们可使用五点量表来指出他们对于某一陈述的赞同程度。

非常赞同

中立

非常不赞同

也可以采用七点、四点，甚至十点量表。这些量表都对应于某一个陈述，例如：我总是知道下一步我应该做什么。（选择一项）

1 非常赞同　　　☐
2 赞同　　　　　☐
3 中立　　　　　☐
4 不赞同　　　　☐
5 非常不赞同　　☐

图标是容易理解的。

1 非常赞同　　　☐
2 赞同　　　　　☐
3 中立　　　　　☐
4 不赞同　　　　☐
5 非常不赞同　　☐

链接的目标是清晰的。

1 非常赞同　　　☐
2 赞同　　　　　☐
3 中立　　　　　☐
4 不赞同　　　　☐
5 非常不赞同　　☐

构建准确的措辞并选择合适的语句来引出所需的信息，其难度出乎意料，而且需要对语句进行多次试验和修订。问卷中的项目应该尽可能具体。一句陈述，如"系统简单易用"的确提供了一个大概的印象。但如果不进行补充，对于重新设计来说给出的信息非常少。

另一种方法是设计出"两极化"的等级量表，通常称之为语义差异。这来源于 Osgood（Osgood 等人，1957）的工作，并且已经演变为一个揭示人们对思想、产品以及品牌感受的有效途径。例如，Brian Lawson（2001）使用语义差异来发现哪些人喜欢酒吧，我们采用相似的方法来调研人们喜欢什么样的地点以及他们如何在虚拟环境（VE）中进行。地点调研（Benyon 等人，2006；Smyth 等人，2015）的设计用于获取人们对于照片级的真实感虚拟环境中不同地点的反应。其源于 Relph 和其他人关于地点的感知工作（Relph，1976），其调研包含对于图像质量、人走动的自由感、总体视觉感受和对于地点的主观感觉等方面的语义间的差别。

图 7-5 是一个语义差异的例子。对于问题类型以及如何设计问卷调查，基于网络的问卷调查服务往往会提供清晰有用的建议。

为收集关于系统功能的需求和意见，可以采用已验证并完善过的可用性问卷调查。例如，马里兰大学的用户界面满意度问卷调查（QUIS）和科克大学的软件可用性测量清单（SUMI）。这些都是产业利润的工具，一般需要付费才能使用。其他的可能在教科书或者网络上找到，后者情况下需要确保其来源是可靠的。用户体验问卷使用语义差异来评估产品或服务的质量（http://www.ueq-online.org/）。系统可用性量表（SUS）是一个评估可用性的简短问卷（见第 5 章和 www.usability.gov/）。

地点的重要特征

在每个问题下面提供的表格中，请根据两侧提供的形容词在最能够描述你的体验的方框中打上叉号。下面是"比较糟糕"和"非常亮"体验的一个例子。

例子

	非常	比较	都不	比较	非常	
好				×		糟糕
亮	×					暗

显示的图片看上去怎样？

	非常	比较	都不	比较	非常	
粗糙						清晰
现实感						非现实感
难以相信						可信
扭曲						准确

图像的运动看上去怎样？

	非常	比较	都不	比较	非常	
平滑						锐利
破损						完整
慢						快
一致						不稳定

你觉得你是怎么样的？

	非常	比较	都不	比较	非常	
被动						主动
自由						压抑
迷茫						有眼光
内向						外向
好动						文静

你感觉环境是怎么样的？

	非常	比较	都不	比较	非常	
小						大
空						满
亮						暗
封闭						开放
长久						短暂
无色的						多彩的
静止						运动
积极						惰性
远						近
不可触摸						可触摸

你对外界的感觉怎样？

	非常	比较	都不	比较	非常	
丑						美
开心						沮丧
紧张						放松
有害						无害
令人兴奋						令人厌烦
有趣						无趣
难忘						容易忘记
有意义						无意义
令人迷惑						可理解
重要						不重要

图 7-5　语义差异

框7-3中的"提示和技巧"（Robson的编辑版本，1993，pp.247-252）应该可以帮助你生成更有价值的问卷调查。如果问卷很长，或者针对的是一个非常大的群体，我们强烈建议你阅读一些如Oppenheim（2000）这样的参考书，或者求助于问卷设计方面的专家。

也许最有重要价值的一条建议是寻找一小群和目标群体相似的人，对问卷初稿进行试点。令人惊讶的是，一个表面上看起来非常简单的问题却可能被误解。

框7-3　问卷调查的提示与技巧

具体问题比一般性问题要好

一般性问题（a）往往会使受访者产生更宽泛的解释；（b）更容易被其他问题影响；（c）对实际的行为预测比较差。

一般性问题：列出你已经使用过的软件包。

具体问题：这些软件包中哪些你已经用过？

Visual Basic □　　　　　Word □　　　　　Excel □　　　　　PowerPoint □

封闭的问题比开放的问题更可取

封闭的问题有助于避免解释的差异。开放的问题难以进行分析，但也可能是有用的，例如，当寻找应答者描述的评论时，当知识还不够充分以至于无法构建封闭的问题时，以及当面对潜在的敏感选项时。

开放的问题：人们在工作中追求不同的东西，在你的工作中你感觉哪些东西是重要的？

封闭的问题：人们在工作中追求不同的东西，下面的5个选项中哪个对你而言是更为重要的？

高薪　　　　　　　　　　□

成就感　　　　　　　　　□

有能力自己做决定　　　　□

与优秀的人一起工作　　　□

工作保障　　　　　　　　□

考虑一个"没有选择"的选项

如果没有这样的选项，人们有可能会为问卷调查编造一个意见。

移动通信技术使生活变得更容易了。你是否同意，或没有意见？

同意　　　　　　□

不同意　　　　　□

没有意见　　　　□

然而，一个中间的选项可能会鼓励含糊的反应。其中的一个策略是忽略中间的选项，并使用"强度"来区分温和和强烈等态度。

你认为移动通信技术使生活变得更容易了，还是变得更困难了？请选择一个数字以反映你的意见。

更容易　　　　　　1　　2　　3　　4　　　　　更困难

对此你有多强烈的感觉呢？

非常强烈　　　　　1　　2　　3　　4　　5　　　根本不强烈

163
～
164

改变等级量表的方向或者穿插其他的问题

如果问卷调查包含了很多相似的量表，比方说，所有都是"好的"在左边，"坏的"在右边，人们可能会一整页都选择同样的选项。可以颠倒一些量表或者在它们之间插入一些其他类型的问题。

外观、顺序和说明是至关重要的

问卷调查应该看起来很容易填写，问题和答案应该留有足够的空白。最初的问题应该很容易解答并且是有趣的，中间部分覆盖更困难的问题，让最后的问题变得有趣，以鼓励人们完成和返回问卷。保持设计简单并给予清楚的说明，如果有可能引起混淆，就重复说明。而勾选框比圈出答案更不容易引起混淆。

增加介绍和结尾声明

介绍应该解释调查的目的，保证机密性并鼓励回答。结尾声明可以提示应答者检查他们是否已经回答了所有的问题，鼓励早日提交问卷并设定截止日期（如果没有使用预先写上地址的信封，那么就给出返回的详细信息），向他们发送结果的总结，如果合适，感谢他们的帮助。

使返回变得容易

通常许多问卷会在网上发放，但有时纸质问卷更合适，在这种情况下，很容易就可以把填好的问卷收回去。对于基于网络的问卷，需要设置一个进度条，这样人们可以看到他们还需要完成多少问卷。

7.5 调研

调研是人工制品的集合，其目的是引出特定情况下的需求、想法或者意见。"文化调研"由比尔·盖弗（Bill Gaver）和他的同事（Gaver等人，1999）与位于三座欧洲城市的老年人一起工作而开发的。其总体目标是促进社区老人更多地参与设计技术。设计师应首先认识该群体中的每个人，然后向他们介绍文化调研包的各个组成部分。每个人都会收到地图、明信片、一次性相机以及小册子。为激发兴趣和好奇心，每个项目都是经过精心设计的，并且提出了一些方法让人们将他们的想法反馈给设计师。他们被设计"用来激发灵感的响应"（同上，p.22）。例如，图7-6中显示的明信片要求人们列出他们喜欢的设备。一次性相机有个性化的包装，并建议了一些要拍摄的场景，如"你今天看到的第一个人"或者"令你感到乏

图 7-6 "文化调研"使用的明信片

（来源：Gaver，W.W., Dunne, T. 和 Pacenti, E. (1999)
设计：Cultural probes, Interactions, 6 (1), pp.21-29
© 1999 ACM, Inc, 经许可转载。http://doi.acm.org/10.1145/291224.291235）

味的事情"。在几个星期之内，许多调研材料将寄回给设计师，并附有老年人生活的详细数据。并不是所有的项目都按照计划工作（作者并没有指出是哪些），在分发给后续的参与者之前，这些材料将被有选择地进行重新设计。总之，在涉及的社区中，这次演练在描述一般意义上老人的特点方面是非常成功的，尽管结果对设计并没有直接的影响。

文化调研背后的哲学理念不同于需求的收集，这也描绘出需求引出和需求生成之间的区别。Gaver 认为调研就该是面对面直截了当的相互碰撞，其目的是给设计师带来灵感火花，并非从用户那里得到一些特定的需求点。

技术调研是调研的另一种形式，用来为家用技术收集需求。目前该领域已经演变成一个完整的"调研学"领域。在讨论移动调研的作用时（Hulkko 等人，2004），有人认为调研是人性化的，它们创造理解和洞察的片段，并通过提供案例使用非确定性的状态。调研激发了设计师和他人生活间的联系。Graham 等人（2007）对调研（文化、移动、国内、市区）进行了另一种分析，得出的结论是调研"面向个人"而不是"面向社会"，后者产生于 20 世纪 90 年代的人机交互领域（更多细节见第 18 章）。调研是社会学方法的混合体（如摄影、日记、生活文档等），使得设计师能够专注于个人的日常生活，这超越了一般的范畴。

人们很难表达抽象的想法，调研这种方式可以激发人们以不同的方式思考事物。调研是一种令人感到兴奋的方式，可以帮助设计人员获取所需的数据（见框 7-2）。与帮助设计人员理解过程的其他技术一样，在使用调研进行实际调查之前需要经过深思熟虑的设计、原型设计和评估。通过设计进行研究是用于调查一个领域的另一种方法，设计师可以建造和使用人工制品以帮助他们理解（Zimmerman，Forlizzi 和 Evenson（2007））。

166

7.6 卡片分类技术

卡片分类是指理解人们如何对事物进行归类的一些相关技术。曾经有人说过，在网站上找东西就像在别人的厨房里找剪刀。你知道它们在那里，但是找到它们完全是另外一回事。人们如何整理东西是很私人的事情。卡片分类和网站设计非常相关，因为内容结构化对于网站设计是至关重要的。（第 4 章介绍了信息体系结构、本体论和分类学。）

作为一种理解方法，卡片分类可以有很多使用方式。最基本的卡片分类涉及在卡片上标记概念，然后按照不同方式将它们分组。一群人和一个引导者合作对数据、概念、对象或者其他物品进行结构化，试图理解用什么分类将它们进行组合最为合适。这将产生一个分类系统和一组称之为"本体"的高级概念。

在可以使用许多人产生的结果时，就能够使用大量的数学分组技术。卡片分类可以面对面地进行，也可以使用一些在线工具。Hudson（2012）给出了一个超市收银台的蔬菜价格打码机（如图 7-7 所示）。如果一位顾客买了一些洋葱，他们应该选择哪个类别呢？如果他们买了一些小胡瓜、绿花菜、紫茄子会怎么样？如果每位顾客都要花上很长的时间搜索分类（随便观察一下，任何超市收银台都是这么建议的），那么就需要排队，这当然会引起人们的不满，下一次他们再想购买物品时就会去别的地方。

167

卡片分类作为一种理解方法，能够非常有效地洞察人们是如何考虑事情并将它们进行分类的。这里有两种不同类型的卡片分类：

（1）一个开放的卡片分类过程从空白的卡片开始，参与者被要求写下在某个领域他们认为重要的对象或行为。随后它们会被组合到一起并进行分类。

（2）一个封闭的卡片分类从预先定义好的类别开始，参与者被要求将对象放入不同的类别中。

图 7-7　超市蔬菜称重器

（来源：Henglein 和 Streets/cultura/Corbis）

与大多数的理解方法相同，分析师很可能根据需要解决的问题选择不同的分类方法。为了理解人们使用收银台显示器有什么问题，由于类别已知（显示器上的图片），所以使用一个封闭的卡片分类。如果你正试图理解不同的人们会为蔬菜选择什么分类，给他们一个蔬菜的列表并问他们喜欢的分类方式。Hudson 和 26 个参与者完成了这项工作，得到的结果如图 7-8 所示。

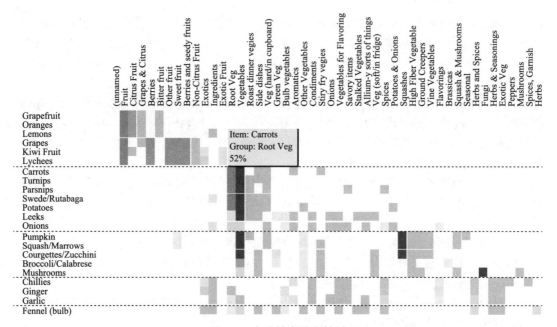

图 7-8　卡片排序练习结果

（来源：www.interaction-design.org/images/encyclopedia/cardsorting/groups chart 26 participants.jpg）

你也可以检查由不同人放入同一个类别中的所有成对项，再一次寻找不同人之间的一致或分歧。不一致的分类结果也许能揭示出，对于不同类型的用户需要采用不同的分类。类似于聚类分析的方法能够用来生成系统树状图（如图 7-9 所示），显示了对象（或行为）的层次化聚类。这些表示在逆向卡片分类（或树形分类）方法中用来查看对于不同的任务是如何遍历层次化结构的。

分析师真正需要练习卡片排序以理解这种排序可以提供的洞察能力的类型，并且了解最好在什么时候使用该技术。其中的难点在于分析师需要知道什么东西需要分类，包括哪些对象或者行为，以及在整体理解过程中，该技术在什么时候是最有帮助的。亲和图（affinity diagram）是情境设计方法的重要组成部分（Holtzblatt 和 Beyer，2015），本质上是一种卡片分类技术，用于连接 CI 的沉浸式过程和构思的创造过程。在这种技术中，从用户在访问时讲述的故事中得到的简短陈述被写在便签上。然后设计团队花费大量时间（Holtzblatt 和 Beyer（2015）建议两到三天）将笔记组合在一

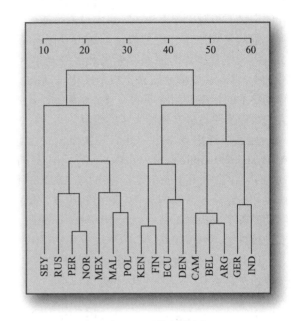

图 7-9　系统树状图

起，希望将 4 ～ 5 个笔记分组为单个问题。每个小组代表一个问题。这些组从数据中出现，它们没有预先定义。随后将问题进行标记，并将问题分组为更大的问题，然后将问题分组为主题。

Holtzblatt 和 Beyer（2015）认为，如果这个过程是正确的，那么设计师就可以像阅读一个故事一样阅读整个结构。了解通过访谈获得的行动细节。他们给出了一个应用程序示例，该应用程序能够支持人们在度假时从事不同的活动。其中一个重要的问题是"计划一起旅行"。这被分解为"我们共同研究去哪里"，"我们作为一个团体计划旅行"和"我负责预订整个或部分行程"的陈述。支持基本概念性场景的实际用户故事包含在关联图的底层。（情境设计将在 7.3 节中进一步讨论。）

进一步思考：语义理解

图 7-9 中的系统树状图表示也用于指令表格技术（RepGrid），该技术以心理学家 George-Kelly（Kelly，1955）的工作为基础。在这种方法中，参与者被要求描述用来刻画某一主题的概念。例如，你也许正在调查个人设备的质量，并要求人们给出形容词（构造物）以描述他们喜欢个人移动电话或者其他个人物品（元素）的哪些地方。这些描述性的性质用以提供对构造物的评定。例如，移动电话被评定为重或轻、瘦或胖、令人舒服或者不舒服，等等。

分析类型也和语义差异（见 7.4 节）以及专注于内涵测量的其他技术相关（Osgood 等人，1957）。

7.7　群体合作

要求个人或者激励个人提供信息的另一种方法是群体合作，其中最常见的例子是焦点小

组。在这里，主持人对一群人提问题，并鼓励大家对他人的评论做出反应。如果他们是小组的一分子，要求人们描述他们是如何合作管理活动的。小组的成员的发言有时能够唤起其他人的记忆。相对于个人访谈，焦点讨论可能更为自然。

通过使用脚本、原型以及其他激励因素可以增强焦点小组的能力。例如，我们使用一个机器人宠物狗作为激励因素来和一群老年人谈论陪伴问题；使用打印的模拟自动取款机（ATM）脚本和屏幕截图来生成个性化自动取款机服务的需求；使用地图和游客指南来生成移动终端的指南应用程序的需求。然而，小组讨论也可能会阻碍一些敏感话题的讨论，导致人们可能不愿意分享他们真实的观点。

为了支持焦点小组，我们开发出了许多技术，其中一个例子是 CARD（Collaborative Analysis of Requirement and Design，合作分析需求和设计）（Tudor 等人，1993；Muller，2001）。在微软和 Lotus 等公司中，CARD 使用物理扑克牌为工具，小组通过纸牌来陈述、修改和讨论一个活动的流程。在分析阶段，每张预格式化的纸牌中都包含了一些说明，明确活动的各个成员做了什么以及做的原因。随后，围绕卡片对人们在实践或者技术上的革新需求进行讨论，不仅如此，CARD 还旨在支持设计与评估过程。

Halskov 和 Dalsgaard（2006）使用了一种名为灵感卡片工作坊（Inspiration Card Workshop）的方法。这里使用实体卡（明信片大小）来激发关于要求和设计的小组讨论。有专注于领域问题的卡片和专注于技术问题的卡片。这些卡片组合成海报，然后可以被其他组观看（如图 7-10 所示）。通过这种方式，提出了关键问题并可供讨论。作者认为，这是共同设计或共同创作的重要组成部分，设计师和领域专家（未来用户）共同努力创造需求，而不是设计师试图引出需求。其他小组工作方法包括 Future Workshop（Jungk 和 Müllert，1987）和爱德华·德·博诺（Edward de Bono）提出的许多方法（de Bono，1993）。

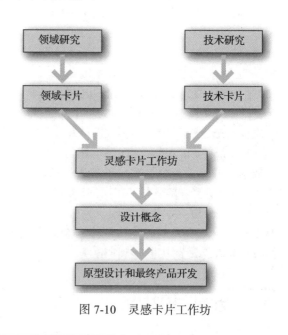

图 7-10　灵感卡片工作坊

框 7-4　IDEO 方法卡片

这是一套 51 张卡片集，分别代表设计小组理解其设计对象的不同方法。这些卡片可被研究人员、设计师、工程师和混合团队用来思考所设计的问题以及产生的争论。该卡片分为 4 种花色以描述不同的活动，即询问、观察、学习和尝试。

头脑风暴

另一组重要的活动是头脑风暴。对于如何组织和安排头脑风暴环节，管理顾问和系统设计师可以提供很多不错的建议。参与头脑风暴环节应该十分有趣，但实现这一点需要一位经验丰富的主持人，同样也需要一些激励方法来引导参与者，促进大家思维的流动，这种方法可以是图片、文字或视频。参与者需要以某种方式记录他们的想法和观点，如白板、挂图、纸和彩色笔。需要提前了解的是不同颜色的便利贴可以记录不同的想法。头脑风暴环节后如果附加一个亲和图分析（即使用不同的标准对想法进行组合），也将非常有用。

关于头脑风暴重要的一点是不要太快地否决一个想法。会议从一种"怎样都行"的方式开始，从而产生大量的想法。然后在某个部分环节尝试讨论这些想法的可行性和实际影响，以对它们进行筛选过滤。能够帮助头脑风暴环节的一个较好的技术是让小组的不同成员扮演不同的角色，包括想法产生者、评论者、怀疑者、务实者以及文档管理者，等等。Robertson和Robertson（2012）提供了很多关于组织和构建头脑风暴会议的好建议。

7.8 实地调查：在现场观察活动

尽管费时，但在活动发生时对其进行观察是了解和产生需求的另一种较好的方法。访谈和问卷调查提供了故事的某一方面，但人们很难描述日常生活或者工作相关方面的所有细节。有时候是因为活动本身很难用言语去形容，如许多手工过程都属于这一类（试着描述一下如何骑自行车），又或者是因为它需要与其他人或事件进行复杂而巧妙的配合。在其他情况下，受访者可能只描述"官方"过程，而不是实际中事情的完成过程。他们可能会羞于承认遇到了困难，或可能只是告诉设计师某些事情以摆脱访谈者。

使用观察得来的数据有助于避免这些问题。最简单的形式是设计人员在访谈时简单地问："你能告诉我你是如何做的吗？"。更复杂或大的活动就需要人花一些时间在现场进行观察，且尽可能不引起别人的注意。为了能够更好地了解你要观察的事物，最好能在进行了一些初始访谈之后就进行这些工作。应该提前告知现场的每个人接下来会发生什么，并且征得他们的同意，即使这些人并不是你关注的重点。在更多的公共环境中（例如建造门厅、街道、火车站），可以在未经观察者许可的情况下进行观察，但通常应获得设置所有者的许可。 |171|

理想情况下，你需要看到一些正常活动的额外情况或者是事情发生错误时的情况，但在许多时候这些特殊情况是不会发生的。这里很重要的一点是确定你还没有观察到什么，这样才不会使数据过渡泛化。如果你足够幸运能够选择你所观察的，那么和访谈一样，直到不再有新的信息出现，就可停止。就像在访谈中一样，应该进行笔录，同时进行视频录像也非常有用，特别是在需要和设计团队的成员共享观察信息的时候。

当然，观察并非没有困难，使自己不引人注目本身就是一种技巧。你的每一次出现都会自然而然地让人们产生相应的自我意识，并由此改变他们的行为（霍桑效应，见第24章）。随着时间的推移，这种影响会逐渐减弱。而有些问题则相对容易，比如你的观察地点是否能够吸引参与者的所有注意力，或者你能否找到一项任务，其执行过程不受数据采集过程的干涉。而实现一些简单活动的有效观察也十分困难，比如所观察的活动只是简单的个人使用计算机处理数据的过程，而该过程和其他人或物的交互很少甚至没有交互。这里，让用户主动展示感兴趣的方面会比在那里被动地等待其发生更加有效。此外，观察别人也面临相关的伦理问题，如需要征求别人同意，且保证说话者和做事者的姓名不被透露。

框 7-5 伦理问题

大多数大学和研究机构在进行涉及人类的任何形式的研究时都会有涉及伦理问题的指南，在进行任何研究之前应该参考。例如，加拿大国家研究委员会围绕道德研究的三个关键特征组织它的建议，这些特征有助于尊重人类尊严的首要原则。《三方理事会政策声明》（2010）中讲到，"尊重人的尊严要求涉及人类的研究应以对所有人的内在价值及其应有的尊重且考虑敏感的方式进行。在本政策中，尊重人的尊严通过三个核心原则来表达——尊重人、关注福利和正义。"

（1）尊重人类认识到人类的内在价值以及他们应得的尊重和考虑。它包括直接作为参与者和参与者参与研究的人员，因为他们的数据或人类生物材料（用于本政策的目的包括与人类生殖有关的材料）用于研究。对人的尊重包含尊重自治的双重道德义务，并保护那些发展，受损或减少自主权的人。（第 8 页）

（2）一个人的福利是这个人在各方面的生活经历的品质。福利包括对个人的影响，如身体、心理和精神健康，以及他们的身体、经济和社会环境。因此，福利的决定因素可包括住房、就业、安全、家庭生活、社区成员和社会参与，以及生活的其他方面。其他促成福利的因素是隐私和对人的信息的控制，以及根据作为信息或材料来源的人的自由、知情和持续同意对人类生物材料的处理。（第 9 页）

（3）正义是指公平公正地对待人的义务。公平需要以平等的尊重和关心对待所有人。公平要求分配研究参与的利益和负担，使任何一部分人口都不会因研究的危害而承受过重的负担，或者否认从中产生的知识带来的好处。公平公正地对待人并不总是意味着以同样的方式对待人。如果不考虑差异可能导致不公平的产生或加剧，那么治疗或分配的差异是合理的。公平和公正必须考虑的一个重要差异是脆弱性。脆弱性通常是由于能力有限或对社会商品的获取有限造成的，例如权利、机会和权力。（第 10 页）

挑战 7-5

下次当你在一个小组中进行一项合作任务时，首先要得到小组其他成员的同意，然后练习你的观察技巧。理想情况下，该任务应该包括文书工作、在线材料或者其他一些有形物品。想象一下，为提高小组的工作，你正在设计一些新的技术。记录一下小组内成员和物品是如何进行交互的。随后从确定新设计需求的角度来检查笔记。

民族学设计

在 20 世纪初，民族学的开拓者力图通过"参与式观察"方法去了解一种陌生的生活方式。"参与式观察"指研究人员在相应的社区住上几个月甚至几年，并在这段时间去研究和学习其语言、活动以及文化。人类学家和人们进行交谈、观察日常生活的细节、收集物品、收集故事和神话，等等。最终，将收集到的个人经历和领域数据的结果进行分析，并记录为人类学。社会学家，尤其是 20 世纪 30 年代芝加哥大学的学者，采用了类似的技术研究临近的社会和团体。在这两个领域，这一基本方法被连续使用，其核心原则是在领域数据和结果民族学之间，民族学家不应该掺杂他们自己的理论、文化框架或期望。

进一步思考：民族学方法论

随着 Suchman（1987）的工作，大部分用来进行技术设计的人类学采用特定风格的社会学，并命名为"民族学方法论"。简短地说，民族学方法论的研究者认为社会规则、规范和惯例不是从外部强加给日常生活的，但社会秩序是从个人的相互作用中持续而动态地构造出来的。那么一个必然的推论是，在使用民族志方法或从理论立场分析调查结果时，超出预设范围的推论在哲学上是不牢靠的。

以人为本的项目设计中人类学的工作并不一直是"民族学"专家的加工品。随着该方法的普及，技术专家和人机交互从业者经常为他们自己做一些"民族志"。然而有时他们对技术的随意选择会引起领域内训练有素的人的负面评价（Forsythe，1999），更为谨慎的从业者则经常提到他们的工作"经过了民族学的熏陶"。

173

民族学设计在用户体验设计的研究与活动中是一个不断发展的领域。它认识到了人类学家（以自然理解为中心）的民族学和设计师实践过程中（以指导设计为目的）的民族学之间的差异。现在已经出现了关于民族学设计的理论和应用的专业学位。

民族学设计师的目标主要取决于他们手头从事的设计项目。通过对实际工作的深入理解，他们往往专注于为提出的新技术阐明角色和高层次的需求。Douris 和 Bell（2014）在普适计算环境的发展背景下，对民族学和文化人类学提出了令人信服的描述。他们绘制了当代计算的地形图，探索了基础设施、移动性、隐私性和家庭性等多个问题。

在其他项目中，民族学家的"附加值"体现在定义如何使用故事、脚本以及确认实现过程中的实际问题上，也是加深利益相关者的参与程度的核心（尽管在某些情况下，人类学家本身已经担任了代理用户）。Heath 和 Luff（2000）在最后一章的讨论中使用基于视频的医疗会诊的例子，清楚地交代了从人类学到需求的迁移过程。

民族学设计要求设计师具有敏感性，并且愿意面对特定环境中人们关心的问题。民族学设计学者关注的是活动、规则和程序、活动所在地的实际布局，以及在工作或休闲活动中使用人工制品。当然，互联网和移动设备通常是一切活动的基本组成部分，人类学设计学者需要对这些人工制品和社会网络对人类活动的贡献方式特别敏感。一套指导性问题可能很有用，例如框 7-6 中概述的那些。

框 7-6　Rogers 和 Bellotti 为民族学研究提出的"反思框架"

- 为什么对工作实践或其他活动的观察如此重要？
- 环境中现有技术的使用方法的利弊是什么？
- "解决方法"发展到什么程度了？效果如何？
- 尽管环境中已经有更多先进的技术可用，为什么沿用某些陈旧的做法，坚持使用看上去过时的技术？

构想未来

- 通过引入新技术改变当前的工作方式或活动方式，会得到或失去什么？
- 引入新技术对其他实践工作或活动的连锁反应（引起的紧急情况）是什么？
- 使用相同类型的未来技术会怎样提高或破坏其他设定？

来源：Rogers，Y. and Bellotti V. (1997) *Grounding blue-sky research*: *how can ethnology help*? Interactions 4 (3), pp. 58-63.©1997 ACM, Inc，经许可转载。

174

人类学设计也可以在线进行，而不是面对面。在这里，研究人员可以监控社交网络，加入在线社区，关注讨论组，观看相关的 YouTube 视频，并搜索其他在线贡献的研究领域。"网络学"这一术语已被用于描述在线民族学研究（Kozinets，2010），其中的建议是遵循良好的道德和人类学实践，参与社区活动而不是远程观察者。自传式民族志（Ellis 等人，2011）是一种基于对自我民族志研究的理解方法。

在民族学工作中，（相对）有效的关键的一点是认识到什么时候已经收集了足够的数据。"足够"的一个指标就是没有新的细节出现。另外一点是能够确定什么还没有观察到，但它们在目前工作的范围内也不会发生。

当然，数据的获取和分析都需要花费时间。视频分析非常耗时，至少需要原始序列的三倍时间，大部分情况下时间会更长，这取决于所需的细节水平。让一个观察员对"现场演出"动作的关键点做笔记能够简化这一过程。这些笔记随后可以充当视频记录的指向符号。诸如 Atlas.ti 和 Ethnograph 的软件工具有助于对文本笔记内容进行分析（不仅是观察，也包含访谈和小组会议笔录），在某些情况下，还能帮助分析音频和视频数据。对于一些大项目，材料可以组织为一个多媒体数据库或者网络仓库。

传播人类学的结果十分有挑战性。一种方法是将结果封装到"小短文"——典型场景的简短描述。一个小短文和一个脚本非常相似，但结构化程度比我们提出的形式要低。也许更像剧本中一个完整场景的文本及其舞台指导。小短文通常搭配一份对话的副本，并往往补充一些视频资料和样例物品。另一种可能是在需求最终确定前，设计很不成熟以至于不能利用用户的反馈，这时候人类学家就作为评估者对早期的概念和原型设计进行评估。Viller 和 Sommerville（2000）尝试了工作场所研究与系统设计之间更密切的联系。它得到工作场所研究的输出结果并将其表示为 UML（统一建模语言）符号。相比之下，Heath 和 Luff（2000）、Dourish（2001）以及 Douris 和 Bell（2011）认为工作场所人类学的目的是构建经验容器，以使设计师能够揭示人们如何了解正在使用的技术，并据此设计工具以适应真实世界活动的即兴、环境感知、不断重构的本质。

7.9 人工制品与"案头工作"

来自访谈、问卷调查和观察的数据将确定一系列支持活动的人工制品，通常可通过收集实物对此进行补充，如办公室里的文档、表格、计算机打印文件或者无法移除的视频与照片等。与研究与调查中的域类似的系统，应用程序和服务也应该被研究。

图 7-11 显示了一副拍摄并标注过的照片，用来捕获在一个学术办公室日常工作中需要使用的各种实物信息，包括：

（1）用于文件归档、日程安排、文档制作、电子邮件和上网的笔记本电脑。

（2）用于文档查看的垂直屏幕。

（3）用于浏览网页和媒体信息的水平屏幕。

（4）内外线固定电话。

（5）用于存储和传输大型文件的硬盘。

（6）打印的期刊文章。

（7）USB 驱动器和 SD 卡，用于存储和传输较小的文件。

（8）记录保存当前想法的笔记本。

有时通过一个系统来跟踪文档是有帮助的，该系统记录与文档接触的每个人以及文档在每个阶段是如何修改的——有时候称其为"跟踪研究"技术。

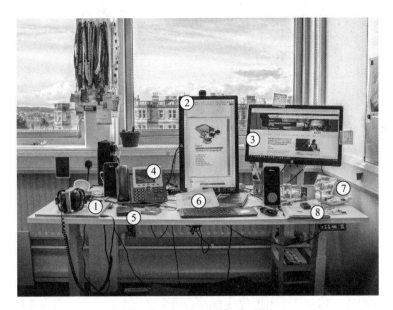

图 7-11　办公桌上及其周围的物品

（来源：Tom Flint）

例如，在一个针对保健福利金申请处理系统的研究中，我们收集空白的申请表格、发送给申请人的标准信件、办公室间的备忘录，以及与该福利相关的信息传单。一次偶然的机会，我们也发现了当地简报中的一篇文章的副本，上面以保健专业人士的角度对此提供了一些有价值的解读。这些实物有助于确保我们完整地理解系统处理的数据，还能理解它们的相对重要性和显著性（哪些信息请求需要加粗显示，哪些细节需要医生或药剂师进行验证等）以及如何将原始文档的注解作为系统的进度指示。另一个医药领域的例子，这次是在一家医院里，Symon 等（1996）展示了医生写在患者病例上的文字的外观和风格是如何向其他员工揭示出有价值的背景细节的，如会诊是否紧急。这些实体在实际使用过程中都会呈现出一些非正式的特征，这些特征会对支撑技术的设计提出相应的要求。

理解活动并不只是直接与正在或者未来进行活动的人一起工作。设计师同样需要做大量的"桌面调研工作"。这里强调的是重新设计现在的技术，如办公系统或家用技术产品，那么帮助或者用户支持的申请记录就成为一个有价值的数据集合，该数据有助于发现已有技术的混淆点或难点。类似的，错误报告和需求变更记录往往揭示功能或展示上的差距。所有这些能够有助于新的设计，但需要解释哪些项是真正需要改变的。其他桌面调研工作包括阅读程序手册和关于组织的其他材料。它包括研究现有的软件系统，看看它们是如何工作的，存储了什么数据。桌面工作还涉及收集和分析现存的一切文件，并记录文档的变化以及对象的结构，如文件柜和明细分类账簿等。

查看类似的产品是获得灵感的另一种方式。市场分析需要查看已生产的同类产品。这十分有用，因为设计师能够在现场查看正在使用的产品，并可以考虑别人建议的设计方案。对于特定的设计问题，这可能会突显出好的和差的解决方案。查看类似的活动可以对分析进行补充。一个活动可能和一个被监视的活动有着相当不同的设置，但却有着相似的结构。例如，查看录像出租店可能会为汽车租用应用程序提供灵感，查看自动咖啡机可能有助于理解自动取款机的活动。

176

挑战 7-6

对于人们在家使用的交流技术，你会收集或者拍摄到哪些物品？（提示：同样考虑非电子媒体）。

7.10 数据分析

当然，单独收集数据不足以了解该领域，人们遇到的任何困难以及对任何新服务或系统的要求。需要以其他设计师和所有利益相关者都能理解的方式分析、消化、合成和呈现数据。这涉及设计师将自己沉浸在数据中并花时间探索数据之间的关系。（本书提出的许多问题都是通过第14章至第20章中的具体例子进行探讨的，其中我们探讨了用户体验设计的不同情境。）

数据分析方法的一个关键区别是定量分析和定性分析。定量分析涉及收集某些标准的可数计数的度量。例如，对问卷的定量分析将侧重于特定方式回答不同问题的人数，或回答不同问题的人的百分比。定量分析可能包括查看不同类别的平均人数，数据集的平均值或模式以及人口与平均值的标准差的大小。可以对已经收集的数据的重要性进行各种统计测试以进行分析。第10章将介绍实验设计和统计分析方面的问题。

对数据的定性分析依赖于设计师构建支持视图的参数，以一种敏感的、以用户为中心的方式使用数据。例如，在采访一些用户的过程中，设计师会阅读文本并查找人们在谈论中反复出现的主题或问题。这可以通过显示人们遇到特殊问题的观察结果来支持，并且在查看类似产品或服务的一些桌面调研工作之后，设计师可能会指出现有设计中出现的一些关键问题。

数据分析关乎理解比原始数据更抽象的主题和类别。在第3章中，我们提出了一种使用故事作为原始数据的设计方法，并将它们一起收集到概念场景中。这种抽象过程可以更好地理解域。在本章的前面部分，我们讨论了通过使用语义差异来收集有关某些域的关键描述符的数据来获得语义理解。详细形容词的分数将组合成更大的概念和主题，为设计提供信息。

在设计的不同阶段不同的方法将以不同的方式收集不同类型的数据，因此设计师可能会在理解过程中使用一系列定性和定量方法。从这个意义上说，用户体验设计师可以视为"修补匠"。修补匠指的是能够利用手头的东西制作一些创意作品的设计师。修补匠参与到修补过程中，即兴创作艺术、文学、建筑或设计的不同方法和材料。在用户体验设计中，修补使用各种方法来理解当前设置中的实用和适当的方法。

为了确保某些数据分析的稳健性，用户体验设计师应该使用某种形式的三角测量来验证结果。三角测量是指从至少两个互补位置调查某些现象或某些域。这可能是让两位不同的研究人员分析一些数据，旨在确保结果的可靠性。从两个或三个不同来源获取的数据可用于对结果进行三角测量。如果可以在不同的数据集中找到它们，或者使用不同的数据收集过程，它们会得到更可靠的结果。

数据分析中的另一个问题是考虑通知分析的理论位置。例如，扎根理论（Corbin 和 Strauss，2014）是一种定性方法，适用于分析人类学研究的结果，或深入访谈的分析。在这里，视频或音频的成绩单标有标签——将单词或短语放入类别的元数据。在开放式编码方法中，研究人员基于文本从下到上标记语句，而不用担心（最初）这些概念来自何处。轴向或专题编码涉及从数据开发主题。解决这个问题的常用方法是从大量低级主题开始（可能在某些域中为 30 或 50），然后通过数据进行第二次传递以查看是否可以将任何主题收集到一起成为更大的主题。然后，这些较大的主题创建了进一步分析的轴。关于扎根理论及其周围的哲学问题与收集和理解数据的人类学方法有很多讨论。（Glaser 和 Strauss，1967）的早期论述多年来引发了激烈的争论。

研究人员和设计人员可以使用第 23 章或第 11 章中介绍的理论位置来推动他们的数据收集或分析。例如，分布式认知（第 23 章）是一种理解系统的方法，这种系统认识到各种人工制品和人们聚集在一起作为在某些领域实现目标所必需的复杂系统的重要性。信息流和结构的模型（例如 ERMIA，第 11 章）可以用来表示整个系统。Perry（2003）提供了一个很好的介绍。人类认知的另一种观点集中在如何将活动分解为行动，而行动又分解为操作。这里的重点是整个系统如何实现系统的目标以及如何使用人工制品来调解行动。我们将在第 23 章中讨论活动理论。

最近，Jeffrey 和 Shaowen Bardzell 提出了一种理解和设计的方法，这种方法来自于人文传统（Bardzell 和 Bardzell，2014）。他们使用批判理论和文献研究中的其他方法来为用户体验设计的数据收集和分析提供信息。他们的重点是通过访谈、观察等定性方法发现话语的批判性从而进行分析，以及不同方法的互文性（类似于三角测量的概念）。他们的设计方法侧重于用户体验的美学、诗学和语用学。

178

总结和要点

在本章中，我们重点介绍了一些广泛使用的根据情境来理解人和活动的技术，据此我们可以在设计新技术时确定需求。然而，需求、设计和评估之间没有固定的界限，所以这里描述的许多技术也可以用于设计过程的多个阶段。设计从研究和理解目前的局势开始，但在实现理解的过程中，设计师在新概念探索、想法的理解与评估、设计和选择之间不停地迭代。使用所描述的技术可确保设计师采用的是以人为本的设计流程。

- 根据上下文理解人们活动的技术包括访谈、观察、物品样本的收集，并通过开展兴趣外的背景研究对其进行补充。
- 组合使用不同的技术以弥补它们各自的局限性。
- 需求工作必须建立相应的文档以进行交流和设计；这样做的一种方法是撰写一份需求说明书并补充相应的说明材料，另一种方法是开发一个脚本语料库。
- 包括数据分析和理解可以从许多不同的角度探究，是要根据一个或多个理论的认知行动，还是只基于能够需要的一种方法研究。

练习

1. 你已被委托为一家新的连锁超市设计一个在线购物和送货上门系统。你的客户希望以某种方式完美地重现真实购物的最好一面。他们想让系统吸引所有成年人访问一台家用计算机。对于这样一个购物应用程序，使用什么技术进行需求分析会比较适合？解释你选择这些技术的原因，以及你从使用他们得出的结论中可能会存在的局限性。

2. 你正在为下一代移动电话定义功能和交互。找到你的同事并对他们进行采访，时间不超过 15 分钟，询问他们现有手机的使用方法以及他们想要增强的功能。你应该预先记录一些可能涉及的要点。让他们通过或不通过现场解说来说明他们使用过的最为有效的功能。对访谈进行笔录；在可行的情况下也可以使用音频或者视频记录（在录之前首先要征得受访者的许可）。采访结束后尽早地审查已收集的数据。

（a）哪些问题引出了最有用的数据？为什么？

（b）现场解说是提供了额外的信息还是阻碍了演示的进行？在整个过程中，你的受访者看上去舒适吗？

179

（c）如果你录制了访谈，与该记录相比你的笔录丢失了多少信息？

如果你有时间，在对第一次访谈结果进行思考后，再找另一个人进行第二次采访。

3.（附加题）有时理解人们现在的活动并不能真正地帮助人们设计未来的技术，因为一旦这些技术投入使用，这些活动可能会彻底改变。

（a）你是赞同还是反对这些观点？说出你的依据。

（b）哪些需求提取技术最可能有效地帮助用户和设计师创造未来？为什么？

4.（附加题）阅读 Lundberg 等（2002）的 "*The Snatcher Catcher*" ——一台互动式冰箱，源自 NordiCHI'02 年的会议论文集（可从在线的 ACM 数字图书馆——www.acm.org/dl 获取）。简要说明对一个类似的具有吸引力的家庭设备的设计过程，其目的是激发人们去思考一些家居科技的未来方向。解释你的设计将如何推动这一过程。

深入阅读

许多通用的需求工程书籍都对如何使用以用户为中心的技术以及建立软件工程的坚实基础给出了合理的建议。其中，我们尤其推荐以下几本书：

Moggridge, B. (2007) *Designing Interactions.* MIT Press, Cambridge, MA.

Robertson, S. and Robertson, J. (2012) *Mastering the Requirements Process. 3rd edn* Addison-Wesley, Harlow（第 5 章和第 11 章）

Wixon, D. and Ramey, J. (eds) (1996) *Field Methods Casebook for Software Design*. Wiley, New York. 一本优秀易读的介绍性书籍，从用户角度介绍了在工作场所收集信息，其包含了许多案例研究，显示了多种技术如何应用到这项工作以及如何能够适应这项工作。不幸的是，在撰写本书时，这本书已经很难买到，但是在图书馆中应该可以下载到。

高阶阅读

Carroll, J. (ed.) (2003) *HCI Models, Theories and Frameworks*. Morgan and Kaufman. 提供了很多关于不同理论方法的论文集，可用于为理解过程提供信息。

Kuniavsky, M. (2003) *Observing the User Experience – a Practitioner's Guide to User Research*. Morgan Kaufmann, San Francisco, 包含了许多合理、实际的有关如何和人一起工作的资料。但是需要注意的是，大多数的例子都是面向网站的设计。

Rogers, Y. and Bellotti, V. (1997) *Grounding blue-sky research: how can ethnography help? Interactions*, 4(3), 58–63. 一篇关于民族学的简短介绍，并将观察的一个理论应用于设计过程。

网站链接

180

参考框中和箭头指向的站点：www.boxesandarrows.com。

挑战点评

挑战 7-1

需求 1、3、6 和 8 都是非功能性的，它们都是家庭信息中心必须具有的特性，而不是它实际做的事情。功能性需求是 2、5 和 7。当然，很多非功能性需求让一些相应的功能性需求变得必不可少，如密码控制输入接口。

挑战 7-2

在决定日常工作或家庭生活的过程中，假如让你参与这一决定过程，请思考一下这是否会对你本人产生影响。比如，如果你帮助决定是应该在海滩上放松，还是参观古迹，住在旅馆还是露营等，我们就可以预见到你对这次度假的热情会有所提升。如果人们参与到系统规范和设计的制定中，一旦系统实施，他们就更可能有效地使用它。已经有较强的科研证据能够支持这一点。

挑战 7-3

访谈有几个限制，它们包括：

- 对于当前活动，人们只能告诉访谈者他们所了解的某些方面。这不包括那些受访者熟悉到不再感知其存在的部分，以及超出受访者直接经历的部分等。
- 强调正确和官方的程序。
- 记忆。
- 很难描述复杂的操作。

挑战 7-4

（a）重点可能不是每个人都很清楚。电子邮件（更古老的实用程序，如 FTP——文件传输协议）在整个网络上运行，但很多人只是简单地认为是万维网。这个问题应该明确其用意：可以更改为"你访问万维网或使用电子邮件的频率有多高？"。更好的是，把这一问题分开提问，因为要使用的等级可能有所不同。

当询问使用情况时，应该包含两个单词"典型"或者"一般"，除非你只对某个时间段感兴趣。

没有关于"从不"的规定。

（b）"频繁"可能会有不同方式的解释。在一系列可能中选择某一项比回想起某一项更为容易。提供一个列表也会使得反馈分析变得更加容易。你可以包含一个"其他（请注明）"的项来获取你没有想到的任何类型的回答。你可能要明确一些额外的注意事项。

挑战 7-5

没有特别的方法，只能在观察过程中积累经验。这是观察者的一种变体，同时他也是被观察的小组中的成员，术语是"参与式观察者"。

挑战 7-6

可能收集的实物：打印出来的典型一天的电子邮件和电子邮件地址簿，上面附有各联系人和地址簿所有者的关系记录，还有万维网收藏夹的屏幕截图等。要拍摄的包括：各个方向下的处于正常位置的固定电话和传真机、电话旁边的地址簿和记事本等；类似的，如果家用计算机用于通信，它也应该被拍摄。如果手机使用的新特性能够被相机捕获，那么它可能才值得拍摄。画一张展示家里各种交流设备位置的示意图也十分有用。

创 意 展 示

目标

创意展示主要关注如何让思想可视化并具体化。思想具体化可以采取各种各样的形式：故事和脚本、演示文稿、草图、形式模型、软件原型和纸板模型等。这些形式各异的表示方式不仅在设计过程的不同阶段发挥不同的作用，而且针对不同的设计任务所起到的效果也千差万别。向潜在客户介绍设计概念所采用的专业报告显然不同于通过屏幕试图展示一些事物外观时的草绘涂鸦。在设计过程中，我们需要通过创意展示将设计结果呈现给我们和其他人。它贯穿于整个开发过程：从设计师产生多种设计方案开始直到将这些方案精简形成最终的产品。

在本章我们将会探讨主要的创意展示技术、用于开发和评估创意的各种形式的原型以及向客户呈现创意的展示方法。但在叙述这些内容之前，我们先要对思想具体化的一些方式方法进行综述。

在学习完本章之后，你应：

- 使用各种不同的技术方法解决设计可视化过程中的相关问题。
- 了解在具体设计脚本中创意展示的作用。
- 选择和使用适当的原型技术。
- 了解在进行设计时能影响交流效率的主要因素。

182

8.1 寻找合适的表示方式

创意展示是"以人为本"进行有效设计的基础，既可以让设计师观察了解到其他人的设计想法，也可以与他人一起探索设计概念和想法。对于不同的人来说，在不同设计阶段采用不同的创意表示形式是一种行之有效的方法，这有助于创意的产生、交流和评估。例如，在信封背面上草绘涂鸦的方式有助于产生新的想法，并将其展示给同事，但它不适合呈现给客户。

设计是对设计空间的探索和定义。在设计空间中，问题和解决方案都是通过设想和评估的迭代过程而演变来的（Beaudouin-Lafon 和 Mackay，2012）。该空间受制于技术可行性，以及在限制下可实现的目标（如时间和金钱），但它也为人类体验提供了机会。不同形式的展望使设计师能够探索不同视角下的替代空间。随着设计理念的坚定，交互空间变得更紧密，相互之间有明确的路径来描述交互的用户旅程（用户旅程在第 4 章中有讨论）。

已有许多技术方法帮助设计师理解设计问题，并帮助他们预先构想出一些可能的解决方案。尽管这些方法本身不会直接产生最佳设计方案，但是它们仍会生成一些有用的文档或表示方式，这些文档和表示可用于设计师与客户、用户以及同事之间的交流过程。通过人员间的沟通与交流，将会形成设计的解决方案并进行评估，并（最后）将其转化为最终服务或产品。

在特定的项目中使用哪些技术取决于许多因素：开发团队的工作风格、项目类型、可用的资源等。设计者应该具备两项技能：一个是能根据手头上的任务选择合适的表示方式，另一个是能有效利用所选取的表示方式。在设计过程中，呈现创意的表示方式是通过缩减不必要的细节来实现的，从而可确保能突出所设计产品的主要特点或功能。一种好的表示方式要能足够准确地反映出建模系统的特点，但又必须尽量简化从而避免造成混淆。最后还需要根据设计目标选取适合于风格的表示方式。

考虑下面的实例：

> 一位汽车设计师受委托制作了一款新型的豪华跑车。他在纸上草绘出一些设计的涂鸦并将其展示给团队中的其他设计人员。设计人员提出相关评价和意见，然后设计师据此进行相应修改。最终设计师对修改后的某个设计感到满意并绘制出更为详细的模型图纸，并将图纸交给公司的模型制作人员。打样后将所得的等比例模型送到市场营销部门以获取客户反馈。该等比例模型也会接受风洞实验测试，从而对设计的空气动力学特性进行研究，同时将实验结果用于计算机程序计算，从而获取汽车的速度和燃料效率等性能。

在该实例中，设计师至少使用 4 种不同途径构建如下 4 种不同的表示方式：

（1）原始表示着重于清晰呈现设计师的思维活动。该案例中的原始表示是涂鸦和草图，它们用于产生新想法、考察问题的可能性和相关提示。

（2）交给模型制作人员的蓝图以及交给市场营销部门的等比例模型适合于向他人准确表达设计创意。

（3）风洞实验用于测试当前采用的创意表示方式。

（4）计算模型用于预测。

183

挑战 8-1

上述实例中哪些表示方式是用来研究问题的？哪些表示方式用于设计创意的交流？

创意展示流程框架

下面我们将列出创意展示流程框架中常包含的几个步骤，基本涵盖了本章所探讨的内容。

（1）仔细审查设计的基本要求和概念性脚本。

（2）为你的设计创意制定合适的表示方式。该步骤至少应包括具体的应用脚本、用于开发主要交互事件序列的剧本，以及能反应产品主要外观或其他方面的草图快照等。

（3）如果你要设计一个全新的产品，在所选定的表示方式中对不同的隐喻和设计概念进行实验（见第 9 章）。

（4）开发服务或产品的"外观和感觉"，勾勒出整个用户体验（本章）的接触点、交互渠道和导航结构。

（5）与那些随时有可能使用到该系统的人探讨你的设计理念（使用第 7 章中描述的技术）。

（6）在设计出的结构和导航图上添加更多的细节，形成线框图（见本章）。

（7）通过原型开发对提出的设计创意进行反复修改，从而逐渐确定设计（使设计创意更为具体），并进一步评估设计方案（第 10 章）。

8.2　构思草图

创意展示是将抽象的创意理念具体化的过程。人的大脑里产生好的创意想法是件容易的事情，但是只有将这些想法呈现出来才能发现其中存在的缺陷和难点。草图有助于产生想法。一些基本技术有助于实现这一过程。

草图绘制技术是所有设计师都应该训练的一种技能。通过使用该技术，设计师可快速地让自己或别人看见自己的创意理念和想法，并进行探索。据说，位于伦敦泰晤士河上的千禧桥是设计师在餐馆里的一张餐巾纸上设计出来的。如果能随身携带一个速写本，那么设计师就可随时快速地捕捉和记录设计灵感。

微软用户体验设计师比尔·巴克斯顿（Bill Buxton）在他的 *Sketching User Experiences*（Buxton，2007）一书中强调了草图的重要性。Greenberg 等人（2012）提供了一本优秀的练习用书，在用户体验素描方面提供了实用的建议。他们还提供了丰富的在线资源。Buxton 认为草图具有快速、及时、便宜、自由调配和丰富的特点。用户体验设计师应当乐于扔掉草图，而不是太专注于特定的设计特征。Buxton 还指出草图需要清晰的词汇，具有"独特的姿态"（流动性）、较少的细节和适当的精细度。

Buxton 对草图的最终理解是：它们应该起到建议和探索的作用，而不是确认和提供一些模糊信息。草图的目的是鼓励人们质疑和填补空白。图 8-1 显示了交互式购物服务界面的示意图，Greenberg 等人（2012）强调，除了图 8-2 所示的元素之外，草图还可以包括注释、箭头（显示草图的移动或突出草图的特定区域）以及设计师尚未解决的问题的注释。

[184]

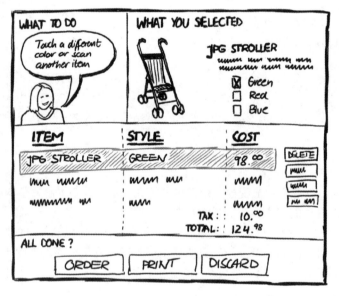

图 8-1　交互式购物服务界面示意图

设计的个体快照可用于展示交互行为的主要动作画面（如图 8-2 所示），并且在探索一些风格或设计所能产生的效果时尤其有用。快照可以是单幅草图或框架，也可以是故事板的框架。（见下文）

挑战 8-2

假设让你在某小镇网站上做一个关于旅游景点相关信息介绍的网页设计，请画出两种不同类型的设计草图。

极端远距镜头（宽镜头）
显示背景、地点等细节
的视图

长镜头
显示一个人的真实
身高

中等镜头
显示一个人的头和
肩膀

超肩镜头
从一个人的肩膀处看
过去

主观视角镜头
显示一个人能看到
的全部视图

特写
例如显示一个人拿着
的设备上显示的用户
界面细节

图 8-2　交互中一些关键镜头的快照

故事板是一种电影制作技术，即从交互体验的角度将影片中的关键镜头以一种类似卡通图结构的方式展现出来。故事板的优势在于它不仅能让设计人员对设计思路的整体发展有一个直观感受，而且还是一种非常经济实惠的设计意图表达方式——一个单页能容纳 6 ~ 8 个场景。对于一个具体场景，设计人员通常需要在其周围勾勒出相应脚本的故事板。（脚本在第 3 章中有讨论。）一般来说，在与客户交流设计创意时，将草图绘制和故事板相结合是非常有用的。

在用户体验设计中，常用的故事板有以下三种类型：

- **传统故事板**：在传统的故事板中，为克服静态媒介上难以表达动态设计理念这一缺陷，通常为每个场景附加一些注释，用于描述该场景中的事物发展状况。在交互式系统中，每幅草图下方的批注通常包含描述任务脚本的相关步骤，同时也可对草图本身进行标注以定义要表达的交互动作。一般来说，传统故事板在不含有大量多媒体任务的应用场景中使用得最为频繁。
- **计分式故事板**：如果应用场景包含大量动态影像，就可以用计分式故事板进行注释。例如，在需要说明和标注的草图下方，可附加注释一些诸如类型、颜色、图像、声音等不同类型的信息。
- **纯文本故事板**：如果应用场景包含的任务序列很复杂，则可运用纯文本故事板。通过纯文本故事板可以指定要出现的图像内容，还可附加一些文本注释、多媒体信息以及与应用相关的主题说明和流程概述等内容。

Greenberg 等人（2012）建议为提出的用户体验的关键时刻开发叙事故事板。他们用五个场景来描述一个典型的用户体验，包括一个起始场景、展示故事发展的两个场景、故事的高潮和结束的场景。素描快照和素描叙事的一个关键区别就是它能捕捉更多的用户体验的背景。图 8-2 只显示了一个瞬时的、静态的界面。而通过叙事故事板，设计师可以更好地展示用户设计的整个过程。

Greenberg 等人（2012）在他们的书中提供了示例，展示了如何画草图，以及如何将流动和运动的概念融入草图。他们识别不同类型的可以用草图来展示整个用户旅程过程的"镜头"（用户旅程在第 4 章中有讨论），包括开始的远距镜头到最后的特写镜头（如图 8-2 所示）。他们创建了一个像电影故事板一样的表示方式（如图 8-3 和图 8-4 所示）。他们还提供了用户体验设计中常用的物体、人和活动的词汇。

在图 8-3 所示的例子中，他们描述了一个用户被广告吸引，用智能手机上的应用程序扫描广告，获取信息，然后继续前进的过程。草图在不同阶段使用不同的镜头。设置场景的极端远距镜头，说明接下来会发生什么样的超肩镜头，以及显示用户看到了什么特写镜头。如图 8-4 所示，在草图中添加箭头和注释会使这个特别的用户体验草图更加流畅和富有表现力。

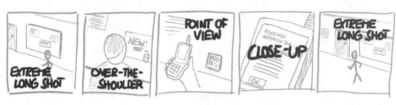

图 8-3　一个被广告吸引的用户旅程

图 8-4　添加箭头和注释

Greenberg 等人（2012）为草图提供了其他丰富的提示和技巧。草图可以是一种协作体验，在这种体验中，两个或两个以上的设计师共同开发创意。当然，草图也可以由设计团队或讨论组来评判，以探索设计中的问题。设计师可以拍摄不同场景的照片，而不是把它们画出来，然后把照片组合成草图。设计师可以用箭头和注释标注这些照片草图，以增加更多细节和解释。另一种选择是使用素描软件。例如，微软的 PowerPoint 有各种各样的对象、箭头和其他方式来帮助设计者构建草图。同时，还有许多专业的草图应用程序。然而，设计师不应该忽视手绘的力量。表示方式的流动性越大，制作的速度越快，扔掉不起作用的草图的能力越强，设计师就越能有效地探索设计中的问题，而草图软件并不鼓励这样做。

8.3　视觉与感官可视化

正如我们在第 4 章中讨论的，人、服务和产品之间的互动通常会通过不同的媒体渠道来进行，而用户体验则是由这些服务的交织产生的。设计师需要展望各种不同的接触点、服务时刻和用户旅程的方式，这样他们就可以为整个用户体验建立一个共同的"视觉与感官"。不同事物的视觉（事物的呈现方式）和感官（事物的表现方式）应当具有一定的一致性，并且反映用户体验设计师想要建立的整体品牌效果。对于大型企业而言，这种品牌效果将由营销部门牢牢控制，但即使对于较小的企业来说，它们也需要具备一种可识别的风格，这种风格应当跨越应用程序、网站、促销视频以及任何纸质媒体（如名片、传单、海报等）等渠道，为整个用户体验做出贡献。

正如第 6 章中所讨论的，用户体验本身就关注情感和投入感。设计师应当致力于唤起产品对用户的特殊含义。他们的目标应该是实现设计中的关键方面——个性化、适应性、叙事性、沉浸性和流动性，以及在产品附件中唤起不同类型的愉悦感和特点。设计师需要建立他们正在开发的产品或服务的美感。

为了实现这一点，设计师需要找到某种方式来想象用户体验服务或产品时的感受和存在感。他们必须在跨越渠道和接触点的方面都保持一致来做到这一点。这一部分的创意展示过程的最终目的是创造一种设计语言（第 2 章引入了设计语言的概念，并在 9.5 节展开了进一步讨论），用来描述设计的服务或产品的特征。

8.3.1 情绪板

情绪板广泛用于广告、室内设计领域。方法很简单，你先收集一些能捕捉你对设计的想法和感受的视觉刺激物，包括照片和其他图片、颜色、纹理、形状、来自报纸或杂志的头条新闻、名人语录、穿戴织物等。然后，将所有这些刺激物粘贴拼接到画板上，也可以利用 Pinterest 等在线工具做到。设计师可以将他们喜欢的网站页面添加到情绪板上，也可以做成视频或捕捉某种美感的动画片段。Lucero（2012）认为情绪板有助于设计师对产品或服务的视觉和感官进行"构架、调整、寻找矛盾、抽象和指导"。图 8-5 展示了一张成熟甜瓜的图片是如何唤起嗅觉的，而这种嗅觉刺激反过来又暗示了吃水果的经历。一张淋浴的照片给人带来清新和干净的感觉。这些对象可以在股东研讨会中使用，帮助他们构建设计空间、使其与产品的其他目标相一致、提出矛盾并讨论得出解决方案。最终，在这个过程中会产生一个更抽象的服务概念，能够指导下一阶段的工作。此外，Lucero（2009）还讨论了交互式系统实例"变形墙"的示意图，该交互式系统可支持情绪板表示方式的相关功能。

图 8-5　情绪板

用情绪板的原则是"一切皆有可能"，其关键不在于正式描述设计的某方面内容，而是要能起到激发灵感的作用——既能促使产生特定的想法和思路，也能为设计中的颜色搭配方案提供灵感。一种有效方法是让客户创建他自己的情绪板。这样做可让你深入了解哪种类型的设计美学可能会对他们产生吸引力。

8.3.2　描述性形容词

作为情绪板的一种变体，写下描述系统某方面特性的形容词会很有用。你可以写下你希望服务唤起用户什么样的情感，通过这些形容词来想象它的样子。例如，你希望用户觉得这是一个严肃的应用程序，提供的内容经过了很好的研究和编写，但保留了一些冒险感和刺激感。列出一个项目的描述性形容词将导致一组语义尺度，随后可以通过语义差异来进行评估（语义差异在第 7 章中有讨论）。

8.3.3　设计工作簿

比尔·盖弗（Bill Gaver）使用了一种被他称为"设计工作簿"（workbook）的技术（Gaver，2011）。这是"在项目期间收集到一起的设计建议和其他材料的集合，用来调查设计中的可选项"（p. 1551）。该工作簿能够帮助随时间推移进展缓慢的设计师，并能够从以往的设计活动中吸取经验教训。Gaver 方法的重要性体现在他提出了解决设计中的模糊性的方法（Gaver 等人，2003）。这些展示方法（类似于第 7 章中描述的技术调研）补足了关注需求生成的方法，包括提出问题、发现矛盾，通过团队合作解决它们。

8.3.4　示例：探索苏格兰

在 TravoScotland 公司的创新、设计和建筑年中，我们曾为该公司举办的一场比赛开发了一款应用程序，目的是"为苏格兰的游客提供引人注目的交互体验"。经过几次头脑风暴，我们提出了交互式寻宝的概念。游客将被引导到苏格兰的特定地点，然后探索该地区，寻找关于该地区的名人及其成就的信息。

当我们搜寻类似的产品和服务时，发现"寻宝"的理念通常是针对儿童的，包括海盗式的角色、宝箱和卡通般的感觉（去 Pinterest.com 看看）。但这并不是我们想要的，我们想要吸引对发现苏格兰著名的建筑师、设计师和创新者的故事感兴趣的游客和当地人。像查尔斯·罗纳·麦金托什（Charles Rennie Mackintosh）和威廉·亨利·普莱费尔（William Henry Playfair）这样富有创造性的建筑师和设计师连同他们的作品一道被人庆祝。发明家的故居，例如电视的发明者约翰·罗杰·贝尔德（John Logie Baird）和电话的发明者亚历山大·格雷厄姆·贝尔（Alexander Graham Bell），以及他们工作的细节都将在活动中重点展示。

在有了大致的想法之后，我们分成四组，每组三个人，以开发出更多产品应有的"视觉和感官"特色。一个小组建议主色调为深蓝色，带有白色字体和黄色按钮。所用的形容词应该是令人兴奋的、振奋人心的、有吸引力的、生动的、现代的。一个小组认为福斯桥（the Forth Bridge）是一个很好的图标，非常具有标志性，并且它本身就是一个伟大创新的范例。多边形艺术界面带来了这些现代观念。研讨会上的另一个小组专注于之前开发的名为" Go Scotie"的应用程序，该程序使用一只苏格兰小狗作为其标志。这个标志启发我们将该应用称为"探索苏格兰"，以便概括伟大的苏格兰创新者的想法以及他们探索科学知识边界的能力。这个名字不仅指这些伟人，还有指导用户外出探索的含义。这组人想要一个更明亮，包含更多颜色的设计调色板。他们想要更像电影《少数派报告》的高科技用户界面。另一个团体从敏感的历史事件中获得启发，利用纽约大屠杀博物馆作为灵感来源。第四组从当时正在播放的 Pokemon 广告中获得灵感，其他灵感来源还包括电影《勇敢的心》和《高地人》、苏格兰历史上的战役、苏格兰国王以及电影《哈利·波特》电影的创意，因为其中许多电影都在苏格兰拍摄。

我们把所有这些想法放在活动挂图上，聚在一起讨论。最后，我们达成共识的图标和颜色如图 8-6 所示。图 8-6 还显示了为了项目的整体感觉而选择的紫色，以及使用了带有特定角度风格的背景阴影，以增加一些趣味感。

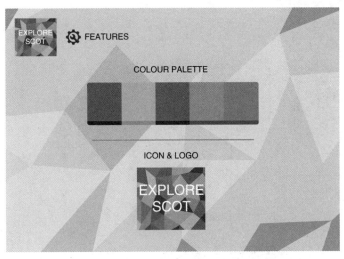

图 8-6 探索苏格兰概念和品牌的示例

190

标志和设计是智能手机应用程序的核心，可以引导人们在苏格兰感兴趣的地区旅行。该标志还将出现在 TravoScotland 官网，链接到一个视频和在选定网站上提供的宣传材料。

8.4 映射交互

8.2 节和 8.3 节中描述的技术侧重于设计空间的探索：构思、视觉和感官。随着设计过程的继续，设计师会想看看信息空间是如何构造的，以及用户在空间中可以利用的路径。映射是创意展示的形式，关注交互体验的诸多方面。正如我们在第 25 章讨论导航，在第 18 章讨论混合空间中所说的那样，交互和信息空间中的用户体验与现实中的用户体验有许多相同的特征。在现实中，人们经常使用地图帮助自己在城镇和城市中找到自己的路。因此，对于交互设计师来说，有一些创意展示的方法可以帮助他们描绘出整个用户体验的不同方面。

导航图

导航是许多系统都具有的一个主要特性。导航图重点研究人们如何浏览网站或体验应用任务，其主要目的在于帮助人们更好地体验站点（第 14 章介绍网站导航）。在设计导航图时，我们用矩形框或标题词表示网站的每个页面或应用任务的每个状态位置，且当前页面对应的流程项都应能跳转到从该页面可访问到的每个页面的流程项。一个实用的技巧就是尽可能将所有流程项进行归类（比如将一个页面的所有回退页和前进页放在一起），这样就会将那些可能造成用户访问困扰的部分突显出来。在项目的整个生命周期中，导航图可能需要进行多次更新，否则在导航图结构布局较差的情况下，人们往往会选择关闭网站页面。结合具体场景，我们可以用导航图去体验特定的功能活动，并找出设计中存在的瑕疵，譬如"孤立页面"（不可能被访问到的页面）、"死循环页面"等。（第 25 章介绍一般导航。）

不仅网站需要导航图，导航图在其他各种形式的应用任务或产品中也能起到重要作用。图 8-7 展示了网站的导航图。不同的符号用于显示不同类型的内容，也许可以将文本文档（以虚线显示）与顶级网页和子网页区分开来。

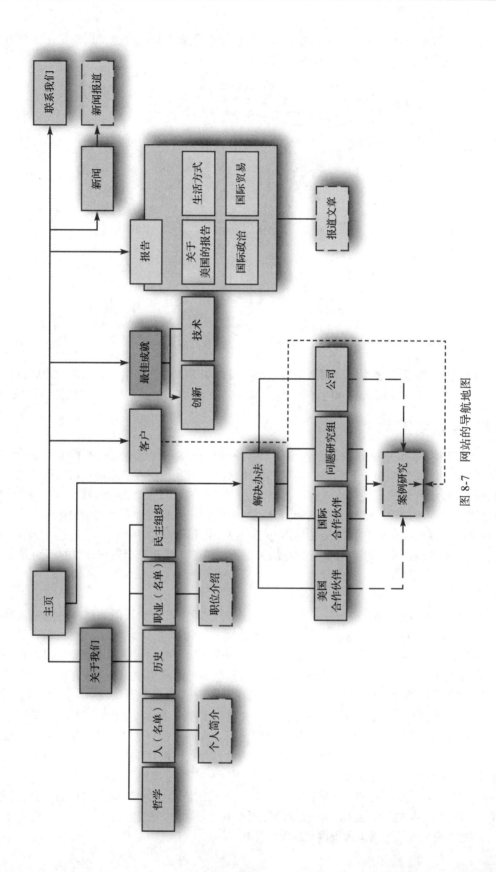

图 8-7 网站的导航地图

地图有助于突出组织结构。例如，图 8-8 中的地图展示了移动电话上的功能组织。

导航目录

斜体字目录根据购买版本和网络运营商的不同而有所区别

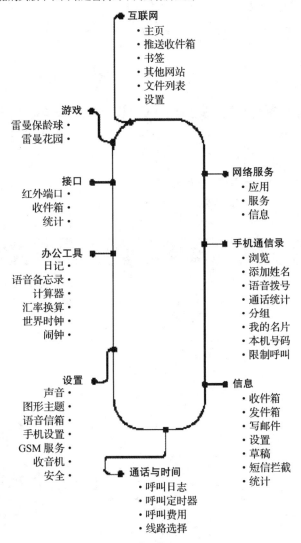

图 8-8　移动手机的导航地图

（来源：三菱手机使用手册，三菱公司）

图 8-9 和图 8-10 展示了一个用户旅程图的例子。第 4 章已经讨论过用户旅程图，这里呈现的是一个关于该领域中特定的交互方面的不同的版本。为了展示交互中的不同方面，设计师常常会发明一些新型地图。图 8-11 显示了设计公司 Live Work 的参与者图，这是另一种类型的地图，它显示的是通过调查得出的信息，而不是交互的路径。

当然，第 3 章中讨论的角色是一种可视化形式，其重点在于描绘出被调查系统或服务的不同用户。同理心地图（Empathy Map）（如图 8-12 所示）是一种很好的映射角色关键特色的方法。

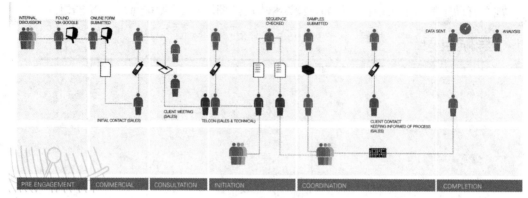

图 8-9   用户旅程图

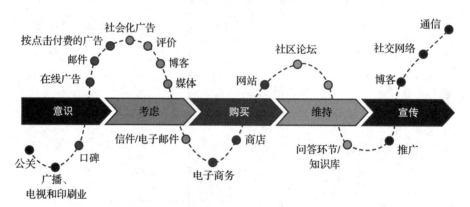

图 8-10   用户旅程图

图 8-11   参与者 / 服务生态图

她的想法和感受是什么？
对她来说什么是重要的？
什么占据了她的思考？
她的担忧和愿望是什么？

她听到了什么？
朋友、家人和其他人对她说的
话对她的想法有什么影响？

她看到了什么？
环境中的什么因素影响了她？
她看到的竞争者是谁？
她和朋友的见面起到了什么作用？

她说了什么？做了什么？
她对周围人的态度是怎样的？
她在公共场所的表现是什么样的？
她的行为是如何改变的？

疼痛
她面临的恐惧、挫折，或障碍是什么？

收获
她想得到什么？成功是什么样的？

图 8-12　同理心地图

8.5　线框图

　　线框图是软件系统架构的基本框架。它们关注产品或服务的交互设计和信息体系结构。线框图过去主要用于网站页面设计，但近年来随着移动终端和平板设备的普及，线框图已逐渐成为设计小型应用程序界面的主流技术。同时，随着级联样式表（Cascading Style Sheet，CSS）和 HTML5 标准语言的出现，网站设计和应用任务开发之间的界限越来越模糊，而应用程序的存在是为了让设计的页面变得生动，并将它们转换成线框。

　　正如导航地图关注页面的结构和链接方式一样，线框图也关注特定类型页面的结构和页面之间的导航。对于设计者来说，将导航图与线框图相结合是开发应用任务或网站网页设计的基本要求。因为线框图主要关注设计页面的基本元素而不考虑最终细节，所以利用线框图进行设计是十分高效的。例如，一个移动手机的应用界面应该包含按钮、菜单项、复选框等基本元素，一些事件的触发会产生相应的反应，如单击按钮翻页。在应用任务和网页设计中，线框图就是利用这些一般特性来进行快速设计并对设计结果进行迅速评估。图 8-13 展示了一些线框图。线框图利用应用程序和网站的这些通用设计功能来创建快速设计，通常用于快速评估。图 8-14 显示了探索苏格兰应用程序中的一部分线框，它处理用户能够创建自己的旅游线路、决定要看哪些景点以及获取有关可能目的地的信息的功能。

　　一些软件工具包可用来帮助设计人员开发设计线框图，除了最有名的 Axure 软件包（www.axure.com）外，还有其他大量的软件包可供选择。这些软件包为设计师提供了在特定运行平台（例如 iPhone）上进行特定大小和风格设计的线框图模板。在苹果官网上我们可下载到针对 iPhone 和 iPad 进行接口设计的相关说明。在有很多系统可以模拟屏幕截图并添加可点击链接。这就是图 8-14 中的线框图是如何实现的。（第 12 章介绍可视化接口设计。）

192
～
194

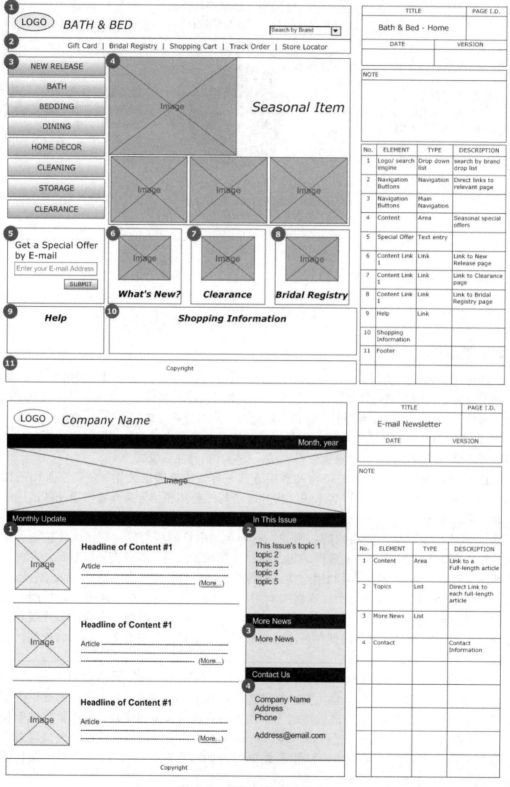

图 8-13   线框图实例示意图

（来源：http://www.smartdraw.com,SmartDraw）

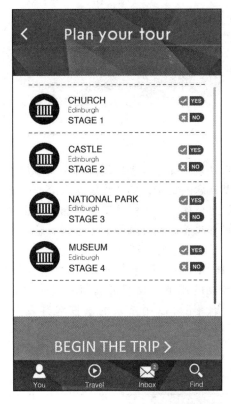

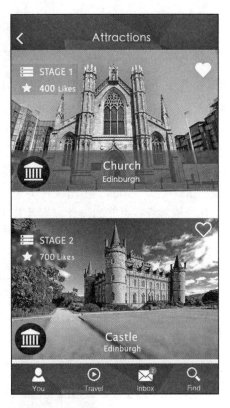

图 8-14 来自 Explore Scot 应用程序的线框图的一部分

挑战 8-3

请为你所熟悉的网站构建一个导航图，网站可以是你所在的大学或者公司的官网（如果这些网站规模很大，可绘制部分导航图），并利用该导航图进行重要信息访问，检查是否会出现"死胡同"或复杂的访问路径？

8.6 原型

原型是对系统设计的一个具体部分的表示或实现。原型已被广泛应用于大多数的设计和建设领域。Lim 等人（2008）提出一种关于原型概念的定义，即"将原型看成一种遍历设计空间的工具，能对所有可能的设计方案及其原理进行探索……设计师也可通过原型对设计策略的基本原理进行交流。原型可激发产生一些设计灵感，设计师能利用这些灵感对设计方案进行完善、更新，并对设计空间中潜在的设计方案进行挖掘"（p.72）。

原型既可用来验证早期设计的一个创意概念（如小汽车原型），也可对设计后期的创意细节进行测试，有时甚至还能成为最终产品的规范。我们可以用一些简单的材料制作原型，诸如报纸、硬纸板或其他合适的材质，还可以用复杂的软件包开发一个设计原型。

[195]

框 8-1   月球登陆器原型

阿波罗计划中的工程师建造了月球登陆模块的一个全尺寸纸板原型，以测试与宇航员视野相关的窗口位置和尺寸参数。通过实验最后得出"宇航员将站立在登录器上（而不是坐着）"，这一设计方案使窗口更小且重量更轻。

在交互式系统设计领域，像草图等设计表示方式可能会与一些简单的初始原型相互混淆。但是，原型最为明显的特点就是具备可交互性。例如，当人们单击一个按钮就会触发相应的事件，即使该按钮画在纸上，也应该让设计师在便签纸上添加一个包含事件动作的目录。一个原型是否正确取决于许多因素，如原型的目标对象是谁，设计流程所处何种阶段以及设计师期望产品具备什么样的特性。

对于设计团队成员来说，使用像导航图和流程图等表示方式就能获得有用的设计结果，但当客户和普通人用我们前面所讨论的创意展示技术时，能利用某种形式的原型捕捉设计结果显得至关重要。通过原型我们可试图去突出设计的交互性，或者某些重要功能。在人们和客户参与评估设计师设计理念的过程中，原型是首先使用也是最为重要的一种方式。主要有两种类型的原型——低保真度原型（低保真原型）和高保真度原型（高保真原型）。由于视频这种媒介工具在交互设计中出现和使用的次数越来越频繁，我们加入一节内容专门来讨论视频原型。

8.6.1 高保真原型

高保真原型要在视觉外观和交互体验上与期望的最终产品非常接近，而对功能不做具体要求。一般通过软件产品开发生成高保真原型，软件产品既可以是用于具体功能实现的开发环境，也可以是允许模拟简单交互效果的软件开发包。高保真原型具有如下特点：

- 高保真原型对设计内容、视觉效果、交互性、功能和媒介等主要设计元素进行详细评估是非常有用的。例如，使用高保真原型进行可用性研究，从而确认用户能否在指定时间内学会使用系统。
- 在用户验收过程中，高保真原型经常充当一个关键角色，可视为一种必须获取客户同意的设计文档形式，这也是进行最终产品开发之前的最终设计文档。
- 在项目的设计创意刚形成后，除非有需要解决的关键问题，否则在进行其他工作前，通常需要先开发与项目对应的高保真原型。

在开发高保真原型过程中的一个主要问题是如何让人们认可这些高保真原型。如果设计师事先没有对设计创意的细节进行仔细检查和反复推敲，就会让原型存在巨大风险。像弄错客户姓名、产品名称这样简单的错误都可能会彻底破坏一个原型，因为这会导致客户或顾客产生误解。虽然其他的一切都是真实的，那为什么这些客户没有成为我们真正的客户呢？这时再说"我们去改正"或"那仅是一个替代表示"显然已不起作用了。因此，对高保真原型来说，确保设计细节的正确性至关重要。高保真原型的另一个问题就是确保原型系统是可实现的。例如，我们发现专业原型软件构建出的原型效果用 Java 是无法实现的。原型的开发实现过程不可避免要耗费一定的时间和精力。如果原型开发是在最终的产品开发环境中进行的，那么设计人员也可以去考虑实现那些在原型开发过程中被摒弃的产品功能特性。

8.6.2 低保真原型

低保真原型，通常也称为纸上原型，因为它们经常用纸张作为材质，具有以下特点：
- 低保真原型更注重表现出设计理念各方面的基本组成部分，例如设计内容、设计形式和结构、设计主题、主要功能需求和导航结构等。
- 低保真原型制作过程简单、快速，而且在不符合设计要求的情况下可迅速丢弃。
- 低保真原型可对设计人员早期的设计思路进行捕捉，并帮助他们产生和评估各种可能的设计方案。

前面所讨论的一些创意展示技术在某些方面可看成是低保真原型。然而，低保真原型最常见的形式是一系列的画面截图（缩略图），且用户可逐个处理这些截图（例如，当用户单击截图 1 上的一个按钮时，就会紧跟着切换到截图 6 等）。如何实现这类原型主要取决于设计师的想象力，准备耗费的时间以及手头上准备的材料。我们用屏幕大小的硬纸板和不同颜色的索引卡或便笺纸就可简单、快速地制作出各种不同的低保真原型，即在硬纸板上绘制出缩略图的每个静态基本元素，而对话框或菜单等动态元素项则用卡片或便笺纸表示，并根据需要的尺寸进行裁剪。还可附加醋酸纤维材质的半透明式覆盖用于模拟原型其他的动态可选特征，如允许人们用可擦写的笔写下意见。然而，真正重要的一点是在原型制作上不要花太多时间，总体原则要确保整个原型的制作成本尽可能低。如果你准备花大量时间试图在纸上重复实现每个设计细节，还不如改为制作一个高保真模型。

图 8-15 是一种通信装置的设计理念示意图，该通信装置允许居民与当地政府进行直接联系。值得注意的一点是，可明显看见该原型左上方有一小块醋酸纤维白板，可以让人们写下修改建议。

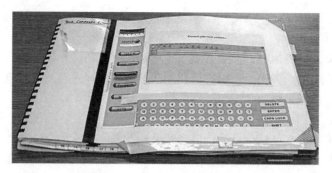

图 8-15   家用通信电话进行信息传真的纸上原型的截图

（来源：David Benyon）

框 8-2   纸上原型

实际上，纸上原型已广泛应用于各种领域。2002 年，Snyder 等对纸上原型的可用性做了 172 份专业调查报告，主要咨询纸上原型在工作中的重要程度（Synder，2003）。调查结果参见下方显示的统计图，其中包含"没有作用"这一选项，但没人选择。注意，由于对数据进行了四舍五入，各选项的比例加起来不是 100%。

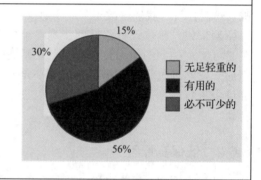

在实际设计纸上原型时，主要考虑如下几个方面的问题：

- **鲁棒性**：如果一个纸上原型是由多人设计完成的，则需要足够鲁棒才可用。
- **范围**：注重描述主要问题和关键元素，如果设计师试图描述的内容过于细节化，那么用户很难理解设计意图。
- **指南**：在设计纸上原型时，一方面添加一些必要的细节可让某些用户在不需要设计人员的帮助下就能够使用（这时设计思路和补充信息的边界就不清晰了），另一方面如果添加太多的细节则需要设计师指导用户如何使用（这可能影响用户的反应），所以需要对这两方面进行有效的折中。
- **灵活性**：可对纸上原型进行局部修改与调整，从而让设计人员快速重新设计。例如，通过采用便利贴表示纸上原型截图部件的方式，可让设计师自由移动已有元素或添加新元素。

挑战 8-4

假设你是一名设计师，正准备为某个超市的在线购物系统设计全新的交互界面，以满足客户对网站进行彻底翻新的需求。你所在设计团队的主管是一名软件工程师，正在为是否采用低保真原型进行设计创意探索而举棋不定。请给这位主管写一封简短的电子邮件让他相信这么做是一种很好的想法。（只需写出邮件正文的主要部分，能支持该案例即可。）

8.6.3　视频原型

过去 20 多年，研究者已注意到视频作为参与设计过程中的一种工具存在的巨大潜能。从最初的观察到创意的产生，Mackay 等人称之为"视频头脑风暴"和"视频原型"（2000）。Vertelney 等提出的第一种方法（1989）是先创建产品的实体模型，然后用视频录下示范者"表演"与模型交互的画面，该模型就像具有真实的完整功能一样。用动画程序模拟出产品外观的动态变化效果，并将画面叠加（混合）到视频中，从而确保画面效果同步，即产品的外观变化确实是由相应的交互动作引起的。

Vertelney 等提出的第二种方法有时也称为"气象员技术"，就是将视频画面图像叠加到计算机绘制出的三维图形上。

先在一块绿色荧光屏前完成动作捕捉（现在通常使用绿色荧光屏），以便过滤掉背景（通过色度键进行颜色移除），然后将视频画面叠加到事先建模的三维环境。通过这种将真实世界摄像机下的移动迁移到虚拟环境使两个运动并行同步的方法，可以合成具有强大效果的视频（如图 8-16 所示）。

图 8-16　伴侣的各种不同示例

在视频原型中，用于制作视频材料的工具较以前已发生了很大的变化。在专业的电影和电视制作中常用的一些软件工具都是满足经费预算的产品，例如，Adobe Premiere 软件（用于视频剪辑和后期制作）、Shake（用于视频合成）以及 Adobe 公司的 After Effects 软件（用于三维动画与渲染）等。另外，诸如高清晰度视频、通用微型数码摄像机数据格式等技术的出现使得普通用户都能承受高清视频的消费价格。现在，视频制作的瓶颈不再是相关的硬件或软件技术，而是制作团队的技能水平。当然，如果能将电影视频放到诸如 YouTube 等公众网站上，肯定会得到大量关于设计创意的反馈意见。

在一个"拍档"概念具体化的研究项目中就存在视频原型的一个实例，其概念性脚本描述如下：

> Lexi 是一个三维投影出来的虚拟图形角色，可在多方面协助其"主人"Tom，比如安排日常工作和生活，时刻关注了解最新的新闻，以及第一时间接触新邮件、电话、短信等。作为一个可移动伴侣，Lexi 可根据需要从一个技术平台转移到另一个技术平台，但是将 Lexi 作为三维虚拟角色投影到 Tom 的智能平板实现得最为完整。

通过使用像 e-Frontier 公司的 Poser 这样的建模应用程序，我们可将该伴侣的不同形象角色与其主人 Tom（演员）的基准视频进行合成，尽管这些角色外观看起来完全不同，但是它们的行为动作一模一样。在这个例子中，分别使用了企鹅、男人和女人等虚拟角色。同时，我们还可以改变 Lexi 的发声特点，比如声音的高低、语调以及声音的逼真度等。通过这种层次化的合成方法，我们可以非常快速地制作出多种视频，这些视频都只是对基准视频某方面的参数进行修改。

8.6.4 绿野仙踪原型

绿野仙踪方法是一种功能强大的原型（也称沃兹原型），但是其技术尚未开发。这种方法之所以称为绿野仙踪，是因为在 1953 年的电影《绿野仙踪》中，当多萝西（Dorothy）的狗拉开窗帘时，这个声音低沉、看似强大的巫师却显得不那么可怕。在用户体验设计中，绿野仙踪技术用人工干预取代了部分技术，因此当用户与系统交互时，一个人扮演技术在最终操作系统中所起的作用。例如，在一个项目中，我们正在调查基于语音的用户界面从而与电视进行交互。用户会说诸如"增大音量""频道 3"等内容，以及隐藏在视线之外的研究人员会使用遥控器来执行指令。对于用户而言，这似乎是在控制交互，而实际上它是一个"向导"。关于使用绿野仙踪技术的道德问题仍然有些模糊，因为基本上这个位置的研究人员正在欺骗参与者。在上面的情况下，我们确实回滚了窗帘并向用户显示向导，因此他们认为他们没有真正拥有语音控制的电视。当然，如今，电视可以使用 Apple Siri 或 Google Talk 等软件进行控制。

8.6.5 原型功能的不同实现方案

还存在另外一些类型的原型，对其进行区分十分有用。完整原型实现了设计的所有功能，但是其性能要比目标系统低。横向原型的目标是让用户浏览体验整个系统，但是仅涉及高层功能的处理，大量的设计细节会被忽略。与之相反，纵向原型以自顶向下的方式实现了全部的细节特点，但是仅涵盖了系统的几个局部功能。通常会将横向原型和纵向原型组合起来使用。进化增量式原型（步进式更明显的一种进化原型）最终会演变为完整系统。

8.7 创意展示的实际应用

在使用原型系统时，如果用户使用的系统是低保真原型，设计师会坐在用户旁边进行指导以确保原型能正常"运行"。一般需要两个设计师进行辅助，一个操作计算机，另一个记录。不管是哪种类型的原型，都需要记录修改意见和出现的设计问题。在需要向设计组的其他成员提供大量反馈细节的情况下，有时可以用录像带记录下这些反馈细节。

如果只是对用户提供原型而不给出任何上下文信息，人们很难对原型做出反馈行为。因此，需要在一定程度上了解原型的组成结构。最常用的策略就是让用户通过一个新的应用任务逐步体验其运行的脚本，或者在应用对早期系统进行更新换代后，直接运行一个当前任务。对接口进行详细设计时，需要在软件运行的每个特定步骤对用户即将进行的操作进行预测与建议。例如，你对屏幕上出现的一件短袖衬衫有购买意向，但是想进一步了解其面料，系统将会告诉你接下来要做的事情。通常来说，用户最好能亲自与原型进行交互，即使是点击一个纸质按钮。这既能保证对探索的问题进行一致性约束，也可在原型运行过程中避免用户出现错误响应的风险。但是在某些原型实例中，这么做不一定完全可行。可能是因为原型软件比较脆弱，也可能是因为原型处于最初研发的阶段，缺乏良好的交互性。此时，设计师可通过运行一个视频原型来模拟原型的使用方法，该视频原型可用 Keynote 或 PowerPoint 等软件进行制作。根据情况需要可暂停视频以便大家进行讨论。（实际上，此时进行的讨论可视为早期评估，在第 10 章中我们将对其涉及的多种技术进行讨论。）

8.7.1　原型和参与式设计

低保真原型是参与式设计的重要组成部分，因为人们不能总是很好地理解正式模型，但他们仍然能通过与原型系统的交互去开发和评估创意想法，所以低保真模型是参与式设计中不可或缺的一部分。另外，人们也可直接参与到原型设计的过程中。在旅游应用程序的研发过程中，我们与苏格兰邓弗里斯盖洛韦地区的一所学校的学生组织了一个研讨会。研讨会是从"我们今晚将做什么"这一情景主题开始的，最终我们共花费了一整个上午的时间与学生们进行探讨。为使脚本更接近学生们的生活，我们对脚本情节进行了适当修改，即假设每位学生已获得一次在节假日和朋友们去城市旅行的机会，请他们想象一下将如何安排这次旅行。我们要求参与人员利用所提供的一系列工艺材料和信息资料创建一个可表现视觉外观和操作原理的实体模型。短时间内，他们就制作出了大量的低保真原型，如图 8-17 至图 8-19 所示。

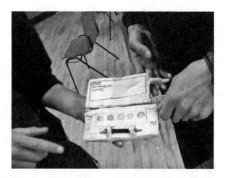

图 8-17　用黏土（和铅笔）制成的实体模型
（来源：David Benyon）

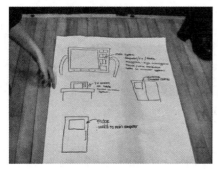

图 8-18　故事板
（来源：David Benyon）

图 8-19　遥控装置的实体模型
（来源：David Benyon）

8.7.2　原型影响因素的权衡

与其他诸多设计因素一样，设计人员也必须考虑对时间、资源、评估目标、项目阶段等影响因素的权衡。事实上，在思考原型的设计内容与方式时，设计人员应该考虑人、活动、情境和技术等因素，这里可简称为 PACT 四要素（PACT 在第 2 章中有介绍），具体是指：原型针对的对象是谁、设计师试图通过原型实现哪些功能、当前事件处于项目的哪个阶段以及原型的使用情境如何、采用哪种原型技术（高保真原型还是低保真原型）比较合适。

Rosson 和 Carroll（2002）强调要对以下一些因素进行权衡：

- 使用高质量的图片和动画可创建出具有说服力且令人满意的原型，但可能会导致某些设计方案的提前确定。
- 在设计中构建详细的专用原型有助于解答一些特定问题，但是为每个问题建立一个有意义的原型的代价过高。
- 使用真实感原型能增加测试数据的有效性，但是会延长测试时间，或者需要构建一次性的原型。

- 实现原型时所采用的迭代更新策略可保证反复连续地进行测试和反馈，但可能会导致不能对原型进行彻底的修改。

8.7.3　在设计过程中开发原型

"需求动画"这一术语一般用于描述原型的使用方法，从而对基本需求进行说明。如果在设计的早期阶段就使用需求动画，并能开发出一个快速原型来展示给客户／用户，以便让他们针对整个设计提出一些意见。

在用户界面设计中，经常要用到快速原型（又名丢弃式原型），并用 PowerPoint 或 Keynote 等软件来描述设计概念。由于原型开发之后，通常会用其他不同的语言来完成，所以可能会要对原型进行一定程度的"取舍"。但是，正如软件开发中的一个著名观点所描述的那样：如果你最后打算丢弃原先的一些设计想法，那还不如从一开始就抛弃这些设计想法。

在一个精心制作的视频播放过程中，不论传播对象是广泛的普通观众，还是专门负责进行产品研制的软件和硬件开发团队成员，我们均可将该视频看作一个用例原型。在产品设计和软件工程领域，这类视频在设计要求交流方面具有超强的传播能力（Mival，2004）。在一些设计中，这些用例原型采用的技术也相当超前（在上述 Lexi 实例中，使用了一个可进行三维投影的智能平板）；我们已经创造了这些"未来"的影片。（用例在第 3 章有介绍。）

挑战 8-5

假设让你向智能手机制造商的一个研发小团队展示自己的一些关于智能手机上记事本工具的设计创意，你应该选择哪种类型的原型？

8.7.4　原型工具

考虑到原型的应用领域广泛及使用场合众多，有许多软件工具可供使用也就不足为奇了。好的原型工具应该具备以下特点：

- 允许对接口的细节或功能进行简单、快速的修改。
- 对于那些并不是编程人员的设计师来说，允许他们直接操纵原型的构件。
- 对于增量渐近式原型，易于进行代码复用。
- 在进行接口对象设计时，不能强迫设计师使用默认的设计风格。

进行需求动画分析的有效工具主要包括稿纸、办公软件 PowerPoint 和绘图包。像 SQL 等数据操作语言则可有效地驱动系统功能。使用广泛运用的简单应用程序生成器可以创建纵向原型或横向原型。用户界面工具包是可帮助设计师快速创建界面各种原型工具的集合。

挑战 8-6

在产品研发的早期阶段，使用原型软件分别有哪些优缺点？

8.7.5　设计展示

能清晰准确地表达出设计创意是每位设计师应该具备的一项关键技能。设计本身就是一个漫长的过程，它包含多个不同阶段，并需要大量人员参与其中，向其他人展示你的设计创意也存在着各种各样的原因。综合权衡这些因素的相互影响，设计师必须考虑展示哪些内容以及选择合适的展示表达方式。

如果创意展示面向的对象是企业高级管理人员，他们的关注点可能侧重于设计的远景、设计概念和设计创意的主要特点。处于这个位置的人员通常关心产品的发展战略而不是产品的细节问题，因此，向这些管理者展示设计创意时，应该注重体现影响、概念和理念。如果展示面向的对象是客户，他们可能希望在设计细节和某些工作原理方面描述得更为详细一些。如果对象是终端用户，他们可能更愿意熟悉设计的每个细节和系统工作的具体原理。特别是在向那些将会使用系统的用户介绍设计创意时，要注意避免对当前活动的相关概念产生误解。如果列举的脚本或实例不恰当，容易缺乏说服力以至于可能会失去一个潜在客户。

设计展示的目的同样也很重要。如果展示目的是获取订购合同，那么展示的焦点应该是表现产品具备大量销售的潜能，以及突出你的设计与其他设计的不同之处。如果已经获得认购合同，目的是让创意概念获得认同，展示应该重点陈述客户简明扼要的需求，以及适用领域范围。如果展示内容主要是对设计创意的评估情况或是客户对设计主要特性的评测结果，那么应该将展示重点放在介绍设计创意具体引起了哪些正确有效的响应等。

如果原型或设计仍处在概念构想阶段，那么使用较为广泛的系统图像更为合适，除了在关键领域，其他方面的功能很少。早期的设计会强调一些设计原则和设计语言基础（第 9 章介绍设计语言）。通过早期设计我们可以了解各组成部分是如何整合在一起的，还能了解基本导航特征等。如果是在详细设计阶段，设计师不仅需要确定精确尺寸，还需选定形状、颜色以及主题等。

最后，设计师对设计展示想要突出哪方面的内容应该十分清楚。是要强调设计的功能和事件，还是要强调与产品外观和体验相关的交互性和可用性，或者是易操作性？如果展示焦点是设计内容和结构，那么就应该着重介绍使用了哪些设计信息以及它们是如何组织起来的。反之，如果要突出风格和美观，那么应该在可欣赏性、视觉和可接触设计以及媒体使用等方面进行重点介绍。

总结和要点

本章探究了创意展示技术的主要类型。这些技术是设计师们的过滤机制，有效地筛选出设计师不想探索的部分设计空间，以便专注于感兴趣的部分。有些书籍以有趣和新颖的方式来表现设计方面的内容。设计和这里描述的技术的一个关键特征是不要坐在那盯着一张白纸。从杂志、网站、软件系统、其他人、类似系统或产品等中获取灵感（设计中的示例的重要性（Herring 等人，2009）），以及通过设想技术外化思想是设计的第一步。 [205]

- 创意展示——设计创意理念的具体化是设计的主要特征之一。系统的所有方面：概念、功能、结构和交互接口，都应能被构想。
- 创意展示有助于创意的产生、交流以及评估。
- 在任何时候，人们都应该积极参与到创意展示过程中，该过程也必须允许从客户和用户那里获得必要的反馈。
- 基本技术包含故事板、各种形式的草图、情绪板、导航图、线框图和具体脚本等。
- 原型实现可能只关注系统在纵向或横向的局部功能，也可能覆盖整个系统，并演化成最终产品，或者被丢弃然后再重新设计。

练习

1. 假设邀请你为地方广播电台开发一个网站，并请你与该广播电台的台长和一个主播会面，在见面会谈期间和会谈后你将分别采用哪些创意展示技术？并大概列举一些初步设想作为概念设计的可能选择。

2. 通常情绪板是用真实的物质材料构成的，但是它们也可用软件工具开发制作。请选择任何一种可支持视频、音频和文本的软件应用制作一个情绪板来探究以下概念：

（a）一个介绍举办海滨度假的网站，目标对象是单亲家庭。

（b）一个介绍举办探险度假的网站，目标对象是年龄超过 60 岁但仍然充满活力的富豪。

这可作为一个单人练习独立完成，但是最好让大家成立小组并以小组项目的方式合作完成。

3.（附加题）在本书中我们坚定认为项目设计的所有相关人员都应该尽可能地去高度关注创意展示这一设计过程。请列举一些能支持该观点的要点，最好是设计师能了解的。

深入阅读

走进一家书店中专门销售设计类图书的地方，你会发现大量书籍中都有介绍激发创意产生的方法，可根据个人偏好选择对自己有用的图书。同样，在商业图书专栏你也能找到专门介绍小组讨论会中加快创意生成方法的各类图书。

Rosson, M.-B. and Carroll, J. (2002) *Usability Engineering*. Morgan Kaufmann, San Francisco, CA. 第 6 章介绍原型。

Rudd, J., Stern, K. and Isensee, S. (1996) *Low vs. high fidelity prototyping debate*. *Interactions*, 3(1), 76-85. 对该问题的探讨值得一读。

Snyder, C. (2003) *Paper Prototyping: The Fast and Easy Way to Design and Refine User Interfaces*. Morgan Kaufmann, San Francisco, CA. 通过阅读该书，你可以详细了解纸质模型，包括设计思想和实用技巧。

高阶阅读

Beaudouin-Lafon, M. and Mackay, W. (2012) Prototyping Tools and Techniques. In Jacko, J.A. (ed) *The Human-Computer Interaction Handbook*, Fundamentals, Evolving Technologies and Emerging Applications, 3rd edn. CRC Press, Taylor and Francis, Boca Raton. FL.

网站链接

"用户体验草图"练习请见 http://sketchbook.cpsc.ucalgary.ca/，也可见 http://www.billbuxton.com/。

挑战点评

挑战 8-1

在寻找设计解决方案的过程中使用草图和涂鸦的表示方式。同时，也使用了计算机模拟来计算该设计表示的相关参数，因此，在风洞实验中使用的等比例模型是该设计表示的必要组成部分。在设计创意交流过程中，同时使用了设计图纸和等比例模型送往市场部。尽管设计图和等比例模型都是用于设计交流，但是设计图不适合用来与市场部人员进行交流，他们对设计的物理外观形状更感兴趣，而模型制作人员则要求在以设计图纸的形式描述设计创意时越详细、精确越好。还有一点要注意，表示方式必须能准确地反映出设计目的，突出设计的重要特征并能忽略无关紧要的设计内容。在风洞实验中，由于汽车的内部设计显得不那么重要，所以比例模型没有考虑该方面的设计内容。

挑战 8-2

这里可能有多种不同的想法。例如，你可以使用一个简单的交互图，按类别划分的主题，可进行点击的图片拼贴集等。切记一点，此处你要做的就是尝试不同的设计创意，所以不必花时间去添加过多的细节或是设计出一件艺术品。

挑战 8-3

该题没有特定的参考答案。但是必须确保一点，导航图中任何需要指明连接方向的地方必须加上箭头。如果有多个连接指向同一个目标页面，可添加一些注释说明，比如"所有页面连接回到主页面"等，并省略这些连接，从而简化导航图。

挑战 8-4

最好应该强调纸上原型是从根本原理上实现对不同设计概念的探索，并能对设计理念进行取舍，整个实现过程简单快速，而不像高保真原型那样需要通过软件工具的编程实现才能舍弃那些不好的创意。

挑战 8-5

我们可认为此时进行设计创意展示是为了加深管理人员对设计产品质量的印象，从而获得订购合同。原型最好采用相应大小的高保真原型。管理者希望看到你将如何在小屏幕 PDA 上运行你的设计创意。原型也必须能与设计创意的基本原理有效吻合。这可能是一种新颖的交互方式，例如使用笔来翻页，也可能是设计师想完成的某项特定功能，比如通过一个设备实现对下次预约内容的放大功能。或者可能有一些设计师希望克服的特殊功能——可能是缩放到下一个约会的工具。设计师也可为设计中的其他理念和想法制作纸上原型并随身携带，以便更多用户对该设计创意进行参与体验并提供反馈。这完全是一个体现你判断力和聪明程度的问题，要将设计创意中的部分理念和想法当成卖点并试图"出售"（这样才能保证有订购合同），其他的设计理念则主要用于问题探索。

挑战 8-6

优点：

- 能从用户获取有用的反馈，并有充足的时间对设计进行修改。
- 培养用户积极参与设计过程的意识。
- 能提供最终产品的实际效果。
- 有可能将原型转化为最终的产品。

缺点：

- 可能会在设计的可用性问题上分散精力。
- 研发者可能不愿丢弃开发出的软件产品从而进行重新设计。
- 不利于那些对技术抱有恐惧的用户参与其中。
- 可能会完成得比较粗糙，难以获得有用的修改意见。可能还会想到其他一些方面。

207
~
208

设 计

目标

正如第 2 章所述，设计是凌乱的，设计问题通常形式不佳，并且会随着解决方案的提出发生变化，从而产生更多创意想法、问题以及解决方案。在设计过程中，我们对概念设计（抽象形式的设计）和物理设计（创意的具体形成阶段）进行区分。本章的目标是提供方法和技术来帮助设计者处理设计情况。

在学习本章之前，假设你已经了解了创意想法相关的理解和展示技术（第 7、8 章）、基于脚本的设计（第 3 章）、开发角色（第 3 章）以及 PACT 分析（第 2 章）等方法，同时也知道设计目标是达到高度可用性（第 5 章）和创造具有吸引力的体验（第 6 章）。本章将从一个更为抽象的视角关注设计，即从概念和隐喻两个方面思考设计的相关问题，并提供一些更为正式的方式来捕获和表达设计。第 12 章和第 13 章介绍了视觉设计和多模式设计的诸多细节，这些设计将采用本章中提出的想法并提供具体的设计解决方案。

学习完本章之后，你应：

- 理解概念设计和物理设计的特性。
- 了解隐喻在设计中的工作原理。
- 进行对象 – 动作分析为设计做准备，从而产生新系统的一个概念模型。
- 通过指定设计语言和交互模式来描述系统的外观与行为。
- 可以由程序员利用用例实现的形式来指定设计。

[209]

9.1 引言

图 9-1 是图 3-12 的下半部分，在之前章节中该图用于描述整个设计过程。该图展示了概念和物理设计的过程（由云表示），以及此阶段产生的设计产品（由矩形框表示）。最低限度的系统规范是一个概念模型、一个用例集和一个设计语言。与需求声明和场景语料库一起使用，这构成了一个令人满意的系统规范，可由开发团队实施。

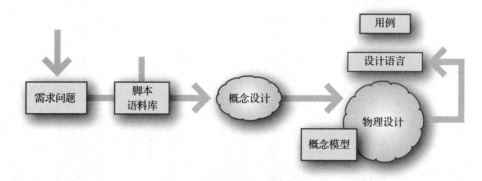

图 9-1　概念和物理设计

概念设计关心如何达到抽象描述系统的逻辑、功能、结构和内容，但并不关心结构和功能的物理实现。物理设计则涉及：

- "谁"去做"什么"（人与实体间的智能与内容的分配）。
- 使用的媒体渠道、相互关联的方式及其接触点。
- 实体与设备的外观及其行为。

概念设计和物理设计间的区别并不意味着概念设计应该在物理设计开始前完成。分析者和设计者会在设计描述的这两个层次中迭代，并确定一些物理设计方案，以便更好地理解概念层次。大量早期物理设计都发生在想象过程中。该循环过程包含多种由人们参与的评估，从而保证这样的设计确实能满足他们的需求。然而，在确定物理设计的细节前先进行概念层次上的设计具有一定的优点，那就是不仅能避免出现"设计定势"的问题，而且还能保持实际空间的广泛特性，在该设计空间中设计者可尽可能仔细地考虑所有可行的解决方案。

同样重要的是要认识到，不同类型的设计鼓励使用不同的方式来看待问题，会导致不同的设计结果。

- 批评式设计是一种刻意实现的与当下的脚本截然不同的设计方法，利用虚构设计探索新想法和新概念，既影响设计师，又影响用户。因为设计师会对他们所设计的内容和由此产生的反应进行反思，而用户则能有全新的体验，这些体验为他们未来的设计脚本提供新的见解（Dunne，1999）。 210
- 结构性设计强调富有想象力的设计。设计师不再关注某些特定需求和问题的合理解决方案，而是设想新的现实、构建它们的原型实现方法并评估是否有效。在设计新颖的博物馆体验的场景中，结构性设计方法突出了直观技术的发展，这些技术不应该干扰展览或实体的焦点，而应重点关注交互的社交方面，找到吸引访问者的方式，让他们选择如何互动（Petrelli 等，2016）。
- 绿色设计是一种通过生态和可持续方案解决设计问题的设计方法，鼓励设计师考虑环境影响和设计解决方案的可持续性（Friedberg 和 Lank，2016）。Friedberg 和 Lank 发现了绿色设计在设计中产生偏差的方法，运用特定的风格、在设计过程中接受不确定性的能力、对直觉或不寻常数据来源的亲和力，以及在设计活动中同时担任多个角色的需求。
- 用户体验设计往往是关于创造新颖和有时甚至能发人深省的设计。其目的是使设计唤醒用户关注体验的本质。

9.2　用户体验设计

回想一下，用户体验是人们在特定情况下的行为、感知、感受和有意义的创造，包括在特定环境中使用人工制品或服务的感知和感受。还可包括人们意识到的存在潜在的体验的方法、参与体验的预期、体验本身的展开以及在实际参与完成后对体验的反思。用户体验涉及体验的物理、社会、心理、情感和意识形态方面及其随着时间的推移演变的方式，还涉及不同人群为消费者、生产者和分享者所体验的不同类型的系统、产品或服务。用户体验的要素包括其战略、范围、结构、框架和表面特征（Garrett，2011）。

良好的用户体验来自对整个设备和服务生态的概念模型有充分了解的设计师。这将有助于提供良好的信息架构，从而帮助用户建立具有清晰的战略、范围和结构的心理模型。框架和表面特征描述了用户需要从审美层面理解并欣赏的设计语言。

9.2.1　探索设计空间

正如第 8 章所述，设计可在设计空间的概念中进行思考。设计空间将设计约束在一些维度中，同时允许探索其他可替代设计（Beaudouin-Lafon 和 Mackay，2012）。设计师工作时总受到来自经济上或是功能上的约束，但他们需要注意不要在早期过程中对自己施加过多约束。过早约束设计空间可能导致"设计定式"，即固定设计想法或设计约束，它们会阻碍对可行的替代方案的探索。

第 7 章描述了许多能够帮助设计师探索可行性设计的技术和方法，例如，头脑风暴是一种扩展设计空间的良好方式。第 8 章中描述的创意展示方法也将帮助设计师探索设计空间。草图是一种构思的方法。第 4 章描述了为整个用户体验开发信息架构的重要性，这种架构通常会跨越媒体渠道。因此，考虑所有的通道和接触点非常重要。我们还强调了观察后台结构以及前台功能的重要性。在概念用户体验设计期间，设计师需要对问题的根本解决方案保持开放态度，他们将使用各种方法来实现这一点，例如服务蓝图、用户旅程映射、线框和导航地图。

9.2.2　探索设计概念

我们将用户体验描述为人们通过与环境中的技术交互来表现、感受、感知、思考和创造意义。8.3 节中描述的许多技术可以帮助用户体验设计师探索不同设计在用户中产生的感受。Bill Verplank（Verplank，2007）是一位多年来一直从事草绘和设计的交互设计师。他开创了一种设计交互的观点，认为交互设计是"让设计为人所用"。他专注于三个主要问题，其总结为：

- 如何做？这涉及用户体验的行为部分。
- 如何感觉？这涉及用户体验的感知和感觉方面。
- 如何知道？这涉及用户体验中的思考和意义。

1. 如何做

"如何做？"涉及影响世界的方式，是戳破、操纵还是搁置？例如，Verplank 强调手柄与按钮间的区别。手柄更擅长连续控制（如长号），而按钮则更擅长离散控制（如钢琴键）。手柄使人主动控制（如打开车门），而按钮更可能自动激发一些事件（如打开电梯门）。

2. 如何感觉

"如何感觉"涉及我们如何理解世界以及形成媒介的感知特性。一个区别是 Marshall McLuhan 的"热"和"冷"。McLuhan 在 1964 年著有 *Understanding Media*，并以创造"地球村""信息时代"和"媒介即是信息"词语而闻名。该书在 1994 年重新出版，如旋风般席卷当时的媒体，并洞悉当今时代的媒体发展情况。他介绍了更权威且准确的"热媒介"和模糊且不完整的"冷媒介"之间的区别。冷媒介要求更多参与，需要观众填补空白来加以解释理解。热媒介只延伸一种具有高清晰度的感觉，充满数据。照片是一个热媒介，因为它具有高保真度，而卡通只是冷媒介，低清晰度且需要人填补空白。若深入阅读下去，你会发现 McLuhan 的著作令人着迷。他将热和冷的思想拓展到所有概念方式，如斧头（热）、"城市滑头"（热）、农村生活（冷）。关注于"如何感觉"带领我们进入满足、情感、享受、参与以及沉浸领域。在 1994 年 MIT 出版社出版的 *Understanding Media* 这一版的序中，Lewis

Lapham 将 McLuhan 的思想总结为如表 9-1 的特征。无须过于担心如何理解这些二分法，学会使用它们作为思考"如何感觉"的方法。（第 22 章介绍情感。）

3. 如何知道

"如何知道"涉及人们学习和计划的方式，以及设计师希望人们如何看待他们的系统。例如，Verplank 建议从地图与路径间做出选择。路径对初学者有好处，因为其提供了逐步执行的指令。地图则对理解多种方案有优势，需花费更长时间学习，但更具鲁棒性并且对专业技能更有优势。地图提供走捷径的机会。当然，通常情况下，给定的系统或产品必须同时满足这两种需求。

表 9-1　McLuhan 的 *Understanding Media* 的主旨　[212]

印刷文字	电子媒体	印刷文字	电子媒体
视觉的	触觉的	独白	合唱
机械的	组织的	分类	模式识别
序列性	同时性	中心	边缘
精心创作	即兴创作	连续的	非连续的
眼目习染	耳朵习染	句法	马赛克式的
主动性的	反应性的	自我表现	群体表达
扩张的	收缩的	文字型的人	图像型的人
完全的	不完全的		

来源：Lapham, L. (1994) in McLuhan, M., *Understanding Media: The Extensions of Man*，引言中的表 1，© 1994 Massachusetts Institute of Technology，经 MIT 出版社许可。

挑战 9-1

你认为文本信息作为媒介应具有什么特征？要有创意！

9.2.3　体验场所

在 *Spaces of Interaction, Places for Experience*（Benyon，2014）一书中，Benyon 列出了用户体验设计师在设计中需要考虑的不同空间：

- 物理空间对用户体验产生巨大影响，设计师需要考虑他们必须使用的机会或约束。例如，如果他们正在开发用来户外工作的移动应用程序，那么存在哪些连接问题？或者，如果他们正在为零售商店开发新的店内服务，他们可以在物理空间中改变什么，或者他们可以怎样使用标签等物理接触点？ [213]

数字空间涉及用户可能为设备和服务生态带来的所有各种设备以及这些设备影响整体用户体验的方式。

- 信息空间包括数字内容、物理内容以及操纵它的软件，包括物理标识、物理对象（如票证和收据）以及嵌入式显示。
- 用户体验的社交空间涉及人与人之间的连接、人们分享体验的方式以及将社交媒体纳入用户体验的方法。

因此，体验场所即在第 18 章讨论的混合空间。混合空间将物理、数字、信息和社交空间结合在一起以建立新的概念空间，使人们形成意图、意义、感觉和感受，并采取行动。人们可以通过不同的渠道和设备生态系统，浏览这些空间，生成和消费信息内容。

用户体验的概念设计涉及考虑更广泛的体验问题以及任何新服务、产品或系统如何适应现有结构。用户体验设计师如何描述他们正在寻找的用户体验是一个有争议的问题。Hassenzahl（2010）谈到了明确的经验目标。但是，我们的方法是建立在语义差异的概念之上（第 7 章）。用户体验设计师应该针对一组描述性形容词（第 8 章），目的是捕捉用户体验的本质并可用于评估（第 10 章）。图 9-2 显示了我们为 Explore Scot 应用程序所做的 PowerPoint 宣传的一部分，重点在于试图实现体验的本质，并将其描述得更有吸引力、更具权威和现代化。

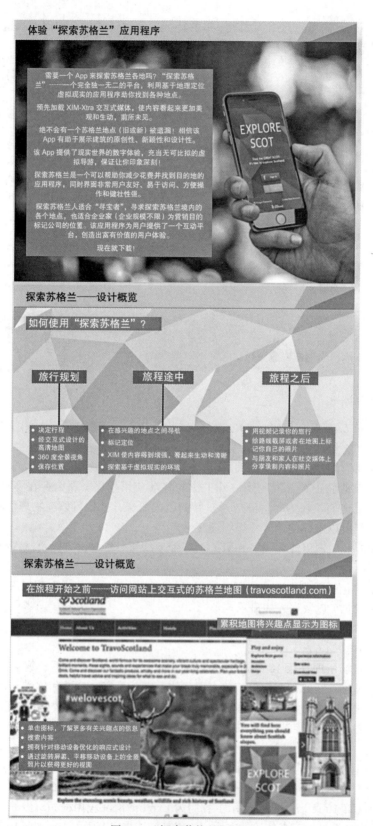

图 9-2 "探索苏格兰" App

9.3　设计中的隐喻与融合

隐喻通常被看作将一个域（称为源域，或喻体）的概念用于另一个域（称为目标域，或本体）上。文学中的隐喻不仅常见且通常具有文化特性。在 1981 年所著的一本开创性的书中，George Lakoff 和 Mark Johnson 讨论了"我们生活中的隐喻"，展示了诸如"他正在攀登成功的阶梯"这样的流行隐喻如何影响我们思考的方式。两个常见的比喻是"船像犁地一样破浪前进"和"总统调集论据来捍卫自己的立场"。其中，第一个例子将船在海上的游动比喻为犁在田地上的移动，表明波浪像犁沟一样，隐含着力量推动船只在大海中前进。对某些人来说，它意味着运动的速度。第二个例子将争论比作一场战役，像统帅士兵一样整理论点，将总统的立场比喻为一个城堡或其他需要保卫的地方。

在交互式系统的开发过程中，我们常常会尝试给人们描述一个新的域（新应用程序、不同设计、新交互设施）。因此我们需要根据一些我们熟知的事物采用隐喻的方式去描述这个新领域。对于隐喻在交互式系统设计中的作用，Blackwell（2006）给出了一个较为系统的论述。慢慢地，隐喻的使用就会根深蒂固到人们会忘记它曾是隐喻。

路径和映射可被认为是交互式设计的隐喻。不同的隐喻会导致不同的概念和设计。思考例如交互式系统的导航功能（见第 25 章的导航）。很多人可能立刻会想到的是导航，即试图 214
到达特定的地方，但这仅仅是一个方面（通常被称为"寻路"），我们还会浏览和探索。如果考虑在城市中进行导航，那么我们需要了解以下信息：城市的道路和路标，能在无形中把我们从一个地方带到另一个地方的地铁，公共运输的出租车或公交车等。

考虑到隐喻能激发其他思维方式的创造性飞跃。例如，在一个协同设计会议中，将接口看作"名片夹"（如图 9-3 所示），一种手工名片索引设备，以允许人们在标准尺寸名片中快速地翻查，从而使"枪管"的设计应运而生（如图 9-4 左所示），还出现了一个更常见的搜索结果设计（如图 9-4 右所示）。尽管枪管的想法被拒绝了，但名片夹的概念似乎捕捉到了通过滑动"卡片"这一直观的导航风格来搜寻和检索结果的想法。

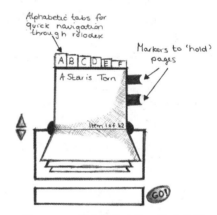

图 9-3　工程中名片夹接口隐喻草图
（名片夹是一个注册商标，但在本书中用于表示概念而非产品）

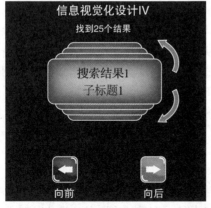

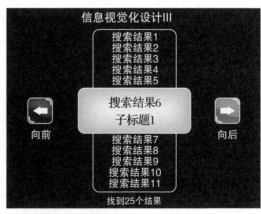

图 9-4　工程中搜索功能的替换设计的快照

框 9-1   导航隐喻

用于导航的那些隐喻可能会有不同的联想。例如，荒野令人恐惧、困惑但又迷人；而沙漠则是可怕而美丽的，且没有任何标志性建筑。这些隐喻可能会鼓励人们开拓一条道路，欣赏沿路风景并走出去。一个整体的风景隐喻可能包含荒野和沙漠等景观，其中不同类型的地形代表不同类型的信息。这些隐喻鼓励用户去探索：系统提供一个高层次的隐喻，而用户则提供更为详细的结构。

夜空提供了另外一种不同的空间，对于人眼来说，它包含对象、集群和模式，非常之大，支持映射和识别对象的活动。然而，夜空中仅有相对较少的对象类型（星系、恒星、行星），而真正令人感兴趣的是这些对象的结构和子类型；如时空弯曲和虫洞等科幻小说的概念可用于将物体快速而神奇地运输到遥远的空间；公海是另一种隐喻，鼓励表面与深度的差异，于是，很自然地想到了很多隐藏于表面之下的信息，这些信息仅在用户潜入其底部时才可见；洋流可连接大陆和岛屿，并把人们带到意想不到的地方；人们可寻找信息孤岛，群岛提供集群；博物馆经过精心规划，使人可以自由漫步在馆中，但也进行了合理的安排以便学习；图书馆适合寻找特定信息，具有良好的组织和架构。

这些隐喻并不意味着建议用户界面要看起来像一个特定的沙漠、荒野或图书馆（尽管有时这种显式的用户界面隐喻可能是有用的）。这里的想法是以不同的方式来思考这些活动。

挑战 9-2

考虑一些熟悉的计算概念："窗口""剪切和粘贴""引导程序""打开文件夹""关闭文件"。列出这些隐喻，尝试写下它们都来自哪里。

隐喻不仅是一种文学概念，也是人们思维方式的基础。Lakoff、Johnson（1981，1999）及其同事已经对隐喻理论进行了 30 多年的研究。他们描述了一个"经验性"哲学或认知语义，认为我们所有思想的产生或起源都来源于一些基本概念的隐喻使用，或起源于"意象图示"，如容器、链接和路径。容器有内部和外部之分，可以把东西放进去或把东西拿出来，这个基本概念是我们概念化世界方法的基础。路径始于出发点终于目的地。经验主义的关键是，这些基本概念植根于空间经历。还有一些基本类型的"意象图示"可产生思想创意，如"前 – 后"意象图示、"上 – 下"意象图示和"中心 – 外围"意象图示。

这种观点的一个重要贡献是，隐喻不再仅是指从一个域到另一个域的简单映射过程。它是一件更复杂的事情，以窗口出现在计算机操作系统中这一想法为例。我们知道计算机窗口不同于房子的窗户。它们的共同点是浏览文档类似于朝房子里看，不同的是，当你打开计算机窗口时，它不会让新鲜空气进来，它永远只能作为一个窗口去查看某些事物，此外，计算机窗口有一个滚动条，而房子的窗户没有。类似地，计算机的回收站或垃圾站并不是一个真正的垃圾桶。实际上，文件回收的含义相当复杂。

Fauconnier 等的贡献（如 Fauconnier 和 Turner，2002）指出，设计中所谓的"隐喻"是融合的，这种融合的输入至少有两个空间：源域特性和目标域特性。因此，计算机窗口不仅具有房子窗户域的元素，还表示计算机试图将大量数据显示在尺寸有限的屏幕上的一些功能元素。文件夹的隐喻则融合了存放纸张的真实文件夹域和在磁盘上具有物理位置的计算机文件域。

图 9-5 说明了此融合思想。用这种方式将两个域进行结合所产生的融合结果具有一些源域所没有的特征。融合结果具有将两个概念集（从源域和目标域得来）结合后所产生的新兴结构。因此，计算机窗口具有不同于真实窗户和之前计算机命令的特点。名片夹概念具有新兴特性。这些关系到人们如何在"虚拟"名片夹（相对于一个真实的物理的名片夹）中导航，以及如何将搜索结果呈现而不是按照传统查询方式呈现。正因为具有新兴特性，才使得这些设计比其他设计更为优越。

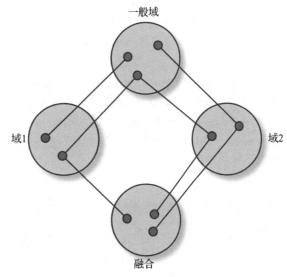

图 9-5　融合概念图示

218

为了让隐喻和融合起作用，那些来自更为一般或抽象空间的不同域之间要能相互对应。因此，例如，"船像犁地一样破浪前进"的隐喻能起作用，而"船奔跑在森林之中"的隐喻则不能。这是因为后者两个域中的概念没有相互充分对应。当然，一般空间本身是一个域，因而它自身可使用隐喻概念。隐喻过程持续进行，直到我们达到思想核心的基本意象图式才返回。这些意象图式包括容器、路径、链接和其他如颜色（红色是暖色、蓝色是冷色，红色是停止、绿色是进行，向上代表好、向下代表坏），以及那些来自经验和感知（上、下、进、出、中心、外围等）的身体模式。

形象思维是设计和使用计算机系统的基础。交互设计师的工作之一是想出一个不错的隐喻来帮助人们学习使用系统并理解内容。隐喻设计工作如下：

- 源域具有一些特性（概念和功能）。
- 目标域具有一些概念和特征。
- 因此，分析它们之间的关系很重要。
- 基础域中的过多特性导致隐喻的"概念负担"。
- 特点过少，或不合适的特点过多，可能造成困惑。
- 让人们得到合适的设计期望。

注意，隐喻设计并不意味着需要具有物理上的相似之处，重要的是要有一个好的概念对应。有时可能需要将概念隐喻实施为物理隐喻比较合适，但并非总是如此。和用户体验设计的其他方面一样，需要对隐喻和融合进行评估。但是，良好的隐喻设计具有以下几个原则：

- 一体化：主要是指隐喻具有一致性和不可混淆的特点。这里的目标是对整个融合过程进行操控，同时能保持关系网。融合具有其自身结构，正是因为这个特点才需要保持融合的一致性。
- 可分解：人们应当能够分解融合并且理解输入来自何处以及为什么起作用。当然，这往往是一种需要解释的情况。通过考虑、反思和评估，设计者可实现这一点。设计者应当为对象融合提出一些较好的理由。

- 拓扑：不同的空间应当具有相似的拓扑。我们可看出波浪和犁沟具有相似的拓扑结构，而波浪和树则没有。拓扑则关注如何对概念进行组织和结构化。
- 分析：当进行分析时，设计者应当集中精力获得合适的功能和概念，探索隐喻分支，评估人们会如何解释该隐喻。
- 设计：在设计层面，设计师应考虑如何表示对象和行为。它们无须是真实的可视化表示（如菜单项名称通常是隐喻）。

设计师不可避免地需要在交互设计中使用隐喻，所以需明确考虑它们。隐喻是两个或多个输入空间的融合，并拥有自己的新兴结构。那些利用如身体和感知图示等基础域的隐喻有助于人们理解这些隐喻，并形成准确的心智模型。设计师应遵守良好的融合原则。Imaz 和 Benyon（2005）在他们的 *Designing with Blends* 一书中提出了这些想法。Bødker 和 Klokmose（2016）也提供了对良好融合的分析，强调现在的交互是一种交叉的渠道，以至于难以实现简单的一对一融合。

219

挑战 9-3

思考三种可用于平板电脑上备忘录功能的隐喻（或思维方式）。

9.4　概念设计

概念设计的目的是得出被调查域的概念模型。服务蓝图、用户旅程映射、实体模型、对象模型和其他表示用于探索、生成想法并在设计后记录概念模型。上一节和本节中的考虑因素将有助于设计人员获得概念模型。回想一下，该模型及其呈现方式将成为系统或服务的信息架构的基础，从而帮助或阻碍用户开发出系统或服务的心智模型（心智模型在第 2 章有介绍）。

概念设计也是多层次的，在 4.2 节中描述了不同的设计水平。概念设计涉及 Garrett 的用户体验模型元素的策略、范围和结构层面，涉及用户需求（消除痛苦和提供收益）、服务或系统的目标、服务或系统将具有的内容和功能的要求，以及信息架构和交互设计。

9.4.1　脚本和概念设计

在第 3 章中，我们展示了如何将脚本用于整个设计过程中的方法。叙述故事有助于理解，从脚本中抽象出来的概念性脚本则可用于描述一般的行为活动。固定某些设计约束条件则会产生具体脚本，这些脚步最终会成为功能规范并表示成用例的形式。在设计团队会议上，设计师应该同相关方面讨论和评估所开发的脚本语料库。脚本具有不同程度的具体化形式，最具体化形式的脚本用于预想或评估特定交互。表面上看来构建一个脚本比较简单，但有许多方法可供我们去创建更有效的脚本：

- 用一些更直观的视觉展示技术来补充完善脚本。
- 在一支庞大的设计团队中，包含大量的真实数据和资料，从而让人们无须直接参与就能体会具体细节。
- 仔细想想基础假设。
- 包含良好特性并发展一批用于分析的任务角色。如果这样做好了，团队成员就会开始谈论角色——如果"你这样设计了，老年女性想要使用时会怎么样？"

- 提供丰富的背景材料——这促使设计方案立足于现实生活，从而迫使设计者考虑实用性和可接受性。

对于一个概念性脚本，团队成员可以写出自己的具体版本，从而反映他们特别关注的问题，这些问题可汇总并将重复部分删除。

我们的目标是找出能涵盖产品所有主要用途和功能的脚本集。尽管我们不能为使用过程中的所有不同情形都写出相应的脚本，但所生成的脚本应该包含以下几方面：

- 与使用情形类似的典型交互。
- 对项目重点尤为重要的设计问题。
- 需求不明确的地方。
- 任何对安全至关重要的方面。

220

9.4.2　对象——动作分析

进行概念设计的一种良好方式是对脚本语料库进行"对象 – 动作"分析。分析人员需要对语料库中的每个脚本遍历脚本描述，标识所提到的各种对象及其执行的各种动作。对象通常由名词或名词短语表示，活动和动作由动词表示。

挑战 9-4

以下段落节选自爱丁堡艺术节脚本。请忽略常用动词，如"是"（was, is）等，并去掉重复出现的词，列出主要名词和动词，然后罗列出主要对象和动作。

爱丁堡艺术节是一个大型艺术节，每年 8 月在城中举办三周。由两个艺术节组成——爱丁堡国际艺术节和爱丁堡艺穗节，其中，艺穗节包括图书、电影、爵士音乐节和各种相关活动。最初举办的是国际艺术节，直到 20 世纪 80 年代中期才扩展为两个节日。国际艺术节是一个官方节日，演出人员主要由来自世界各地久负盛名的表演者、世界一流的乐团、作曲家和芭蕾舞团等组成。而艺穗节最初是一个非官方的辅助性节日，其在传统上更加非正式和大胆，主要演出像 Traverse 这样的新戏剧，或一些行为艺术作品，如德马科（Demarco）。多年来，爱丁堡艺穗节的规模逐渐扩大，并已超过官方的国际艺术节规模。据统计，爱丁堡艺术节共由约 1200 个不同的活动组成，150 个不同的举办场地遍布全市范围内。

以这种方式利用脚本语料库实施，需要以下 4 个阶段：

（1）分析各脚本，区分特定动作和更普遍、更高层次的动作。

（2）对每个脚本中的对象和动作进行总结，必要时合并相似或相同的动作。

（3）将每个脚本分析进行汇总，并整理归纳成汇总对象、动作和更一般的活动。

（4）合并相同的动作与对象，并以相同的名字命名。

9.4.3　音乐播放器例子中的对象和动作

表 9-2 展示了音乐播放器 App 脚本的一部分分析过程。该脚本如下所示：

表 9-2　MP3/01 脚本的一部分的对象 – 动作分析

活动	构成子活动	动作	对象	注释
通过名字 P3 来搜索 MP3 曲目	运行搜索功能 P3	运行	搜索对象	"搜索对象"——可能需要修改？

（续）

活动	构成子活动	动作	对象	注释
	输入查询（曲目名称）P3	输入（用户输入）确认	搜索对象查询	
播放曲目 P4	选择搜索结果（MP3 曲目）P4	选择	搜索结果（曲目）	音乐曲目。此处无"浏览搜索结果"，因为搜索结果仅有一个对象（曲目）
播放曲目 P4	播放（开始播放）	曲目	"播放"并不指播放完整的曲目——曲目可能暂停、终止、快进等。"开始播放"则更为确切	

P1. 安妮是一名自由职业的艺术记者，主要在家工作。她正在为一则有关歌手和词曲作家的全国性报纸撰写一篇文章，当她想在她的文章中引用一首特别著名的歌曲时，她发现自己不记得歌词，她感到恼火。她知道歌手的名字和歌名，但除此之外，她的记忆让她失望。

221

P2. 她离开办公桌希望休息一下，喝一杯咖啡就可以消除瓶颈。在厨房里，她意识到音乐播放器可以帮助她。她记起在过去两个月左右的某个时间里她已经下载了她需要的歌曲，并且这首歌仍然存放在音乐播放器里。

P3. 她选择了"播放"功能，其中可以看到"音乐搜索"。她选择搜索，界面出现，要求输入一些搜索细节。她可以通过输入艺术家姓名、曲目标题或按照音乐类型进行搜索，这些都是播放器可以识别的音乐元数据的所有元素。她即将输入歌手的名字，但实际上她存储了这位歌手的几首曲目，所以她输入了曲目名称。

P4. 播放器快速找到该曲目并询问她现在是否想要播放。她通过触摸屏幕来选择此选项。音乐播放器控制器出现在屏幕上，所选曲目已加载并准备播放。

在分析过程中，表最左列显示各活动名称以及活动出现位置的段落数。这些活动由多个子活动序列组成（列 2）。从这些子活动衍生出来的行为和对象显示在第 3 列和第 4 列，注释在第 5 列。当然，脚本只是用于说明该思想的音乐播放器场景分析的一小部分。

表 9-3 展示的是从所有脚本整理出的部分结果。每个动作（列 1）和对象（列 2）的出现次数在表中都有记录。与使用词语略微不同，该表使用多种注释表示相应问题。该分析的目的是了解一个域中的对象和动作。尤其要注意一点，这里并没有明确或"标准"的答案。"对象 – 动作"分析只是另一种探索设计空间的方式。

表 9-3   音乐播放器域中部分对象和动作的整理结果，出现次数由括号内的数字表示

脚本 MP3/01 ～ MP3/05：活动和对象分解——阶段 3（A）（所有动作和对象的集合）

所有动作	所有对象
……	……
运行（21）	播放列表（30）
[运行]（1）	播放列表目录（2）
载入（1）	播放列表目录（7）
修改（4）	查询（4）
移动（1）	搜索对象（9）
（移动）（1）	搜索结果（曲目）（1）
名称（2）	搜索结果（3）
名称（用户输入）（4）	建立（1）[场景 MP3/03]
打开（3）	曲目（32）
暂停（2）	曲目（MP3 文件）（1）
播放（开始播放）（7）	曲目列表（1）
重复（重新播放）（1）	曲目集（9）

（续）

所有动作	所有对象
重新保存（保存）（1）	曲目集（MP3 文件集）（1）
保存（8）	曲目集列表（9）
［选择］（1）	［曲目集列表］（2）
选择（指定）（1）	……
［选择（指定）］（3）	
……	

在进行最终摘要分析前，我们需要将具有一般相似的那些动作合并为一组。这里需特别注意，要尽量避免出现将具有细微差别的动作合并在一起的错误。进行合并的指导原则是寻找动作中相似或相同的概念或功能，即可能要将这些概念或功能作为合并后的选项进行分组。该表用注释进行标注，以记录分组所采用的标准。这里，将每个动作合并起来并统一命名，从此开始，该名称就是在各种情况中使用的通用术语。表 9-4 说明了这一过程，包括动作"选中"和"选择"。 222

表 9-4　考虑动作"选中"和"选择"的各种用法

［选中］（1）	7 "选择""（指定）""选择"都描述了一种用户行为：
选中（指定）（1）	● 从列表或其他显示对象中选择一项或一组
［选中（指定）］（3）	● 从其他动作菜单中选择一个选项
	这里，该软件决定了可能的选项列表和用户可用的交互列表，并展现给用户（以多种可能的形式形态）
选择（1）	1
选择（指定）（1）	1

因此，对象 – 动作分析对所选择的动作生成一个通用化的形式，并了解可进行选择的各种对象：曲目、播放列表、播放列表目录、查询结果。

9.4.4　图解技术

如图 9-6 所示，对象分析结果可表示为一个对象模型或"实体 – 关系"模型。这可理解为一个播放列表目录包含多个播放列表，而每个播放列表仅存在于一个播放列表目录内。一个播放列表包含多个曲目。每个曲目仅存在于一个播放列表和一个曲目列表中。一个曲目可能是一个查询的结果。需要注意的是，通过开发一个概念模型，我们该如何去提出并讨论设计问题。你可能不同意上面的一些观点，但这没多大影响，这也正是明确概念模型显得如此重要的原因。

设计师往往会用图解技术来表示系统的概念模型，如"实体 – 关系"模型或对象模型。对象模型或"实体 – 关系"

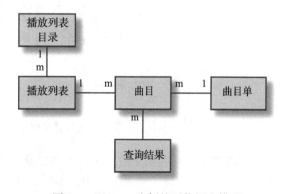

图 9-6　以 MP3 为例的可能概念模型

模型表示一个域中所感兴趣的主要对象以及它们之间的关系。有很多书专门介绍这些概念模型以及相关的图解技术，利用这些图解技术我们可去探索研究概念结构，而不仅是简单记录它。在概念模型中，对象的特定实例和对象的类别间存在一个重要区别。在 MP3 例子中，"曲目"类型对象的一个实例可能是"月宫舞"，另一个实例可能是"格洛丽亚"（Van Morrison 的两首歌曲）。我们将这些实例组成为一个称为曲目的对象类型，因为它们有一些共同特点，如曲目名称、持续时间等（分类在第 7 章中有简要论述，也可参见第 3 章中的讨论）。对象间的关系是由对象与对象间有多少个实例相关联来表示的。通常情况下，我们并不对具体有多少实例感兴趣，真正感兴趣的是在一个或多个实例间是否存在关联。若一个实例仅与一个实例相关，概念模型标注为 1；若可与多个实例相关，概念模型则标注为 m。

223
～
224

图 9-7 展示了对同一事物——自动取款机（ATM）所设计的两种概念模型。图上半部分是一个对象模型，它显示了概念人、卡、账户和 ATM 之间的关系。比如，一个人可能会申请一个账户，卡会插入 ATM 等。图下半部分是"实体－关系"模型。这更复杂，但却能捕捉更多情景的语义。该模型区分了用户与持卡者这两种概念之间的差异，它还能区分使用 ATM 和访问账户间的差异。

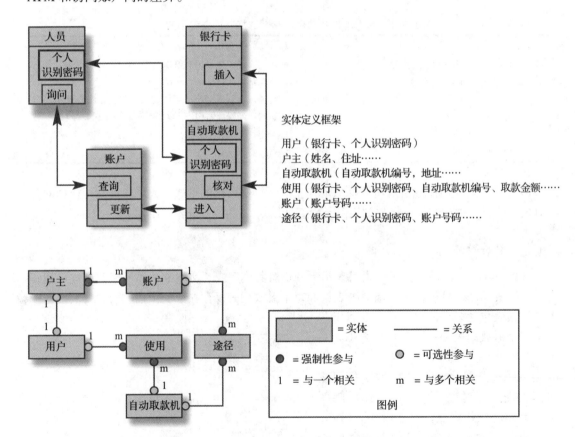

图 9-7   自动取款机的两个概念模型：上方的对象模型和下方的实体模型

这些图很少存在缺乏进一步说明的情形，尤其是"实体－关系"图更为形式化。例如，在图 9-7 中的"实体－关系"图中，不仅包含能说明关系中实体参与条件（可选或强制）的注释，还包含可以反映实体属性的概要定义。若需要，可在图中将属性显示为椭圆形。这里并非有意去探索概念建模技术的细节，而是让设计者知道它们存在。有很多对象建模方面的书籍（例如，vanHarmelen，2001）和面向界面设计的"实体 – 关系"建模方面的书籍（Benyon 等，1999）。一些关于信息架构的方法也包含形式模型。需要注意一点，这些技术可有效应用于构建设计的基础概念结构。

在网站设计中，通常产生一个"站点地图"——该网站结构的一个概念模型。采用诸如对象模型等形式化模型的概念建模方法是一种非常强大的工具，它有助于设计者思考设计细节。通过把一个系统中的对象和关系表现出来，设计者能更清楚地看到设计逻辑是否正常运行（信息架构和网站设计见第 14 章）。

225

框 9-2 交互元素

Dan Saffer（2009）提出了交互设计需要考虑的六个关键元素。在很多方面，这些元素与第 6 章中讨论的交互轨迹概念相似，这六个元素如下：

（1）运动——不运动的物体不会交互。运动是行动的触发器，行为是由态度、文化、个性和语境所决定的运动。

（2）空间——运动发生于空间中。交互设计涉及物理空间和数字空间的组合。

（3）时间——在空间中运动需要时间，所有的交互都是随着时间发生的。时间创造了节奏。

（4）外观——比例、结构、大小、形状、重量、颜色。

（5）质地——如震动、粗糙、光滑等。

（6）音效——音高、音量、音质。

9.5 物理设计

尽管我们将用户体验设计元素中的框架层和结构层视为物理设计，其中仍然有概念设计元素，在本节（设计语言和设计模式）中讨论的表现方式仍然非常抽象。例如，对调色板和视觉风格的决定会反映在系统或服务的策略层和范围层上。对界面、导航和内容呈现方式的决定也要保持一致，并体现服务或系统想要传达给用户的感觉和意义。

物理设计不仅关注事情是如何运行的，还关注对产品的外观和体验进行细节化。物理设计不仅需要将结构交互转变为逻辑序列，还需要划分和描述人与设备间职能和知识的分配。

物理设计包括三个构成成分：

- 操作设计关注于指定每件事情是如何运行的，以及内容是如何组织并存储的。
- 表现设计关注于确定颜色、形状、规模和布局信息，它关心的是设计风格和美学。
- 交互设计在此上下文中则关注于人或技术的职能分配，以及交互的结构化和序列化问题。

在介绍界面设计可视化（第 12 章）和多模态界面设计（第 13 章）的章节中已经涵盖了许多物理设计的细节。在本节中，我们考虑两个帮助设计者应对操作设计和交互设计的主要设计概念：设计语言和交互模式。

框 9-3　仿真设计

仿真设计是指设计能够从物理上模拟过去事物的新事物。若能够帮助用户将所熟悉对象的功能转移到一个新对象上，使用仿真设计效果显著。同时，仿真设计会利用一个显式视觉隐喻来建立一个概念隐喻。然而，通常情况下使用仿真设计似乎毫无依据、也没必要，且在审美上是过时的。

苹果的 mac 操作系统饱受批评，因为它把电子书的摆放架设计得像老式木质书架，把日历设计得像旧的皮革日历。不过，在用户体验指导方面，苹果公司确实提升了仿真设计的水平，如"在 iPhone 上，人们会马上了解 Voice Memos 应用是用来做什么的以及如何使用它，因为该应用呈现为一个渲染得很漂亮的焦点图像（麦克风），并具有逼真的控制界面"（如图 9-8 所示）。

图 9-8　苹果的声音记录器
（来源：Mandy Cheng/AFP/Getty Images）

9.5.1　设计语言

一种设计语言由以下几个方面组成：
- 一个设计元素集合——如按钮、滑块和其他小部件的颜色、风格和类型的使用。
- 一些组合原则（即把它们放在一起的规则）。
- 合理情况集——情境，以及它们如何影响规则。

设计语言具有一致性，意味着人们只需要学习数量有限的设计要素，就可以应对大量不同的情形。设计语言是指设计者如何让对象有意义，使人们明白这些对象要做什么，并区分不同类型的对象。

任何一种语言都会为事物表达提供一种方式，而设计语言则是表达设计概念的一种方式。若语言具有合适的要素和相应的组织原则，并使用适宜的表达和传播媒介，则可用于特定目标。

Rheinfrank 和 Evenson（1996）强调当设计语言已经深入人心，人们不知不觉都在使用时，它才具有最大影响。他们的设计方法包括通过以下方式开发一种设计语言：
- 特征化——对已有假设条件及任何已存在的设计语言进行描述的过程。
- 重新注册——通过领域研究探索发展趋势和需求，创建新的假设集合。
- 开发与论证——采用故事板、原型和其他构想技巧。
- 评价该设计的反馈。
- 语言随时间的演变。再好的设计，也只会持续一段时间，环境会迫使它重新审视。

框 9-4　微软的设计语言

从 Windows 7 移动平台开始，直到 Windows 8 桌面系统出现，微软为它的产品引入了一种新型设计语言。最初称为"Metro",根据微软官网上的描述,该语言的设计灵感主要来自瑞士有影响力的出版和包装方法,以及铁路标志,其重点关注 chrome 的运动和内容,如图 9-9 所示。该语言在 Windows 8 和 Windows 10 中得到了进一步提升。

该设计语言的主要特征为:

- **移动**:通过开发一组连贯的动作或动画来创建一个系统,从而提高整个用户界面效果,这些动作或动画为可用性提供上下文环境。
- **排版**:目标为使重量和位置得以平衡,使用户更加满意。
- **内容焦点**:通过删除用户接口中的额外配件,让内容成为主要关注点。
- **真实**:由于整合高分辨率显示屏以及采用触摸板,可专门针对便携式设备进行设计。交互变得更加便捷和容易。

来源:www.microsoft.com/design/toolbox/tutorials/windows-phone-7/metro/。

通过帮助人们了解设备内部事物的运行机制,设计语言有助于保证透明度(4.5 节讨论了设计原则)。同时,设计语言还负责实现设备间的知识转移功能。安卓手机的用户通常希望在另一个安卓手机上找到类似设计,这就意味着,人们更乐意看到有使用设备或功能的机会,并期望发生或出现某些行为、结构或功能。最后,人们会确认一种风格,这有助于确定自己的身份标识,通过设计语言完成活动。

9.5.2 MP3 的设计语言

先前描述的 MP3 应用程序是在触屏环境中运行的,在这一环境中,由于显示的文本大小和相近性,功能受到了严重的制约。通过简单的触摸选取可能是最直观的解决方案。

228

图 9-9 微软的用户界面

(来源:www.microsoft.com/design/toolbox/tutorials/windows-phone-7/metro/)

　　但是，除非文本字体大且相互间隔广，否则所有手指就算是小拇指也很难准确地选择一个曲目。一种可能的解决方案如图 9-10 所示（第 8 章讨论了线框图）。

　　人们可将曲目拖动到白色插槽模块（A）中来选择它。在这种情况下，交互可能有两种方式供人们选择：要么将曲目拖动到插槽中然后拿开手指，从而加载曲目；要么中止选择，曲目则自动返回到其在名片夹中的位置。这种"可恢复性因素"是基本设计原则之一。

　　不论交互完成或中止，文本项在转移过程中都由黑色（B）转变为橙（C），以表示它是"激活"状态。在曲目拖动过程中，曲目名称（D）变暗并保留在名片夹中。因此，提出的语言要素为选定项目变暗、拖动选择、颜色改变以指示选择等。

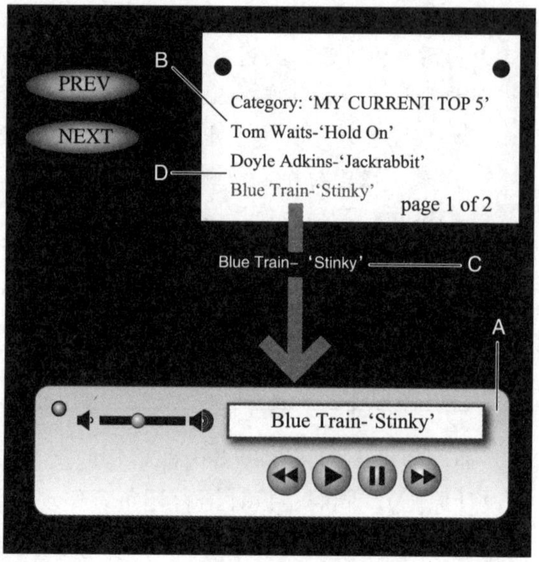

图 9-10　选取行为的可能设计

9.6　交互设计

　　交互设计是交互式系统设计的关键。概念设计应尽可能与实现过程独立。在从概念设计到物理设计的推进过程中需要设计者将职能和知识分配给个人或设备，从而创建交互。例如，在 MP3 播放器的例子中，必须有选择曲目和播放曲目、修改播放列表或加载播放列表的行为。但是，这并不需要说明"谁"做"什么"。例如，曲目的选择可以作为 MP3 播放器的一个随机功能。播放列表可以从内容提供商处购买，或由系统根据统计数据创建，如播放频率。

　　在交互设计（即将职能分配给人或设备）中，设计者需考虑人们的能力以及限制他们能做什么的约束条件。随着时间的推移人们会容易忘记事情。在短时间内，他们就会忘记工作日志中的事物。人们也不善于执行长指令或反复进行枯燥的任务。而另一方面，人们又擅长应对突发事件，并处理模糊与不完整的信息。相对而言，技术所具备的能力则恰好相反。

　　但这并不仅只有效率一个问题。交互应该吸引人、令人愉快和满足。此外，若系统支持工作生活，它应该帮助建立满意和有意义的工作，而家用产品需适应生活方式和期望印象。

　　当然，从真正意义上说，这本书是关于设计交互的，所以对设计理念进行理解、评估和展示是至关重要的。在本节中，我们的目标是提供更为正式的方法以辅助实施这个过程。本节第一部分首先介绍交互模式，然后在第二部分回顾一些用于组织交互的模型。

9.6.1　交互模式

　　"模式"的概念——在某个环境中的感知规律，已被交互式系统设计者采用，并以交互模式的形式出现。与架构模式类似（见框 9-5），交互模式可在多个不同的抽象层次进行识别。例如，在大多数个人计算机（PC）上，如果你双击某些对象，则可打开它；如果你右击则显示可执行操作的菜单。Macintosh 计算机仅有一个单一的鼠标按钮，因此"右击"模式对 Mac 用户是未知的（他们可用控制点击代替）。大多数播放设备，例如 VCR 或 DVD、磁带播放器和计算机上的 MP3 播放器等，都有播放、停止、快进和快退等交互模式。在我们熟悉的菜单和鼠标的各种复杂交互事件中可建立模式：菜单布局模式、鼠标滑过项目时的高亮模式、项目被选中时的闪烁模式等。最近，人们一直在开发用于多点触控显示器交互的手势模式（Wobbrock 等，2009）。Freeman 等人（2016）讨论了探测悬浮手势的模式。一旦经过确认，一般可用性模式在很大程度上与设计指南具有相似性，但其超越设计指南的优点是，模式所附带的描述和实例较为丰富。

229
～
230

框 9-5 "亚历山大"模式

因为在建筑学领域引入了建筑模式理念，Christopher Alexander（Alexander，1979）一直都非常具有影响力。这些是常规的设计理念。例如，在邻近社区设置小的停车场是一个好主意，因为大型停车场不仅显得丑陋，还会扰乱社区。在一个城市的路边开设咖啡馆是一个不错的主意，人们可以坐在外面，因为它创造了一个很好的氛围。在一个空地旁边砌一座矮墙是一个不错的主意，因为人们可以坐在上面。

针对建筑特点，Alexander 提出的模式是基于不同的抽象层次的——从墙的模式到整个城市的模式。每个模式都表达了如下三者之间的关系：一个特定上下文、该上下文中反复出现的特定"力"系统（即特定问题）以及进行力分解的解决方案。因此，模式与其他模式相互关联，从而形成一个更大的模式。

例如：

- **区域边饰**，提出人们应该能够通过一个连接区（如阳台）行走，以此来感觉与外面世界的连接。
- **通往街道**，指通过直接开放，使得人行道上的人们能感觉到与建筑物内部功能的连接。

模式体现为具体原型，而不是抽象原则，而且往往集中在环境物理形式的交互，以及其中各种行为的抑制或促进的方式。模式语言不是价值中立的，而是在其名称中表现出特别价值，在原理中更加明显。

Alexander 在他的书中指定超过 200 个模式。模式 88（改编自 Erickson，2003）如下所示。注意它是如何引用其他模式（编号）的，以及如何构造丰富的基于社会的描述。

88 街头咖啡馆

[图片忽略]

……社区是由可识别社区（14）定义的，其聚焦特性由行为节点（30）和小公共广场（61）给出。这种模式（以及遵循它的模式），给出了社区及其聚焦点和身份。

该街头咖啡馆提供了一个独特的环境，尤其对城市：在这里，人们可以慵懒地坐着，大方地观赏所经历的世界。

最人性化的城市总是布满了街头咖啡馆。让我们试着去了解使这些地方如此吸引人的体验。我们知道人们混杂在公共场所，在公园、广场、步行街、林荫道和街头咖啡馆。其前提似乎是通过自定义设置使得你拥有在那里的权利。在这些地方习惯去做的有几件事情，包括：看报纸、散步、品尝啤酒、投球。人们有足够的安全感放松，相互点头，甚至是会面。一家好的咖啡馆露台符合这些条件。但它除了这些，还拥有其自身的特质：一个人可以坐在那里……

[231]

[忽略 9 段原理的阐述]

因此，鼓励当地的咖啡馆涌现在每个社区。让当地人宾至如归，在繁忙的道路旁开设几个房间，人们在那里可以享用咖啡或饮料，并观察所经历的世界。在咖啡馆的前面放置一些桌子，让它们正好对着街道。

[图忽略]

在露台和室内之间建立大量的开放区域——开放街道（165），使露台成为一个给附近的公交站和办公室等待的地方（150），室内和室外的露台都用各色各样不同的椅子和桌子——不同的椅子（251），并为露台搭盖一些低的街道边界，防止被街道行为打扰——楼梯座位（125）、座位墙（243）、帆布顶篷（244）。

[文字忽略]

模式以某种通用格式进行描述。一种使用形式如表 9-5 所示，它显示了在 MP3 应用中编辑功能的交互模式。每个模式都用该标准方式进行描述，即给定名称和说明、所要解决的问题描述、用于方案决策的设计原理或推动力，以及所采用的解决方案。模式通常会参考其他模式并被其他模式引用。

表 9-5　编辑操作的交互模式

交互模式：编辑	
描述	编辑实体内容 （概念上关联于"排序"-q.v.）
示例	添加 MP3 曲目到播放列表 添加 URL（网页地址）到 MP3 喜爱列表 移动曲目到播放列表中的不同位置 在不同风格列表之间移动 MP3 曲目 从播放列表中删除曲目
情形	一些实体，例如列表和类，由相互关联的对象构成。用户想要改变这些"伞"实体中的对象及其组织方式
问题	用户如何知道可编辑哪个实体，若知道，如何在该实体上执行编辑操作？用户如何选择实体的组成部件，使得这些实体成为编辑的目标对象 　若从实体中删除对象，是否意味着它们永久地在 HIC 中删除了 　实际编辑的是"伞对象"（总对象）还是其构成对象（例如，是编辑列表还是列表中的项）
推动力（即影响问题的议题以及可能的解决方案）	待编辑对象会显示在屏幕上，若用户需要移动对象中项的位置，或将项从一个对象移动到另一个对象，所有相关对象都会出现在屏幕上。对象和屏幕的尺寸规模应该作为约束条件 　一些项由于尺寸规模较小或相互间隔较近，可能难以单独出现（选择）在屏幕上，这会使它们难以编辑，例如，列表中的文本串 　可提供代替触摸屏幕的另一种方式 　编辑可能包含多个步骤：选择 > 编辑 > 确认 　应该有清晰的反馈机制，能将用户将要进行的更改告之用户。还应该具有取消操作行为或能从操作行为中退出的手段

（续）

交互模式：编辑	
解决方案	图形界面向用户发送信号告知实体是否可以编辑（可能采用用户所熟悉的或一目了然的符号）。也可根据上下文明确哪些项可能是可编辑的（例如，用户可能期望播放列表是可编辑的） 编辑的方式可能有多种。用户可逐个或成组选择项，并采用"运行"行为来完成该过程（适用于触摸屏、遥控器或者语音激活）。或者，也可以"拖放"对象进行编辑（适用于触摸屏）。正在编辑的项目的外观可发生变化，可能是颜色 如果正在编辑（如列表）的对象尺寸比所用的屏幕空间大，可将该对象分为多个连续部分。这种情形下比较适合用能滚动的"名片夹"设备作为显示设备，在 HIC 原型中已介绍过该设备的制作方法
结果状况	哪个对象可编辑对用户来说很显然，用于编辑它们的交互路径是显而易见的（若涉及多个步骤，步骤序列应当是明显的）。在编辑操作过程中给出清晰的反馈，并随之更新屏幕显示内容以反映出新情形
注释	这种模式在概念上与"排序"相关，一个重要的区别是"编辑"能改变一个实体中组成对象的数量和标识，而"排序"则是简单地重新排列（分类）对象 该模式也与"删除"相关。现阶段目前还不清楚从一个播放列或曲目列表中删除 MP3 曲目是从软件中完全删除，还是仅从该列表（作为显示对象）中删除。原始文件是否保存在文件管理空间的其他地方

挑战 9-5

请观察你的手机所使用的交互模式。按钮和显示器的各种组合方式分别是用来做什么的？确认"选择"键或选择模式。确认"下移"模式。该模式始终以相同的方式运行吗？还是有其他不同的"向下移动菜单"和"向下移动浏览文本"模式？请将手机设计中存在的模式与汽车控制设计中的模式进行比较。

9.6.2 图解技术

232
～
233

我们在 9.4 节中介绍的图解技术主要关注表示系统结构。相比之下，交互设计则关注交互过程。在许多设计情形中，需要在系统与使用者之间提供一个结构化的"对话框"。系统需在特定序列中抽出特定数据，或指导人们的一系列行为，或呈现大量相关选项。数据流图是一种展示完成交互所需的逻辑步骤的好方法。图 9-11 的例子显示了与柜员机完成一个简单交易所需的一些步骤。该实例显示了所需的流入数据、过程（圆圈）和流出数据，也显示了需要的数据存储（方框）。利用这样的逻辑流图，设计者可讨论人机界面应当在何处以及某些功能应当出现在何处。注意该表示要尽可能地独立于技术。该表示需要一些类似于 ID 的特定数据，但并不是说这类数据就一定表现为卡片或个人识别码（PIN）。同样，它也可能是一些新技术，如虹膜识别或指纹识别。

还有一些其他方法可用于表示交互，其中一种是序列模型，另一种是任务结构图（第 11 章）。用例可用列表格式来描述交互，表格中的一边显示用户行为，另一边显示系统响应。另一种常见的图解技术是状态转移网络（State Transition Network，STN），它显示了系统如何根据用户的行为从一个状态转换到另一个状态。图 9-12 显示了 ATM 例子的一个 STN。注意这两种表示之间的相似与差异。STN 具有多种形式，它是一种用于思考和创建交互的强大技术。

234

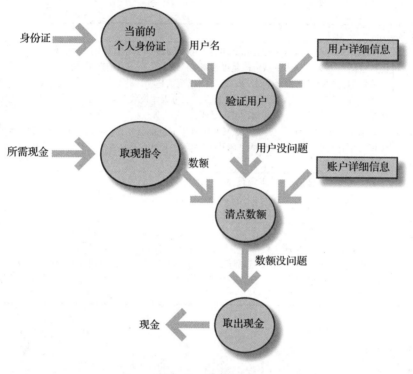

图 9-11   数据流图

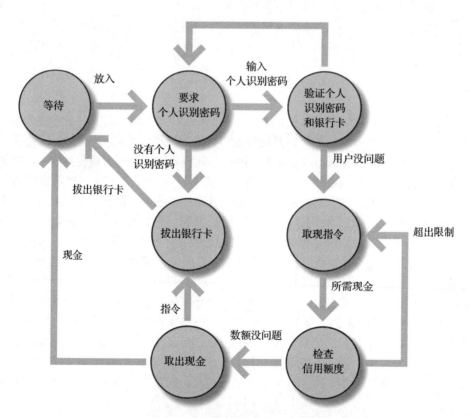

图 9-12   自动取款机的状态转移网络

总结和要点

在任何系统研发过程中，都存在概念设计和物理设计。特别是概念建模，对于设计者来说，它是主要活动。在本章中，我们可了解到概念建模的重要性以及对设计空间进行概念探索的重要性。所有项目都需考虑概念模型和系统的基本隐喻，因为正是这一点引导人们去开发自己的系统概念模型——心智模型。除了介绍概念模型开发外，我们还强调了设计交互以及将设计理念融入设计语言中的必要性。

- 设计者需探索设计中的概念与融合。
- 通过分析脚本语料库，设计者可了解现阶段所提出的系统中的对象和动作。
- 设计交互关注于给人或设备分配职能，从而获得交互模式集合。
- 设计者应确保有一种在交互模式和设计表示两方面都具有一致性的设计语言。

235

练习

1. 讨论以下活动的基本概念模型：使用自动取款机，在网上购买机票，使用公众资讯服务站，设置录像机录制节目。

2. 在电子日历的设计中，有很多功能，比如定期预约（比如每周三下午 3 点预约）。在共享日历系统中，预约可由他人操作。甚至有一些系统允许软件"代理"进行预约。在电子日历的上下文中讨论人与软件之间的功能分配问题。

深入阅读

Graham, I. (2003) *A Pattern Language for Web Usability*. Addison-Wesley, Harlow. 这本书是介绍模式语言的极佳示例，能够帮助设计师设计好的网站。

McLuhan, M. (1994) *Understanding Media: The Extensions of Man.* MIT Press, Cambridge, MA. 这本书不适合意志薄弱者或想要简单答案的人阅读。该书从 20 世纪 60 年代的视角介绍了媒体时代来临时所发生的各种趣闻。阅读该书能促进读者阅读。

Newell, A. and Simon, H. (1972) *Human Problem Solving*. Prentice-Hall, Englewood Cliffs, NJ.

Rheinfrank, J. and Evenson, S. (1996) Design languages. In Winograd, T. (ed.), *Bringing Design to Software*. ACM Press, New York. 本书有一章介绍了设计语言及其如何运用到所有事情中，从楠塔基特岛设计到针织编织模式设计。

高阶阅读

Blackwell, A.F. (2006) The reification of metaphor as a design tool. *ACM Transactions on Computer–Human Interaction (TOCHI),* 13(4), 490–530.

Imaz, M. and Benyon, D.R. (2005) *Designing with Blends: Conceptual Foundations of Human Computer Interaction and Software Engineering.* MIT Press, Cambridge, MA.

Saffer, Dan (2009) *Designing for Interaction.* New Riders, Indianapolis, IN.

网站链接

Bill Verplank：www.billverplank.com。

挑战点评

挑战 9-1

私人的、直接的、好玩的、即兴的、年轻的、快速的、普遍的、火热的……这些是我能想到的全

[236] 部，但还有无穷多的可能。没有标准答案，取决于你的看法和感受。

挑战 9-2

最早的"桌面隐喻"导致当前操作系统的出现，比如 Windows10 和 macOS，窗口是其中的构成部件之一。通过窗口人们能浏览事物。"剪切和粘贴操作"来自这一事件：将新闻杂志上的故事段落剪切下来，然后以不同的顺序粘贴（带胶）到报纸上。引导程序来自马靴上的解靴带，通过解靴带人们可将马靴拔掉。大多数人都熟悉文件柜中的马尼拉文件夹，在查看里面装有什么的时候需要打开文件夹。有趣的是，由于文件夹包含许多文件，计算机文件夹更像是文件柜的抽屉，而计算机文件则更像一个真正的文件夹。

挑战 9-3

物理日记是一种可能的隐喻：口袋日记、日志、可能还有个人事件日记，对某一领域未来事件的日记，比如体育、当地社会或俱乐部的事件日记。这可能会引起口袋日记的隐喻，其中的界面有"页面"，可以"翻"。事件日记有一个将每月天数列出的挂图类型显示。个人日记可能会带来一些想法，比如保密和安全，能够写出自由流畅的文本，而不是像商业日记建议的那样，有一个严格的日期和事件驱动的设计。

想出所有可能的隐喻的一种方法就是先回忆出已有的实体日记：袖珍日记，办公日记，记录个人事件的私人日记，记录一个地区未来事件的事件日记，如地方体育活动、本地社团或俱乐部的事件日记。这可能会让我们先想到口袋日记的隐喻，即界面上有能"翻页"的"页面"。事件日记隐喻则要求以挂图方式将月份中的每一天展开显示。私人日记隐喻可能会产生像保密性、安全性这样的设计想法，还可能要求支持自由流畅地书写文字，而不像企业日记那样设计刻板，完全由日期和事件驱动。

挑战 9-4

名词：艺术节，城市，三周，八月，爱丁堡国际艺术节，爱丁堡艺穗艺术节，图书节，电影节，爵士音乐节，相关的事件，表演者，乐团，作曲家，芭蕾舞团，剧院，特拉沃斯，行为艺术者，德马科，事件，地点。动词：发生，包括，主演，启动。

主要对象与名词相同，有不同类型的节日和事件，不同类型的表演者，剧院和演出场所。我们也知道更多，1200 个事件，150 个场所等。主要活动表达了对象之间的关系。通过这种方式，域的基本概念模型也能初见端倪。

事件发生在一个地点 / 剧院。节日由事件和主要表演者组成，等等。

挑战 9-5

尽管不同的制造商在不同的时间段所开发生产的手机千差万别，但是大多数手机都会有一些标准模式，例如，倾向于将四向摇杆键变为箭头键和返回键。与汽车控制设计类似，手机设计中的概要设计也将在某个阶段确定，尽管这些设计没有统一标准，但是它们有着相似的交互模式，比如信号发送、[237] 挡风玻璃清洗、开灯等。

评　估

目标

根据第 3 章的定义，评估是用户体验设计的第四个主要步骤。这里的评估是指重新评审、尝试或者测试设计理念、软件、产品或服务，并判断其是否满足一定的标准。这些标准可以从第 5 章讲述的优秀系统的设计方针中归纳总结出来，也就是说，系统要具有可学习性、较高的效率和一定的适应性。在其他时候，设计师会想要关注用户体验设计，并且评估用户的享受度、参与程度和美感。或者，设计师可能更关注设计中其他的一些特性，比如是否能够触达特定的网页，一个特定的服务时刻是否能使用户从另一个交互中逃离。设计师往往不仅会关注诸如图标设计或颜色选择这样的表面特征，还会关注系统设计是否符合其设计目的、趣味性和吸引力，以及人们是否能够快速地理解和使用服务。

评估是以人为本设计的核心，并且贯穿整个设计过程，无论是设计师需要检查一种想法，还是审查设计概念或对物理设计做出反应。

在学习完本章之后，你应：

- 理解数据分析。
- 领会一系列普遍适用的评估技术——无论是否为用户的使用设计。
- 理解专家评估方法。
- 理解参与式评估方法。
- 能够在适当的情境下应用这些技术。

238

10.1　引言

本章所介绍的技术将指导你评估多种类型的产品、系统或服务。针对不同类型系统或情境的评估存在不同的挑战。例如，很难对移动设备或是对移动设备所搭载的服务进行评估，评估与可穿戴式设备的交互也会面临很大的挑战。

评估与用户体验设计中的其他关键环节（如理解、设计和展示等）有着密切的联系。特别是第 7 章中讨论的关于理解的很多技术也可用于系统评估。评估也密切依赖于系统的预期展示形式。你只能对那些已经有合理表现形式的系统特征进行评估。同时，有哪些人参与到评估过程中来也会影响评估过程。

挑战 10-1

收集一些如图 10-1 所示的个人便携式技术的广告。这些广告都宣称哪些设计特点能够提供便利？而这些又对系统的评估提出了什么更高的要求？

设计
索尼爱立信手机
让你获得多媒体
终极体验

图 10-1　索尼爱立信 T100 手机

（来源：www.sonyericsson.com）

在以人为本的设计方法中，我们可以直接利用最初的系统设计思路对其进行评估。例如，可以在团队会议中与其他设计师讨论早期的服务创意。可以快速检查模型，然后在设计过程中与用户一起评估部分完成的系统中更真实的原型设计和测试。可以对其预期设置中的近乎完整的产品或服务进行统计评估。完成完整系统后，设计人员可以通过收集有关系统性能的数据来评估备用接口设计。

评估主要有三种类型。一种涉及可用性专家或用户体验设计师，他们来审查某种形式的设计版本。这些是基于专家的方法。另一种涉及招募人员使用预想的系统版本。这些是基于参与者的方法，也称为"用户测试"。第三种方法是在部署系统或服务后收集有关系统性能的数据。这些方法称为数据分析。基于专家的方法通常会迅速获得重要的可用性或用户体验问题，但专家有时会错过真正的用户难以找到的详细的问题。必须在开发过程的某个阶段使用参与者方法，以获得用户的真实反馈。基于专家和基于参与者的方法都能在可控的环境中进行，例如在可用性实验室，或者在"野外"进行，其中将发生更加真实的交互。如果真实用户不容易进行评估，设计师可以要求人们扮演角色来描述特定类型用户的角色（角色在第 3 章中有描述）。一旦实施系统或服务，就可以收集和分析数据分析。

评估发生在整个交互设计过程中。在不同的阶段，不同的方法或多或少都会有效。设计师所具有的服务或系统的设想形式，要问的问题以及可用的人员对于评估的内容来讲至关重要。回想一下 Oli Mival 针对指定和回答用户体验研究问题的指南（如框 7-2 所示）。他建议使用框 10-1 中的模板记录研究结果（无论是主要关注评估还是理解）。

框 10-1　用户体验研究输出回顾

标题：	研究活动的名称
作者：	谁参与撰写了这份研究回顾，他们在此项目中的角色是什么
日期：	撰写该研究回顾的日期
代理：	委托谁进行研究（如果是内部项目，提供团队的详细信息）

本文件作为研究活动方法和产出的"执行摘要",详细说明活动如何通知相关研究简报中建立的设计和洞察目标。

它应该允许不熟悉项目的读者确定:

- 推动研究活动的研究问题:我们想知道什么?
- 参与者:我们问过谁?
- 研究材料:参与者参与了什么?
- 数据:输出是什么,现在在哪里?
- 分析总结:数据告诉我们什么?
- 得出的见解:价值是多少?
- 可操作的输出:我们接下来要做什么?
- 经验教训:下次我们会做些什么?

第1部分 研究目标

首先简要介绍一下激励研究的洞察性目标。包括哪些缺少的知识阻碍了设计工作,以及研究活动所寻求回答的高级研究问题。

第2部分 研究方法

提供所部署方法的简要概述,详细说明研究参与者,要求他们做什么以及他们提供的研究材料。

240

第3部分 研究成果

提供研究活动产生的数据的详细信息——包括存储位置、格式、数量和质量评估。例如,是否有任何可能损害数据完整性或准确性的内容。

第4部分 研究分析

提供所进行分析的详细信息,包括用于处理所生成数据的方法。提供支持文档的链接(如果有)。

第5部分 可操作的输出

提供有关从数据分析中获得的见解的详细信息,以及它们如何使设计工作向前发展。

第6部分 研究回顾

对研究活动的成功和所收集的产出进行简要的反思和批评。例如,所使用的方法是否有效地生成了需要的数据类型,或者将来在你进行类似工作时是否会推荐替代方法?

1. 获取反馈信息评估早期设计观念

你应该对最初概念进行评估，特别是当你设计一个全新的应用时。在这种情况下，快速的纸上原型设计或者能快速实现原型系统的软件对评估都是很有帮助的。另外，竞争对手的产品和早期技术的相关评估结果也可用于现在系统的设计中。

2. 设计决策选择

在系统的开发过程中，设计师要经常在不同的设计决策中做出选择，例如在语音输入和触屏输入之间做出选择。在这里，使用聚焦良好的快速实验来查看不同界面设计的效率和有效性可能更合适。一旦系统启动并运行，设计人员就可以通过对实时系统进行受控更改和收集有关性能的数据分析来尝试新的界面设计。这通常称为 A/B 测试。

可用性问题检查

[241] 开发完成系统稳定版本后，需对其进行测试以发现潜在问题。这需对用户激活的特定功能进行响应，并不需要运行整个系统（横向原型系统）。另一种是系统已经具备完整的功能，但仅在某一部分上测试（纵向原型系统）。这有时被称为形成性评估，因为结果有助于形成或塑造设计。

1. 评估成品的可用性

相比之下，当产品或服务完成且设计师想要证明设计符合某些性能标准时，会进行总结性评估。这种评估可能根据内部测试指南，或通用的测试标准（如 ISO 9241），或者是用户提供的可用性评估指标对系统成品进行评估，例如完成一组操作的响应时间。政府部门和其他的公共机构则往往要求系统满足无障碍标准和安全、健康等相关法规。

2. 评估用户体验设计

可用性是用户体验设计的重要促成因素，但并不是全部。Mark Hassenzahl（Hassenzahl，2010）谈到了用户体验设计的可用性和享乐特征。有许多方法可以衡量用户体验的享乐方面，例如 10.6 节中讨论的用户体验问卷（UEQ）。

3. 过程

在参与式设计方法中，利益相关者帮助设计师为评估工作设定一套目标。利益相关者在最终采用和使用该技术方面具有很大的好处（当然，这仅适用于为定义的社区量身定制的技术，而不是现成的产品）。在第 7 章关于理解和第 8 章关于创意展示的章节中讨论了许多让人们参与设计过程的方法的展望。

4. 定性或定量数据

评估方法提出了 7.10 节中讨论的相同数据分析问题。设计师必须决定是否专注于收集定量数据，例如访问网站页面的人数或用户在应用程序的特定部分上花费的时间，或者收集定性数据，例如人们对设计的看法。当然，这两种数据并不冲突，设计师可以设计出极具创意的数据收集方式，使他们能够很好地洞察设计的特定方面。

10.2 数据分析

人们常说现在是"大数据"时代。许多不同的领域都在生成大量的数据。物联网（IoT）指的是传感器和设备之间以及互联网之间的相互连接。通过这些连接，可以收集和处理大量数据，从而在许多方面为我们所处的环境提供新的洞察。移动设备正在收集越来越多的个人数据，例如某人每天的步数。其他传感器测量一个人的心率、血压或兴奋程度。与物联网一[242] 样，这些数据有可能为人们的行为和表现提供新的见解。

框10-2 量化自我（QS）

　　各种移动和可穿戴设备中的生物传感器的可用性带来了一种称为量化自我或个人分析的运动。QS经常与试图让人们以更健康的方式行事相关联，提出了有关数据收集和使用的有趣问题。例如，如果佩戴者没有站立或移动一小时，手表会振动。它监测并显示心率数据（如图10-2所示）。其他个人数据，例如某人一天行走的步数或他们攀爬的楼梯数，都会在个人"仪表板"可视化中显示（如图10-3所示）。人们如何对这些不同的表征做出反应是一个有趣的问题（例如，参见Choe等，2014）。

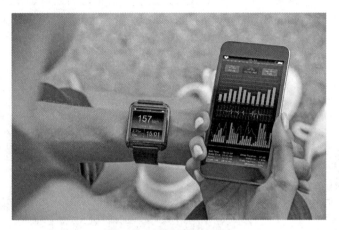

图10-2 测量手表的心率

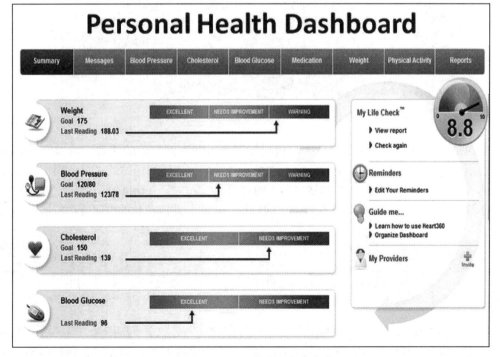

图10-3 个人"仪表板"可视化

在评估用户体验和交互式系统设计的其他方面时，数据分析为设计人员提供了有关系统性能和个人与系统和服务交互的行为的数据。数据分析还为设计人员提供了有趣的数据可视化和工具，以帮助操作和分析数据。最著名的数据分析提供商是 Google Analytics。这是一项免费服务，提供有关网站和应用程序用户来自何处的数据（包括他们的国家 / 地区，以及使用的位置和设备的更详细信息）以及他们与系统交互时所执行的操作（例如他们使用系统多长时间了，他们访问过的网站页面，查看网页的顺序等）。Google Analytics 可以使用与用于定位 Google 广告类似的公式，根据用户告诉它的内容提供人口统计信息。Facebook Analytics for Apps 是一项免费服务，可以安装并提供有关使用者在 Facebook 上使用应用程序的信息。由于 Facebook 上的用户经常提供大量个人信息，因此可以找到更多用户详细信息息。来自 Google 或 Facebook Analytics 的数据通过使用"信息中心"得以显示，如图 10-4 所示。

图 10-4　应用程序仪表板的分析

使用这些数据分析服务，设计人员可以检查个人和不同群体的活动，例如安卓手机用户，使用特定浏览器从桌面计算机访问的人员，从特定位置访问网站的人员。用于网站分析的其他重要数据包括一段时间内网站访问者的数量，"跳出率"（访问网站然后立即离开，不查看任何内容的人数），每个会话查看网页的数量，查看页面所花费的时间等。

挑战 10-2

查看图 10-4 中的数据。你能得出哪些推断？

手机应用程序也可以获得类似的数据，以帮助设计人员跟踪哪些国家 / 地区已下载其应用、使用频率、持续时间等信息。实际上，越来越多的工具可以为数据分析提供帮助。IBM 的 Watson Analytics 提供了一个易于使用的界面，可帮助设计师和分析师表达他们想要查看的数据的重点。Watson Analytics 通过搜索 Twitter 等社交媒体渠道进行情绪分析，并根据某些主题将推文分类为正面或负面。例如，零售商可能希望看到人们对黑色星期五（Black Friday，圣诞节前的星期五，许多零售商在这一天打折出售商品）的态度。Watson Analytics 使他们能够输入主题 Black Friday，并帮助分析师选择社交媒体上的人可能正在使用的同义词和相关主题。然后，系统将按情绪、地理分布或人口统计检索社交媒体流量并对其进行分类。该软件使得分析师专注于可能特别有影响力的特定个人（例如，通过突出显示社交媒体渠道上拥有最多粉丝的人）。通过这种方式，Watson 和类似的软件使分析人员无须编写复杂的数据库查询即可查询社交媒体的内容。这些产品通常提供有趣的图形显示和其他信息可视化工具，以帮助分析师查看趋势并比较不同的媒体。

其他数据分析工具将提供网站的"热图"，显示访问者最常点击的页面部分（如图 10-5 所示）。热图也可以通过眼动追踪软件生成，该软件可以测量人们的目光在显示器上停留的位置。其他工具将使分析师能够实时关注用户的浏览行为，观察他们点击的内容，在特定部分上花费的时间以及是否存在人们退出客户旅程的特定服务时刻。

图 10-5　热图

通过数据分析了解用户行为的能力，以及快速部署新版本软件的能力，正在改变交互式软件开发的本质。例如，在 Facebook 上部署游戏的游戏公司可以实时观看玩家正在做什么。如果他们注意到一些特殊的现象，例如许多人在进入下一个级别之前退出游戏，他们可以轻松地改变游戏，也许通过在关卡结束之前引入额外收入的惊喜奖励，从而鼓励人们继续游戏。在其他情况下，公司可以使用两个备用接口或稍微不同的接口来发布其软件。这两个接口在用户登录站点时随机分配给用户。通过查看两个接口的分析，分析师可以看到哪个更好。这被称为 A/B 测试，已经越来越广泛地用于改进商业网站的用户体验。

10.3　专家评估

让一位交互设计师或可用性评估专家来查看和试用系统是一种简单、快捷而又有效率的对系统进行评估的方法。就像我们在引言中说的一样，聘请真正的用户来使用你的设计是无可替代的，但是专家评估是最有效的，尤其是在设计过程的早期阶段。专家会根据他们的经验指出系统中存在的常见问题，并且指出哪些因素有可能会影响到非专业用户对系统的评估。虽然这些方法已经存在了 20 多年，但是基于专家的方法仍然被工业广泛使用（Rohrer 等，2016）。

专家评估方法，有时也称为可用性检查方式是多样的，甚至可以简单地要求专家查看设计并提出建议。然而，为了帮助专家更好地对系统进行评估，我们需要采用一些特定的办法。这些办法将有助于专家更好地将评估的重点放在你所关心的问题上。专家评估的一般方法是专家对代表性任务或使用脚本进行走查。此外他们可能会采用一个人物角色。因此，专家评估与基于脚本的设计相关联（并以此为中心）（第 3 章介绍了基于脚本的设计及其重要性）。

10.3.1　启发式评估

启发式评估是指让一个经过人机交互、用户体验和交互设计训练的人对系统设计进行评估，检查其是否满足一个优秀设计所具备的一系列设计原则、指南或"启发性"。这样的评估既可以是同事之间的闲谈，也可以是比较正式的书面报告。

有很多可供我们选择的启发式方法，既有通用的方法也有与特定应用领域相关的方法，例如关于网页设计的启发式方法。下面列出的是之前介绍过的设计准则，或者是我们之前介绍过的启发式列表（详细内容在第 5 章）：

（1）可见性
（2）一致性
（3）熟悉度
（4）功能可供性
（5）导航
（6）控制
（7）反馈
（8）恢复
（9）约束
（10）灵活性
（11）风格
（12）欢乐性

理想情况下，一些具有交互式系统设计专业知识的人员应该对系统的界面进行检查。每个专家要记下存在的问题、相关的启发式信息，并且在可能的情况下提出一个解决方法。根据 Dumas 和 Fox（2012）在他们关于可用性测试的综合性评价中的推荐，对问题的严重性进行划分也很有帮助，比如，设定 1 ～ 3 级。然而，他们还注意到专家对评估问题严重程度的相关程度令人失望。

系统评估师相互之间应该独立工作，然后将他们的结果进行汇总。他们可能需要通过学习培训材料和设计团队所做的关于功能的简报来进行工作。在设计过程中使用的方案在此同样适用。

10.3.2　简化可用性工程

上面列出的设计准则可以概括为三个主要的可用性原则：易学性（准则 1 ～ 4）、有效性（准则 5 ～ 9）和适应性（准则 10 ～ 12）。如果时间很短，根据这三个准则的快速评估也可以提供合理有效的结果，这被称为简化启发式评估。

这种方法是由 Jakob Nielsen 在 1993 年提出的，他使用了一组与我们略有不同的启发式方法，并且被很多迫于时间压力的系统评估师所追捧。这种方法现在被作为一种临时应急的系统评估方法，并广泛应用于需要尽可能快速地得到有用的信息反馈的场所。一些可用性专家再一次在具体的场景中运行系统，通过充当合适的人物角色来检查设计的问题。

挑战 10-3

对火炉、微波炉或洗衣机等这些家用设备进行快速评估，评估它们的易学性、有效性和适应性。

除非万不得已，设计师不能评估自己的设计。这是因为在评估时，很难忽略你自己的先验知识（例如系统的运作方式、图标的意义、菜单的名称等），而且设计师有可能做出对系统不客观的评价或者忽略一些不起眼的瑕疵，认为几乎没有用户会碰到这样的错误。

Woolrych 和 Cockton（2000）针对启发式评估方法进行了一次大规模的实验。评估师首先进行了这种评估方法的训练，然后采用这种方法对一个绘图编辑器进行了评估。随后，这个编辑器在用户中进行了试用。通过对比它们发现，许多由专家指出的问题并不是用户所能体验到的（错误判断），同时又有很多严重的问题被启发式评估方法漏诊。导致这种情况出现的原因有以下几点：很多的错误判断是由于专家们假定用户不够灵活甚至不具备一些常识；对于那些没有发现的问题则是由于一系列相互关联的错误观念所造成的，而并不是简单孤立的误解。很多时候启发式评估方法往往被大家滥用，或者是在事后被添加上去的。Woolryan 和 Cockton 因此得出结论，启发式评估对整个专家评估过程的贡献是很少的，评估所提供的信息甚至有可能带来反效果。他们（和其他人）建议在评估过程中应该使用在理论上更为精确的技术去得到对问题更鲁棒的描述，例如认知过程走查法。现在已经有充分的证据表明启发式评估并不是解决评估问题的完备解决方案，至少这种技术必须仔细考虑用户以及他们具有的真实生活技巧，然后要求评估参与者成功完成系统运行。

启发式评估因此具有形成性评估价值，可以帮助设计师在系统设计的早期改进系统的交互性。但是它并不能作为一种总结性评估手段，来对系统成品的可用性或者其他特点做出评估。如果我们想要进行总结性评估，那么我们就需要合理设计可控的测试实验并邀请更多人一起参与评估。然而，测试情境越受控制，就越不可能得到系统在真实世界中的运行情况，从而给我们带来"生态效应"的问题。

进一步思考：生态效应

在现实生活中，人们同时处理多个问题，用平行、串行的方式使用多个应用，并且在这个过程中还可能会存在中断、即兴发挥、向别人寻求帮助等多种情况，还会为了特定目的间歇性地使用某个应用并且切换不同的技术，而这些是系统设计师不可能考虑周全的。我们使用生活中常用但不可预测的、复杂而有效的策略和技术来解决这些问题。人们变换渠道，切换活动。大多数评估所注重的小的任务通常是通向最终目标的冗长步骤中的一部分，这些小任务在不同的场景下也会发生改变。所有的这些情况都很难在测试中再现，通常被人为地直接排除。所以大多数用户测试结果只是反映系统在真实生活中使用情况的一个侧面。

生态效应关注的是使评估尽可能逼真。设计师在进行评估时可以创造尽可能接近现实生活环境的环境。在受控的"实验室"设置中看起来很稳健的设计在现实生活和压力情况下的表现要差得多。

10.3.3　认知过程走查法

认知过程走查法是一种严格基于纸面的技术，用于检查交互式系统的设计细节和步骤间的逻辑性。这种方法源于人类信息处理机，并且和任务分析（第 11 章）有密切的联系。本质上，认知过程走查法就是要求可用性分析师对认知任务逐条逐步分析，这些任务都必须通过和系统的交互来实现。这种方法是由 Lewis 等（1990）针对一个用户信息浏览查询应用系统所提出的，随后又被拓展到普通的交互式系统之中（Wharton 等，1994）。这种方法的优越性不单单体现在它的系统性，更体现在这种方法是建立在一套完整的理论之下的，这一点和反复试验法或启发式方法有所不同。

认知过程走查法的输入如下：

- 对想要使用这套系统的用户的理解；
- 一系列具体的脚本，包括常见的操作行为以及不常用但是非常关键的操作行为序列；
- 一个对系统交互接口的完整描述——描述既要包含接口是通过什么形式提供的，例如界面设计，又要包含实现该脚本任务的正确响应序列，通常称之为层次化任务分析（HTA）（层次化任务分析在第 11 章介绍）。

在收集了所有这些材料之后，分析师就要对交互过程中的每一个单独步骤提出以下 4 个问题：

- 使用该系统的用户是否尝试实现正确的目标？
- 他们是否能够注意到正确的操作是可用的？
- 他们是否能将正确的操作与期望达到的目标联系起来？
- 如果用户执行了正确的操作，他们能否观察已完成部分在整体活动目标中的进度？
（根据 Wharton 等（1994，p.106）修改。）

如果这些问题中有任意一个的回答是否定的，那么我们就能发现系统的一个可用性问题并将其记录下来，但是这一阶段并不提出对这些问题的改进方法。如果在系统的最初设计阶段就采用走查法，那么整个过程将由分析师和系统设计师组成的团队共同去完成。系统分析师参与到具体的应用脚本中，他们要求设计师们解释用户如何识别、实施和监控正确的操作序列。这类组织具有合适的结构化质量处理过程，其中的软件设计师会发现这和程序代码走查有一定的相似性。

此外，还演化出一些简化版本，其中较好的有：

- 认知过程慢查法（Rowley 和 Rhoades，1992），在对系统进行走查的过程中进行录像（并非像传统的按分钟进行记录），并允许对特别重要的且大家感兴趣的地方或设计建议进行标注，一些低层次的走查则被合并起来。
- 简化认知走查方法（Spencer，2000），这种方式旨在形成一种积极的解决问题的精神以降低设计师们对自己设计系统的抵触性"防御"，通过不再记录没有问题的步骤来简化这个过程，这种方法将原有的 4 个问题合并为以下两个问题（ibid，p.355）：
  - 用户是否知道每一步应该做什么？
  - 如果用户执行了正确的操作，他们是否知道这些操作是正确的，并且使整个过程朝着他们的目标进行？

在细节上两种方法都比原有方法有所缺失，但是这类方法在对系统的整个评价上比原有方法更好，并且由设计师们在设计过程中实现。最后要指出的是，认识过程走查法在实践（或传授）过程中往往被当作一门技术由分析师独立进行，然后再将自己分析的结果拿到类似于设计组讨论会议上进行讨论。如果需要提供书面报告，那么有问题的交互步骤和对于困难的预测都需要在报告上指出。一些研究者提供了应该如何列出问题清单的方法，例如活动检查列表（Kaptelinin 等，1999），但是这种方法并没有被其他分析师广泛采纳。

尽管专家评估方法作为对系统进行评估的第一步是较为合理的，但是它并不能解决所有问题，特别是那些由于一系列"错误"操作或者基本的误解所引起的问题。Woolrych 和 Cockton（2001）对这一问题进行了详尽的描述。专家甚至可能会发现一些实际根本不会出现的问题——因为用户会根据自身的常识和经验解决很多小问题。因此，让一些用户去完整地使用系统对于测试交互设计是非常重要的。这样的发现往往会得到有意思、令人惊讶或是担忧的结果。从政治的角度来看，比起一个专家的意见（特别是当这个专家并不是那么资深），这样的方式更容易说服系统设计师去对系统进行修改。这种方法旨在让系统的目标人群在尽可能贴近现实的情况下去测试这个系统。

大多数专家评估方法都侧重于系统的可用性。例如，我们的启发式集合关注可用性，Nielsen 也是如此。其他作者专门针对网站或特定类型的网站（如电子商务网站）开发启发式方法。然而，设计师将注意力集中在他们感兴趣的用户体验的特定方面的语言是没有问题的。

回顾第 7 章关于语义差异和语义理解的讨论，作为帮助设计者理解用户对域的看法的方法。同样在第 8 章中，我们讨论了描述性形容词（基本上是语义描述符）如何作为一种设想某些用户体验应该旨在实现的特征的方法。然后，这些描述符可用作评估工具，用户体验设计专家通过设计的设想进行工作，并根据设计要实现的特定特征对体验进行评级。例如，我们对 TravoScotland 应用程序（见 8.3 节）进行了基于专家的演练，以了解它是否实现了具有吸引力、权威性和现代性的目标。

10.4　参与式评估

尽管专家、启发式评估方法可以由设计师单独完成，但是让实际的用户参与到系统的评估中来对于系统的评估是不可或缺的。参与式评估正是基于这一考虑而提出的。有很多的方法可以让用户参与到对系统不同程度的评估中来。方法既包括设计师与用户共同完成系统评估，又包括整个测试过程由用户单独进行，而设计师则使用双向镜对其进行观察。

10.4.1　合作评估

安德鲁·蒙克（Andrew Monk）及其同事们（Monk 等，1993）在约克大学（UK）提出了合作评估方法，用来将一个简单的测试会议所能收集到的数据最大化。这种技术之所以称为"合作"是因为参与者在整个评估过程中并不是处于被动的角色，而是共同合作评估（如图 10-6 所示）。这种方法已经在多种不同应用中被证实是一种可靠且经济实用的系统评估技术。表 10-1 和其中的问题示例是根据附录 1 中 Monk 等（1993）的文章编辑整理得到的。

图 10-6　评估

250

表 10-1　合作评估指南

步骤	说明
（1）根据事先准备好的测试脚本，列出测试项目	测试项目对于软件来说必须是实际可行的，而且能够对系统进行彻底探查
（2）测试这些任务，预估参与者要花费多少时间完成	对于每一个测试单元，允许比预估时间多出 50%
（3）为参与者提供一份测试项目列表	明确解释测试项目，使所有人能够清楚地明白
（4）准备好进行测试	在一个合适的环境中调试好原型系统，并且准备好提示问题、记录本和钢笔。录像和录音设备会为测试工作带来很大的帮助
（5）向参与者解释测试是针对系统的而并非针对他们自己的；解释和介绍测试项目	参与者需要独立完成测试——你一次最多只能监控一个参与者。设备准备就绪后开始对测试过程进行记录
（6）参与者开始进行测试。让他们向你提供操作说明，包括他们都进行了哪些操作，他们为什么进行这些操作以及在这个过程中他们所遇到的困难和不确定	即使你正在记录整个过程，依然需要记录下参与者在哪些地方遇到了问题，或者进行了哪些超出预期的操作和他们的评论。你可能要在参与者遇到卡壳的时候提供帮助或者让他们进行下一项测试
（7）鼓励参与者在测试过程中进行交流	下面列出了一些提示性的问题
（8）当测试结束以后，对参与者进行简短的采访，询问他们原型系统的可用性和在测试中遇到的问题，并感谢他们	下面列出了一些问题的示例。如果你有一大批参与者，一个简单的问卷调查将会很有帮助
（9）将你的记录尽快落实到系统可用性报告中	

（续）

在评估过程中常用的一些问题：
- 你想做什么事情？
- 你期望发生什么？
- 系统的反馈给了你什么信息？
- 系统为什么会这样处理？
- 你现在在干什么？

在评估测试结束后常用的一些问题：
- 你认为原型系统最好 / 最坏的地方是什么？
- 你认为哪些地方最需要改进？
- 测试项目难易程度如何？
- 测试项目符合实际的需要吗？
- 让你在测试中对测试内容进行评价会令你分心吗？

10.4.2　参与式启发式评估

参与式启发式评估的提出者（Muller 等，1998）认为这种方式是对于传统启发式评估方法的扩展，并且这种拓展并不增加太多工作量。你可以采用由 Nielsen 和 Mack（1994）提出的经过拓展的启发式准则列表，当然你也可以采用之前在第 4 章提出的那些启发式准则。这种方法依然是依靠专家对系统进行评估，所涉及的参与者是"工作领域的专家"同时又是可用性专家，必须大概知道需要哪些东西。

251

10.4.3　共同发现

共同发现是一种自然的、非正式的系统评估技术，这种技术用于捕获用户对系统的第一印象具有很好的效果。该方法适用于设计的最后阶段。

与标准评估测试不同，这种技术是让一对用户合作共同完成对系统的评估，而不是看着人们单独和系统交互，单独交互的情况下用户很有可能自言自语。例如，让一系列成对的用户使用数码相机的原型机，让他们拍摄彼此和室内的物品以完成对其性能的测试。这种方式能得到对系统更为自然的评价，并且这种相互合作的方式能够激发用户想到原来一个人所考虑不到的交互使用方式。将相互熟悉的人分为一组是完成这一任务很好的想法。与大多数其他技术一样，它也有助于为用户设置一些实际任务来进行尝试。

为了得到想要收集的数据，评估师可以主动参与到这一过程中来，具体途径包括：问问题、给出一些建议操作，或者简单对参与者进行监控或录像。当然这也不可避免地会带来一些负面的导向作用，使得评估的结果集中在评估师感兴趣的地方。但是另一方面，这种参与也在一定程度上保证了对系统的测试包含了各个方面。"共同发现"这个词源自 Kemp 和 van Gelderen（1996），他们给出了对这一过程的详细描述。

框 10-3　体验实验室

体验实验室是一个欧盟的项目，用以吸引尽可能多的人来探索新技术。体验实验室

有很多不同的结构。例如，Nokia 组织了一个由手机设备开发专业人员和制造商组成的团队，提供了几百个手机操作原型系统给学生使用。其他的一些实验室同老年人携手一起研发新的家居科技。另一些人通过旅行者者和流动工人来研究新的技术会带给他们什么。

体验实验室背后的推动力是人们都愿意并且能够对新技术和服务的开发做出贡献，并且这种做法对企业来说也具有一定的意义。让大量的用户在日常生活情境下对系统进行讨论和评估往往会令收集到的数据具有很强的生态效应。

10.4.4   受控实验

另一种参与者评估的实现方式是受控实验。受控实验适合于设计师对设计中特定方面的特性比较感兴趣，或许与另一种设计进行对比看哪个更好。为了达到这一目标，实验需要精心设计和实施。

进行受控实验首先需要考虑的就是你所关注的是系统哪方面的特性，这被称为自变量。例如，你可能想对比两种不用的网站设计方式或者同一个手机应用中两种不同的功能选择方式。在第 18 章中我们设计了一个实验用于测试两种音频接口的展示方法，以实现对象位置的选择。音频界面的类型就是自变量。一旦你确定了你所关注的特性，你需要进一步确定如何度量方式之间的差异，这被称为因变量。你可能会采用完成某个目标所需要的交互次数来度量网页设计的好坏，或者采用系统功能的响应时间作为评价应用好坏的指标。在音频接口的评价中，定位的精度作为因变量。

在约定好测试所采用的自变量和因变量后，我们需要进一步避免在实验中出现其他因素对自变量和因变量之间的关系产生影响。例如，可能会妨碍学习的因素有学习效果、不同测试项目之间的相互影响和用户不同的背景知识等，这些被称为混淆变量。在实验的设计中，你需要保证自变量和因变量之间的关系是平衡和明确的，这样你才能说你测试的是两者之间的相互关系而不是其他因素之间的关系。

一种可能出现的混淆变量是在任何一项实验中参与者所处的测试条件的不平衡性。为了避免这种情况的出现，参与者通常按照测试条件的不同而分成不同的组，使得每一组的人数基本相同，并且每一组都包含类似数目的男性、女性，年轻人、年长者，有经验者、无经验者。下一步是确定每一个参与者是否都需要在所有的测试条件下对系统进行测试（称为组内设计），或者是参与者只需要在唯一的测试条件下对系统进行测试（称为组间测试）。在决策过程中，你需要避免引入其他的混淆变量。例如，参与者同时测试多个类似的系统时，如果我们采用完成测试项目所需要用的时间作为评价标准的话，我们就要考虑如何避免学习效应。这是因为，用户在测试时可能一开始较慢，但是随着测试的进行，速度必然会越来越快。为了消除这一因素的影响，我们可以随机分配在不同测试条件下参与者的测试顺序。

让一些参与者加入同一个受控实验中，我们总是想从实验中挖掘出尽可能多的信息。因此，在实验中我们可以设计不止一个自变量，亦或在实验中既采用组内的方式又采用组间的方式。你只需要注意设计是如何运行的。另外，在实验后对参与者进行采访，或者组织小组讨论也是一种很好的发现问题的方式。用户在测试过程中可以相互讨论（只要这不被认为是混淆变量），测试过程也应被录下来，这些方式都被证明对系统的评估非常有用。

通过受控实验我们可以得到一些定量数据：因变量数值。这些数据可以采用统计学的知识进行进一步分析，例如，比较在不同条件下完成某项测试项目所用的平均时间，或者鼠标的平均点击次数。因此，要进行受控实验，你可能需要了解概率论、实验理论的基本知识，当然统计学的知识也是必不可少的。可能听上去很可怕，但是有很好的参考书籍可供学习，*Experiment Design and Statistics*（Miller，1984）是一本广泛使用的教科书，凯恩斯（Cairns）和考克斯（Cox）（2008）所著的 *Research Methods for Human-Computer interaction* 也很不错。SPSS 这样的统计软件有助于设计和分析数据。

> **挑战 10-4**
>
> 　　你刚刚完成对一个系统的评估，这个系统是在机场的到达区中安装的一个名为"walk-up-and-use"的旅客信息系统。你对其进行了启发式评估（你自身并不是系统的设计师之一），并发现了其中的 17 个潜在的问题，其中有 7 个是严重级别较高的，需要对系统重新进行设计，另外的 10 个则是比较容易解决的问题。
>
> 　　而后，你对该系统进行了参与式评估。由于时间有限，测试仅在三个人中进行。测试主要集中在启发式评估中所发现的比较严重的问题和系统最重要的功能（按照需求分析中所定义的）。另外，同样由于时间和资金的问题，参与者是从你所在单位的其他部门招募的，他们并没有直接参与到交互式系统的设计和构建过程中，但是他们都经常在日常生活工作中用到个人计算机。整个测试过程在开发部一个安静的角落进行。
>
> 　　在评估过程中，参与者都在前面发现的 7 个问题中的 3 个问题上遇到了困难。这些问题本质上都是有关应用的不同部分可能包含什么信息。剩余的另外 4 个问题，其中 1 个人在所有这些问题上都遇到了困难，但是另外两个不是。有 2 个人没有完成为一组旅行者在不同的时间段查找和预订房间这一处理流程。
>
> 　　你能从这样的评估中得出什么样的结论？实验所得到的数据有哪些局限性？

[253]

10.5　实际评估

　　在 2000 年进行了一项针对 103 位在以人为本的设计领域有经验的从业者的调查（Vredenburg 等，2002），调查表明大约 40% 的人在对系统的评估中采用了"可用性评估"，30% 的人采用"非正式专家评审"，15% 的人采用"正式的启发式评估"方法（如表 10-2 所示）。这些数据并没有表明用户是否采用了多于一种的评估方法。作者还指出，在实际的评估中往往需要权衡成本与效益之间的关系。表 10-2 显示了每种方法在评估的不同方面的优势和劣势。对于繁忙的系统设计从业者来说，相对经济的评估方法往往需要对用户测试中获得的充分信息进行补偿。显然，他们仍需一种能够同时减少投入资源和保障产出有用信息的方法。（查看第 7 章中介绍的 Oli Mival 的指南来进行用户调研。）

表 10-2　不同评估方法的成本和收益。"+"表示正收益，"-"表示负收益，
　　　　　数字表示正 / 负收益程度的大小

正 / 负收益	正式启发式评估	非正式专家评估	可用性评估
成本	+（9）	+（12）	-（6）
专业知识效益	-（3）	-（4）	
信息效益			+（3）
速度	+（10）	+（22）	-（3）
用户参与度	-（7）	-（10）	
与实际的兼容性			-（3）
用途广泛性			-（4）

（续）

正/负收益	正式启发式评估	非正式专家评估	可用性评估
文档整理难度			−（3）
结果的有效性/质量	+（6）·	+（7）	+（8）
对系统使用环境的理解	−（10）	−（17）	−（3）
结果可信度			+（7）

来源：Vredenburg, K., Mao, J.-Y., Smith, P.W. and Carey, T. (2002) A survey of user-centred design practice, Proceedings of SIGCHI conference on human factors in computing systems, MN, 20-25 April, pp. 471-8, Table 3.© 2002 ACM, Inc，经许可转载。

254

进行简单但有效的评估项目的主要步骤如下：

（1）确定评估目标，预期参与者，使用情境和技术状态；获取或构建说明应用程序将如何使用的场景。

（2）选择评估方法。这些应该是基于专家的审查方法和参与者方法的组合。

（3）进行专家审查。

（4）计划参与者测试，使用专家评审的结果来帮助集中精力。

（5）招募人员并组织测试场地和设备。

（6）进行评估。

（7）分析结果，记录并向设计师报告。

10.5.1　评价目标

确定评价目标有助于我们决定要收集哪些类型的数据。一种比较好的方式是记录下你需要回答的有关系统的一些基本问题。例如，对一个虚拟训练环境所做的早期概念评估中所设定的问题为：

- 训练员们是否理解并欢迎这种虚拟训练环境的基本思想？
- 他们会采用这种方式来拓展并替代原有的训练课程吗？
- 虚拟环境需要和现实有多接近？
- 为了方便记录的保存和管理需要具备哪些特征？

在这一阶段，我们需要的数据一般是定性的数据（而非数值的），因此这一阶段常采用采访或者讨论的形式获取数据。

如果评估的目标是比较两种不同的设计方式，那么我们就需要设计更为具体的问题，并且收集更为定量的数据。例如，在虚拟训练环境中，一些常用的问题是：

- 采用鼠标、光标或者操纵杆中的哪一种方式能在虚拟环境中快速到达一间特定的房间？
- 为了打开一扇虚拟的门，是采用在操作杆上按键的方式还是在工具面板上选择"打开"按钮比较好？

图10-7展示了一项正在进行的评估。评估主要针对系统操作的响应速度和便捷程度。这说明了分析和评估之间的联系——在这个例子中，255这两项内容对于虚拟环境能否被人接受是至关重

图10-7　训练人员正在评估一个训练系统

要的。对于这些问题，我们需要一些定量的评价指标来支持设计的选择。

10.5.2 度量指标

在评估中我们需要度量哪些方面？怎样对其进行度量？表 10-3 给出了一些常用的度量指标及其对应的度量方法。这些都是来源于 ISO 9241 可用性标准第 11 部分，其中提到，某一事物的可用性应当以效果、效率和满意度三个维度来进行衡量。当然，也可能存在其他更多的选择。

表 10-3 常用的可用性度量指标

可用性目标	效果	效率	满意度
整体可用性	• 成功完成的测试项目百分比 • 成功完成测试项的人数百分比	• 完成一测试项目所用的时间 • 无效操作所浪费的时间	• 满意度的等级 • 自愿条件下系统的使用频率（系统完成后）
对用户先验知识的要求	• 成功完成的高级测试项目百分比 • 与高级测试相关的系统功能所占百分比	• 完成高级测试项目所需的最短时间	• 对于系统高级功能的满意度等级
是否满足"即来即用"	• 首次尝试时就成功的测试项目所占的百分比	• 首次尝试完成测试项目所用的时间 • 花费在系统帮助上的时间	• 自愿使用该系统的人员比例（系统完成后）
是否满足较少的或间断的使用	• 在一段时间不接触系统以后还能被成功完成的测试项目所占的百分比	• 重新学习系统功能所花的时间 • 持续错误的个数	• 系统被重复使用的频率（系统完成后）
易学性	• 需要学习的系统功能数 • 学会预先设定的系统规范的用户百分比	• 花费在系统帮助上的时间 • 学习规范所花的时间	• 系统易用性等级

来源：ISO 9241-11:1998 Ergonomic requirements for office work with visual display terminals (VDTs), extract of Table B.2

这些度量指标在对很多类型应用系统的评估中都十分有用，不管是小型手机通信设备还是大型办公系统。在大多数这样的评估过程中都必须完成一个任务，这就是参与者要完成一些事情，这些事情直接决定了评估任务是否成功完成。唯一比较难以确定的是：我们对现有系统的认可度是多少，具体来说，就是成功完成了测试任务中的百分之多少时，我们就可以认为这个系统是可以被接受的，95%、80% 还是 50%？在一些（极少的）情况下，客户会设置这些数值。或者也可以从与备选方案、前期版本、竞争产品或计算机化过程的当前手工版本的对比测试来获得。即便如此，评估小组还是需要确定某一种评估标准是否是相关的。例如，对于一个很复杂的计算机辅助设计系统，我们一般不会刻意要求大多数的功能在一开始的尝试中就完美运行。另外，即便使用了这套系统我们绘制复杂图标的平均速度比采用其他系统平均快了 2 秒钟，这样真的是有意义的吗？相反，输入字符的速度对于手机的设计是否成功来说是至关重要的。在设计评估指标时，你需要始终牢记以下 3 件事情：

- 不要因为一个测试是可以定量评价的就一定要去进行这项测试。
- 不断地回过头来重新审视系统的整体服务宗旨和使用的情境。
- 根据要使用的资源，考虑可能获取的数据的有用性来测试衡量指标。

其中最后一点在实际的评估中尤为重要。

256

挑战 10-5

为什么有些系统的易学性比其他系统要重要？举出一些易学性在系统可用性中影响不是很大的例子。

10.5.3 人员

在系统评估中最重要的人是那些将来会使用该系统的用户。我们需要对这些人的特征进行分析，并且采用角色模板的形式对分析结果进行记录。相关的分析数据可以包括系统支持的技术所蕴含的专业知识、对输入输出设备的操作技能、经验、教育经历、训练、体能和认知能力等（人的相关特征在第 2 章中有介绍）。

进行系统评估时需要招募最少 3 个，最好 5 个人来参与测试。对于系统的可用性测试来讲，Nielsen 十多年来一直认为 3 ～ 5 名测试人员就足够了。一些从业人员和研究者则认为这个数目太少，然而在实际的测试条件下，招募 3 ～ 5 名已经较为困难，因此我们仍然推荐使用较少的测试人员数目，这不失为一种比较务实的策略

进一步思考：吸引力

以娱乐为目标的游戏或者其他应用的设计为评估提出了新的问题。虽然我们仍然需要评估基本功能能否在游戏环境中正常运行，例如，是否易学、效率和效益是否高，但是这些在更广泛的意义上已经显得不是那么重要了。这类系统设计的主要目的是让人们享受游戏，人们花费的时间就不那么重要了，例如通过某一关所经历的情节比花费的时间更重要。类似的，多媒体应用的主要目的是用来愉悦用户、调动用户的情绪，而不是要在规定的时间里完成某个任务。评估这类系统时，往往采用采访或者调查问卷的形式对用户体验进行评估。例如，Read 和 MacFarlane（2000）就采用一个叫作纵向排列的笑脸等级的量化标准来和孩子们一起对一种新型的交互接口进行评价。另外还有一些通过观察确定的度量指标：用户的姿态、面部表情等可能在一定程度上暗示了其对系统的体验好坏。

然而，采用较少的人员进行测试的前提是你要保证你的人员都是同类型人员。例如，采用有经验的管理者对客户数据库系统进行评估，采用 16 ～ 25 岁的人员对计算机游戏进行评估。如果你所招募的人员并不是针对系统设计目的的同类型人员，那么你就需要将系统交给不同的组分别进行测试，每组 3 ～ 5 个人。如果你的系统是用于销售和市场展示，那么人员中包括他们将会是十分有用的。对于一些家用系统来讲，人员的招募相对来说是比较容易的。否则，可以从以营销目的建立的焦点小组中征集，或者如果有必要，你可以通过打广告等途径招募你的人员。一般来讲，学生是比较容易进行招募的，但是请牢记，他们只是代表系统目标人群的一部分。如果你有充足的资源，那么提供金钱的报酬可以帮助你更快地完成人员招募。当然，不可避免的是你的样本会偏向那些对技术有某种兴趣的合作者，在研究测试结果时你一定要牢记这一点。

如果你实在找不到任何代表目标用户的人员，而你自身又是系统的设计师，那么你至少要让其他人试用一下你的系统。这个人可以是你的同事、朋友、亲人或者能给你真实意见的任何人。几乎可以确定他们一定会发现一些系统的设计漏洞。你所得到的数据将会是受限的（但总比一无所获好得多），因此在对数据进行分析的时候你要非常小心。

最后，如果你有一个测试团队，你需要明确你和你的成员在整个测试中所处的位置。你要布置测试并且收集数据，但是你究竟在测试中扮演什么样的角色？我们推荐的方式是每一位测试用户在进行系统测试时身边都要坐着一名评估师。出于道德上的因素并且为了使测试继续下去，我们也鼓励评估师在参与者变得不适或者完全卡壳的时候提供帮助。帮助程度的多少则取决于你要测试的应用类型（例如对于向公众提供的信息电脑亭系统，就应该把对测试用户的帮助降到最低），以及测试应用程序的完整程度，特别是，是否已实现了一些帮助功能。

10.5.4 身体和生理衡量指标

眼动追踪（或眼球追踪）可以显示参与者对屏幕不同区域的注意力变化。这可以指示用户界面的哪些特征已经引起注意，以及以何种顺序进行，或者捕获大范围的注视模式来表明人们如何在屏幕上移动。眼动追踪很受网站设计师的欢迎，因为它可以用来突出访问者最常看到的页面的哪些部分，即所谓的"热点"，和完全错过了哪些部分。可以采取诸如首次固定时间（TTFF）、固定长度和持续时间等测量来确定人们对他们所看到的第一次印象（Lingaard，2006）。眼动追踪设备是头戴式的或连接到计算机监视器上，如图 10-8 所示。

眼动追踪软件随时可用于提供屏幕地图。其中一些还可以测量瞳孔扩张，这可以作为唤醒的指示——如果你喜欢你所看到的，瞳孔会扩张。评估中的生理技术依赖于这样一个事实，即我们所有的情绪——焦虑、快乐、忧虑、喜悦、惊喜等，都会产生生理变化。

最常见的衡量指标是心率变化、呼吸率、皮肤温度、血容量、脉搏和皮肤电反应（排汗量的指标）。所有这些都是唤醒总体水平变化的指标，反过来这可能是情绪反应的证据。传感器可以连接到参与者的身体（通常是指尖）并链接到软件，该软件将结果转换为数字和图形格式以供分析。但是也存在许多不显眼的方法，例如游戏界面的方向盘中的压力传感器，或者测量参与者是否位于其座位边缘的传感器。（第 22 章中介绍了更多关于情感在交互式系统设计中的作用。）

诱发哪种特定情绪不能仅从觉醒水平推断出来，而必须从其他数据推断出来，例如面部表情、姿势或直接提问。另一个当前的应用是评估存在程度——虚拟环境引起的"存在"感（如图 10-9 所示）。

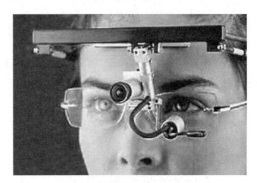

图 10-8 头戴式眼动追踪设备

图 10-9 用于评估虚拟环境中存在的 20 英尺"悬崖"

（来源：转载自存在：合成环境中用户存在的概念、影响和测量，Inkso，B.E.，Measuring Pressence。© 2003，经 IOS Press 授权许可。）

258

通常，在环境中产生惊人事件或威胁特征，并且在人们遇到它们时测量唤醒水平。伦敦大学学院和北卡罗来纳大学教堂山分校的研究人员（Usoh等，1999, 2000；Insko，2001, 2003; Meehan，2001）在测量唤醒时进行了一系列实验，因为参与者接近"虚拟悬崖"。在这些情况下，心率的变化与压力的自我报告密切相关。

评估的另一个关键方面是需要收集有关人员的数据。越来越多的衡量指标可以提供真正的用户体验洞察力。例如，皮肤电反应（GSR）测量一个人正在经历的唤醒水平。放置在使用者皮肤上的传感器将记录有多少汗水，因此它们是如何被唤醒的。眼动追踪可用于查看人们的目光。面部识别可以确定人们看起来是否快乐或悲伤、困惑或愤怒。面部行为编码系统（FACS）是通过面部表情测量情绪的有效方式。压力传感器可以检测人们抓紧东西的紧密程度。当然，视频可用于记录人们正在做的事情。这些不同的措施可以组合成一种评估用户体验的有效方法。（参见第22章，影响，了解有关人类情感的更多细节。）

259

10.5.5　测试计划和任务说明

我们需要制定一个测试计划来指导整个评估过程。计划中需要明确：

- 每个测试单元的目标。
- 实际测试中的一些细节问题，包括测试的时间和地点，每个测试单元持续的时间，测试和数据收集中需要用到的装置和材料，以及一些必须要的技术支持。
- 测试人员的数目和类型。
- 应提供的测试任务，明确测试通过的标准。这一部分同时需要明确需要收集哪些数据，如何对数据进行分析。

现在你应该能够引领整个测试过程并解决测试过程中遇到的任何不可预见的困难。例如，测试时间可能会远远超出预期，一些有关测试的指示说明可能需要进一步说明。

10.5.6　向设计组报告可用性评估结果

然而仅有一个合格的系统评估是不够的，评估真正的意义在于它对系统的设计产生作用。即使你既是系统的设计师又是评估师，你也需要列出评估中的发现以指导后续的系统再设计。如果你要向设计/开发小组提交报告，那么报告最重要的是要让他们一眼就能看出问题是什么，这些问题会导致什么样的结果，甚至是这些问题用哪些办法来解决。

报告可以按照系统所关注方面的不同或者按照所发现问题的严重性进行组织。对于后者来说，你可以采用3～5个级别进行划分，例如，从"严重影响测试者进行下一步测试"到"轻微的干扰"。在问题旁边添加有关该问题的系统通用性原则有助于设计师更好地理解为什么这里有问题，部分设计师还经常要求对问题进行更为明确的解释。而有一些问题则是非常显而易见的，不需要对其做过多的解释。召开面对面的会议往往比只提交书面文档更有效（尽管会议通常也需要提交书面文档作为支撑材料），会议是播放用户测试过程中碰到问题的短篇录像最好的时机。

评估所提供的建议解决方案可以提高对系统的改进概率，要求系统设计师对提出的这些建议进行回复会进一步提高这种可能性，但是在一些情况下也有可能会产生相反的效果。如果你所在的项目组有一个正式质量体系，那么一种有效率的做法是与其他的系统同时进行可用性评估。这样的做法使得系统中出现的可用性问题可以与其他相同的问题一起得到解决。即使没有这样的完整质量体系，系统的可用性问题也可以加入一个已有的错误记录系统。无论系统处理什么样的设计问题，整理报告是有效可用性评估的关键技能。

10.6 评估：进一步探讨

当然，关于评估还有许许多多的细节问题，在本书的其他章节中都有所涉及。在第14～20章中，有诸多用户体验设计的具体内容。在本节中，我们重点关注其中的几项。

10.6.1 可用性评估

在几种衡量可用性的标准方法中，最著名和最强大的可能是系统可用性量表（SUS）。Jeff Sauro 展示了如图 10-10 所示的比例。他认为，超过 68 的分数都高于平均分，表明可用性处于合理水平。

系统可用性量表

SUS 是一个问卷，里面有 10 个问题，每个问题有 5 个选项。

（1）我认为我想经常使用这个系统。
（2）我发现系统没必要这么复杂。
（3）我认为这个系统很容易使用。
（4）我认为我需要技术人员的支持才能使用这个系统。
（5）我发现这个系统中的各种功能都很好地集成在一起。
（6）我认为这个系统有太多的不一致。
（7）我想大多数都会很快学会使用这个系统。
（8）我发现这个系统使用起来非常麻烦。
（9）我对使用这个系统非常有信心。
（10）在开始使用这个系统之前，我需要学习很多东西。

SUS 使用以下相应格式：

非常反对 1	2	3	4	非常同意 5
○	○	○	○	○

SUS 平分

- 对于奇数项：从用户响应中减去 1。
- 对于偶数项：从 5 减去用户响应。
- 选项是从 0 到 4（其中 4 是最积极的响应）。
- 为每个用户添加转换后的响应，并将该总数乘以 2.5。这会将可能值的范围从 0 转换为 100 而不是从 0 到 40。

图 10-10　系统可用性量表

用户体验设计评估

有许多专门用于评估用户体验的工具和方法。它们区分用户体验的实用性和享乐特质（Hassenzahl，2010）。用户体验问卷描述了这些质量，如图 10-11 所示。26 项问卷用于收集有关用户体验的数据（如图 10-12 所示）。在线电子表格可用于帮助对收集的数据进行统计分析。

另一种方法是使用 AttrakDiff 在线调查问卷（如图 10-13 所示）。这与前一方法类似，但使用不同的术语。这两个问卷都可以按原样使用，这样做的好处是可以跨产品和服务进行比较。但是，对于特定评估，用户体验设计师可能需要更改语义差异比例上使用的术语。

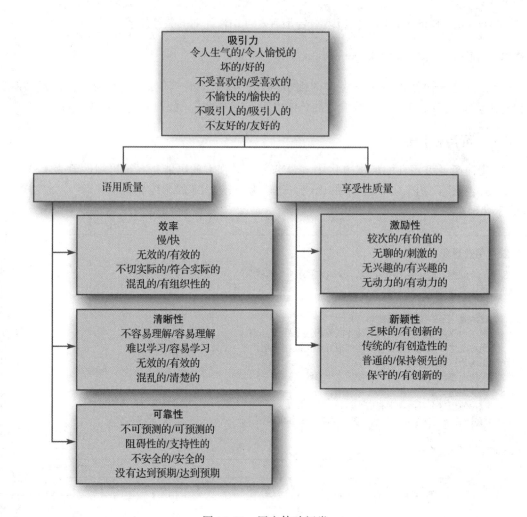

图 10-11　用户体验问卷

10.6.2　临场感评估

虚拟现实（VR）或者增强现实（AR）应用程序的设计者往往更关注身临其境的感觉，这种感觉是指在虚拟环境之中而非正在使用这种技术的房间里面。对一个应用来说，强烈的临场感至关重要，此类应用包括：游戏，那些为恐惧症治疗而设计的系统，让人们参观那些他们从未见过的真实地方，甚至一些工作场所的应用（如培训人们在压力下有效地工作）。这是一个非常新的研究课题，而且目前没有一种技术能够有效解决所有问题，这主要是由于以下的困难：

- 临场感会受到个人性格、经历和期望的强烈影响。当然，这也属于交互式系统中的一种反应，临场感是其中比较极端的例子。
- 临场感概念本身是一种病态定义，研究者对其定义还存在争议。存在一些不确定性，包括：虚拟环境的真实性，真实世界对用户在使用系统时的影响程度，对虚拟场景的回顾感，等等。
- 在用户体验虚拟场景时提问用户关于临场感的问题会影响到用户的体验过程。另一方面，事后询问参与者的回忆性内容必然导致获取失败，因为经历是现场的。

261

	1	2	3	4	5	6	7		
令人生气的	○	○	○	○	○	○	○	令人愉悦的	1
容易理解	○	○	○	○	○	○	○	不容易理解	2
有创新的	○	○	○	○	○	○	○	乏味的	3
容易学习	○	○	○	○	○	○	○	难以学习	4
有价值的	○	○	○	○	○	○	○	较次的	5
无聊的	○	○	○	○	○	○	○	刺激的	6
无兴趣的	○	○	○	○	○	○	○	有兴趣的	7
不可预测的	○	○	○	○	○	○	○	可预测的	8
快	○	○	○	○	○	○	○	慢	9
传统的	○	○	○	○	○	○	○	有创造性的	10
阻碍性的	○	○	○	○	○	○	○	支持性的	11
好的	○	○	○	○	○	○	○	坏的	12
复杂的	○	○	○	○	○	○	○	简单的	13
不受喜欢的	○	○	○	○	○	○	○	受喜欢的	14
普通的	○	○	○	○	○	○	○	领先的	15
不愉快的	○	○	○	○	○	○	○	愉快的	16
安全的	○	○	○	○	○	○	○	不安全的	17
有动力的	○	○	○	○	○	○	○	无动力的	18
达到预期	○	○	○	○	○	○	○	没有达到预期	19
无效的	○	○	○	○	○	○	○	有效的	20
清楚的	○	○	○	○	○	○	○	混乱的	21
不实用的	○	○	○	○	○	○	○	实用的	22
有序的	○	○	○	○	○	○	○	杂乱的	23
吸引人的	○	○	○	○	○	○	○	不吸引人的	24
友好的	○	○	○	○	○	○	○	不友好的	25
保守的	○	○	○	○	○	○	○	有创新的	26

图 10-12 用于收集用户体验数据的调查问卷

上述问题的用于测量临场感的策略，但是没有一种能完全解决这些问题。例如，可以通过交叉引用由 NASA 科学家 Witmer 和 Singer（1998）开发的调查问卷以及英国伦敦大学学院和伦敦大学金史密斯学院开发的问卷（Slater，1999；Lessiter 等，2001）方法去量化到底书、电影、游戏或者其他虚拟现实产品给用户的"代入感"有多强。Witmer 和 Singer 提出的临场感测试问卷（Witmer 和 Singer，1998）是目前为止公认的最好的临场感测量方法。然而，采用调查问卷这种方式来测量临场感本身就是一种不稳定并且是病态的方案。在一个实验中，调查问卷结果显示在某个办公室虚拟环境下很多用户不能感受到完全呈现感（即不能通过该虚拟环境在脑中重建整个办公室），而事实上我们可以发现其中的一些人即使是在真实世界中也不能完成这一任务（Usoh 等，2000）。不那么结构化的尝试包括让人们写下他们的经历，或者邀请他们在面试中提供自由形式的评论。然后分析结果作为某个系统临场感的指标。这种方式的难点在于它是一种间接的测量方式，由参与者口头表述并由分析专家进行解释而得来的，难以确定应该把哪些东西当成一个指标。

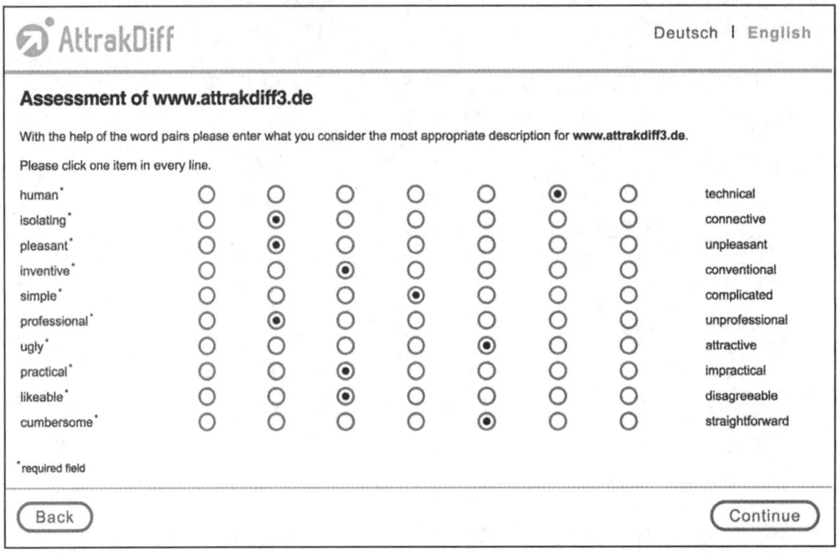

图 10-13   AttrakDiff 在线调查问卷

还有一些测量临场感的方法设法避免这种间接层面的测量，而是直接通过观察用户在虚拟环境测试中的行为或者通过测量生理学指标。

挑战 10-6

临场感的哪些指标可以通过生理学技术进行测量？得到的结果数据会受到其他因素的影响吗？

10.6.3   家庭式评估

与工作环境下的评估相比，家庭环境下的评估在捕获用户方面更为困难。用户往往会更注重保护自己的隐私，并且往往不愿意花费他们宝贵的休闲时间去帮助你进行可用性评估。因此，你所采用的数据收集方法的趣味性、刺激性以及减少对时间和精力的需求都非常重要。这是一个很有发展前景的领域，很多研究者都致力于改造现有方法或开发出新的数据采集方法。例如，Petersen 等（2002）就着重研究了评估时间与家用技术之间的关系。系统首次安装（一种新的电视）的时候，他们用传统的面谈方式进行评估，之后就通过让家人表演使用电视的情景来评估。日记也是一种数据采集工具，但是一般日记的完整率都不高，这可能是由于日记繁杂的格式及其特有的隐私性与看电视这种社会活动之间的不协调性。

Baillie 等（2003）、Baillie 和 Benyon（2008）报道了一个有效的家庭式评估例子。在这个例子中，调查员为用户提供了便笺纸用来随时记录他们对系统设计观念的想法（如图 10-14 所示）。每个不同概念的说明便笺纸被张贴在室内可能会用到的地方，鼓励用户思考他们会如何使用这些设备和可能遇到的问题。用户用便笺纸记录下这些想法并贴在相应的便笺纸旁边稍后进行收集整理。（第 7 章介绍的调研与此处相关。）

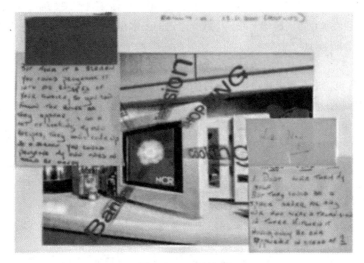

图 10-14　便笺纸

（来源：David Benyon）

家用系统更注重趣味性，在家庭式评估中我们应像鼓励大人一样鼓励孩子们参与其中。这样做不仅是为了保证对系统功能进行全方位的测试，另一方面和孩子们一起参与也是将父母引入评估过程的一种好的方式。

挑战 10-7

思考一些能让 6 ～ 9 岁的孩子也参与的家庭式评估方法。

263
～
264

总结和要点

本章介绍了有关系统评估的几个重要的问题。设计一个交互式系统、产品或服务的评估方案所需的重视程度和工作量与系统其他方面的设计是一样的。设计师们在评估中需要考虑到不同方法的可能性和局限性，他们不仅要学习理论知识，还需要大量的实践经验。

- 设计师需要盯紧那些他们想要评估的系统或产品的特征。
- 他们需要认真考虑系统或产品目前处于什么状态，这种状态下他们能否评估上述特征。
- 专家评估方法。
- 参与式评估方法。
- 设计师应该站在系统使用者所需的特定情境以及他们所从事的活动的角度去设计整个评估过程。

练习

1. 应用 10.3 节介绍的启发式原则对文字处理软件和手机的电话簿进行启发式评估。

2. 考虑以下评估。一个呼叫中心运营商负责应答和处理保险理赔业务。业务主要包括对来电进行应答，并且通过数据库访问用户个人资料和要求细节等。假设有一个新的让操作员使用的数据库管理系统，由你负责进行用户评估。你认为系统的哪些可用性方面很重要且需要评估？你准备如何对它们进行度量?

如果是对一个交互式在线网页多媒体艺术画廊系统进行评估,则应该如何考虑上述问题。设计师希望用户能够体验到展示在不同媒体上的具体或概念性的艺术作品。

3.(附加题)分析框 10-2 中提到的评估实例存在哪些潜在的问题?你会用什么样不同的评估方法?

4.(附加题)你负责对一款交互式儿童玩具进行评估。该玩具是一款小巧、毛茸茸、会说话的动物玩具,并且随着时间的变化,其行为还会根据它"学"到的新技巧而改变,并且会根据主人对它的反应而做出回应。例如,使用者一天之内会抱它几次。设计师认为一般来说需要 1 个月的时间才能"学习"建立起它所有的行为。孩子与玩具的交流可以通过语言指令(玩具可以识别 20 个单词)、扭耳朵、抱起、按下玩具背上的按钮等,实际上,不同的按钮会触发不同的行为。玩具本身不会提供任何说明,孩子要通过不断的尝试和失误来发现玩具的这些功能。

为该产品设计评估过程,并解释你为什么这么做。

5.怎么确定我们所用的评价准则对于用户来说是否重要?提出一些方法使得我们可以确定这些准则是用户需要和希望的。

6.一个员工分布在不同地理位置办公的企业引进了桌面视频会议系统,目的是减少办公室之间"不必要"的差旅支出。工作团队的员工往往分布在不同地方。在引进该系统以前差旅被认为是一件非常让人头疼的事,尽管它提供机会让员工在其他地方露面,以及关照其他人的业务,包括那些团队之外的员工。在引进该系统一个月后,企业的高级管理者要求对这个系统进行一次"全面"评估。请描述一下你将使用什么方法,希望从他们的使用中获得什么数据,列出你预见的评估中可能会出现的问题。

深入阅读

Cairns, P. and Cox, A.L. (2008) *Research Methods for Human-Computer Interaction*. Cambridge University Press, Cambridge.

Cockton, G., Woolrych, A. and Lavery, D. (2012) Inspection-based evaluations. In Jacko, J.A. (ed.), *The Human-Computer Interaction Handbook: Fundamentals, Evolving Technologies and Emerging Applications*, 3rd edn. CRC Press, Taylor & Francis, Boca Raton, FL, pp. 1279–1298.

Monk, A., Wright, P., Haber, J. and Davenport, L. (1993) *Improving Your Human-Computer Interface: A Practical Technique*. BCS, Practitioner Series, Prentice-Hall, New York and Hemel
本书详细描述了系统合作可用性评估,可能目前很难买到这本书,但是应该可以在图书馆借到。

高阶阅读

Doubleday, A., Ryan, M., Springett, M. and Sutcliffe, A. (1997) A comparison of usability techniques for evaluating design. *Proceedings of DIS '97 Conference*, Amsterdam, Netherlands. ACM Press, New York, pp. 101–110. 本书了对比了在信息检索系统上启发式评估方法和用户测试方法的不同结果。给出了研究持续流的不同评估方法的相对效率的很好示例。

Nielsen, J. (1993) *Usability Engineering*. Academic Press. New York. 尼尔森关于其"简易"方法的经典阐述实用性很高,但是根据本章和第 19 章所讲述的内容,这本书得到的结果有一定的局限性。

Robson, C. (1994) *Experiment, Design and Statistics in Psychology*. Penguin, London.

网站链接

英国 HCI 小组网站 www.usabilitynews.com,经常发布可用性评估方面的讨论。

挑战点评

挑战 10-1

这个问题的答案显然取决于你收集到的资料。但你可能会发现广告会引起你的购买需要和欲望——通过状态、风格等特点，这些都是采用标准可用性评估技术无法很好处理的方面。

挑战 10-2

我们不知道这个应用程序来自仪表板上的数据究竟是什么，但我们可以看到它每天有大约 100 万用户。大多数是来自美国的 25～34 岁的女性。我们可以看到大多数人都在使用该应用程序的 1.37 版本，但这仍然不到总用户数的一半。从本月早些时候的高收入（也许是新版本发布时）开始，我们看到了收入趋于平衡。

挑战 10-3

洗碗器控制面板的设计是非常简单的，主要包括 4 项处理程序，每一项按照处理顺序排列在面板上，并且附有对其功能的简短说明（例如，漂洗），以及一个不太容易理解的图标。设置程序的表盘上有一个标着程序序号的开始点。这种设计是易学的，即便是在没有说明书的情况下，用户也明白每项处理程序的功能和如何选定它们。同时也是有效的，用户可以很方便地选择某个处理程序，然后根据刻度盘的转动情况判断进展到处理周期的哪一步。在适应性方面，用户可以中断当前处理程序加入更多的盘子，但是系统的设计不能够适应视力部分障碍或者盲人（还有很多其他缺陷）的需求，可以通过简单地加入触觉标签的方法来解决这一问题。

挑战 10-4

基本可以确定的是在两个评估中都发现的 3 个问题是真实的，没有受到测试程序导向的任何影响。你很难从剩余的 4 个问题中得出具体的结论，但是还是需要重新检查这些设计的相关部分。长时间交互的困难是切实存在的，同时也是在启发式评估中可能被忽略的。在所有的这些方面，你都应该在真实的代表人群中测试你重新设计的评估方法。

267

挑战 10-5

易学性，即熟悉系统功能所花费的时间可能不是那么重要。例如，当系统被长期、密集使用的时候，在这些场合，用户更期望花费精力去掌握系统强大的功能；另外，在学习时间远少于熟练掌握软件的时间的情况下，易学性也变得不那么重要。专业人士的应用程序，例如，计算机辅助设计系统、台式印刷系统、科学分析软件和针对计算机程序员所开发的大量产品都是属于这一类的。虽然易学性对于这类系统并不太重要，但是并不意味着我们不需要考虑系统整体的可用性和好的设计，而我们应该把重点更多地放在如何适应这些操作而非表面上的易学性。

挑战 10-6

心率、呼吸频率和皮肤导电性（和其他的一些指标）的改变都会在一定程度上表示用户临场感程度。但是我们需要梳理哪些是由于虚拟环境造成的，哪些是由于用户对实验本身的反应造成的，或者是其他根本不相关的用户自身原因造成的。

挑战 10-7

已尝试的一种技术是，让孩子画出自己使用系统遇到的问题——复杂问题可以画一系列卡通图片。年龄较大的孩子可以添加"想一想"气泡。只要你可以想出来，就有无限可能。

268

任务分析

目标

　　"任务"这一概念在人机交互（HCI）领域一直处于核心地位。要想理解人类及其如何完成工作，任务分析是一项非常有用的技术，更准确地说是一项有用的技术集合。以人为本的设计必要的一环是观察人们所做的任务或者因为某个重新设计的系统不得不做的任务。本章分析了任务分析的哲学背景及其与用户体验设计的融合点。最后针对不同类型的任务分析方法给出了实用性建议。

　　在学习完本章之后，你应：
- 理解目标、任务和动作之间的差异。
- 从事层次化任务分析。
- 从事过程化的认知任务分析。
- 认识到思考某一领域结构化视角的重要性。

11.1　目标、任务和动作

　　一些研究者认为"任务分析"涵盖多种专业方法，如访谈、观察、脚本创作等。然而，我们不这样认为。我们认为任务分析是用户体验设计的某个特定视角，可以产生某些特定方法。本章更加正式地介绍了任务的概念，如何进行任务分析以及设计师可从中获得的益处。最后一节将讨论理解某一领域结构化视角的重要性。

　　任务分析中的几个关键概念——目标、任务和动作之间的区别如下：

> 　　任务是一个目标及实现该目标的若干次序集的动作组合。

　　任务的概念源自人或代理的视角，这些人或代理试图改变某个应用领域从而与技术发生交互。人和技术共同构成了从"应用领域"剥离出来的所谓的"工作系统"。Dowell 和 Long（1998）指出，应用领域（或简称"域"）是现实世界的一种抽象，例如某些抽象的表示（如数据库、网站或 iPhone 应用程序）。重要的是，任务分析与工作系统（第 3 章将工作系统称为"人 – 技"系统）在某些领域性能中的某些方面相关联。这种性能可以是学习系统或达到使用系统的某一特定水平所付出的工作量、完成特定任务的耗时，等等。概念化内容如图 11-1 所示。

　　迪亚珀（Diaper）对任务分析的完整定义（Diaper，2004）为：工作是通过工作系统对应用领域进行的更改而实现的。应用领域是系统

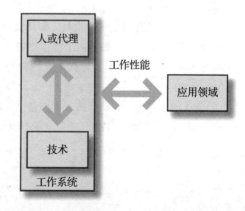

图 11-1　任务分析关注工作系统的工作性能

运行机能相关的假想世界的一部分。人机交互中的工作系统由一个或多个人类和计算机部件及许多其他种类的东西构成。任务是工作系统改变应用领域的手段。目标是任务执行后工作系统应该达到的所期望的未来应用领域状态。只要工作系统持续接近它在应用领域中的目标，其性能就被认为是令人满意的。任务分析研究的是如何通过任务完成工作的。

并非所有人都认同这种区分工作系统和工作域的看法，不过，该定义确实导致了某些任务分析技术的产生，可有效用于系统分析和设计。其他的定义如下。

1. 目标

目标是一种工作系统期望实现的应用领域的状态。目标设定在特定的抽象层。

该定义使得人造实体（诸如技术、代理或其组合等）拥有目标。例如，我们可能正在研究一家公司的组织目标，或者根据它的目标研究一个软件系统的行为。拥有目标的并不只是人类，工作系统亦可作为一个整体拥有目标。因此"代理"这个术语经常用于囊括那些试图独立自主地实现应用领域的某个状态的人类和软件系统。术语"技术"则用于包含物理设备、信息人造物、软件系统及其他方法和程序。举例来说，代理可能具有诸如写信、录制电视节目或搜寻最强移动电话信号的目标。假定，当前域正处于一个状态——信未写、电视节目未录、信号确定未达到最强，代理需要采取某些行动（如若干任务）促使域达到所需状态。（第 9 章介绍了状态和转换。）

通常，一个目标可以通过各种各样的方式实现。因此代理首先需要确定采用何种技术达成目标。以录制电视节目为例来说明，代理可以采用以下技术：

- 邀请朋友来录。
- 按下 PVR（个人视频录像机）上的 Rec 键。
- 手动设定定时器。
- 通过电视的屏幕指南设定定时器。

当然，代理需要对这些技术及其利弊了如指掌，并能在不同的时间根据情况选择不同的技术。代理有可能不理解其中的某些技术，因此无法采取最佳的做法。一项技术的选择依赖于代理对特定技术的功能、结构和用途的认知程度，这种认知可能是错误的。但是一旦确定了要采用的技术，就需要定义任务了。

2. 任务和动作

任务是代理采用某一特定技术实现目标所需的、采用的或必要的行为的结构化的集合。任务通常由子任务组成，每个子任务为具有更细抽象度的任务。行为的结构包括在两个备选动作中进行选择、对某些动作执行一定次数及动作的排序。

任务被分解成越来越多更细层次的描述，直至能够根据动作进行定义。动作是"简单的任务"。虽然任务可能包含某些结构，如按一个特定次序做事情、决定做哪一件事情（选择）和多次做事情（迭代），但是动作却不能。该结构通常称为规划或方法。

动作是不与任何待解决问题相关联的任务，不包含任何控制结构。不同人的动作和任务是不同的。

例如，录制电视节目时，如果节目马上要开始，那么最好按下 PVR 上的"Rec"键，PVR 会立即开始录制。这就产生了一些问题，因为根据设备之间特定的连接关系，PVR 可能调到了错误的频道。或者，可以手动设置定时器。使用屏幕菜单系统更费时费力，因为代理需要打开电视才能使用屏幕上的菜单。如果代理不是很熟悉该系统的操作，就可能一直在选择 PVR 频道上反反复复，最终才进入屏幕调制模式，等等。正是由于对设备的概念化或者认知模型不佳，导致代理可能做了很多完全没必要的事情。（第 2 章介绍心智模型。)

任务分析方法可以分为两大类：关注于任务逻辑的方法（即工作系统为实现目标所采用步骤的次序）和关注于任务认知方面的方法。（第 23 章介绍认知。）认知性任务分析关注的是理解工作系统需要采用何种认知过程以达成目标。认知本身与思考、解决问题、学习、记忆及思维模式有关。

挑战 11-1

写下利用 PVR 手动录制节目的任务结构。考虑一下为了完成这项任务，代理所需做出的决策，以及对具有不同知识的不同代理而言任务和动作的区别。与朋友或同学讨论。

人们知道该如何用一般方式及特定技术做一些事情。人们利用周围环境中的事物（如计算机屏幕上显示的东西或纸片上的笔记）作为其认知过程的一部分。认知性任务分析在人机交互领域中具有一个确定已久的传统，随之而来的还有大量来自各种略有不同的背景的方法。第 23 章提出的大多数认知和动作的理论处理法已经衍生出若干用于交互式系统的设计或评估的技术。

关于目标、任务和动作，我们需要考虑目标——任务映射（即知道做什么以实现目标）及任务——动作映射（即知道该怎么做）。我们还需考虑目标形成阶段，首先知道你可以做点什么。除了这种过程化知识，人们还具有结构化知识。结构化知识关注的是了解域中的概念及这些概念如何关联。这类知识特别有用，尤其是当系统出问题时，熟悉系统中各部件之间的关系有助于排解故障。（第 10 章描述的认知演练技术就是一种任务分析技术。）

11.2　任务分析和系统设计

已有多种看待任务分析和任务设计的视角，同时也有多种进行任务分析和任务设计的方法。如前所述，一些人将任务分析等同于整个系统开发过程。其他的一些人将任务分析方法等同于需求生成和评估方法。然而，还有一部分人将任务分析（了解已有的任务）和任务设计（预想未来的任务）区别对待。Diaper 和 Stanton（2004a）综合了 30 多种不同的视角给出了一个全面的综述。在一点上人们达成一致，即任务分析能够导致任务模型的产生，尽管，正如我们即将看到的那样，这些任务模型可以具有完全不同的形式。

Balbo 等（2004）在其任务分析技术分类法中着重强调了不同方法的表达能力。例如，他们关注一项技术是否能够捕捉到可选性（一项任务对实现目标而言是必需的还是可选的）、并行性（任务可否并行执行）或非标准动作（如误差处理或自动反馈）。他们按照如下标准将方法进行分类：

- 使用符号的目标。他们利用符号表示开发生命周期中的各阶段，这是最好的实现理解、设计、预想或评估的方法吗？
- 交流的易用性。某些任务分析技术很难阅读和理解，基于语法表示的任务分析技术比图形符号表示的更难理解。
- 任务建模的易用性。任务分析方法需要适应软件开发过程并便于软件工程师使用和理解。软件工程师长久以来存在的问题是没有好的任务分析技术。某些方法的意图正是在系统自动生成方面对工程师有所帮助（见进一步思考）。

● 任务分析技术对新系统类型、新目标或新需求的适应性。任务分析技术往其他目标拓
展的余地有多大？（如专门着眼于网站设计的任务分析技术可能适应性不高。）

Diaper 和 Stanton（2004b）就多种任务分析技术做了一项重要的观察，即他们通常都面
向单一目标。也就是说，他们假设代理或工作系统仅具有一个目的——完成它们的任务。目
的论是目的、起因和理由的研究，是对大多数任务分析方法中缺少的动作的描述，当然，在
实际中人们和工作系统可能同时追求多个目标。

任务分析是系统开发的重要部分，但是它是一个包含了许多不同视角的术语，在不同开
发时期用于具有不同目标的系统。

进一步思考：基于模式的用户界面设计

任务分析的一个特殊分支关注的是系统的形式化表示，这样，整个或局部系统可由计
算机系统根据规范或模式自动生成。基于模式的设计研究工作仍在进行，尽管在某些方面未
获太多成功。一些系统（见综述 Abed 等，2004）已被试用于用户界面设计中，它们在域层
次、抽象描述层次及诸如滚动条、窗口等不同类型窗体的实体层次上进行表示。基于模式的
方法的一个目标是使系统的不同版本可由相同的潜在模式自动生成。例如，采用不同的实
体模型，智能电话、计算机和写字板的界面可由相同的抽象模式和域模式生成。Stephanidis
（2001）利用该方法为不同能力水平的人群生成了不同的界面。

基于模式的方式已应用于软件工程领域多年（如 Benyon 和 Skidmore，1988），但仅取
得了有限的成功。在实体层将生成过程自动化的屏幕设计系统（如用户体验工具包）取得了
很大成功，然而，将该类系统自动与抽象化层次描述结合起来是比较困难的。但是，关于
可靠系统的重要工作确实挖掘了正式任务模型的好处，许多人使用 petri 网（PN）作为基础。
Martinie 等（2016）最近提出了一个讨论。

273

● 例如，在熟悉阶段，任务分析的目标应该尽可能独立于设备（或技术），因为该阶段
的目的是熟悉工作的本质特征以催生新的设计。
● 在未来任务的设计和评估阶段，任务分析着眼于采用某项特定技术（如某种特别的设
计）完成工作，因此该阶段与设备相关。

在理解阶段，任务分析关注工作实践、当前人类和技术之间的功能分配、存在的问题及
改进的空间。在设计和评估阶段，任务分析关注某种特定设计所需的认知、某种可能的设计
逻辑以及人和技术之间关于任务和动作在未来的分配。

在很多方面，任务分析都类似基于脚本的设计（基于脚本的设计已在第 3 章介绍），
因为任务只除去情境及其他细节的脚本。任务分析最适合应用于域中一个或两个关键动
作。任务分析速度不快，实施起来成本也不低，因此，它应该用在可能取得最佳收益的
地方。例如在电子商务应用中，最好在商品的即买即卖任务上进行任务分析。在移动电
话的接口设计中，关键任务是拨打电话、接听电话、呼叫通讯录中的一个人及找到本机
号码。

本章余下的部分将考虑两种分析技术。第一种是基于层次化任务分析（HTA），关注任务
的逻辑。第二种是基于目标、操作、方法、选择规则（GOMS）的方式，关注任务的认知分
析，着眼于达成目标所需的过程化知识，有时也被称为"如何做"的知识。最后我们关注结
构化知识的理解，有时这也被称为"是什么"知识。

11.3   层次化任务分析

层次化任务分析（HTA）是一种基于结构图表符号的任务结构图形表示法。结构图表将一系列任务、子任务和动作表示成层次体系，并且包含计数规定以显示一个动作是否可以反复执行多次（迭代）及执行分支动作（选择）。通常按照从左往右的顺序展示任务、子任务和动作。可以包含注释以指示规划。这些都是通过该层次以达成特定目标的结构化路径。例如，任务和子任务的层次显示了用移动电话拨号有两条主要路径。如果目标人的号码在手机通讯录中，那么呼叫者需要找到该号码并按下"呼叫"。否则，呼叫者需要输入该号码并按下"呼叫"。

层次化任务分析兴起于 20 世纪 60 年代，并且出现了各种各样的变种。Stanton（2003）给出了一项详尽的统计。层次化任务分析使用了一个结构化的图表来展示，介绍了盒子中各种各样的任务和动作，并使用等级以展示层次结构。图 11-2 展示了一个使用 ATM（自动取款机）的例子。

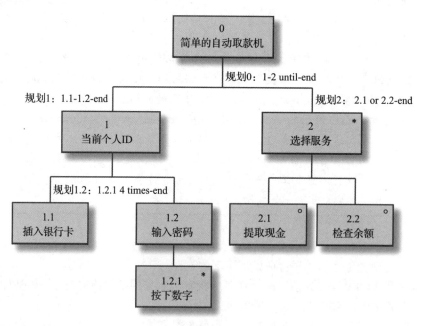

图 11-2   ATM 部分功能的层次化任务模型

已经有许多计数规定可用于捕捉任务的关键特性。我们建议采用一个星号"＊"表示一个动作可以重复执行多次（迭代），采用小写"o"表示可选择性。规划用于突出次序。其他人（如，Stanton，2003）喜欢将决策点展示为规划的一部分。

层次化任务分析并不简单。分析者必须花费时间正确地描述任务和子任务，才可以进行层次化任务分析。正如用户体验设计中大部分要做的事情一样，从事层次化的任务分析工作要经过多次反复，第一次有可能出错。分析者应该回到任务列表中，重新定义其中的任务以对其进行层次化表示。

层次化任务分析出现在交互式系统设计中的许多不同的方法中。例如，Stanton（2003）将层次化任务分析作为其错误识别的方法的一部分。他开发了一种层次化任务分析模型，并通过该模型搜寻可能的错误状况。在动作层次（层次化任务分析的最底层），人们可能犯下了如按错键等小错误。如果人们这么做了会发生什么呢？在任务和子任务层次，分析者可以考虑这是何种类型的任务及因此可能发生何种类型的错误。(第 21 章讨论了人为错误。)

Annett(2004)就如何实现层次化任务分析提供了一种按部就班式的指南:

(1)确定分析的目的。这对系统设计或设计培训材料有很大的帮助。

(2)定义任务目标。

(3)数据采集。如何采集数据?观测、让用户试用原型,等等。

(4)获取数据,起草层次化图。

(5)与利益相关者检查任务分解的有效性。

(6)鉴定重要的操作,直到造成的失败影响不再严重。

(7)生成并测试涉及影响学习和性能因素的臆测。

Lim 和 Long(1994)在人机交互开发方法中使用了一种稍有不同的层次化任务分析,称为 MUSE(可用性工程方法)。他们用如图 11-2 所示的"简单 ATM"的例子阐述他们的方法。图中显示"简单 ATM"包含两个完全按照一定顺序的子任务:当前个人 ID 和选择服务。当前个人 ID 包括两个子任务:插入银行卡和输入密码。反过来,输入密码包括按下数字动作的若干次迭代。选择服务包括要么取现,要么查询余额。

275

11.4 GOMS:过程性知识的认知模型

在大量的认知型任务分析方法中,GOMS 最为著名同时也是使用时间最长的(Kieras,2012)。GOMS 致力于采用特定的设备完成目标所需的认知过程。目的是按照如下概念描述任务:

- 目标。即人们试图用某些系统做什么(如用手机拨打一个电话)。
- 操作。即系统允许人们执行的动作,如点击菜单、滑动列表、按下按键等。
- 方法。即子任务和操作的次序。子任务的描述比操作更抽象,如"从通讯录中选择名字"或"输入电话号码"。
- 选择规则。即人们为完成相同的子任务进行方法选择的规则(如果可以选择)。如从通讯录中选择一个名字,用户可以在名字列表中滑动选择或输入首字母直接跳转到通讯录的局部列表。

GOMS 有不同的"风格",专注于任务的不同方面,使用不同的符号,使用不同的构造。本书并不想将 GOMS 当作一种方法教给读者,而只是提醒他们 GOMS 的存在以及提供一些说明性示例。Kieras(2004)和 John(2003)各自提供了不同的示例版本。

通过观察 GOMS 的构造,可以清晰地看到该方法只适用于用户知道他们想做什么时的情况。John(2003)强调,这种选择规则是熟知的子目标和操作次序。当人们需要解决问题时,GOMS 并不是一种合适的分析方法。它主要适用于单用户使用的系统,这些系统可以给出正确的性能评估并且有助于设计者思考不同的设计方案。

John(2003)在 Ernestine 工程中给出了一个 GOMS 分析的示例。她和同事韦恩·格雷(Wayne Gray)用他们当前的工作站为电话操作构造了 36 个细致的 GOMS 模型,并为这些模型采用了一个新提议的工作站。诸如接电话、初始化会话等任务被分解成更加细节的操作,如输入命令、阅读屏幕等。分配好这些操作的时间之后,整个任务的时间耗费就可以通过计算得到。

新的工作站具有不同的键盘和屏幕排版、不同的输入程序及系统响应时间。公司相信新的工作站比旧的更有效。然而,建模实验结果预示新工作站比旧工作站的平均速度慢 0.63 秒。资金方面将会每年额外耗费 200 万美金。不久之后,实地测试印证了该预测结果。

John（2003）给出了关于这个例子的更多细节，不过可能最重要的是建模工作耗费了两个人数月时间，实验工作本身不仅花费了 18 个月时间，还牵扯了大量的人员。优秀的模型有利于资金节约。图 11-3 所示为模型的一个部分。

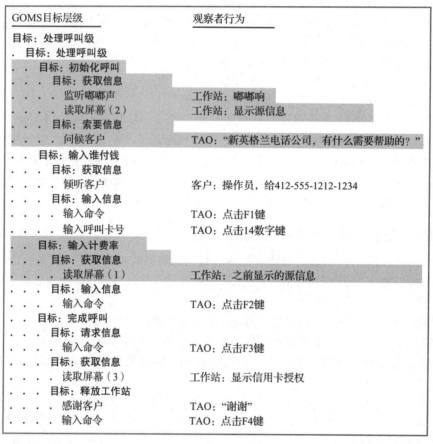

<table>
<tr><td>GOMS目标层级</td><td>观察者行为</td></tr>
<tr><td>目标：处理呼叫级</td><td></td></tr>
<tr><td>. 目标：处理呼叫级</td><td></td></tr>
<tr><td>. . 目标：初始化呼叫</td><td></td></tr>
<tr><td>. . . 目标：获取信息</td><td></td></tr>
<tr><td>. . . 监听嘟嘟声</td><td>工作站：嘟嘟响</td></tr>
<tr><td>. . . 读取屏幕（2）</td><td>工作站：显示源信息</td></tr>
<tr><td>. . . 目标：索要信息</td><td></td></tr>
<tr><td>. . . 问候客户</td><td>TAO："新英格兰电话公司，有什么需要帮助的？"</td></tr>
<tr><td>. . 目标：输入谁付钱</td><td></td></tr>
<tr><td>. . . 目标：获取信息</td><td></td></tr>
<tr><td>. . . 倾听客户</td><td>客户：操作员，给412-555-1212-1234</td></tr>
<tr><td>. . . 目标：输入信息</td><td></td></tr>
<tr><td>. . . 输入命令</td><td>TAO：点击F1键</td></tr>
<tr><td>. . . 输入呼叫卡号</td><td>TAO：点击14数字键</td></tr>
<tr><td>. . 目标：输入计费率</td><td></td></tr>
<tr><td>. . . 目标：获取信息</td><td></td></tr>
<tr><td>. . . 读取屏幕（1）</td><td>工作站：之前显示的源信息</td></tr>
<tr><td>. . . 目标：输入信息</td><td></td></tr>
<tr><td>. . . 输入命令</td><td>TAO：点击F2键</td></tr>
<tr><td>. . 目标：完成呼叫</td><td></td></tr>
<tr><td>. . . 目标：请求信息</td><td></td></tr>
<tr><td>. . . 输入命令</td><td>TAO：点击F3键</td></tr>
<tr><td>. . . 目标：获取信息</td><td></td></tr>
<tr><td>. . . 读取屏幕（3）</td><td>工作站：显示信用卡授权</td></tr>
<tr><td>. . . 目标：释放工作站</td><td></td></tr>
<tr><td>. . . 感谢客户</td><td>TAO："谢谢"</td></tr>
<tr><td>. . . 输入命令</td><td>TAO：点击F4键</td></tr>
</table>

图 11-3 GOMS 分析

（来源：John，2003，p.89，图 4.9 的一部分）

与层次化任务分析一样，从事 GOMS 分析同样需要层次化地描述、组织和构建任务、子任务和动作。正如我们所见，这项工作通常并不简单。然而，任务列表一旦制定清晰，完成该模型相当容易。时间可以与各种各样的认知性或物理性的动作产生关联，因此，我们可以获取 John（2003）所讨论的预测结果。

276

挑战 11-2

为简单的 ATM 写下一种 GOMS 类型的描述（如图 11-2 所示）。

11.5 结构性知识

任务分析与程序相关。但是在开始使用某些程序之前，我们需要知道何种类型的事情可以在该应用领域中完成。例如，如果使用一个绘制的程序包，在着手制定如何做之前，需要知道这个程序包中的哪一个工具可以改变一条线的宽度。我们需要建立一些基本的概念,比如什么是可能的。所以本节并不关注人们为达成目标所采用的步骤(着眼于过程表述),而是关注人们拥有的结构性知识及这些知识的分析如何能够帮助人们设计更好的系统。

Payne(2007)阐述了如何用"心智模型"(第 2 章已介绍)的理念来分析任务。他指出,人们需要在头脑中保持两个心智空间以及它们之间的关系。**目标空间**(goal space)描述的是人们力图实现的域的状态。**设备空间**(device space)描述的是技术如何表示目标空间。利用不同表现方式的分析可以突出问题所在。如果人们在设备空间所使用的概念与目标空间中的不同,那么两种概念之间的转换以及解释为什么会这样、为什么不这样将会比较困难。在这方面一个比较典型的例子是网页浏览器的历史记录机制。不同的浏览器采用不同的方式解读历史记录,而且一些浏览器会彻底消除相同网址的重复访问记录。如果人们试图回顾他们的网页浏览历史,会发现实际的访问历史与保存的历史记录会有所不同(Won 等,2009)。

Payne(2007)也论述了心智图(第 25 章介绍心智图)的概念,类似于某种环境下真实的图,并且可以用于从事任务。他论述了心智模型的分析如何帮助突出人们对同一个系统的见解的不同之处。在一项实证工作中,他考虑了关于 ATM 的不同心智模型,发现几个不同账户,存在诸如信用额度等信息。

Green 和 Benyon(1996)描述了一种称为 ERMIA(人工信息的实体–关系建模)的方法,可以揭示这种差异。ERMIA 对结构性知识进行建模,因此可用于表示存在于人们头脑中的概念。实体之间的关系用 1 或 m 标识,分别表示一个实体实例与一个或多个其他实体的实例相关联。图 11-4 所示为 Payne(1991)进行的心智模型研究中两个个体对 ATM 不同的信赖程度。

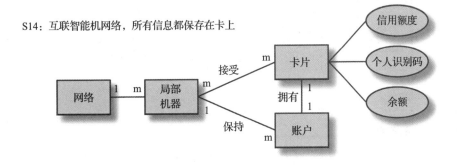

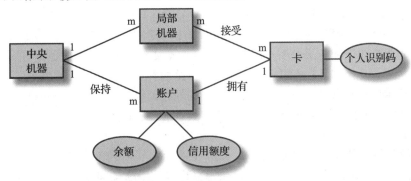

图 11-4 Payne(1991)描述的两种 ATM 心智模型之间的比较

(来源:Green 和 Benyon,1996)

277
～
278

ERMIA 采用一种实体 – 关系模型的改进型描述结构。实体用方框表示，关系用线表示，属性（实体的特性）用圆表示。第 9 章对象建模旁介绍了一种比较类似的 E-R 模型。

图 11-5 所示为一个典型的菜单界面。该类型分析的一个重要部分是有助于展示设计者的模型、系统镜像和用户模型之间的区别（设计者的模型和系统镜像在第 3 章已介绍）。界面中最重要的概念是什么？菜单系统具有两个主要的概念（实体）。菜单具有各种各样的菜单标题，如文件、编辑、布局，还有位于菜单标题下的各种各样的菜单项，如保存、打开、剪切和粘贴。更有趣的是，这两种实体之间是有一定关系的。你能够想象菜单接口中包含一个没有菜单标题的菜单项吗？不能，因为没有任何途径可以访问到该菜单项。我们必须通过菜单标题访问菜单项，每个菜单项必须与一个标题相关联。另一方面，我们可以想象一个不包含任何项的菜单，特别是在软件开发时期。

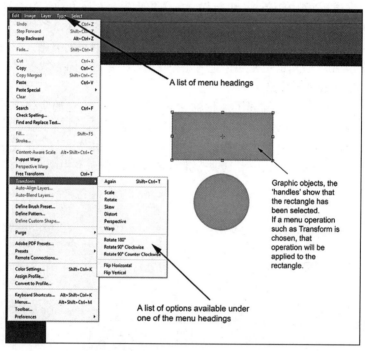

图 11-5 一个简单的画图程序，所示为正在创建的文档（当前
包含一个矩形和一个圆形）以及应用程序界面

这就是 ERMIA 建模的基础——寻找实体和关系并且用图来表示它们（如图 11-6 所示）。Benyon 等（1999）提供了一种开发 ERMIA 模型的实用指导方案，Green 和 Benyon（1996）提供了部分背景知识和若干说明。ERMIA 的一个重要特性为采用相同的符号表示域中的概念和感知方面。概念方面关注的是人们怎么看待结构和设计者怎么看待概念。感知方面关注的是如何感性地表示结构。在菜单示例中，我们具有菜单标题和菜单项的概念，通过设置黑体字体并放置一个具有下拉列表项的菜单栏将其直观地展现出来。另一种不同的知觉表现方式是使用工具栏来代表菜单。

279

回到菜单标题和菜单项的关系中来，每个菜单标题可以列出许多项，通常每个项仅在一个标题下，换句话说，标题与项之间是 1 对多（记作 $1:m$）的关系。

菜单项和菜单标题之间的 $1:m$ 关系是完全正确的吗？不完全是。在被迫仔细考虑这个问题后，我们注意到这样一个事实，软件的不同模块源于对界面设计准则的不同解释。事实上，同一个菜单项可以位于多个菜单标题下。因此，像"格式化"菜单项可以出现在"文本"标题下，也可以出现在"工具"标题下。所以标题和菜单项之间的真正关系是多对多的关系，可记作 $m:m$。

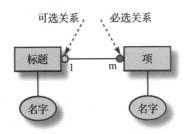

图 11-6　一个包含标题和菜单项的菜单系统的 ERMIA 结构。标题和菜单项之间的关系为 $1:m$（即每个标题可以涉及多个菜单项，但一个菜单项只能关联一个标题）。对菜单项而言，该关系是强制性的（即每个菜单项必须拥有一个标题），但是一个标题却不必关联任何菜单项

多对多关系具有固有的复杂性，通常可以进行简化，比如用一个与每个原始实体具有多对一关系的新的实体来代替。这是一个极其强大的分析工具，因为它会强迫设计者考虑那些可能仍然隐含的概念。

再看一次图 11-4 顶部的图表，并考虑一下本地机器与卡片之间的 $m:m$ 关系。这种关系是什么？它有助于我们理解什么？答案是关系代表一种交易，通过卡片使用本地机器的方法。除了本地机器可能不会保存卡片长期使用的细节而仅处理交易细节之外，这里面没有什么特别有趣的东西了。

ERMIA 同时代表界面的物理方面和概念方面，我们可以对这两方面进行对比并评估。就如同 GOMS 和 HTA，ERMIA 允许分析者进行基于模型的评估（参见进一步思考）。由于 ERMIA 呈现出不同模型的清晰视图，因此可以作为推理模型过程的一部分。如果我们具有一个设计者期望展现的模型，设计者可以看到模型界面并观察到"预期的"模型将会展示成何种程度。类似 Payne 的工作，利用 ERMIA，我们可以收集不同的用户视图，并且将它们与设计者的视图进行比较，以清晰地展现这些模型及其之间可能的差异。

必须要说明的是，ERMIA 建模还未被交互设计者所使用，原因可能是设计者需要下功夫去学习而且要理解它并不是一朝一夕的事。根据"认知维度"框架（Blackwell 和 Green，2003）和 CASSM 框架（Blandford 等，2008），Green 继续研究将这种知识类型引入人机交互领域的其他方式。

ERMIA 模型可以用来探索人们如何浏览各种各样的信息结构以获得特定信息，甚至估计需要采取的步骤数。

280

进一步思考：基于模型的评估

基于模型的评估着眼于一些人机交互的模型。可以用于已有的界面或展示的设计中。这种评估会在设计过程的早期起到相当大的作用，比如当设计不够完善而不足以给实际用户使用时，或进行实际用户测试经济性不够或可行性不足时。该过程包括设计者浏览设计模型，寻找潜在的问题或可能存在困难的领域。ERMIA 可以这样使用，GOMS 在 11.4 节中也是这样用的。

> **挑战 11-3**
>
> 为万维网绘制一个 ERMIA 模型。列出网页具有的主要实体并画出其关系。请在查看解决方案之前至少花费 10 分钟。

11.6　认知工作分析

认知工作分析（Cognitive Work Analysis，CWA）源于 Jens Rasmussen 及其同事（Rasmussen，1986，1990；Vicente 和 Rasmussen，1992）的工作，他最初在丹麦 Risø 国家实验室工作。建立这项工作最初用于帮助关于过程控制域的系统设计，其重点是控制人机交互背后的物理系统，为交互式系统设计提供一种不同的强大视图。CWA 已经用于在复杂实时、任务危险的工作环境中分析，如发电厂控制室、飞机驾驶员座舱等。

该方法又名"Risø 基因型"（Vicente，1999），与生态界面设计（Vicente 和 Rasmussen，1992）关系紧密。关于该议题，Flach（1995）提供了若干观点展示，并且这还包含了其他来自 Risø 国家实验室其他人的章节，包括 Vicente、Rasmussen 和 Pejtersen。CWA 的一项原则是当设计计算机系统或其他"认知型产品"时，我们是在开发一整套工作系统，即系统包含人和人造产品。将其整体视为工作系统使得设计者认识到该系统不只是各个部件的总和，还包含突发属性。

CWA 的另一项重要原则是其采用生态学方法进行设计。可以认识到，采用这种方法，人们直接从世界中"拾取"对象信息及对象之间的关系，而不是有意识地处理某些符号表示。CWA 中关于 Gibson（1986）的生态心理学与特定活动的系统设计之间的相似性有很多讨论。重点在于对分析和设计采用一种用户驱动的视角，识别人们将会拥有的技能和知识。

281

在 CWA 表述的过程控制域中，很重要的一点是操作者对植物的操作和状态具有正确的视角以及能够正确识别可能出错的任何部件。该方法的关键特征是理解影响人们行为的面向域的约束，并设计出一个系统环境，能够很方便地显示系统状态及状态如何与目标相关联。CWA 提供了一种域的结构表示。

CWA 相当复杂，由技术和模型集构成。CWA 技术包括诸如任务分析（包括排序和频率）和工作负荷分析（工作流程、瓶颈识别）。总之，重点在于工作分析和作业设计。

CWA 建模由 6 种不同的建模组成，每种建模分解成更深一级的层次。例如，一个工作域分析具有 5 个更深一级的抽象层次，分别描述：

- 系统的功能目标。
- 系统的优先级或价值标准。
- 系统执行的功能。
- 系统的物理功能。
- 物理对象和设备。

11.6.1　抽象层级

CWA 在 5 种抽象层次上描述系统、子系统或部件。（参见 17.3 节关于域模型的讨论。）系统顶层是系统的目标：分析采用了一种有意图的立场。CWA 从设计的角度对系统的抽象功能和泛化功能进行了区分。抽象功能关注的是系统为达目标所需具备的能力，泛化功能则描述物理特性和抽象功能之间的衔接。CWA 在物理级描述上将物理功能从系统的物理状态中区分开来。

例如,轿车的目标是沿着路送人。因此,它必须具有某种动力形式、某种容纳人的方式及某种移动形式的抽象功能。这些功能可由汽油发动机、座椅及充气轮胎的泛化功能提供。引擎在物理上可由八缸燃油喷射发动机实现,座椅尺寸要适合人类乘坐,轮胎能够承载轿车及其乘客的重量。这些功能的物理形式是区分不同类型轿车的特征,注重引擎部件的组织、座椅的颜色和材质以及轮胎的品质。

工作域分析描述的是有关这些概念的整体系统、每个子系统、部件和单元。以描述轿车为例,我们可以描述引擎的每个子系统(燃油系统、点火系统等)、部件(油箱、输送管、喷射器等)及构成部件的基本单元。在每一层,沿层级往上的连接关系表明某些系统或部件为什么存在,然而,往下的关系表示某些功能是如何实现的。"怎么样"链描述的是某些事情发生的方式,"为什么"链描述的是设计的原因——结论分析或目的分析。因此,整个域的物理功能与其目标相关。

轿车可以载人归因于它具有能提供动力的引擎。由于燃油系统和点火系统可以提供动力,因此,引擎需要它们。关于手段和目的的讨论可以一直进行下去直到观察者掀开汽车罩,说"管子从油箱中获取油输出到燃油喷射系统,但是由于管子坏了,所以汽车失去动力,在修好之前无法载人"。

282

11.6.2 动作中的 CWA

Benda 和 Sanderson(1999)采用建模的前两个层次来探究新技术和工作实践的影响。该案例研究关注的是一种自动麻醉记录系统。他们采用了工作域术语中的工作域分析和活动分析。

对工作域分析:

- 输出为目标、功能和对象之间的关系。
- 该层可表示的变化就是该域的功能结构的变化。

对工作领域术语中的活动分析:

- 输出为工作流的协调结果。
- 该层可表示的变化为过程和协同的变化。

基于这两项分析,Benda 和 Sanderson 成功预测了自动麻醉记录系统的引入可能需要更长的使用时间,并且会给医疗小组带来额外的约束。Liu 等人(2015)研究了使用认知工作分析方法对金融交易建模(如图 11-7 所示)。

总结和要点

任务分析是交互式系统设计中的一项关键技术。其重点在于任务的逻辑结构或程序化、结构化任务的认知需求。任务分析包含任务设计,任务设计可能是最有用的,通过对未来设计的分析来揭示困难。任务模型也可用于基于模型的评估。

- 任务分析非常适合于需求生成和评估方法。
- 任务分析的重点是目标、任务和动作。
- 任务分析关注任务的逻辑、认知或目标。
- 域和工作系统的结构分析着眼于系统的组件及组件之间如何关联。

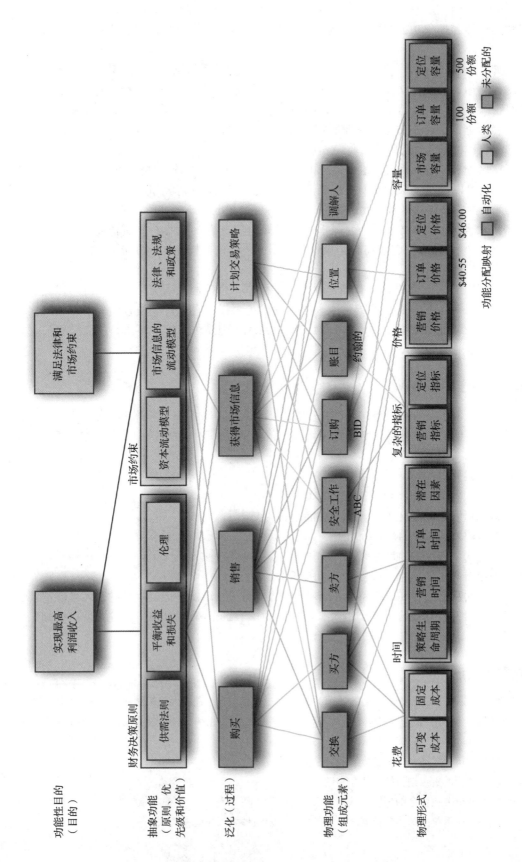

图 11-7 使用认知工作分析方法对金融交易建模

练习

　　1. 对于给你手机通讯录中的朋友打电话这个事件，采用 HTA 类型的分析。当然，对不同的手机而言，实际动作可能不同。如果可以，将你的解决方案与其他人的进行比较。或者利用两台不同的手机尝试下。

　　2. 将 HTA 分析转换成 GOMS 分析。这会带给你对该任务哪一种不同的理解？

283

深入阅读

Annett, J. (2004) Hierarchical task analysis. In Diaper, D. and Stanton, N. (eds), *The Handbook of Task Analysis for Human–Computer Interaction.* Lawrence Erlbaum Associates, Mahwah, NJ.

Green, T.R.G. and Benyon, D.R. (1996) The skull beneath the skin: entity-relationship modelling of information artefacts. *International Journal of Human–Computer Studies,* 44(6), 801–828.

John, B. (2003) Information processing and skilled behaviour. In Carroll, J.M. (ed.), *HCI Models, Theories and Frameworks.* Morgan Kaufmann, San Francisco, CA. 本书提供了关于 GOMS的精彩讨论。

高阶阅读

Carroll, J.M. (ed.) (2003) *HCI Models, Theories and Frameworks. Morgan Kaufmann, San Francisco, CA.* 该书很好地介绍了许多关键的任务分析方法，Steve Payne写了其中的一章 " Users' mental models: the very ideas "，Penelope Sanderson写了一章，该章很好地介绍 了认知工作分析，Bonnie John写了关于GMOS的一章。

Diaper, D. and Stanton, N. (eds) (2004) *The Handbook of Task Analysis for Human–Computer Interaction.* Lawrence Erlbaum Associates, Mahwah, NJ. 非常全面的关于任务分析的一本书，作者来自于本主题的主要研究人员。Diaper写的引言非常好，编辑也用两个章节做了很好的总结。

网站链接

　　认知维度工作的网址：www.cl.cam.ac.uk/ ～ af b21/CognitiveDimensions。

挑战点评

挑战 11-1

　　该活动的整体目标是用 PVR 录制电视节目。涉及以下任务：（1）确保已准备好 PVR 录制；（2）调到正确的电视频道；（3）调好正确的起始和终止录制时间；（4）设置 PVR 自动录制。任务 1 涉及如下子任务：（1.1）找到正确的 PVR 遥控器；（1.2）确保电视正在使用 PVR；（1.3）选择合适的频道。任务 1.1 包含各种注意事项，如遥控器是否在沙发背后，咖啡桌上有多少遥控器，上一次录制节目是什么时间。对熟悉家务的人来说，这是一项简单的动作，反之，则是其主要任务。

284
〜
285

挑战 11-2

GOMS 目标层级	观察者行为
目标：当前个人 ID 目标：插入卡片 目标：卡槽定位	卡已插入 屏幕显示 "输入密码"
目标：输入 PIN 码	

（续）

GOMS 目标层级	观察者行为
回忆号码	
键盘上查找号码	按下键
	嘟嘟响 +*
重复 4 次	

挑战 11-3

应该想到的主要实体为网页和链接，然后才是网站。互联网上有很多其他东西，文件是一种类型的东西，或许你可以想象到如 PDF 文件、Word 文档、GIF、JPEG 等其他类型的文件。不过总体来看，至少一开始，互联网的结构比较简单。网站具有许多网页，一个网页只属于一个站点。一个网页具有许多链接，但一个链接仅与一个网页关联，如图 11-8 所示。

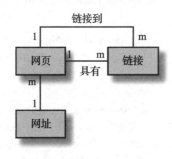

图　11-8

可视化界面设计

目标

界面设计在人与设备之间起传达信息的作用，在整个交互式系统设计中扮演着重要角色。用户界面（User Interface，UI）包含系统中所有与用户交流的方式，无论是身体触碰式、感知式还是概念式的。本章我们讨论界面设计中的问题，主要集中于设计的可视化方面。用户体验设计师需要知道引人入胜的用户界面并让用户参与互动都有哪些选择，还需要了解什么在界面设计中起作用，以及提供可用且引人入胜的用户体验的原则和指导方针。在下一章中，我们将重点放在界面中涉及多种模态的设计问题。

在学习完本章之后，你应：

- 理解不同类型的交互、命令语言和图形用户界面（GUI）。
- 理解和应用界面设计准则。
- 理解信息的表达。
- 理解可视化设计中的要点。

12.1 引言

界面在人与设备之间起传达信息的作用，在整个交互式系统设计中扮演着重要角色。界面通常称为用户界面（User Interface，UI），包含系统中所有与用户交流的方式，无论是身体触碰式、感知式还是概念式的（第一次提及"界面"是在第 2 章）。

人和系统有多种不同的身体触碰式的交互方式，例如通过按按钮、触摸屏幕、在桌面上移动鼠标使光标在屏幕上移动、点击鼠标按钮，或用手指在滚轮上推动。我们也通过其他身体感官方式进行交互，特别是声音和触感，但是我们将在下一章讨论这些方式。

人们通过所见、所听和所触等感官方式与系统交互。界面的可视化设计关注的是让人们看到且注意到屏幕上的内容。按钮要足够大，能够让人们清楚地看到，并且需要以一种能被人们所理解的方式进行标记。需要给出一些指示，使用户知道系统希望他们做什么。此外，还需要慎重考虑如何显示大量信息，才能使用户看到数据之间的关系并且理解它们的意义。

从概念上讲，人们通过知道"能做什么""如何做"这些概念来与系统或设备交互。人们会应用相应的"心智模型"，描述设备是什么及其工作方式，并据此来指导其与系统的交互过程。他们需要知道完成某项任务的命令，哪些数据可用及其采用的格式。此外，他们还需要找到搜索特定信息片段的方式（进行导航），需要能够找到事物的细节、查看的概述并能聚焦在特定部分。

界面设计师的技能是将三个方面结合起来。界面设计，就是创建一种用户体验，使人们能以最好的方式使用系统。初次使用一个系统时，人们或许会想：我需要做 X，所以我得用这个设备，要先在这个键盘上按 Y，然后按 Z。很快，人们就会形成自己有关这个系统或设备如何运行，以及怎样用它完成目标的认知。身体上、感知上和概念上的设计交织在一起，融会到人们对系统的体验当中。

绝大多数的个人计算机、手机和平板设备都有图形用户界面（GUI），它们通常基于三个主要软件平台之一：Apple（使用 OS X 和 iOS 操作系统）、Microsoft Windows 和 Google 的 Android。然而，这些 GUI 的底层却不含图形化元素的用户界面，而是使用命令语言。命令语言就是一组简单的带有关联语法规则的词汇集，决定命令如何组织到一起。使用命令语言和设备交互时，用户需要输入如 send、print 等命令，并且提供一些必要的数据，例如一个用来发送或者打印的文件名。UNIX 是最常见的命令语言。人们使用命令语言时会存在以下困难：

- 不得不从几百种可能的组合中回忆特定的命令名称。
- 不得不回忆命令的语法规则。

在微软的 Windows 产生之前，绝大多数个人计算机都使用 MSDOS 操作系统。打开计算机，人们就面对着称为 c:\> 提示符的用户界面（如图 12-1 所示）。接下来系统要求人们输入命令，例如 dir，该命令将列出当前目录（或文件夹）中的内容。对那些从来没接触过 MSDOS（甚至那些曾用过）的人来说，他们一直面临着这样一个问题：接下来该用什么指令。

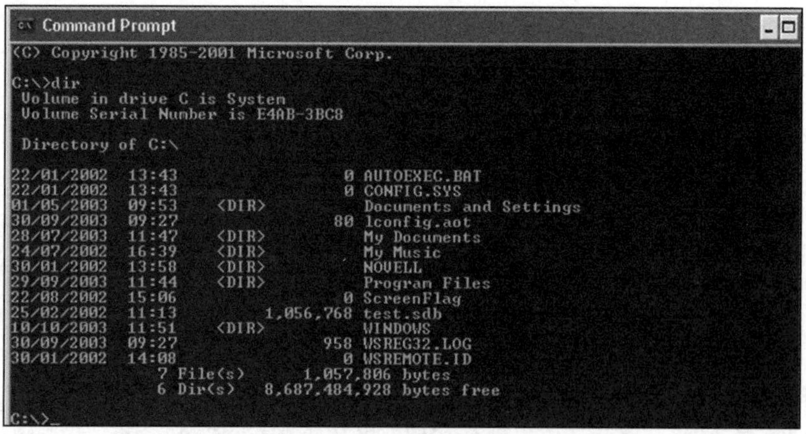

图 12-1　MSDOS 中难以理解的 c:\> 提示符

然而，命令语言并非一无是处。它们执行的效率高，尤其是其中一些经常使用的命令也很容易被记住。可读的指令使界面操作变得十分便捷，特别是在人们专注于另外一件事的时候。例如，语音命令对车载系统来说非常方便。Google 搜索引擎有很多命令，例如，"define:"就是用于指定特殊的搜索类型。还有手势命令，如三个指头在苹果的触控板上轻扫以移动到下一项。搜索物品或设置提醒的口头命令可以从 Windows 10 操作系统中的 Cortana、Google Now、苹果的 Siri 或亚马逊的 Alexa 这样的智能体中获得。

挑战 12-1

Don Norman（2007）在其交互领域的著作中提出，命令有很多优点。然而，一个关键问题是系统必须在一种正确的模式中识别和执行命令。例如，《星际迷航》中的角色在输入命令时必须先警告计算机，例如，船长会说："计算机，定位 Geordie Laforge 指挥官。"否则，计算机将不能从谈话中分离出需要执行的命令。然而，在 *Turbo Lift*（电梯）中却没有这种必要。这是为什么呢？

12.2 图形用户界面

图形用户界面存在于个人计算机、智能手机、触摸屏显示器等各种设备上，它始于 20 世纪 80 年代，有一段短暂但有趣的历史。微软的 Windows GUI 系列在很大程度上受 Macintosh 影响，反过来 Macintosh 又受到 Xerox PARC 的启发，而 Xerox PARC 是在斯坦福研究实验室和麻省理工学院早期研究的基础之上开发和完成的。在 20 世纪 80 年代和 90 年代之间，出现了一系列不同的 GUI，但是 Windows 和 Apple 的 Macintosh 逐渐统治了基于图形用户界面的操作系统市场。Google Chrome 操作系统正在对其进行挑战，但是 GUI 的基本功能和图标已经被很好地定义了。 289

用图形表示对象使人们可以直观地识别他们想要做什么而不必回忆命令。他们也可以改变行动，也就是说，纠正错误变得更容易。

最普遍的 GUI 是 WIMP 界面，例如 Windows 或者 OS X。WIMP 代表"视窗"（window）、"图标"（icon）、"菜单"（menu）以及"指点设备"（pointer）。视窗能够让多个应用在同一时间共享一个设备的图形化显示资源。图标是图像或符号，表示一个文件或者应用。菜单是可选命令或选项构成的列表。最后还有指点设备，其中鼠标是桌面交互中最常用的，而人们在使用手机和平板时则更多地使用手指。用户也可以使用钢笔、铅笔或指示笔来指出或选择项目。

框 12-1 直接操作

直接操作（DM）界面是指使用指点设备直接操作屏幕上的图形化对象。这个方法最早由 Ivan Sutherland 在画板系统（Sketchpad system）中实现。让每个人直接操作界面的概念是由 Xerox PARC 的 Alan Kay 于 1977 年在一篇关于 Dynabook（Kay 和 Goldberg，1977）的文章中设想出的。第一个广泛使用"直接操作"的商业系统是 Xerox Star（1981）、Apple Lisa（1982）和 Macintosh（1984）。然而，"直接操作"这一术语最早却是由马里兰大学的 Ben Shneiderman 于 1982 年真正提出的。

他将直接操作界面定义为：

（1）连续表示感兴趣的对象。

（2）物理操作或标记按钮而非复杂的语法。

（3）快速增量可逆操作，其对目标物体的影响立即可见（Shneiderman，1982，p.251）。

直接操作依赖于位图化的屏幕，这样每一个图片元素或像素都可用于输入或输出，并支持指点设备交互。早期的移动电话不具备这样的屏幕，因此无法实现直接操作。然而，现在它们中的大多数都安装了触摸屏，并且很多其他类型的设备也拥有了直接操作界面。

12.2.1 视窗

视窗将一个工作站的屏幕分割成多个区域，运行时，每个区域都可以作为单独的输入和输出通道，对应不同应用程序的控制。这就允许用户同时看到多个过程的输出，并且可使用一个指点设备选择哪个窗口接受输入，例如，在它上面使用鼠标点击，或者碰触一个触摸屏。该选择过程称为改变焦点。Windows 10 的窗口系统是平铺而非重叠的，而 Apple

290 macOS 的窗口系统则是重叠的。

　　窗口系统具有多种形式，但大部分变体都是基于相同的基本主题。图 12-2 和图 12-3 分别显示了一个 MacOS 窗口和一个微软 Windows10 窗口。

图 12-2　MacOS 窗口

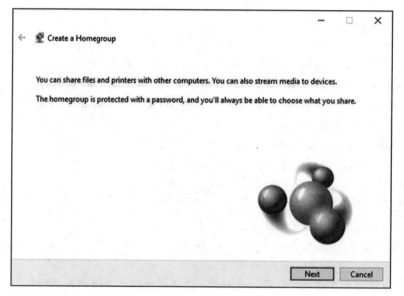

图 12-3　Windows 10 窗口

12.2.2　图标

　　图标用来表示交互式系统中所有事物的特性和功能——从软件应用、DVD 播放器、公共信息亭到衣物（正如那些标签后面的难以理解的洗涤标志）。图标通常被认为可有效帮助人们认识那些他们需要访问的系统特性。图标最早出现在施乐之星（Xerox Star）中（如框 12-2 所示），并在 20 世纪 80 年代和 90 年代初成为一个重要的研究话题，然而自那以后，人们的兴趣就降低了很多。

　　现在，图标的使用无处不在，但是除了少数标准的条目以外（更深入的阅读请见本章结尾），它们的设计相当随意。图标使用三种主要的表示类型：隐喻、直接映射和约定。**隐喻**（metaphor）出现在人们将知识从一个领域转换并应用于另外一个领域时。隐喻在图标中的使用随处可见，比如很多应用中都存在的剪切和粘贴操作（隐喻已在第 9 章详细介绍过）。

图 12-4　代表软盘的图标
（来源：Ivary/Getty Images）

直接映射（direct mapping）可能是图标设计中最简单的技术，需要创建一个直接图像，表达该图标想展示的内容。因此，一个打印机图标看起来像一个打印机。最后，**约定**（convention）是指在初次完成某个图标的设计时或多或少会存在随意性，然而随着时间的推移，这种设计逐渐被接受成为标准。例如，我正用来写东西的 Mac 上，表示存储功能的图标是一个软盘的图示（如图 12-4 所示），尽管这台机器实际并未安装软盘驱动，并且很多人也不会再见到软盘这种东西。图 12-5 显示了更多图标示例。

图 12-5　一些常用图标示例

然而，对于图标来说，两个最重要的设计问题是易读性（是否能够区分图标）和可理解性（这个图标试图传达什么意思）。易读性指的是人们可以在非理想状态下查看图标（例如，光线强弱、屏幕分辨率或者图标自身大小）。研究表明，非理想条件下，图标的全局外观有助于识别，因此图标的设计不应使它们仅存在小细节上的区别。

图标的可理解性是一个重要的问题。图标可能被认作一个对象，但它并不一定会直接反映其含义。针对这个问题，Brems 和 Whitten（1987）曾提出要谨慎使用不含文本标签的图标。不过，用图标就是因为其小且简洁（即不会占用太多屏幕空间）；而添加标签会去掉这个优势。这一问题的解决方案包括气泡帮助（balloon help）和工具提示（tool tip），它们会在鼠标移动至图标上时弹出提供有效信息。但是，对于手机来说，这不是一个好的解决方案，因为用户必须通过触摸来查看内容。

框 12-2　施乐之星

　　人们普遍认为，每一个图形用户界面都要归功于施乐之星工作站。他们于 1981 年 4 月开发设计的 8010 星信息系统可以让办公室员工和其他专业人士创建并管理商业文件，例如备忘录、报告和简报。工作站的设计师认为，人们主要对自己的工作感兴趣而非计算机本身。因此从一开始，设计的中心目标就是：使用那些在办公室环境下更容易被认识的事物（如图 12-6 所示）。

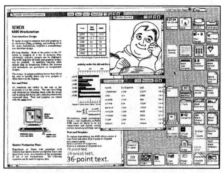

图 12-6　施乐之星用户界面

（来源：Xerox Ltd 提供）

框 12-3　Horton 的图标清单

　　William Horton 咨询公司的 William Horton 制定了一个详细的清单（1991），帮助图标设计者避免大量常见的错误。我们将他的顶级标题和每类问题的一个示例组合如下。

可理解的	图像是否自发地为观众提供他想表达的概念
熟知的	图标中的那些对象是否被用户所熟知
明确的	是否具有辅助线索（标签或其他图标文档）来解决任何可能的分歧
难忘的	在可能的情况下，图标是否包含执行动作的对象？待执行的动作是否为这一对象的操作
内容翔实的	为何这个概念很重要
较少的	任意符号个数是否少于 20
独特的	每个图标是否能够和其他的图标进行区分
吸引人的	图片是否使用了平滑的边界和线
易读的	你是否为图标的显示尝试过所有颜色和尺寸的组合
紧凑的	图标中的每一个对象、每一条线、每一个像素是否都是必要的
连贯的	相邻图标间，在一个图标结束而另一个开始的地方是否清晰
可扩展的	我能否将图标画得更小？人们仍能认出它吗

挑战 12-2

　　使用 Horton 的图标设计清单和你自己的想法，评论图 12-5 中的图标设计。它们信息丰富且易于理解吗？为了理解它们，需要了解什么？

12.2.3　菜单

　　很多交互式系统中的应用程序都使用菜单来组织和存储可用的命令，通过鼠标指向该条目并单击相应的鼠标按钮来选择命令。菜单在移动电话、触摸屏式信息亭上也很常见。当然，在餐馆中，菜单上列有可供客户选择的饭菜名称。

　　创建菜单的时候，命令应该被归纳到菜单的主题之中，所谓主题就是菜单条目的一个列表。当从列表中选中一个命令或者选项（菜单条目）时，一个动作就被执行。菜单也广泛应用于网站中，用来组织信息及提供网站内容导航的主要方法。虽然菜单应该是简洁易懂的，然而过分热心的设计师往往会创建复杂并难以导航的菜单。Windows 10 具有典型的分层组织菜单，不同选项被安排到一个顶级标题（过滤器）之下，并且每个选项具有一系列的子菜单。分层菜单也称为**级联菜单**（cascading menu）。在一个级联菜单中，从更高一级的菜单做出选择时，子菜单级联地出现。图 12-7 是 Windows 10 的示例菜单。

293
〜
294

图 12-7　Windows 10 的示例菜单

　　另一个常见的菜单形式是**弹出**（pop-up）式。弹出式菜单和标准菜单的区别是它没有附在一个有固定位置的菜单栏中（因此得名）。点击弹出式菜单栏的选项后，它通常就会消失。图 12-8 是一个弹出菜单的截屏。这个菜单包含一系列选项，而不仅是简单的命令，因此它更常被称为面板（panel）。同时，它也是一个**上下文菜单**（contextual menu）。上下文菜单的结构随着它们被调用的上下文而变化（因此得名）。如果一个文件被选定，则显示文件选项；若一个文件夹被选定，则显示文件夹选项。

　　最后，为了辅助专业人员，通常会将最常用的菜单项和键盘快捷键关联起来（在微软的 Windows 系统中也称为热键）。图 12-9 举例说明了 Windows 10 中操作系统中的截屏。

12.2.4　指点设备

　　WIMP 界面的最后一部分就是指点设备。最常见的是鼠标，不过游戏控制器上的操纵杆也很常见。在移动电话和平板电脑上,手写笔是配套的指点设备,而在触摸屏系统上则使用手指。远程指点设备包括 Wii wand 和红外线指示器,做演讲时会用到。手势可以与 Microsoft Kinect 一起使用(手势将在第 13 章介绍)。

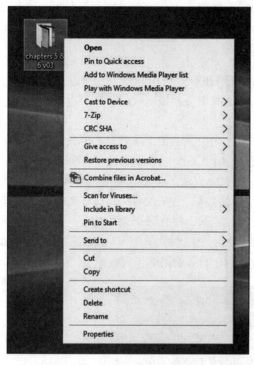

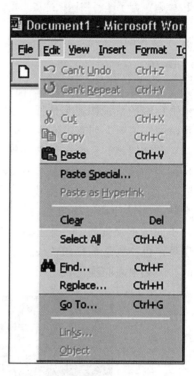

图 12-8　弹出式菜单(或面板)截图,在点击　　　　图 12-9　截屏(Windows 10)
　　　　文件"chapters 5 & 6 v03"并使用上
　　　　下文菜单后,可得到文件信息

12.3　界面设计准则

现代 GUI 由一系列包含按钮、单选按钮、滑块、滚动条和复选框的窗口部件组成。通常会把几个基本的 WIMP 对象结合起来。为一个应用设计图形化用户界面并不能保证最终的系统是可用的。事实上,鉴于使用现代开发工具能够方便地创建图形化用户界面,创建一个不优雅且无用的界面是很容易的。这个问题是大家公认的,因此风格指南(style guide)应运而生。风格指南为界面设计人员提供了一系列建议,主要存在于 3 种操作系统或者平台中:微软 Windows 10、Mac macOS 和 iOS,以及安卓。

微软网站上提供了大量有用的界面设计建议,下面显示了一则样例:

> 为元素和控件分组也很重要,应尝试通过功能或关系的逻辑对信息分组。由于它们的功能是相关的,数据库的导航按钮应该组合在一起显示,而非分散在整个表格中。这种规则也同样适用于信息的分组:姓名和地址区域通常组合到一起,因为它们关系紧密。在很多情况下,你可以使用框架控件来帮助强化控件之间的关系。

其他界面设计的建议针对更小级别的细节或单个部件的级别。使用风格指南使界面具有良好的一致性，这在诸如 iPhone 一类的设备上体现得尤为明显。苹果公司关于 iOS 平台的设计指导原则为标准项的设计提供了很好的建议和指导，比如工具栏、导航栏等。

安卓提供了有关制作某些小部件的大小的详细建议，Apple 称任何按钮都不应小于 44 像素大小的正方形。安卓小部件如图 12-10 所示。

目前已有可在三个主要平台上创建应用程序的开发环境。这些环境允许开发人员使用标准图标、菜单和其他功能，并模拟在不同尺寸设备上的设计，例如 5 英寸智能手机或 10 英寸平板电脑。

297

1. 单选按钮

单选按钮可以让人们做出唯一的选择，类似于收音机上的按钮：你可以在任何时间收听 FM 或 AM，但不能同时收听。

2. 复选框

复选框应该用来显示某些个体设置，这些设置可以切换（选定）开关。一组复选框之间并不会相互排斥（即你可以同时选择多个框）。图 12-11 显示了一个示例。

图 12-10 安卓的小部件

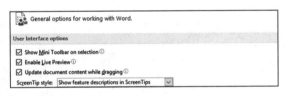

图 12-11 复选框示例

挑战 12-3

你正在设计一个电子邮件客户端，在具备其他功能的同时，允许用户：
- 为收到的邮件进行偏好设置（下载收到的大文件、显示信息体的前两行、拒收那些发件人不存在于地址簿中的邮件、当收到新邮件时发出警告……）。
- 为电子邮件应用设计一个配色方案（暖色调、水彩色或者宝石色）。

你是否会为这些使用单选框或者复选框？

---

3. 工具栏

工具栏是一组按照功能分组的按钮集合（从这方面讲，它们和菜单在概念上是一致的）。这些按钮表现为图标，以此来向用户提示可能的功能。将鼠标移动到图标上方通常会触发一个与之相关的"工具栏提示"，它通常是一个短的文本标签，用来描述按钮的功能。工具栏也是可配置的：其内容可以改变，并且可以选择自身是否显示。隐藏工具栏有助于最大化显示资源（通常称为屏幕界面）的利用效率。图 12-12 说明了这一问题。

⊖ 1 英寸 =0.0254 厘米。——编辑注

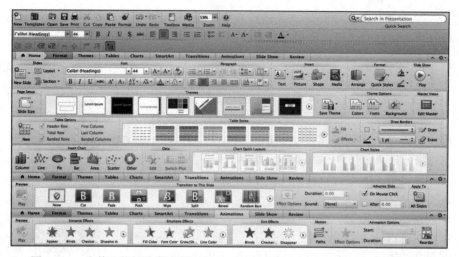

图 12-12   为什么能够隐藏全部可用的工具栏非常有用（取自 MS Powerpoint）

4. 列表框

列表框是一个内部列有文件和选项的框，从这个角度来说，它的命名十分准确。列表框采取了多种形式，在这些形式中，它们提供不同的内容观看方式，可以是列表（有或多或少的细节）、图标或者缩略图（文件内容的小图标）。图 12-13 展示了一个 iPhone 的列表框。

298

图 12-13   iPad 列表框

12.3.1   滑动条

滑动条是一个能够返回模拟值的部件，相比于设定值（如设置音量为 7，总共为 10），人们可以沿着刻度将一个滑动条拖动到四分之三处。滑动条（如图 12-14 所示）非常适合于控制或设置音量、亮度，或者滚动文档等。

媒体流的位置   音量控制

图 12-14 带有两个滑动条控件的 RealOne 播放器

（来源：Real Networks 公司提供）

12.3.2 表单填写

表单填写是一种在网页应用中尤其流行的界面类型。表单填写界面通常用于收集信息，例如姓名和地址。图 12-15 是一个非常典型的表单填写界面示例。这个截图是从一家线上书店获取的。每个框称为**字段**（field），带有星号（＊）标记的通常表明该项是**必需**（mandatory）填写的。这种特殊的界面是一个混合界面，因为它除了表单填写部分，还有其他部分，包括下拉菜单。

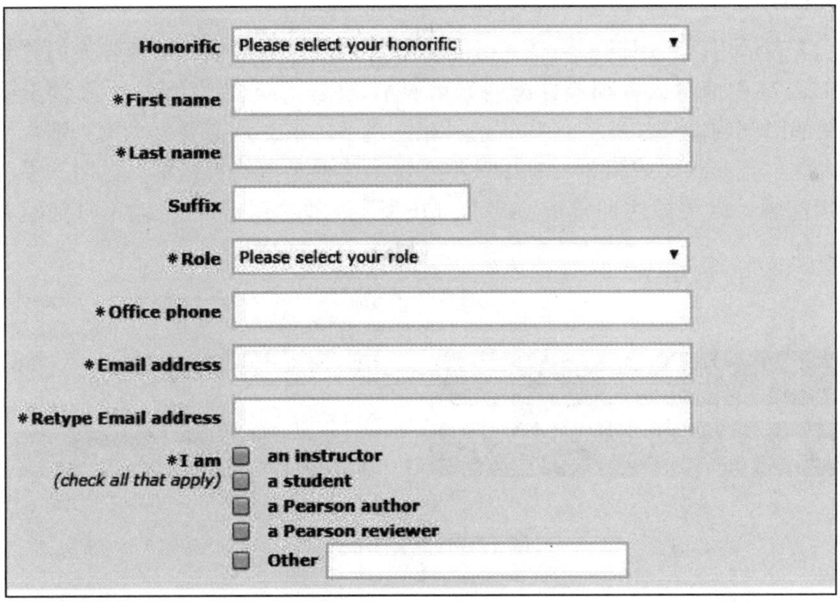

图 12-15 一个典型的表单填充界面

表单填写界面非常适用于需要结构化信息的时候。有时，它们能够根据存储在个人计算机上的结构化数据集而自动更新。结构化信息的例子如：

- 用于邮购服务的唯一名字和邮寄地址。
- 行程细节，例如，从哪个机场起飞、目的地、出站的时间和日期。
- 货物的数量和类型，例如，10 份《音乐之声》的 DVD 复制品。

向导

向导是一种交互方式的名称，指用隐喻的手（或指针）通过一系列问题和答案、选择列表和其他类型的小部件一步一步引导人们完成任务。在微软的 Windows 中，安装硬件和应用时会使用向导。这种类型的交互广泛应用于所有的窗口系统。向导的最大好处在于它们能够将复杂的任务分解为"原子级别"的块。图12-16展示了安装新硬件项目的一系列截图。这仅是安装一个新硬件项目的一种可能途径，除此之外，还有很多其他的可能性。

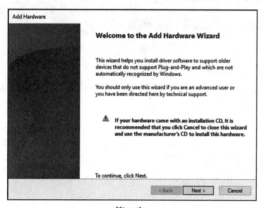
第1步

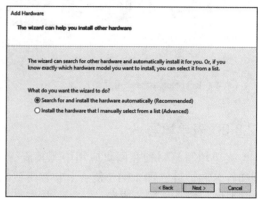
第2步

图 12-16　微软的硬件安装向导

12.3.3　警报

图 12-17 表示用两种不同的方法（由同一个软件供应商提供）来警告人们收到了一封新邮件。图 12-17a 中信封或者邮箱标志的显示很不显眼。在这个例子中，系统希望用户在他们自己方便的时间内能够注意到这些信息。相比之下，第二种需要互动的方法可能打扰人们的工作，因此，若非重要或紧急，应尽量不要显示这种类型的警告框。同时，系统应允许人们进行应用配置，以关掉这种警报。图 12-17b 就是这种警告窗口，以不打扰的方式提醒人们收到了新邮件。

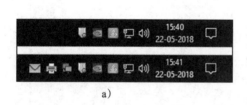
a)

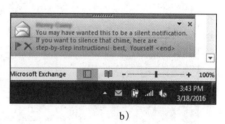
b)

图 12-17　吸引注意力

吸引注意力（第 21 章介绍注意力）很简单——闪烁、用一些其他形式的动画、响铃，这些刺激因素都能吸引我们的注意力。然而，吸引和保持注意力的挑战在于：

- 不从主要任务中分散人们的注意力，尤其是正在做一些重要的事情时，例如，开飞机或者操作一个复杂或危险的工具时。
- 在特定环境下可以被忽略，而在其他环境下不能或不该被忽略。
- 给出的信息不会超出系统用户合理理解或反应的范围。

12.4　心理学原理和界面设计

正如上面所说，很多网站都提供了很好的界面设计指导。苹果、安卓和微软都有相应的风格指南和开发环境来保障设计符合他们的目标。也有很多方法适用于不同的上下文设计，如网页、手机等，这些我们将在第三部分讨论。本节将提出一些指导原则，它们是从第四部分所涉及的心理学原理中分离出来的。

Cooper 等（2007）认为，可视化界面设计综合了图形设计、工业设计和可视化信息设计，是交互式设计的核心部分。我们将在下一节讨论信息设计和可视化的相关领域。设计师需要懂得图形设计，例如屏幕上的物体应该是什么形状、大小、颜色、朝向和纹理。设计应该有一个清晰和一致的风格，请回忆一下第 3 章和第 9 章中讨论过的设计语言的思想。人们会学习和采用设计语言，这样他们就会期待相似的事物也具有一致的表现，而且，反过来，如果事物表现不一样，就要确保它们看起来也不一样。Cooper 建议开发一个网格系统来帮助构造和组织界面中的对象。在第 8 章和第 14 章，我们描述了用来提供可视化结构的线框图。然而，以此教完图形设计的所有内容是很困难的，因此更多完善内容的要点会在深入阅读中给出。不过，我们可以根据自己对人的心理的理解提供一些准则。

12.4.1　基于感知的指导原则

第 25 章将讨论感知，并介绍很多关于感知的"法则"，这些法则是由感知的"格式塔"学派制定的。感知研究也让我们得以了解人类能力的其他基础方面，这些方面在设计可视界面的时候也应被考虑在内。

1. 使用相近性组织按钮

格式塔的感知法则中的一个现象是：若物体在空间或者时间上出现得比较接近，那么它们通常也会被一起感知。该定律的有效性可以通过以下两图的对比看出。图 12-18 是一个标准的微软 Windows 10 警告框，其按钮之间间距相等。图 12-19 很清楚地使用了相近性，**取消**（Cancel）和**保存**（Save）按钮与**不保存**（Don't Save）选项分开组织。这样用户就能看到两种命令（保存和取消）为一对的效果，并且和潜在的、模糊的不保存明确地区分开。

302

图 12-18　Windows 10 中等间隔的按钮

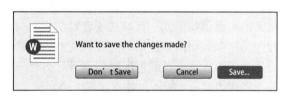

图 12-19　根据相近性排列的按钮

2. 使用相似性组织文件

我们考虑的第二个格式塔法则是**相似性**（similarity）。图 12-20 是一个文件夹内容的截图。从顶端最左开始，所有的文件按字母排序。PowerPoint 文件被视为一个连续的块。这种排序方式和图 12-21 中的文件图标形成鲜明的对比。

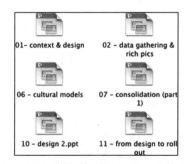

图 12-20　使用相似性组织的文件夹

图 12-21　无组织的文件夹

3. 使用连续性连接不连续元素

第三个格式塔法则是**连续性**（continuity）。不连续的元素经常被视为一个连续整体的一部分。图 12-22 显示了一部分微软的 Windows 滚动条，表示在当前窗口下还有更多内容。滚动条长度是一个指示，说明整个文档中有多少内容是可见的——这里大约显示了 80%。

303

图 12-22   微软的 Windows 10 滚动条

12.4.2   基于记忆和注意力的指导原则

我们对自身记忆力和注意力的理解也使很多好的准则得以产生。记忆通常分为短期记忆（或工作记忆）和长期记忆，这些在第 21 章有详细的解释。而注意力则与我们关注的事物有关。

1. 短期（或工作）记忆

基于米勒法则及其魔法数字 7（*Miller and his magic number*），有一个广泛引用的设计准则。George Miller（1956）发现短期记忆局限于仅仅 7±2 "块"的信息。在人机交互领域，该准则建议目录条目或网页导航条应该不多于 7 个。这个准则对设计师来说是非常合理的启发，但它并非来自短期记忆（即大多数人能记住多少）的限制，短期记忆与大多数人能记住多少有关。

不过，这项发现的真实性仍有待确认。近期的一些研究表明，人类真正的工作记忆能力更接近 3 个或 4 个条目。Cowan 也讨论过 4±1 的记忆模式（Cowan，2002）。总之，该结论的核心思想就是，不应指望人们能够记住很多细节。

2. 组块化

组块化就是将信息组织成更大、更有意义的单元的过程，从而最大限度地减少对工作记忆的需求。组块化是最有效的减小记忆负担的方法。一个界面组块化示例是将一个任务中有意义的元素组织到同一区域（或者对话框）。在为文档设置标准模板时，我们必须记住的东西包括：在我们期望使用的打印机上打印这个文档；设置文档参数，例如它的大小和朝向；设置打印的质量或者颜色配置信息等。另外一个组块化的示例如图 12-23 所示。这里有大量关于格式的选项（字体、对齐方式、边框和文档设置），它们被分到一个单独的、可展开的对话框中。符号 ▶ 表示这个选项会在被选中时展开。点击"发送"（Send）按钮后，组块化对话框会扩展开，显示更多相关选项。

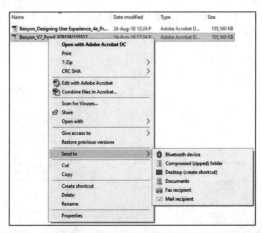

图 12-23   组块化对话框在展开前和展开后的显示结果

3. 时间限制

记忆的有效时间很短，尤其是那些短期或者工作记忆，在理想状况下它们甚至仅能保持 30 秒。因此，提示保存重要信息很有必要（如图 12-24 所示）——也就是说，不要在屏幕上闪过一个只停留一两秒的类似于"不能保存文件"这样的警告，而要坚持让用户按下按钮，通常是"OK"。在这个实例中，"OK"的意思是"我知道这个信息"。

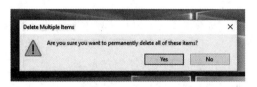

图 12-24　一个持续显示的警告框例子

4. 回忆和识别

另外一个根据我们对记忆能力的理解得出的准则是要为识别而非回忆来设计。回忆是指个体主动地检索他们的记忆，得到一个特定的信息片段。识别需要搜索记忆，然后判断这块信息是否和记忆存储中已有的信息相匹配。识别一般比回忆简单和快捷（第 21 章会就这些问题进行严密分析）。

> **挑战 12-4**
>
> 在你常用的软件中，找出一些为回忆和识别所做的设计。
>
> 提示：需要填写表单的网页通常是较好的例子。

5. 对记忆的设计

请看图 12-25 中的界面部件。这是一幅关于格式的面板图片，是使用微软 Word 输入文字时会显示的内容。微软有很多可用性研究实验室，这些应用的设计得益于他们对人们能力的良好理解。因此它是为记忆而设计的一个很好的例子，体现了整个设计的一系列准则，反映了良好的设计实践。

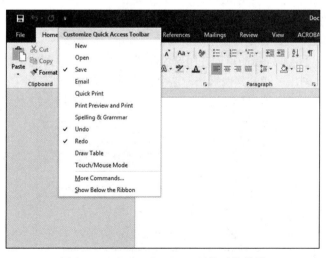

图 12-25　Microsoft Word 中的下拉菜单

- 面板被设计成使用识别而非回忆。类型、名称和大小的下拉菜单使得用户无须回忆已安装字体的名称或者可用风格的范围，这种设计采用的是识别机制，而不是记忆机制。除此之外，相比于记住字体的名字（例如，Zapf Dingbats）并在对话框中输入它，使用可选列表可以最小化工作记忆的负担。
- 面板被组织为 4 个组块——字体、对齐方式和间距、边框和阴影、文档，这些都是逻辑组或者功能块。
- 有意义关联的使用：B 代表粗体（bold），I 表示斜体（italic）。使用这些自然对应关系的设计实践是良好的。
- 面板也依赖于视觉处理和图标使用的各个方面。

正如我们看到的，识别一些东西比回忆它们更容易。新手们喜欢菜单，因为他们能够在列表中滚动选择所需的命令。然而，有报告指出，专业用户更喜欢使用键盘快捷键（例如，用 <alt>-F-P-<return> 代替选择"文件 / 打印 /OK"），而在滚动菜单时会感到沮丧（特别是嵌套的那种）。因此，设计交互式系统时应该包含这两种类型的工作方式。

识别相对于回忆更有优势，这一点可以从参数选用表（picklist）的使用上看出来。与简单地要求一个人回忆起特定的名称或者其他的数据块相比，参数选用表有两个明显的优点。当我们面临以下几种情况时，参数选用表会非常有用：回忆起一些东西但是说不出名字；回忆的某些东西模糊（如图 12-26 中的例子，确定几个伦敦机场中的一个），又或者回忆的对象难以拼写等情况。想象一下以下两种情况：你正在预订一个从爱丁堡到伦敦的航班。你知道目标机场不是伦敦希思罗，而是其他机场中的一个，你有信心能够毫不费力地从一个列表中识别出那个特定的机场，这相比单纯从记忆中进行回忆要简单得多。图 12-26 是一幅标准的网页下拉参数选用表的图。识别伦敦斯坦斯特德机场比尝试记住它更为容易，例如，它的名字如何拼写？是 Stanstead、Standsted 或者 Stansted？它的官方缩写是什么？是 STN 吗。

图 12-26　到伦敦的飞机票预订
（来源：www.easyjet.co.uk/en/book/index.asp）

使用参数选用表可以显著提升文档的拼写质量。微软 Word 的当前版本可识别拼错的单词并用红色波浪线来标识。单击这个单词，会出现一个下拉参数选用表，表上列出可能的其他拼法。这个方法也被现代的可视化（软件）开发环境所采用，不仅可以检查拼写错误的命令，还可以检查命令的语法。图 12-27 是这方面的一个示例。

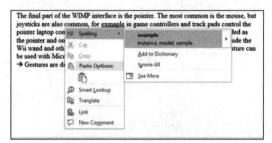

图 12-27　拼写检查

缩略图（thumbnail）是另外一种显示识别比记忆更有效的示例。图 12-28 是一台运行了 Windows 7 操作系统的计算机中图片库的一个截图。这个文件夹中包含很多缩略图，也就是表现文件内容的很小的（指甲盖大小）图片。每一个都可立即被识别，并让人们想起原始内容。

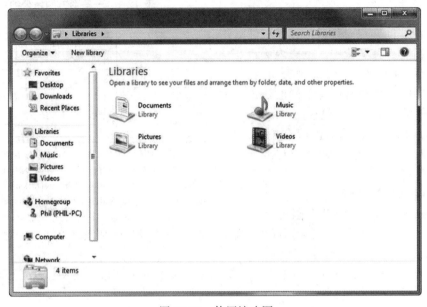

图 12-28　使用缩略图

框 12-4　色盲

色盲这个词语用于描述那些在色觉方面有缺陷的人。红 – 绿色盲（即不能确切地区分红色和绿色）是最常见的形式，受到影响的人群大约有 1/12 的男人（8%）和 1/25 的女人（4%）。这是一种与性别有关的遗传性疾病，由隐性基因导致，因此患这种疾病的人更多为男性。第二种比较罕见的色盲是影响蓝 – 黄色感知的色盲。所有色盲中，单色视觉是最稀有的形式，这类患者是无法分辨任何颜色的。

颜色设计

颜色对我们十分重要。形容某人"缺乏色彩"也就是说他们没有个性或者兴趣。微软采用的设计语言（第 9 章中讨论过）常在设计中使用丰富多彩的贴图，而苹果则一直将光滑的蓝色和石墨灰色作为装饰色。

Aaron Marcus 的优秀书籍 *Graphic Design for Electronic Documents and User Interfaces*（Marcus，1992）提供了以下规则：

规则 1　最多使用 5±2 种颜色。

规则 2　适当使用中心（中央）和周围颜色。

规则 3　如果颜色区域的大小发生变化，可使用颜色区域来表现颜色或大小上的微小变化。

规则 4 不要同时使用高色度、光谱颜色。

规则 5 利用适当的参考，使用熟悉的、一致的颜色编码。

表 12-1 中有一些由 Marcus 确定的西方（西欧、美国和澳大利亚）颜色所表达的含义。这些准则当然只是一个参考，它们不可能适合所有情况，但最起码可以为我们提供一个良好的起点。最后，还需要注意，即使在同一种文化中，色彩内涵也可能会有巨大的区别。Marcus 指出，在美国，不同的群体对蓝色有不同的认识对于医疗保健专业人员来说它代表死亡；对于电影观众来说它是与色情有关的；而对于会计师来说则意味着可靠性或合作式（想想"蓝色巨人"IBM 公司）。

308

表 12-1 一些西方颜色公约

红色	危险、热、火
黄色	注意、降低速度、测试
绿色	出发、好了、清晰、植被、安全
蓝色	冷、水、平静、天空
暖色	行动、必要的响应、靠近
冷色	现状、背景信息、间隔
灰色、白色和蓝色	中性的

来源：After Marcus, A. *Graphic Design for Electronic Documents and User Interfaces*, 1 st edition, © 1992. Printed and electronically reproduced by permission of Pearson Education, Inc., Upper Saddle River, New Jersey

避免错误的设计准则

Reason 和 Norman 为最大限度地减少错误而设计了一些原则（人为错误参见第 21 章），以下设计准则便是根据这些原则制定的（参见 Reason，1990，p.236）：

- 同时利用外部世界和自身的知识来完成一个良好的系统概念模型；这需要设计师模型、系统模型和用户模型之间映射的一致性。
- 简化任务的结构，尽量减少对人类脆弱的认知过程的负担，如工作记忆、规划或解决问题。
- 使动作的执行和评价两方面都可见。前者的可见性可以让用户知道什么是可能的，事情应该怎么做；后者的可见性则可以让人们了解他们行为的影响。
- 利用多种自然映射，如意图和可能采取的行动之间的、行动及其对系统的影响之间的、系统的实际状态和能够被感知的事物之间的、系统状态和需求之间的、意图和用户期望之间的映射。
- 利用自然和人为约束的力量，引导人们执行适当的行动或决定。
- 为错误而设计。假设错误会发生，然后设计错误恢复。尽量做到反向操作，利用强制功能，如使用能够限制人们在有限范围内操作的向导。
- 当其他方式都没有奏效时，可以尝试标准化动作、结果、布局和显示等。由不完美标准化带来的缺点，往往可通过增加使用的便捷性来补偿。但标准化自身仅仅是不得已而为之，应该始终首先使用之前的原则。

12.4.3 错误信息的设计准则

- 注意警报和错误消息的措辞与展示。
- 避免在消息中使用威胁或警告语言（例如，致命错误、运行中止、终止作业、灾难性的错误）。
- 不要用双重否定，因为它们会引起歧义。
- 在错误消息中使用明确的、建设性的语句（例如，避免一般性的消息，如"输入无效"。要使用明确的语句，如"请输入你的名字"）。

- 使系统为错误"承担责任"（例如，将"非法命令"转换成"无法识别的命令"）。
- 不要全部使用大写字母，因为这看起来你好像在发泄情绪——相反，应使用大小写字母的混写。
- 谨慎使用引人注目的技术（例如，避免在网页上过度使用"闪烁"、闪动的消息、"你有邮件"、大胆的色调等）。
- 每屏不要使用超过 4 种大小的字体。
- 不要过度使用音频或视频。
- 使用适当的颜色并考虑它们携带的含义（例如，红色 = 危险、绿色 = 好的）。

12.4.4 导航的设计准则

第 25 章将讨论导航，强调人们具有调查能力和路径规划能力的重要性，以便在环境中进行了解和寻路。苹果的用户体验指南认为：

> **给人们一种可以遵循的逻辑路径。**人们乐于知道他们身处一个应用中的何处以及是否走在正确的道路上。通过所提供的信息，确保路径合理且易于预测。另外，确保提供"创造者"（makers）模式，例如返回键，这样用户可以找到自己在哪儿，以及如何退回到上一步。大多数情况下，一个屏幕仅会给用户提供一条路径。如果需要在不同的情况下访问屏幕，那么就需要考虑使用可以出现在不同上下文中的模态视图。
>
> （来源：见"进一步思考"板块）

309

进一步思考：苹果的 iOS 应用用户体验准则

专注于主要任务	处理方向改变
提升人们关注的内容	制定指甲盖大小的目标
从上到下考虑	使用微妙的动画来交流
给人们一个逻辑路径	适当地支持手势
让使用容易和明显	仅在必要的时候要求用户输入
使用以用户为中心的术语	使模态任务偶尔出现并且简单
尽量减少用户输入所需的精力	开始迅速
淡化文件处理操作	随时准备停止
启用协同和连通性	不要放弃编程方式
强调设置	如有必要，显示一个许可协议或声明
商标适当	针对 iPad：
使搜索快速和值得	增强互动性（而不只是增加功能）
用良好的书面说明吸引和告知	减少全屏转换
简洁	限制信息层次
坚持使用 UI 元素	考虑为一些模态任务使用弹出窗口
考虑添加物理的与现实的（元素）	将工具栏内容迁移到顶部
用令人惊叹的图形使人们愉悦	

来源：http://www.designprinciplesftw.com/collections/ios-user-experience-guidelines

12.5　信息设计

　　除了为人与系统或设备的交互而设计屏幕和个别部件之外，用户体验设计师还需要考虑如何布置应用程序中的大量数据和信息。一旦设计师已经制定出如何更好地安排和组织信息，他们需要向人们提供与之交互的方法。在大量信息中进行导航的工具和技术对人们使用数据有重大影响，也对人们的整体感受有很大影响（参见第 18 章对信息空间的介绍）。

　　Jacobson（2000）认为，信息设计的主要特点是，设计处理的是含义，而不是物质。信息设计本质上是在做意义构建，以及以何种方式呈现数据（通常是大量的），使人们可以轻松地理解和使用。信息设计师必须了解用来显示数据的媒体的特性，以及这些媒介是如何影响人们在结构中移动的。

　　信息设计可追溯到 18 世纪的 Sir Edward Playfair 所做的工作和 20 世纪的法国符号学家 Jacques Bertin（1981）所做的工作。Bertin 关于如何表达信息以及可视化的不同类型的理论对后来的所有工作都至关重要。Edward Tufte（1983，1990，1997）的著作说明了好的信息设计可以多么有效（如框 12-5 所示）。他给出了许多示例，展示了如何通过寻找问题的最好表述形式来解决问题。清晰的表达能够带来清晰的理解。他描述了各种表示定量信息的方法（如用标签、不同的颜色编码或使用已知的物体来帮助获得尺寸的概念），讨论了如何在一个页面或屏幕的二维空间中表示多元数据，以及如何最好地表示信息以便做出比较。他的三本书中都有精美的插图，并为很多信息设计的问题提供了深思熟虑的、艺术性的和务实的介绍。

框 12-5　Edward Tufte

　　在介绍视觉解释时，Tufte（1997，p.10）写过下面一段话：

　　我的三本书上的信息设计具有以下关系：

　　The Visual Display of Quantitative Information（1983）介绍的是有关数字的图片，如何描绘数据和加强统计诚实度。

　　Envisioning Information（1990）是关于名词的图片（例如，地图和航空照片由很多介绍地名的名词组成）。创意展示还涉及设计的可视化策略：色彩、层次感和互动效应。

　　Visual Explanations（1997）是关于动词的图像，是机制和运动、过程和动态、原因和影响、说明和叙事的表示。这样的表示经常用于得出结论、做出决定，因而对内容和设计的完整性有一种特殊的关注。

　　图 12-29 是 Tufte 设计作品中的一个，展示了一个患者病历所涉及的两个医疗问题和两个精神问题。

　　Harry Beck 的伦敦地铁地图是一个经常被引用的优秀信息设计作品。人们称赞它有着清晰的颜色使用和图解结构——不担心站台的实际位置，而是关注它们的线性关系。原地图制作于 1933 年，但它的风格和理念却一直保持到了现在。然而有趣的是，如今随着新线路的不断建设，原来的结构和方案正在逐渐瓦解。目前仅有少数的几条线路仍能用强烈的色彩传达强烈的视觉信息，而更多的线路已经很难从颜色来辨别。图 12-30 显示了 1933 年和当前版本的地图。

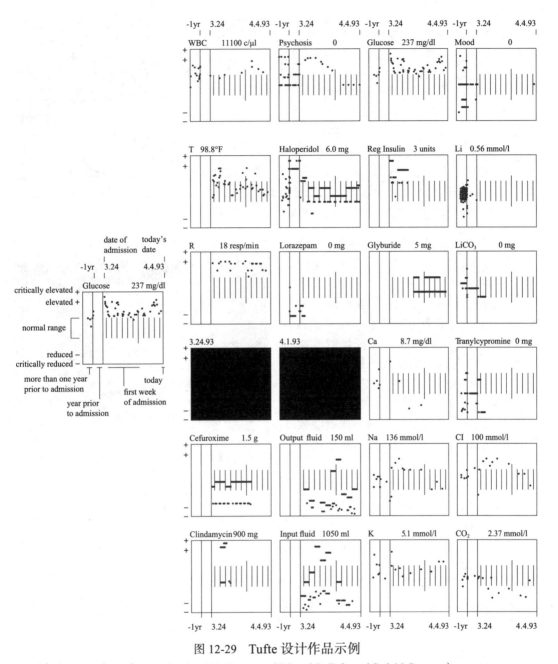

图 12-29　Tufte 设计作品示例

（来源：Tufte（1997），p. 110 and p. 111. Courtesy of Edward R. Tufte and Seth M. Powsner）

　　在开发信息架构和信息设计方面的另一个专家是 Richard Saul Wurman。在他的书 *Information Architects*（Wurman，1997）中，领先的设计师提供了一场精美的图像盛宴，以及对设计过程的反思。Wurman 从 1962 年就开始致力于这一方面的研究，包括各种各样的信息设计案例，从比较人口的地图，到解释医疗过程的书籍，再到他的 *New Road Atlas：US Atlas*（Wurman，1991）一书，都是基于地理布局的，其中展示的每一段路程都需要花费一个小时的车程。图 12-31 显示的示例来自其书 *Understanding USA*（Wurman，2000）。

311

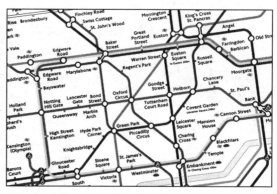

图 12-30   伦敦地铁网络图，左图为 1933 年，右图为现在

许多作者都热衷于地面信息设计的理论，尤其是感知和认知理论。这些理论的一些立场是有用的，如上面描述的格式塔原则。通用设计原则中避免混乱、避免过度的动画和避免撞色也有助于提升显示的可理解性。Bertin 的理论和其现代版本如 Card（2012）的理论对从事该领域工作的人员来说是有用的背景知识。Card（2012）提供了各种类型可视化方法的详细分类，并提供了设计人员可以处理的不同类型数据的细节，还讨论了可用来表示数据的不同视觉形式。

图 12-31   Richard Saul Wurma 的书 *Understanding USA* 中的描述

（来源：Wurman，2000，由 Joel Katz 设计）

本质上来说，信息设计是一门设计学科而不是工程学科。很多方法都可以帮助设计人员了解在特定上下文中的信息设计的问题（采用以人为本的观点是最重要的），但是，花时间去评判伟大的设计并研究设计师对他们的创意与思维过程的反思还是无可替代的。我们鼓励读者继续阅读本章末尾的参考文献。

当在给定情境中开发一个信息设计方案的时候，设计人员应该认识到，他们正在开发可视化的"语言"，而信息设计的可视化语言就是其中重要的组成部分。人们通过颜色、形状和布局理解的意义都是由设计师赋予的（设计语言已在第 9 章中介绍过）。

12.6   可视化

312
~
313
信息设计的另一大重要特点是交互可视化，而这是架构师或设计师可能会接触到的。随着大量的数据变得可用，有必要采取新的表示与交互方式。Card 等（1999）撰写了一套很好的参考读物，涵盖了许多开创性的系统。Spence（2001）对该领域做了很好的介绍，而 Card（2012）则提供了一个彻底而可用的处理方式。交互可视化关心的是利用新的交互技术的能力，以新的方式表现大量数据。事实上，Card（2012）认为，可视化关注的是"放大认知"，而这是通过以下方式实现的：

- 为人们增加可用的内存和处理资源。
- 减少搜索信息。

- 帮助人们检测数据中的模式。
- 帮助人们从数据中得出推论。
- 在交互式媒体中对数据进行编码。

一直以来，Ben Shneiderman 都被认为是一名伟大的可视化设计师（见 www.cs.umd.edu/nben/index.html）。他有一个"口头禅"，一个重要的可视化开发原则：

> 首先概述，急速增长和筛选，然后按需细化。

设计师的目的是为人们提供整个数据集的良好概览，在需要时允许缩放并聚焦到细节，并提供可过滤掉不需要数据的动态查询。Card（2012）将实例检索包含进来作为另一个重要特征。因此，人们不需要用抽象的术语来指定需要什么，而是要求与他们正在查看的项目类似的项目即可。在这方面，Ahlberg 和 Shneiderman（1994）的电影搜索是一个很好的例子（如图 12-32 所示）。

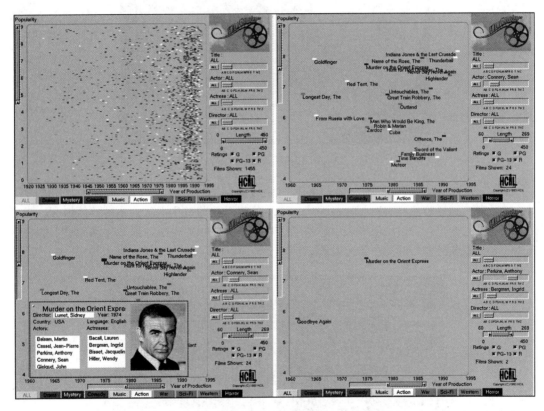

图 12-32　电影搜索

（来源：Ahlberg, C. and Shneiderman, B. (1994) Visual information seeking: Tight Coupling of Dynamic Query Filters with Starfield Displays,Proceedings of the CHI'94 Conference, pp. 313-317. © 1994 ACM, Inc.，经许可转载）

314

从第一张图中我们看到几百部电影被表示为彩色圆点，在空间中以发行年份（横轴）和等级（纵轴）组织起来。通过调整右侧滑动条，把第一次显示结果中选定的部分放大显示，允许名字显示出来。滑动条提供了有效数据的动态查询，让人们可以关注感兴趣的部分。点击一部电影可显示影片的细节，以用于进一步的实例检索。

　　可视化的另一个典型的例子是锥形树（如图 12-33 所示），各种设施让人们可以"飞"在显示器周围，识别和提取感兴趣的项目。同样，交互式可视化允许首先概述，细化筛选，然后按需细化，其关键是如何"钻"到数据中去。

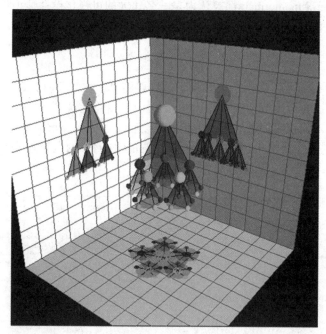

图 12-33　锥形树

　　图 12-34 展示了在 SmartMoney.com 上的股市的显示屏。这个显示屏被称为"树图"。用从红至黑再到绿的色彩对地图进行编码，表示价格下跌的过程，从值不变到值增大。彩色亮度表示量的变化。公司用块来表示，块的大小代表着公司的大小。鼠标移动到块上会显示股票的名字，点击它可以查看详细信息。

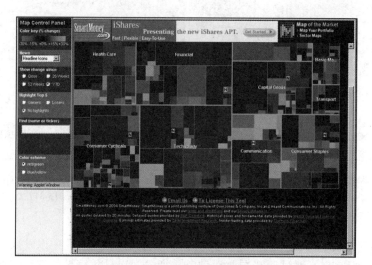

图 12-34　SmartMoney.com

（来源：www.smartmoney.com/map-of-the-market © SmartMoney 2004，版权所有，经许可转载。SmartMoney 是 Dow Jones & Company, Inc. 和 Hearst Communications, Inc. 的合资企业）

图 12-35 显示了一个不同类型的显示屏，其中的关系是由连接线表示的。它是一个在线词库，展示了"鱼眼"的能力，同时也允许通过可视化请求得到所需的焦点和上下文特征。这允许用户看到他们所关注事情的附近和相关的内容。还有更多为特定应用程序建立的精彩而刺激的可视化。Card（2012）列出了许多，Card 等（1999）讨论了具体设计及其理论基础。

Card（2012）指出，任何可视化的关键决策都是决定一个对象的哪些属性被用来在空间中组织数据。在电影查找中是等级和年份，在 SmartMoney.com 中是市场部门。一旦这个被确定下来，仅需做出相对较少的可视化展示即可进行区别。设计师可以使用点、线、面或体来标记

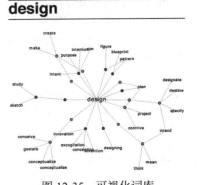

图 12-35 可视化词库

（来源：www.visualthesaurus.com/app/view）

不同类型的数据。对象可以用线或封闭容器连接，可以用颜色、形状、纹理、位置、大小和方向加以区别。其他可用于区分的视觉特征包括分辨率、透明度、排布、颜色的色调和饱和度、光照及运动。

很多新颖的可视化应用程序都可以查看特定网站和其他大型数据集，比如照片集。Cool Iris 就是这类应用的其中之一，它通过一种非常吸引人的方式对数据进行平移、缩放和移动。DeepZoom 是一个基于微软 Silverlight 和 Adobe market Papervision 的可缩放界面，在 Flex 的基础上提供了类似的功能。

总结和要点

视觉界面设计是交互式系统设计师应具备的核心技能。这一过程需要考虑美学原则（我们在第 5 章涵盖了美学），但大多数设计师更需要集中精力理解"小部件"可用的范围以及如何合适地部署它们。交互如何作为一个整体运作是很重要的。

- 图形用户界面结合了 WIMP 特性和其他图形对象，并将其作为设计基础。
- 设计准则可从心理学、认知和图形设计的工作原理中获得。
- 在信息设计中，要显示大量数据时需要考虑交互的可视化。

练习

1. 查看如图 12-25 所示的标签式对话窗口。这个设计解决了人类认知中的哪一个重要组成部分的问题？

2.（附加题）每月我用借记卡（用于从银行账户转账）支付家庭信用卡账单。该过程如下所示：

- 拨打信用卡公司的 12 位的电话号码。
- 根据语音菜单按 2 来表示我愿意支付账单。
- 按指令输入 16 位信用卡号码和 # 值。
- 按指令输入想要付的英镑和便士（比如我想付 £ 500.00——7 个字符）。
- 按指令输入借记卡号码（16 位数）和 # 值。
- 按指令借记卡的发行编号（2 位）。
- 按指令按 # 键来确认我要支付 £ 500.00。
- 本次交易结束。在一个没有退格键的手持通话器上，按键总次数为 12+1+16+7+16+2+1=55。你会如何通过设计来降低这个复杂交易过程中犯错误的可能性？

深入阅读

Card, S. (2012) Information visualizations. In Jacko, J.A. (ed.) *The Human-Computer Interaction Handbook*, **3rd edn.** CRC Press, Taylor and Francis, Boca Raton, FL, pp. 515–548.

Marcus, A. (1992) *Graphic Design for Electronic Documents and User Interfaces.* ACM Press, New York.

高阶阅读

Cooper, A., Reiman, R. and Cronin, D. (2007) *About Face 3: The Essentials of Interaction Design.* Wiley, Hoboken, NJ. 提供了关于界面设计指南的诸多细节和很多优秀的设计示例.

网站链接

关于 Horton 的图标设计，更进一步的资料请见 www.horton.com。

挑战点评

挑战 12-1

说 "计算机" 会使计算机进入正确的模式来接收命令。而在电梯里，系统唯一能响应的命令只有 "到哪一层去"。因此，在这一情境中，无须使用命令来建立正确的模式。

挑战 12-2

图标的问题有很多。有些看起来很老式（例如旧的电话图标），但它们已经如此根深蒂固，因而难以改变。其中一些要求你知道应用程序是什么，有些太相似，容易混淆。有趣的是，设计诸如图标之类的东西花费了很多精力，但设计仍然是次优的。

挑战 12-3

单选按钮用于颜色方案——只有一个选项可以选择。接收邮件则偏向使用复选框，因为可以选择多个喜好。

挑战 12-4

同样，例子比比皆是。一个为识别设计的例子就是在航班预订网站为目的城市的所有机场提供一个下拉菜单，而不是期望客户回忆起有哪个机场，再输入确切名称。

多模态界面设计

目标

在交互式系统的设计中有一点是肯定的，用户体验设计师使用的技术会越来越多，远远超出了曾经他们所主要关注的基于屏幕的系统设计技术。设计师会结合新的方法，利用多种通道（声音、视觉、触觉等）来发展多媒体的体验。他们将物理与数字混合起来。本章将讨论为多模态和混合现实系统进行设计，以及了解有关声音、触摸和可穿戴计算的设计。（相关设计资料可以在第 18 章中的普适计算和第 19 章中的移动计算中找到。听觉和触觉的感知则在第 25 章中有所讨论。）

在学习完本章之后，你应：

- 掌握媒体、通道和现实的范围。
- 掌握利用多模式界面的新型交互形式的潜力。
- 掌握听觉交互设计的关键设计准则。
- 掌握触摸、触觉和运动感觉的作用。
- 掌握可触摸和可穿戴计算的设计。

13.1 引言

Sutcliffe（2007）区分了通信中的几个关键概念：

- 信息是发送者和接收者之间的通信内容。
- 媒体是信息通过何种渠道发送以及信息如何表示的方式（一些相关的符号学的观念在第 24 章中讨论）。
- 通道是由人或机器发送或接收信息的感测方式。

他认为信息使用媒体进行传播，通过通道进行接收。然而，随着不同传感器和不同媒体通道的可用性的增加，新形式的交互机会也会大大增加。实际上，Oviatt 和 Cohen（2015）认为，由于新的模式正在出现，界面设计出现了范式转变。我们正在以越来越复杂的方式混合数字世界和物理世界。

1994 年，Milgram 等提出术语"混合现实"来包含一系列的仿真技术，包括增强现实（在真实世界中加入数字信息）和增强虚拟（在数字世界中加入真实信息）。结果就产生了现实 – 虚拟的统一体，如图 13-1 所示。这一统一体可以描述为"现实和虚拟之间的环境"（Hughes 等，2004），在这里现实和虚拟可以混合在一起。Milgram 等（1994）并不认为这是混合现实的充分表示，并提出了一个三维的分类。本质上由三个维度组成，包括：

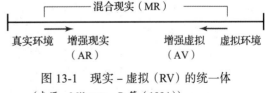

图 13-1　现实 – 虚拟（RV）的统一体

（来源：Milgram, P. 等（1994））

- "世界知识的范围"（世界在计算机中建模的程度）。

- "重建的保真度"（分辨率的质量以及由其决定的现实世界和虚拟世界重建的现实性）。
- "存在隐喻的程度"（人们感觉存在于系统中的程度）。（存在感见第 24 章。）

　　然而，一维统一体的理念得到了更广泛的认可（Hughes 等，2004；Nilsen 等，2004）。该规模的增强现实（AR）区域旨在将数字信息带入例如 Pokemon Go 等游戏所利用的现实世界中，而增强虚拟应用则将物理世界的各个方面带入虚拟世界，例如将方向盘作为赛车游戏的界面，或者使用物理对象来控制界面。迄今为止在增强现实方面最常见的融合就是视觉刺激。实时视频流可以通过计算机生成的对象进行增强（通过渲染使它们看起来是在真实场景中）。呈现这种视觉信息的方法分为两大类：沉浸式（人们只能看到混合现实环境）和非沉浸式（混合现实环境只占据了部分视野）。后一种方法可以使用种类繁多的显示器，包括计算机显示器、移动设备和大屏幕显示。对于沉浸式的呈现，人们通常会戴上特制的用于显示的头戴式耳机，从而排除外界的任何其他视野。这些头戴式显示器（HMD）被分成两类：视频透视（在现实世界由视频摄像机记录并通过数字显示呈现给人们）和光学透视（显示屏幕是半透明的，可以直接看到现实世界，仅在最上层添加了计算机绘图）。

　　借助沉浸式 VR 体验，现实世界的 360 度视频或图形化创建的虚拟世界，可以跟踪用户的头部动作，并控制显示的视图。这使得用户能够环顾四周并移动以改变他们所看到的视图。

　　增强现实的第二种最常见的方式（而且往往与先前的视觉仿真联合使用）是听觉仿真。在这种情况下，根据计算机产生的声音，我们可以达到身临其境的效果。常用的方法包括使用耳机或部署扬声器，但也有更多的独特技术，如超音速声音设备，可以针对一个特定的位置，并让人感觉声音是从哪里发出的。

　　剩下的三种感官中，触摸感（或触觉学）是最发达的领域，作用范围从持有物体的物理感觉到模拟触摸不同表面的感觉（Hayward 等，2004）。

　　研究人员还对气味进行了模拟，但成果有限。日本筑波大学（University of Tsukuba）甚至在模拟进食的感觉方面也取得了进展（Iwata 等，2004）。不过，这些模拟系统目前还不成熟并且应用有限。

框 13-1　嗅觉、味觉和情感

　　嗅觉和味觉在感官数字技术中是具有挑战性的，因为科学家一直无法确定这些感觉的基本组成部分。一种特定的颜色是由三个基本颜色红、绿、蓝组合而来的，但我们却并不知道气味和味道的基本成分是什么。此外，因为它们本质上是模拟媒体，我们无法对其进行数字化并通过网络来传输信息。

　　人们已经开发出气味投影仪，它可以释放一种特定香水的气味，但它难以对气味进行定位，在部分交互结束后也不能即时去除这种气味。味觉经常被描述为 5 种基本味道：甜、酸、咸、苦和鲜。然而，还有许多其他的味觉可以被舌头检测到，并有助于构成某种特定味道的整体感觉。

　　气味与情感紧密相连，往往会勾起对过去的事和人的记忆。科学家认为，这是因为人体的嗅觉系统与大脑边缘系统相连。

　　Adrian Cheok 在日本 Keio 大学的混合现实实验室一直在做着一些味觉与嗅觉的生成和交互实验。食品项目着眼于利用合成食品材料和 3D 打印机来生成数字化食品（如图 13-2 所示）。

图 13-2 一台食品打印机

（来源：混合现实实验室，新加坡国立大学）

13.2 多模态交互

Oviatt 和 Cohen（2015）为新形势的交互提供了一个全面的指南，面向多模态交互领域。一个关键的发展是当两个或多个通道融合在一起以约束交互的意义。例如，GPS（全球定位系统）位置用作输入以使用语音界面约束说"向我显示附近的餐馆"的人。通过启用触摸的屏幕上的图形地图显示可以进一步增强这一点。当用户说"向我显示关于这些的详细信息"时，触摸输入可用于约束对特定位置或位置集的进一步交互。多模态组合模式也可用于验证某人的身份，例如指纹识别和人脸识别软件组合其输入以避免识别错误。

它们还区分了主动和被动输入模式。例如，GPS 位置或面部识别不是由用户有意激活的，而是由设备感知到的。触摸屏幕或做出手势是用户的有意输入行为（如图 13-3 所示）。越来越多的被动输入用于推断活动模态的含义。例如，当电话被抬起朝向人的耳朵时，电话可以做出用户想要打电话的推断。面部识别可用于推断人的情绪状态（使用 FACS 编码，参见 10.5 节）。例如，如果有人皱眉，他们可能会对某些事情感到困惑。10.5 节讨论了可以感知的人的特征以及可以推断的态度或情绪状态，包括人脸识别、眼动追踪、指纹识别、运动

图 13-3 多模态交互和车辆 UI 的示例

（步行、跑步、攀爬等）和许多生理特征，如心率、血液状况、血糖水平、出汗程度等。多模态交互还包括时间分量，因为通道之间的某些关系将随时间和顺序被感测。与车载信息系统的交互通常是多模式的。

交互工具

有很多工具被用于虚拟现实和多模态交互中。"空间鼠标"从传统鼠标的两个自由度（水平和垂直的运动）扩大到了 6 个自由度（水平、垂直、深度移动和偏航、俯仰和滚动旋转）；"数据手套"配有传感器来跟踪手和手指的位置，并允许抓取和操纵虚拟物体（如图 13-4 所示）；"魔杖"就像 Wii 那样，具有 6 个自由度的操纵杆和各种输入控制部件，如按钮和滚动条等。这些工具都提供了全方位的立体输入。TACTool 给魔杖设备（Schoenfelder 等，2004）增加了触觉反馈，还有交互拖鞋，即给脚增加了一些数据手套的功能。微软的 Kinect 允许用手、手臂和身体的姿态与（视觉）内容进行交互。

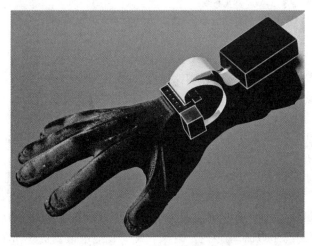

图 13-4   力反馈式数据手套

（来源：图片来自 www.5DT.com）

混合现实交互对交互设计师要求最高，需要他们同时处理技术问题和可用性问题。一个技术问题就是准确地校对现实与虚拟环境：一个称之为"注册"（Azuma，1997）的过程。许多系统还让执行配准的技术提供一种 3D 输入，就像前面讨论过的那些工具所提供的那样。许多系统允许用于执行该配准的技术也提供由前面讨论的工具提供的那种 3D 输入。图像可用作标记，因此当智能手机捕获图像时，它会触发某些内容（如视频）的传送。例如，其他内容可以通过 GPS 触发器或环境中的某些东西（如蓝牙信标）传递。

Touchspace 采用全身交互输入的方法。人们在一个现实世界空间（一个空房间）里，通过一个窗口将其映射到虚拟世界。在游戏中的第一个目标是找到一个女巫的城堡，然后和她在增强现实的场景中战斗。许多应用程序在全身交互方面发展得更远，并不仅将他们限制在一个单独的房间里。吃豆人游戏（Cheok 等，2003）是最早出现的游戏之一，参与者可选择三个角色中的一个：吃豆人（通过在场景中游走来收集球），鬼怪（通过触摸吃豆人的肩膀来捕捉他们，吃豆人的肩膀上有一个触摸传感器），或者是助手（通过传统的界面给予游戏的概况，并提供一个鬼怪或一个吃豆人的任务向导）。和收集虚拟物品（虚拟球）一样，玩家还可以通过捡起具有蓝牙功能的物理对象，来收集用于制作曲奇（和吃豆人游戏中的能量药类似）

的材料。增强现实地震系统（Thomas 等，2000）类似于吃豆人的工作，其开发了一个室外增强现实的游戏。2016 年，Pokemon Go 为世界带来了真正引人注目的 AR 游戏（如图 13-5 所示）。

沉浸式 VR 要求人们戴着避光的头戴式耳机。VR 是许多公司的巨大希望，Facebook 等大型企业投入巨资。像谷歌 cardboard 这样的轻量级版本可以使用普通智能手机创建虚拟现实显示器，而入门级的、无线的和功能强大的虚拟现实设备（如 HTC XX（如图 13-6 所示））则将 VR 带入主流用户体验设计中。

最初的计算机增强虚拟环境（CAVE）是在伊利诺斯大学芝加哥分校开发的，他们将立体图像投影在一个像房间一样大小的立方体（应该说一个漂亮的小房间）的墙壁和地板上，以此来提供沉浸感。人们戴着轻便的立体眼镜可以进入自由进出 CAVE。自那以来，开发了很多 CAVE，我们期待看见适用于室内环境的 CAVE。另一种半沉浸式的展示是全景展示，就像一个小型电影院。虚拟图像被投影到“观众”面前的曲面屏幕上，“观众”需佩戴液晶显示器（LCD）快门眼镜（护目镜）。液晶显示器眼

323
～
324

图 13-5　Pokemon GO
（来源：Bruce H. Thomas）

镜上的快门从一只眼睛到另一只眼睛不停地开闭，大约每秒 50 次左右。眼镜的位置使用红外线传感器跟踪。虚拟世界流经观众的这种方式，使得全景体验变得非常特别。但全景图像投影价格昂贵，且是非便携式的。但是，圆顶环境在沉浸式交互方面提供了有趣的折中。从天文馆到便携式 4 米直径圆顶的大小不等，圆顶可以容纳几个人体验相同的显示，这使得协同成为可能。

图 13-6　HTC XX VR 设置

非沉浸式虚拟现实（有时称为桌面虚拟现实）可以广泛存在于桌面应用程序和游戏中，它并不总是需要专门的输入或输出设备。多模态系统不混合现实，但其结合了语音、触摸和

手势，这项技术正变得日趋普遍，并且在不断提高它们自身存在的通道间的同步性能。最早的系统之一是 Put That There（Bolt，1980），其中结合了语音和手势。最近的例子包括在第9章描述的 Funky Wall 互动情绪板，其把靠近墙的距离远近作为一种交互方式（Lucero 等，2008）。Freeman 等（2016）"Do that there"涉及手势和语音的结合。

　　除了采用我们在其他地方描述过的以人为本的用户体验设计方法外，没有特定的方法来进行多模态界面设计。通过模型和绿野仙踪设想（8.6 节）以及全面评估，对需求的良好理解，良好的原型设计将有助于用户体验设计师创建引人入胜的有效体验。设计师还需要熟悉输入设备和传感器。他们需要理解不同的传感器在准确性和用于推断潜在人工智能方面的限制。用户体验设计师需要考虑到不同的模式以及如何以有趣的方式将它们组合起来。（第 17 章中介绍人工智能）

325

13.3　在界面中使用声音

　　在混合现实和多模态系统中，声控是界面设计越来越重要的组成部分。以下部分与 Hoggan 和 Brewster 所著的 *The Human-Computer Interaction Handbook* 中"非语音听觉和跨通道输出"（Hoggan 和 Brewster，2012）章节是紧密联系的，而且主标题也与他们的一致。

13.3.1　视觉和听觉是相互依存的

　　视觉提供的是关于世界的狭窄的、位于前方的具有丰富细节信息的图像；而听觉提供的则是环绕我们四周的信息。未预料的闪光或突然动作会将我们的头以及我们听觉的注意力引向来源；一辆从后面接近的车的声音会让我们转过来看。声音和视觉让我们适应于这个世界。

13.3.2　减少视觉系统上的负载

　　现在我们已经认识到，现代化的、大规模或者多屏的图形界面集中于使用人类视觉系统，甚至是过于集中了（如图 13-7 所示）。为了减少这种超负荷感觉，关键信息可以通过声音来表现，还可以将处理负担重新分配到其他感官上。

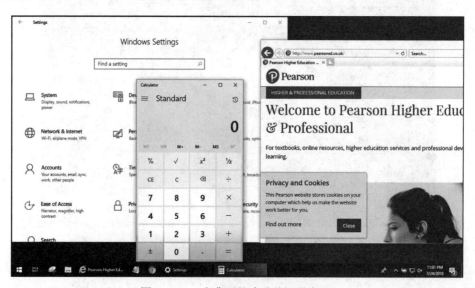

图 13-7　一个典型的凌乱的视觉桌面

挑战 13-1

提出三种不同的方式使得属于典型桌面的信息可以用声音来表现。

326

13.3.3 减少屏幕上需要的信息量

创造移动和普适设备的一个重要的设计压力就是需要将可用的信息显示在小屏幕上。为了缓解这个问题，信息可以用声音形式呈现，以释放屏幕空间。

13.3.4 减少对视觉注意力的要求

如果用声音来代替，特定情况下可以减少对视觉注意的需求。音频可用于提供环境显示，声音在交互中起背景作用。如果需要注意某些事情，可以改变背景声音，这足以引起别人的注意。以此来减少视觉注意力的负担（注意力的讨论在第 21 章）。

13.3.5 听觉利用不足

我们可以听到高度复杂的乐曲结构，如交响乐和歌剧。这些音乐片段包含大量的复杂结构和子结构。这表明，至少音乐有成功传递复杂信息的潜力。

13.3.6 声音能引人注目

虽然我们可以把目光从令人不愉快的景象上移开，但对于不愉快的声音却并非如此。这时候最好的做法就是捂住我们的耳朵。这使声音在吸引注意或传达重要的信息方面非常有用。

13.3.7 使视觉障碍用户的更易用计算机

虽然屏幕阅读器可以用来"读"屏幕上的文本信息，但他们不能轻易读取图形信息。以听觉形式提供的一些此类信息有助于缓解这一问题。

挑战 13-2

你能想到用声音增强界面的缺点吗？或者不当的应用环境？

迄今为止，听觉用户界面（AUI）的大多数研究都集中在使用声音讯号或者听觉图标上。**声音讯号**（earcon）是乐感声音，设计用于反映界面中的事件。例如，一串简单的系列音符可用来表示手机的短信接收。当短信发送时则使用不同的声音。与此相反，**听觉图标**（auditory icon）反映了我们在日常世界中使用的许多声音，却不考虑音乐内容。这些在接口中使用的声音是日常声音的夸张模仿，声音的来源对应相应的界面事件，如手机短信发送的声音是一声"嗖"。

327

界面的声音有不同的特征 (Brewster 等，1993)：

- 音色。使用合成乐器的音色。尽可能使用多谐波的音色。这有助于感知并能够避免屏蔽。
- 音高。除非它们之间的使用有非常大的差异，否则不要使用固有的音高。音高的建议范围是最大 5kHz（中央 C 音以上四个八度音阶）和最低 125 ～ 130Hz（中央 C 音以下一个八度音阶）。

- 音区。单独用音区来区分声音讯号是否相同是不够的，应该采用更大的差异。三个或三个以上的八度音阶差异能带来更好的识别率。
- 节奏。让节奏尽可能不同。在每个节奏中使用不同数量的音符是非常有效的。很短的音符很容易被忽视，所以不要使用小于八分或者四分的音符。
- 音强。一些建议的最大范围是阈值以上 20dB，最小范围是阈值以上 10dB。音强的使用必须谨慎。总声级要在系统用户控制之下。声音讯号都应该保持在一个接近的范围内，这样，即使用户改变了系统的音量也不会造成声音的丢失。
- 和声。当一个接一个地播放声音讯号时，在它们之间保留一定的间距，这样，用户就可以知道哪里一个结束了同时另一个开始了。0.1s 的延时就足够了。

13.3.8　音景

术语"音景"源自"风景"，可以定义为一个令倾听者沉浸的听觉环境。这不同于"声场"等更多的技术概念，声场可以定义为包围声波的环境，通常需要考虑声音的压力场、持续时间、位置和频率范围等内容。音景设计是许多用户体验设计中的重要部分，例如在零售店或者餐厅。日常声音的音景提供了大量的背景信息（参见挑战 13.3），当然声音被用作视频的重要部分和更加身临其境的体验。

挑战 13-3

　　我们使用背景音来监视和周围世界的交互已经到了令人吃惊的程度。例如，我知道我的笔记本电脑仍在写入数据到硬盘，因为它发出了一种嗡嗡的声音。如果我的研讨会正以小组的形式研究问题，纸张发出的沙沙声和相对安静的窃窃私语声表示一切都很好。完全沉默意味着我让大家感到了困惑，大声地谈话往往意味着大部分工作已经完成。在家里，我可以根据锅炉（窑炉）的背景噪声得知中央暖气系统正在工作，或者根据道路交通噪音状况判断夜间大致的时间。

　　试着列出类似的（但更长的）列表。用一两天的时间来关注声音会使这项工作更为容易。仔细阅读你的列表，并记录下任何类似的方式使用声音进行交互设计的想法。

　　在声音的设计中一个重要问题是区别。区别低音和高音很容易，但区分相当低和比较低的音调就是另一回事了。有许多开放性的问题，如关于我们如何在特定环境中（在一个繁忙的办公室或嘈杂的接待区）进行音调区分仍然存在着许多待解决的问题。而声音无法持久的这一明显的事实使得区分它们的变得更难。图形用户界面的优势之一是错误信息、状态信息、菜单和按钮的持久性。与之相反，听觉用户界面是短暂的。

328

13.3.9　基于语音的界面

　　基于语音的界面包括语音输出和语音输入。语音输出在过去的几年中已经发展成为一个成熟的技术且应用越来越普遍，比如汽车中的卫星导航系统（"卫星导航"）和其他领域，包括火车站、机场的广播等。语音输出使用了将文本转换为语音的系统 TTS。声音被逐个记录，然后通过 TTS 整合在一起来创建整个信息。在某些地方的 TTS 已经变得无处不在，以至于在不同的地方听到相同的声音会让人感到困惑。在火车站告诉你一些信息的女人同在卫星导航系统上给你建议的是同一个人。TTS 系统都是现成的，且易于安装到其他系统中。它们已超越了过去十年产生的机器人式的声音，当需要时，可以产生真实和富有情感的语音输出。

语音输入还没有完全达到语音输出的复杂程度，但它也正在成为一项可达到应用水平的技术，交互式系统设计人员现在已将它作为一个现实选择。语音输入最适合发布命令（参见12.1 节），但随着语音识别变得更好并且与情境的交互变得更清晰，情况将得到改善。这为用户可以与设备进行对话的自然语言系统（NLS）铺平了道路。NLS 中仍然有许多障碍有待克服，其中之一是理解语音，另一个是理解说话人在说什么。但在有限的领域中，字典可以用来帮助消除歧义，它们也开始产生真正的影响。亚马逊的 Echo 是一款受欢迎的家用设备，它使用语音来回答各种问题并提供内容。例如，用户将通过说"Alexa"来唤醒设备，然后提出一些请求的信息或内容，例如"请播放一些 Tony Bennet 的音乐"。Echo 则会访问用户的亚马逊账户以查找和播放合适的内容。

13.4　有形交互

有形意味着能够被触摸或被抓住并能通过触觉感知。可触式交互是触觉的实际应用，并已使用了几千年（如图 13-8 所示）。有形交互已经促进了可触式用户界面（Tangible User Interface，TUI）的发展，它在结构上和逻辑上都与图形用户界面类似但又有所不同。随着多点触控显示器的引入，TUI 变得越来越重要，因为它们可以通过物理对象和手势识别进行交互（触觉感知详见第 25 章）。

图 13-8　算盘，它结合了可触的输入、输出和需要操作的数据

（来源：www.sphere.bc.ca/test/sruniverse.html. 球体研究公司提供）

329

大部分的工作迄今一直局限于各大科研实验室，例如麻省理工学院的媒体实验室已建成先进的原型系统。许多这样的系统已被用于相当特殊的领域，例如城市规划（Urp）和它们之中的景观建筑。照明黏土将在下面详细描述。虽然这些系统中的许多可能永远不会成为商业产品，但它们的确展示了有形交互设计中的最高水平。

关于人机交互未来的发展方向，麻省理工学院的可触媒体实验室描述了他们的观点：

> 可感知比特是我们关于人机交互的预想，它指导着可触媒体组的研究。人们已经开发出了用于感知和操纵物理环境的复杂技术。然而，大多数的技术没有被传统的图形用户界面采用。可感知比特给予数字信息以物理形态，并无缝地连接比特和原子的双重世界来构建这些技术。在可感知比特的引导下，我们正在设计"可触用户界面"，它采用物理对象、表面和空间作为数字信息中可触摸的体现。这包括利用人的触觉和运动感觉产生的抓握物体和表面增强的前景交互。我们也正在利用背景信息来展示"环境媒体"——环境光、声音、气流和水流运动的使用。在这里，我们寻求人类活动与存在于意识边缘的数字媒体感知的表达。

（http://tangible.media.mit.edu/Vision）

所以他们利用了人类多模态感知的丰富性以及日常与物理世界互动发展的技能的优势，将图形用户界面中的"绘制比特"转变为"可感知比特"。

进一步思考：为什么采用可触式交互？

我们考虑采用（或至少探索其可能性）可触式交互有许多很好的理由。首先，如果我们能够消除电子和物理世界的鸿沟，就可能在两方面都获得好处。我们可以获得计算机带来的所有优势，突破图形显示单元的局限，拥有它们，让一切尽在掌握。尽在掌握在字面上也可以理解为"把信息与计算"放在我们手中（我们毕竟在讨论可触式交互）。最后，这证明是本章中反复出现的主题，它的优势是减轻一部分计算负担（在思考和解决问题方面），包括：（a）接近我们的空间认知；（b）采用更具体的交互方式（就像草图提供了一种更加流畅和自然的交互风格）。抓取物理对象，相比于抓取它们的虚拟设备将提供更强烈的感知性。

Hiroshi Ishii 是 MIT 的关键人物之一，还是可触式计算技术的重要人物，他指出：

> TUI 融合了物理表示（如空间可操作的物理对象）和数字表示（如图形和音频），产生的交互式系统属于计算媒体，而一般不能被识别为"计算机"本身。
>
> ——Ullmer 和 Ishii（2002）

330

说得明白点，如果我们要使用屏幕上的虚拟工具，比如一支笔，我们将使用一支已经映射到虚拟设备上的真实的物理的笔。拿起真正的笔就会通过虚拟笔被拿起或成为活动状态的方式显示到计算机中。用真实的笔绘图时会引起虚拟笔的绘画，或者是变得活跃，就像 Apple 铅笔一样（如图 13-9 所示）。最近，Ishii 提出了"激进原子"的愿景——"一种假想新一代材料，可以动态地改变形状和外观，变得像屏幕上的像素一样可重新配置"(http://tangible.media.mit.edu/vision)。有关这方面的相关资料可以在第 20 章关于可穿戴计算中找到。

图 13-9   Apple 铅笔

TUI 和 GUI 有很多不同，以下三种最为重要：

- TUI 采用物理表示，如雕塑黏土、物理笔和物理绘图板，而不是显示在监视器上的图片。例如，人们可以直接使用荧光笔绘制在表面，而不是使用鼠标和键盘在屏幕上操纵图像。

- 作为这种触摸式交互，抓取元素本身当然不能自己进行运算，必须将它们与数字表示关联起来。正如 Ullmer 和 Ishii 所说的那样，玩泥团而不进行计算那就只是在玩泥团。

- TUI 整合了在 GUI 严格区分的表示和控制。GUI 具有一个 MVC 结构：模型 – 视图 – 控制。在传统的 GUI 中，我们使用诸如鼠标或键盘这样的外围设备，来控制我们正在操作的数字表示（模型），其结果显示在屏幕、打印机或其他形式输出上（视图）。详细解释如图 13-10a 所示。

相比而言，TUI 具有更复杂的模型，见图 13-10b。这就是 MCRpd 模型。控制和模型元素是不变的，但视图组成被分成了 Rep-p（物理表示）和 Rep-d（数字表示）。这个模型强调了控制和物理表示之间的紧密联系。MCRpd 模型在下面章节的描述中已经有了原型实现。 331

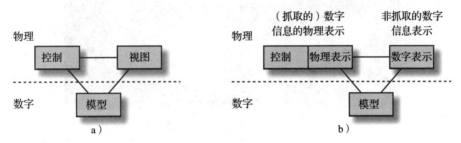

图 13-10 a）模型 – 视图 – 控制；b）MCRpd

照明黏土

照明黏土是一个虽专业但有趣的实体计算的例子。其创造者是通过以下脚本介绍并引入情境的：

> 一群道路建设者、环境工程师、景观设计师站在一张普通的桌子前，桌子上景观的特定位置上放置着黏土模型。他们的任务是设计一个新的道路、住房小区及停车场的路线，能满足工程、环境和审美要求。工程师通过手指就能在模型中将一座小山的一面变平，以产生一个平坦的停车场空间。当她如此操作后，一块黄色照明区域就出现在模型的其他部分。环境工程师指出，这表明出现了一个因为地形和水流变化而可能导致山体滑坡的区域。景观设计师建议，可通过在停车场周围增加一个凸起的土墩来避免山体滑坡。这个小组通过给模型增加材料来检验假设，且他们三个都观察对于斜坡的稳定性所产生的影响。
>
> ——Piper 等人（2002）

在照明黏土系统中，物理的、可触摸的物体是由黏土组成的。Piper 等（2002）试验了几种不同类型的造型材料，包括乐高积木、雕塑黏土、橡皮泥、弹性橡皮泥等。最终他们发现，由金属网构成的核心支撑外加薄薄的一层橡皮泥效果最好。然后，这种黏土被景观专家塑型为所需形状（如图 13-11 所示）。哑光白面漆作为投影表面也被证明是非常适合将系统的数字化元素将被投影到其表面上。通常人们进行景观设计时，会采用计算机辅助设计（CAD）

软件创建复杂的模型，然后进行仿真检验，例如给风、排水、电线和道路位置的影响。采用照明黏土时，景观潜在的影响会直接投影（例如，在上述脚本中的一块有色光）到黏土本身。黏土及其数字表示之间的耦合是通过安装在天花板上的激光扫描仪和数字投影仪装置进行管理的。使用一个直角反光镜、扫描仪和投影仪在同一光学原点对齐，并且两个设备被校准以便在同一个区域进行扫描和投影。这种配置可确保所有对于扫描仪可见的表面会被相应地进行投影。

332　　　　因此，照明黏土展示了在景观分析中结合物理和数字表示的优势。物理黏土模型表达了可以用用户的手直接操纵的空间关系。这种方法允许用户快速创建和理解高度复杂的地形，而如果使用传统的计算机辅助设计（CAD 工具）将是非常耗时的。

图 13-11　照明黏土的图像

（来源：Piper，B.，Ratti，C. 和 Ishii H.（2002）照明黏土：一种用于景观分析的三维可触界面。发表在 SIGCHI 会议的计算机系统中人为因素领域：改变我们的世界，改变我们自己，明尼阿波里斯市，MN.4 月 20 ~ 25 日，ACM 第 2 届 CHI，pp.355-62.©ACM.Inc。经许可转载自 http://doi.acm.org/10.1145/503376.503439）

挑战 13-4

提出可以使用照明黏土的其他应用领域。

13.5　手势交互和表面计算

随着多点触控的到来——能够识别多个触控点的屏幕、智能手机、平板电脑和互动墙，在 21 世纪初，一个全新的交互设计时代开始兴起。iPhone 推出"使物体变大"的手势（用两个手指触摸物体并向外划）和"使物体变小"的手势（用两个手指触摸物体并向内划）（如表 13-1 所示）。其他实验系统推出手势旋转物体，"轻弹"的手势可以使物体从一个位置移动到另一个位置。

根据人们从事的不同活动，不同的应用需要不同类型的手势，交互界面可以通过直接触摸、滑动、旋转和轻弹进行交互，这些动作可以映射到特定的功能上。交互也可以使用物理对象或其他的对象表示功能。类似于声音讯号，这些被称为"物理符号"。物理符号、屏幕上的虚拟按钮、滑动和其他小工具以及自然的手势（如勾号的手势表示"OK"，或交叉手势表示取消）的结合为开创新的应用和支持不同手势的新式操作系统带来了希望。

表 13-1　iOS 手势

手势	动作
单击	按或选择一个控制或项目（类似于鼠标单击）
拖曳	滚动或平移（即从一边移到另一边） 拖动一个元素
轻弹	快速地滚动或平移
滑动	只需一根手指，就可以在表格视图行中显示删除按钮，在分屏视图中显示隐藏视图（仅限 iPad），或者在通知中心（从屏幕顶部边缘）中显示 用四个手指，在 iPad 上的应用程序之间进行切换
双击	放大信息块的内容或图像块 缩小（如果已经放大）
指捏	两指打开进行放大 两指并拢进行缩小
摸并按住	在可编辑或可选择文本中，显示光标定位的放大图
摇晃	启动取消或重做动作

来源：http://developer.apple.com/library/ios/#DOCUMENTATION/UserExperience/conceptual/MobileHIG/Characteristics/Characteristics.html#//apple_ref/doc/vid/TP40006556-CH7-SW1。

　　表面计算将带来一系列独有的设计问题。定向一直是桌面工作区校准的一个问题，因为当人们围着一张桌子的不同位置就座时，他们将从不同的方向看到相同的对象。这会影响信息的理解、活动的协调以及参与者之间的沟通。不同的桌面系统都各自找到了解决这一问题的方法。有些系统使用单一的和固定的方向，其中的参与者必须并排坐着。有些系统针对工作区域内的人使用自动定位，或者使用工作区的自动旋转。然而，大多数系统只是让参与者手动定位数字对象。为促进定向开发了各种技术。用手指在工作区拖动和旋转物体是其中之一；另一些技术由单击和拖动来实现物体的平移，通过选择、触摸一个拐角来实现围绕着物体的中心轴旋转（Kruger 等，2005）。

　　有一些特定的多点触控交互的用户界面问题。"粗手指短胳膊"问题只是其中之一。手指限制输入的精确度例如，触摸或拖动。因此，交互对象应该有一个最小尺寸，不应该靠得很近，并且当人们成功地点击目标后应该有所反馈（Lei 和 Wong，2009；Shen 等，2006）。同样，短胳膊意味着目标必须是距离人相对较近的。例如，屏幕顶端有一个菜单，如果人们不能碰到它，就没有任何意义。另一个问题是屏幕的遮挡。当人们与界面进行交互时，他们的手会遮挡界面的一部分，特别是他们正在与之交互的部分。为了避免这个问题，对象应该大一些，或手势应该只用一根手指（其中手掌可倾斜），而不是用摊开的五根手指（Lei 和 Wong，2009）来执行。此外，诸如标签、说明或子控件等信息不应在交互对象的下面（Saffer，2008）。

　　Shen 等（2006）开发了两个系统来避免这种遮挡。第一个系统是一个交互式的弹出菜单，它可以旋转，连接到一个对象，并可用来显示信息或执行命令。第二个系统有一个工具，允许人们对远程对象执行操作。另一个用户界面的问题是，当人们执行操作时，他们可能会导致功能的意外激活（Ashbrook 和 Starner，2010），例如，当表面记录了一次错误的触碰或手势（如某人经过时，他的袖子接触到表面）。因此，系统需要找到方法区分有意的手势和无意的手势。

　　Saffer（2008）从人体工程学原理中提供了手势设计的一些较好的建议，如"避免外侧位置，避免重复，放松肌肉，利用放松和正中的位置，避免停留在一个固定位置，以及避免

333

334

关节内部和外部用力"。他还告诫我们要在设计多点触控界面中考虑到指甲、左手用户、袖子和手套。在大型多触控桌面中，一些显示部分可能是无法访问到的，因此诸如菜单、工具和工作区等必须是可移动的。

我们会在后面描述多点触控桌面应用程序的设计（见第 16 章）。然而，我们正在开发的另一个项目让我们意识到还没有"打开浏览器"的标准手势。我们探索出了一些选项，诸如绘制圆（以 o 表示打开），但这里的问题是，不同的人画圈的方式不同。我们曾尝试绘制一个方形。当系统检测到用户触摸了表面但并不是想要发出打开浏览器命令时，仅触摸表面会导致大量的误报产生。最后，我们决定以图 13-12 展示的方式作为使用的手势（N 表示新的），因为大多数人画一个 N 是从左至右，从下到上，因此该系统可以检测到打开浏览器所需的方向。

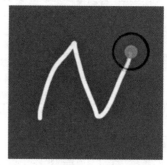

图 13-12   用于打开一个浏览器的 N 形手势；红色和黑色圆圈给出用户触控的反馈

表面计算并不仅涉及平坦的表面，例如屏幕桌面、手写板和墙壁。柔性显示器也已经被开发出来，它可以制造成不同的形状，并且其他材料（如织物）可用作交互设备。例如 Pufferfish（如图 13-13 所示），制作了大的球面显示器和新的 OLED（有机发光二极管）技术，允许弯曲和柔性地进行显示。这些给交互设计世界带来新的交互形式。

图 13-13   交互灯球 M600，用作 2012 年七八月在哥本哈根 AudiSphere 展厅体验的一部分。
http://www.pufferfishdisplays.co.uk/2012/08/future-gazing-with-audi
（来源：www.pufferfishdisplays.co.uk/case-studies.Pufferfish 股份有限公司提供）

变形材料即将成为多模态交互的新形式，交互式面料也是如此。这些发展将再次改变交互设计的问题。第 20 章讨论了不同的材料。Gaze 交互（设备检测用户所在的位置）提供了指向设备的替代方案，特别是与可穿戴设备的交互。

手势的交互并不总是意味着用户必须触摸表面。传感器可以检测到人或手的不同的接近程度，并且根据这些信息进行交互。Kinect 可以检测远距离的运动，允许人们在一定距离内与内容进行交互。总之，各种手势和表面交互的新形式将会在未来几年内出现。

进一步思考：触觉遇到听觉

一种新式手机刚刚面世，它需要用户把他们的手指放入他们的耳朵。日本电信公司多克莫公司开发了一种可穿戴式手机，它使用人体来拨打电话。

这种设备称作"指尖细语"，内置在一个狭窄的腕带中，像手表一样戴在手腕上。用指尖细语手机接听电话、拨打电话或挂断，用户只需用食指触摸拇指，然后把食指放进耳朵。腕带中的电子器件将声波转换成振动。振动通过手的骨头传到耳朵，这样指尖细语用户就可以听到对方讲话。腕带中的麦克风取代了手机惯用的话筒，不用拨号，用户只需大声说出电话号码，语音识别技术将指令转换为要拨号的号码。

该公司表示，何时指尖细语手机能上市销售，现在来说还为时尚早。

总结和要点

毫无疑问，听觉、触觉和混合现实将在未来的交互设计中发挥重要作用。虚拟世界和现实世界的混合提供了新鲜而新奇的体验机会。已开展的使声音在界面中有用和可用的工作是有说服力的，但仍然没有被主流用户界面设计师所采纳。TUI 提供了一种思考和与计算机交互的新方式。手势互动，尤其是与触觉数据和声音的融合，将在未来几年迅速发展。

练习

1. 为一款简单游戏设计一个声音增强界面，游戏的内容是针对儿童的通用知识测验。测验为一组多选题。如果时间很短，可以把自己限制在游戏中的一个画面上。如果你熟悉现有的演示软件，如 PowerPoint 或任何多媒体软件包，那么在演示软件中完成此设计操作会更有趣。

2. 讨论通过以下方式增强用户界面的优、缺点：（a）声音（b）触觉。在你看来，哪个更有潜力？为什么？用具体的例子支持你的论点。

336

深入阅读

Ullmer, B. and Ishii, H. (2002) Emerging frameworks for tangible user interfaces. In Carroll, J.M. (ed.), *Human-Computer Interaction in the New Millennium*. ACM Press, New York. — 个可触领域的有用介绍。

高阶阅读

Blauert, J. (1999) *Spatial Hearing*. MIT Press, Cambridge, MA.

网站链接

媒体实验室是开始寻找混合现实和多模态系统的例子的好地方。参见 www.mit.edu。

挑战点评

挑战 13-1
这里讲到三种可能性。当然还有许多。这些都需要谨慎地设计。

（1）语音日历提醒。

（2）用不同的音调来区分文件系统的层次结构。

（3）读出接收到的电子邮件的发送者和首行，这样一个人就可以一边听着一批新的消息一边在房间里做其他的工作。如果支持语音命令的输入就更好了。

挑战 13-2

关注日常对无意识制造的声音的使用可以产生令人着迷的体验。例如，当自动取款机不再发出数钱的噪声时，人们知道交易已接近完成。其实很多机器（如水壶、饮料机、汽车、自行车等）都在通过它们发出的声音表示当前的状态。

挑战 13-3

你列出的清单对于你和你所处的环境都是因人而异的。在进行文件搜索或其他冗长的操作的过程中，一声不明显的哼哼声会使你产生一个想法，或许在接近完成时，音调会发生变化。

挑战 13-4

任何领域的物理对象设计都需要确保检查特定属性或是否遵循设计原则的可能性。一个例子就是车身的设计，（至少直到最近）车身都需要"模拟"成全尺寸的实物模型以检查空气阻力等。设计师手工修改模型，然后在风洞中进行测试。

337

Designing User Experience: A guide to HCI, UX and interaction design, Fourth Edition

用户体验设计的情境

第三部分介绍

这一部分关注用户体验设计的情境。其中第一个就是应用程序和网站的设计。第14章旨在提供应用程序和网站开发的实用方法。网站开发需要采取以人为本的方法，就像其他交互式系统做的那样，所以有必要增加基于第一部分中讨论的用户体验的原则和优秀的设计实践，以及采用第二部分中的技术。第15章涵盖了特定用途的网站和社交媒体所使用的移动应用程序，强调人们的协同并分享数字内容。

第16章涵盖了计算机支持的协同工作（CSCW）和协同环境，尤其是那些使用多点触控的界面。许多机构都意识到，它们需要混合技术和环境设计来鼓励创新和有效合作。这些环境的要求将在本章讨论。

对于设计师来说，第17章涉及另一个新兴领域——人工智能和基于智能体的交互。我们越来越多地授权人工智能和人工实体代表我们行事，称为代理。有时，这些代理以屏幕上替身的形式或机器人角色来体现。第17章讨论人工智能、代理和替身，以及它们是如何提供用户体验设计的不同情境的。本章将讨论代理的结构，以及从人工智能得到的有限数据中做出明智推论的困难程度。

第18章和第19章涉及两个高度交融的情境：普适计算和移动计算。普适意味着无处不在，并且因为计算机是移动的，所以在一定程度上也是无处不在的。因此，一个设计问题就与其他设计问题混合在一起。然而，两章涉及的内容略有不同，第18章更为理论，讨论普适计算的理论问题、信息空间思想以及它们如何能被成功地浏览。第19章更为实用，讨论如何为小型移动设备进行设计，并带领读者体验应用于移动设备的设计过程。

最后，第20章介绍了可穿戴计算的最新情境。苹果手表是新型可穿戴设备最典型的例子，但是还有其他的可穿戴设备是针对特定活动的，例如能够带来新的用户体验的运动。交互材料的出现意味着人们现在可以穿戴计算机，而不是携带它们！第20章关注可穿戴计算的当前发展状况，以及未来数年它的发展方向。

案例研究

第14章介绍了网站设计的一个例子：Robert Louis Stevenson 网站的设计。该项目阐述了所有的网页设计师都会面临的问题。第16章介绍了为挪威国家博物馆开发多点触控桌面应用的经历，以及如何使技术和活动结合在一起，以促进合作，此外还包括一项伦敦地铁的研究。第17章介绍了电子邮件过滤代理的案例。第18章和第19章总结了我们最近参与的研究项目，称为斑点计算。这是一个由成千上万个微小的可能移动的设备组成的无线传感器网络（WSN）。它们创建的信息－物理融合系统分散在物理区域中。这就是不久的将来所需的情境。为了能在这个空间中移动，就需要一个移动设备。

338
~
340

教与学

这一部分包含7个不同的情境，对交互设计都有具体要求。因此，每个章节都可以作为一个案例来学习，并用于探索第一和第二部分讨论的设计过程和技术。本部分的主题列表如下所示，每一个主题都需要10～15小时的学习，才能达到一个良好的理解水平，或用3～5小时对这些问题有一个基本的理解。当然，每个主题可以泛读也可以深入学习。

主题3.1	网站设计	14.1～14.2节、14.5节	主题3.10	具身对话智能体	17.5节
主题3.2	信息架构	14.3节	主题3.11	普适计算	18.1节、18.5节
主题3.3	网站导航设计	14.4节	主题3.12	信息空间	18.2节
主题3.4	社交媒体	15.1～15.4节	主题3.13	混合空间	18.3节
主题3.5	未来网络	15.5节	主题3.14	家庭环境	18.4节
主题3.6	协同工作	16.1～16.3节	主题3.15	导航案例研究	18.5节、19.5节
主题3.7	协同环境	16.4节	主题3.16	情境感知计算	19.2节、19.5节
主题3.8	基于智能体的交互	17.2～17.4节	主题3.17	移动计算	19.1节、19.3～19.4节
主题3.9	人工智能	17.1节	主题3.18	可穿戴计算	第20章

应用程序和网站的设计

目标

用户体验设计师最可能设计的就是能在智能手机或者平板电脑上运行的网站或应用程序。如今，因为许多内容管理系统（CMS）的存在，创建应用程序和网站非常简单。这些软件包可以使网站和应用程序设计的许多方面实现自动化。此外，还有标准的"插件"为网站提供标准功能。例如，你可能会认为你需要一个论坛，在那里人们可以留言和回复他人。CMS 将有一个社交聊天插件来提供这样的功能。

本章旨在探究网站和应用程序的用户体验设计。Albert Badre（2002）定义了 4 种主要的网站类型：新闻、购物、信息和娱乐。每个类型都有子类型（例如，新闻有广播电视、报纸和杂志），并且在一个类型内某些设计特征是常见的。例如，购物网站会有一个填写表单，用于收集有关送货地址和付款细节的数据；新闻网站必须特别注意文章的表达。这些类型还有不同的方式来安排内容。新闻网站会有长的滚动页，而购物网站页面较短。当然，组合网站也很常见。例如，机票预订网站通常有一个与目的地有关的新闻网站。

本章提炼出全世界最优秀的网站和应用程序设计师最好的建议，并研究与各种网站相关的话题。在学习完本章之后，你应：

- 理解如何处理网站和应用程序设计以及你需要经历的阶段。
- 理解信息架构的重要性。
- 理解如何设计网站或应用程序中的导航。

14.1 引言

在 21 世纪，数字体验通常涉及用户参与到网站和应用程序。我们正在同时处理应用程序和网站的设计，因为它们共享用户体验的一些特征。应用程序和网站必须足够吸引人，它们需要吸引用户，让用户以优雅的方式继续前进。正如第 4 章中所讨论的，用户在应用程序和网站中的参与通常会成为跨渠道体验更主要的组成部分。但是，如果要获得成功，网站或应用程序的体验也需要参与进来。

在设计与基本目的方面，应用程序和网站也有区别。例如，可以从网站下载应用程序，以便用户在未连接到互联网时访问内容。网站可以为机构提供更多的情境和背景，而与之关联的应用程序将提供更具体的细节。

例如，我们正在努力为 TravoScotland（第 8 章讨论设计师如何将系统或服务的视觉和感官可视化时，介绍了该应用程序）创造一种新颖的数字体验，以吸引更多的访客访问全国各地的主要网站。这种体验包括开发一个可以让游客在特定地点使用的应用程序，并在 TravoScotland 主网站上获得新体验，以便推广应用程序并提供引人入胜的在线体验。一个名为"探索"的新标签被添加到顶级 TravoScotland 网站，其中包括宣传视频、交互地图以及可以下载探索苏格兰应用程序的链接（如图 14-1 所示）。

图 14-1 探索苏格兰应用程序的链接

应用程序或网站的开发所涉及的远不止设计那么简单。设计前的活动有很多，涉及确立网站目标、针对什么样的人群以及如何适应组织中完整的数字策略。在较大的组织中，对于这些问题会有很多分歧和争论，而且这些内部斗争经常影响网站的最终质量。许多网站开发得过于庞大，负责市场营销的人员希望解决过多的问题，从而导致网站的可用性和参与性的优先级非常低。

在这一过程的后期，必须精心安排网站的发布，还需同步处理其他基础设施问题，例如，网站内容是如何编写和更新的，何时由谁编写和更新，谁处理电子邮件和站点维护等。

所有这些问题都会对整个用户体验设计产生重大影响。第 4 章介绍的用户体验设计包含了五个层面：战略、范围、结构、框架和表面（Garrett，2011）。确定战略层和范围层，并了解用户及其目标和愿望是用户体验设计的关键部分。用户不仅为了查找信息而参与数字体验，他们有社交和情感需求，希望寻找有吸引力且有益的经历。

在设计应用程序和网站的概念时，有关整体战略层、范围层，以及网站或应用程序的实施和发布是设计的重点，并确保其符合可用性标准——有效的、易学习的、包容的、引人入胜的和愉快的。这包括开发网站的结构：信息架构。网站和应用程序设计还涉及信息设计（在第 12 章中讨论），交互设计和导航设计（框架平面）以及通常为多模态界面的结构层。

框 14-1 写作内容

应用程序或网站成功的关键当然是内容。用户体验设计师必须学会另一种技能——编写并组织信息内容。在许多组织中，某些人可能也会帮助设计师工作。许多网站的内容过多，严重超载并尝试服务许多不同类型的客户。一所大学的网站经常试图满足潜在的学生、现有的学生、学术人员、管理人员（自己的和其他大学的）、商业伙伴等的需求。它通常会有两三个针对不同用户的独立应用程序。试图适应所有不同的用户群体就会导致网站没有规则、杂乱无章，任一群体都难以得到满足。这同样也适用于大公司和公共服务网站。一个详细的 PACT 分析和开发人物角色将有助于鉴别不同用户群体的需求。

网站使用标记语言 HTML5 和层叠样式表 (CSS) 中描述的相关页面布局来实现。这些内容可以由 Web 开发人员生成，也可以通过内容管理系统 (CMS) 生成。可用的内容管理系统

有许多种类，比如最流行的 WordPress。其他更多的是复杂的内容管理系统，包括 Joomla!和 Drupal。有一些软件旨在为小型组织和大型企业机构开发简单的博客站点、个人网页、网站和应用程序。

此外，了解网站是广域万维网的一部分也很重要。所以，如果设计师希望他们设计的站点能被别人发现，他们就需要让网站脱颖而出。可用的方法包括增加特征，让诸如谷歌一类的搜索引擎能够找到它。搜索引擎优化（SEO）的艺术有些神秘，但基本包含增加元数据到站点和正确地获取站点的信息架构。这将在 14.3 节中讨论。设计师还需要考虑网站和应用程序序如何适应人们对不同社交媒体平台的使用（参见第 15 章）。 344

14.2　应用程序和网站的开发

网站设计应该遵循好的交互式设计的原则，这些原则已在前面（第 4、5 和 6 章）概述过。设计师需要了解谁将使用这些网站和他们将用网站做什么。网站需要有明确的目标。设计师应该开发有目标用户的角色模型，清楚了解他们使用该网站的目的。设计开始阶段包括理解、构思、设计和评价。使用的脚本应该是成熟的、标准的、已评估的。设计师需要考虑用户旅程以及不同的应用程序和网站适合放在哪些位置。需要进行包含理解、创意展示、设计和评估的设计阶段。应该对脚本进行开发、构建原型并评估。

即使一个站点对于目标的专注度很好，它也很快就会变得庞大，因此如何能在网站中流畅地浏览十分重要，导航是中心问题。关键问题是支持人们能够发现站点的结构和内容，并找到访问站点特定部分的方法。导航设计是一个研究领域，致力于设计网站和帮助人们回答诸如以下问题：我在哪里？我去过哪里？附近有什么？在网页顶部和底端的导航栏将帮助人们建立一种明确的网站总体"地图"。与此同时，应用程序通常不那么复杂，而且更应专注于一两个特定活动，因此导航设计更容易。还必须记住，网站将被浏览，人们将在各种设备上与它们互动。

许多 CMS 现在可以让设计人员轻松制作响应式设计。这些将自动重新配置设计以适应移动设备。例如，图 14-2 显示了一个名为 ATCM 的组织的设计。在后台，桌面显示器充分利用了典型的桌面环境（可能有 23 或 27 英寸显示屏）。当内容显示在较小的平板电脑设备上时，列大小会随之更改，菜单也会移动。在手机上，显示屏会改变以提供垂直布局而不是水平显示。响应式设计表明，设计首先针对桌面设备，然后针对移动设备。许多设计师认为现在最好先为移动设备设计（参见第 19 章）。 345

图 14-2　设计如何在不同的设备上变化

　　关注第 5 章中讲述的设计原则也同样重要。可见性、一致性、熟悉度和可用性将有助于网站或应用程序更易于学习。在具有小屏幕的设备上，可见性更加复杂，因此设计人员需要考虑如何组织内容。一致性很重要，应该建立一种明确的设计语言，包括主要重复交互的交互模式。遵循安卓、苹果或者微软产品的用户界面指南。如果不希望使用某些标准，那么要确保设计特征是一致的，以便人们能够快速地学习它们。功能可用性来自开发使用相似图标和符号的应用程序和网站，以及使用能够提供精心设计的图标的 CMS。

框 14-2　可见性

　　在三个主要操作系统的最新版本中已经放弃了可见性原则，"向右扫描"或"向上扫描"手势揭示了用户必须记住的各种系统功能。最近的某一天，我需要在 iPhone 上使用手电筒，然后我拼命搜索了所有应用程序。我确信 iPhone 上有这一功能，但找不到它，因为它不可见。幸运的是，我遇到了一些拿着手电筒走过来的人，于是我问他们这个功能在哪里。他们回复说"向上扫描"。这是一个多么可怕的界面设计。手电筒正是用户很少使用的那种功能，所以他们会忘记它的位置，除非它很容易识别（识别而非记得）。用一些相当随机的其他功能（计算器、相机，或夜视模式和时钟）来隐藏它是没有意义的。即使是苹果的设计师也可能出错！

　　良好的导航、控制和反馈将增加网站或应用程序的易用性。向人们提供有关他们在网站中的位置的反馈，并表明情景和内容。使用有意义的 URL（统一资源定位器，即网址）和熟悉的标题将帮助人们找到他们正在寻找的内容，并了解网站中的其他内容。一个好的网站设计指南是尽可能减少滚动的需要和计划（几乎）任何页面的入口，因为并非所有访问者都会通过首页进入。一般来说，在为初次访问的用户设计页面和遵循导航结构的人设计页面之间需要进行权衡。在显著位置链接到站点的"主页"（前）页面并具有站点地图将使人们能够自我定位。当人们犯了错误或点击了错误的按钮时，允许轻松恢复（例如，好好使用"后退"按钮），并使用约束的思想来防止人们做不适当的事情。设计要灵活、有风格和欢乐。

　　应用程序或网站的首页特别重要，它应该包括一个目录、重要的新闻或故事概述，以及搜索工具。在设计搜索工具时确保清楚地知道搜索了什么。不同的人有不同的网站策略。有一半的网站访问者是"以搜索为中心"，20% 是"以链接为中心"，其余的则是混合型（Nielsen，1993）。关注搜索的人以任务为中心，想要找到自己想要的东西；而其他人则喜欢四处浏览。

　　设计良好的用户体验也很重要（参见第 6 章）。这里的目的是使网站或应用程序具有吸引力，在适当的时候利用游戏化技术，以便人们喜欢使用它。看看不同类型的愉悦体验——生理上的、社交上的、心理上的和意识形态上的，并思考设计如何满足不同类型的用户及其不同的生活方式。注意网站或应用程序的美学。

　　查看应用程序或网站的结构和骨架的关键技术是开发线框图。有许多线框图应用程序可以帮助设计人员快速生成网站或应用程序设计的真实模型。这些应用程序可以很容易地做成 Android 或 Apple 应用程序的样子，也可以按照特定 CMS 采用的样式来制作。

　　图 14-3 显示了探索苏格兰应用程序的部分线框图。这里选择了整体设计和调色板。首次打开应用程序时会出现"启动"屏幕。图 14-3 中的示例显示了提供应用程序导航功能的

底部图标是如何确保一致并使用熟悉的图标，即使它们的样式符合应用程序的美观要求。有一些排行榜页面和朋友页面的例子。其他线框显示了设计浏览的不同功能以及如何选择特定项目。

图 14-3 探索苏格兰应用程序的线框图

挑战 14-1

　　查看探索苏格兰应用程序的线框图。导航是否清晰？你是否对应用程序中的所有部分有全面的了解？

347

14.3 应用程序和网站的信息架构

　　信息架构关注内容的分类和组织。例如，亲和图技术以及卡片分类（参见第 7 章）用于理解人们如何概念化内容。信息架构涉及与应用程序和网站的用户相关并提供逻辑结构的结构、类别和集合。第 4 章介绍了信息架构的一般问题。此处关注用户体验设计师在开发应用程序和网站时需要考虑的主要设计问题。

　　获取好的信息结构的难点在于，不同类型的网站和应用程序要为许多不同的人的不同目的提供许多不同的服务。获取一个足够棒的信息架构来服务各种兴趣爱好非常困难，所以网站"信息架构师"的需求量很大。网站信息架构处理了网页内容如何组织和描述：如何组织内容（例如创建一个分类），如何标注项目和类别，如何描述网页内容，以及如何将架构展现给用户和其他设计师。借用克里斯蒂娜·沃特克（Christina Wodtke）的书名，我们正参与到 *Information Architecture: Blueprints for the Web*（Wodtke，2003）之中。

分类方案

选择本体（ontology）或分类方案对检索对象实例是至关重要的。本体是最基本的，因为它影响事物的组织方式。Morville 和 Rosenfeld（2006）区分了明确组织方案（包括字母顺序、年代顺序和地理位置）和模糊组织方案（通过使用主观分类）。Nathan Shedroff（2001）建议有 7 种组织方式：字母顺序、地理位置、时间顺序、连续集（例如使用一些量表来评价实例）、数字、类别和随机性。

字母顺序是很常见的组织方式，当然，它存在于各种形式的人工信息实体中，比如电话本、书店和各种目录。虽然字母顺序组织乍一看是直观的，但却不总是简单的，特别是当姓和名混淆时，或者名字中包含不易处理的字母时。在字母表中有"."或"−"吗？另一种情况是字母顺序在公司或组织的正式名称中与非正式名称不同。在纸质的电话目录里查找爱丁堡市政府最新的电话号码，我最终从"C"找到"City of Edinburgh"！甚至没有从"E"找到一项指向"City"的入口。

框 14-3　本体论、分类学和认识论

近年来，本体已经变成热门的研究课题，因为大量信息带来了如何最好地将概念化活动与之进行关联的问题。哲学上本体的概念是关于物体的存在，这些事物的本质组成我们的经验。我们如何选择分类是分类学所关注的。分类学是一种分类方法。本体和分类学给哲学家提供了很多可以讨论的话题。即使是植物也没有组成一个简单而一致的分类，而是几种分类的共存。认识论关注我们如何认知事物，了解事物的本质。

348

进一步思考：分类是困难的

关于分类的模糊、冗余和缺陷让人想起 Dr Franz Kuhn 引用的一本名为 *Celestial Emporium of Benevolent Knowledge* 的中国古代百科全书。书中将动物分为（a）属于皇帝的，（b）防腐处理的，（c）被驯养的，（d）乳猪，（e）美人鱼，（f）极好的，（g）流浪狗，（h）归入此类的，（i）发疯般抽搐的，（j）不计其数的，（k）用精细的骆驼毛笔绘画的，（l）除此之外的，（m）刚刚打破花瓶的，（n）远看像苍蝇的。（来源：Jorge Louis Borges（1999）的文章：The Analytical Language of John Wilkins。）

按时间顺序组织适用于历史档案、日记和日历、事件或电视指南（如图 14-4 所示）。

图 14-4　电视指南

按地理位置组织适用于旅游主题、社会和政治事件及区域组织（如葡萄酒网站、本地食品等）。当然，当一个人的地理知识不够好时，就会出现问题。我的日历中的时间区域方案就是按地理位置组织的，（我认为）这使得寻找特定的时区是非常困难的（如图 14-5 所示）。

图 14-5　旅行应用程序

按话题或主题组织是另一种流行的信息组织方式，但在这里根据网站的用户确定主题名称很重要。组织内部人员使用的主题结构通常与外部人员使用的主题结构不同。

按任务组织网站主要是根据人们可能想做的特殊活动（"买票"，"联系我们"）。

受众是另一种流行的结构化方法。当存在特定类型的用户时，这将非常有效。"员工信息""学生信息"等，有助于不同的用户在一个网站中找到他们需要的部分。

混合方案用于（经常用于）将这些类型的组织混合在一起。此外，其他作者也建议其他的组织方案。例如，Brinck 等（2002）在方案中包含了"部门"。他们给出了以下例子说明差异：

- 基于任务："买一辆车"。
- 受众："买车者"。
- 基于主题："汽车"。
- 部门："营销部"。

1. 属性划分

任意网站都可以由三种关键特征描述：维度、维度面（属性）和属性值。维度来自网站的主要概念——本体。图 14-6 所示的旅游网站列举了汽车、飞机、酒店等维度，将其作为顶部标签的标题。它们都有共同的属性（比如价格），但也有各自唯一的属性：航班从一个城市到另一个城市，酒店位于某个城市（但也有可能有连锁店），汽车通常在同一地点租用和返回（但也有可能在其他地方返回）。渡轮相比于飞机有不同的价格结构，飞机和火车的价格结构也是不同的。每一个属性（或方面）都有特定的值。例如，城市的名字可以随便起，但机场的名字仅限于官方机场列表中的名字。按照属性来分类特别适用于小的定义明确的空间。音乐网站根据主要属性分类音乐，例如，流派、艺术家和标题。食谱网站的分类属性包括国家/地区、主要原料、菜/餐具等。Wodtke（2003）指出，一旦这种网站包含例如烹饪餐具等物品，不同实体（如餐具和食谱）就不再可能会共享属性。属性分类在界面上产生了重要的影响。使用清晰且明确的属性及其取值能够优化界面以探索结构。

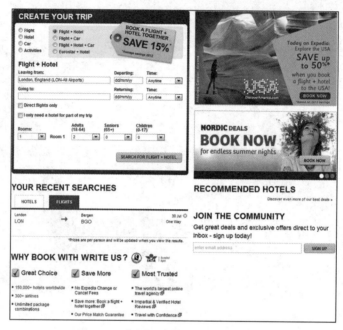

图 14-6　起源于本体的网站维度示例

挑战 14-2

考虑一些音乐网站的分类方案。

2. 组织结构

设计师可以确定的一点是，不能把所有内容放在一个页面上。他们不得不做出决策，让网站适应这种约束，为此产生了许多标准组织结构。当然，这些要结合分类方案进行选择。**层次**（hierarchical）结构（有时也称为"**树**"，一棵从上至下的树）在顶端放置一个根节点，然后在下面放置若干分支，通过这种方式组织页面。例如，在一个音乐网站里，根页面叫作"首页"，然后，下面的树枝叫作"古典""摇滚""爵士"等，每一个又都被分为子流派。层次是一种非常常见的组织方式，能自然地引出一些能提供"你在这里"标志的技术。图 14-7 展示了购物网站的页面。

图 14-7　应用程序层次结构示例

Rosenfeld 和 Morville（2002）指出需要考虑本体的粒度，这引发了在网站设计中关于广度和深度的讨论。通常，同样的材料被组织为一个深层结构——只有少数主要分支，但有许多子分支，或者是一个浅而宽的结构——有许多主要分支和少数子分支。作为一般规则，每个类别有 6～8 个链接较为合适，但必须考虑内容的本质和如何自然地划分访问网站的人群。

层次结构的问题是，不论选择什么分类表，总有一些无法适应这种分类的项目，因此设计师将把它放在两个或更多标题下。一旦发生这种情况，会破坏一个清晰的层次结构。层次结构很快会发展为**网络**（network）。在网络结构中，相同的项可能链接到不同的层次。它是一种更自然的结构，但人们理解起来也更为困惑。通常网站访问者根据一个层次进行导航，然后建立一个合理清晰的网站结构视图。然而，在一个网络中他们可能返回到另一个分支或者从网站的一部分跳跃到另一部分。在这种情况下，理解网站的整体逻辑要困难得多。将网页组织为一个**序列**（sequence）适合于处理一个简单的任务结构，如购买商品或填写一系列问题。不同的结构如图 14-8 所示。（即他们开发了一个清晰的"心智模型"。参见第 2 章。）

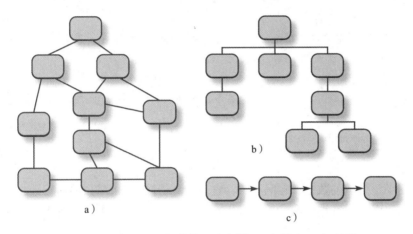

图 14-8　常见的组织结构：a）网络；b）层次；c）序列

框 14-4　分类的重要性

这是 Jared Spool 的用户界面工程（User Interface Engineering，UIE）网站中的某篇文章的一部分，UIE 网站研究了衣服分类的不同方式。UIE 是一家研究公司，专门调查网站的可用性问题。它的网页包括一些有趣的文章。在这里它描述了一项面向购物网站的调查研究，并使用了 44 个用户。

在研究的 13 个网站中，他们发现了 5 种不同的购物页面设计。大多数都能在左侧导航面板中列出相应的百货分类，并在中央区域显示相应的货物（参见 Macy 的网页：http://www.macys.com，单击 Women，然后单击 Tops）。

然而，有些网站很聪明。例如，Gap 和 Victoria's 单击 Secret（http://www.gap.com，http://www.victoriassecret.com）都是基于菜单的，货品的分类不是显示在一个单独的网页，而是显示在屏幕顶端。

Old Navy（http://www.oldnavy.com）使用了分类和货品显示页面的组合方式，有时在左侧导航包含了货品的展示，有时包含了产品。（试试单击 Girls，然后单击 Accessories。

与单击 Girls，然后单击 Skirts & Dresses 进行比较。）

Lands' End（http://www.landsend.com）使用了一个设计，既有产品描述又有货品分类。（单击 Women's，然后单击 Swimwear，查看他们的网页设计。）

最后，Eddie Bauer（http://www.eddiebauer.com）结合了公司中所有产品的文本列表，并看到货品的图片。（单击 Women，然后单击 Sweaters。单击 View Photos 查看特有的图表。）

在意识到这 5 个基本类型之后，我们非常兴奋地考察不同的类型是否会有区别。虽然我们期待不同的个人网页，目前还不清楚是否存在一个完整类型设计能够超过其他类型。观察人们在网站购物之后，我们比较了他们的行为。（在许多电子商务研究中，这些用户带着要买的购物清单，我们给他们钱支付，告诉他们在列表中尽可能多地购买。在这项研究中，44 名用户总共购买了 687 个产品。）

研究服装和家居用品网站上不同的设计结果证明是一件好事。我们从 687 次购物探索中观察到，用户使用搜索引擎的时间只占 22%。这意味着他们 78% 的时间是用来通过分类方案寻找他们需要的产品。

我们发现有标准左侧导航设计的网站，比如 Macy，实际表现最糟糕，销售了最少的产品。Lands' End 的设计表现最好，其次是 Old Navy 的组合设计。

结果证明，在研究中，一个用户在他们将一些东西放入购物车之前访问的网页数目与购物数目是成反比的。他们访问的网页越多，买的东西越少。（记住，用户知道他们想要什么，也准备购买。）

来源：http://www.uie.com/articles/。

3. 元数据

元数据是关于数据的数据，在网站中，它表示关于网页内容的数据。元数据变得越来越重要，并普遍应用于标签。在这里，人们开发了自己的即兴分类法，通常称为"大众分类"。第 15 章将对此进行讨论。

352
~
353

Wodtke（2003）建议用三种元数据类型来描述网站：

- 内在元数据描述数据文件的技术本质的事实。它涵盖了如文件大小、图形的分辨率、文件类型等。
- 管理元数据涉及如何处理内容。它可能包括作者细节、初始日期、日期修订、安全问题等。
- 描述性元数据突出了事物的各个方面、分类方式等，因此它能够用于解释与其他项的联系。

元数据容易理解，而且搜索引擎确实使用元数据来定位和排列与输入的搜索项相关的页面。图 14-9 显示了 HTML 中如何指定一些元数据。

```
<!DOCTYPE HTML PUBLIC "-//W3C//DTD HTML 4.0
Transitional//EN">
<html>
<head>
        <meta http-equiv="content-type"
content="text/html;charset=iso-8859-1"  />
        <meta name="keywords" content="stock photography, stock
images, digital images, photos, pictures, advertising, gallery,
digital photography, images, sports photography, graphic design,
web design, content" />
        <meta name="copyright" content="All contents © copyright.
All rights reserved."  />
```

图 14-9　HTML 标签示例

例如，照片库中的每幅图下面都有一个描述，显示了图片如何分类。网站允许用户基于关键词优化搜索。例如，我可以要求在照片中出现更多的人物图像。第 15 章中会有更多的元数据和标签的内容。

4. 词汇

分类学是一种分类方法。不同的目标使用不同的类型。其中最著名的是 Dewey 十进制分类法，用于图书馆中的书籍分类。该层次结构可以把书分为 10 个大类，如：

> 000 计算机、信息和一般参考书
> 100 哲学和心理学
> 200 宗教

等等。每一种分类中可以用小数点增加更多的级别：005 是计算机，005.7 是信息架构等。当然，所有的方案都没有日期，宗教在方案中占据的空间和计算机一样多，这可能很奇怪。在大学的图书馆中的架子上有几行是用于 005 的分类，但只有一行的一部分用于 200。

设计分类的一个问题是不同的人会用不同的概念去组织事物。另一个问题是人们用不同的词和术语表示相同的事物。例如，同义词和同音词；意思上的细微变化，通常很难找到一个实例的分类位置。同义词词典是一本同义词和词语之间的语义关系的书。同样的，信息架构中通常需要定义词典，帮助人们寻找他们要找的内容。Rosenfeld 和 Morville（2002）建议的结构如图 14-10 所示。

354

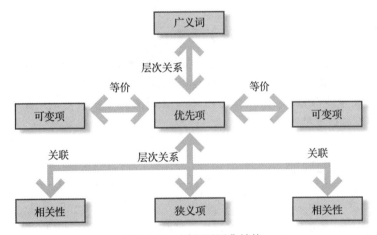

图 14-10　同义词词典结构

（来源：Rosenfeld 和 Morville，2002，p.187）

优先项处于整个组织结构的中心。它需要仔细选择以便于识别，让使用该网站的人能够识别和记住它。通常这些项由管理员选择，并且能够体现管理员的观点。大学的网站中有"便利服务"的标题，而不是"餐饮服务"，而图书馆现在是"学习信息服务"。不同的国家使用不同的语言。优先项用于链接各种项。这些都是人们可能会使用的同义词，或者遵循搜索引擎的输入。狭义词描述了项的子类型（有时称为兄弟姐妹），这些都与相关的其他项（有时称为表兄弟）相关。层次向上指的是更为广义的概念。

明确所有这些关系是一个漫长的过程，但是对信息架构师来说却很重要。这种结构用于向网页使用者和网站管理员解释网页的概念结构。它用于页面的显示，同时也会作为导航系统的一部分，以帮助人们搜索内容。这种方案也有助于提供类似于购物网站中的"建议"

功能。该方案通常用于向人们提供分类信息、导航栏或"面包屑"——显示你在网站的位置。接着在导航中讨论一下这种方案，可以看看这一方案是如何用在雅虎网站上的（如图 14-11 所示），注意观察当你在雅虎上搜索 cheese 时返回的不同类别。

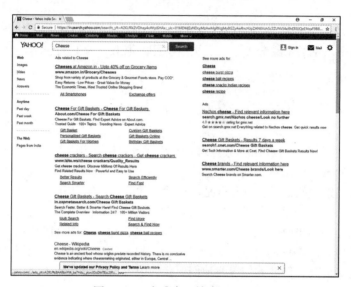

图 14-11　在雅虎上搜索 cheese

14.4　应用程序和网站的导航设计

导航机制的设计是信息架构的第二个主要支柱。Brinck 等人（2002）为导航定义了 7 种类型（见框 14-5），从无所不知的用户（"他们受益于短而有效的路径"）到死记硬背（"使用区别明显的标记和定位信号"）。Morville 和 Rosenfeld 提出了一个好的网站导航设计有三个主要特点：标签、导航支持和搜索机制。

框 14-5　人们如何导航

无所不知：用户有最完美的知识，不犯错误——提供短而有效的路径。

最优的合理性：用户的推理是完美的，但导致他们只了解自己看到的内容——确保链接为其内容提供充分的线索。

满意度：用户避免记忆、计划，并在显而易见的内容上下决定——组织网页，使最重要的内容和链接能让用户立刻看到。

心智图：用户积极使用有效线索，试图推断网站结构——组织简单的网页，以便用户能很容易地将网站进行概念化。可以通过设计导航栏和网站地图来辅助用户判断网页结构。

死记硬背：当用户找到一个工作路径时，他们倾向于记住并重复它——提供最明显的解决方式，并使用不同的标志和方向线索帮助用户识别他们之前所处的位置。

信息寻找：用户希望在一处获得尽可能多的信息——通过提供脚本、结构和相关话题使自然发现成为可能。

信息成本：用户用有限的知识和推理能力——最小化感知、决策、回忆和规划的精神成本。

来源：Brinck 等（2002），pp.126～127。

标签

标签通常用于内外链接、标题、副标题、主题及其相关区域。不是所有的标签都是文本形式，并且如果能保证语境和设计非常清晰，图形标签也会十分有用。良好的、一致的、相关性强的标签是信息架构的决定性部分。信息架构师必须统一一个清晰、明确的网站专用词汇库。

没有什么事情比网站乱改自己使用的词语更令人困惑的了。例如，一分钟前称为"产品"，下一分钟又把同一个事物称为"项目"。在主要页面、网页名称和链接名称的搜索机制里，应该用同样的标签显示。图 14-12 显示了 Web Pages That Suck 网站的首页。这是一个充满各种糟糕设计的网站合辑。我发现要在这些网站中找到想要的东西非常困难，因为标签太不统一了。

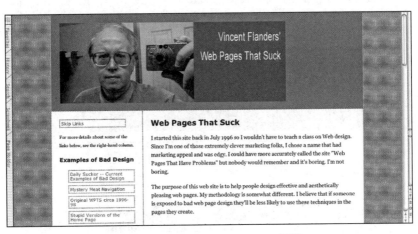

图 14-12　Web Pages That Suck 网站

（来源：www.webpagesthatsuck.com）

1. 导航支持

当然，许多网站会有意地放置一些标志和标签以支持导航功能。通常在网页顶部有一个大大的导航栏，用来显示这个网站主要的分类，这通常称为全局导航栏。在每一个导航模块中将会有一些子模块，当主要分类被选中时，它们可能会在网页的左边展开，或在该分类的底下展开，这些被称为局部导航。一个好的设计方式会保证每个页面的全局顶层导航栏一致，使人们能轻松跳转到首页、"常见问题"页面，或其他主要分类中的某个。

任何网站都要具备的一个必要导航特征是：提供一个"你在这里"的标志。这通常由描述用户所在位置的结构来展示。还有其他如索引和词汇表，都有助于人们准确找到他们要找的东西。必要时也要提供网站地图，网站地图用于显示多种类型的结构和内容标题。图 14-13 显示了一个大学网站用到的一些不同类型的导航。

全局导航将在整个网页的顶部都显示选项卡。单击时，导航栏弹出（从右手边拉出）。在图 14-13 中，你能看到"面包屑（breadcrumbs）"的显示（面包屑来源于 Hansel 和 Gretel 的故事，他们进入森林的时候丢弃了一串面包屑，所以最后找到了回去的路）。面包屑是一种常见的展示用户当前位置的方式。在图 14-13 中，面包屑告诉我们，我们在教员职工栏目下计算机学院的研究页面。

使用局部和全局的导航栏来支持网站的导航系统，是十分必要的。站点地图和一些对于用户位置的良好反馈也都是非常有帮助的。还有一种方案是提供一个清晰的、能够清楚解释

357

网站某个内容的路径。当用户为了完成一项任务，这将使得一些活动或网页被顺序访问时，这种方案是非常重要的。例如出现一个网站"小助手"，指引用户并解释每一个模块的作用。通常由简单的一系列页面呈现，比如当买票或订机票时（如图 14-14 所示）。

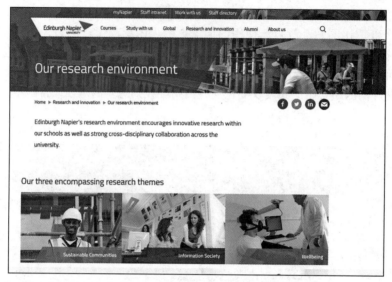

图 14-13　爱丁堡纳皮尔大学计算机学院网站的屏幕截图

（来源：www.napier.ac.uk）

图 14-14　通过网站的一部分的路径

（来源：www.easyjet.co.uk）

框 14-6　信息觅食理论

来自 Xerox PARC 的 Peter Pirolli 基于进化理论（Pirolli，2003）提出了自己的信息觅

食理论。他将人类视为"觅食者"，他们急切地寻求信息，这和搜寻食物一样。信息觅食者的理解和认知机制是从食物里寻求适应性进化而来的。人们使用外界最接近的线索来帮助他们搜索信息："信息嗅觉"。他们追求"信息寻求"这一机制的最大效率，在单位时间内得到更多的有用信息。

2. 搜索

作为一个信息空间，网页的显著特征是许多网站都支持搜索功能。搜索引擎可以直接购买，好的搜索引擎相当昂贵，但也非常高效。首选词汇（14.3 节）构成搜索词的基础，定义的同义词也能用于构成搜索词，帮助人们改善搜索结果。 [358]

关于网站搜索功能，有两个主要的问题。第一个是明确搜索引擎搜索的是什么类型的文档。第二个是如何呈现组合的搜索条件。网站常见的错误是没有显示搜索包含了哪些项目。搜索的是不同文档内部的内容，或只是搜索网页自身内容？它包含 PDF 文件还是 Word 文件？在后一种情况下，是检索整体内容还是仅仅检索一些标签关键字？网站应该指明搜索的是什么并提供选项，以便于搜索不同类型的内容。

如何准确表达搜索，是另一个关键问题。在自然语言中，如果我说我对猫和狗感兴趣，我通常是指我感兴趣的是猫或狗，或者同时对猫和狗感兴趣。而在搜索引擎中，语言"猫和狗"就只意味着"同时对猫和狗感兴趣"。这是因为搜索引擎的逻辑是基于布尔逻辑的，所以如果要找关于猫或狗的信息，就需要输入"猫或狗"。图 14-15 展示了搜索引擎谷歌。注意它是如何利用一个可控的词汇表提供一些选择以替换用户可能输错的词汇。 [359]

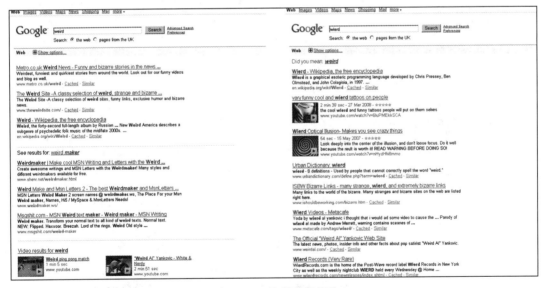

图 14-15　搜索引擎谷歌

（来源：www.google.com。Google™ 是 Google 公司的商标，经 Google 公司许可后可以使用）

14.5　案例研究：设计罗伯特·路易斯·史蒂文森网站

2008 年，我们参与到为作家罗伯特·路易斯·史蒂文森（Robert Louis Stevenson）开发纪念网站的工作中。史蒂文森的代表作有 *Treasure Island*、*Kidnapped* 和 *The Strange Case of*

Doctor Jeykyll and Mr Hyde 等，他总共发表了 36 部作品，包括小说、短篇故事、旅游日记和诗集。他是苏格兰重要的文学巨匠之一。现在仅存的一个关于史蒂文森的网站虽然内容丰富，但是却没有进行很好的组织，这个网站主要由研究史蒂文森的学者以及爱好者维护。

　　在本案例研究中，我们将查看过去十年中该网站的建设流程和最终产品。项目主管（PL）从苏格兰卡耐基信托获得了资金投入来发展一个记录史蒂文森生平和作品的综合性网站。通过这笔资助，她聘请了一名兼职助理研究员（RA），一名网站开发者（WD），并请到了 David Benyon 担任项目顾问（DB）。该项目从 2008 年 12 月正式开始。

　　项目组的第一次会议议程以互相认识为主，了解项目组的成员都担任哪些角色。最终 PL 必须在现有资金支持下交付网站，并使该网站成为同类网站（文学网站）中最优秀的。网站应该包含适合它所服务的研究团体的材料，包括 *Journal of Stevenson Studies* 和关于史蒂文森作品的学术论文，并集成为适于学生、教师和小学生使用的综合性档案。除此之外，网站还要包括史蒂文森的生平档案，如照片、他去过的地方等其他的综合档案。

[360] 　　RA 调研了现有的网站，并和 PL 达成一致意见，将所有材料转移到新网站，现有网站的所有者 RD 将作为团队的顾问发挥作用，并在意大利工作。RA 对已有网站做了调研报告，在一封给团队的电子邮件中她评论道：

> 　　附件附上了关于 Dury 的网站的材料，在其中我会讨论一些这个网站存在的问题。网站中很多信息是多余的，比如令人困惑的标题和冗长而不实用的电子表单页。有些信息本身非常详细而有用，但是在我们开发的网站上对其的展示方式可能会截然不同。如果有人有能够让列表（占据大量材料空间）变得更友好和更方便的建议，那就太好了！无论如何，我认为让每个人都看看我们整理过的材料是很有帮助的。

现有网站首页显示在图 14-16 中。

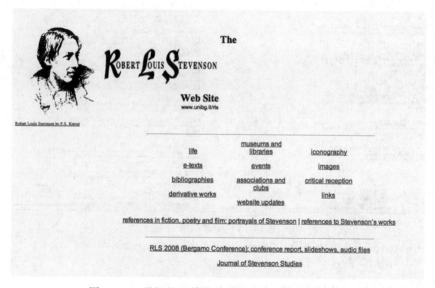

图 14-16　最初的罗伯特·路易斯·史蒂文森网站

　　大家一致同意，Dury 的网站在经历了多年的发展后，目前虽然拥有非常好的资源，但在内容组织上确实有些混乱。WD 非常急切地希望这个项目首先能够为网站确定一个合适的 URL 和域名，而团队希望通过头脑风暴产生尽可能多的提议。史蒂文森常被称为 RLS，所以 www.RLS.org 和 www.RLS.com 是最佳选择。其他选择有 Robert-Louis-Stevenson.org、Robert_Louis_Stevenson.org、RobertLouisStevenson.org、Stevenson.com 等。团队成员一致认为应该对外征集一些可能的域名。同时，我们发现 RLS.org 和 RLS.com 已经被某个致力于帮助抖腿综合征患者的组织注册。

由于网站需要兼容不同的访问者，DB 认为尽早构建角色模型是非常重要的，这有利于敲定正确的信息架构。团队开始讨论信息架构是什么，以及它的重要性。WD 说他将用 Joomla 的开发环境来实现，因为他对这种环境很熟悉，它很灵活也很适合目前的网站建设。我们还讨论了网站将在哪设立服务器，以及可能的预算，还有对大学和项目资助者有何影响。除此之外，还初步讨论了什么是最优先的架构。

在接下来的三周时间里，整个团队通过电子邮件进行了大量的讨论。WD 和 RA 经常见面，PL 和 RA 也经常见面。RA 还花费大量时间接触了项目中的其他潜在利益相关者。例如，爱丁堡的作家博物馆收集了 RLS 的资料，国家图书馆也提供了咨询，同时还有一个史蒂文森的全球学者网站。在这期间，媒体进行了一定程度的报道，并在世界各地传播开来，借此联系了史蒂文森博物馆、感兴趣的团体以及由此产生的利益相关者。

下一个正式会议召开于 2009 年 1 月。RA 提供了用户角色的初始列表，总共有 9 类：学者、博士生、本科生、中学生、小学生、教师、一般兴趣人士、对苏格兰感兴趣的游客和博物馆馆长。因为这是为全世界用户提供 RLS 相关资源的网站，所以用户可能来自世界各地。RA 承认其中的一些人物角色有重叠，但这是一个好的开始。RA 同时阐述了一些角色的用户画像和浏览网站的大体目标。

下面将说明学者和游客两个角色。

1. 学者

Violet Twinnings 博士在加拿大蒙特利尔的麦吉尔大学任英国文学讲师（如图 14-17 所示）。她专门研究维多利亚时代后期，最近对研究 RLS 产生了兴趣。她希望参加一些相关的会议，并对这个主题写了一些文章，最终将其编纂为一本研究专著。她还教授一门课程"英国文学 1880 ～ 1930：从维多利亚主义到现代主义"，并计划在教学大纲里加入关于史蒂文森的内容。她将使用网站寻找下列信息：

图 14-17　Violet Twinnings
（来源：Katerine Andriotis Photography, LLC/Alamy Images）

- 出版细节：作品日期、版本号。
- 参考书目来源：有用的关键作品列表、最近的文章。
- 全文：能够根据特定材料搜索全文（找到某段文章从哪里来、核对引用、找相关主题）。
- 教本科生：将全文链接发送给学生，然后学生能够从教学大纲中获得额外的进阶阅读材料（比如"Edinburgh：Picturesque Notes"），同时也使学生了解史蒂文森的背景。
- 存储：保存各种用于研究目的的史蒂文森材料的地方。
- 会议：关于史蒂文森的事件和会议列表，在这些事件和会议中人们可能会展示成果和参加会议。

2. 国际访问者

Sayan Mitra 来自印度（如图 14-18 所示），是史蒂文森作品的狂热爱好者，他热衷于跟随史蒂文森的足迹旅行。他将使用网站做以下事情：

- 追随史蒂文森的足迹旅行，访问他的家和处所，尤其是查找地图、目的地和行程。
- 找到关于史蒂文森博物馆的信息：位置、开放时间和门票价格。

在项目的这个阶段，团队致力于确定最终的设计、结构和网站导航。RA 发放了一个文档以阐述网站规划，之后团队进行了讨论并做出了合理的改动。通过情绪板团队讨论了想用于建立个性网站的各种颜色，并详细地讨论了建立个性化的整体概念。网站应该是权威的、吸引人的、自信的。WD 也交流了关于情绪板与配色的想法，并且向团队其他成员介绍一些可以看到彩色调色板的网站。团队在 1 月 28 日、2 月 13 日和 3 月 6 日再次开会，并通过电子邮件保持联系。WD 和 RA 每周都见面，PL 和 RA 也是每周都见面。

图 14-18　Sayan Mitra
（来源：John Cooper/Alamy Images）

[362]

在这期间，团队有很多争论，其中最大的一个是关于信息架构。关于作者的传记部分是否改名为"生平"、作品按照时间还是主题名字排序等，整个团队展开了广泛的讨论。他们调研了不同的用户角色，发现很了解史蒂文森的人更喜欢通过标题查找，但不了解的人根据日期查找作品会更为方便一些。

框 14-7　网页分析

网页分析是指数据的收集和分析，涉及网站访问次数、哪些人访问和他们在访问时做了什么。获取访问网站的数据相对简单（通过查看 IP 地址），也很容易追踪他们在网页上点击的内容（或者至少是他们访问的网页及所跟踪的链接）。通过这些，网页设计师可以获得对设计问题的有用见解，比如导航问题、网页中没有被访问的部分等。

例如，我们对一个看起来还不错的网站进行分析。它每周有 48 000 个访问者，平均每个访问者查看 2.5 个页面。然而，网页分析显示有 66% 的"跳出率"，意思是 66% 的访问者刚来到网站就立即离开了。所以，这个网站每周实际只有 14 000 个访问者。好消息是：这些人在网站中平均访问 7.5 个页面。然而在网站的平均时间只是刚刚超过 1 秒而已！所以即使该统计受到那些立即去向别处的访问者的影响，人们也没有在这里花费很长的时间。该网站并不"留存用户"。

最有名的分析软件应该是谷歌分析。它能够提供广泛多样的统计工具来帮助网页设计者了解这个网站发生了什么。当然，解释这些统计数据通常是最难的。

[363]

关于采用滚动网页还是更多点击，团队内也进行了长时间的讨论。WD 设计的第一个版本为"Works>Novels"，网页如图 14-19 所示。设计很好地展示了书籍封面的视觉图像，这种设计为网站中的只有少量内容的部分展示效果很好（例如短篇故事和诗歌）。然而，小说采用这种设计会导致网页过长，因为要容纳 13 篇小说。WD 尝试各种设计来将所有小说放

置在同一页面上。遗憾的是，这些设计使书籍封面看起来非常平庸。他试着使用更大的图像和其他布局，所有这些都是通过电子邮件和团队进行的讨论。最终，他还是妥协了，如图 14-20 所示。这些展示让设计师意识到页面需要滚动，同时图像需要大到足以给人留下印象，对于要容纳的 13 篇小说来说，布局也适应了审美需求。

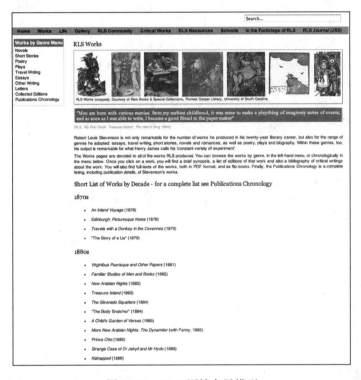

图 14-19 RLS 原始布局模型

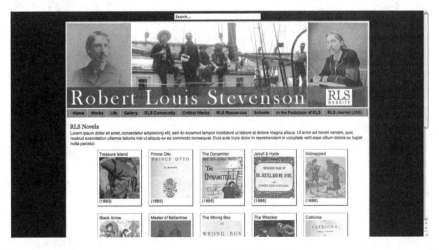

图 14-20 小说部分的首页

到 3 月底，项目出现重大进展：

- 团队将网站命名为 RLS 网站。
- WD 设计了网站 LOGO，其能够被轻松辨认，并且增强网站在线上和线下的存在感。

- WD 为网站取了标题——团队同时也要做一个打印版本来展示和参加会议等。
- 团队决定了颜色方案——大部分用维多利亚时代柔和的颜色（暗红色、深棕色），也有一些蓝色和紫色。
- 团队决定每一部分都从 RLS 中引用与栏目内容有关的文字。
- WD 已开始设计网站的导航，并已经上传设计稿，所以网站已经初具规模。

团队建立了栏目的第一级导航，如下所示：

Home	Gallery	Schools
Works	Community	In the Footsteps of RLS
Life	Resources	Journal

图 14-20 展示了颜色和标题的讨论结果。RA 花费大量时间从多种照片中选择出了一个给人正确感觉的标题。由于 RLS 写了一些与海洋有关的书，中央的航海图片就作为一个关键点。两边的 RLS 图片分别是年轻的和壮年的史蒂文森，目光均朝向网站内侧。颜色方案很好地贯穿于整个网站。同时可以看到 RLS 网页 LOGO。

注意在图 14-20 中，相比于初始列表，一级分类标题是如何变化的。通过构建原型设计，并使用用户角色模型建议的各种非正式脚本进行走查，我们认识到像 Resources 和 Community 这样的标题过于平庸。

RA 和 PL 进行了一些非正式的卡片分类，确保二级导航明确属于某一个一级分类。DB 讨论了在可能的情况下使用"三次点击"，这样网站访问者至少能够在"三次点击"后到达他们要去的任何地方。这使一些栏目很难设计。在图 14-21 中，我们看到" In the Footsteps of RLS"部分指引人们到与史蒂文森关系密切的地方。在此，WD 提出了双列设计，确保了所有位置都能放在一个页面上。图 14-21 也阐述了被包含在每个一级栏目页面内的引用语的使用情况。

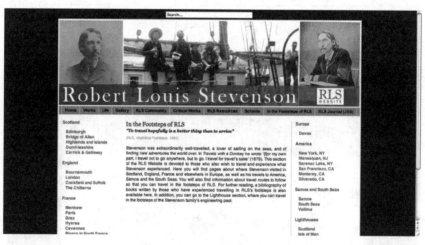

图 14-21　RLS 的足迹部分

在这期间，RA 忙于联系和寻找网站材料。她设法获得了一套完整的 RLS 小说并同意 RLS 网站可以访问它们。她在爱丁堡作家博物馆的档案中发现了上百张前所未见的史蒂文森的照片，并试图完成以下任务：

- 联系爱丁堡大学的特别收藏部门，讨论为史蒂文森制作数字化图像的可能。
- 获得耶鲁大学 Beinecke 图书馆中史蒂文森的 Bournemouth/Swearingen 图像的使用许可。

- 获得南卡罗来纳州大学展出的史蒂文森的图片的使用许可（主要是史蒂文森作品早期版本的图片）。
- 获得 Silverado 博物馆的内外部图像。
- 获得蒙特雷的史蒂文森国家历史纪念碑的外部图片。
- 获得萨拉纳克湖（Saranac Lake）边小屋的外部图片。

框 14-8　网站评估

一旦网页启动并运行，有很多种方法可以对其进行评估。“谷歌分析”等软件提供的信息能帮助设计师监控什么人访问了网站、什么时候访问了网站、在网站上访问了多长时间。测量网站某个位置的点击数是另一个可用性强的好方法。点击距离（click distance）能够衡量导航的难度。

许多公司（如谷歌、微软）使用 A-B 测试方法。在这种方法中会使用一个新的网页设计，用户被随机分配到旧版（A）或新版（B）。可通过测量点击距离、完成任务的时间和用户调查（如让用户点击星级评价）来比较两个设计的好坏。然而应该注意，前提是需要设计出没有混淆变量且能很好进行控制的实验，第 10 章对此有所描述。

在 4 月份，主要的目标是开发网站和撰写网站内容。一位加拿大的同事具有丰富的撰写网页内容的经验，并可以为如何撰写网页提供有价值的建议。计划网站的上线时间也很重要。在 6 月份，网页已经为测试做好准备，同时邀请全世界的史蒂文森学者评论网站设计和网站内容。同时团队在 Survey Monkey 上开展了一个在线调查。该调查基于第 5 章提出的设计准则，应用于 RLS 网站中特定的设计问题（问题如图 14-22 所示，将这些问题与第 5 章的准则相比较）。RA 为每个用户角色开发了一个样例脚本，并发送给 RLS 社区的成员，邀请他们来浏览网站，从不同的角度看网站，然后将评论反馈给 RA。 366

	Strongly Agree	Agree	Neutral	Disagree	Strongly Disagree	N/A	Rating Average	Response Count
I found it easy to see what information was available on the site.	68.4% (13)	31.6% (6)	0.0% (0)	0.0% (0)	0.0% (0)	0.0% (0)	1.32	19
I thought the design of the site was consistent in style and layout.	70.0% (14)	30.0% (6)	0.0% (0)	0.0% (0)	0.0% (0)	0.0% (0)	1.30	20
The site used language that I was familiar with.	68.4% (13)	31.6% (6)	0.0% (0)	0.0% (0)	0.0% (0)	0.0% (0)	1.32	19
The site used design features that I was familiar with.	70.0% (14)	25.0% (5)	5.0% (1)	0.0% (0)	0.0% (0)	0.0% (0)	1.35	20
The design made it clear what I could do at any time.	45.0% (9)	45.0% (9)	5.0% (1)	5.0% (1)	0.0% (0)	0.0% (0)	1.70	20
The design helped me to decide what to do at any time.	36.8% (7)	47.4% (9)	10.5% (2)	5.3% (1)	0.0% (0)	0.0% (0)	1.84	19
The navigation features were clear and helpful.	52.6% (10)	36.8% (7)	5.3% (1)	5.3% (1)	0.0% (0)	0.0% (0)	1.63	19
The main categories made sense to me.	68.4% (13)	26.3% (5)	5.3% (1)	0.0% (0)	0.0% (0)	0.0% (0)	1.37	19
The items on the menus made sense to me.	57.9% (11)	36.8% (7)	5.3% (1)	0.0% (0)	0.0% (0)	0.0% (0)	1.47	19
I felt in control when using the site.	36.8% (7)	52.6% (10)	5.3% (1)	5.3% (1)	0.0% (0)	0.0% (0)	1.79	19
I felt rather lost when using the site.	0.0% (0)	5.3% (1)	5.3% (1)	31.6% (6)	52.6% (10)	5.3% (1)	4.29	19
There was clear feedback given.	16.7% (3)	16.7% (3)	38.9% (7)	0.0% (0)	0.0% (0)	27.8% (5)	2.31	18
I always knew what effect my actions had on the site.	26.3% (5)	21.1% (4)	42.1% (8)	0.0% (0)	0.0% (0)	10.5% (2)	2.18	19
When I made a mistake I found it easy to recover and find my way back.	47.4% (9)	31.6% (6)	15.8% (3)	0.0% (0)	0.0% (0)	5.3% (1)	1.67	19
I always knew what I could not do when using the site.	33.3% (6)	11.1% (2)	27.8% (5)	16.7% (3)	0.0% (0)	11.1% (2)	2.31	18
The site provided a flexible design, allowing different ways of doing things.	52.9% (9)	23.5% (4)	23.5% (4)	0.0% (0)	0.0% (0)	0.0% (0)	1.71	17
The site was stylish.	73.7% (14)	21.1% (4)	5.3% (1)	0.0% (0)	0.0% (0)	0.0% (0)	1.32	19
The site was aesthetic.	63.2% (12)	31.6% (6)	5.3% (1)	0.0% (0)	0.0% (0)	0.0% (0)	1.42	19
The overall design was pleasant to use.	68.4% (13)	26.3% (5)	5.3% (1)	0.0% (0)	0.0% (0)	0.0% (0)	1.37	19
The site made me want to use it again.	73.7% (14)	26.3% (5)	0.0% (0)	0.0% (0)	0.0% (0)	0.0% (0)	1.26	19
I would go to this site first to find information about RLS.	57.9% (11)	26.3% (5)	15.8% (3)	0.0% (0)	0.0% (0)	0.0% (0)	1.58	19

图 14-22　问卷调查表

网站的整体印象普遍很好，但人们难免会对哪个更为重要有自己的看法，这就是我们构建那么多不同用户角色的原因。所以我们作为设计团队应记住，有许多不同类型的人访问网站，而不能拘泥于一两个特定群体的需求。用户角色的力量很好地展现在一个反馈者身上，她声称她在使用样本 7 时很难找到想要的信息，但是在使用样本 8 时就很容易找到。这表明制定用户信息需求的方式对导航结构的设计来说是多么重要。

其他评论是建议使内容在网页上更加"友好"，即精简、紧凑、模块化和强调关键字。相似的反馈提出：在 15 英寸的显示屏上看页面的水平滚动条时，该滚动条显得头重脚轻，因而这位用户被迫做了大量不必要的滚动。

当然，通常来说，想要解释这类数据是很困难的，比如一些人倾向于"同意"，而另一些人则是"非常同意"，而且很难从仅有的 18 份反馈中梳理出太多细节。然而，用户对前 4 个问题的支持是很明显的，对于接下来 5 个问题则不太明确。关于控件的问题仅仅有超过 50% 的人是"同意"而不是"非常同意"。负面问题"当使用网站时，我很迷失"有了积极的成果，有助于确认人们在填写调查问卷时投入了大量注意力！

挑战 14-3

通过调查问卷的结果，写出你对调查结果的解释。当需要做出改变的时候，你关注的是什么？

---

[367]

根据这次调查评估，在网站设计上做出了一些关键的改变。团队同意继续采用一种特定的排版风格来撰写内容，就像我们一致同意应使用一种颜色方案，以及保证网站"个性化"。团队同意对余下工作进行优先级排序以确保网站能兼容所有网站访问者。RA 可以开发作者传记部分、足迹部分和具有一致排版风格的情节梗概。WD 致力于完善图片库功能，把所有图片标注上事件、地点、人物、关系和年份。共有 300 张图片要上传和标记，这些都是为网站做好准备。RA 也将关注网站社区部分，确保人们可以评论、反馈纠错，并更广泛地参与到社区活动之中。网站于 11 月 13 日正式上线，这也是史蒂文森的诞辰纪念日。

重新设计

到 2015 年，很明显，这个网站的最初的设计看上去相当陈旧且过时。自初始网站开发以来的几年里，移动计算已经腾飞，而网站在智能手机和平板电脑显示器上表现不佳。用于原始网站的安全系统也已过时，因此该网站遭到攻击——实际上是因为人们可以这么做，而不是出于恶意。因此，我们决定重新设计并重新建设该网站。

重建网站的主要目标是通过为已建立的网站提供现代外观和感觉来改善整体的用户体验。因此，关键的挑战是保持原始网站的庄严和维多利亚时代的感觉，并以现代的视觉方式呈现它。调色板是重要的影响因素，这也决定了网站的外观和感觉。设计师选择了一种特殊的棕色和紫色色调，赋予网站历史感和维多利亚时代的感觉，而其他颜色则提供了更加生动和引人注目的感觉，以区分 RLS 网站的各个部分（如图 14-23 所示）。网站的每个部分都有

[368] 自己的颜色，以进行区别与个性化，这也是设计的核心所在。

有关网站信息架构也有重要讨论。为使其能响应不同设备，必须重新确认网站类别的数量。此外，还需改善搜索功能，这涉及向网站中的许多文本和图像添加新的元数据。该网站也做到了自适应，菜单自动从顶层变为熟悉的三线菜单图标，文本布局自动调整以适应较小的屏幕（如图 14-24 所示）。

图 14-23 RLS 网站的自适应重新设计

图 14-24 RLS 网站在移动设备上的展示

总结和要点

本章研究了应用程序和网站的设计，虽然两者之间存在差异，但设计过程是类似的。第19章讨论了在移动设备设计的特点。就像所有交互式系统的设计一样，应用程序和网站的设计需要理解、展示、设计和评估，还要对系统目标有清晰的了解。

- 网站设计需要遵循合理的设计原则，包括构建用户角色、测试脚本、明确概念模型和设计语言。
- 信息架构涉及对信息结构的理解和对网站或应用程序内容的组织，这是概念模型的基础。
- 导航关乎用户如何在网站或应用程序中前进，他们如何知道网站上有什么，以及这些东西在哪里。
- 案例研究阐述了网站设计项目的多个方面，但也表明在网站设计之外还有许多需要注意的地方。

练习

1. 没有比评估其他网站更好的改善网站设计的方式。访问一个网站，比如你的大学网站，或者你喜欢的网店，或者航空公司的网站。对网站进行结构化评估，主要关注组织方案的使用、导航栏和网站整体外观。构建一些典型的网站访问者用户角色，并检查一些他们可能经历的脚本。该网站有多么简单而有效呢？

2. 在 www.webbyawards.com 网站上看看那些获得了 Webby 奖的网站，思考网站的不同类别和对应的不同需求。

3. 选择特定类型的应用程序，并在 Apple App Store 或 Google Play 评估几个不同的应用程序，再次专注于设计语言、导航和信息架构。

深入阅读

Garrett, J.J. (2011) *The Elements of User Experience.* New Riders, Indianapolis, IN. 一本非常易懂的小册子，作者将许多好的建议进行组合。他虽然没有从细节上深入信息架构，但是非常好地概括了网页设计的基本要点。

Wodtke, C. (2003) *Information Architecture: Blueprints for the Web*. New Riders, Indianapolis, IN. 一本具有很强阅读性和实用性的关于网站信息架构的书。由C. Wodtke和A. Govella（2009）修订的第2版已经出版。

高阶阅读

关于信息架构的讨论和文章: **www.boxesandarrows.com**

Brinck, T., Gergle, D. and Wood, S.D. (2002) *Designing Websites that Work: Usability for the Web.* Morgan Kaufmann, San Francisco, CA. 一本用于一般网页设计的优秀书籍。

Rosenfeld, L. and Morville, P. (2002) *Information Architecture for the World Wide Web.* O'Reilly, Sebastopol, CA. 一本比Wodtke的书更全面的书，但对普通读者不容易理解。它在同义词词表方面解释了更多内容，但有时细节难以理解。由Morville,P.和Rosenfeld, L.（2006）编写的新版已经出版。

369
〜
370

网站链接

有关网站设计的优秀网站：http://blogjjg.net/。

也可见 www.boxesandarrows.com/ 和 www.uie.com/articles/。

挑战点评

挑战 14-1

主导航栏位于屏幕底部，我们可以看到搜索按钮、消息、探索和我的苏格兰探索。该应用程序的其他部分由设计您的旅程、特色点和高级搜索的链接指出。推测这是否为一个可靠的设计是有趣的，因为应用程序的部分未在此结构中指出。应该对应用程序设计进行详细评估，以了解人们是否可以在整个应用程序中找到自己想要的东西。

挑战 14-2

不同的音乐风格通常按不同的方式对音乐分类。所以，音乐分类的一种方式是按流派（摇滚、古典、专辑等）。按艺术家分类是另一种常见的方式，可能有"节日""现场"和其他类别（如男子乐队、女子乐队和原声等）。

挑战 14-3

重要的是要注意重新设计可以产生最大影响的地方，导航是其中的一个重要区域，在每个较低级别的页面上提供返回主页的清晰路径是非常有意义的。

社 交 媒 体

目标

21 世纪，连接人与人之间的技术应用呈爆发态势增长。社交网络（例如 Facebook 和 Google+）每天被成千上万人使用，以便交换照片、玩游戏，或者保持与朋友的联系。eBay 或 Trip Advisor 等其他网站收集人们的评论和建议，为酒店、度假村或 eBay 交易员提供一个质量排名。其他在线网站和平台，如 YouTube 和 Instagram，已经从最初的托管视频或图片的角色演变为允许人们贡献内容、与他人联系以及跨网站和设备共享的网站。这些被设计用来支持这些活动以及其他相关活动的系统称为社交媒体。

本章对社交媒体的兴起和许多这类系统特有的设计特征进行解释。社交媒体是一种有趣的现象，这些系统最初起源于社交，但是却变得对企业越来越重要。一个系统，比如 Twitter 早前更多的是关于琐事的私人聊天，但是现在，应急服务机构、政界人士和商业组织都将其作为他们整体商业战略的重要组成部分。

在学习完本章之后，你应：

- 理解社交媒体的历史。
- 理解组成社交媒体的主要系统类型的背景。
- 理解网络技术的未来发展。

[372]

15.1 引言

社交媒体是指当前可用的大量软件，允许人们彼此共享内容。这样一个简单的定义隐藏了社交媒体对人们生活、工作和娱乐方式的巨大影响。它还通过使人们能够通过网络以及跨移动和可穿戴设备共享内容来隐藏各种活动。

社交媒体的主要特点是：

- 人们创建内容的能力，通常被称为用户生成内容（user-generated content，UGC）。
- 人们能够创建个人档案并将其提供给他人。
- 人们能够添加评论并表达他们对内容和服务的感受，通常会给予"星级"评价。
- 该软件能够根据某些标准（例如成为"朋友"或"熟人"）将人与其他人联系起来，从而形成社交网络。

社交媒体的热门示例包括：

（1）Facebook（拥有超过 15 亿用户），允许用户添加可供网络上的人们观看、玩游戏和实时更新的照片、视频和文本。

（2）Whatsapp（拥有 10 亿用户），允许发送文本和附加的照片和视频。

（3）Twitter（拥有 8.5 亿用户），可以发布简短评论。

（4）Instagram（拥有 4.5 亿用户），可以发布带有评论的照片和视频。

框15-1 网页的开端

众多周知，万维网始于 1989 年，当时 Tim Berners Lee 为瑞士 CERN 核研究中心提出了超文本文件管理系统的想法。1990 年，他在开发基于 Next 计算机和操作系统的第一个浏览器时创造了"万维网"一词（如图 15-1 所示）。超文本的概念已经存在了十年，并由一款名为"Hypercard"的苹果产品推广。Berners Lee 希望将其用于帮助管理他的大型文档集。

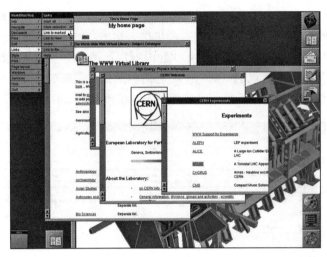

图 15-1　第一个网络浏览器

373

超文本的概念是通过文本中嵌入的链接从一段文本跳转到另一段文本。超媒体将这一想法扩展到任何媒体。这个概念在网络链接中非常熟悉，想象一个它不存在的世界似乎很奇怪，但当然只有通过电子存储文本的引入才能自动启用自动链接。在此之前，人们的最高期望也只不过是童年时期的冒险游戏书籍，当做出某些决定时，读者能跳到书的特定部分。超文本的概念通常可以追溯到 1945 年 Vannevar Bush 撰写的一篇论文，但这个想法在 20 世纪 60 年代才由 Ted Nelson 通过其著作 *Literary Machines*（1982）得到真正的推广。

图形化网络浏览器的出现立刻让普通人也可以利用网络定位、下载、浏览媒体。网络迅速蔓延，每年都有成千上万人加入，随着网络技术的爆发，购物、旅游、体育，任何事情都可以在网上完成。20 世纪 90 年代后期，各公司在股票市场上的大量交易抬升了价格。每个人都认为网络也会使他们变成百万富翁，但没有人知道应该如何去做。互联网时代和互联网逻辑取代了现实和常识。2001 年，网络市场崩溃。众所周知，互联网泡沫已经破裂。但这远不是网络技术的结束，而是开始。

原有网络技术的问题在于它主要是一个展示媒介。用于编写网页的语言基于一种标记语言，该语言描述了如何显示，以及如何从一个地方转移到另一个地方。当 Berners Lee 介绍超文本标记语言 HTML 时使用了一种比出版商的标准图形标记语言（SGML）（1986）更为精简的版本。21 世纪早期，软件开发使得网页更具有交互性，到 2004 年，显然一个新现象的变化足可以被命名。2004 年，O'Reilly 公司举办了首个 Web 2.0 会议，或者说是峰会。Tim O'Reilly 解释了 Web 2.0 与典型原始网络区别的基本原理。他认为 Web 2.0 会走向更开放的服务，它拥有应用程序接口（API），允许其他人使用服务。软件已不再是运行在计算机上的巨大程序，而成为需要时被访问的服务。Web 2.0 更注重参与而不是仅仅是展示；普通人通过无偿提供内容和个人的活动轨迹来提供价值。新的商业模式通过 Web 2.0 逐步形成，并继续下去。从 2004 年开始，虽然 web2 峰会（www.web2summit.com/web2011/）仍然在 2011年举行了，并且参会者中有些在该领域非常有影响力的人，但"社交媒体"一词仍逐渐代替 Web 2.0。这些会议的未来仍有待观察。成千上万的小规模应用程序、网络应用程序，如购物车、日历和订阅服务出现了，热情的消费者可以免费利用这些服务。因此，网页内容可以变得更动态、更有用。

2006 年，Jeff Howe 创造了名词"众包"来描述一大群人利用互联网解决某些问题的方式。维基百科（如图 15-2 所示）是包括内容的提供者和消费者（有时也称为"专业消费者"）在内的一些人一起工作最成功的案例之一。"数码照片"是另一个例子，数百万张照片覆盖了所有学科，这些都是免费提供的。另一个著名的例子是人们积极参与处理问题或一起开展调查等重大问题，如调查花园中的鸟和寻找外星人。这被称为"公民科学"。

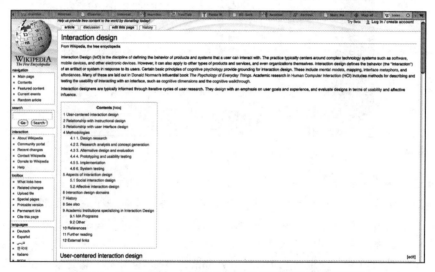

图 15-2　维基百科：人们既是信息提供者同时也是消费者

框 15-2　长尾理论

在 *The Long Tail: Why the Future of Business Is Selling Less of More*（2008）一书中，克里斯·安德森（Chris Anderson）讨论新的商业模式，人们出售大量的只有少数消费者需要的相对专业的项目，而不是出售大量的标准项目。互联网促进了企业对长尾理论的利用。例如，亚马逊可能仅能够出售几本无名的书，但进这些书仍是值得的。其他商业模型包括销售罕见音乐专辑或相对很少人需要的个性化数据。

社交媒体现在已经融入了人们的工作方式，任何互动媒体的设计者都不能忽视这样一个事实，即人们将利用社交媒体作为他们互动的一部分。此外，人们将利用不同的社交媒体应用、社交媒体渠道，用于不同的目的，从而产生社交媒体生态。随着不同群体占据不同的社交媒体渠道和渠道本身的演变，这种生态变化非常迅速。图 15-3 说明了社交媒体生态学。

（另见第 4 章的跨渠道用户体验。）

　　Zhao 等人（2016）讨论人们如何以不同的方式利用他们的社交媒体生态。例如，人们只会将他们最好的照片发布到 Facebook，因为他们不希望他们的朋友看到所有无趣的照片。人们将使用不同的电子邮件地址进行家庭和工作活动，以保持他们的身份分离。他们可能在不同的网站上使用不同的身份。例如，如果他们是体育迷聊天论坛的成员，他们可能不想使用与业务联系时相同的身份。人们可能会在 Tinder 等交友网站上使用不同的个人资料。

　　不同技术可实现不同的社交媒体特征。例如，Facebook 可以让你看到你的哪些朋友目前在线。在线朋友可以实时评论诸如播放视频的人或实时显示他们的跑步活动之类的活动。其他社交媒体利用来自智能手机的位置信息来实时显示哪些朋友或同事在身边，或者显示人们过去的位置。照片可以用位置标记。可以测量和汇总各种活动，以便自动提供声誉的总体评级。在学术界，Google Scholar 和 Researchgate.com 是根据用户的文章的下载次数、阅读次数以及引用次数来计算分数的两个渠道。Klout 是一种网络服务，可根据用户使用的社交媒体渠道数量、他们拥有的朋友和关注者数量以及整体网络的大小来计算某人的影响力。

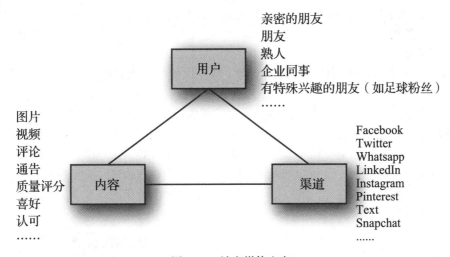

图 15-3　社交媒体生态

　　Zhao 等人（2016）还讨论了人们如何看待不同的社交媒体渠道，并思考内容如何渗透到他们的社交网络中。借鉴欧文·戈夫曼（Ervine Goffman）（1959）关于人们如何在现实生活中展现自己的作品，他们证明了人们在不断评估他们的社交网络生态并反思不同渠道的感知特征和规范。然而，人们对算法在不同情况下如何工作的理解可能充满了错误的"民间"解释（Eslami 等，2016）。（第 24 章会介绍许多社会交互的问题。）

挑战 15-1

　　你认为对于一个允许提供和获取信息的网站最重要的特征是什么？

15.2　背景知识

　　当然，社交媒体不是突然出现的，早在 20 世纪 90 年代已有一些社交媒体应用和相关研究项目的商业实例。计算机支持协同工作（CSCW，第 16 章）的所有领域都涉及协同、通信和对他人的感知。在此期间，所有工作都以"信息空间的个人和社交导航"为名。在这段时间里，我们自己的工作以"个人和社会信息空间导航"的名义进行。在他们书中的序言部分，Höök 等人（2003）用杂货店的实例阐述了所谓"社交导航"的思想：

> 从社交导航的观点考虑在线杂货店的设计。首先，假设店里来了一些人。与想象一个"静止"的空间信息不同，想象我们面前是一个热闹的地方，（在某些方面）用户能够看到其他消费者的动态，可以咨询或得到客服的指导，与杂货店的人员"谈话"。这些是直接社交导航的例子。我们也可以看到可能提供的信息指向，一个人可能会购买其他人都买的杂货。例如，如果我们想帮助过敏的用户找到适合他们的食品杂货和食谱，可以使用系统推荐；基于别人的喜好，将人们指引到系统认为合适的商品。有时，我们只是喜欢窥探别人的购物车，或只是选择最受欢迎的品牌产品。这些就是间接社交导航的例子。（Höök 等人，2003，第 5-6 页）

社交导航被看作是这样一整套的技术和设计，它使人们意识到其他人以及他人做了什么。例如，Facebook 和 LinkedIn 上的社会网络工作社区存在的主要目的是授权人们维持并建立与其他人的连接。其他的系统更多的是为了让人们意识到别人在做什么，更多地积累别人的可利用的知识。

早期工作的中心主题是抛弃"静止空间"信息以便把个人和社会问题提上议程。早期网络的特点是不断有大量可用信息出现。因此，很难找到网络中有什么以及自己感兴趣的东西。我们注意到，当我们和某人对话时，我们得到的通常是对应于我们需求个性化的信息，他们提供的信息可能会改变我们想要做的事或我们达到目标的方法，以及使我们意识到其他的可能性。例如，如果你需要到一个陌生的城市，你可能需要一张地图，或使用卫星导航系统，或者你可以问其他人。当你问某人时，你通常会得到一些故事、关于参观美好地方的附加信息、可供选择的路线等等。人们也可能会要求提供更多精确的细节等。这种个性化信息来自信息收集的社会元素。

人们可以判断给出的信息多大程度上是可信的，这取决于信息提供者的可信度。即使信息不可信，当人们知道它是从哪里来时，它仍然可能是有价值的。在信息空间中，如何利用人与人之间的通信也是信息架构经常被忽略的一个重要组成部分。然而，它可能导致人们对世界的看法变得狭隘；例如，在 2016 年的美国总统大选中就有关于人们获取"假新闻"的讨论，即把 Facebook 上的帖子当作声誉良好的新闻频道的替代品。

20 世纪 90 年代后期开发的一系列实验系统采用了其中的一些思想。GeoNotes（Persson 等，2003）是一个使用虚拟"便利贴"增强地理世界的系统。感谢 GPS 技术的发展，电子信息可以关联到特定的位置。当另一个人（具备适当技术装备）到达某地时，系统消息会提醒他或她。Persson 等指出，这些地理空间的附加信息可以追溯到洞穴壁画时代，现在的人们也在用涂鸦、便利贴和冰箱磁铁来标注地点。GeoNotes 提供了一个技术增强版，使人们能够与其他人接触（如图 15-4

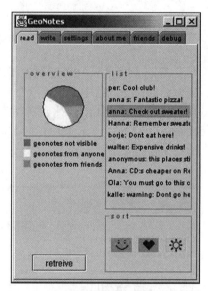

图 15-4　GeoNotes

（来源：www.sics.se/ ～ espinoza/docume-nts/GeoNotes_ubicomp_final.htm，图 2）

376

所示）。2008 年，一个 iPhone 应用程序出现，并执行了非常相似的功能。现在，有很多应用程序利用地理位置提供新的体验。

即便周围没有其他人提供帮助和建议，也有大量的系统可以过滤人们不感兴趣的信息，指引人们找到相关的东西（见例子，Konstan 和 Riedl，2003）。正如一家报纸编辑将新闻过滤成读者所喜欢的报纸形式，过滤系统的目标是为人们定制信息。（我们选择一份报纸或电视频道可能是因为我们喜欢它们过滤和呈现新闻的方式。）

基于内容的信息过滤按照一定的标准对信息进行扫描。基于统计分析，系统给出信息与消费者相关的可能性。通常关键字匹配技术被用于过滤信息。人们为系统提供偏好文件，其中包含系统应在文档中查找的关键字。例如，代理定期扫描新闻组中包含关键字的文档。这是为有趣的文章和社会媒体订阅提供过滤推荐服务的系统的基础（如图 15-5 所示）。（AI 算法用于提供此功能，第 17 章中有所讨论。）

图 15-5　基于关键词的过滤

377

挑战 15-2

注册 eBay 并浏览网站。决定要买的东西，然后点击买家和卖家链接。从中你能了解到关于人的什么信息？你认为这些证据可靠吗？你认为依靠买家和卖家提供的信息可以帮助你决定买什么和从谁那里买吗？以上步骤如何帮助建立信任？

推荐系统基于品味相同的其他人的喜好来为人们推荐信息。人们将系统连接到服务器，持续追踪每个人在做什么——他们读的文章，访问的网页和博客，他们观看的视频，等等——这些都存储在个人资料中。一旦个人资料相匹配，系统就创建相同品位的人群。最早的实例是 Movielens（如图 15-6 所示）。作为在线图书和媒体代理的亚马逊可能是成熟的推荐系统最好的实例。订阅亚马逊的人能够收到系统推荐给他们的图书，而推荐是基于那些之前买过的书和对书进行的评价。

亚马逊的推荐系统根据用户的购买习惯，他们可能评价、喜欢、浏览或购买的产品、购物车中的产品等预测用户的偏好。亚马逊以帮助用户发现他们可能找不到的商品而闻名。通过使用他们的浏览历史记录始终将这些产品保留在客户的眼中。它会从用户浏览过的几个类别中推荐各种产品，以帮助他们缩小选择范围。该系统可帮助用户更多地了解某些书籍，并通过评估这些书籍以及它们实际被从亚马逊网站购买的次数来帮助买家。

亚马逊专注于数据驱动营销，数据越多，系统运行越好，越准确。目的是将产品带到可能点击、探索或购买的用户面前。

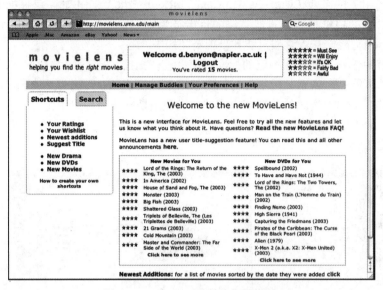

图 15-6　Movielens 对偏好的评价

（来源：http://movielens.umn.edu/login）

提供社会基础信息的另一个方法是提供一个标签，这样每当有人接收了一条新信息，他或她就能看到有相同兴趣的其他人如何评价该信息。有时这被称为社交搜索。人们可以标记由他人发现的项目，因此产生了社交标记系统，标记也能根据一些标准自动添加。某种评价信息必须由其他使用系统的人来完成，从而使系统可以创建和聚集个人资料。评价项目的人越多，系统就越能够精准地对人群进行分组。评价可以是显式的，也可以是隐式的。隐式评价如阅读一篇文章的时间；显式评价指让人们对信息资源打分。过滤需要某种输入，信息的显式评价不是那么简单的。我们如何判断某人的评价？显式评价信息对人们也是一种负担，因此有时他们不愿费心。另一个问题是人们可以使用假名来编写自己的评论。

这种评级系统的一个极好而有趣的例子是 eBay（如图 15-7 所示），这是一个在线拍卖网站。在这里，买家和卖家根据他们提供的服务质量进行评级。买家评价卖家和卖家评价买家。此外，还可以看到买家和卖家之间的交易。这使你能够对正与你交易的对象有一个大致了解。

许多社交媒体系统依靠复杂的算法来匹配人和内容，并推荐人们可能感兴趣的内容。特别是谷歌广告等广告公司，它们利用人工智能算法，根据用户最近查看的内容来定位广告。（第 17 章讨论了人工智能。）

富于历史的环境，或"readware"，是另一种技术。别人在过去已经完成的事情可以告诉我们如何导航信息空间。如果我们在森林中迷路后遇到踪迹，那么跟随踪迹是个好主意。同样，人们在信息空间中采用某种路径。通过让他人的活动变得明显，新的来访者可以在空间中看到熟悉的路径。

一个大家非常熟悉的技术是当人们访问过这个网页后改变网页链接的颜色，这样巧妙地使他们知道已经去过了哪里。在其他一些系统中，这可能基于链接的使用而得到推广。这个技术主要的例子可能是足迹项目（Wexelblat，2003），这里交互的历史信息都关联到具体对象身上。

图 15-7　eBay

社会半透明性是 IBM 的一个项目。它基于三个核心原则——可见性、意识和问责，实现了一些原型系统，即所谓的"社会代理"。Erickson 和 Kellogg（2003）讲述了他们办公室的木门都是向外面开的，通过这个故事来阐述他们的概念。如果开门太快就会撞到在走廊上的人。解决这个问题的设计是采用玻璃门。这提出了社会半透明性的三个原则：

- 可见性。外面的人可以看见里面正要开门的人。当然，窗户的透明性意味着办公室里面的人也是可见的！
- 意识。现在人们可以看到其他人在做什么，可以采取适当的行动——比如小心地打开门。
- 问责。这是很重要的原则。不仅在于人们能够意识到其他人，同时他们也意识到别人也能够意识到他们。如果在办公室里面的人打开门时撞到了在走廊上的人，在走廊上的人知道办公室里的人应该能看到自己。因此他们必须对行为负社会责任。

最著名的原型是 Babble，一个会议、聊天和电子邮件的社交代理。该系统用"弹珠"表示人，讨论空间用大圆圈表示（如图 15-8 所示）。越是积极的人越接近圆圈中心，如果他们有一段时间不参与聊天，弹珠就逐渐向外围移动。其他人的细节可以在系统边上的面板中看到。这仅仅是许多可视化行为中提供他人意识功能的一个实例。

从那时起，研究小组已经改变和前行，商业世界已经接管了原型系统的工作。现在有成千上万的网络应用程序提供各种社交媒体功能。例如，现在 MovieLens 有一个 Facebook 的应用程序，其中包括社交媒体应用程序的目录和最佳应用程序的奖项。然而，一些网站因其社交媒体而受到批评。例如，World Largest Group 网站（如图 15-9 所示）包含了关于有多少人预订了特定的酒店以及有多少人正在看这个酒店的声明。这可能会让用户感到紧张，他们可能会错过一笔交易。社交媒体的伦理需要仔细考虑。

381

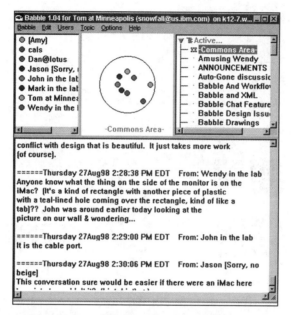

图 15-8 Babble

（来源：Erickson et al.（1999）pp. 72-79, Figure 3. © 1999ACM, Inc. Reprinted by permission）

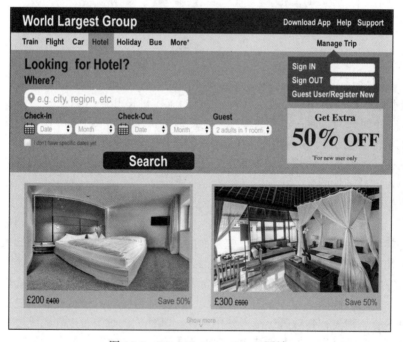

图 15-9 World Largest Group 网站

15.3 社交网络

社交网络有数百种不同的形式，几乎可以肯定你会利用其中一种。虽然它们在不同的国家有不同的形式和知名度，但它们都提供了更新和照片分享等功能。

图 15-10 显示了一个 YouTube 页面。YouTube 曾经只是一个托管和放映电影的网站，但现

在它已经发展成为一个基于社交的商业网站。人们有自己的渠道，可以跟随别人的工作。你可以看到热门话题，半专业的 YouTube 用户可以通过受欢迎和被别人观看来获得合理的收入。 382

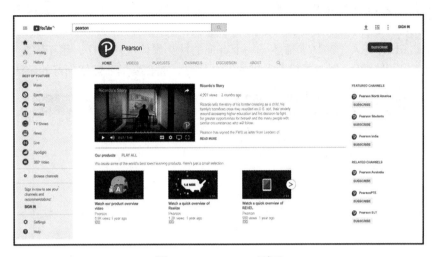

图 15-10　YouTube 页面

状态更新是 Tweetag 的终极目标（如图 15-11 所示）。这个应用程序让人们发送关于他们在做什么的短消息。Twitter 用户可以关注其他用户的消息（tweets）。许多消息都很简单，比如 "在牛津喝咖啡" 或 "在波士顿迷失"，但是这些却已被证实有许多其他用途。恐怖袭击首先在 Twitter 上成为新闻，同样的还有飞机遇难和其他事件。企业用 Twitter 提高公司的利益。当然，有成千上万的人使用 Twitter，大量的 Twitter 信息已帮助网站成长起来。可以使用标签云对 Twitter 标签进行良好的可视化。

还有一些专业社交网站，比如 LinkedIn、Pulse 和 Namyz。它们允许人们展示自己的职业生涯。越来越多的网站增加了新的应用程序。例如，LinkedIn（如图 15-12 所示）允许共享幻灯片文件，有共同的兴趣小组，并且定期更新。Twine 是另一个受欢迎的例子。

图 15-11　Tweetag

图 15-12　LinkedIn

　　网站的风格、外观和感觉反映了其所应对的不同市场和客户，这些都是网站所关注的。也有公司提供软件允许人们在自己的网站上添加社交网络。这就形成了特殊主题的社交网络。例如，Freshnetworks.com 提供了"社会媒体"工具包，允许程序员创建成员资料库、新闻推送、评价和预览。人们可以添加自己的内容以及编辑别人的内容。图 15-13 显示了一个社交网络插件。Garbett 等人（2016）描述了一个有趣的社交媒体应用程序，用于围绕当地感兴趣和关注的地区开发社区，例如飞行无人机的安全地点，或在哪里才能找到好的游泳海滩。

图 15-13　社交网络插件

　　现在有成千上万的社区网站和社交网络环境。一些网站主要关注旅游，如猫途鹰（TripAdvisor），其他网站则关注徒步旅行或者骑单车、编织（ravelry.com）。还有一些关注在镇上找最好吃的比萨、最好的酒吧和餐馆，或者最好的书店。

框 15-3　奥巴马竞选

　　2008 年，巴拉克·奥巴马当选美国总统。在竞选期间，他和团队广泛使用了社交媒体技术，竞选信息不停出现在 MySpace 和 Facebook 网页上，并在 Twitter 上定期更新。他雇用了 Facebook 的创始人之一 Chris Hughes 来管理在线活动。他有自己的在线社区：My.BarackObama.com，这个社区有 100 多万会员。2008 年 8 月到 11 月，有 5 亿博客提到奥巴马（其竞争对手 John McCain 只有 1.5 亿）。奥巴马在 MySpace 网有 844 927 个"朋友"，在 Twitter 上有 118 107 个。在他当选之后，继续通过 Change.gov 网进行宣传。

　　事实上，在线社区几乎涵盖了所有的爱好、兴趣和社会问题。建立和维持一个在线社区不总是那么顺利，使拥有共同兴趣爱好的人数达到一个临界值是很困难的。在线群体分享群体信息的问题将在第 24 章中讨论。这包括找到足够多的人、保持更新，以及了解建议的新旧程度。例如，在写到这里的时候我会在网站上浏览圣迭戈关于比萨的推荐信息。在地图上

最大的一个点只有 14 人推荐。这是一个"跨界混搭"的例子，该网站使用了谷歌地图，通过几行代码就可以为数据集开发应用程序接口（API），从而获得数据。

个人可以很容易地在众多博客网站中选择一个，比如 WordPress（如图 15-14 所示）或 Blogspot，来创建自己的评论网站，并利用维基分享讨论和辩论，（维基允许注册会员添加和更新内容）。当然，最著名的是在线百科全书——维基百科。

图 15-14　http://en.wordpress.com/features/

挑战 15-3

比较两个社交网站的功能和界面。

进一步思考：身份 2.0

在人与人之间以及网站与网站之间共享和传递信息是一种很好的方式，但它引入了身份验证问题。目前的网站系统中，通过用户名和密码来管理身份。通过目录检查来确定你是否访问了一个网站。在社交媒体中，我们需要更加强大的身份管理机制。我可能允许你查看一些我的照片，或听一些我的音乐，但还有一部分信息是私人的。我可能想分享一些我和你一起参观的地方，我喜欢的一些内容，但并不是所有内容。

身份管理是一个不断发展的领域，它触及了社交媒体所特有的社会共享环境的核心。系统如何开放？信息如何分享？如何保证通信安全，并杜绝身份盗用的可能性？几乎所有网络服务都需要网络护照或"驾照"。如何实现又是另一回事了。

15.4   与他人分享

社交媒体的另一个方面是和他人分享。由于网上有大量的信息和活动，找到自己感兴趣的同时令别人了解你的兴趣就成了主要问题。通过标签记录感兴趣的照片、视频或一些数据集是最流行的方式。标签，也称为元数据，是指把关键字添加到资源中，以便标签相同的能够被组合、分享或用于导航。

标签的创建有时被称为大众分类法。尽管人们努力构建一个能够被公认的标签集（见框 15-4），然而非正式标签目前使用得最为频繁。

框 15-4   语义网

语义网是万维网联盟（W3C）的一个倡议，旨在为数据交换创建通用媒介。它被想象成能够流畅地互联个人信息管理、企业应用集成，以及全球共享商业、科学和文化数据。潜在假设是网络对象由计算机自动处理。这使得诸如智能代理（见第 17 章）能够搜索对象并与之进行数据交换。

RDF 代表"资源描述框架"，旨在提供一种独立于应用的形式来处理元数据。网络本体是一种标准网络分类方案。同时，这些都是可以带来语义的授权技术。语义网络的思想是建立一个本体对象定义。这将使程序能够自动定位已经定义的共享本体内容。

Del.icio.us 是一个书签应用程序，它允许人们存储 URL 和标签，并支持不同方式的检索。除了可以给网站贴上个性化的标签，在个人网络的同事和其他人也可以访问你的书签和添加他们自己的活动。书签也可以通过流行度或最近的时间来访问。书签示例如图 15-15 所示。

第三个例子是 StumbleUpon。StumbleUpon 允许人们看到推荐网页、博客和其他资源。你通过评价是否喜欢这个网站逐步建立你喜欢的和不喜欢的网站记录。根据他人的评价StumbleUpon 会推荐你可能喜欢的网站。一个普通的本体类型网站（新闻、技术、体育、科学等）可以用于帮助建立一种结构。CiteULike 是一个管理学术论文引用的网站，同时可以与其他人分享这些信息，并加入志同道合的团体。

有许多事件管理应用的例子，如 Eventbrite 允许人们组织、发布和注册公开的和私人的事件。分享工作空间使建立工作空间更容易。（更多这种类型的应用程序将在第 16 章中进一步讨论。）

另一项进展和网页浏览器相关，这里加入了很多额外的功能。例如，StumbelUpon 和Del.icio.us 都增加了浏览器按钮，使网页可以快速打开，更容易添加书签，火狐浏览器就有

许多插件（如图 15-16 所示）。

正如我们所看到的，可视化标记的一种方式是通过标签云。（可视化在第 12 章已讨论过。）著名网页（比如 Flickr）也使用了标签云来标记照片，同时还有各种网站提供基于标签的高级搜索和精确搜索。例如，Clusty 有一些明智的搜索组合功能。其他可视化功能包括Cooliris（如图 15-17 所示），谷歌上也有很多。可缩放界面工具，如 Deep Zoom，提供了利

用标签集合进行导航的方法。

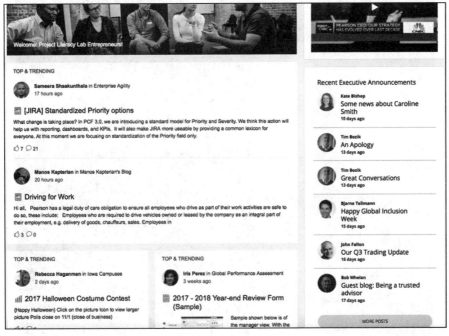

图 15-15　书签示例

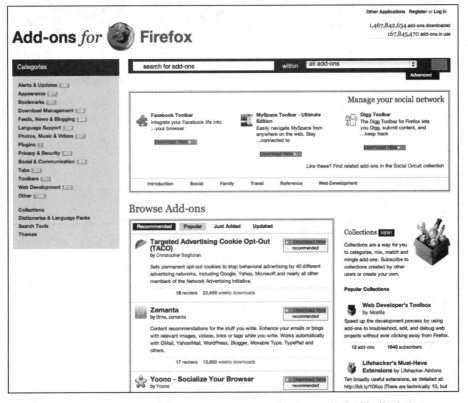

图 15-16　源自 https://addons.mozilla.org/en-US/firefox/ 的火狐加载项页面

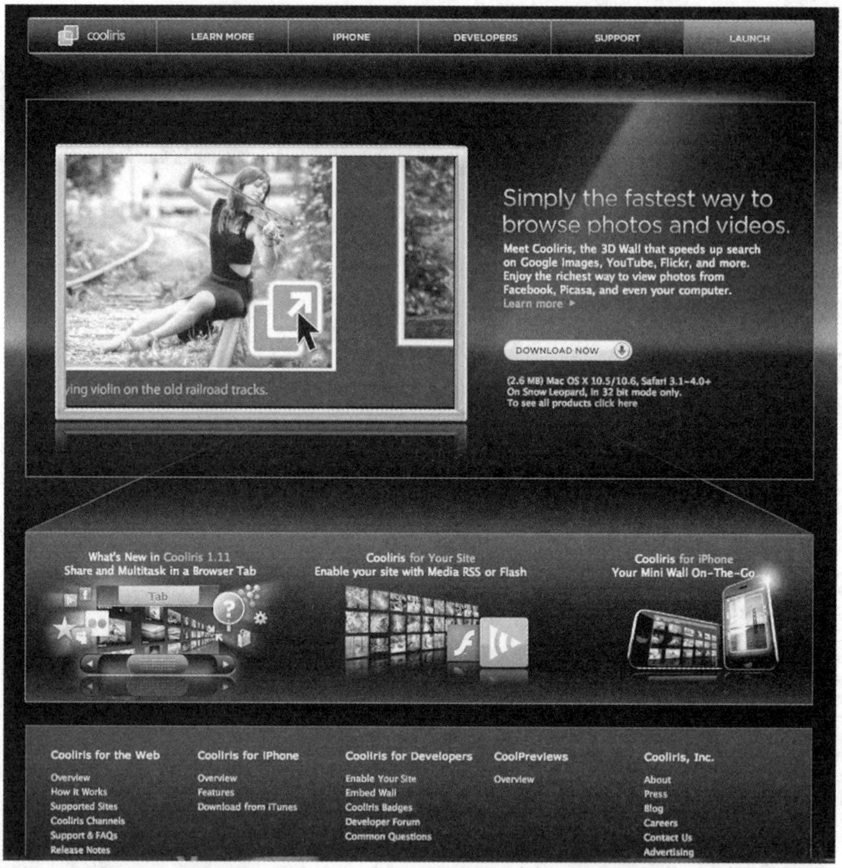

图 15-17 源自 www.cooliris.com/start/ 的 Cooliris 图片浏览器

挑战 15-4

访问一个共享网站（例如 CiteULike），花时间观察不同的群体，以及他们如何对事物做标记。你注意到了什么？这些网站怎样能够更好地工作？

框 15-5 社交媒体策略

如今，对任何机构来说，一个重要问题是它们能够利用社交媒体做点什么。需要投入多少时间？可以有多少预期收益？社交媒体的使用一定要和组织的使命、营销策略、品牌和业务模式紧密相关。设计者需要在舒适区之外创建有效、高效和有吸引力的数字媒体，同时思考他们的技能将对整个业务产生什么影响。社交媒体会影响消费者的整体体验、组织提供的服务以及组织希望建立和推广的关系。

Socialmediaexaminer.com 上面的年度社交媒体市场行业报告指出，78% 的市场营销人员表示每周花在社交媒体上的时间大约 6 小时左右，并且时间在不断增加。如果增加的流量能够转化为更多的业务，那么将是很好的投资。目前，机构使用的主要社交媒体网站包括 Facebook、Twitter、LinkedIn、YouTube、Google ＋以及出人意料的（在写作时）Pinterest。

Amy Porterfield（www.amyporterfield.com）认为发展社交媒体策略的三步骤包括：访问你的受众，设计和实现策略，以及监控、管理和测量可能产生的影响。她建议通过简短的调查、问答、博客和分享文档来评估受众。了解不同用户的社交媒体生态，并了解他们的社交媒体素养。看一看谷歌分析，了解访问者从哪里来到你的网页，他们在你的页面停留多长时间。通过这些调查，生成并发布报告，并链接到 Twitter 和 LinkedIn。人们可能对你工作的某些方面感兴趣，点击链接，并开始关注你的组织和它在做什么。让跟帖变得容易，这样会使你突然链接到另一个人的网页。

当然，社交媒体的核心部分是理解你的组织，它的品牌和它代表的价值。在你用特定的社交媒体平台之前，用明确和简洁的方式对这些进行描述是必要的。决定策略的目标是要增加忠实度或提高你的品牌关注度，或更直接的增加销售。一旦这些确立并开始运行，你可以通过 Klout 等问卷网站对你影响力的调查来评估你的社交策略的执行情况。

然而，很重要的一点是要知道社交媒体是很花时间的，同时你需要清楚你能给予的时间。有一些帮助人们管理社交媒体的工具，例如，Twitter 或 LinkedIn 可以在预定时间自动发布评论。你还需要协调网站公告和新内容。

15.5 发展中的网络

社交媒体不是网络技术的结尾，设计者需要留意关注下一件大事。当人们的手机都有了 GPS 之后，基于位置的服务迅速地发展了起来。例如，Foursquare 是一个可以注册你的位置并将这个信息发布到你的社交网络中的应用程序。有许多旅游应用程序利用你的位置提供相关信息，可以期待未来会有更多基于位置的应用程序和游戏出现。2016 年 *Pokémon Go* 的出现是对基于位置的游戏的巨大冲击。

事实上，交互式游戏机制是一种可能的发展方案。（游戏机制已在第 6 章讨论过。）游戏机制包括增加激励、挑战和奖励活动来促使人们加入。例如，帮助人们减肥的应用程序，如果取得进步就有奖励，那会大大鼓舞人们做更多的运动。设计者可以想出不同的积分方案——比如说，体重下降 50 磅就可以在个人网页上发布。加入到朋友圈中，他们就能看到所有其他人是如何做的。这样，一个沉闷的网站一下子就成了社交游戏的中心。

云计算是网络未来的发展方向，在未来几年必然会有很大的影响。这也源自实用计算和网格计算中强调的共享资源思想。然而问题是，既然现在有那么多存储空间、那么多应用程序和那么强大的互联网计算能力，为什么还要有一个自己的云呢？大的组织（如亚马逊和谷歌）正在开发灵活、可靠且个性化的完整网络计算服务（"云"）。用户可以在任何地点从任何设备访问云。为了和云计算相适应，计算设备是简单的没有软件的设备。只要连接互联网就能够访问任意应用程序和数据。网络服务和其他软件服务都是基于付费提供。数据保存在远程服务器上，所有安全和其他管理活动也都以服务的方式提供。亚马逊的弹性云计算（EC2）可能是第一个真正商业上的完整云计算概念的例子，但也有许多其他云计算工作的例子。

谷歌文档是云服务的一个例子，它允许人们在共享文档上工作（如图 15-18 所示）。谷歌日历让人们更容易建立共享日程，iGoogle 把这些功能集成到了个性化网页上——这里记录了你每次登录网站时的每一步。

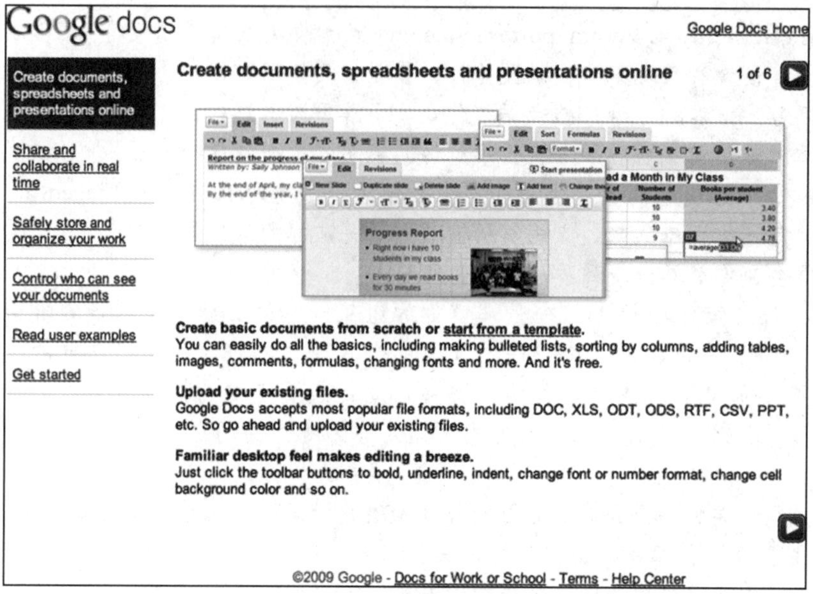

图 15-18   谷歌文档；Google™ 是谷歌公司的商标

所以，互联网在不断发展。下一个发展将是物联网。当新的互联网协议 IPv6 被引入时，将有足够的网络地址可以把所有可利用的东西放在网上。这可能激进到每张 10 美元纸币，或每包薯片、每头牛。这将给企业、人类社会和休闲活动带来很多变化。没有人知道最终他们会变成什么样。

物联网将带来许多已经存在的问题，而这些问题当人们分享物品、在已有物品或界面上添加新事物时就已经存在了。这个问题关注的主要是谁拥有什么，以及他们应该从自己那部分价值链中得到什么。创新商业模式已经出现，提供免费服务的成本由其他形式的收入（如广告）所替代。然而，越来越多的问题是社交媒体网站的需求不仅仅要求参与者提供免费的服务，而且要留给网站许多知识产权（IP）的权利。许多网站提供给你机会来提升你的摇滚乐队，但也得到它们想要的你的歌曲授权。当 Facebook 试图改变它的标准条款和条件时，一场抗议潮使它至少暂时改变了那个决定。但许多用户惊奇地发现，Facebook 现在已经拥有人们上传的照片的产权。

总结和要点

社交媒体关注的是使网络社会化和使其变为发展和聚集用户生成内容（UGC）的平台的各个方面。用户越来越多地利用社交媒体生态——使用不同的网站与不同的朋友进行不同类型的功能。社交媒体采用静态的、枯燥的、基于信息的方式访问网络，并试图通过新颖的特性将人与人之间的联系变得轻松。

- 社交媒体兴起于网络泡沫的灰烬中。
- 在过去的 10 年里，社交媒体的大部分基本原则已经形成。
- 社交媒体的关键方面包括社交网络和与他人分享。
- 网络未来的发展包括云计算和物联网。

深入阅读

O'Reilly 的原始文章在 http://oreilly.com/web2/archive/what-is-web-20.html。

高阶阅读

万维网联盟在语义网上有许多细节，见 www.w3.org/2001/sw/。

网站链接

本章配套的网络资源：www.pearsoned.co.uk/benyon。

挑战点评

挑战 15-1

网站必须易于使用，并有易于理解的结构。不幸的是，许多维基页面没有这些特点。维基可以迅速开发一个最笨的结构，添加信息的过程通常不是很直观，因为它需要用复杂的语法来写。有时，文件被上传到网站中奇怪的地方，你就再也找不到了。另一方面，博客很容易建立和使用。

挑战 15-2

eBay 上关于买方和卖方的信息为人们在交易中提供了有趣的视角。找出其他人买卖的东西以及购买的时间，有助于建立他们的可信度和所感兴趣业务的图片。当然，这些数据必须是非常可靠的，否则失望的买家和卖家会对此进行评论。这有助于在虚拟市场建立一种信任感。

挑战 15-3

设法得到不同人提供的各种类型的信息，思考一下不同网站的访问控制是否简单、它们的整体外观和感觉如何。它们中有很多不同，也许需要花费很长时间来找出具体差异，当然，时间是建立和维持社交网络的基础。

挑战 15-4

我所观察到的最大的一件事是一个群组可能很快就变得过时了，同时能够为群组做出贡献的人非常少。看一看群组的 HCI 或可用性，了解活动如何很快就消失了。第 24 章将有很多关于在社交中形成和保持群组的讨论。

392
～
393

协同环境

目标

协同环境包括空间和软件，旨在支持人们一起工作。"群件"和"计算机支持的协同工作（CSCW）"这些术语也都被用来指代交互式系统设计的这一领域。群件植根于对计算的社会功能的理解。然而，在这方面，它与前面的章节中提到的材料有很多共同点。社交媒体的发展主要是为了支持家庭和社区使用背景下的社会计算应用，而 CSCW 专注于工作的世界。很多的应用程序都有重叠，如共享日志和共享文件都是社交媒体和 CSCW 要处理的。事实上，许多 CSCW 应用程序使用了社交媒体的技术（特别是维基、博客和社交网络支撑软件），并且许多社交媒体应用程序起源于先前的群件系统。

协同环境超越了对软件的传统关注，包含了支持协同和创造力的物理空间的设计。协同环境支持远程协同和面对面协同。

本章重点介绍几个支持协同工作的技术。第 24 章将会讨论小组合作中的社会心理学。在学习完本章之后，你应：

- 理解协同中的主要问题。
- 理解能够提供的不同种类的技术支持。
- 理解协同虚拟环境。

394

16.1　引言

CSCW（计算机支持的协同工作）是对大部分现代工作的一个复杂却又准确的描述。然而，Olson 和 Olson（2007）指出，这个术语有些不合时宜，因为这个领域包含的是非台式计算机设备、非工作的活动，还有非合作关系。然而，术语 CSCW 依然存在于许多会议和刊物的标题中，所以它目前不可能被弃用。术语计算机媒介通信（CMC）也涵盖了许多相关领域。我们的重点是协同环境——为协同活动而设计的硬件、软件和物理空间。

通常认为 CSCW 起源于 19 世纪 80 年代中后期。有人类学和社会学根源的研究人员对人类活动的新观点辅助了技术的发展。因为人类学和社会学这两个领域都强调了人类活动和文化中基于集体和社会的性质，从偏重于孤立的单个的人和单台的计算机"转向社会"一点都不令人吃惊。

Paul Cashman 和 Irene Grief 创造了 CSCW 这个术语来描述一个他们以前组织的工作室的主题，他们邀请了一群对人们如何协同工作和支持这样工作的技术有兴趣的人来这个工作室。自此以后，CSCW 成为数目可观的研究项目、两个国际会议（美国 CSCW 和欧洲 CSCW）和一个有很高威望的国际刊物的焦点。除了这种学术上的意义之外，协同工作或者协作，或者说合作（这个词随着作者的不同而不同）的设计也是许多主要软件供应商的一个兴趣来源。除此之外，对以计算机为媒介的通信的广泛兴趣还包括视频会议、视频电话、在线聊天和基于手机和多媒体的短信。

框 16-1　早期的 CSCW

　　早期对 CSCW 的记述正如 Grudin（1988）、Grudin 和 Poltrock（1997）以及 Bannon 和 Schmidt（1991）描述的那样，预示着 CSCW 对这个时代很重要。在著名的首届研讨会之后，1987 年出版了 Lucy Suchman 的 *Plans and Situated Actions*（2007 年出版第 2 版）。这是她对当时被大量人工智能研究采用的底层规划模型的批判。这引发了 Cognitive Science 杂志上著名的辩论（参见 Vera 和 Simon，1993）。Suchman 的工作有效地打开了一扇通往民族志方法学的社会学实践的大门，现在已经成为 CSCW 研究中的选择工具。（民族志方法学在第 7 章中已讨论。）

　　最近，不仅支持协同的软件，整个物理环境都在设计中有所发展。"室件"（Streitz 等人，1997）是一个从 20 世纪 90 年代末就开始实施的项目（在 16.3 节中讨论），并且最近已经有环境利用了桌面和多点触控表面。这些交互式协同环境以新颖的方式结合了群件和室件，以鼓励合作和创造力。另外一个相关领域是协同虚拟环境（CVE），其中，"第二人生"等虚拟环境被用于协同活动和以及各种沉浸式和半沉浸式环境。

　　Jetter 等人（2012）基于混合设计的思想（Imaz 和 Benyon，2005）提出了混合交互的概念，并将其作为开发协同空间的一种方式。他们为设计师确定了在设计协同空间时要关注的 4 件事情：个人互动、社交互动、工作流、物理环境（如图 16-1 所示）。从设计的默认框架（见第 16.2 节）讨论了以互补方式考虑物理空间和数字空间设计的想法。（第 18 章也有关于混合空间的讨论。） 395

个人互动

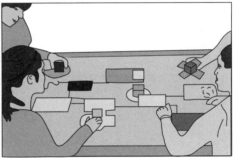
社交互动

工作流

物理环境

图 16-1　混合交互

（来源：Jetter 等人（2012））

16.2 协同工作的问题

Jonathan Grudin（Grudin，1994）、Mark Ackerman（Ackerman，2000）以及 Judith 和 Gary Olson（2012）已经大体上确认了 CSCW 和协同工作的重要挑战。基于他们的工作，列出了如下内容。

16.2.1 谁做工作和谁获得利益之间的差别

人们必须投入额外精力来使别人能从额外信息中获益。例如，如果在一个组织中有一个共享的日记或日历系统，如谷歌日历（如图 16-2 所示），那么每个人都预计会遵守纪律并把他们的日程安排等放在系统中。然而，一些人发现把自己的安排和可利用的空闲时间给所有人看是一件令人烦恼的事，但是对安排会议的人来说，这个系统让生活变得更容易。Grudin 建议可以采取一些补救措施来明确地推动这个系统的集体福利，还有为每个人提供一些好处。

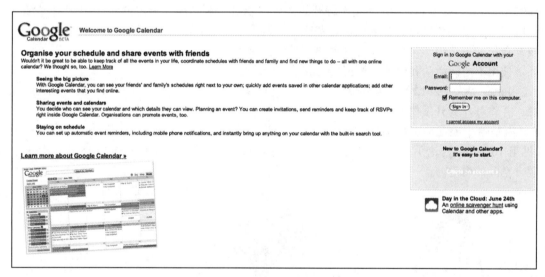

图 16-2 谷歌日历：Google ™是谷歌公司的商标

16.2.2 临界值

为了提高效率，团队工作需要大量的人员参与。上文讨论的共享日记，如果只有一到两个人在上面填写信息，那么它不会有效。当应用第一次使用时，这一点至关重要，因为早期的采纳者可能会在足够的人参加进来并使它有利用价值之前就放弃了。对所有形式的团队活动来说，仅仅当有足够的人时，属于团队的优势才可能实现。团队往往会经历这样一个动态：从刚刚起步，到吸引了很多人，再到淡出（通常是"形成、调整、规范化、执行"，请参阅第 24.3 节）。在互联网上有数不胜数的失败团队的例子。相反的情况——过多的人因为各种各样的目的使用 CSCW 技术——也有可能会发生。电子邮件是其中最好的例子。

框 16-2 囚徒困境

囚徒困境指存在很多这样的情况——协同对团队整体而言是最好的行动方式，但对个人却并非如此。两个囚徒被关在警察局中单独的房间里，被指控有罪。如果他们都承认所犯的罪过，那么他们都将被罚 3 个月的社区服务。如果一个人认罪了，而另外一个人没有，那么认罪的人将被罚 12 个月的社区服务，另一个人将不会获得任何惩罚而被释放。如果他们都否认作案，他们每个人将会得到 6 个月的惩罚。你可以看到他们的困境。他们是会合作并希望另外一个人也合作呢，还是会自私地选择否认呢？他们有可能会免受惩罚，或者他们最终会获得 6 个月的惩罚，而不是 3 个月的。

现实中存在着各种各样的类似情况，改变奖励或惩罚的类型和数量将会改变人们的行为方式。

16.2.3 社会问题

协同不仅仅是一个理性活动，也是一个社会构建的实践，这意味着它包含所有的改变、冲突动机和政治活动。我们利用对其他人的认知，被社会公约指导着生活在这样的环境中。协同环境的引入会打破私人空间和公共空间之间的平衡。例如，一个人的私人日记通常不能被查阅。以视频为媒介的共享办公室和类似的技术尝试着通过一些设备支持隐私约定，如当视频拍摄正在进入他们的空间时警告人们，但这仍然不时地让人们处于尴尬的境地。新的群体工作技术可能通过增加信息的可用性来使之转向微妙的权利平衡。

397

16.2.4 空间 - 时间矩阵

自从 20 世纪 80 年代中期 CSCW 出现以来，人们讨论了一系列不同的赋予技术支持协同工作的方法。DeSanctis 和 Gallupe（1987）提出了空间（或者地点）- 时间矩阵。他们最初的构想仅仅认识到两个最重要的变化因素是空间和时间。这简单地意味着人们可能在工作时同时在场，或者可能在其他地方；同样，它们可能在同一时间（同步）或不同时间（异步）一起工作。在初始版本之后，人们已经提出了各种建议来增加额外的维度，这些维度的可预见性可能是最重要的。表 16-1 在空间 - 时间矩阵中描绘了新旧技术（和工作实践）的选择。（24.2 节有对沟通的讨论。）

表 16-1 空间 - 时间矩阵

		时间	
		相同	不同
空间	相同	面对面会议和会议支持工具	便利贴消息 电子邮件 信息共享空间，如 Google Drive 项目管理和版本控制软件
	不同	电话会议 视频会议 合作文本和绘图编辑器 即时会议	传统信件 电子邮件 共享信息空间，如 Google Drive 工作流 主题讨论数据库

提醒一两句：这个表格是一个非常有用的启发式方法，可以看到，一些技术可以用不止一种方法替代。当我们有效地进行了一次会议时，我们中的许多人应该已经以一种几乎同步的方式体验过了电子邮件的使用。同样，工作流也没有理由不能在同一地点工作的人员的轮班之间使用。

398

399

挑战 16-1

将矩阵扩展到 n 维（当然这也是难以描绘的），你觉得还有什么其他维度是相关的？

16.2.5　接合和意识

若干个人为了能够在活动中相互协作，他们必须将活动组织和分配成独立的任务（接合），并且他们必须对别人正在做什么和已经做了什么有一定的认识（意识）。意识使为了顺利进行协同工作而评估个人的行为和相关的贡献成为可能。人们可以通过视觉、声音和身体姿态意识到彼此。人们可以在视觉、听觉上以及通过身体定位和"空间学"来了解彼此（Hall，1966）。空间学研究人们的个人空间和公共空间之间的关系（见第24.2节）。他们也可以通过观察"边界对象"的变化意识到别人做了什么（Lutters 和 Ackerman，2007）。边界对象是指协作的个人之间共享的对象。

接合是指工作如何被分解成单元和子任务，以及参与者之间的任务分配和工作目标的重新整合。它是指将工作明确地组织成计划和时间表，对信息资源和交互资源的分配，和对组内权利和责任的分配。接合也包括这些任务模块在给定时间下的物理的和概念的上下文中是如何被执行的。因此接合包括使边界对象工作的过程和它们发生的序列，将它们放置在何处以及谁将在过程中接起它们。

共享和协同不可避免地导致个人和共享领域的问题。这可能会涉及物理空间，人们喜欢拥有他们自己的空间和一个共享的空间。他们也喜欢将个人空间和公共空间区分开来。相似地，领域概念也可以指数字空间，可能是台式机共享的区域，也可以是在与其他协同者分享之前用来进行一些私人活动的个人计算机。

在一起协同时人们更容易看到其他人正在做什么，同样，他们当然也可以彼此交谈。在分散的协同环境，设计师需要顾及互动的设计以确保协同者能够意识到发生的变化。例如，应用程序如 Dropbox 和 Google Drive（如图 16-3 所示）允许人们共享文档但当对文件进行修改时，这些系统上的通知就不那么好了。当然，你不会想要每当一个共享的文档做出了一点小的改变就会接收到一封电子邮件，但是你会想知道协同者什么时候做出了改变以及在什么时候处理完了这件工作。为了达到这一目的，你将必须发送一封电子邮件。

图 16-3　Google Drive；Google™ 是谷歌公司的商标

16.2.6　TACIT 框架

Benyon 和 Mival（2015）将 CSCW 的这些问题与混合空间的想法结合起来（在第 18 章中进一步讨论）。这样就形成了一个框架，可以帮助设计人员处理当物理和数字空间被设计为紧密交织在一起时，用于协同、数字空间和混合空间的物理空间设计。表 16-2 列出了这些问题的摘要。

表 16-2 用于设计协同环境的 TACIT 框架

	物理空间	数字空间	混合空间
领域	设计以确保公平进入物理空间和技术空间的物理位置。考虑空间和代理的个人和社会方面	设计使人们拥有私人空间、公共空间和存储空间。区分单用户和多用户空间。除了数字存储，还可以轻松访问应用程序以支持通信和协调	提供地图和其他信息源，以帮助人们了解空间的结构以及它们的链接方式。为不同类型的空间提供清晰的指示以及如何在不同的空间中进行导航
意识	设计使人们可以监控其他人正在做什么，并且可以在必要时参加协同活动。让人们保持对情况变化的认识	设计让人们了解他们的合作者的进步。提供清晰的结构，以访问适当的功能和媒体内容。提供警报以指示更改	了解其他人正在做什么以及空间提供的行动机会是至关重要的。让人们意识到空间的波动性，尤其是数字空间的变化
控制	允许移动使人们能够进入控制位置。设计用于访问物理空间和交互式表面的不同部分。支持不同类型的控制以适应不同的活动	设计软件使人们可以看到谁在控制并支持多用户交互和共享数字区域。允许人们控制自己的个人领域。跨数字空间的同步是一个问题	了解多个设备和共享数字空间之间的关系可能非常困难。设计清晰有效的机制以采取和传递控制。清楚地指出谁可以与哪些对象在什么时间做什么
交互	给团体中的个人之间分配任务并提供对交互资源的访问是重要的。需要考虑物理交互的社会方面，例如维护私人空间	与软件工具和媒体内容进行交互以及如何将其分布在不同的人之间是主要关注点。使设计人性化，以适应短臂、胖手指和不同人的身高。注意界面、一致性和可用性	这涉及了解代理商的机会，例如使用数字和物理空间的内容以及了解其替代方案。人们需要充分了解混合空间的机会，以便他们能够以适当的方式进行交互
转变	在物理空间之间移动需要简单易懂。物理空间和数字空间之间的过渡需要进行良好的签名	对数字空间的访问取决于拥有的共享访问设施（例如 Dropbox 或类似设备）。不同设备之间的转换仍然是个问题	了解如何在物理空间和数字空间之间移动以及在何处进行移动是至关重要的。界面需要提供清晰的访问点，以提供获取空间概览的机会，并查看到不同位置的清晰路径

400

16.3 支持协同工作的技术

当然，有许多特有的支持协同的系统。规模大的组织会使用如微软的 SharePoint，来提供团体的通讯簿和邮件列表，并管理该组织的内部网内容。Bødker 和 Buur（2002）描述了"协同设计时代"。许多过去印在纸上的资料，如标准报表，现在被集中保存供人们根据需要下载。这导致了 Grudin 的挑战列表中认定的一些问题，如为了适应技术强制人们以一种特定的方式去工作，但是这也确实为组织带来了很多好处。

还有许多系统为社会计算提供了支持，我们将在第 15 章中讨论。此处总结一下支持团队工作的技术的主要类型。

16.3.1 沟通

沟通是团队工作的重点，其中，CSCW 系统的一个典型的例子如图 16-4 所示，它包括对视频会议和语音会议，以及应用程序共享和聊天的支持。这样的系统提供同步（一样的时间）不同地点的沟通，包括声音、视频和诸如此类的会议。

聊天系统让许多人能够加入文字会议，也就是说，实时给一个人或者更多的通信者发送文字信息。当每个人在信息中打字时，它会显示在滑动窗口的底部（或者屏幕中一个特定的区域)。聊天会话可以是一对一的、一对多的或者多对多的,也可以由聊天室组织,聊天室由名称、位置、人数、讨论主题等进行标识。聊天系统也可以提供视频和语音服务,以及能够为线下和线上讨论中的对话管理提供支持。

401

图 16-4　支持协同工作的计算机

16.3.2　共享工作区

公告栏、往来讨论、新闻组和公共(或共享)文件夹是通过访问共享信息来支持异步工作的相关技术族。方法非常简单,只需选中允许共享文件夹的选项,然后就可以为想要访问文件夹的人建立一系列许可。

图 16-5 是从 BSCW(Basic Support for Cooperative Work)获得的屏幕截图。BSCW 是基于一个由欧盟资助的研究项目(项目名也是 BSCW)而实现的一款非常成功的产品,可以从 bscw.gmd.de 下载(对非商用用户免费)。这也形成了商业销售应用程序的基础。

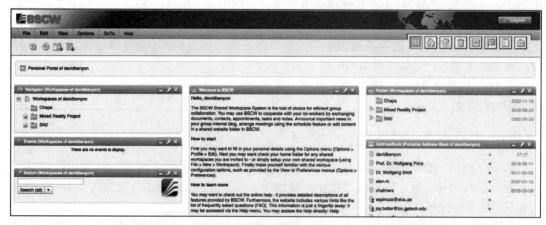

图 16-5　BSCW(Basic Support for Cooperative Work)的屏幕截图

(来源:http://bscw.fit.fraunhofer.de,版权归 FIT Fraunhofer 和 OrbiTeam Software GmbH 所有,获得使用许可)

如 Hoschka（1998）所说，BSCW 系统"提供了舒服且易用的共享工作区，且能被用于主要网络浏览器和服务器的功能"。本质上，系统允许团队在共享工作区中访问工作文档、图像、链接和往来讨论，等等。团队合作通过大量版本管理、访问控制和通知工具完成。在最近的 BSCW 研究中，Jeners 和 Prinz（2014）推荐了一些衡量基于软件的不同类型活动（以项目为中心和以任务为中心等）成功的指标。

还有许多关于共享工作区的例子。Wikis 允许小组成员编辑文档和提供文件。Facebook 支持许多群组活动，帮助其他人了解你的状态、分享照片以及一起游戏。

文件共享可以通过 Dropbox 或 Google Drive 等软件实现。许多其他的应用共享产品被创造出来，昙花一现然后被历史湮没。而谷歌文档则是一款十分成功的例子。

挑战 16-2

想象一下这样的场景，你正与一群人共享一个应用，这时某个人按下了 Undo 键。那么，Undo 功能应该撤销哪些操作？上一个动作还是按下 Undo 键的那个人的上一个动作？更进一步，如果那个人的上一个动作已经被其他人改变了会如何呢？

402

许多共享工作空间是为特定目的而量身定制的。实例包括实时共享文本编辑系统，例如 ShrEdit（Olson 等人，1992），它已被谷歌文档等工具所取代。Gross（1996）描述的"电子鸡尾酒餐巾纸"分享了建筑设计的徒手素描。其他系统旨在支持设计特定活动中的创造力。示例包括：

- Wespace（Wigdor 等人，2009），一个具有交互式桌面和大型交互式屏幕的协同空间，旨在支持天体物理学家的协同工作。
- Code Space（Bragdon 等人，2011），一个配有壁挂式表面和一组 Kinect 摄像头的房间。该项目的理念是"解决开发人员今天面临的许多民主访问和共享问题"。
- Boden 等人（2014）描述了旨在支持合作软件开发的"关节空间"。
- O'Hara 等人（2011）确定交互、工作、沟通和服务以及混合交互空间（BISi）中空间配置和社会组织之间的相互作用。

视频增强型共享工作空间结合了共享信息空间和其他参与者的视频图像。通常的理解是，（如 Tang 和 Isaacs，1993；Newlands 等人，1996）尽管工作性能本身没有被增强，然而可视线索的使用增强了协调性，并且产生了一种强烈的团队工作的感觉。许多研究者已经开发出来更加一体化的共享空间和视频的整合，这样其他参与者的身体姿势和脸就可以在同一个作为共享工作空间的虚拟空间里可见。应用程序已经将设计任务作为目标，目的是支持在许多研究中观察到的设计师工作时绘图和手势的相互作用。

Nilsson 和 Svensson（2014）描述了一个名为 Kludd 的系统，该系统旨在支持基于社会半透明原理的意识和共享（Erickson 等人，1999），第 15.2 节有所讨论。

16.3.3 共享操作台

大型电视显示器、交互式桌面和共享白板允许通常位于同一地点的人在共享表面上查看和添加内容。自 20 世纪 90 年代早期开始，像 LiveBoard（Elrod 等人，1992）这样的大规模共享白板就已经开始从科研实验室使用转变为商业产品了。如今它们在商务场合已十分普遍，同时也不断进入如教育等其他领域（如图 16-6 所示）。

图 16-6　教学用途的电子白板

（来源：Ingo Wagner/dpa/Corbis）

16.3.4　电子会议系统

电子会议系统（EMS）是为支持小组会议而设计的技术，旨在通过加强沟通、个人思考和决策制定来改进小组过程。GSS（群体支持系统）和 GDSS（群体决策支持系统）包含非常复杂的设施来帮助制定决策，如等级选项和决策标准，以及帮助进行头脑风暴等。最近，这些想法已经被运用到了民主进程，而且还有一些系统被设计用来支持远距离民主活动。许多政府都部署了网上请愿系统和投票系统。

403

框 16-3　ICE

ICE 是一个会议室，有一个互动的会议桌和 5 个壁挂式多点触摸屏（如图 16-7 所示）。在过去两三年里，我们开发并使用它，首先用它来为院系提供一个新型的会议室，然后用来尝试更好地理解协同技术和协同空间是如何改变我们的工作方式的。这包括在设计协同环境和沉浸式环境（见第 16.4 节）时出现的许多问题，还有手势和触摸互动的问题。在物理上讲，我们一直在观察空间和方向的划

图 16-7　The ICE 网站 www.futureinteractions.net

（来源：Oli Mival 博士）

分是如何推动领域（对某物体的所有权的表达）还有控制、沟通和共享空间问题。包括时空上分布的任务和协同活动的感知、协同、任务流和接合问题。空间的社会启发性受到空间的物理启发性的影响（Rogers 等人，2009）。

我们的目标是将 ICE 打造成一个功能会议室，而不仅仅是一个对技术的展示。选择这项技术的原因是它在当时（2009 年）是可用的，房间的大小和形状同样也是固有的。在我们所居住的高速变化的科技环境中，这种现实世界中的机会和限制的结合是交互设计的

另一个特征。很明显，我们并不是唯一认识到一种新兴设计范式的人。自从 ICE 完成以后，一直有源源不断的商业和公营机构的组织来参观它，并讨论在他们自己的组织中实现该技术的可能性和机会，当然这一如既往会受到成本、可用的技术和可用的物理地点等的限制。

404

16.3.5 自带设备协同

除了专为协同而设计的系统外，用户体验设计师还需要支持自带设备（BYOD）生态系统。许多人现在拥有个人平板电脑、智能手机、笔记本电脑和手表等其他交互式设备。这些设备将数据存储在云驱动器或 U 盘里。当这些设备到达会议时，他们希望能够利用所有这些基础设施。然而，对设备的这些临时配置、设备生态系统的支持并不总是很好的体验。Tim Coughlan 及其同事（2012）详细介绍了各种生态系统以及通常遇到的不良用户体验。他们讨论了设备之间无缝交互与精细互动之间的权衡，用户意识到这些技术不能平滑地交互，但将其作为交互的一部分。他们还讨论了不同的焦点，并突出了焦点和信息从一个设备转换到另一个设备时出现的问题。Dix 等人（2000）观察了空间之间的位置和距离以及生态学如何相互嵌套。他们关注位置作为设备情境感知的主要方面的重要性，并再次关注生态学中涉及的人数和交互的物理空间。他们讨论了不同领域中不同的基础设施上下文和不同系统的能力如何影响交互的成功。在他们的设备生态模型中，Dix 等人讨论数字设备配置的空间质量。例如，对象之间存在接近关系，这取决于从空间的一部分到另一部分所需的鼠标点击次数。需要考虑不同级别的抽象，其中设计重点可能只在一个设备上，或在一组网络设备上，或者在整个生态系统的表现上。这导致他们考虑在空间附近的东西，在"相同位置"的东西（以及在数字空间中意味着什么）。他们还考虑个人、团体和公共空间的贡献以及它们如何协同工作。

最近，Terrenghi 等人（2009）开发了一种"互动几何"，包括桌面电脑、大型显示器（对于房间来讲足够大）和非常大的显示器（用于户外活动）以及 Weiser 设想的标签、平板和面板。然后，他们开发了关于显示、人和空间生态系统的概念，并讨论了不同类型交互的交互要求。例如，与平板的一对一交互可以使用"碰撞在一起"的交互方式进行通信。

405

通过将标签大小的设备耦合到大屏幕，可以实现一个人与其他人的交互，从而能够显示标签大小的设备上的内容，以便与其他人共享。作者还探讨了一个人、少数人或许多人之间的不同形式的相互作用以及他们产生的不同生态。关于设备生态学以及如何最好地利用它们来支持协同的工作正在进行中（Hamilton 和 Wigdor，2014；Santosa 和 Wigdor，2013），能够跨多个设备进行交互的分布式用户界面的研究也在进行中（Frosini 和 Paternò，2014）。（第 1 章和第 4 章也讨论了设备生态学。）

16.3.6 感知应用

知道一起工作的人正在做些什么，还有他们现在是忙碌状态还是有时间与你讨论，是有效协同工作的一个重要环节。第 15 章介绍的 Babble 展示了在 IBM 的协同工作者的活动。

Portholes 系统是感知技术的一个早期的例子。然而，它却是 CSCW 研究的一个极具代表性的例子，它关注一个团队的工作者在自然条件下对新颖技术的反应。这项工作最初由 Dourish 和 Bly（1992）开展，继而又有了新的成就和相关研究。

Portholes 的主要功能是为人们提供工作地点内其他区域的一些小的视频快照，既有别人的办公室，也包括公共区域（如图 16-8 所示）。这些快照虽然每隔几分钟才更新一次，但是也足以让人们感知到谁在附近，还有他们都在做什么。最初的研究在美国和英国的 Rank Xerox 研究实验室进行。大多数实验者享受这种日常接触的机会。

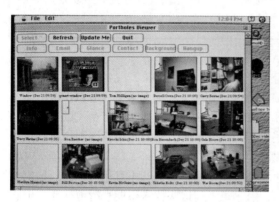 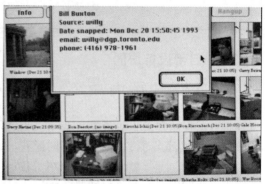

图 16-8　来自 Portholes 系统的屏幕截图

（来源：Bill Buxton 提供）

在日常生活中，我们以一种不会影响到他人且能够被社会所认可，以及尊重隐私的方式完成对彼此的感知。实例包括检查某个同事的车是否在停车场，或者注意到某人的夹克在椅背上时联想到他在办公室，尽管他在那个时间并没有真正出现。在以计算机为媒介的协同中，这些线索许多都要以新的形式展现，并且它们的新化身的结果往往是不明确的，除非在现实世界中试验过了。已经试验过的包括朦胧的视频数据、低沉的声音，还有各种各样的机制来提醒人们他们正在被（或者将要被）捕捉到视频或者声音。

<span class="margin-note">406</span>

16.3.7　室件

室件（Roomware®）被定义为整合家具、其他房间元素（如门和墙壁）以及为支持不同活动而装配的信息和通信设备。并且该名字已经被 Streitz 等人（1997，1998，1999）注册商标（见图 16-9 和网址 http://www.roomware.de）。上面所介绍的 ICE 是室件的一个例子。Streitz 及其同事（Streitz 等人，1997）发表评论说比较公共共享空间和私人空间的不同配置的有效性是徒劳的，因为不同技术的结合、人们的喜好还有所进行的活动使之难以普遍化。然而，他们确实展现了在设计工作中，公开展示和个人智能终端的结合更加高效。慕尼黑的 Fluidum 是一个着眼于新型表面交互的实验室，德国亚琛大学的媒体空间结合了媒体内容中的多种设备。NiCE 项目（Haller 等人，2010）开发了一个有投影覆盖和追踪能力的增强型白板的会议室。其目标是使得在一个紧密结合的、无缝的群组会议讨论系统中，内容的创作和分享能够通过各种不同的介质（例如纸、白板和数字媒体）共同完成。它结合和集成了在一系列其他项目中提出和发展的不同的特征和交互技术。

作为项目的一部分，这个团队为交互工作空间建立了一个设计挑战列表。交互工作空间应该支持工作的多重性和多样性，这是不同类型的会议所固有的特征。他们在"将会议室作为一个工具箱"的争论中引用了 Plaue 及其同事们（Plaue 等人，2009）的话，并指向地板和通过多个输入和输出设备进行访问控制的重要性。第二个挑战考虑到了整个工作区物理和感知的方面。人们需要在物理上和感知上感到紧密合作，但又不能太接近以至于在空间上感到不舒服（Hall，1996）。（空间关系学将在第 24 章中讨论。）

图16-9　1999年开发的第二代IPSI室件组件（力学墙壁、交互桌面、通信椅子、交流桌）
（来源：Norbert Streitz）

407

挑战 16-3

在日常生活中，你还会用到其他什么简单的（非技术的）提示来获得他们的注意？

活动徽章

活动徽章是小型的可穿戴设备，用来识别人们的身份并使用传感器网络提供人们的位置信息。早先的应用是在一栋建筑物内确定某人的位置，并从最近的PC中获得自己的设置和文件。

社会学家Richard Harper希望通过学习技术的使用探索研究实验室中社会和组织的本质。他将人们使用徽章的方式总结为：比较勉强，或者有承诺和热情。"这决定于他们做什么、他们的正式职位和他们现在的关系——这意味着和实验室的其他人在最广泛的意义上。以这个观点来看，戴着一个徽章，将定位器视为可以接受或不能接受的，象征性地代表了一个人的工作、身份、在道德秩序中的位置。"（Haper，1992，p.335）。在报道中的许多有意思的内容当中，接待员和研究人员的反应之间的对比是Grudin所认为的鉴别成本和效益挑战的一个例子。接待员在正常工作日的大多数时间是在一个已知的、固定的地点，使用徽章跟踪到的地点变化很小。研究员，根据习惯和实践，每天的工作时间相对自由，同时可以在家、办公室，也可以走来走去思考想法。跟踪他们的位置可以被看作是对这种自由的显著冲击，但是却能让接待员的工作变得容易很多。

框 16-4　关于意识的民族志研究

Christian Heath和Paul Luff提供了一个关于伦敦地铁控制室的经典研究（Heath和Luff，2000）。我们对这项工作的总结将会重点关注意识问题，但是原始报告覆盖的方面远不止这一点，因而值得去阅读全文。

研究团队来自伦敦大学学院，他们在日常生活中研究了贝克鲁线控制室的操作。贝克鲁线是服务于伦敦地铁网络的一条繁忙线路。

控制室（CR）最近进行了更新，将手动信号替换为了计算机系统。控制室中设置有线路控制员负责协调线路的日常运行，分部信息助理（DIA）负责通过一个公共地址系统（PA）为乘客提供信息和与车站进行交流，还有两个信号助理监督轨道的繁华地段。控制员和分部信息助理在一个半圆形控制台中坐在一起面对一个固定的展示线路实时交通情况的显示器。显示器上的灯光指示列车的位置。控制台装备有一个无线电话、几个触屏电话、一个公共地址系统、一个闭路电视系统，以及显示线路和交通信息的监视器和其他控制系统。伦敦地铁系统整体通过纸质时间表进行协调，该时间表详细列出了列车的数量、列车人员信息和控制员相关的其他息。控制室中员工的总体目标是最大可能地实现与时间表相匹配的服务的运行。

虽然控制室员工的责任在形式上有所不同，实际上现实工作是需要通过任务的紧密配合与协同来完成的，这反过来依赖于高度的意识。下面给出了一些例子：

- 当公共地址系统交付了服务公告后，信息从固定线路图提取出来，并被裁剪为适合播放在即将到来的列车的显示器上，但是更为重要的是根据同事的活动以及他们与司机的对话获得地铁交通的现状信息。
- 给司机的指示同样依赖于对同事的感知。所有的员工都拥有这一程度的意识，即在一个既不影响同事工作，也不影响自己工作的前提下，抓住谈话的重点内容和关键行动，例如指示列车掉头，或者甚至是对某信息资源的一瞥。
- 时间表的临时性改变是通过使用可擦写醋酸盐覆盖完成的，这样就能在需要时为所有相关人员提供改变信息，而不干扰当前的任务。
- 当工作时间表发生变化时大声地说出来，名义上是一个人的工作，这样其他人就会意识到将要发生什么。

Heath 和 Luff 的分析强调了流动性、非正式而非关键的个人和协同工作之间的相互作用，以及支持这一成就的不显眼的意识关注。对设计师来说要点是：设计仅仅能够严格地用于个人或者严格地用于协同模式的技术的任何尝试，如果仍旧不能定义在技术支持下的正式团队协同，很有可能会导致失败。

挑战 16-4

在和他人一起工作时你用到了什么协同技术？列出选择这些技术的原因。该原因与本章中前面的资料所提出问题的匹配程度如何？你如何概括设计知识的现状与现实世界情况的切合程度？

16.4　协同虚拟环境

协同虚拟环境（CVE）能够允许参与者在虚拟环境中彼此之间或者与虚拟对象之间展开交流。通常，人被表示为有不同的复杂程度和详细程度的三维图形化虚拟化身。协同虚拟环境（如第二生命）提供了大量的细节，并被用于虚拟会议以及教育和训练方面。图 16-10 展示了训练环境的一些特征。左上方的窗口展示了（从用户虚拟化身的视角）另一个化身操控灭火器的景象。在底部可以看到该环境下的一个方案，右上角是虚拟船只另外一个部分的一个窗户。左下角的灰色按钮很难被看到，但是它可以允许使用者通过虚拟电话或对讲机与其他人交流。通常，在协同虚拟环境中的沟通主要通过声音或文本来进行，尽管有时视频也会与其他媒介被集成进来。

409

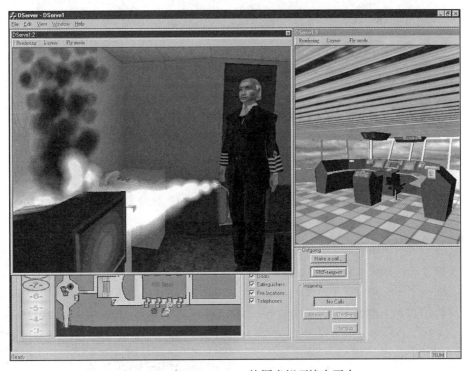

图 16-10 在 DISCOVER 协同虚拟环境中灭火

协同虚拟环境支持在共享空间内对其他参与者活动的感知。MASSIVE-1 和 MASSIVE-2（Bowers 等人，1996）可能是 20 世纪 90 年代有关协同虚拟环境的研究中最突出的工作，它们有一个复杂的空间感知模型，该模型基于光环（一个物体或者人周围的一个特定的区域）、焦点（观察者的兴趣区域）、光轮（观察者影响或投影的区域）这些概念。虽然通常被设计用于同步工作，但依然有一些异步工作的例子，正如 Benford 等人（1997）在一个环境的报告中描述的那样，这个环境模仿了在办公环境下用于日常协同的文件的供给——例如，它指出了工作是否会从虚拟桌面上的一个虚拟文件的位置开始。

许多协同虚拟环境依然只是一个研究工具，但是这项技术正慢慢地向协同工作的实际应用程序转变。培训应用作用很显著，它允许人们在难以接近或者危险的情况下练习团队工作，或者能使分散的团队和导师一起训练。图 16-11 是一个设计用来使导师和被训练者在训练更换 ATM 交换机时能够互动的协同虚拟环境的屏幕截图。这里比较有趣的一点是，屏幕左边展示了正确过程的视频窗口。协同虚拟环境是基于被训练者和导师之间地理分布的分散性以及 ATM 设备的脆弱性和成本所激发而提出的。

训练场存在的问题，除了一些技术的可用性，还涉及以下方面：

- 虚拟世界中的训练可以多大程度地被传递到真实世界。
- 训练团队与在协同虚拟环境中可以获得的非常不同（但是更加小）范围的感知线索交互的有效性——例如，通常很难检测一个研究员的化身在看哪里。
- 即使最复杂的虚拟环境与有无限可能的面对面的训练练习的假想场景相比也缺乏灵活性。
- 要克服雇主潜意识中的协同虚拟环境只是一种游戏的想法（尽管游戏般的功能不出意外地增强参与者的体验）。

410

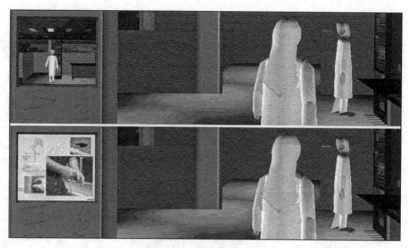

图 16-11　一个用来学习更换 ATM 交换机的应用程序

（来源：www.discover.uottawa.ca/ ～ mojtaba/Newbridge.html）

用于教育的协同虚拟环境也越来越普遍。其中包括一个与博物馆展览相关的工作，它可以让人们玩一个古埃及游戏（Economou 等人，2000），还有一个协同虚拟环境用来在教育环境下培养社会意识（Prasolova-Førland 和 Divitini，2003）。其他应用主要关于协同信息检索和可视化，例如，Ståhl 等人（2002）描述的充满伪装成水生生物的数据的虚拟池塘，将证据呈现为视频流中的虚拟对象的商业纠纷谈判，还有公共娱乐（Dew 等人，2002）。Benford 等人（2002）总结了该领域的一些企业。最后，当然很多游戏都可以被认为是某种类型的协同虚拟环境。图 16-12 展示了来自称为 Walkinside 的虚拟现实系统的灾难显示屏幕截图。这是为了让人们能够在诸如石油平台等地点演练和规避灾害。

图 16-12　来自"Walkinside"的灾害模拟展示

（来源：VR Context/Eurellos/Science Photo Library）

16.5　案例研究：开发一个协同桌面应用程序

Snøkult 是爱丁堡纳皮尔大学开发的一个运行在桌面的可以多点触控的教育软件工具，用来辅助中学生进行建筑设计构思。这个应用程序是由国家艺术博物馆和挪威的建筑与设计学院组织的一系列工作中的一个阶段，目的是使学生能够在设计构思方面相互协同，然后能可视化地表达他们的想法。

该系统开发的应用场景如下：

　　一个平均年龄为 14 岁的学生班级被带到由博物馆选择的一个遥远的有特定地理特点的地方，来成组地讨论建筑问题，并用数码相机收集风景的照片，然后返回教室进一步构思。之后的活动包括用简单的材料建造一个物理模型，当然这个模型也是之前被拍摄下来的。整个工作需要分组协同完成，所有的小组成员都被分配其中具体的任务。

最后，选中的照片被输入 Snøkult 应用程序用于操控和布局。使用多点触控表，Snøkult 软件将网站图片、模型、草图、热区和注释组合成大量的"拼贴画"，然后输出到磁盘或打印机。

投标方将草图、透明性、层次感和相机的可连接性作为核心要求，还要有将工作输出到屏幕显示器、将图像输出到硬盘和打印设备的功能。除了满足这些要求外，设计的重点也在于为目标用户生产一些简单、易用的东西，以减少从收集输入到完成拼贴画的全过程。

这些目标都成功地达到了，然而也花费了大量的时间。该产品包含重要功能的第一个版本被及时交付，此后的更新提供了剩余的低优先级的功能。之后交给用户了一个评估单，询问用户如何看待这个应用程序接口。在写这本书的时候，我们仍然在等待博物馆关于评估的反馈信息，因为这可以确认我们的设计政策是否正确。

这个系统的设计围绕一个实际的桌子的象征，有抽屉提供材料，还有桌布作为创作面。学生们会上传照片，操纵并选择一张合适的，编制他们的想法。老师将在 Snøkult 上引导学习并执行临时管理。

为了尽可能地模拟环境状况，使用了一张与博物馆所拥有的多点触摸屏幕大小几乎相等的木桌（如图 16-13 所示）。事实上，这个有内容的虚拟桌子的概念可以非常有效地映射到面向对象的设计，并可以利用相同的设计和开发阶段。对于一些问题已经进行了讨论，如可达性、图标大小、杂乱、多面操作、菜单结构和呈现给学生观众的简单性。

图 16-13　使用一个桌子来将交互原型化

（来源：Oli Mival 博士）

尽管第一眼看起来桌子显得有点大，屏幕像素和触摸灵敏度影响到物体应该以多大的尺寸被展现。这点已经结合学生们的手指较小，手臂能够触及的范围也较小进行了考虑。46 英寸的单元屏幕有 1920×1080 的分辨率，当近距离观看时不能像同样的台式个人计算机屏幕那样给出同一程度的细节，这意味着将以每厘米 20.7 像素的比率作为尺寸特征的指导，特别是操作组件，如按钮。主屏幕上大部分的图标被设置为 40×40 像素大小，全局菜单和抽屉分类功能的图标则被设置为 64×64。

同时操作这个系统的学生人数也需要考虑。尽管使用者在身材上明显比成年人要小，并发操作数目上的限制也受到屏幕实际使用面积的显著影响。与每个对象相关联的工具栏占用特定量的区域，当许多设置被一次性激活时，可能导致潜在的控制重叠。从物理桌子得来的经验，我们估计任何时刻 6 个人将会是理想的操作者数目。图 16-14 所展示的通用接口被设计用来最大限度地利用可用的桌子空间。

抽屉位于屏幕两端，拉出后有源图像信息，包含相机的导入，以及其中可操作的项目。这样能够很容易地把新的条目带到屏幕（画布）上，同时也限制了杂乱性。抽屉延展到大约

412

桌子宽度的三分之一，具有双面控制和内容方向的可切换性。一个决定是创建有着重复内容的两个抽屉。每个抽屉有复制的内容，这样就允许多个用户在任何一个或另一个里面在把它们显示到画布上之前改编条目。否则当相同数据镜像到不同地方时就可能导致混淆。

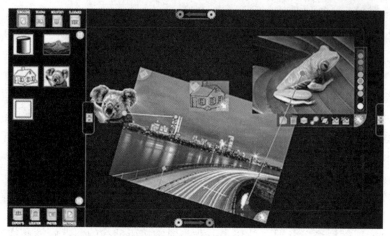

图 16-14　通用接口

（来源：Oli Mival 博士）

413　作为唯一的其他立即可见的项目，在屏幕上相邻两边的抽屉中，全局菜单可以访问快照保存、打印、展示、屏幕保护程序和群组 / 画布变化。尽管许多系统级的操作在这里发生，我们通过将任务自动化成功地避免了任务与底层操作系统交互的需求。在本地的 Dropbox 账户中，所有的文件操作都应用在资料和工作文件夹中，打印和保存快照无须对话框就能实现。全局菜单是被制造用来将通用任务和用户特定任务区分开的。其他考虑到目标受众的意图是使执行任务需要的步骤最小化，还有除去所有依赖底层操作系统的交互。

画布菜单（如图 16-15 所示）显示在触摸点，并在 360 度的方向面向用户。在多方位方式下，它是一个使用中心控制器生成的圆形道具，这个中心控制器可以生成等距放置的物体。尽管不能由基础应用程序接口直接获得，但方向信息可以通过触摸事件中的手指和手掌数据中包含的几何信息的计算得到，菜单能够要求以任何旋转角度显示，以适应发出请求的用户的方向。再次，对中央小部件的操作需要被拖到一个目标菜单的上方，从而防止意外操作的发生。

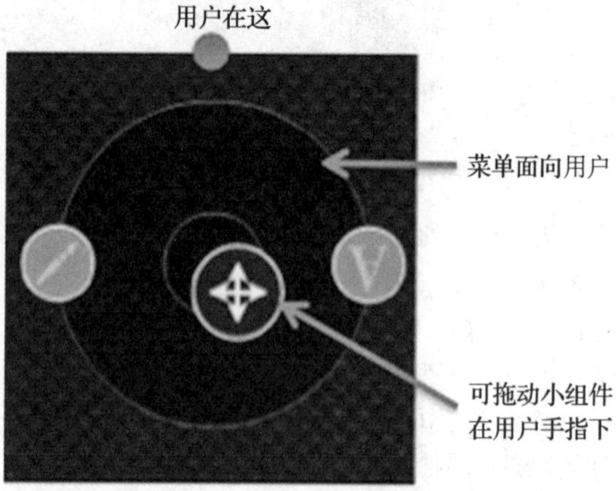

用户在这

菜单面向用户

可拖动小组件在用户手指下

图 16-15　画布菜单

（来源：Oli Mival 博士）

总结和要点

本章讨论了"转向社会"的最重要的方面是对人群研究日益增长的兴趣点，特别是工作中的人，以及支持工作活动的计算机支持的协同工作系统的设计。CSCW 来自 20 世纪 80 年代末期社会科学和技术的偶然融合，现在已经包括许多先进的技术和社交媒体应用。

- CSCW 关注于人们在一起工作时的社会方面。

- 不同的应用领域需要不同类型的支持。
- 主要问题包括 TACIT 框架的领域、意识控制、交互、协同和转变。
- 用于支持设备生态的室件和组件的混合仍然是一个困难的设计问题。

414

练习

1. 考虑第 15.2 节中的购物场景，再看一看使用推荐系统的在线网站，例如亚马逊和 Netflix（www.netflix.com/）。你还能概括出哪些能够意识到其他人和相关信息的形式？

2. 登录 Twitter，然后浏览内容。看一下现在正在发生着什么，现在的热点话题是什么，什么话题已经过时了。持续做几天，看看会发生什么变化。

深入阅读

Grudin 关于 CSCW 的两篇经典文章（Grudin，1988，1994）全面介绍了这个领域是如何发展的，以及 CSCW 的主要困难。

Heath, C. and Luff, P. (2000) *Technology in Action*. Cambridge University Press, Cambridge.
A comprehensive collection of workplace studies.

高阶阅读
Judith Olson and Gary Olson (2013) *Working together apart; Collaboration over the Internet.* Morgan & Claypool, San Rafael, CA.

网站链接

Norbet Strietz 有一个关于 Roomware 和相关项目的网站，见 www.smartfuture.net/1.html。

挑战点评

挑战 16-1
有以下几种可能：
- 关注个人与个人之间的交流与关注共享的工作。
- 仅仅文档和语音与混合方式（例如，视频、共享图形工作区）。
- 结构化的与非结构化的。

关于这些和其他不同点的考虑可以在剩余章节的资料中找到。

挑战 16-2
关于这个问题没有简单的回答，并且实际的实现方式有所不同。最重要的是每个人都理解它工作的方式。

挑战 16-3
这里刚好有两个例子。对我而言，我能听到隔壁办公室的同事什么时候在谈话——不足以听清楚谈话的内容，但足以阻止我打扰他，除非事情很紧急。类似地，如果有人坐在办公桌前戴着耳机，这意味着他很忙。这些线索对我注意力的要求不高，以至于我通常不考虑它们——这和一个视频窗口在我的屏幕上不一样。

挑战 16-4
这里最重要的事情是列出最明智的技术范围。以各种各样的方式合作，所以不要只考虑一些显而易见的软件，如 Skype 或者 Instant Messenger，可考虑使用共享日志或会议管理软件交换文件。考虑纸、电话、传真机，当然，还要与其他人交谈。

415
～
416

Designing User Experience: A guide to HCI, UX and interaction design, Fourth Edition

人工智能与界面智能体

目标

人工智能是用户体验设计中越来越重要的一部分。有时人工智能被视为自主且活跃的计算机过程，该过程能够与人或其他智能体进行沟通并调整其行为。这些也称为界面智能体；智能体是小型人工智能系统。人工智能的其他示例包括用于执行各种任务的算法，例如布置数据的可视化、自动归档数据、自动完成 URL 以及计算某些事件发生的概率。长期以来，基于智能体的交互一直被视为可以解决许多可用性问题，并且是一种改进用户体验的方法，但到目前为止它还没有达到预期的效果。不过已经取得了一些显著的成果，第 15 章中描述的许多社交媒体系统在交互中使用了某种形式的智能体或人工智能。多模态交互（第 13 章）也利用人工智能技术来推断交互和身份。在过去的几年里，人工智能已成为机器人和自动驾驶汽车以及国际象棋和围棋等复杂游戏领域使用的主流技术，在围棋领域，现在人工智能的表现已经优于人类。

在学习完本章之后，你应：

- 理解人工智能的基础知识。
- 能够描述界面智能体的关键特征。
- 理解智能体的概念模型。
- 理解构建用户模型的关键理念。
- 能够描述一些基于智能体的系统。

417

17.1 人工智能

人工智能是一个通用术语，包括一系列令人眼花缭乱的方法能够为用户体验带来新奇的方法和技术，或者是能够使一些相对复杂的任务实现自动化的技术。在 Google 自动完成 URL 网址或 Facebook 显示信息流时，人工智能正起着作用，此处计算机做出的选择基于近期处理历史记录的算法。一位同事最近感谢我给他发了一篇我写的论文，但是我并没有给他发这篇论文。其实，这都是人工智能的功劳，人工智能从我和他分别正在从事的项目中进行推测，我在我的项目里添加了这篇论文，在他的项目里也有一些相似的关键词。AI 在利用算法匹配关键词方面再一次发挥了作用，如果该匹配满足了兴趣级别强度的计算，AI 还会采取一些行动。

20 世纪 50 年代以来，人工智能一直是研究的焦点。最初大部分人工智能的研究都是有关人们如何思考的模型，因为有人认为人们在脑海中会呈现出与现实世界相符的东西。如果我们能够攻克人工智能这一难题，那么人工智能就会告诉我们人类实际上是如何思考问题的。虽然这个想法已经让位于人工智能更加实际的应用研究中，但仍然有一种观点认为我们可以制造出具有信念、愿望和意图的计算机，并且这些计算机将推动计算机实现创造性的飞跃。在计算机模拟人们如何思考的不同理论的过程中，研究工作仍在继续，但我们在用户体验中遇到的人工智能是弱人工智能。在弱人工智能中，没人认为这是人们真正的想法，但它可以显得非常聪明，并产生一些令人印象深刻的表现。（第 23 章讨论了人们如何思考的问题。）

除了提升设备的处理能力之外，人工智能在近期获得成功的一个原因是可以使用大量数据。人工智能需要拥有大量数据，因为它需要很多事物（事件和活动等）的例子来泛化解决方案。来自物联网、自我量化和我们所有在线活动的数据被人工智能算法用于做出推断并采取行动。所谓的"大数据"正在推动变革。例如，Nest 恒温器通过记录人们的偏好并将这些信息汇总到成千上万的用户，了解人们喜欢的加热设备。该方法使用机器学习提供预期设计，其中人工智能算法可以预测用户下一步的行动。

框 17-1　人与数据的交互（HDI）

随着用户越来越频繁地处理大量数据，人与数据的交互运动越来越关注人机交互的变化。但是，有关数据的访问者、收集数据的时间和数据传递的方式的解读性不高。数据的许多方面并不透明，因此人们无法对其数据做出明智的决策。有时甚至不知道哪些算法正在收集和使用哪些数据，以及这些算法对数据的作用。人与数据交互提倡易读性、智能性和可转让性，但人与数据交互的这些特征是否可以实现则是另一回事。

http://hdiresearch.org/

人工智能遇到的最大的困难之一是许多人工智能系统都需要学习。以监督式方式（即给出了它们将要学习的东西的例子）学习的内容是可以被了解到的，若被编程为以非监督式学习的方式进行学习，要知道这些系统学到了什么非常困难，甚至不可能知道。围绕着机器学习（参见框 17-3）及其带来的可能性与风险的讨论有很多，并且有许多人工智能系统涉及 |418|"深度学习"，其中可能会有很多层次的学习。许多人工智能并不关心用户界面设计问题，但这会对用户体验产生很大影响。所以这里集中讨论在界面设计中运用人工智能的例子。

17.2　界面智能体

界面智能体（或简称智能体）是自动的、活跃的计算机进程，拥有和人类或其他智能体交流以及调整自身行为的能力。在人机交互和用户体验设计领域，通过智能体的应用，在界面上使用智能的趋势在 20 世纪 90 年代受到了 Brenda Laurel（1990b）和 Alan Kay（1990）等人的欢迎。其中，Kay 讨论了从直接操作界面对象到界面智能体"间接管理"的转变。

Kay 对于世界的畅想是，越来越多的活动将委任给智能体来完成。智能体将作为"传声的头像"代替我们参加会议。它们可以与其他作为我们工作团队成员的智能体一起来组织我们的日记。其他智能体可以作为多种角色，通过巨大的信息空间来指导我们，例如可以在教学系统中作为指导者或者说明一款新软件的复杂度，再或者与之前类似的应用一起利用我们的经验。可是，在这一情境下已有的进展相对较慢。最基础的困难在于计算机仅能在有限的范围内了解人们在做什么。它们可以监测鼠标移动、键盘输入、菜单项的选择、元数据和传感器数据。通过这样有限的数据来合理地推测人们将会做什么是十分困难的。

可以从多个角度来看待智能体：

- 作为指导者，可以阐释一个信息空间的结构和特征。
- 作为提醒者，可以帮助我们遵守约定以及与时俱进。
- 作为监督者，可以监视邮件列表以及相关信息的通知。
- 作为合作者，可以与我们一起解决问题。

- 作为替身，可以代表我们参加会议。

通常来说，主要存在两种类型的智能体：

- 其中一些可以代表并且了解一个人。这考虑到了个性化以及使得系统适应于个人的喜欢、习惯以及理解能力。
- 其他智能体则可以了解某种类型的工作，例如，索引、计划、拼写检查等。它们拥有更多领域的知识，但缺乏关于个体的知识。预测文本和网页浏览器上试图预测长URL的系统就是例子。智能体通常会在多智能体系统（MAS）中交互。

当然，机器人就是基于智能体交互的例子，而且工业和家用机器人正越来越普遍。工业机器人包括预编程的系统，例如，用在汽车制造业的机器人，以及用于安全监控等方面的移动机器人。家用机器人包括除草机和可以做其他家务的设备，例如真空吸尘器。图17-1展示了一个智能吸尘器机器人。

人与机器人的交互（HRI）正成为一个越来越重要的研究领域。随着人与机器人开始共同生活，这会带来许多社会问题。未来的机器人可以为老年人或残疾人提供帮助或者陪伴他们一起生活。图17-2展示了看护机器人"珍珠"。珍珠是第一个可以提供家庭护理服务的机器人原型。

图17-1　智能吸尘器机器人

（来源：iRobot公司提供）

图17-2　看护机器人"珍珠"

（来源：卡耐基梅隆大学人机交互学院）

当我们考虑智能体能做什么的时候，从现实生活智能体的角度去思考一些隐喻会有所帮助（见框17-2）。一些智能体能够随着时间学习行为方式；其他的则可以被编程（终端用户编程）。可是，所有这些都基于自适应系统的一些重要准则。在设计开发一个智能体架构以及看一些例子之前，先简单回顾一下自适应系统的概念。

框17-2　关于智能体的一些隐喻

- 旅行社——用户指定一些相当高层次的目标以及一些宽泛的约束条件。旅行社试着找到满足条件的选择。

- 房地产经纪人代表他们的客户独立工作，浏览实际房产的可能选项并选择看起来合适的。
- 特工通过与其他人合作或者对抗，外出了解正在发生的事情。
- 作为朋友或伙伴的智能体向你推荐一些人，他们知道你的喜恶，或者与你有着相同的兴趣，或者可以挑选出共同感兴趣的事物。
- 影视明星或篮球运动员的经纪人可以代表他们谈判最好的交易或最好的剧本和团队。
- 奴隶会为你做一些你不想自己去做的事。

挑战 17-1

告诉智能体你想它们做什么很困难。买过房子或租过公寓的人都会知道房地产商会出售与购买者意愿完全不符的房子。试着写下一些说明来描述你想知道的新闻故事。

将其与你的一个朋友交换，并看看你是否会发现异常或者他是否会遵循你的指示。

17.3　自适应系统

智能体是自适应系统。从特定角度来看，一个系统可以被认为是一个复杂的对象，该对象有一个相对稳定并且有条理的结构（Checkland，1981）。系统包含子系统，同时又存于超系统（或环境）内。系统与其他系统进行交互。系统与其环境、子系统以及其他在同一个抽象层次上的系统交互。一粒种子与土壤进行交互以获得生长所需的养分。一位旅客要听取慕尼黑机场的广播通知。一把锤子与一颗钉子交互并将钉子钉入木板中。

为了与其他系统进行交互，每一个系统都需要与其他系统的某种表达形式或模型。所以一粒种子就是其环境的一种具像化表现，如果这一模型不准确或者不适合，这粒种子就不会发芽；它的交互不会成功。旅客和机场广播通知的交互则可以在以下几个层面上进行描述：

- 物理层。广播通知必须清晰、嘹亮，使得旅客能够听到。
- 概念层。旅客必须能够从机场、旅行和当地语言等方面来理解听到的东西。
- 意图层。广播通知或多或少会和旅客的目的有所联系。

锤子被精心设计以便能够将钉子钉入木头；其物理模型必须包含概念层（强度足够），且概念层必须适用于目标。

在每一个案例中，系统都有一个交互"模型"，该模型依赖于其他两个表示方式：系统拥有的代表其自身的模型以及能与之交互的其他合适系统的模型。在大多数自然的系统中，这些模型与整个系统是等价的，但是在被设计的系统中，这些系统模型反映了设计者的意图。我们可以通过图 17-3 来表达一个系统所掌控的整体表示架构。一个系统拥有一个或多个与之交互的其他系统模型。一个系统同时也包含一

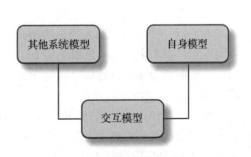

图 17-3　交互式系统的基础架构

420
~
421

些其自身的表示。

多模型的复杂性定义了一系列层次与类型的适应性。Browne 等人（1990）从对本质以及基于计算机系统的自适应性的理解出发，明确了一系列自适应系统的类型：

（1）在最简单的层次上，一些智能体的特点是能够根据不同输入产生对应的输出。该系统必须有一些接收器和发射器（这样才能与其他系统交互），以及一些基础的、基于规则的自适应机制。它们的行为通常都是有限的，因为自适应机制是"硬连线"的。刺激响应系统（例如恒温器）的工作原理是：当温度升高时关闭加热器，温度降低时再打开。

（2）如果简单的智能体能够维持交互过程的记录，并且允许其根据输入序列而非单个输入信号来做出反应，那么它就能够被进一步增强。如果能够保留交互的历史，就能得到进一步提高。文本预测系统就属于这种类型。

（3）一个更为复杂的系统会监测随后交互过程的适应性效果，并且通过不断尝试和犯错误来进行评估。这种评估机制可以对任何给定的输入在一个可能的输出范围内选择输出结果。许多游戏程序（例如，国际象棋、三子棋等）都使用了这种自适应形式。

（4）上一种类型的智能体必须等待并观察关于结果会话的适应性输出。以游戏智能体为例，这就意味着输掉了游戏。更为精良的系统则监视一个交互模型的效果。因此，可能的自适应方式在被实际使用之前可以通过理论来检验。现在，这些系统需要一个正与之进行交互的其他系统的模型（为了能够评估由于系统自身的适应性变化而导致的行为变化）。除此之外，这些系统还需要推理机制，并且必须能够对会话记录进行摘要以及抓住交互过程的设计思想和意图。同样地，系统必须在自身的领域模型内包含其自身"目标"的一个表达形式。

（5）这些系统的另一个复杂度的层次是能够改变这些表示：它们能够对交互进行推理。

Browne 等人（1990）指出这些层次反映了意图的变化，从最初的设计者明确并且测试一个（简单）智能体的机制改变为在第五种层次中那样，系统自身能够处理机制的设计与评估。层次的提升也导致了不合理的代价提高。如果交互的情境不能改变，那么高度复杂的系统并不能使我们获得更多东西。

Dietrich 等人（1993）考察了两个系统的交互以及自适应性能够被建议并实施的多个阶段，还考察了哪个系统在不同阶段拥有控制权。在任何系统与系统的交互中，可以考虑如下因素：

- 初始行动。哪个系统开始这一过程？
- 建议。哪个系统对于一个特定的适应性提出建议？
- 决策。哪个系统决定是否要继续适应过程？
- 执行。哪个系统为执行适应行为负责？
- 评估。哪个系统评估变化的成功与否？

我们以一个最简单的人与智能体交互式系统为例——在一个文字处理器软件上考虑单词拼写检查。由人决定是否采取主动（打开拼写检查程序），系统为拼写错误的单词提出修改建议，人决定是否采纳该建议，系统通常会执行修改（但有时候人们会刻意输入一个特殊的单词），然后由人来评估效果。

自适应系统的特征是它们拥有其他系统、自身以及交互过程的表示。这些模型永远只不过是所发生的一切事物的部分表示。设计者需要考虑什么是可行的（例如，能够获得哪些交互数据），什么是值得的和有用的。

挑战 17-2

　　汽车可以很好地说明越来越多的功能是如何交给适应性系统或者智能体的。最初,没有同步齿轮时,发动机点火时间必须手工提前或延后,此外,也没有伺服制动机制,人们必须记得系上安全带。通过这些以及其他例子,讨论智能体有哪些模型。关于其他与之交互的系统,它们知道些什么?关于它们自身的功能,又知道些什么?

17.4 智能体架构

　　适应性系统的简单模型提供了便于考虑基于智能体的交互的框架或者参考模型。智能体是适应性系统,即与人相适应的系统,因此它们需要一些人类的表示;所以图 17-3 中的"其他系统模型"就可变为"个人模型"或者用户资料(如图 17-4 所示)。

　　"自身模型"就是智能体拥有的关于领域或应用的表示。交互模型就是人的模型与领域模型之间的抽象表示。所有这些都可以进一步细化,如图 17-5 所示,这提供了智能体架构的整体框架。接下来将进一步细化和讨论这种架构。

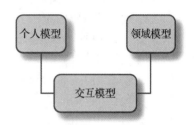

图 17-4 智能体的基本架构

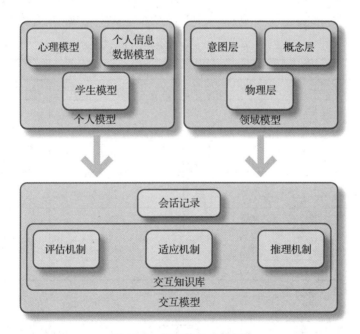

图 17-5 智能体的总体架构

17.4.1 个人模型

　　个人模型也可称为"用户模型",但是"用户"这个术语在人与智能体的交互中不太合适,因为人们并不是直接使用智能体而是与之交互。事实上,一些基于智能体的交互正随着其非人格化的意识向着超越交互的目标前进。17.5 节描述了"人格化技术",它旨在让交互变为关系。这为交互带来了情感与社会的方面。（在第 22 章介绍情感，第 24 章介绍社交。）

个人模型描述了系统"所知"的关于人的一切。我们倾向于将心理数据与个人信息数据区别开来，因为心理数据是情感化、人格化构造的，与人们的习惯、历史和兴趣构成的个人信息数据有着本质的不同。一些系统致力于开发习惯模型，通过长时间监测交互过程来进行推断（例如通过会话记录）。其他个人信息数据通过请求人们提供就可以轻松获得。还有一些系统试图推断用户的目的，然而通过计算机系统通常能提供的数据（鼠标点击以及一串指令序列）来推断用户下一步可能要做什么是相当困难的。一个人的领域知识通过个人模型的一部分，即学生模型，来表示。

对于用户模型的前沿探索来源于 Elaine Rich 及其名为 GRUNDY 的系统（Rich，1989）。这项工作提出了套版的想法——被多人所共享的特征集合。在 GRUNDY 中，系统向用户推荐书籍。一个简单的特征集合被赋予一个数值来表示其特征值之和，而触发器则是与选择套版的情境相关联的对象。例如，一个人回答了他是男性还是女性的问题时，答案将触发一个男性或者女性套版，而他是运动员的回答则会触发运动员套版。然后系统就会通过套版中各种特征的值来进行推断。多种方法被用于提炼数据，系统自身在推断中也会维护一个置信度评价。表 17-1 中的例子显示，系统对于此人是男性的这一假设有着 900（总数为 1000）的置信度。如果此人是男性并且是一个运动员，那么他将会喜欢惊悚小说（获得 5 分满分）。对于这一点系统仍然有很高的置信度（900/1000）。而系统对于此人可以忍受暴力或者会因兴奋而看书的置信度会降低（760/1000）。表中右侧栏展示了各项评价的依据。

表 17-1   GRUNDY 系统中的套版例子

属性	取值	评价	依据
性别	男性	900	男性名字
惊悚小说	5	900	男性 运动员
暴力忍受程度	5	866	男性 运动员
动机	兴奋	760	男性 运动员
性格优势	坚持 勇气 体力	600 700 950	运动员 男性 男性
兴趣	运动	800	运动员

（来源：Rich（1989），第 41 页，图 4）

框 17-3   机器学习

尽管这种方法不太令人信服，尤其是在这个相当粗浅的例子中，但它可能是有效的。这是亚马逊这类网站保存关于所有人数据的方式，并不是关于人的一种十分精巧的看法！复杂程度的提高来自人工智能中的机器学习。谷歌、亚马逊和 Safari 等网络浏览器使用的机器学习算法通过对特定示例进行分类来学习更多抽象概念。如果我在网络浏览器中输入字母'gua'，它会立即提示'guardian crossword cryptic'，因为浏览器会将'gua'与'Guardian crossword'联系起来。当我选择了建议的网络链接时，这种关联将得到加强，因此浏览器已经"了解"了我在网络浏览器上的行为。但请注意，这里没有用户模型，因为它不知道这样做的人就是我。而是基于对话记录的抽象化来实现适应性。

这可能与亚马逊上的推荐系统形成鲜明对比，亚马逊确实知道这是我，因为它要求我登录该网站。即便如此亚马逊也会做出一些奇怪的推论。我为侄子和侄女购买圣诞节礼物之后，它开始建议我购买儿童书籍，它无法区分我何时为自己购物以及何时为别人购物。

机器学习正在迅速发展，因为有太多的数据可供机器"学习"（其中"学习"实际上意味着将两件事物联系在一起）。但是，除非人为干预，否则机器学习仍会造成分类错误。

在我写完这篇文章一年后，当我向浏览器输入'gua'后，谷歌浏览器现在将'guardian cryptic crossword'作为首选的搜索建议，将'guardian cryptic prize'作为第二搜索建议。因为我已经定期点击了这个链接，所以它已经了解到'guardian cryptic prize'是向输入'gua'的人提供的合理选择。然而，'guardian cryptic prize'只发生在星期六，但是无论在哪一天，浏览器都会将'guardian cryptic crossword'作为首选链接。我们必须假设"星期几"不是 Google 算法的一部分，即"星期几"不属于其域模型。

人们的认知特性和其他心理特性为个人模型带来了一种不同的挑战。关注心理模型的原因之一在于存在一些特性能够很好地抵御人们的变化（van der Veer 等人，1985）。如果你的空间能力不强，那么在使用一个虚拟现实系统的时候，你就会比空间能力强的人遇到更多麻烦。例如，Kristina Höök 的研究表明每个个体对于驾驭信息空间的能力有相当大的不同。她研发了一个超文本系统，对于对某个特定节点不感兴趣的人群，系统会自动对其隐藏相关信息，以此达到适应不同用户的目标（Höök，2000）。人们能够学习领域知识并且也能容忍不同的学习方式，但他们却不太会改变空间能力等基本心理特性。一旦一种应用需要更高层次的这类能力，许多人就会被排除在成功的交互之外。框 2-3 介绍了个体差异和有关人格的OCEAN 模型。尽管有大量的证据表明，人的单声道、情感和认知特征对人机交互和用户体验有很大的影响（Specht 等人，2011），但很少有自适应或基于智能体的系统尝试利用这些数据。

大多数个人模型实际上只是对极少数人的特征的简单实用的表示。当然，这关乎隐私和伦理问题，诸如应该告诉人们哪些个人数据被保存下来。个人模型很快就会过时并需要维护。

17.4.2　领域模型

领域模型描述了智能体关于领域的表示。它可通过全部或部分三种层次表述来实现（见"进一步思考"）：物理层、概念层和意图层。领域的物理特性包括诸如显示的颜色，数据是菜单或单选按钮组成的形式展示之类的东西。物理特性和一个系统的"外表"相关。概念上来说，一个领域可通过其内部的对象或者事物的属性来描述。

意图描述和目标相关。例如，一个电子邮件智能过滤体可能拥有一个领域模型，该模型通过主要的概念来描述电子邮件，如标题、主题、发件人等。一个领域的物理描述可能包括字体和颜色选项。一个意图描述可能包含一种规则，比如"如果消息被归类为'加急'，那

426 么就给用户显示警报（alarm）"。

进一步思考：描述层次

这三种描述层次在 Rasmussen 关于心理模型和人机交互的思考（Rasmussen，1986，1990）和 Pylyshyn（1984）和 Dennett（1989）的哲学论证中是显而易见的。Pylyshyn 的观点是"认知科学的基本假设就是至少有三种互相独立的不同层次，从中我们可以寻找到生物上、功能上和意图上的解释准则"（Pylyshyn，1984，p.131，Pylyshyn 的斜体字部分）。这些层次可以相互区分，并且都是必需的，因为它们揭示了普适化的东西，否则这些是难以被发现的。功能描述是有必要的，因为不同的功能可能通过相同的物理状态来实现。例如，按下 ^D 这一物理行为不同的系统会导致应用执行不同的功能。意图层是需要的，因为我们解释系统行为时不仅仅通过功能，也要通过与目标相关的功能——通过将系统表示与外在实体相联系，从单纯功能的视角来看，有人在美国拨打了 911 电话（或者在英国拨打 999）并不能表示那人需要帮助。所以，对于系统中用户意图的层次也是需要被描述的。

Dennett 还认识到了描述的三种层次。我们可以通过物理视角、设计视角和意图视角来理解一个复杂系统的行为。物理视角（也叫作物理立场或物理策略）是指，为了预测一个系统的行为，你只需确定它的物理构成和关于输入的物理性质，然后通过物理法则预测输出。可是，有时候使用设计立场来看会更为有效。运用这一策略，通过相信系统将按照设计的方式运行，你可以预测系统将如何运行。可是，只有预先设计好的行为才能通过设计立场预测。如果需要一种不同的预测能力，那么你可以引入意图立场，如果一个智能体是合理的，那么你可以根据它应该做什么来预测它会做什么。

领域模型使系统能够做出推理、适应以及评估其适应性。系统只能对其知道的关于应用领域的东西（领域模型）进行适应和推理。以一个邮件过滤系统为例，该系统很可能并不知道消息内容。关于一封邮件的表示被限制在仅仅知道一条信息包括一个标题、一个发件人字段、一个收件人字段，等等。一个推荐影片的系统只知道电影的名称、导演以及一两个演员。这和人们"知道"一部电影的概念是完全不同的。领域模型定义了系统知识的范围。

例如，有一些程序可用于过滤被认为是不需要的邮件消息。这通常通过使用简单的"IF-THEN"规则来进行推理以完成工作（也可见下面的交互模型）。IF 消息中包含 < 不可接受的词汇 >，THEN 删除消息。当然，< 不可接受的词汇 > 的具体内容就是其中的关键了。在工作场所，不可接受词汇之一就是"XXX"，那么任何包含该词汇的消息都被毁删除，并且不会给发件人和收件人任何通知。由于有个十分常用的惯例就是使用类似"找到文件 XXX、YYY、ZZZ 等"的句子，那么许多正当的邮件消息就这么消失了。所以，领域模型在这一案例中（"XXX 是不可接受词汇）就显得过于简陋了。

17.4.3 交互模型

该框架的第三部分是交互模型。其包含两个主要部分：交互的抽象形式（称作会话记录）和一个用于执行"智能"的知识库。知识库由三种机制构成，分别是通过其他模型进行推理的机制、适应性确定机制以及可能还有评估系统表现效果的机制。这一知识库由"IF-THEN"规则、统计模型、遗传算法或者一些其他任何机制构成（例如机器学习）。

上述通过适应、推理以及评估机制所表述的交互模型可能会相当复杂，体现了语言学、教育学和解释学方面的理论。例如，辅导模型代表了一种特殊的教学方法，它关注学生与课程内容（领域模型）之间的交互。一个智能教学系统中的教学模型组件可以通过交互模型中的推理和适应机制来描述。

交互可以看作是一个人（或其他智能体）在某种层次上对系统的利用，并且这一过程是被监控的。从数据中我们可以得知：

- 系统可以推测人的信念、计划或目标、长期特性（例如，认知特点）或个人信息数据（例如，过往经历）。
- 系统会根据特定的交互的需要调整其行为。
- 给定适当的"反射"机制，系统可以评估其推理和适应性，并且调整其自身的组织或者行为。

会话记录仅仅只是给定抽象层次上对交互的一种追踪。这一记录会根据自适应系统的需要而一直被保持，直到不需要时才被删除。会话记录包括以下细节：

- 键盘敲击顺序。
- 鼠标点击和移动。
- 人们使用系统时的面部表情。
- 时间信息，例如从下达命令到任务完成的时间。
- 眼动信息、瞳孔大小和注视方向。
- 语音特性，例如语速、语调和响度。
- 通过自动语音识别器（automatic speech recognizer，ASR）识别出的单词。
- 系统消息和其他系统行为。
- 所使用的命令名。
- 与人交互的对象的数据或元数据。
- 人们的生理特性，例如，皮肤导电性、握力等。
- 传感器数据，例如，一个人跑步的速度，或者一个设备是水平的还是垂直的。

会话记录是交互在一定范围内的抽象，因为它并未记录下所有发生的事件。面部表情以及其他手势的捕捉正变得越来越容易；因为新的输入设备的出现，手势、移动、加速以及所有其他可被感知的特性让整个交互领域越来越丰富。可是，对于一些用户在交互过程中可能进行的非交互式的行为（例如读书）依然是难以记录的（然而，通过视频输入的方式仍有可能推测出来）。随着以视频记录交互的引入，输入设备越来越多样化，例如追踪眼球移动等，因此，会话记录将会更加惊喜。

428

个人模型和领域模型定义了什么可以被推理。实际上是交互知识库在进行推理，可以通过结合多种领域模型概念来推测人的特性或者结合个人模型概念来适应这个系统。交互知识库代表着领域和个人的特性之间的关系，提供了会话记录的解释方式。基于智能体的系统设计者必须做的一个重要的设计决策是，确定对话记录、个人数据以及交互知识库所需要的抽象层次。

挑战 17-3

shopwithus.co.uk 网站有一个欢迎回头客的智能体，能够给他们推荐可以购买的书籍并解释原因。图 17-6 展示了 shopwithus 智能体的一个会话。请推测该智能体所拥有的关于人、领域和交互的标识。和同事讨论并且解释你的猜想。

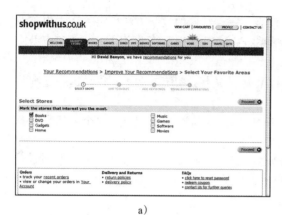

图 17-6　shopwithus.co.uk 智能体对话

案例：Maxims——邮件过滤智能体

麻省理工实验媒体实验室从人机交互角度进行了一些关于智能体的有影响力的工作，特别是学习型智能体（Maes，1994）以及 Letizia（Lieberman，1995；Liberman 等人，2001）。这些智能体可以学习个人、其他人以及其他智能体的行为模式。目前已证明可用于会议安排、电子邮件过滤、音乐及网页推荐等方面的应用。

例如，智能体通过回顾一个人对邮件的处理并且记录了所有的"状态—行为"来帮助进行电子邮件消息过滤。又如，一个人阅读了一条消息并将其保存至某个特定的文件夹内，读取了另一条消息并删除了它，又读了一条消息，回复并进行了归档。该智能体在消息和采取行为的抽象层次上维持着一个会话记录。当一个新事件发生时，智能体试图通过它的案例库来预测人可能采取的行为。它根据相应情境下的特征权重得到距离度量，来找到案例库中与新的情境下最匹配的行为。例如，如果收到一封邮件消息的标题中含有"滑雪旅行"，则智能体会找出以前相似的案例（例如，之前标题中含有"滑雪旅行"这个词的消息）并查看采取了怎样的行动，如果以往所有类似的邮件都被删除了，那么很可能这一封也会被删除。

智能体不时地将其预测结果与实际采取的行动进行比较，并计算其预测置信度。人们可以设定不同的置信度阈值：达到"执行"的阈值时，那么智能体可以自主采取行动；达到"告知我"的阈值时，则智能体必须将其预测告知给用户。随着时间推移，智能体在不断参与和直接指导（通过假设性的案例）中获得置信度。当智能体没有足够的置信度时，它会把部分脚本描述发送给其他智能体，并且请求关于它们会怎样做的信息。据此智能体可以指导其他哪些智能体是"值得信任的"（即提供的建议和用户接下来的响应最为接近）。在一个会议安排智能体中，"执行"阈值设为80%，"告知我"阈值设定为30%，当其有超过80%的置信度时就会自主采取行动。

通过上述总体架构我们可以知道：

- 智能体有着一个关于人们偏好（读取邮件、删除或保存等）的个人模型（个人数据）。
- 领域模型由电子邮件的概念属性比如标题中的关键词、抄送列表、发件人等，以及可能的行为（是否读取、删除、保存等）组成。 |429|
- 对话记录由对象细节和动作组成。
- 推理机制是对先前情况的加权贴近度。
- 适应机制是采取的行动。
- 评估机制表现在智能体的反映能力、审查信心等方面。

同样有趣的是注意到在交互的不同阶段控制的分布。用户定义阈值的存在允许个人保持对关键动作的控制。

17.5 基于智能体交互的应用

在基于智能体的交互领域中，建立个人（用户）模型以及适应用户的交互所占的比重十分庞大并且会持续增长。个性化是交互式系统设计的关键方向，自动个性化更加备受关注。本节指明了其中一些主要的方面。

17.5.1 自然语言处理

自然语言处理关乎语音输入与输出，同时也关乎按键输入，从其发明开始就是计算的梦想状态。自然语言系统通过生成适合于个人特定查询和特征的文本或识别自然语言语句来进行调整。为此它们必须推理用户的需要以及关注自然语言的（模糊）使用。前指照应（anaphoric reference）（例如使用"它"（it）、"那"（that）这些词）以及省略（语句中信息缺损）都带来了句法上的难题，但是推理一种表述的语义含义以及使用该表述的人的意图是更为棘手的问题，这一问题已经引发了人工智能领域和计算语言学领域的大量研究。最好的结果由基于电话的航空售票以及电影院售票系统取得。这里，可以通过存储索引和已知名字的字典来对有效输入进行检测和识别。可是，这些系统还远远达不到百分之百的准确率。这些系统中，领域是相当受限的，所以可以假设人们说的都是和领域相关的语句。在其他领域，可能更开放并且背景噪音也更多，会轻易地将单词识别率减少到 40% 以下，更不用说能够对其进行有意义的解释了，该项技术目前还不能令人满意。基于语音的智能体技术主要有 Siri、Google Now、Cortana 和 Alexa。

聊天机器人系统使用文本输入形式并通过回应使得对话能够继续。它们主要用于娱乐，例如 Jabberwocky 和 Alice。一个比较有趣的研究方面是，在什么程度上人们会去辱骂这些"社交"智能体，因为这在聊天机器人网站中是十分常见的。

进一步思考：生而为言语

Nass 和 Brave（2005）通过对以往言语研究的全面综述，他们相信人类"生而为言语"。理解语言是一种天生的能力。智商（intelligence quotient，IQ）较低的人也能说话。从 8 个月开始到青春期，孩子们每天平均学习 8 ～ 10 个新词。

言语是构建人际关系的基础。我们可以轻易地分辨不同人的声音。简单来说，人们是提取社交方面的言语以及使用言语作为主要交流手段方面的专家。

430
～
431

17.5.2　智能帮助、教学和建议提供系统

帮助、建议和教学是基于智能体交互的自然应用。智能教学系统（ITS）的基本原理在于，对于给定的学生和课题，智能系统可以减少基于人的教学中的技能差异性，并且在一个限定的课程领域能够针对个人找到最好的指导方式。为了最小化学生知识水平和经过确认的专家的知识表示（即目标水平）之间的差异，ITS 必须能够区分领域专业知识和教学策略。ITS 需要能够识别错误和误解，能够在必要的时候以不同的解释层次加以监督和干涉，能够在给定的指导准则下生成问题（Kay，2001）。

一个关于学生的"学生模型"使用 ITS 存储学生对于即将学习的概念和关系的认知程度，以及学生层次和成绩。这些学生模型通过假设学生的知识层次超过专家的方法，从而揭示错误的匹配。一个 ITS 通常包含任务执行性能的历史记录，以及在一个特定的课程范围内个人知识层次的一些细节表示。这些可以通过用户个人信息数据的形式存在，也可以用于管理和分数记录。

另一个智能界面系统的流行应用由上下文相关的"活跃的"帮助系统（Fischer，2001）提供。在线帮助系统追踪交互的上下文并包含辅助策略和一系列行为计划，以便在最合适的时候和用户看起来遇到困难的时候介入。智能帮助系统和 ITS 有一些共同的特性，因为它们都需要诊断策略以在特定场合为用户提供最合适的帮助。可是，它们也需要能够通过所使用的命令这种低层次的数据形式推测用户高层次的意图。智能帮助系统逐步发展到了"评论式系统"（Fischer，1989），此时用户必须能够胜任受评论的主题领域，而不是作为被指导者或学习者。

17.5.3　自适应超媒体

随着以网络作为实验室，自适应超媒体方面的研究近年来十分火热。Brusilovsky（2001）提出了独到的见解，其最新版本见 Brusilovsky（2007）。图 17-7 展示了 Brusilovsky 关于不同自适应超媒体系统的图表。超媒体系统的适应性分为自适应表示和自适应导航支持。这些系统可以添加链接、改变链接、添加注释等，具体取决于用户之前浏览了哪些节点

并做了什么。一个有趣的应用是在适应性博物馆导览解说之中，描述的内容会为了适应推理
到的观察者的兴趣而调整。

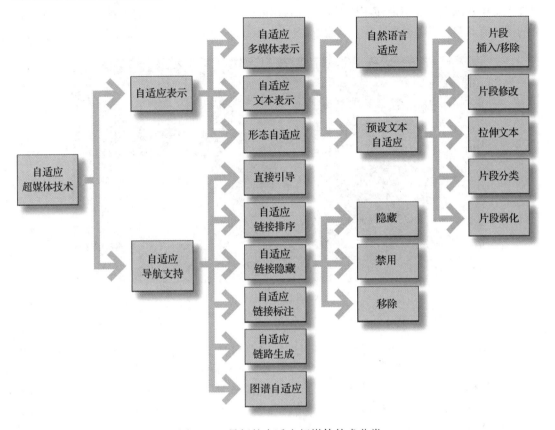

图 17-7　最新的自适应超媒体技术分类

（来源：Brusilovsky，2001，第 100 页，图 1）

框 17-4　罗布纳奖

　　罗布纳奖（Loebner Prize）人工智能比赛由 Hugh Loebner 在 1990 年创立，并且在
1991 年于波士顿计算机博物馆（Boston Computer Museum）首次举办。罗布纳奖的奖章和
奖金每年授予最成功地通过一系列图灵测试的系统设计者。为了与捐献者的意愿一致（发
表于美国计算机协会通讯（Communications of the ACM）1994 年 6 月刊），10 万美元奖金
的金奖得主必须应对视听输入测试，一旦达到了图灵设置的被错认为人的 50：50 可能
性水平，就会进行适当的竞赛。中间的 25 000 美元奖金的银奖被授予在仅有文本的测试
上达到这一水平的人。此外还有目前是 2000 美元奖金的年度铜奖，授予被评委会认为是
"最似人的计算机（most human computer）"系统的设计者。

　　来源：www.loebner.net/Prizef/loebner-prize.html

432

17.6　虚拟代理、机器人和对话智能体

　　虚拟代理或者虚拟人类，使得基于智能体的交互上升到了另一个层次。这里智能体由一

个角色来表示，该角色可以是屏幕中的角色也可以是物理实体。例如，Nabaztag 是一个塑料制成的类似兔子的物体，它拥有闪光灯和可旋转的耳朵（如图 17-8 所示），它从万维网或者邮件消息中获取数据，然后使用语音合成（text to speech，TTS）系统将其朗读出来，更加复杂的系统有具身（或者说具体化）对话智能体（embodied conversational agent，ECA）。

图 17-8　Nabaztag

（来源：Jimmy Kets/Reporters/Science Photo Library）

目前有一个非常重要的研究工作直接面向具身对话智能体（例如 Cassell，2000）以及"拍档"（companion）（见后续内容）。本章已经展示的大部分工作都聚集成一个整体，但是也包含了智能体的表示以及慎重设计的行为，以便让智能体更加栩栩如生，更加迷人。对话智能体领域的研究人员认为，提供一个"屏幕特写头像"或者一个具体化的智能体，其意义远远大于做些表面文章，它甚至有可能从根本上改变交互的本质。人们会更加相信和信任这些智能体，并与智能体有情感上的投入。

433

框 17-5　人物角色效应

在 James Lester 及其同事（Lester 等，1997）进行的一个经典的实验中，人物角色效应被证实了。这表明在智能体被一个屏幕角色表示的教学环境中，人们会更加投入并且可以学到更多。虽然后来的实验对这个问题造成了些许不利影响，但依然有足够的证据支持在交互中加入一个角色通常是正面的体验这一事实。而它是否总是有助于提升理解能力尚未有定论。人物角色效应，即拥有一个角色形象是有正面效果的，这已得到了普遍的接受。

在此方面，最佳的一些工作成果出现在麻省理工学院，他们正在研发房地产智能体——Rea（如图 17-9 所示）。Rea 试图处理所有的对话问题，例如，话轮转换、转调，并使得对话尽可能自然。可对话智能体依然需要建立用户模型，并且他们依然拥有他们所运行领域的模型，他们的适应性和所做出的推理只会尽可能地接近事先设计好的机制。此外，在自然语言理解和自然语言生成上，他们依然存在一些问题，手势和动作将会使这种交互更加自然。

图 17-9 房地产智能体 Rea。Rea 的领域知识是房地产：她可以访问波士顿的公寓和房屋的数据库。她可以展示这些房产的图片和它们各自的房间，并且指出和讨论其显著的特点

（来源：www.media.mit.edu/groups/gn/projects/humanoid/）

当智能体被具体化为人形或其他角色时，HRI 问题就凸显出来了。例如，AIBO（如下文的图 17-13 所示）是一只机器人宠物，它像真正的宠物一样四处游荡。然而，AIBO 是坚硬而坚实的。相比之下，Paro 是一个皮毛蓬松的伴侣机器人，其设计基于日本老年人喜欢的海豹（如图 17-10 所示）。Paro 可以被抚摸，并对这样的抚摸做出反应。

图 17-10 机器人海豹 Paro

HRI 的许多工作都集中在试图让机器人的行为更加自然和人性化。作为一种新兴技术，未来的原型设计和绿野仙踪研究（见第 8 章）是测试和评估设计的适当方法。例如，设计师需要把注意力集中在人机界面的整个用户体验，机器人的物理层面的体验比网络应用的用户体验要求更高。显然，机器人需要以符合美学的方式运动，它需要能够从有限的传感器数据中做出合理的推断，并且需要能够向用户（或"所有者"，见下一节）展示实用性。家居机器

434

人可以从市场上买到。机器人 Buddy（如图 17-11 所示）在 2016 年上市，这类机器人可能过于简化了，因为它使用平板设备作为头部。像 Nao 这样的儿童机器人在商业上也很成功。然而，只有向生物机器人范式的转变，而不是当前机器人机电一体化的观点，才能取得真正的进步。新范式发展了基于生物运动和自然行为的相互作用。这些"软机器人"将会形成新形式的 HRI。

图 17-11　机器人 Buddy

17.7　案例研究：拍档

这一领域的工作聚焦于拍档：ECA 旨在于为人们提供帮助和感情投入。拍档的目的在于"将交互转变为关系"。Benyon 和 Mival（2008）回顾了一系列目标在于使人们能够让其人格化的系统和技术。在 *The Media Equation*（1996）中，Reeves 和 Nass 讨论了人们怎样才能容易地人格化物体，并给它们灌输情感和意识。我们向着计算机大叫并骂它们是笨蛋，我们触击最喜爱的手机并跟它说话，仿佛它是一个人。拍档在于能够开发这些关系，从而让人们参与更加丰富和满意的交互体验。拍档必须参与到人们的对话中，对话对于采取的行为必须足够自然以及合适。这为 ECA 及其行为和自然语言处理带来了新的研究方向。

我们对于拍档的理解概括在图 17-12 中。我们将拍档视为交互到关系的转变。Bickmore 和 Picard（2005）认为关系的维持包含期望、观点和意图的管理。他们强调关系的建立必须经过长期不断的交互。关系拥有基本的社会性和情感性，并且是持久和个性化的。Citing Kelley（1983）认为关系证实了两个部分之间的互相依赖，一个部分变化会导致另一个部分的变化。关系证实了一个特定二元组之间的特殊交互模式，即一种"可靠的同盟感"。

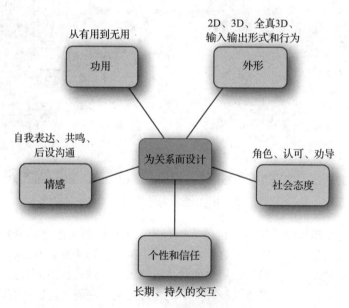

图 17-12　将交互转变为关系

正是因为关系带有这些特性，如丰富的可扩展的情感和社会交互形式，我们才尝试着对其梳理，这样才能为人们提供设计拍档的建议。根据目前对迄今所拥有的经验的理解，我们通过以下特性来描述拍档：功用、外形、个性、情感、社会态度和信任。

17.7.1 功用

以拍档的功用问题为开端是一个不错的选择，因为拍档有一个有效的范围。一边是不确定的目标（即没有特定服务功能的伴侣），另一边则是确定的目标。一只猫除了是猫以外并没有一个确定的功能，而一个护理助手却有确定的任务，例如药物分配、健康监测以及锻炼监督，但这两者都被视为拍档。一个拍档可以和娱乐相关并为人们带来欢乐，或者以合适的方式提供某种帮助。索尼公司的AIBO现在已经停产，虽然曾被视为是最有效的宠物机器人，但它并没有实际的效用（如图17-13所示）。

图 17-13　AIBO，型号 ERS-7
（来源：索尼公司）

功用也关乎关系两方的功能分配。例如，PhotoPal 可以将照片发送给一个特定的朋友或亲人，因为它可以获得必要的地址并且有这样的功能。（PhotoPal 在第 3 章已介绍。）PhotoPal 可以排除模糊的照片，却不能排除一个比较暗的照片（除非该照片特别暗）。这一关系中的判断机制来自人。让 PhotoPal 来执行提高照片亮度的功能，然而提高哪张照片亮度却是由人来决定。（第 9 章介绍了功能分配。）

拍档提供的"工具支持"（Bickmore 和 Picard，2005）是关系建立中的重要部分。一个拍档可以过滤大量的信息以及冲突的观点，它可以自主开始某项新的活动，或者等待它的主人来初始化一些活动。

17.7.2 外形

一个拍档所采取的外形关乎交互过程中的所有问题，例如，对话、手势、表现行为以及交互中其他可用的方面。外形也关乎表示方面，例如，是 2D、3D 或是全真 3D，或者是类人的、抽象的或是动物的外形，还包括其采用的具体形态。许多和美学问题相关的方面都要以这种方式来考虑。拍档的外形和行为很可能根据主人的不同而多样。我们观察了老年人组成的焦点小组，发现索尼的小狗机器人 AIBO 的细节行为虽然被注意到了，但并不是特别显著。功用是很大的问题，而细节则在其次。这体现了在上一代技术上看到的技术功利性。年轻的人往往对实用性不太关注，更关注设计细节。

当然，索尼公司对 AIBO 行为的关注带来了功能更加强大的情感附属物。在一系列对于该机器人的非正式的评估中，人们需要定期对 AIBO 的情感表现进行评价，例如，烦躁、欢乐、暴躁等。一个本质上无生命物体的信念、欲望和意图属性在关系设计中是一个非常重要的方面。例如，人们会说 AIBO 喜欢人们轻抚它的耳朵，然而耳朵里并没有任何传感器。对复杂界面特性的细心设计，例如这个案例中的声音、耳朵的移动以及头部的灯光，会使人们享受交互的过程，并且认为该产品具有智能和情感。

17.7.3　情感

为娱乐和情感而设计是拍档设计的关键问题。有吸引力的事物可以使人们感觉良好，并且让他们更具有创造力和能力（Norman，2004）。关系提供了情感的支持。情感的综合和稳定是关系的重要方面（Bickmore 和 Picard，2005）。每个参与者都应该有机会谈论他们自己来帮助自我表露和自我表达。关系提供了价值的保障，而且情感交流能够提高熟悉程度。交互应该是建立于共同基础之上的，并且整体上是礼貌的。礼貌是 Reeves 和 Nass（1996）所描述的媒体等同中的一个关键属性。

交互中情感方面也来自元关系交流，例如检查一切是否良好，运用幽默以及谈论过去和未来。如果一个交互要变成关系，另一个关键方面就是要有共鸣：它能够带来情感的支持，并且提供了增强关系行为的基础。

17.7.4　个性和信任

437
～
438

个性是 Reeves 和 Nass（1996）的媒介等同中的一个关键部分。他们进行了一系列的研究，发现主动型的人更倾向于和主动型的计算机进行交互，而被动型的人则更倾向于和被动型的计算机进行交互。一旦交互由功利化转变为关系的复杂度，人们就想要和他们喜欢的个性进行交互。

信任是"关于一个人、物体或过程的可感知到的可靠性、依赖性以及信任的积极信念"（Fogg，2003）。信任是一种关键的关系，它可以通过闲谈、互相认识的对话以及可接受的连续行为随着时间不断发展。强调共同性和共同价值的日常行为和交互对于形成关系是有效的。

17.7.5　社会态度

Bickmore 和 Picard（2005）强调了评价支持是关系建立中的一个关键方面，同时也强调了其他社会关系，例如群体归属、成长机会、自主支持以及社交网络支持。

关系在劝导方面也扮演着很重要的角色。相当有争议的关于"劝导式技术"（Fogg，2003）的概念就是基于让人们做他们原本不会做的事情。然而在拍档的情境中，这正是你想要让拍档去做的，提供这个技术最终能带来好处。以一个关注健康和健身的拍档为例，它会试图劝导主人去更努力地跑步或者更积极地训练。这毕竟是为了他们自身着想。

这些想法如何转变为原型和系统是另外一方面的事情。自动推理和人员建模并不容易。情感的表示通常被限定于"高兴""悲伤"或者"中性"。情感领域的众多研究案例建立了复杂的模型，但它们不可用于任何一种应用。目前关于拍档的应用基于名为 Samuela 的虚拟形象（如图 17-14 所示），它来自西班牙电信公司（Telefonica），并且基于一个复杂的多

439
组件架构，如图 17-15 所示。

图 17-14　Samuela

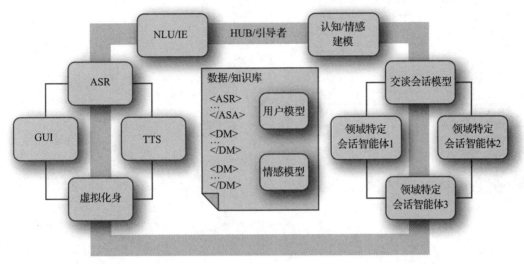

图 17-15　拍档架构

拍档架构展示了多个组件之间的集成。TTS（text to speech，文本到语音）、ASR（automatic speech recognition，自动语音识别）、GUI（graphical user interface，图形用户界面）以及虚拟代理提供了多种模式的输入和输出机制。在图片右侧，可交谈会话模型（dialogue model，DM）伴随着经过特定领域知识训练的领域特定智能体出现，出现在诸如数字数码照片、健康和健身以及一般工作方面（例如会议、关系以及适合于"今天过得怎么样"场景的其他功能）的陪伴案例中。图表上方展示了自然语理解（NLU）、信息提取（从被理解的语言中提取名称的实体以及复杂的关系）以及认知和情感模型的建立。这些组件驱动多模态输入之间的推理。图表下方展示了关于自然语言生成（NLG）、媒体融合以及输出组织形式的组件。

每个组件自身都是高度复杂的，因此如果想要拍档成为现实，那么需要实现的整体复杂度就至关重要。除此之外，这些组件目前都必须手动完成，除了现在卫星导航系统中广为人知的 TTS 组件，这里并没有一个标准的单元。

图 17-16 展示了另一个视角下的拍档架构。它展示了从左侧输入移到右侧输出的架构，以及组件访问和信息提取的顺序。首先，输入的不同通道——GUI 和触摸、ASR 和信号检测，是集成在一起的。通过语音检测软件和分析语句中用词表达的感情色彩来检测出情感。会话的"理解"基于用词、推理出的情感以及被识别出的实体的分析。通过访问领域和用户知识来决定最佳的行动方案（输出策略）和最佳的展示方式，包括说的词汇、语调、言语韵律的其他方面，以及虚拟代理的行为。

440

该项目中，一个有趣的问题是怎样评价拍档。怎样才能知道多个组件工作良好并且成功达到了预期？为此我们采取了一种双管齐下的方法来评估，一种是利用以用户为中心的主观满意度测试方法，另一种则是更加客观的方法，通过观察拍档的识别准确度及其响应适宜性来评估。

通过对使用拍档原型的人们进行的定性调查来获得主观意见，并与相关语音组件、会话表现、用户经验以及任务完成度的定量测量相结合作为整体。用户和拍档关系的紧密程度通过在线问卷调查的方式来获取，这一调查基于李克特五分量表法（非常同意，同意，不一定，不同意，非常不同意）。问题是围绕上述模型的 6 个主题而组织的（如图 17-12 所示）。

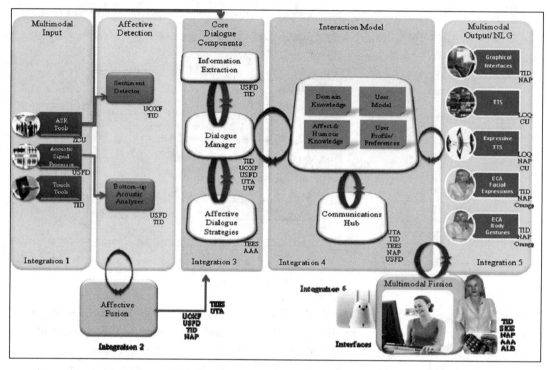

图 17-16 另一视角下的拍档架构

A. 拍档的行为以及它看起来像什么。

B. 拍档的功用。

C. 参与者和拍档之间关系的本质。

D. 拍档所表现出来的情感。

E. 拍档的个性。

F. 对于拍档的社会态度。

李克特五分量表法要求填表人表明是否同意以下陈述：

"和拍档之间的会话让我觉得自然。"

"我觉得对话比较合适。"

"随着时间的流逝，我觉得我可以和拍档形成一种比较好的关系。"

"我喜欢拍档的行为方式。"

"我觉得拍档和我有共鸣。"

"拍档不时会表达出情感。"

"拍档是富有同情心的。"

度量标准考虑到了对于语音质量、对话和任务的特性以及一些用户满意程度评价的客观衡量。

词汇量和言语长度（以词数计）的计算基于 ASR 的结果和抄写。单词错误率（Word Error Rate，WER）度量了语音识别的质量，并且通过一个标准公式来计算：（检测错误＋插入错误＋替换错误）／（用户实际说出的单词数）。语音识别概念错误率（Concept Error Rate，CER）的计算则是通过观察基于被识别出的单词，系统能够检索到哪些概念。

会话的度量方法包括会话轮次数（用户和系统轮次的总和）、会话时间、以人们使用的词数和词汇量来度量的用户说话平均长度。在一些初步实验中，词汇量在 33 个～ 131 个之间，会话持续时间则在 9 分钟～ 15 分钟之间，会话有 100 轮次～ 160 轮次。

这些度量方法和其他一些度量方法（如任务完成时间）一起，作为整体"合适度"的度量标准。当然，这个度量标准必须与拍档的类型以及其从事的活动相适应。其自身可能是一个高度功利性的任务，例如对照片进行一些特定的处理；或者可能是更加非功利性的，例如，进行一场愉快的交谈。而在另一些场合则可能更加基于情感，例如在一天糟糕的工作后使得用户感觉好些。

总结和要点

基于智能体的交互正好介于人机交互领域和人工智能领域之间。这使其成为相当难以理解的领域，因为伴随着研究人员采用不同的技术和专业术语来解释其概念，有许多已经进行的工作来源于不同的原则。除此之外，随着屏幕上虚拟形象的外表和行为越发重要，开发吸引人的基于智能体的交互方式的技巧就越发具有挑战性和跨领域性。

本章试图提供统一的框架来考虑智能体和虚拟代理。

- 所有基于智能体的交互应用都有关于用户、领域以及与会话记录相耦合的交互模型的高层架构，但是不同的应用和不同类型的系统会有不同的表现方式。
- 所有的智能体都是自适应系统，它们可以自动改变系统的多个方面来适应单个用户或者用户群体的需求，或者更一般地来说，可以适应系统中其他智能体的需求。
- 一些系统试图通过交互来推理用户和智能体的特性。而其他系统则需要用户明确输入自己的特性。
- 基于这些推理和其他用户及领域特性，可以改变系统的显示或数据。
- 当前，很少有基于智能体的系统会对它们的适应性做出评价。
- 对话智能体存在额外的困难，那就是它们需要和人类对话者自然地进行交互。

练习

1. 通信实验室的研究者想要和他们的同事更容易地分享所浏览过的网页。请设计一个网页浏览智能体来帮助他们。用智能体架构的形式来描述。

2. 在本章练习 1 中，你可能会想到的社交导航功能之一是一种能够根据购物来推荐菜谱的智能体。请探讨这种智能体的设计。

深入阅读

Benyon, D.R. and Murray, D.M. (1993) Adaptive systems: from intelligent tutoring to autonomous agents. *Knowledge-based Systems*, 6(4), 177-217. 它为这里展现的智能体架构提供了更为详细的探讨。

Maes, P. (1994) Agents that reduce work and information overload. *Communications of the ACM*, 37(7), 30-41. 关于她早期工作的描述。

User Modeling and User Adapted Interaction (2001) Tenth Anniversary Issue, 11 (1 & 2), pp. 1-174. 这是很好的关于问题的最新集合，主要是从人工智能的角度来看待，并详细描述了许多系统使用的推理机制。Fischer (*User modelling in human-computer interaction*, pp. 65-86), Brusilovsky (*Adaptive hypermedia*, pp. 87-110) 和 Kay (*Learner control*, pp.111-127) 的论文尤其适用于该研究。

高阶阅读

Jameson, A. (2007) Adaptive interfaces and agents. In Sears, A. and Jacko, J.A. (eds) *The Human–Computer Interaction Handbook,* 2nd edn. *Lawrence Erlbaum Associates, Mahwah, NJ.*

Kobsa, A. and Wahlster, A. (1993) *User Models in Dialog Systems.* Springer-Verlag, Berlin.
对于很多理论问题的着重处理方法。

网站链接

在 www.um.org 上可以看到许多案例。

挑战点评

挑战 17-1

这个挑战供你尝试。仅仅通过与其他人的讨论你就会发现，想要精确表述你所想要的东西是多么困难，因此你不会排除任何可能。事实上，一个好的经纪人，如房地产经纪人、旅行经纪人等，能够解释任何你给他们的简令，人工智能体距离这样的能力还有一条很长的路要走。

挑战 17-2

汽车中自适应系统（或者智能体）所使用的大多数功能都依赖于其他系统的准确模型。例如，防抱死制动系统有一个关于道路表面潮湿度和光滑度的模型。然后才能根据这种表示来自适应地调整制动力。我并不知道实际的表现，也不需要知道；只要了解哪些功能被用于建立模型就足够了。同样地，控制点火的系统也有着一个关于燃料和空气混合度、气缸位置等的模型。有了这些，汽车只需要能够抓住交互的一些物理方面的表示即可。而与人交互则困难许多，因为系统需要抓住人意图的描述。

挑战 17-3

会话展示了推荐系统智能体如何改善它的建议。在 b 中用户被要求给一些书籍评分，在 c 的右侧可以看到用户已经给 35 本书进行了评分。现在，推荐系统智能体就可以基于关键词的架构所描述的那样了解我所喜爱的书籍类型。当我继续购物时，推荐系统利用他人的记录来推荐相关的书籍。领域模型包含了聚集到一起的书籍之间的链接，并且毋庸置疑的是，无论何时这些书籍聚集到一起，链接的强度都会被增大。在截图 e 中可看到推荐系统智能体能够解释其推理过程——使得我、用户模型，以及领域模型之间的关系明确化。在 f 中，系统知道了我已经买了一些书籍，而这些书籍比刚才评分的权重更高。

普适计算

目标

信息和通信设备正变得如此常见和小巧，可以说它们现在已经是"普适的"，即无所不在。它们可嵌入墙壁、天花板、家具以及装饰品上。它们被当作珠宝佩戴或被织在衣服中。它们可以随身携带。Norman（1999）提到了电动马达，电动马达以前常常是被安放在一个地方，而现在，它可以嵌入任何可能的设备中。对于计算机来说同样如此，此外多个计算机还会互相交流。

"普适计算"涵盖了多个计算领域，包括可穿戴计算、移动计算（有时候也共同称为无处不在的计算）、计算使能环境（或者也称为"可响应的环境"），以及信息物理系统。在许多场合下，人们会使用移动计算设备和计算使能环境进行交互。但是对于移动计算还有很多其他问题。因此第 19 章对此进行讨论。同样地，可穿戴计算则在第 20 章中进行论述。本章关注普适计算的普遍问题，特别是信息和交互在物理环境中是怎样分布的。

在学习完本章之后，你应：

- 理解分布式信息空间和普适计算的概念。
- 能够根据使之流行的智能体、信息制品和设备来描述和概括分布式信息空间。
- 能够在未来家庭中应用这些想法。
- 理解响应式环境和混合现实系统中更广泛的问题。

444

18.1　普适计算概述

普适计算（ubiquitous computing，ubicomp 或 pervasive computing）是对传统的突破：它期望有一天计算与通信技术会融入世界的结构之中。毫不夸张地说，这种技术可以嵌入我们穿的织物、建筑物的结构，或是我们所携带或穿戴的任何物品中。牙齿中可能会有移动电话，你只需要摩擦耳环就可以和远方的朋友通话。另一方面，我们会拥有墙壁大小的平面显示技术，或者带有图形化对象的增强物理环境，以及用于和带有传感器的墙面和其他平面进行交互的物理物体。在普适计算环境中，人机交互和交互设计涉及许多计算设备之间的相互作用。

20 世纪 90 年代早期，最初的普适计算工作是在施乐帕克研究中心（Xerox PARC）完成的。Mark Weiser 作为一个富有远见的人对此做了总结：

> 普适计算机根据特定的任务会有不同的尺寸。我和同事们构建了标签级、平板级以及面板级三种尺寸的设备：英寸级别的机器类似于便利贴的形式，英尺级别的行为类似于一页纸大小（或者书本、杂志），码级别的显示器等同于黑板或者布告栏（Weiser，1991）。

假设这些设备会变得和书写的文字一样普及，行李上的标签会被标签级的设备取代，纸张会被平板级的设备取代，而墙壁则会被面板级设备取代。这些设备很多是可穿戴的或可携带的。

现在，我们已经拥有了这些标签、平板和面板设备，它们以手机、平板以及大型交互式屏幕的形式出现。整个城市被高速的宽带连接和第五代移动通信技术（即 5G）所覆盖（这是迄今为止最高的带宽）。所以现在技术上的基础设施已经能够支撑普适计算的到来，设计师现在需要好好考虑如何在服务和应用的设计过程中好好利用移动特性、新的传感功能，以及在大型固定的交互式墙面、公共显示器和可穿戴设备使用中人们的物理位置和动作的能力。

普适计算关乎空间和移动，能够将物理与数字融合。观察技术空间之后，可进一步观察信息空间（也称为数字空间），以及这两者是如何与物理空间相结合来创造一个融合空间的。首先我们对家居中的普适计算做了一个总结。

18.1.1　普适计算技术和环境

随着嵌入墙壁、植入人体等的设备的出现，人机交互和用户体验变得非常不一致，对于交互式系统的设计也扩展到了对整个环境、跨通道交互以及现实和数据的混合的设计。我们可以通过手势来输入数据和命令——可能是敲击一个物体，可能是在一个面板前挥动手臂等。全身交互方式将成为可能。输出则可以通过触觉、听觉或者其他非可视化媒介来完成。这一技术的应用是极为广泛的，可预见的设想包括未来在教室中的全新学习方式，利用普适计算物体增强农村生活以及在机场、大学校园和其他社区项目中放置新的普适计算设备等。

445

框 18-1　全身交互

全身交互包含众多领域的技术，可以用于追踪并解释人体的空间移动。许多游戏和家庭娱乐系统都在一定程度上利用了身体运动。例如，有的舞蹈游戏可以追踪玩家的舞姿，而 Kinect 和 Wii 设计的游戏也利用了玩家的动作。在 Wii 的案例中，玩家手握红外传感器以提供输入，Kinect 则通过摄像机和红外线追踪人体的运动。其他一些系统利用粘贴在人体上的多个传感器，使运动能被更准确地跟踪，并且已在多个领域得到了运用，例如家用理疗系统中，病人跟随屏幕上的角色完成正确的锻炼。更为复杂的系统则需要在整个房间内装满传感器和追踪设备，这样舞蹈动作等复杂的动作才能被监控并作为输入。

全身交互开辟了一套全新的交互方法和模式，以及称为身体美学的交互美学新方法。

（Shusterman, 2013）

18.1.2　环境智能

普适化计算的一种愿景是环境智能（Ambient Intelligence，AmI），这一概念首先由飞利浦公司于 1999 年提出，以代表他们对于 18 年后未来技术的展望。这些原则在欧洲信息社会咨询组（Information Society Technologies Advisory Group，ISTAG）的建议下，成为欧盟委员会框架计划（European Commission's Framework Programme）启动融资的基础，最终对于欧洲过去 10 年的研究起到了重大的推动作用。

飞利浦（2005）描述了环境智能系统的主要特点：

- 上下文感知——识别当前情境和周围环境的能力。（上下文感知在第 19 章中进行讨论。）
- 个性化——设备对于个人的个性化定制。
- 沉浸式——通过控制环境来提高用户体验。

● 适应性——通过自然交互控制响应式环境。

在环境智能的愿景中，硬件并不那么突出。它有着基于网络的无缝的移动 / 固定式的通信基础设施、一种感觉自然的人机界面以及可靠性和安全性。

框 18-2　有缝交互

相对于无缝普适计算，Chalmers（2003）等提出的相反概念或许是更好的设计原则。普适计算环境不可避免地存在一定程度的不确定性。例如，位置信息就经常难以确定并保证其准确性。与其让系统假定任何事物都是与设想的一样，不如通过我们的设计故意暴露出多种技术间的缝隙。当人们在环境或渠道中的区域间移动时，他们应该能够察觉到系统本身固有的不准确性。这使得人们能够根据他们的需要（例如，利用技术的工作方式）和临时要求来适当调整技术。

446

18.1.3　无线传感器网络

在这些智能环境中，物理世界通常被无线传感器网络（Wireless Sensor Network，WSN）等计算设备增强，信息物理系统就是这种环境的另一种形式。一个无线传感器网络由互相连接的计算设备所构成。（混合现实的例子在 13 章中有描述。）

无线传感器网络中的一个节点至少拥有一个计算处理器、一个或多个传感器以及一些通信能力。一些无线传感器网络是固定的，但是其他一些则包含能够很快加入或离开网络的可移动元素，网络自身也可以根据不同的环境进行配置（自组织网络，ad hoc network）。Romer 和 Mattern 给出了无线传感器网络的定义：

> 一个大规模的（成千上万的节点，覆盖极大的地理面积）、无线的、自组织的、多跳的、无分割的传感器节点网络，这些节点被随机部署在感兴趣的区域，且是同构的、微小的（难以察觉），以及基本固定的（在部署之后）。（Romer 和 Mattern，2004）

加州大学伯克利分校（Hoffman，2003）研发的"智能尘埃（smart-dust）"是这类项目之一。虽然该项目已于 2001 年完成，但这些微型计算机的商业开发仍在继续，这些微型计算机可以与传感器、执行器和发射机连接起来，形成一个无线"网状"网络。2013 年，智能尘埃入选 Gartner 新兴科技成熟度曲线（详见"进一步思考"专栏）。位于苏格兰的斑点计算（Speckled Computing）项目与智能尘埃非常相似。两者都专注于微型化，并都探索光学和无线电通信的应用。TinyOS 操作系统为网络提供了"粘合剂"。

进一步思考：Gartner 新兴科技成熟度曲线

每年，技术咨询公司 Gartner 都会对新技术及其产生的影响进行预测。它通过将技术放在称为成熟度周期的曲线上来实现这一点。争论的焦点是技术经历了很高的期望时期，然后随着技术可以做到的现实被理解，它们经历了幻灭的低谷，直到通过复苏期，达到了生产力的高原。一些技术在科技成熟度周期中掉队，有些技术似乎出现在错误的地方，但新兴技术的成熟度周期确实令人深思。图 18-1 显示了 2013 年和 2016 年的成熟度周期。

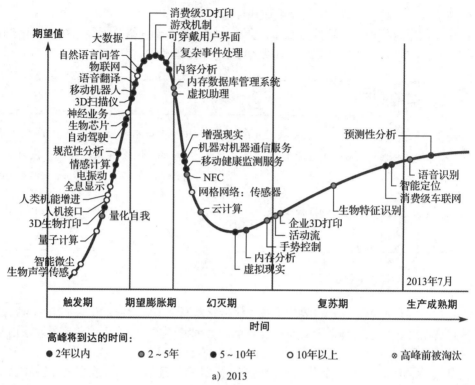

a) 2013

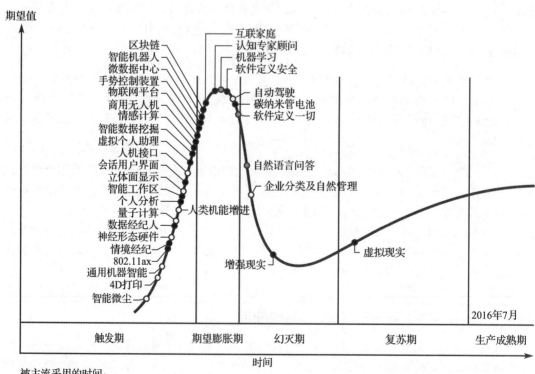

b) 2016

图 18-1 新兴科技成熟度曲线

447
~
448

挑战 18-1

看看图 18-1 中的 Gartner 新兴技术成熟度曲线，并讨论其预测的真实性。例如，在 2016 年，增强现实（AR）刚刚出现在极受欢迎的 AR 游戏 PokémonGo 上。它现在应用在哪里？

18.1.4 响应环境

响应环境指的是在新的交互技术的边界以新颖的方式结合艺术、架构和交互的系统。Bullivant（2006）研究了"互动建筑皮肤"、"智能墙和地板"以及"智能家居空间"等领域的内容。她所著的 *Responsive Environments* 一书的副标题是"建筑，艺术和设计"，这种组合适用于博物馆、画廊和公共艺术作品，可以赋予该区域独特的感觉。这一领域是由一个相对较小的建筑师和交互设计师群体所主导的，包括 HeHe、Usman Haque 和 Jason Bruges 等，他们精通新颖的装置并有着交互经验。其作品中有一些规模十分宏大，例如，可以缓慢改变废气颜色或者光照的建筑。Nugae Vert 使用激光和摄像机追踪设备在废气团周边投影了一圈绿色的轮廓，轮廓的大小根据消耗的能量而改变（如图 18-2 所示）。另一个位于伦敦证券交易所（London Stock Exchange，LSE）的例子，使用了大型球体组成的方阵来动态显示新闻标题（如图 18-3 所示）。

图 18-2　Pollstream——Nuage Vert

（来源：Nuage Vert, Helsinki 2008, copyright HeHe）

在 MIT 媒体实验室，响应式环境研究团队更关注于从功能而非艺术角度去探索未来的环境。他们的普适化传感器接口项目由大量遍布媒体实验室物理空间中的传感器阵列构成（如图 18-4 所示）。这使得媒体实验室和一个虚拟世界中的虚拟实验空间，即"第二人生（Second Life）"建立起了实时联系。人们在第二人生中的代表可以看到媒体实验室现实生活的实时影像，并可以越过两种现实的边界进行交流。另一个项目则使用 RFID 标签来监测货物移动。这种自动监测方法的应用极为广泛。例如，家畜在越过牧场大门时会被监测到。

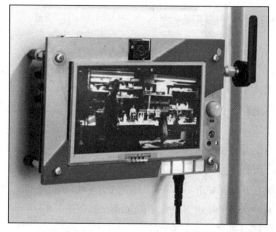

图 18-3　LSE 系统

（来源：Reuters/Luke MacGregor）

图 18-4　无处不在的传感器入口。www.media.mit.
edu/resenv/portals/

18.1.5　智慧城市

响应环境也是 1985 年由一组建筑师和城市规划者撰写的建筑书籍的标题（McGlynn 等人，1985）。他们确定了城市设计的七个原则：渗透性、多样性、易读性、稳健性、视觉适宜性、丰富性和个性化。这些设计原则提醒我们，对于生活环境的体验设计与用户体验设计有很多的相似之处。在讨论开发用户体验模式语言时，我们已经了解了克里斯托弗·亚历山大（Alexander，1979）在第 9 章中提出的城市生活设计模式。第 25 章讨论如何设计有效的寻路时，将回到建筑原理。普适计算环境的设计与架构有很多共同之处。

普适计算所面临的一个真正挑战是智能城市。规划、架构、财务和用户体验都面临着挑战。智能城市将普适计算和城市设计结合在一起，以解决交通、废物管理、休闲、电力基础设施和物流等问题。在世界的某些地方，新城市正在建设中，其中内置了高速网络，而 IBM 和思科等大公司则负责管理该软件。其他智能城市必须努力将新技术引入数百年历史的建筑中。

媒体架构是另一个术语，用于描述艺术、建筑和普适计算的融合，重点关注公共空间和确保可持续城市。每两年举办一次媒体建筑双年展。2016 年，它被称为"数字制作"。

18.1.6　总结

无线传感器网络以及其他形式的普适计算环境提供了新颖有趣的交互方式。亚当·格林菲尔德（Adam Greenfield）所著的书 *Everyware*（Greenfield，2006）对这些问题进行了介绍。设备可以适应使用的特定上下文（下一章将介绍上下文感知计算）。设备可以自发地加入网络中，或者它们自身也可以自组织成网络。无线基础设施连接在物理世界上提供了一个数字层。无线传感器网络的应用之一是在葡萄园中形成网络来监测疾病。这种"预发式计算"使得系统能够自动触发一个事件，例如当土地湿度较低时打开洒水器或者当监测到鸟类时发射空气炮（Burrell 等，2004）。

尽管无线传感器技术相对年轻，但不要错误地认为它们只有小范围的应用。例如，ARGO 是一个全球化网络，计划使用 3000 个传感器监测海洋上层的盐分、温度、淡水储量等，并通过卫星传输监测结果（如图 18-5 所示）。它的部署开始于 2000 年，现在已有数以千计的浮标正在工作（ARGO，2016）。由此可见，普适计算在全球范围或本地环境中都有用武之地。

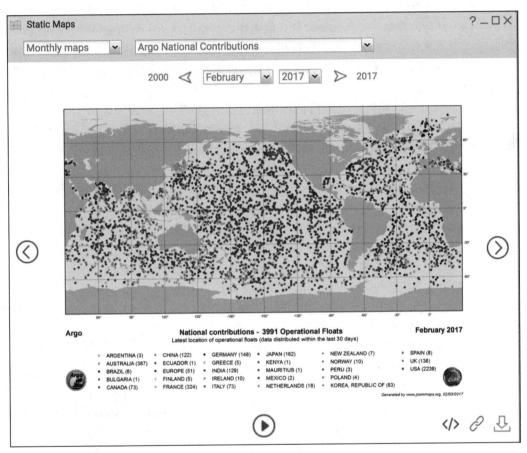

图 18-5 ARGO 浮标部署

挑战 18-2

设想有一栋在墙壁、地板或天花板上都嵌入了智能尘埃或斑点的建筑。那样一个环境会带来怎样的交互设计问题呢？

18.2 信息空间

多种普适计算方式为新型交互形式的出现提供了机会。它们的共同点是信息和交互都分布在整个信息空间中。在物理的分布式普适计算环境中，信息和交互也是分布在物理空间中的。除此之外，许多普适计算环境也包含着不具有计算能力的物体。一个环境的物理架构会影响交互，同样，信号、装置和其他人的存在也会影响。为理解这一更为广阔的情境，先介绍"信息空间"（Benyon，2014；Dork 等人，2011）的概念是非常有必要的。

在信息空间中存在三种类型的物体：智能体、设备和信息制品。设备包含信息空间中与信息处理无关（例如家具）的所有组件，设备只能接收、转换和传输数据。设备并不处理信息。按钮、开关以及线缆之类的东西都是设备。通信设施是设备，其他构成了网络的硬件组件也是。无线传感器网络节点的电源、天线和电路是设备。但是，一旦设备开始处理信息（或者我们认为它们应该处理信息），它们就要得到不同的对待。信息制品（information artefact，IA）是可以存储、转换和检索信息的系统。信息制品的一个重要特性是信息必须以一定的序列存储并且有提示人们如何定位信息的一个特定部分。我们也确定了第三种可能出现在信息空间的物体——智能体。智能体是力求通过不断活动实现某种目标的系统。（智能体已在第 17 章讨论。）

当人们进行日常活动时，他们都会利用和贡献信息空间。回顾一下第 15 章介绍的用户生成内容问题。信息空间使得人们能够计划、管理和控制他们的活动，而用户生成内容（UGC）允许他们在信息空间中添加自己的内容。信息空间为行动提供了机会，在信息空间的环境内人们形成了行动的意愿。新的用户体验为行动提供新的机会。例如，将公交车跟踪系统引入城镇或城市意味着人们可以获得有关公交车的实时信息（而不是依赖固定的纸质时间表）。这些新信息使他们能够拥有想法，形成意图并以新的方式行事。

有时信息空间会为了支持一个明确定义的活动而被特别地设计。许多应用程序都属于这一类。例如，有一个用于检查天气状况的应用程序，用于发送消息的应用程序和用于检查电子邮件的应用程序。但是，通常活动利用通用信息空间，信息空间必须服务于多种目的。这时用户需要使用多个渠道或多个信息制品来实现其目标。

例如，考虑一个安装在机场的标志系统。（第 4 章介绍了跨渠道用户体验）这一信息空间就可以包含一些设备（例如，显示设备、布线、登机口、通信设施、座椅等）、一些信息制品（例如，显示航班离开和抵达时间的电视屏幕，通过广播系统播放的通知，显示登机口编号的标志）以及一些智能体（例如，咨询台的工作人员，检查登机卡的人员）。这一信息空间必须能够支持所有可能在飞机场发生的活动，例如，赶飞机、找到正确的登机口、接机、寻找丢失的行李等（如图 18-6 所示）。它还必须支持所有其他与航空旅行无直接关系的活动，例如接收电子邮件、拍照和听音乐。

信息空间的另一个例子是零售环境。这里有关待售物品的信息放在物品附带的标签上。商店和电子销售点系统中有不同的位置。购买产品的人可以拍摄照片并将其发布到社交媒体网站。其他人看到这些，并发现零售商店出售这些产品。因此，社交媒体交流和用户生成内容会成为更广泛的信息空间的一部分。

图 18-7 将这一情形概念化。该图展示了智能

图 18-6　机场信息空间
（来源：Joe Cornish/DK Images）

体、设备和信息制品以及一系列活动的配置。信息空间涵盖数个不同的活动，并且任何一个活动都不会只有一个信息制品来支持。这是分布式信息空间的自然属性，并且对于大多数活动来说都是这样。

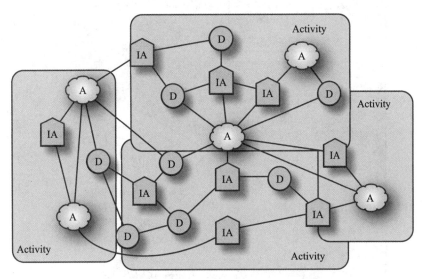

图 18-7 一个由智能体（A）、信息制品（IA）以及设备（D）组成的信息空间。
通信是通过沿着通信媒介发送的信号来完成的（由线条表示）

信息空间的一个关键特征在于人们必须从一个信息制品移动到另一个；他们必须访问设备或者其他智能体。我们必须在信息空间中"导航"。（第 18.5 节和第 25 章将介绍导航问题。）在机场或者其他分布式信息空间也一样，人们需要在不同的对象之间转移：智能体、信息制品和设备在地理空间中也要不断进行物理移动。这引起了人们与普适计算之间交互的许多问题，特别是当计算设备变得越发不可见时更是如此。很难知道存在哪些系统和服务，以及哪些信息最容易找到。

绘制信息空间草图

信息空间草图可以通过空间组件很好地展示信息分布。活动很少会与信息制品相互关联。人们需要访问多种信息源才能完成某项活动。重要的是，有的信息可能位于其他人的脑海中，所以信息空间草图应该如实展示情况。如果从人们能够提供的信息的角度去看，人们可以被视为信息制品。

第 11 章介绍的 ERMIA 技术可用于更正式的信息空间草图。

图 18-8 展示了在家里看电视的一些信息空间。完成这一草图有助于分析师或设计师考虑这个问题以及找到设计难点。注意多种活动之间的重叠——决定看什么、录制电视节目、看电视和看 DVD。这一空间包含智能体（我和妻子）和多种设备，如电视机、个人录像机（Personal Video Recorder，PVR）、遥控器上的 DVD 按钮等，以及多种信息制品，比如，报纸上的电视指南、PVR、DVD 以及电视屏幕和多种遥控单元。在该空间中有大量的关系需要理解。例如，PVR 连接到了电视天线从而可以录制无线电视。遥控单元只与自己的设备通信，所以我需要三个遥控器。不管是看 DVD、PVR 或者多种电视频道，电视机都需要调整到合适的频道。

453

454

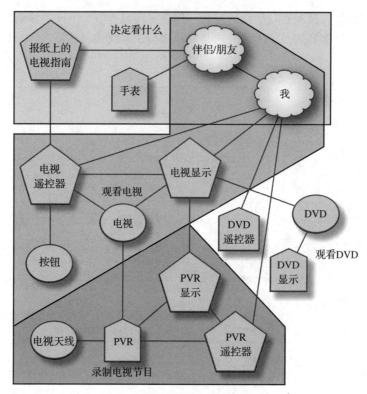

图 18-8　看电视的部分信息空间

通过观察这些活动，可以看到人们是怎样在空间中移动来完成它们的。通过和伴侣讨论选择节目。我们需要用她的手表来确定时间，查阅电视指南，然后商量，直到做出一个共同的决定。最终，确定了一个频道。为了看电视，我按下电视机上的一个按钮来打开电视；然后，电视屏幕会显示绿灯。通过按下遥控器的频道号来选择频道（然而我的遥控器这里的按钮标签已经不可见了，所以有一个记住或者通过数数来找到需要的按钮的额外步骤）。实际上，当我在看 DVD 时，如果想录制电视节目，那么在这时候最好选择 PVR 频道，然后，使用 PVR 遥控器选择 PVR 上的频道。当我想要录制的节目开始时，可以按下 PVR 遥控器上的"录制"按钮。然后我选择到另一个频道继续看 DVD。我需要按下 DVD 遥控器上的"菜单"按钮，这样我就到了另一个信息空间中了，即拥有自己的菜单结构和信息架构的 DVD 信息空间。这样，终于完成了所有的操作。（第 4 章讨论的跨渠道用户体验也处理相同的问题。）

设计师现在越来越关注围绕人来开发信息空间。在由普适计算带来的分布式信息空间中，人们会不断进出拥有不同能力的空间。使用手机时，有时为了获得信号而不断走动做出绝望的尝试，因而我们对这个问题已经非常熟悉了。随着设备数量的增加以及通信方式的扩展，会出现关于空间如何展现其具备的功能的新的可用性和设计问题。绘制草图的方式是有效的，我们已经将其使用于一个无线电台信息空间、剧场照明控制以及游艇导航设备的重设计中。

挑战 18-3

绘制在超市购物的信息空间的草图。包含那里所有的信息制品、设备以及智能体。

进一步思考：分布式资源

Wright 等人（2000）提出一个称为"资源模型"的分布式信息空间模型，这个模型关注的是信息结构和交互策略。他们提出了进行一项活动时可以利用的 6 种资源：

- 目标（goal）：描述世界所需要的状态的目标。
- 计划（plan）：可以执行的动作序列组成的计划。
- 可能性（possibility）：描述下一步可能进行的动作集合。
- 历史（history）：历史是已经发生的实际交互，可以是实时的历史或一个通用的历史。
- 行动 - 影响关系（action-effect relation）：描述采取的行动造成的影响和交互之间的关系。
- 状态（state）：状态是系统在任意时间的对象相关值的集合。

这些资源不应该保存在任何一个特定的地方，而是分布在整个环境中。例如，计划可以是人们的一个心理构想，或者也可能以操作手册的形式出现。可能性往往有着外在表示，如在（餐厅，或其他）菜单上，行动 - 影响关系和历史也是如此。了解行动 - 影响关系和历史（如按下遥控器的 3 号按钮，那么就可以选择 3 号频道）使得我们能够实现目标。

Wright 等人（2000）确认了可以使用的 4 种交互策略：

- 计划履行（plan following）：涉及用户，且用户与预先设计的计划相协调，同时记下迄今为止的历史。
- 计划构建（plan construction）：涉及检查可能性并且决定行动过程（导致计划履行）。
- 目标匹配（goal matching）：涉及确定行动 - 影响关系的需要，从而将当前状态转至目标状态。
- 基于历史的方法（history-based method）：依赖于曾被选择或拒绝的知识，以形成一个交互策略。

Wright 等人（2000）提供了一系列分布式信息的例子并且说明了在不同的时间下不同的策略是如何起作用的。他们认为，行动是由资源配置——"一个寻找内部和外部的表达（expression）作为表示（representation）的信息结构集合"所引发的。显然在任何分布式空间中，信息空间中的导航正是我们要考虑的问题。同时，他们对于分布式认知也有着强烈的共鸣。（第 23 章讨论分布式认识。）

挑战 18-4

考虑从家到学校或工作地点的行程。你使用了哪些信息资源？如果要去一个你不熟悉的地方，又会有什么不同呢？

18.3　混合空间

混合空间指的是物理和数字空间紧密结合的空间（Benyon，2014）。普适计算是关于物理和数字的混合设计。例如，Randell 等人（2003）探讨了如何设计一片增强现实的树林——这是一个孩子们可以探索嵌入在一片树林中信息空间的环境，并且有着多种普适计算游戏的例子，例如 Pokémon Go 和 Botfighters，这在下一章中将会进行描述。智能城市、现代零售环境和数字旅游都是物理和数字混合的空间的例子。为了提供最好的用户体验，在普适计算的设计中，交互设计师必须考虑到交互中所有的体验。这意味着他们必须考虑物理空间和数字空间的外形以及内容，并且考虑如何把它们结合在一起。（第 9 章讨论了混合设计。）

回想一下，混合是一种构造，它从两个域中获取输入，这两个域共享一些在更通用的概念中体现的对应关系。第 9 章讨论了计算机桌面上的窗口的想法，该窗口是房屋中的窗口和一些操作系统功能的混合。我们发现混合设计原则在这些情境可以十分有效地帮助设计师考虑这些空间中的物理和数字空间、物理和数字对象之间的关系。其中核心信息是在普适计算环境中，设计师们正在创造融合了物理和数字空间特性的空间。我们已经发现设计师需要关注的空间关键特性是这些一般空间的特性：本体、拓扑、易变以及智能，如图 18-9 所示。

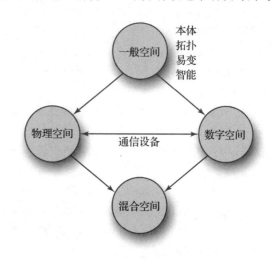

图 18-9　混合空间

设计师需要关注物理空间和数字空间的对应性并且致力于创造一个和谐的混合体。物理和数字空间之间和跨渠道交互中的一个特别重要的特点在于锚点，或者说是入口。用户体验处理这些转变并建立导航的轨道。信息空间中的跨渠道常常是笨拙的，会打断用户体验流。

18.3.1　本体：概念和物理对象

我们已经知道任何信息空间都会被各种对象和设备所填充。例如，一个医院环境就有多种信息制品（或概念对象），比如病人个人信息、药物、手术安排等。这些概念对象的定义构成了信息空间的本体，是信息体系结构。除了这些概念对象之外，也有用于和空间交互的物理和感知设备——显示病人数据的监控、医生用的手持设备、贴在病人身上的 RFID 标签、纸质病历等。医院中也有许多物理空间，诸如病房、办公室和手术室等。（第 4 章和第 9 章介绍了信息架构。）

物理设备和空间以及概念对象之间的关系在空间的设计过程中是十分关键的。一个手持计算机和一个 27 寸的计算机屏幕提供的显示方式差别巨大，所以与内容的交互方式也大相径庭。信息空间拥有的感知设备也对信息空间的使用便利性有重要的影响。大屏幕显示器有利于信息共享，但在私密性上就需要进行妥协。护士们需要能够在办公桌旁或者照顾病床上的病人的时候都能够获取信息。（第 16 章和第 4 章介绍了设备生态。）

概念对象和物理对象的关系以及在界面对象中可用的概念和物理操作对于系统的可用性和用户的体验有着本质的影响。例如，普适计算环境中的一个常用设计问题就是要决定大量的信息是否应该放在一个设备上（比方说一个较大的显示器）或者是否应该分布在多个互相连接的小型设备上。较大的显示器中的导航需要人们使用滚动、翻页等才能找到他们所需要的信息。而在小型显示器上，他们可以很快看到所有信息，但是看到的只是整个空间的一部分而已。（参见第 14 章网站设计中关于本体的讨论。）

18.3.2　拓扑

空间的拓扑与对象之间的关联方式有关。概念结构会指示出概念对象所在之处以及事物的分类。物理拓扑关系到物理对象和物理环境之间的移动以及界面的设计方式。

例如，在博物馆中，概念结构将决定对象是否按对象的类型（瓷器、珠宝、陶器、服饰等）或年代分组。这完全取决于博物馆的概念信息设计。这就是信息架构，它造成了概念拓扑。它们在物理上如何陈列与物理拓扑有关。

拓扑影响概念和物理对象之间的距离关系。在医院的概念空间中，医生需要做些什么来积累患者的信息，他们最近的检测结果、X 光片和饮食信息？这些信息是否都在某处（因此没有距离）或是否需要访问多种不同的服务和设备？例如，X 光片可能需要特殊的阅读器，并且在平板设备上无法读取。访问 X 光片可能需要物理和概念上的移动。

方向也是十分重要的，它也与本体和拓扑相关。例如，在博物馆中，为了找一件特定的展品应该走哪条路呢？类似地，在交互桌面上应该向左滑动还是向右滑动来浏览集合的下一项呢？这取决于设计师如何概念化事物并且这些概念是如何映射到界面特性的。

458

18.3.3 易变性

易变性是关于对象的类型和实例变化频率的一个空间特性。通常来说，最好选择一个本体并且保持其类型稳定。给定一个小型稳定的空间，很容易就能创建地图和导览来清晰地展示内容。但如果空间十分庞大并且不断变化，那就很难了解空间的不同部分，以及它们之间的关系。在这种情况下，界面就会看起来有很大不同。物理空间的结构常常是不变的，但是会有很多易变的元素。例如，会议室很容易配置并且物理设备也常常变更。很多时候，我来到一个会议室，却发现投影仪没有与计算机连接，或者房间内的其他配置与我上次使用时不同。会议室的布局对会议的用户体验有很大的影响。

对于界面的媒介，以及概念信息变化显示的快慢来说，易变性也是十分重要的。例如，考虑支持火车行程的信息空间，我们大多数使用的本体包括车站、行程和时间。它的一个实例可能是"9 点 10 分从爱丁堡开往邓迪的列车"。这一本体是相当稳定的，并且空间也相当小，所以列车时刻表信息制品可以被印刷在纸上。而真正运行的实例，例如 2021 年 3 月 3 日 9 点 10 分，从爱丁堡开往邓迪的列车则容易发生变化，所以需要设计一个电子显示器来提供更多的实时信息。对象的易变性（本质上由本体自身决定）对显示媒介的特性有不同的要求。

18.3.4 智能

在一些空间中，只有我们自己而没有其他人。在其他空间，我们可以很容易地与他人或智能体进行交流或者也有的空间现在没有任何人在，但会有他们做过的事情留下的痕迹。智能和在一个环境中行动的能力有关，设计师需要考虑人们将能够影响或遵守什么。（第 17 章详细讨论了智能体。）

挑战 18-5

许多人乘公共汽车上班（如图 18-10 所示）。这项活动涉及公交、公交站、车票、公交路线、公交时间、公交司机、公交指挥和付款，只列出空间中的一些概念和物理对象。描述使用上述特征进行混合空间通勤的活动。

讨论空间中的导航和用户体验问题。

图 18-10 乘坐公交通勤

18.3.5 如何设计混合空间

混合空间设计的整体目标是要让用户在混合空间中有代入感（feel present），因为代入感意味着更好的用户体验。代入感是通过一种媒介达到的直观的、成功的交互（Floridi，2014）。（第 24 章讨论代入感。）

设计师应当把整个混合空间看作一个新的媒介，用户存在于其中并与之交互。这是一个拥有物理和数字内容的多层的、多媒体媒介。在混合空间中，人们同时存在于多种媒介之中，并且在媒介之间移动，有时退后一步，有时候又会沉浸其中，并且混合其他媒介，并不断在物理和数字空间之间来回进出。

18.3.6 设计方法

（1）思考你试图获得的混合空间的全局体验以及你希望用户拥有的代入感。

（2）决定活动和内容，使得用户能够按你想要的方式体验混合空间。

（3）从数字和物理空间的本体、拓扑、易变性和智能的角度决定数字内容及其与物理空间的联系。所以需要考虑以下方面：

- 这些空间特性之间的协调性。
- 设计物理和数字空间之间合适的转换方式。
- 让人们接触到物理和数字空间中服务的位置；这些点可以看作是锚点、入口或进入点。
- 如何使人们意识到周围有数字内容。
- 如何帮助人们在物理和数字世界中导航；如何到达连接各个空间的入口（如地图、道路和路标）。
- 设计故事来引导人们在混合空间中穿梭，并使他们意识到空间的范围。
- 如何使人们轻松地对内容进行访问和交互。
- 从人的尺度而非技术的尺度去设计，支持人们的目标。
- 如何避免突然的跳转或者变化，因为这会引起代入感的中断。
- 多层、多媒体的体验可以让数字和物理空间很好地组合在一起。

（4）为数字和物理空间进行物理设计，要考虑：

- 用户界面和个人的交互。
- 社会交互与社交媒体。

- 流（混合空间中的穿越，见框 18-3 ）。
- 物理环境。

框 18-3　混合轨迹

Benford 等（2009）通过分析他们的一些混合现实、普适计算游戏的经验提出了"交互轨迹"的概念。通过分析借鉴戏剧和博物馆设计等领域，他们确定了交互设计在物理和数字空间的重要性。这些混合体验带领人们穿梭于混合空间、时间、角色以及界面中。他们将这一想法归纳为以下几点：

- 一条轨迹（trajectory）通过一次用户体验描述了一次行程，并强调了其全局连贯性和一致性。轨迹会穿过不同的混合结构（hybrid structure）。
- 多种物理和虚拟空间可以相邻、连接或者重叠，来创造一个提供体验平台的混合空间（hybrid space）。
- 混合时间（hybrid time）结合了叙事（story）时间、策划（plot）时间、调度（schedule）时间、交互（interaction）时间以及感知（perceived）时间，来塑造事件的整体时间。
- 混合角色（hybrid role）定义了不同个体的参与方式，包括诸如参与者和旁观者（观众和局外人）在内的公共角色以及包含演员、操作者和演奏家在内的专家角色。
- 混合生态（hybrid ecology）将不同的界面组合在一个环境中以使得交互与合作成为可能。实际上，多种用途可能会相互交错；我们之前所描述的体验都是通过高度迭代方法发展得来的，并伴随着分析过程融入未来的（重）设计中。(p.716)

18.3.7　爱丁堡的最后一天

我们使用混合空间方法开发了许多普适旅游应用程序，并思考人们如何体验物理和数字空间（Benyon 等，2012；2013a，b；Benyon，2014）。在应用程序"爱丁堡的最后一天"中，我们将罗伯特·路易斯·史蒂文森的作品映射到该作品在爱丁堡的写作物理位置，并使用二维码提供物理和数字世界之间的锚点。二维码用于向参与者的手机提供史蒂文森写作的片段，而他们实际上位于史蒂文森 130 多年前所指的位置。从某种意义上说，参与者在史蒂文森熟悉的爱丁堡部分导览游中跟随他的脚步。由于旧城区自 1878 年以来变化不大，他描述的大部分内容至今仍然存在。

在史蒂文森的写作中，我们精心查明了六个不同的地点，其中包括特定地标，及超过 0.7 英里的路线，我们还创建了一个地图来展示它们。六个二维码以及史蒂文森的图片被放置在这些环境中以便将数字内容锚定到这些位置。沿着这些位置之间的路线添加了另外四个锚点，以提供关于史蒂文森的附加信息，例如，诗歌、图片和视频。这些额外内容的目的是在所有地点之间建立联系，并使人们认识到经验是一个整体。步行再加上用户体验所提供内容所花费的时间，整个过程大约需 15 分钟。城市的物理拓扑结构决定了混合空间的物理拓扑结构。内容是史蒂文森关于这些地方的著作，所以物理和数字空间中的主要对象是 1 ∶ 1 对应的，它们是今天的地方和 130 年前的地方，今天的景观和当时的景观。

混合空间的结构如图 18-11 所示。物理和数字空间的本体由史蒂文森写的具体位置决定，当然空间的物理拓扑结构决定了这些地方之间的关系。用户必须爬山并穿过狭窄的小巷

461

才能步行到达下一个地方。步行是一种稳定的、非易变的结构，因为它基于物理位置。但是，在一天中的不同时间，周围会有不同的人穿过，因此整体用户体验取决于其他人的波动性。在代理方面，混合空间提供了在实际位置参与史蒂文森作品的新体验。

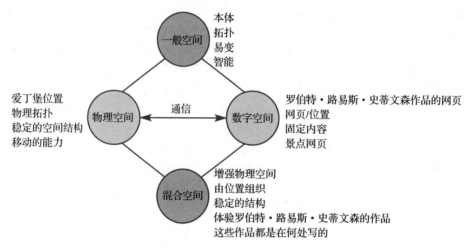

图 18-11   RLS 混合空间的结构

我们可以分析混合空间的各个组成部分，看看它们如何相结合，以便进行有意义的体验。城市（旧城区）可以被视为参与者通过身体在环境中移动来探索的对象。我们拥有爱丁堡本身的景点、声音、气味和纹理。光的质量、石墙的颜色和纹理、空气中的新鲜度和气味都是现实世界的各个方面，可供参观各个地点的参与者体验。当他们在爱丁堡时，这些体验的形式也与史蒂文森当初体验到的类似，并且其核心是这种体验可以与史蒂文森当初的体验进行比较。参与者手持描绘了他们必须遵循的路线的地图。地图是一种具有其自身可感知品质的信息制品，但最重要的是，地图上呈现的旅游设计师的内容定义了要采取的路线以及要寻找的二维码的位置。

易变性问题在这个混合空间中并不重要，因为位置和内容没有变化。该机构仅限于具有史蒂文森经验的用户。没有机会将 UGC 添加到该空间。当然，人们可以自己拍摄这些地方的照片，但他们必须将照片与应用程序的内容连接起来。

18.4   家庭环境

家庭正日益成为一个典型的普适计算环境。家里有各种各样的新式设备来协助我们的日常活动，如照顾婴儿、与家人保持联系、购物、烹饪，以及阅读、听音乐、看电视等休闲活动。家庭很适合短距离无线网络连接以及利用宽带连接到互联网。

研究家庭和技术的历史由来已久，可追溯到早期的电气化和管道等基础设施技术的影响。自从"信息时代"的来临，家庭中已经涌入了各种各样的信息和通信技术，并且其带来的影响已经从不同的角度得到了检验。事实上，最好以"生活空间"而不是一个物理房屋的角度来思考，因为技术使我们能够把工作和社区带入家中并且可以把家庭随身带出。我们对技术和人的理解需要对基于工作的传统进行扩展，这一传统已经使得大多数分析和设计方法知道要包括以人为本的问题，例如个性、体验、参与、目标、可靠性、乐趣、尊重和身份（仅举几例），这些是新兴技术的关键。

家庭本质上是社会空间，有许多关键的社会理论可以使用。Stewart（2003）描述了消费

（consumption）理论、教化（domestication）理论和适用（appropriation）理论的使用方式。

- 消费理论关注于人们使用某些产品或参加某些活动的原因。其中有实用的、功能的原因，更关注于娱乐和享受某个体验的经验原因，以及身份的原因——包括自我认同和群体归属感。
- 教化理论关注于产品与家庭的文化整合，以及对象合并和适应现有布局的方式。
- 适用理论关心的是为什么人们接受某些东西，而拒绝其他的东西。家庭通常是一个不同年龄、口味和兴趣，却需要生活在一起的人的混合。

Alladi Venkatesh 及其团队（例如，Venkatesh 等，2003）多年来一直在研究家庭中的技术。他提出了一个基于三个空间的框架。

- 家庭的物理空间是非常重要的，并且在不同文化之间和同一文化的不同群体之间都有着很大的区别。当然，财富在人们需要工作的物理空间中起着很重要的作用。采用的技术以及它们如何适应，都是在塑造物理空间的同时被物理空间塑造的。
- 技术空间被定义为家用技术的总体配置。技术空间正在迅速扩张，因为可以由控制器控制的电子产品越来越多。在这里，"智能家庭"的思想（见下文）非常重要。
- 社会空间关注家庭成员之间的时空关系。生活空间有时候可能需要变成工作空间。而其他家庭则可能会抵制工作对休闲空间的入侵。

463

添加信息空间会产生与第9章中查看交互空间时相同的列表。我们需要将家庭视为混合空间。

从各种信息收集和休闲活动中区分出家庭自动化也是有用的。气候控制、照明、取暖、空调和安全系统都很重要。家庭中也有自动控制的活动，如浇灌花园，遥控加热等。X10 技术一直很受欢迎，尤其是在美国，但这很可能被无线通信连接所取代。Hive 和 Nest 等系统为家庭提供设备生态系统，以管理大多数家庭自动化。

Baillie（2002）发明了一种方法来观察家庭，她绘制出了一个家庭在不同的空间中使用的技术。图 18-12 是一个例子。

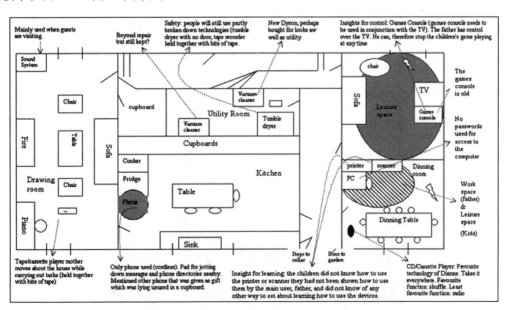

图 18-12　房屋不同空间的示意图

（来源：Baillie 等（2003），第 109 页，图 5.8，经 Lynne Baillie 许可转载）

18.4.1　智能家庭

Eggen 等人（2003）通过与一些家庭进行焦点小组讨论提出了一些未来家庭的通用设计原则。他们的结论如下。

- 家庭是关于体验的（如回家、离家、起床、一起做事情等）。人们比较少关心"完成任务"。这表明应用程序或服务运行的使用环境的重要性：它们应该适应生活节奏、模式和周期。
- 人们想要创造自己喜欢的家庭体验。
- 人们想要技术融入背景（成为环境的一部分），界面变得透明，并且重点从功能转向体验。
- 与家庭的交互应该变得更容易和自然。
- 家庭应该尊重居民的偏好。
- 家庭应该适应即将到来的物理和社会情境。例如，在群居的家庭环境（例如与其他家庭成员看电视）和没有其他人在场的情境下，偏好配置是有很大区别的。
- 家庭应该尽可能不通过可以察觉到的媒介来预测人们的需求和愿望。
- 家庭应该是值得信赖的。因此，应用程序应该充分考虑隐私问题。
- 人们强调他们应该总是拥有控制权。

这是一个有趣的列表。环境是很重要的，房屋的结构应该有一定技术含量从而不会太引人注目。房屋需要值得信赖并且能够预测需求。这将非常难以实现，因为存在着智能体交互的固有问题（见第 17 章）。我们也期待人们可以穿戴上更多的技术（见第 20 章），而所穿戴、携带和嵌入建筑的对象之间的交互将带来全新的挑战。这些都是普适计算的挑战。

Eggen 等人（2003）的工作中描述了"唤醒体验"的概念。这将是一种更容易创建和改变的可个性化的、多感知的体验。它将可以创建一个轻嗅新煮的咖啡、聆听轻柔的音乐或波浪拍打沙滩的声音的体验。唯一的限制是你的想象力！不幸的是，人们并不擅长编程，对此也不是很感兴趣。并且，设备必须为老年人、年轻人和二者之间的人群而设计。在这种情况下，这一概念可以通过让人们"绘制"一个场景来实现——从素材调色板中选择条目并放置在一个时间轴来表示各种活动应该发生的时刻（如图 18-13 所示）。

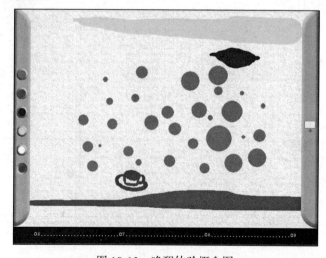

图 18-13　唤醒体验概念图

（来源：Eggen 等，2003，第 50 页图 3）

18.4.2　支持式家庭

智能家庭不仅能够保护财产，它们还为老年人提供了更多独立生活的可能性。随着年龄的不断增加带来的行动能力降低，人们越发难以完成曾经很简单的活动，如打开窗帘和门。但技术可以为此提供帮助。在支持式家庭中，控制器和电动机可以加入物理环境中，使得一些曾经普通的活动的实现方式变得简单。然后带来的问题是如何控制它们，如何知道什么控制着什么。如果仅仅为了看电视就要拥有三个遥控器，可以想象可能发生在智能家庭中的设备扩散现象。而如果物理设备不扩散，且这些功能都聚集于一个设备，也会导致同样多的可用性问题。

设计师可以绘制信息空间的草图，包括任何和尽可能多的我们已经讨论过的信息。设计师可能需要确定在一个环境中特定资源的放置位置。ERMIA 模型可能被进一步发展以探讨和确定应该如何结构化实体存储以及如何管理对实例的访问。（ERMIA 在第 11 章介绍。）

图 18-14 展示了设计师正在设计的一个智能家居的部分说明。住户（坐轮椅的）可以通过挪动坐垫或使用一个遥控器发送射频（Radio Frequency，RF）信号，从里面打开门；也可能会有一个专门设计的，带有标签"门"、"窗帘"等按钮的遥控器。遥控器也可以像通常一样使用红外信号来操作电视（红外信号不能穿过墙壁等障碍物，而无线电射频则可以）。访客按下视频输入电话上的一个按钮。当住户听到响铃之后，就可以选择电视的视频频道来看看是谁在前门，然后用遥控器打开它。门拥有自动关闭的能力。

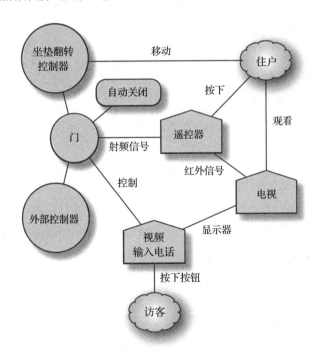

图 18-14　支持式家庭中门禁系统的信息空间草图

18.5　案例研究：无线传感器网络中的导航

除了在通用混合空间（Benyon，2014）方面所做的工作之外，在这一领域的工作一直关注于人们如何在混合现实环境中导航，特别是分布在物理环境中的无线传感器网络（Leach

和 Benyon，2008）。目前多种场景都得到了调查研究，例如一个调查员调查了一处墙上嵌有多种传感器的房产。这些传感器中一些监控湿度，一些监控温度，另一些监控移动，等等。在这种环境下，调查员首先必须找出存在哪些传感器，以及它们测量什么类型的数据。调查员必须在物理环境中移动，直到接近所感兴趣的传感器。然后，调查员可以使用蓝牙等无线技术读出传感器的数值。

这类系统的另一个应用场景涉及环境灾害。当化学品已经扩散在一片较大的地区，带有适当传感器的微尘将由农作物除尘器散布在该地区，救援小组随后可以对网络进行询问。由此，可以对整个情况进行概述，并对数据进行超声处理（第 19 章中做了进一步的描述）。不同的化学品可通过不同的声音来判断，这样救援队就能够确定化学品的类型和分布。声音尤其适用于提供一个信息空间的总体概览，因为人们可以有效地将声音无死角地映射到整个 360 度空间中，而在视觉上要做到这一点则困难许多。

与普适计算环境交互的总体流程如图 18-15 所示。数据流和交互模型代表着 Specknet 应用的两个相互联系的方面。而交互模型代表一个用户希望参与的活动，数据流模型可以被看作是这些活动的实际进行方式。

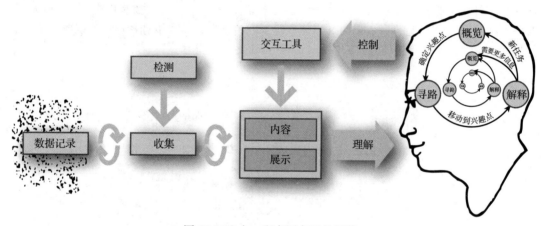

图 18-15   人 – 斑点网交互的概览

数据流模型作为斑点网和人之间的信息通道，它能理解来自其表示（内容（content）和展示（representation））的数据，并且能通过交互工具对系统进行控制。图 18-16 展示了人 – 斑点网（Specknet）交互的模型。通常情况下，个人会首先获得网络分布式数据的概览，并在物理上移动到数据生成的位置（寻路），然后查看情境中的数据以协助他们完成任务。模型以螺旋的形式展现，因为可能有多种数据浏览的分辨率：通过一系列精确的查找——在网络的物理视角上和数字视角上不断转换，直到发现所需的信息。

需要注意的是，该模型的提出是为了涵盖指导人与斑点网交互的整个过程，但并不是在所有应用程序中都需要实现模型中的所

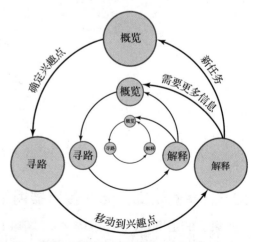

图 18-16   人 – 斑点网的交互模型

467

有阶段。一个明显的例子是在医学应用中使用斑点网，此时，患者会被生物监测传感器监测。诊断/手术只会涉及解释（interpretation）阶段；然而，如果发生了紧急情况需要急救，医生需要定位病人，那么就可能需要寻路（wayfind）阶段；最后在对病人进行分诊的情况中，也需要包含概览（overview）阶段以便区分病人的优先次序。相比之下，消防应用需要一种概览工具来表示目前火焰、被困平民、有害物质的分布，寻路工具之前也被用于定位，但解释工具有一些小的变化——因为消防员可能会选择灭火或营救被困人员。（第25章讨论导航。）

图 18-17　集成工具的寻路界面
（来源：David Benyon）

这个模型旨在对应用进行评估并确定所需的工具。假定任何要求现场交互的应用都可以划分成这三种活动，然后，应用开发者在每个阶段就将注意力集中在人身上。如上文所述，概览状况可以通过听觉接口得到有效的支持。有很多系统的案例提供了寻路帮助。在我们的例子中使用了一个路径点系统（如图 18-17 所示）。系统提供了 4 个方向：前进、左转、右转、掉头。这些方向通过屏幕图像和音频进行传达（如用于卫星导航系统）。后者是为了让用户不需要看屏幕，但图形表示仍然可保留以供参考。

一旦人们到达了所需的空间，那么他们会面临和调查员同样的问题。如何可视化斑点（speck）上的数据？在我们的例子中使用一个了增强现实系统——ARTag，数据是用语义编码的符号表示的，每个符号代表一个变量值（可以是液体或粉末状化学品）。（第 13 章介绍 AR 的内容。）符号用来获得一些事物的多个属性及其相关的值：它们提供一种经济的方式来可视化数项相关数据。视线选择（gaze selection）用于显示实际的值，然后用一个菜单按钮来做出最后的选择。同时也包括动态过滤，可以使用摆动机构选择感兴趣的变量取值范围（如图 18-18 所示）。

468

图 18-18　集成工具的译码器

总结和要点

　　计算和通信设备变得越来越普遍。它们可以被携带、穿戴或嵌入各种各样的设备中。由此带来的困难是如何知道不同的设备能做什么以及可以和其他哪些设备进行通信。普适计算的真正的挑战是如何设计这些分布式信息空间。家庭环境越来越成为一个典型的普适计算环境。

- 设计师将会设计各种各样的普适计算环境，包括设备和服务生态学。
- 信息空间由设备、信息制品和智能体构成。
- 混合空间是一种考虑普适计算环境的有效方式。
- 设计师可以使用各种方法绘制信息空间以及分布式信息的草图。
- 普适计算环境中的导航需要新的工具来提供全局概览、寻路辅助以及对象信息显示技术，例如增强现实技术。

练习

　　1. 你的一位朋友想要看看你四五年前写的一篇关于未来手机的文章。但是你只记得写过这篇文章，却不记得它叫什么，或者保存在哪里以及什么时候写的。请写出你将如何在计算机上找到这篇文章。列出你可能利用到的资源以及搜索你的计算机上的各种文件和文件夹的方式。

　　2. Go-Pal 是你的移动拍档，可以用作闹钟、手机或者电视。它帮助你录制最喜欢的电视节目，为房屋设置安全警报，记住你的购物清单和生日等特殊的日子。请探讨设计 Go-Pal 需要考虑的问题。

深入阅读

Cognition, Technology and Work (2003) Vol. 5, No. 1, pp. 2–66. Special issue on interacting with technologies in household environments. 它包含这里引用的三篇以及另外三篇关于家庭技术设计和评估的文章。

Weiser, M. (1993) Some computer science issues in ubiquitous computing. *Communications of the ACM*, 36(7), 75–84. 参见 Weiser (1991)。

高阶阅读

Benyon, D. (2014) *Spaces of Interaction, Places for Experience*. Morgan and Claypool, San Rafael, CA.

Greenfield, A. (2006) *Everyware: The Dawning Age of Ubiquitous Computing*. Pearson, New Riders, IN.

Mitchell, W. (1998) *City of Bits*. MIT Press, Cambridge, MA.

网站链接

www.interactivearchitecture.org。

挑战点评

挑战 18-1

　　当然，我们无法提供答案，因为我们不知道你什么时候会读到这个！关键在于思考不同的技术如何在 Gartner 的道路上通过夸大的期望来实现对生产力的幻灭。

挑战 18-2

　　在这种环境中交互的关键特性是（i）让人们知道有哪些技术可用，（ii）找到一些方法，让人们与技术进行交互。在这样的环境中，人们需要在现实世界和计算世界中导航。参见 18.4 节。

挑战 18-3

图 18-19 展示了一些想法。

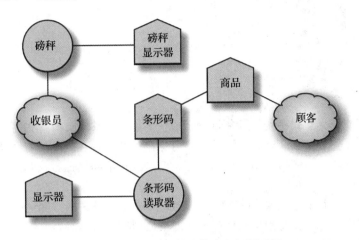

图 18-19 超市购物的信息空间展示图

挑战 18-4

你可能很清楚路线，所以不需要地图或卫星导航。然而，你会根据天气做出选择。你可能需要查询公交或火车时间表。当你决定从哪里过马路时你需要路况信息。所有这些资源都分布于整个环境。当你去某个陌生的地方时，你就会查阅地图或者城市指南，又或者使用路标或者卫星导航系统。

挑战 18-5

使用恰当的通道组合形式对于设计师来说的确是一项重要技能。你需要提供特定对象的概览、方向和对象的信息。对象信息最好是以可视化的方式展现，但不重要的信息——附近有什么或你正路过什么，最好是以听觉方式提供从而不会过多地干扰你的注意力。

471

Designing User Experience: A guide to HCI, UX and interaction design, Fourth Edition

移 动 计 算

目标

　　移动计算可能是交互式系统设计领域增长最快的部分。移动计算涵盖了从手机到笔记本电脑、平板电脑、电子书阅读器、可触摸以及可穿戴计算设备在内的所有种类的设备。我们已经提到的很多设计原则依然适用于移动计算，但是拥有不同操控方式和功能的多种设备给移动计算设计带来了重大的挑战。

　　移动设备是普适计算中必要的一部分，第 18 章对此已经进行了探讨，强调了移动技术和背景系统的集成。本章关注于移动计算设计的生命周期以及这种特殊的以人为本的交互设计应用所带来的一些问题。

　　在学习完本章之后，你应：

- 理解情境感知计算。
- 理解从事移动应用研究以及明确移动系统需求的难点。
- 能够设计移动应用。
- 能够评估移动系统、应用以及服务。

19.1　引言

　　移动计算设备包括各种设备，从笔记本电脑到手持设备——手机、平板电脑以及可穿戴或者携带的计算设备。移动技术的一个关键设计约束是屏幕空间有限，甚至完全没有屏幕。其他的关键技术上的特性包括电池寿命以及可能存在的存储空间、运行内存以及通信能力的限制。各类人群都可能使用移动设备，那么显然，该设备就可能用于各种物理或者社会环境。这一点很重要，因为这意味着设计师通常不能仅为特定人群或者环境而进行设计。另一方面，通过利用不同的屏幕技术和更多的传感器，移动设备提供了广泛而又新颖的交互方式。

　　因为移动设备的屏幕较小，所以难以满足可见性原则。因而需要将功能隐藏起来，通过多级菜单来访问，这产生了导航的困难。另一个特点是没有足够的空间放置很多按钮，因此每个按钮需要完成很多工作。这导致了对不同模式的需求，而且使得很难对不同功能有明确的控制。视觉反馈通常很差，而且人们需要仔细观察设备来了解发生了什么。因此听觉和触觉等其他通道常用来辅助视觉反馈。

　　移动设备之间的界面并没有一致性，甚至选择接通电话的按钮是在左手侧还是右手侧都不一致。移动设备市场中有一些比较强势的品牌应用了一致性的观感，例如三星和苹果各有自身的风格。风格非常重要，同时很多移动设备关注物理交互（例如，设备的尺寸和重量）的整体体验。智能手机提供了更好的图形界面，其中很多设备已经拥有了多点触摸屏。笔记本电脑提供了更多的屏幕空间，但是失去了类似手机大小的设备内在的可移动性。还有一些设备利用笔来点击菜单项以及屏幕上的图标。

　　很多移动设备嵌入有多种传感器，可以提供新颖的交互方式。还有很多设备配有加速计、罗盘以及陀螺仪来感知位置和设备朝向，设计师可以利用这些传感器来提供有用而且新颖的交互功能。例如，把手机贴近耳朵时，iPhone 会自动关闭屏幕。其他的设备则可通过倾斜来玩赛车游戏（如图 19-1 所示）。

图 19-1　一些移动设备

iPhone 也于 2007 年引入了首款触摸屏，这使它们摒弃了传统的键盘。触摸屏提供了弹出式键盘。尽管有些人喜欢这个设计，但是另一些却不置可否，比如黑莓就在继续使用物理键盘。473

很多移动设备带有可提供定位功能的全球卫星定位系统（GPS），从而可以提供附近的一些有用的事物，进行导航服务以及自动记录拍照或者留言地点等。当然，很多移动设备也带有相机、音频播放器以及其他功能。

不同设备带有不同的通信连接方式，例如，蓝牙、WiFi、GPRS 以及 4G。尽管这些方式提供了不同程度的速度、访问和安全问题，但同时也消耗了电池。

此外还有关于移动设备开销和因人而异的话费套餐、附加功能及其他特性的问题。这些多样性使得为移动设备进行设计成为一个巨大的挑战。

除了通用的移动设备以外，还有很多专用的设备。电子书阅读器（如图 19-2 所示）是拥有一系列为了阅读电子书而优化的软硬件功能的设备，包括使阅读更容易的多种屏幕技术、翻页功能以及能够通过书写笔来标记文本的功能。此外也有用于实验室、医疗机构以及工业领域的应用。

图 19-2　Amazon Kindle 电子阅读器
（来源：James Looker/Future Publishing/Getty Images）

19.2　情境感知

移动设备具有内在的个性化技术，这使其由简单的通信设备转变为娱乐平台和通用控制器。对移动应用程序进行全面的描述是不可能的，因为移动应用程序太多了，从平常的做笔记、计划表、城市指南等，到每天日益增多的新的应用，如此之多的应用使得难以给移动应用下一个可理解的定义。更有趣的是，关注移动设备能够提供的新的交互方式以及关注对移动设备有需求的应用场合。

移动设备提供了可以根据其所处环境而调整交互的机会。情境感知计算使得一个应用的某些方面能够自动化，由此带来了交互的新机遇。情境感知计算关注于了解物理环境、设备的使用者、计算环境的状态、正在发生的活动以及人 – 机 – 环境交互的历史（Lieberman 和 Selker，2000）。例如，如果一个人说这个命令的时候正在看着附近的窗户，如果窗户是锁上的，又或者说出命令的人刚被告知收到了新的电子邮件，语音命令"打开"会产生不同效果。

框 19-1   i-Mode

　　i-Mode 是 NTT DoCoMo 公司于 20 世纪 90 年代末期首先在日本部署的多媒体服务。它与大多数移动服务不同，因为它以一种多合一的套餐模式创设。NTT DoCoMo 通过一个简单的商业模式协调平台供应商、移动设备制造商以及内容提供商，以提供一种永远在线的套餐服务。易用性与价格低廉是 i-Mode 的关键部分，事实证明，这在日本非常受欢迎。值得一提的是，在日本它已经拥有超过 500 万的使用者。

　　i-Mode 的内容由 DoCoMo 控制，包括来自 CNN 的新闻，来自彭博社（Bloomberg）的财经资讯，来自 iMapFan 的地图，来自 MTV 的订票和音乐服务，以及来自迪士尼的体育和其他娱乐服务，还有电话黄页服务、餐饮指南以及包括图书折扣、订票和支付在内的交易事物。

　　尽管这一模式是否适应于其他地区还不清楚，但是 O₂ 已经开始在爱尔兰和英国提供i-Mode 服务，但是在 2009 年终止了该项服务。

474

　　如果环境是计算使能的（见第 18 章），例如拥有 RFID 标签或者无线通信设施，那么计算环境的状态可以提供物理环境的信息（例如附近有哪种类型的商店）。如果区域环境不是计算使能的，那么移动设备可以利用 GPS 定位。图像识别也可以用来辨别标志性建筑，此外，声音和视频也可以用以推测情境。

　　在一份优秀的案例分析中，Bellotti 等（2008）描述了为日本年轻人开发的一款情境感知的移动应用。其目标是使用推送到移动设备的智能服务来替代传统的城市指南。他们的设备叫作 Magitti，它知道当前的位置、时间和天气，同时也记录了活动的模式和在数据库中与常见活动（吃饭、购物、参观、劳作或者阅读）标签关联的分类项。我们将在以下几节中回到这个案例研究。

　　Botfighter 2 是一款使用玩家在真实世界的位置来控制他们在虚拟世界中位置的手机游戏，这款游戏允许玩家与附近的其他玩家进行战斗（It's Alive，2004）。Botfighter 2 可以在城市范围内进行游戏，并且使用手机网络来确定与其他玩家的接近程度（而不是玩家的设备中拥有探测功能）。图 19-3a 展示了 Botfighter 2 在手机上运行的界面，中间是玩家的角色，左侧和右侧是附近的对手。图 19-3b 显示了游戏 "Can you see me now?" 的一位玩家。

a）Botfighters 的 Java 界面　　　　　　　　　b）"Can you see me now?" 中的玩家

图 19-3　手机和情境感知的游戏

Botfighter 的玩家需要在城市里面漫步等待另外一位玩家接近的通知。对于 Blast Theory（2007）（一个关于交互媒体的艺术家小组）制作的一些普适计算游戏来说，精确的定位相当重要。这些游戏的主要特点在于它们是在现实城市之间移动的个体的集合，每个个体也通过计算机在一个相关的虚拟城市中移动。

Holmquist 等人（2004）关于 A-Life 应用界面的报告则是另外一个情境感知移动计算的例子，A-Life 是一款为辅助雪崩搜救人员而设计的移动应用。滑雪者携带了一组监控光照、氧气含量的传感器，在雪崩发生时这些数据用以确定帮助这些受困者的顺序。其界面在图 19-4 中展现了所有在范围内并且允许访问他们传感器读数的滑雪者的优先级。在 2016 年，Pokémon Go 提供了一个非常流行的情境，感知的游戏体验。

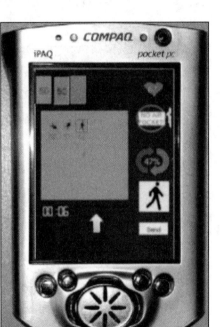

图 19-4　A-Life 系统的 PDA 设备界面

（来源：Holmquist et al.(2004) Building intellifent environments with Smart-Its, *IEEE Computer Graphics and Applications*, January/February 2004, © 2004 IEEE

（图片作者 Florian Michahelles））

在虚拟游览中有很多情境感知的例子，移动设备用以显示关于景点的信息或者提供相关的指南。某个特定地点可以打上地理标签以向人们（通过他们的手机或者其他设备）指示在该位置可以访问数字内容；例如，当用户在特定的位置时手机会开始震动。然后可以提供与该地点相关的视频或者文本信息。

无线传感器网络是另外一个完全需要移动设备的情境感知应用的例子。当一个人处于一个无线传感器网络环境中时，他们需要有能力探测存在的设备以及这些设备具备的功能。人、计算环境同物理环境的交互、交互历史和人们所参与的活动共同构成了情境。

Emmanouilidis 等人（2013）根据对用户、系统、社交方面、服务和物理环境的了解，提供了情境感知功能的分类，如图 19-5 所示。

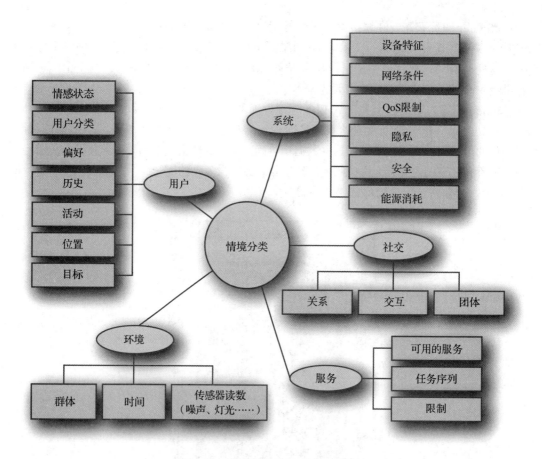

图 19-5   情境感知功能的分类系统

19.3   理解移动计算

　　前面讲过在交互式系统开发过程中的一步就是"理解"。这涉及为要生产的系统或服务从事研究和开发需求。从事于研究人们使用移动设备并且建立新的移动应用和设备是移动设计的首要挑战。正如在第 3 章中讨论的，设计师的主要技术是了解他们为谁设计（角色的开发特别有用）和需要支持的活动（场景特别有用）。这需要理解当前的使用和想象未来的交互。采用的方法需要适合于技术和使用环境；其中有一些技术可能位于现实或者未来的情境中，其他的技术可能是非情境的，例如在一个会议室进行头脑风暴的会议。

　　在移动计算情境中，观察人们到底在做什么是相当困难的，因为设备只有一块小屏幕，通常不能直接观察到，并且设备只提供了个人的交互（然而，数据分析通常很容易收集）。但是，观察更广泛的情境问题和行为更加容易完成。例如，一位研究者观察青少年在商场、公共汽车、咖啡馆对于手机的使用。这个研究的目标在于找到青少年使用手机做些什么。这并不与理解可用性问题或者收集对于新应用的需求直接相关。这里，被观察的青少年并不知道他们是一项研究的一部分，因此会产生一些道德问题。在其他情况下，设计师可能会明确地通知出差的销售人员。这种设置会丢失一些自然性，但是设计师可以观察到更多的细节。

　　当然，理解不同的事物需要不同的方法。Jones 和 Marsden（2006）关注 Marcus 和 Chen（2002）的工作，提出了移动应用的 5 个不同的发展空间：

- 天气或者旅行之类的信息服务。
- 记忆辅助或者健康监测之类的自我执行应用。
- 维持社会联系和社交网络的关系空间。
- 娱乐空间，包括游戏和手机铃声之类的个性化功能。
- 强调商业业务的移动商务。

框 19-2　与停车计时器交互

　　在爱丁堡和其他城市的停车计时器允许人们通过手机来交互。在注册了信用卡号以后，人们拨打一个中心号码并且输入停车计时器编号。停车计时器便开始使用了，花费会从信用卡上扣除。当免费的十分钟停车时间将要耗尽时，系统会给用户的手机发送一条短信来提醒时间即将耗尽，以避免支付停车费。

　　在移动计算中，另外一种调查方式是让人们记录它们的使用过程。显然，很多移动技术的使用是在非常私人的环境中进行的，观察者的存在会让使用者觉得很尴尬（例如在床上）。但是，众所周知，日记调研很难很好地执行。参与者需要有很强的动机来准确地记录他们的活动，并且很难去验证日记的有效性，参与者也可能会给出伪造的条目。然而，这是收集当前数据的合适方式。一位研究者以这种方式使用日记，但是让人们结对来帮助验证正确性。尽管结果提供了很多信息，但是仍然存在着一些显著的问题。例如，用户 X 于凌晨 2 点给用户 Y 发送了一条短信，但是用户 Y 并没有记录接收到了这条短信。

　　当然，日记可以与手机的短信发送和接收记录互相参照，但是道德和隐私会成为问题。如果可以解决这些问题，通过收集移动设备本身的数据是一种调查当前使用情况的非常好的方式。这里有关于电话数量、电话类型、持续时间、位置等的大量数据。但是这些数据缺少的恰恰是情境信息。用户是谁，他们在做什么，当他们参与一些活动时他们在想些什么，这些全部都丢失了。（第 10 章讨论了数据分析。）

　　高层的概念性场景有助于指导理解过程。通常这些场景是对从目标客户收集的故事的抽象。Mitchell（2005）判定以散步、旅行和参观作为手机服务中三种关键的使用情境。Lee 等人（2008）判定拍照、保存、组织、标记、浏览、发送和分享作为一个手机图像应用的概念场景。这些场景可以作为群组或者角色扮演研究中的结构化数据收集工具的基础。Mitchell 的移动映射技术整合了三种情境和关于谁与谁通信以及活动发生位置的社交网络分析。

　　在 Bellotti 等人（2008）的案例研究中，他们需要获得关于青少年业余活动的理解。该项目的目标是为了推荐特定的活动而提供新的服务信息。他们针对这个问题进行了 6 个不同类型的研究：

- 日本年轻人怎样度过他们的空闲时间？
- 他们靠什么来消磨空闲时间？
- 他们需要新的媒体技术来提供怎样的额外支持？

　　以下是关于他们的方法的报告。强调了使用多种方法以验证数据的重要性，这样通过不同的研究和需求方法可以提供不同的理解。

　　访谈和原型（IM）：和 16～33 岁年纪的人进行 20 次半结构化访谈，以及和 19～25 岁的人群进行 12 次更加深入的访谈，来探究日常活动、业余活动和支持他们的资源。我们首先要求他们考虑最近的远足和对于 Magitti 概念场景和原型的反馈。

在线调查：我们在市场调研网站上进行了一场调查以获得关于特定问题的统计信息，从 19 岁～ 25 岁的人群中收到了 699 份回应。

焦点小组（focus group）：我们运行了三个关注手机使用的焦点小组，每组有 6 ～ 10 位参与者。我们对 Magitti 原型和功能进行了走查，以收集关于概念的详细反馈。

手机日记（mobile phone diary，MPD）：为了得到 19 ～ 25 岁人群的日常活动的描述，我们进行了两个手机日记研究，一组是 12 人周日的活动，一组是 19 人一周 7 天的活动。

街头活动采样（street activity sampling，SAS）：我们在不同的时间和日期在东京及其周边的 30 个地点进行了 367 次简短的访谈，访谈的对象是刚好在我们的目标年龄范围内并且正在空闲时间的人群。我们请人们报告他们当天的三个活动，选择一个作为焦点活动，并且把它归为一组预先定义好的类型中的一个，并以计划、交通、友谊、信息需求、对地点的熟悉程度等术语来描述。

专家访谈：我们与出版行业的三位关注年轻市场的专家进行了访谈，以了解青少年在业余时间的趋势，以及通常通知和支持他们活动的出版物。

非正式观察：最后，我们在东京附近观察青年人的业余活动。SAS 访谈报告指出该年龄段人群每周出去 2 ～ 3 次。路上所花的平均交通时间为 20 ～ 30 分钟，但是很少需要一个小时以上的车程。

挑战 19-1

你被要求为跑步或者慢跑爱好者开发一部移动设备和应用。你会怎样完成理解过程？会进行何种研究，又会怎样进行？

19.4　为移动设计

大部分主要移动设备供应商提供了交互和界面设计的有用准则，以及系统开发工具包（System Development Kit，SDK）以保证应用的视觉和感觉的一致性。苹果、诺基亚、谷歌、黑莓以及微软都在互相竞争以提供最好的设计、应用和服务。（第 12 章讨论界面设计准则。）例如，微软有面向掌上电脑应用开发的准则，如：

- 菜单命令的文字尽可能短。
- 使用 & 符号而不是"和"这个字。
- 使用分割线来为菜单项分组。
- 删除命令位于菜单的底部。

即使有了这些指导准则，任何使用过掌上电脑应用程序的人都会知道，菜单可能会变得很长、很笨拙。移动设备上的任务流相当重要，因为如果有很多步骤需要完成以达到目标，那么屏幕很快就会变得杂乱。其他有用的指导准则包括"为单手使用设计"以及"为拇指使用设计"。

开发环境对开发者来说是有用的辅助手段。例如，来自微软的 Visual Studio 可以用来开发移动和桌面应用。它提供掌上电脑模拟器，这样，设计师就可以看到在小屏幕中设计的样子（如图 19-6 所示）。在全尺寸个人计算机上开发应用的问题是它需要一块大键盘，这并不便携，还需要大量的存储和内存以获得高的性能，而且通过鼠标而不是笔或者是导航按钮、旋钮、拇指扫描仪中的某个设备来进行点击。这些区别使得掌上电脑应用的使用与个人计算机上的模拟器有很大不同。

Jones 和 Marsden（2006）探讨了移动信息生态的概念。这个概念关乎移动技术的操作环境。他们指出移动设备需要适应桌面计算机、电视和其他家庭娱乐系统等设备。同时它们需要快速适应公众技术，例如售票机、收银机和其他自助服务系统。移动设备需要适应显示设备，例如大屏幕和投影仪。移动设备需要适应物理资源和其他技术，例如射频识别（Radio Frequency IDentification，RFID）以及近场通信（Near Field Communication，NFC）。它们应当可以在网络可用环境中工作以及兼容不同的通信标准，例如，蓝牙和 WiFi。从坐在咖啡馆里到在公园里轻快地漫步，移动设备需要应付变化多端的交互空间。它们还需要适应移动计算需要的多种环境。iPhone 在炎热的印度夏日和在寒冷的芬兰的表现就有很大不同。Jones 和 Marsden（2006）同样也对小屏幕设计进行了精心的探讨。（第 4 章和第 18 章介绍了设备和服务生态。）

图 19-6　微软桌面

Magitti 案例

回到 Bellotti 等（2008）的案例研究中，Magitti 的主屏幕如图 19-7 所示。以下是他们的设计及其基本原理：

> 主屏幕展示了上限为 20 个符合用户当前环境和资料的推荐事物的可滚动列表。当用户漫步时，列表会自动更新来展示与新的位置相关的项目。每一条推荐以摘要的形式在主屏幕上展现出来，但是用户可以轻触每一条来打开细节显示（图 19-8 右侧）。该屏幕展现了初始的文本内容、有条理的整体展示和用户评论，用户可以在一个单独的屏幕中看到每个组件完整的文字。细节屏幕同样也允许用户为事物进行星级打分。

> 为了在主屏幕上定位推荐项目，用户可以拉开地图标签页以看到局部地图（图 19-7 右侧），该页面展示了在列表里面当前可见的 4 个项目。第二次触控可以将地图移出全屏幕。小尺寸和单手操作的需要对图形界面有着显著的影响。正如图 1 和图 2（指这里的图 19-7 和图 19-8）所示，大的按钮占据了屏幕，使得用户在单手握持设备时可以使用拇指操作 Magitti。我们的设计利用了在触摸屏上的标记菜单来操作界面，如图 19-7 右侧所示。用户按住项目并且持续 400 毫秒以查看菜单；然后从中心 X 将大拇指移动到菜单上释放。因为用户学会了命令及其手势，她可以简单地在该方向上滑动拇指，并不需要等到菜单的出现。当用户学习命令和手势时，她可以简单地朝那个方向扫手指，而不必等待菜单出现。随着时间的推移，她学会了在没有菜单的情况下操作设备，尽管在任何需要的时候都可以使用它们。

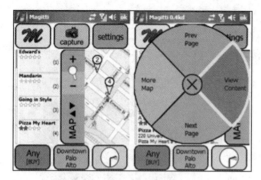

图 19-7　Magitti 界面设计

（来源：Bellotti，V. *et al.*(2008) Acticity-based serendipitous recommendations with the Magitti mobile leisure guide, *Proceedings of the Twentysixth Annual SIGCHI Conference on Human Factors in Computing Systems*, 5-10 April, Florence, Italy. © 2008 ACM, Inc. 重印已得到许可）

图 19-8　Magitti 屏幕

（来源：Bellotti，V. *et al.*(2008) Activity-based serendipitous recommendations with the Magitti mobile leisure guide, *Proceedings of the Twenty-sixth Annual SIGCHI Conference on Human Factors in Computing Systems*, 5-10 April, Florence, Italy. © 2008 ACM, Inc. 重印已得到许可）

挑战 19-2

找到你的移动设备中一款新颖的应用并且与你的同事进行探讨。它是可用的吗？使用它是否有趣？总体的用户体验是怎么样的？

19.5　移动计算评估

移动应用评估本身就带来了挑战。一种方法是使用粘贴在移动设备表面的纸上原型。Yatani 等人（2008）使用该技术来评价用于提供导航支持的不同图标设计，如图 19-9 所示。Bellotti 等人（2008）使用了问卷和访谈来评价 Magitti 系统。线框可以方便快捷地制作，不同的界面可以用线框工具模拟和自动化。（第 8 章讨论了线框，第 10 章讨论了评估。）

图 19-9　图标设计的纸上原型

（来源：Yatani *et al.*(2008) Escape: a target selection technique using visually-cued gestures. Proceedings of the Twenty-sixth Annual SIGCHI Conference on Human Factors in Computing Systems, 5-10 April, Florence, Italy. ©2008 ACM, Inc. 重印已得到许可）

19.6　案例研究：导航无线传感器网络的评估

为了说明普适计算环境（如无线传感器网络（WSN））中移动设备的使用，并演示一种评估方式，我们引入了爱丁堡纳皮尔大学 Matthew Leach 博士的研究。这与第 25 章探讨的关于导航的工作和第 18 章探讨的关于普适计算的工作相关。（第 18 章介绍斑点网 WSN。）

Leach 评价了移动虚拟声景，它能够使人们获得一个模拟的"斑点网（Specknet）"WSN 中的数据分布的概览。他关注于人们怎样能够获得由斑点网创建的兴趣区域的概览，以得到他们交互的优先次序。斑点网是一种被称为"斑点"的微小计算设备组成的无线网络。贯穿斑点网的关键特性是斑点不可以被看到，斑点也没有它们自己的显示器。它们也没有物理世界的任何表示。能够在这样的环境中导航的工具需要支持获得环境的概览以及何种物体在环境中，它们的重要程度、距离以及从当前位置到它们的方向。

为进行评估而选择的情景是化学物质泄漏。斑点散布在泄露的区域内并且记录化学物质是液体还是粉末。一位调查员使用移动设备来询问斑点网。包括距离、方向和重要程度在内的变化通过一系列模式来表示，表 19-1 列出了一些例子。一个人可能会被三个维度的 360 度方向的数据所环绕。因此在表 19-1 中展示的选项其目的在于提供 360 度概览的同时，最小化对屏幕空间的使用。

表 19-1　获得概览的模式

	视觉	触觉	听觉
距离	亮度	强度	音量
方向	屏幕边缘	马达震动	三维音效
重要程度	颜色	脉冲频率	重复频率

视觉选项代表着外部的显示，如果一个兴趣区域即将离开某一边，那么对应的屏幕边缘变红，亮红色表明距离更近，色阶用来表示重要程度。触觉选项设想了一组放置在交互设备的边缘的震动马达，选择不同的马达震动可以指明方向，震动的强度可以表明距离，震动频率可以表示重要程度（类比于盖革计数器的脉冲）。实际上，音频是触控选择的一种听觉版本，还可以选择空间化声音来表示方向。

虽然没有展示在表 19-1 中，但是网络中可能存在不同类型的斑点，而这至关重要。这个信息对于区分感兴趣区域的优先级起着重要作用；例如，某种情况下，两种化学物质泄漏了，由于每一种物质都很重要，因此都需要很高的关注度，但是两种物质都存在的区域更加重要（如果两种物质的混合会产生更加危险的化学物质）。包含这类信息可以匹配斑点网的数据流模型，为了能进行判别，这种数据表示必须能同时表达类型和值。（该模型在 18.5 节介绍。）

最终决定使用声音作为获得概览的方式，因为听觉是我们天生的全向感觉（Hoggan 和 Brewster，2012）。选择音频也使得可以通过声音的选择来表明不同类型的斑点。尽管这有潜在的好处，但是声音也有局限性（Hoggan 和 Brewster，2007）。这些需要考虑到，以确保它们不会危害工具的预期目标。

（1）听觉提供的细节要少于视觉。声音只能用作一种概览，用于判断区域是否需要进一步在视觉上进行检查，因此只需要表示有限的信息。

（2）相对于真实世界的声音而言，通过耳机来生成虚拟声音的系统相当原始。之前的实验确定了耳机表示足以进行声音的定位和数据的解释，尽管两者的准确度同时也会下降。

（3）人类听觉能够判断声音来源的方位，但是判断高度的能力相当弱。如果这个系统用于有很大的高度范围的环境中（例如一栋多层建筑），那么需要附加特征，但是作为一个初始的调查，这个研究将假设所有的来源都在同一个水平面上。

不同类型的斑点可以被不同的声音所表示。音调可以用来表示数值：较高的音调意味着较高的数值。为了表示方向，决定使用空间合成的声音，但是需要使用另外一个动态系统来加强。选择的映射如表 19-2 所示。

表 19-2　声音研究中最终音频编码的选择

信息	类型	数值	距离	方向
编码	声音	音调	音量	顺序和空间

动态方向系统的设计如图 19-10 所示。一个弧形连续地扫过参与者，当扫过的方向直接经过参与者所面对的方向时，会（在音频接口中）发出独特的声音。参与者主要的任务是在一场评估实验中聆听音频环境，然后画出一张斑点的分布地图（位置和类型）。每位参与者进行两次任务，一次在包含 6 个物体的环境中，一次在包含 10 个物体的环境中。

评价标准包括：

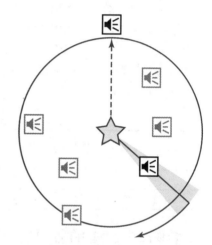

- 该工具能帮助人们获得数据的概览吗？——通过要求该项研究的参与者绘制数据分布地图以及它们的准确度来评估。地图之间的比较使得参与者的倾向和失败可以被判断出来。

- 人们可以对信息的优先级排序吗？——通过要求该项研究的参与者选择数据集中最高的数值来评估。实际正确的选择的数量会与随机选择的概率进行比较。

图 19-10　声音研究中最终的动态系统

- 参与者认为这个工具有任何可用性问题吗？——通过调查问卷的方式来评估，调查用户使用时的信心和对特性的看法。

图 19-11 到图 19-14 展示了对参与者绘制的分布地图的分析。涂色的圆环表示位置、数值（半径）以及代表化学物质声音的类型（红色表示粉末，蓝色表示液体）。这些表示使用同样的尺度，因为参与者接受了样本图片的训练。线条表示参与者标记的声音位置和实际位置的错差。标记的声音位置和实际位置大体的错差趋势呈现逆时针方向，可以在图 19-12 中明显地看到，并且趋向于把声音位置放置得靠近中间。复杂的组合中包含放置在相互接近位置的一对表示液体的声音。使用 1 号复杂组合（如图 19-13 所示）的参与者没能分辨出两种声音，仅仅标记了一个，但是使用 2 号复杂组合（如图 19-14 所示）的参与者判断出了两种不同的声音。使用复杂组合时，一些参与者没能判断出在一定距离下代表较低数值的声音，尤其是右下角的代表液体数值的声音。

讨论

实际中，滑动的圆弧消除了参与者移动头部的必要性，因为圆弧已经探索了声景。参与者需要报告他们对于判断距离和方向的把握程度；他们对于判断方向的把握程度高于对于判断距离的把握程度。

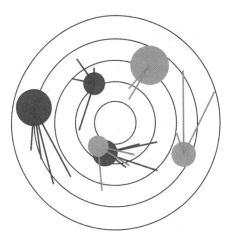

图 19-11　基本集 1：音频地图

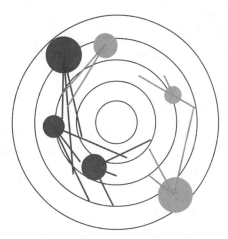

图 19-12　基本集 2：音频地图

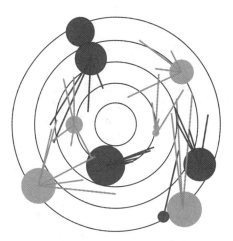

图 19-13　复杂集 1：音频地图

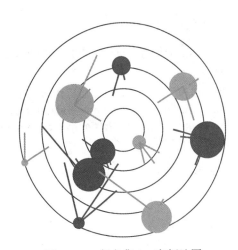

图 19-14　复杂集 2：音频地图

使用音调来表示数值对于识别不同高低关注度的区域来说并没有显著的提高。选择声景中高的数值的成功率相对来说也很低，完全成功的比例只有大约 37.5%，部分成功（当没有使用图像化的辅助时）的比例为 62.5%。结果的一致性表明不同参与者的差别可能扮演了比声音化的物品数量更重要的角色。为了提高系统的鲁棒性，可以使用对于不同重要程度选择不同的音调的方法进行调整。例如，在更高的数值更重要的情况下，使用对数标度，音调可以对于高关注度的数值变得更高。

考虑到参与者仅仅接受了有限的对于理想地图的训练，他们绘制的图表相对比较准确。当声音密度提高时，它们之间潜在的互相干扰会成为问题。在当前系统中，在一定距离之外的声音相当易受干扰，参与者没能分辨出两种相近的声音（尽管当离中心更近时，声音更大，其他参与者可以分辨出相近的声音），只有五分之一的参与者辨别出代表着低数值的声音被标记为更高的数值。但是，如果目标在于判断声场内的最高的数值，那么并不需要对分布的完整理解。

声场数据的整体情况表明了提供其分布概览的潜力，同时在人们被数据环绕且处于可移动环境中时，提供了不需要视觉关注的全方向表示。

挑战 19-3

如果你被要求对一个 iPhone 应用的原型进行评估，你会使用什么方法？

总结和要点

移动计算为设计带来了特殊的挑战，因为情境的存在使得很难去理解人们起初怎样使用移动设备以及他们未来会怎样使用移动设备。设计受到目标设备特性的限制。评估需要关注于关键问题。

练习

1. 你被委派为户外博物馆开发一个应用，游客可以将其下载到他们的移动设备上，当他们在博物馆附近走动时，可以提供信息和向导。你会怎样计划这个项目的开发？

2. 为学生设计一个在他们的移动设备上提供相关信息的应用。

深入阅读

Jones, M. and Marsden, G. (2006) *Mobile Interaction Design.* Wiley, Chichester.

高阶阅读

Bellotti, V., Begole, B., Chi, E.H., Ducheneaut, N., Fang, J., Isaacs, E. *et al.* (2008) Activity-based serendipitous recommendations with the Magitti mobile leisure guide. *CHI'08: Proceedings of the SIGCHI Conference on Human Factors in Computing Systems.* ACM Press, New York, pp. 1157–66.

挑战点评

挑战 19-1

我会以 PACT 分析（见第 2 章）来琢磨设计空间。你需要理解来自生产商（如耐克）的所有不同的可用技术（访问它们的网站）。你可能需要衡量速度、距离和位置。人们可能想与其他人相见，因此需要移动通信以及发现其他人的位置的功能。你需要与跑步者交谈，加入一个跑步俱乐部然后调研其成员。完成想法的原型并且进行评估。第 7 章中有很多理解和生成需求的技术。

挑战 19-2

对于这个问题没有答案，但是可以参考第 6 章关于体验设计和第 5 章中你需要考虑的关于可用性的一些事情。

挑战 19-3

参考第 10 章关于评估的通用材料，同时也需要思考在移动环境中的特定问题。你可能需要往 iPhone 中添加一些软件来记录人们使用应用做些什么。你可以尝试使用这些软件来观察他们的使用，或者在他们使用应用之后直接与他们面谈。

484
～
485

486

可穿戴式计算

目标

未来几年的两个发展将给用户体验设计师带来新的挑战。苹果手表、谷歌眼镜等可穿戴设备和一系列测量人体生理特征的健身小工具将创造新的设备和服务生态。交互式材料的下一次浪潮一定会对交互式设计和用户体验设计带来新的重大变革。当我们点击、扭曲、敲击、划过不同质地的材料时，会出现新的交互形式。在我们与数字内容交互的过程中，手势和运动变得十分自然。与可穿戴式计算的交互将成为模式最多的交互。

本章介绍了可以操作数字内容的织物及其他材料的最新进展。包括全新的可弯曲的显示设备和织有电路的新型织物。这些发展意味着交互式系统正在进入时尚和设计领域，而不仅仅限于桌面或者移动设备。

在学习完本章之后，你应：

- 掌握可穿戴计算带来的人与技术之间的特殊关系。
- 掌握新材料为交互式系统设计师提供的选择。
- 掌握交互式系统发展的多变性本质。
- 掌握交互式植入物的问题。

20.1 引言

可穿戴式计算指可穿戴在如手腕等部位的计算机和通过新材料实现的新的交互技术形式。这涵盖了从简单地在常规衣物中添加如发光二极管（LED）等交互特性，到把计算能力编织到织物中的复杂的电子织物技术。本章会把这个概念推进一步，不仅讨论可穿戴式计算，还讨论可移植到人体的交互技术。（第 24章讨论了"存在感"。）

可穿戴式技术的一个实例是 Nike+ 系统，通过鞋子里的传感器可以记录时间、距离、步伐和卡路里（如图 20-1 所示）。另一个创新的可穿戴的例子是谷歌眼镜（Google Glass）（如图 20-2 所示）。尽管第一个商业版本的谷歌眼镜在 2015 年被撤回，但谷歌承诺这个项目没有结束。谷歌眼镜结合了创新的显示设备和一些新的用于交互的动作姿势。这款眼镜会跟随使用者的视线，当使用者长时间凝视一个物体时就会选中它，而抬头或点头会帮助控制眼镜。Augusto Esteves 和他的同事正在开发与腕表交互的凝视交互（Esteves 等，2015）。

图 20-1　Nike+

（Source：耐克）

图 20-2　Google glasses

（Source：Google UK）

487

进一步思考：人机融合

人机融合是欧盟资助的一个研究融合人类和技术的研究项目（Gaggioli 等，2016）。你可以想象往一颗牙齿中植入与 Facebook 的直接关联，这样你可以立即知道任何状态的改变。还有很多可以想象的未来场景。当前该项目资助的两个大的项目是：

- CEEDS——移情体验数据收集系统（Collective Experience of Empathic Data System，CEEDS）项目目标在于研发新颖的集成技术来帮助人们体验、分析以及理解庞大的数据集。
- VERE（www.vereproject.eu）——这个项目的目标在于消除沉浸式虚拟现实和物理现实中人体与代理表示之间的界限。这个工作考虑人们如何在他们自身的遥远的代表性存在中获得代入感，这种代表可以是虚拟世界中的化身或者一个物理对象，如现实世界中的机器人。

框 20-1　Vuman

Vuman 计划（图 20-3）研发可穿戴式计算机来帮助美国军队进行车辆检测。之前的检测中，每辆车需要完成 50 页纸的检测表——对车辆底部进行检测，然后写下结果。Vuman 可穿戴式计算研发是为了处理这个专门的领域，并且包括新颖的基于滚轮的界面来进行菜单导航。检测和数据项可以一起携带，整个检测节省了 40% 的时间。

图 20-3　Vuman

（来源：Kristen Sabol，卡内基 – 梅隆大学 QoLT 中心，由匹兹堡 Voyager Jet 提供）

可穿戴式计算有许多应用，而且随着传感器技术的发展和成熟，我们可以期望看到更多应用。可穿戴式计算的一个活跃的应用是医疗领域。用于检查血压、心率和其他身体机能的传感器可被贴附在身体上来为人体健康提供监控。还有许多医学人体植入物，比如肌肉刺激器、人造心脏，甚至替代角膜。然而，这些设备主要是非交互式的。只有当我们有了交互式的植入物和可穿戴设备，事情才会变得有趣。（第 10 章对自我量化进行了介绍。）

太空服、军事和应急服务展示了可穿戴式计算最先进的实例。美国正在进行的"未来部队勇士"计划展望了 2020 年士兵可能的穿戴。消防队员的保护服带有内置音频、GPS 和用于显示建筑规划等信息的头戴式显示器（信息显示在保护头盔的面罩上）。

可穿戴式计算机从 20 世纪 60 年代开始已经在许多实验和原型中出现（如图 20-4 所示）。在贝尔直升机（Bell Helicopter）公司一个早期的项目中（从 20 世纪 60 年代中期开始），配备一个红外相机的头戴显示屏使得军用直升机飞行员夜间可以在崎岖地形上着陆。这个随着飞行员移动而移动的红外线相机被安置在直升机底部。

一个更早的关于可穿戴式计算机的例子是 HP-01（如图 20-5 所示）。这是惠普创造的腕表式代数计算器，它的用户界面结合了两者的要素。表面有 28 个小按键，它们之中有 4 个手指更容易接触的突起。突起的按键包括了 D（日期）、A（闹钟）、M（记忆）和 T（时间）。单独按每个按键可以唤起相应的信息，在先按下 shift 键之后按这些按键则可以储存信息。另外两个按键是凹陷的，这就保证在用手指操作时不会被误触。它们是 R（在不同模式下代表读取 / 调用 / 复位）和 S（秒表）键。其他的按键是用手表附带的两支尖笔之一来按压的，其中一支是一个可以卡入腕带的搭扣中的小组件。

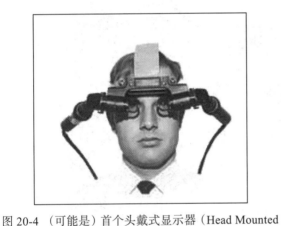

图 20-4 （可能是）首个头戴式显示器（Head Mounted Display，HMD），可以追溯到 1967 年
（来源：www.sun.com/960710/feature3/alice.html© Sun Microsystems。由 Sun Microsystems 公司提供）

图 20-5 HP-01 代数计算器
（来源：惠普计算器博物馆。www.hpmuseum.org）

Steve Mann 一直是可穿戴式领域的先驱，而且他已把过去 20 多年来研发出的一系列实例编辑成册（Mann，2013）。他定义了所谓的关于可穿戴计算的 6 种信息流程（Mann，1998）。这些信息流本质上是可穿戴式计算的关键属性（以下是 Mann 的标题）：

（1）不独占人们的注意力。也就是说，他们不把穿戴者与外界分隔。穿戴者可以在穿戴着设备的同时关注别的任务。而且，可穿戴计算机可以增强穿戴者的感知能力。

（2）非限制性。穿戴者在走路或跑步的时候仍然可以使用可穿戴式计算机的计算和通信能力。

（3）可观察的。当系统被穿戴的时候，没有理由使得穿戴者不能一直意识到其存在。

（4）可控制的。穿戴者可以随时控制它。

（5）注意环境。可穿戴式系统可以增强人们对环境和情况的感知。

（6）与他人交流。可穿戴式系统可以被作为通信媒介。

太空服

或许终极的可穿戴式计算机是太空服。不管是宇航员所用的真实的物品还是来自科幻小说中的更新奇的东西，太空服都会在（至少）提供与母舰或者指令和控制通信的功能的同时包裹并保护宇航员个体。尽管《星际迷航》（Star Trek）中的博格人（Borg）可以有增强的感知，事实上，现在太空服仍局限于依赖单行文本的显示设备和人类语音的中继信道。这些限制反映了能量消耗和真空中工作需求的实际问题。美国航空航天局（NASA）和它的行业合作伙伴们正在尝试使用头戴式显示器（安装在头盔上）、腕戴式显示器和对当前胸戴显示器的改进版本以及控制系统来创造舱外活动（Extra-Vehicular Activity，EVA）（太空行走）支持系统。这项工作持续地致力于平衡实用性、可依赖性、尺寸和质量的需求。图 20-6 展示了这种特殊的可穿戴式计算系统或太空服的一些关键组件。

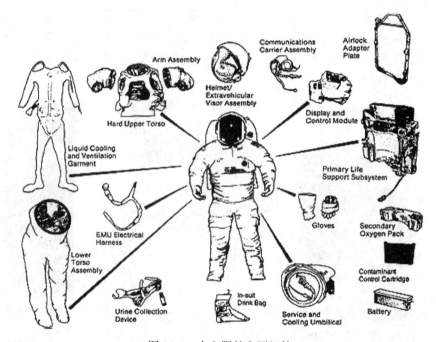

图 20-6　太空服的主要组件

（来源：http://starchild.gsfc.nasa.gov/docs/StarChild/spce_level2/spacesuit.html）

可穿戴式系统的设计师们同样需要担心通信和能量消耗等事项和如何将不同的零件组合到一个系统中的问题。Siewiorek 等人（2008）推荐了一个叫作 UCAMP 的框架来帮助设计师关注关键问题。UCAMP 表示：

- 用户（user）。必须在设计过程的早期阶段咨询用户，来建立他们的需求和所做工作中的约束。
- 人体（corporal）。人体是可穿戴式计算的中心，设计师需要考虑计算机的重量、舒适度、位置和新颖的交互方式。
- 注意力（attention）。界面设计应该考虑用户在现实和数字世界间注意力的分配。
- 操作（manipulation）。应该可以很快找到控制选项而且操作简洁。
- 感知（perception）。感知在可穿戴式计算很多领域中受到限制。显示器应当简洁、有区别而且能够快速进行导航。

他们提出了一种以人为中心的可穿戴计算机设计方法,该方法在早期使用纸上原型和故事板,在构建物理可穿戴计算机之前进行概念设计。

挑战 20-1

考虑为消防队员设计可穿戴式计算机。你会包含哪些东西进来?怎样的输入和输出形式是合适的?与一位同事进行探讨。

20.2　智能材料

在用于交互的新材料领域,许多新的发展接踵而至。比如,2012 年出现了许多柔性的多点触摸显示器,带来了曲面显示的新纪元(如图 20-7 所示),以及能够简便地在任何物品上添加触控显示屏的能力。例如,我们可以在衣物的组件上添加一块柔性显示屏。

图 20-7　三星 OLED 显示器

(来源:曲面 OLED 电视, http://www.samsungces.com/keynote.aspx)

智能材料是对一些外部刺激和交互产生的变化有反应的材料。例如,形状记忆合金可以随着温度或者磁场变化而改变形状。另一种材料随着光或者电场改变而改变。材料可以简单地改变颜色或形状,或者通过改变形状来传输一些数据。这实现了新的交互形式,例如数据的物理化(与可视化相对)。因此,与这些新显示的交互是有形的而不是简单的视觉。Follmer 等人(2013)演示了 Inform 显示。(第 13 章讨论了可触式交互。)

用户体验设计师的问题在于,在如此大量的材料下,了解什么时候选择哪种材料会变得很困难。

492

框 20-2　一些智能材料

- 压电材料,当施加压力时,这种材料会产生电压。因为这种效应可以以相反的方式进行,电压穿过样品会对样品产生压力。通过适当地设计结构,这种材料可以在加电的时候弯曲、伸展或者缩小。

- 形状记忆合金和形状记忆聚合物是一种可以在温度或者压力改变的时候诱导和恢复大形变的材料（伪弹性）。大的形变起因于马氏体相变。
- 磁致伸缩材料在磁场的影响下表现出形状改变，也会在机械压力下改变它们的磁化作用。
- 磁性形状记忆合金是一种能随着磁场的显著改变而改变形状的材料。
- pH 敏感性聚合物是当周围介质的 pH 值变化时体积改变的材料。
- 温度响应聚合物是随着温度而改变的材料。
- 加酸显色材料是一种根据酸度不同而改变颜色的常用材料。一种可行的应用是作为油漆，可以通过变色来指示油漆下金属的腐蚀情况。

来源：http://en.wikipedia.org/wiki/Smart_material。

来自国际时装机器的毛绒触摸材料是一种导电纱和其他织物在一起纺织而成的触觉敏感的织物。它可以用在滑雪服中控制 MP3 播放器。另一个智能材料的例子是能改变颜色的长裙（如图 20-8 所示）。

案例 1：基于衣物的身体感知

一些来自爱尔兰都柏林的研究者描述了基于泡沫材料的移动探测传感器的研发（Dunne 等，2006）。他们的研究致力于确定哪些传感器在可穿戴式计算的应用中是最好的，不会让穿戴者感到不舒适，但是传感器给出的精确度对于提供交互性是有用的。

他们的工作目标是保证在引入传感技术的同时保持织物的性质（柔软度、延展性等）。例如，如果某种织物被认为是传感材料，或者如果在现有的织物中加入导电丝，

图 20-8　能改变颜色的智能材料长裙
（来源：Maggie Orth）

这种织物可能会受到损伤，使得衣物不那么吸引人。如果这种材料的交互特性需要相当精确，那么这可能对衣物的种类有要求，例如紧身穿着的套装，但这种套装通常被人们认为是不被社会接受的。如果希望人们乐意穿上可交互的纺织物，就不能损害它的实用性、可接受性和用户体验。（实用性和可接受性见第 4 章。）

他们正在研究的传感器是一种基于 PPy（polymer polypyrrole，聚吡咯）的泡沫材料，它可以监控到细微的电流。泡沫中的任何改变都会被传感器探测，所以这种泡沫材料可以与其他织物纺织在一起。研究者指出，这种类型的传感器可以用于探测重复动作，例如呼吸或者走路，也可用于探测特定运动，比如弯曲手肘或者耸肩。这些如开关一样的简单动作可以应用在很多方面。这种传感器还可通过放置在靠近皮肤的位置来监控呼吸等情况。

研究者进行了许多实验，结论是传感器能够可靠地检测到耸肩运动，并且在一定程度上可以探测移动的程度（一个大幅度的或者小幅度的耸肩动作）。结合这种泡沫材料可以被编织入其他织物的事实以及它可洗、便宜而且耐用的特性（所有可穿戴式传感器的理想特性），使得它成为可穿戴传感器的好选择。

进一步思考: 石墨烯

甚至在发现石墨烯的先驱们获得 2011 年诺贝尔奖之前, 该材料就被称赞为 "下一件大事"。石墨烯不仅仅是一种材料还是一系列材料的总称 (类似于塑料所指的材料范围)。它被视为硅的提升和替代, 也被称为可测量的硬度最强的物质, 此外还是人们所知的传导性最好的材料。简而言之, 它的性质已经引发了现实的震动。一位科学家评论道 "需要一头大象站在铅笔末端才能刺破一片保鲜膜厚度的石墨烯。" 这种材料的用途和它的性质一样使人惊讶, 从复合材料 (正如现在的碳纤维一样) 到电子产品, 它有着各种用途。

来源: 基于 http://news.bbc.co.uk/1/hi/programmes/click_online/9491789.stm。

挑战 20-2

设想一些可以根据人们的物理特性产生反应的智能服饰的创新应用。你可以利用它找到一些乐趣, 比如, 一件衬衫的颜色会随着心率的变化而变化, 你会怎么想? 探讨这些技术可能带来的社会问题。(你可能需要参考第 2 章中不同类型的传感器。)(见第 22 章关于情感的介绍。)

494

20.3　材料设计

Mikael Wiberg 及其同事们 (Wiberg, 2011; Robles 和 Wiberg, 2011) 提出可穿戴计算和可触摸用户界面带来的重要改变意味着不需要再区分原子和比特: 物理世界和数字世界已经融合在一起了。相反, 他们讨论 "计算构成" 和创造一个统一结构的质感。质感就是底层架构如何与观察者通信以及人与物品之间关系的重要性。交互设计中称之为材料时代。质感这一概念在隐喻上和字面上都被用于表示这种新的交互形式。交互设计趋于设计结构和外观的关系。质感关注的是所有物、结构、表面和表现形式。因而设计是一种创作 (就像一个音乐创作), 它和质感的美学密切相关。

进一步思考: 人机交互理论

Mikael Wiberg 的关于 "转向材料" 的创新反映了我们对于人机交互和交互设计的认识的转变。Yvonne Rogers 在她关于人机交互理论最新的著作中 (Rogers, 2012) 追踪了一系列自 20 世纪 90 年代初期的人机交互在研究 "转向社会" 之后的一系列转变。Rogers 发现:

- 转向设计——从 20 世纪 90 年代中期开始, 人机交互理论家从设计和设计哲学中借鉴了想法, 并将其应用到人机交互思想中。
- 转向文化——是一种更新的发展 (Bardzell, 2009), 理论家和从业者们使得批评理论对交互设计产生影响。批评来自不同的视角, 例如马克思主义、女权主义、文学批评、电影理论等, 转向文化是关于批评的、基于价值的角度对人和技术的解释。
- 转向自然荒野——回顾一本重要的书 *Cognition in the Wild* (Hutchins, 1995), 以及大量的干预和研究, 它们侧重于日常活动的交互设计, 以及人们将技术融入日常的生活。
- 转向具体——强调身体对于人类思考和行动方式的重要性, 以及物体和人们所处的环境和世界对人创造意义重要性。

对交互设计概念的创造性解读发展出了关于设备个性化、使用自然交互、移动化、普适计算以及所有在这些设计局面下的困难和复杂性的诸多问题。可穿戴计算利用了可触摸用户界（Tangible User Interface，TUI）和其他诸如动作、手势、语音和非语音在内的所有方式。（TUI 见第 13 章。）

物理和数字的紧密结合完全打开了交互的新局面。织物可以被抚摸、弯曲、揉捏、拉伸、拖曳、戳弄以及弄皱。同时还有手势、手臂动作和头部动作等交互方式。人们可以跳、踢、指向、慢跑、走路、跑步。不论是在计算机游戏中跳过一面虚拟的墙、控制 MP3 的音量或是上传图片到 Facebook，所有这些都有引发计算的潜力。

回顾一下之前介绍的交互模式的想法（见第 9 章）。交互模式是在交互中所用的规律，例如 iPad 上的双指缩放，安卓手机上向右划动到下一个项目。可穿戴计算上的交互模式会是怎样的呢？这里没有类似苹果、谷歌或者微软的标准，并且包括不同织物、不同类型布料和不同应用的内在多样性意味着材料设计是一件非常特别的事。例如，Lee 和他的同事正在研究可压缩界面（Lee 等人，2016）。

> **挑战 20-3**
>
> 草拟一份 Kinect 或 Wii 中使用的手势。

设计师可以只依赖以人为本的设计方法和技术来开发人物角色和场景，通过目标用户、代表性用户和评估来设计原型以帮助开发有效的设计。例如，Sarah Kettley 设计了一些可交互的珠宝（如图 20-9 所示），用焦点小组和可交互原型来探索这些珠宝如何影响小组的交互。Markus Klann（Klann，2009）与法国消防员合作开发了新型可穿戴式设备，Oakley 和同事们（2008）进行了控制实验来探索在他们的可穿戴设备开发过程中的交互式点击手势的不同方法。

图 20-9　交互式珠宝
（来源：Sarah Kettley 设计）

20.4　从材料到植入物

不难想象从可穿戴电脑到植入式电脑的必然趋势。类似 RFID 标签的简单设备已经被移植到人体而且可以被用于在检测到标签的时候自动开门、开灯。还有一些夜总会迷们可以利用植入物来插队或购买饮料。

脑机接口（Brain-Computer Interface，BCI）的例子已经有很多了，来自大脑的脑电图信号被用于与其他设备交互（如图 20-10 所示）。但是，脑机接口还是辜

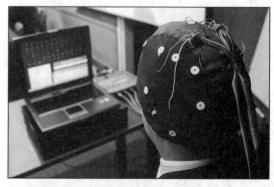

图 20-10　脑机接口
（来源：Stephane de Sakutin/AFP Getty Images）

负了原本的大肆宣传，仍然只对有限的输入有效。例如，一个脑电图帽可以探测人关于"左"和"右"的关注度，并使远处的车辆左转或者右转，或者从一个菜单中做出简单的选择。

直接神经连接常见于视网膜移植等领域，但是仍然较少地运用于交互功能。雷丁大学的 Kevin Warwick 已经对他手臂中的直接神经植入物进行了一些实验，他能够学着去感觉与物体的距离，以及直接与互联网上的其他物体连接。在一个实验中，他的手臂运动被用于控制可交互珠宝的颜色，在另一个实验中，他能够通过互联网控制一个机器手臂。在他的赛博格（Cyborg）2.0 项目的最终实验中，他把他和妻子的手臂连接在一起，这样可以感受到妻子的手臂的动作。艺术家 Stelarc 已经在他的作品中进行了类似的连接（如图 20-11 所示）。

496

这项工作的最终目标是半机械人的想法，就像《星际迷航》和电影《终结者》中描述的博格人一样（如图 20-12 所示）。当然植入物有许多医学上的好处，但是用植入物技术侵入人体也有巨大的道德问题。幸运的是，现在的交互设计师很可能不需要对设计植入物担心太多，而只需要知道这些可能性。

图 20-11　Stelarc

（来源：Christian Zachariasen/Sygma/Corbis）

图 20-12　博格人

（来源：Peter Ginter/Science Faction/Corbis）

挑战 20-4

当植入物变得越来越普遍，并从医学用途转向化妆品用途时，反思一下将要发生的变化。人们想要增强什么样的人性特征？这将如何改变人与人之间以及人与物、与空间之间的互动性质？

497

总结和要点

可穿戴计算给交互设计师带来了一系列新挑战，它把许多可触摸用户界面和触碰、弯曲等动作在内的交互手势连到了一起。

- 设计师需要知道不同材料及其特性，知道它们的鲁棒性有多强，它们能够以怎样的精确度感知何种事物。设计师需要设计新的体验。
- 可穿戴计算机在设计时需要考虑到人体本身，这样设计的产品才能舒服并且适用于所应用的领域。

- 新的可计算材料将得到发展，从而可以利用不同传感器带来新的变革，进而与人交互。
- 交互设计师需要欣赏可穿戴设备带来的新型交互方式中的美。

练习

1. 要求你为繁忙的行政人员设计健身房，他们即使在健身房运动时也需要保持联系。这种健身房应该有什么功能？怎样操作它？它要如何与健身设备、互联网以及人们进行交互？

2. 想象不久的未来你会穿上可交互的晚礼服和朋友一起出席晚会。设计一些人、地点和衣物交互的场景，想象可能带来的新的体验。

深入阅读

这是一个来自一位可穿戴式计算先驱 Steve Mann 的带有很多例子的长章节。详见 www.interaction-design.org/encyclopedia/wearable_computing.html。

高阶阅读

Robles, E. and Wiberg, M. (2011) From materials to materiality: thinking of computation from within an Icehotel, *Interactions* 18(1): 32–37.

Wiberg, M. and Robles, E. (2010) Computational compositions: aesthetics, materials and interaction design, *International Journal of Design* 4(2): 65–76.

挑战点评

挑战 20-1

消防员穿着特殊的服装来保护他们不受热量和烟雾伤害。当然，许多消防服都配置了许多传感器和感受器。声音对于消防员来说是非常有用的媒介，因为他们往往看不到自身的前进方向。显示建筑布局的头戴显示器也会很有帮助。

挑战 20-2

这是一个为未来服装进行头脑风暴的机会。回顾可用的不同种类的传感器，比如心脏监控、皮肤电反应和其他刺激的测量，思考它们怎样让衬衫颜色由白色变为红色，怎样使得人越激动的时候，颜色越红。这种技术的社会后果需要进一步探讨。织物可以对其他各种情况有所反应，比如你收到了多少邮件，你有多少朋友在附近或者你的同事在特定的位置留下了多少消息。

挑战 20-3

有上千种姿势通过类似 Wii 或者 Kinect 的设备被运用于游戏中。它们中的许多依赖于情境和特定的游戏内容。比如投掷姿势、钓鱼姿势、跳跃姿势、闪避或是编织姿势等。也有诸如挥舞、扫过、指向、选择和移动物体等更一般的姿势。探讨这些姿势如何在情境中被用于与他人或物体进行交互，以及如何通过姿势与织物进行交互。

挑战 20-4

这里可以查看自己喜欢的科幻电影，例如《星际迷航》或《终结者》。人们已经设想了对人类能力的所有增强方式，例如超强视力、增强听力甚至是植入物来检测身体所不能察觉的东西（直到为时已晚），例如辐射。你可能有磁性手指，因此能够以不同的方式与金属相互作用，但是是否能够制造风暴或冻结附近的区域则是另一回事。

用户体验设计的基础

第四部分内容介绍

本部分归纳了交互式系统设计背后的基本理论。这些理论旨在解释人们自身及其能力，以促使设计师在创造新的体验时可以利用这些知识。我们总结了认知、情感、感知和交互的理论，提供了丰富的素材，以便在交互式系统设计环境中理解人们。

人类拥有许多感知和理解世界并与世界交互的能力，但是也存在着固有的局限性。例如，人的记忆力不是非常好，会分心和犯错，会迷路。但他们用先天的理解能力、学习能力、感知能力和感觉能力在环境中活动。就用户体验设计而言，这些环境通常包含技术内容。本部分关注人们的能力，这样设计师就可以创造合适的技术，提供有趣且吸引人的交互体验。

在这些基础内容中，最令人感到惊讶的可能是，关于人们到底如何思考和行动的这一问题至今仍存有许多争议。本部分不会提出一个可以解释所有问题的单一观点，而是展示针锋相对的观点来让读者探讨这个问题。第21章讨论了人们如何记住事情、如何遗忘以及为什么犯错误。如果设计师对这些问题有着深刻的理解，他们就能通过设计来兼容它们。第22章转而关注情感及其在用户体验设计中的重要地位。情感是人类的核心，设计师应致力于为情感去设计，而不是试着脱离它。第23章着眼于思考，以及思考和行为如何共同运作。这一章探索了关于认知和行为的诸多观点。第24章将从把人看作独立的个体转移开来，继而关注人在团体中的行为。这一章涉及我们如何与其他人交互，以及我们如何在文化中形成自己的身份。最后，第25章研究人们如何与周围的世界进行交互：我们如何在这个复杂的世界中感知和导航。

传统方法的问题在于，它认为这些人类能力是相互独立的。这种将人类经验划分为注意力、记忆、情感、认知、社会互动和感知的方式，并没有认识到这些特征相互作用的复杂度。这样的分类反映了一种信息处理的世界观，而这种世界观实在不足以解释其复杂性（见23.1节）。

相比之下，Masmoudi 等人（2012）主张对传统类别进行更多的整合。情绪影响记忆，感知受注意力影响，动机影响我们解决问题的方式。情感科学、神经科学和认知科学的发展使我们从认知（与思维有关）、情感（与感觉有关）和思维（与意图和动机有关）的整合角度来思考人类活动和经验。在我们现在所处的这个数据丰富的世界里，用户体验（我们在第6章中描述为"人类行为、感知、思考、感觉和意义创造的不可简化的整体"）要求我们把人类的特征和行为作为一个整体来考虑。

教与学

这部分有很多复杂的材料，需要花时间去学习和理解。许多材料适合心理学学生，并且在许多方面都可以构成一门心理学课程：用户体验设计方面的心理学。理解这部分材料的最好方法是集中学习各小节。这应该放在交互设计的某个方面的上下文中，下面的主题列表应该有助于构建它。或者，这5章可以作为一个很好的深入研究课程。

本章中所包括的主题列表如下所示，每一个主题都需要 10〜15 小时的学习来达到较好的理解程度，或者需要 3〜5 小时来对这些问题有基本的了解。当然，每个主题都可以成为扩展和深度学习的内容。

主题 4.1	人类记忆	21.1〜21.2 节	主题 4.10	活动理论	23.5 节
主题 4.2	注意力	21.3 节	主题 4.11	社会心理学导论	24.1 节
主题 4.3	人为错误	21.4 节	主题 4.12	人类交流	24.2 节
主题 4.4	人类情感	22.1〜22.3 节	主题 4.13	群体中的人	24.3 节
主题 4.5	情感计算	22.4〜22.5 节	主题 4.14	存在感	24.4 节
主题 4.6	人类信息处理	23.1 节	主题 4.15	文化与身份	24.5 节
主题 4.7	情境行为	23.2 节	主题 4.15	视觉感知	25.2 节
主题 4.8	分布式认知	23.3 节	主题 4.16	其他形式的感知	25.3 节
主题 4.9	具身认知	23.4 节	主题 4.17	导航	25.4 节

记忆力和注意力

目标

记忆力和注意力是人类的两种核心能力，它们使得我们能够正常地活动。对于用户体验设计师而言，记忆力和注意力有一些核心的特征，能为他们的工作提供重要的支撑。本书第12章介绍了从对记忆力和注意力的研究中得到的一些有用的设计准则，第5章介绍了这些研究对设计指导准则的影响。本章重点关注其理论背景。

在学习完本章之后，你应：

- 掌握记忆力和注意力的重要性，及其主要组成和处理过程。
- 掌握注意力和意识，以及形势意识、吸引和持续吸引。
- 掌握人为错误和心理工作负荷的特点，以及如何测量心理工作负荷。

21.1 引言

据说金鱼只有三秒的记忆。想象一下，如果在你身上发生这种事：每隔三秒，一切事物都会重新变得陌生和新鲜。当然，这样你将不可能像人类一样活着。Blakemore（1988）将这简单地描述如下：

> 难以想象如果没有记忆和学习的能力，我们的生活将会如何，甚至可以怀疑这样是否还能说活着。没有记忆，我们将成为时间的奴隶，变得一无所有，只有本能使我们能够在这个世界上继续生存。世界上将不会有语言、艺术、科学以及文化。

记忆是人类心理学观点的主要组成部分之一，该观点旨在解释我们如何思考和行动。图21-1显示了它与意识、动机、情感、注意力（以及其他一些未命名的功能）。下面几章将会包含这些主题。在介绍记忆时，首先简单地讨论一下记忆"不是"什么，并希望以此来澄清一些误解。

关于记忆力，有这样一些核心问题。第一，它并不只是一个简单的、单一的信息存储器，它有着复杂的结构，而该结构的具体形式目前尚未明晰。短期记忆（或者说工作记忆）和长期记忆并不相同。短期记忆非常有限，但在一些情况下也很有用，比如我们在打电话时记住电话号码。相反，长期记忆能够相当可靠地存储信息，比如我们的名字和其他一些个人信息、描述失

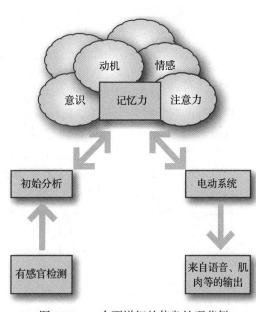

图 21-1 一个更详细的信息处理范例

忆者的词汇，以及如何操作现金取款机。这种基于常识的分类方法反映了记忆力最广为接受的结构，即所谓的多存储模型（Atkinson 和 Shiffrin，1968），如图 21-2 所示。

第二，记忆力并不是一个被动的知识库：它包含许多主动过程。当我们记住某事时，并不是简单地将其存储为文件，以使我们在需要的时候可以检索得到。例如，可以发现，在对需要记住的事物进行更深入更丰富的处理后，我们对该事物的记忆力增强了。第三，记忆力同样受需要被记住事物的特性影响。那些不是特别有特色的词汇、名字、指令或者图像等，将会使我们难以识别和回忆。游戏节目（和多选题）的原理正是基于这种可辨识性的缺失。参加比赛的选手可能被问到如下问题：

为了得到 10 000 美元，你需要回答我：布里奇顿是下面哪个国家的首都？

（a）安提瓜岛

（b）巴巴多斯

（c）古巴

（d）多米尼亚共和国

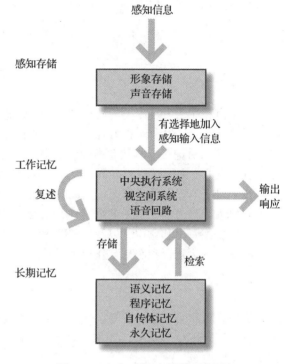

图 21-2　记忆力多存储模型的图解
（来源：Atkinson 和 Shiffrin，1968）

由于这些岛国全部位于加勒比海，对大多数参赛者而言它们并没有特别之处。然而，这种问题可以用细化（elaboration）方法（例如：Anderson 和 Reder，1979）解决。细化方法能够突出选项之间的相似之处和不同点。

506

第四，记忆也可以看作是一个构造过程（constructive process）。Bransford 等人（1972）展示了我们可以从外界，比如从一个独立的句子中，构造并整合出信息。在实验中，他们先给人们展示一些语句，然后给他们另外一组有相关主题的语句，并问他们"你刚才有没有看到这句话？"他们发现，大部分的人认为大约有 80% 的句子是他们刚才看过的。事实上，第二组中所有的句子都是全新的。Bransford 等人因此得出结论，如果新的语句与人们之前看到的其他语句的主题类似，那么他们更倾向于说他看到过这个新的语句。

最后，现在有许多研究者认为对记忆力的独立研究是无意义的，因为记忆力也是其他认知（思考）能力的必要基础。例如，对象识别依赖于记忆力；产生和理解语言依赖于某些形式的内部词汇（或字典）；在城区找到路线，依赖于内心对周围环境的表示，有时候这种表示被描述为认知地图（Tversky，2003）；技能的掌握通常始于对方法的记忆。

记忆力和注意力相关，这两者还与犯错、遇到不测或者无意中做事相关。记忆力、注意力、错误也都与情感相关。本章将讨论前三者，下一章主要介绍情感，或者说是"情感因素"。

21.2　记忆力

记忆通常被分为一系列的记忆过程（memory process）和一些不同类型的记忆存储

（memory store）。表 21-1 是对主要的记忆存储、记忆的组成，以及一些相关的过程的总结。图 21-1 是对记忆力这种多存储模型的图解（注意其中注意力的角色）。

21.2.1 记忆存储：工作记忆

众所周知，工作记忆这一概念最早由 Baddeley 和 Hitch（1974）提出并命名，它主要由三个相互关联的部分组成，分别是中央执行系统（central executive）、视空间系统（visuospatial sketchpad）和语音回路（articulatory loop）（也被称作语音环）。中央执行系统涉及决策、计划，以及其他相关活动。它也与我们同时处理多件事情的能力紧密相关（详见后续章节关于注意力角色的讨论）。语音回路可以看作类似录音带的循环行为。当我们拨打一个不熟悉的电话号码，或者重复一个外语短语时，我们倾向于大声或者静默地重复该数字（单词）串。这个过程被称作复述（rehearsal）。当做这个动作的时候，我们就是在利用语音回路，这也可以解释内心声音（inner voice）的体验。可以把它比作录音带，使我们能够理解语音回路在容量和持续性上的限制。

视空间系统（也被称作暂存器），是与语音回路有相同意义的视觉和空间信息，与我们的"心眼"（mind's eye）相连。我们在脑海中想象城镇或建筑的路径，或者在心里对图像进行旋转（想象一枚硬币，为了能够看到硬币另一面是怎样的而旋转硬币）。视空间系统同样在容量和持续性上有限制，除非通过复述来刷新。工作记忆的容量大约是 3 ~ 4 个条目（例如，MacGregor，1987；LeCompte，1999），一个条目可能是一个单词、一个短语或者一幅图片。值得注意的是，早期的教材和文献认为短期记忆的限制是 7±2 个条目，有时候这个被称作神奇的数字 7，现在看来，这个是不对的。 〔507〕

表 21-1 记忆结构的总结

主要成分	此存储的主要过程
感觉存储 　　形象存储（视觉上）和声音存储（听觉上）是信息进入工作记忆前保存的临时存储	这些存储的内容会在零点几秒的时间内传输到工作记忆中
工作记忆（WM） 　　工作记忆由三个核心部分组成：中央执行系统、语音回路、视空间系统。中央执行系统涉及决策、语音回路保存听觉信息、视空间系统，顾名思义，保存视觉信息	复述是恢复工作记忆内容的过程，比如大声读出电话号码。如果不再复述，工作记忆的内容将衰退（丧失或遗忘）。从工作记忆中遗忘的另一个方法是置换，这是一种用新的素材来置换出工作记忆中当前内容的方法
长期记忆（LTM） 长期记忆由以下几部分组成： ● 语意记忆。保存与语意相关的信息。 ● 程序记忆。保存关于我们如何做某事（如打字或者开车）的记忆。 ● 情景记忆和（或）自传体记忆。这是一或两种不同形式的记忆，与每个人的个人回忆相关，如关于生日、毕业，或者结婚的记忆。 ● 永久记忆。这是由 Bahrick（1984）提出的，作为长期记忆的一部分，会终生保存。它存储着那些你永远不会忘记的事	编码是信息被存储到记忆中的处理过程。 　　检索是记忆从长期存储中恢复的方法。 　　遗忘是若干我们未能恢复信息的过程的名字

框 21-1　短期记忆和工作记忆的区别

在 Atkinson 和 Shiffrin（1968）的记忆力多存储模型中，他们区别出了短期记忆和长期记忆（借鉴 70 年前 William James 的初级记忆和次级记忆的划分方法）。尽管短期记忆（STM）这一术语仍被广泛使用，但是我们还是选择工作记忆（WM）这个术语。短期记忆是在信息被传输到长期记忆之前进行的存储，通常具有有限性、临时性的特点。而工作记忆则在结构和功能上更灵活、更详细。将短期记忆替换为工作记忆，也可以更好地反映我们的日常体验。

21.2.2　记忆存储：长期记忆

[508]　　实际上，长期记忆具有无限的容量，并且记忆的信息可以终生保存。它保存的信息编码（内部表示）本质上主要是语意，即信息是按照它的语意存储的。例如，对事实的认识以及词语的意思（对比电脑将信息编码为二进制数据）。然而，研究表明，其他形式的编码方式也存在：比如，对音乐或是犬吠的记忆被存储为听觉信息；类似地，触觉（触摸）编码使我们能够记住丝绸的手感和伤口的刺痛。最后，嗅觉（闻）和味觉（尝）编码使我们能够通过闻和尝来辨别出新鲜的食物和腐败的食物。

除了语意记忆，长期记忆还包括其他的几类记忆，比如情景（episodic）或自传体（autobiographical）记忆（关于个人过去经历的记忆，例如初吻、毕业的日子、父母的逝世）和程序记忆（procedural memory）（比如，关于如何骑自行车、打字、演奏次中音号的知识）。这种将长期记忆灵巧地分为三个部分（语意、情景和程序）的分类方法受到 Cohen 和 Squire（1980）的质疑，他们认为真正的区别应该是在"知道这件事"（陈述性记忆）和"知道如何做"（程序性记忆）之间，但事实上这两者之间的区别很小。

挑战 21-1

对比列出自行车的组成（比如车架、车轮等）、如何骑自行车（比如坐在车上踩踏板），以及你第一次骑车的记忆（比如，当时你多大？那是怎样的一天？当时还有谁在场？），哪一个最难描述？

21.2.3　我们如何记忆

在日常英语中，"记住"表示要检索信息（"我认为她的生日是 6 月 18 日"）和存储信息（"我会记住的"）。为了避免这种歧义，我们将使用存储（store）和编码（encode）这两个术语来表示存储到记忆中，检索（retrieve）和召回（recall）这两个术语表示从记忆中找回信息。

如果我们想要存储的信息不是太复杂（即它并未超出工作记忆的容量），通常会复述它，也就是大声念出或者在内心重复字符。这在记住不常见的名字或数字串，或者外语句子一样的词语串（如" Doc cervezas，por favor"）时非常有用。这种技巧利用了工作记忆的语音回路。类似的技巧同样用来短期记忆物体的形状或者一组指示。通过在记忆之前将要记忆的东西组块，可以有效地增加工作记忆的容量。组块是将要记忆的东西组织成有意义的组（块）的过程。比如，一个看起来随机的数字串，如 00441314551234，在它被组块之前会让不少人难以记住。这样一组数字可以看作一个电话号码，有国际长途代码（0044），爱丁堡的城市代码（131），爱丁堡纳皮尔大学的前缀（455），只剩下 1234 需要记忆。这样，这个数字串就被减少为 4 块。

那么，我们是如何长期记住某事的呢？一种回答是细化（elaboration），这已经发展成为记忆本质上的另一个可选视角。由 Craik 和 Lockhart（1972）提出的处理层次（level of processing，LoP）模型指出，相比关注于记忆的多存储模型结构，我们更应该强调记忆的处理过程。LoP 模型指出，任何给定的刺激（信息片段）都可能被多种不同的方式（或在不同层次上）处理，从无关紧要或者不深入的处理，直到深入的语义水平的分析。浅层加工包括对刺激物表面特征的分析，比如它的颜色或者形状；深层分析可能涉及诸如测试刺激物（比如，cow）和单词"hat"是否押韵；最深层次的分析是语意分析，需要考虑刺激物的意思——这个单词指的是一种哺乳动物吗？ `509`

最后，我们可以通过召回（recall）和识别（recognication）来取回已经存储的信息。召回是一个依靠个人主动搜索来从记忆中取回特定信息片段的过程。识别过程包括检索记忆，然后判断该记忆片段是否与我们记忆存储中的片段相匹配。

21.2.4　人类如何以及为什么会忘记

关于遗忘的理论有许多。在讨论这些理论的优缺点之前，我们先讨论另一个重要的区别，即可得性（accessibility）和有效性（availability）的区别。可得性是指我们是否能够提取出已经存储到记忆中的信息，而记忆的有效性则依赖于信息是否存储在记忆中。图书馆的比喻经常用于说明这个问题。想象一下你在图书馆寻找某一本书时，可能会有以下三种可情景：

（1）你找到了那本书（检索到了相关记忆）。

（2）那本书不在图书馆里面（相关记忆不可得）。

（3）那本书在图书馆中，但是被归错档了（相关记忆不可访问）。

当然，也有第 4 种可能，也就是其他人借走了那本书，这也是这个隐喻失效之处。

就像之前所介绍的，信息从工作记忆中传输到长期记忆中，被长期存储起来，这也就意味着，工作记忆的主要问题是有效性，而长期记忆的主要（潜在）问题是可得性。

挑战 21-2

　　证明近因效应和顺序效应。系列位置曲线是（a）短期记忆和长期记忆的划分，以及（b）遗忘中的首因效应和近因效应存在的简洁的证明。这很容易证明。首先，建立一个有 20 ~ 30 个单词的列表。向你的一个朋友依次展示这些单词（读出来或者试着使用幻灯片将它们显示在屏幕上），注意单词展示的顺序。在展示完整列表后，让你的朋友尽可能多地回忆这些单词。同样注意单词的顺序。跟另外的 6 ~ 10 人重复此过程。画出第一个展示（第一个位置上）的单词被回忆起多少次，同样画出第 2 ~ 4 个，直到列表末尾的单词被回忆起多少次。

21.2.5　从工作记忆中遗忘

第一个也可能是最老的理论是衰减理论（decay theory），该理论认为记忆会简单地随时间衰减，这一点与只维持 30 秒或者不需要重现的工作记忆尤其相关。另一个理论是置换理 `510` 论（displacement theory），发展这个理论也是为了解释工作记忆中的遗忘。众所周知，工作记忆容量有限，这就导致如果我们尝试往记忆中增加另外一个或两个条目，则将挤出相应数目的条目。

21.2.6 从长期记忆中遗忘

现在来看看受到广为推崇的有关长期记忆遗忘的理论。关于如何从长期记忆中遗忘，心理学仍然无法提供一个简单的、广为接受的理论。相反，存在许多相互矛盾的理论，这些理论有着不同数量的证据。早期理论（Hebb，1949）认为，我们不使用相关记忆会导致遗忘。例如，如果我们从不使用在学校习得的外语，就会变得很不熟练。20 世纪 50 年代，有人提出从长期记忆中遗忘或许只是种衰退。也许记忆印记（或记忆的痕迹）会随时间衰减，但是除了明确的神经损伤，如老年痴呆症，还没有发现其他证据支持这一观点。

关于遗忘，一个被更广泛重视的理论是干扰理论（interference theory）。该理论认为，相对于时间的流逝，遗忘更受我们在学习之前或之后所做的事的影响。干扰有两种形式：倒摄干扰（Retroactive Interference，RI）和前摄干扰（Proactive Interference，PI）。倒摄干扰正如其名，是反向生效的，即新的学习会干扰早期的学习。这种干扰会影响驾驶习惯，比如当你在假期驾驶了自动挡汽车，回家后你驾驶手动挡汽车的方式就会受到干扰。与 RI 相反，前摄干扰可能会出现在例如从第一个版本的文字处理软件转换到第二个版本的过程中。第二个版本可能增加了一些新的特征，并对菜单进行了重组。这时学习第一个版本将干扰第二个版本的学习。这样，早期的学习干扰了新的学习。然而，尽管有这些及其他关于 PI 和 RI 的例子，但在实验室之外，却几乎没有实例可以支持这一理论。

检索失败理论（retrieval failure theory）认为，记忆无法被检索到，是因为我们没有使用正确的检索线索。回顾前面图书馆的那个类比，这就相当于我们把记忆"归档"到了错误的地方。这个模型与舌尖现象（框 21-2）类似。总而言之，有许多这样的理论解释从长期记忆中遗忘的现象。

框 21-2 舌尖现象

研究者 Brown 和 McNeill（1966）建立了一个列表，包含一些不常见的单词的字典定义，并要求一组人给出匹配这些定义的单词。不出所料，并不是每个人都能给出正确的单词。然而，这些不能给出正确单词的人，大都能给出那个单词的第一个字母，或者一些音节，甚至听起来像那个单词的其他单词。一些示例定义如下：

- 偏袒，特别是给予亲人的政治庇护（裙带关系）。
- 某些鱼、鸟类和哺乳动物身上各种导管组成的常见的腔（泄殖腔）。

21.3 注意力

注意力是人类的一项关键能力，对人类操作机器、使用计算机、开车去工作，或者赶火车等活动极为重要。注意力的缺失被认为是导致各类事故的主要原因：交通事故归因于司机在开车时使用手机；飞行员过分关注驾驶舱"错误"的警告，导致飞机出现"操控下接近地障"（这里使用的官方术语）；控制室的操作者可能会因需要关注大量复杂的仪器而感到崩溃。很明显，我们要理解注意力机制和它的能力和限制，了解如何设计才能最充分地利用这些能力，同时保持注意力限制的最小化。

注意力是认知能力的其中一方面，它在安全攸关的交互式系统（从所有需要频繁关注的控制室操作到普通的生产线上检查工作）的设计和操作中显得尤为重要。关于注意力并没有一个统一的定义，Solso（1995）将其定义为"感官和心理事件上脑力的集中"，这是众多定义中较为典型的一个。关于注意定义的问题，在很多方面反映了注意力是如何被研究的，以及心理机能研究者在注意力的术语中加入了什么。关于注意力的研究被分为两个基本的形式，即选择性注意力（selective attention）和分配性注意力（divided attention）。选择性（或集中）注意力通常是指我们是否意识到感官信息。事实上，Cherry（1953）为了说明这个问题，创造了术语"鸡尾酒舞会效应"（见框 21-3）。

框 21-3 鸡尾酒舞会效应

大概是在鸡尾酒舞会上，Cherry（1953）注意到我们可以把注意力集中到正在与我们交谈的那个人身上，而过滤掉其他人的交谈。这个原理是搜索外星文明计划的核心，即可以选择收听外星人的无线信号，而过滤掉自然界的背景无线信号。

选择性注意力的研究使用了双耳分听的方法。通常情况下，实验的参与者被要求通过一副耳机来跟读（大声重复）他们将听到的两种声音中的一种。一个声音从右耳机输出，同时，另一个声音从左耳机输出——从而实现双耳分听。与选择性注意力相反，分配性注意力认为，注意力可以从心理资源的层面来考量（Kahneman，1973；Pashler，1998）。在某种意义上，它可以被分为能够同时执行的任务（通常被称作多任务）。例如，在看电视的同时与别人交谈，注意力就被分配到两个任务上。除非经过良好的训练。同时执行两个任务相比一次只做一件事更低效。对于分配性注意力的研究，可以使用与上面同样的实验设置，但是让参与者同时留意（听）两个声音，并且在听到任何一个通道的关键字时按下按钮。

512

框 21-4 斯特鲁普（Stroop）效应

Stroop（1935）指出，一个表示颜色的词语（比如"绿色"），如果用一个与它相矛盾的颜色（比如"红色"）写出来，正确地说出写那个词语所用的颜色会非常困难。这个原因就是，读是一个自动的过程，而这个过程与说出写词语所用"墨水"颜色的任务相矛盾。斯特鲁普效应同样也体现在适当地组织数字和词语时。

试着大声说出下面词语的颜色——不是词语本身：

第 1 列	第 2 列
红（绿色）	红（红色）
绿（红色）	绿（绿色）
蓝（红色）	蓝（蓝色）
红（绿色）	红（红色）
绿（红色）	绿（绿色）
红（绿色）	红（红色）

你会发现，由于词语自身意思的原因，说出第 1 列中每个词语的颜色更慢，并且更容易出错。词语"红"影响说出它被印刷出来的颜色（绿色），反之亦然。

21.3.1 注意力如何起作用

目前有许多关于注意力的解释和模型。早在20世纪50年代，就有人把注意力比作"瓶颈"。稍晚一些的理论则关注分配模型，把注意力看作一个可以在多个不同任务上展开（或分配）的资源。注意力的其他模型着眼于自动/受控过程的划分以及串行/并行过程的划分。在心理学的很多方面，注意力没有单一的解释，却有一些互补的拼凑的观点。

21.3.2 注意力的"瓶颈"理论

首先从 Donald Broadbent 关于注意力的单通道理论（Broadbent，1958）开始。他提出，到达感官的信息在被过滤或被选择为感兴趣（或被丢弃）之前，会被存储在短期记忆中，这实际上意味着我们处理某一个通道时会忽略其他通道。这条信息（这个通道）之后会被一个能力有限的处理器处理。在处理过程中，指令会被送到肌动效应器（肌肉）以产生响应。短期记忆作为临时缓冲区，意味着未被选择的信息没有立即被丢弃。图 21-3 是 Broadbent 模型的图解。Broadbent 认识到我们可以处理存储在短期记忆中的信息，但是在两个不同的信息通道之间切换会很低效。（有许多研究者观察到，Broadbent 的模型反映了他那个时代的技术水平，从很多方面来看，注意力的单通道模型与计算机中央处理器（CPU）的传统模型都十分类似，它同样也是单通道的串行处理设备——冯·诺依曼架构。）Broadbent 的同事和其他人（Triesman，1960；Deutsch 和 Deutsch，1963；Norman，1968）后来又改善和发展了原始的单通道模型（有时指的是注意力的瓶颈解释），但它们没有明显的区别。

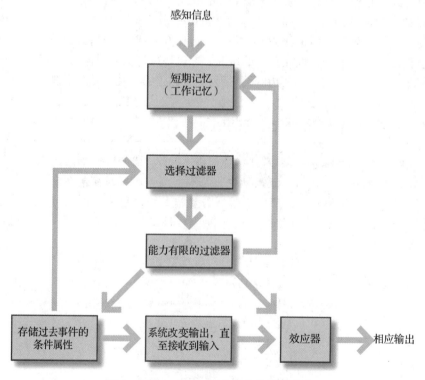

图 21-3 Broadbent 的注意力单通道模型

Triesman（1960）支持未处理的通道会衰减（attenuation）这一观点，这就像调低信号的强度，而不是操纵一个开关。在 Triesman 的模型中，我们在处理竞争信息之前，会分析它们的物理属性，以及声音信息、音节模式、语法结构和含义。后来，Deutsch 和 Deutsch（1963）以及 Deutsch-Norman（Norman，1968）的模型完全否定了 Broadbent 早期的选择模型，取而代之的是一个后期选择（later-selection）过滤器 / 相关性（pertinence）解释。选择（或过滤）只在所有的感官输入都被分析之后发生。这一系列单通道模型的主要缺点是缺乏灵活性，特别是在面对下面将要讨论的竞争分配模型时。另一个备受质疑的问题是，是否有一个单通道的、通用的、能力受限的处理程序可以处理复杂的选择性注意力。日常的分配性注意力的存在为这种解释带来了更大的疑问。正如刚才所讨论的，选择性注意力模型假设存在一个能力有限的过滤器，一次只能处理一个信息通道。然而，这与日常经历和实验中的结果并不一致。

21.3.3　能力分配的注意力模型

有很多模型把注意力看作有限的资源，分配给不同的处理过程。接下来，我们将简单地讨论一个代表性的模型，即 Kahneman 的能力分配（capacity allocation）模型（Kahneman，1973）。Kahneman 认为，我们的处理能力是有限的，能否完成一项任务取决于我们投入了多少精力。当然，有些任务需要相对较少的处理能力，而有些则需要较多的处理能力——可能比我们所拥有的处理能力还多。这种直观上很有吸引力的观点可以解释我们是如何根据任务的要求和执行任务的经验，将注意力分到不同的任务中。然而，还存在其他一些变量影响着我们分配注意力的方式，包括唤起状态，以及 Kahneman 所说的长期倾向、短期打算和注意力需求的评估。长期倾向被描述为不受自动控制的注意力分配规则，比如听到你自己的名字；短期打算是注意力的自发转移，比如对特定信号的响应。更进一步的变量是我们如何被唤起的。该语境下的唤起可以被认为是我们被唤醒的方式。图 21-4 是能力分配模型的图解，在其中可以看到有限的能力；中央处理器被替换为一个分配策略组件，管理着竞争需求所需的注意力。虽然 Kahneman 描述的注意模型比单通道模型更具灵活性和动态性，但是他不能描述注意力是如何被引导或集中的。与之类似，他也无法定义所谓"能力"的限制。

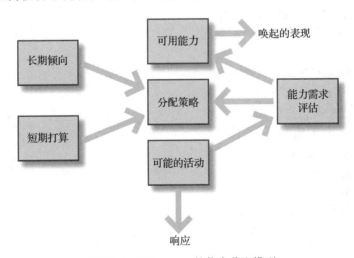

图 21-4　Kahneman 的能力分配模型

21.3.4　自动加工和控制加工

对比上述的注意力模型，Schneider 和 Shiffrin（1977）观察到我们既能进行自动信息

514
～
515

加工，也能控制信息加工。简单的任务（当然，这取决于我们处理该任务的经验）通常使用自动加工（automatic processing），但是对于不常见的或困难的任务，我们会使用控制加工（controlled processing）。

Schneider 和 Shiffrin 在注意力上通过以下几个方面区别出自动加工和控制加工。控制加工需要大量的注意力，处理过程慢，受限于能力，需要有意识地将注意力引导到某一任务。相反，自动加工对注意力的要求很低或没有，处理快，不受能力限制的影响，但不可避免且难以修改，不受自觉意识控制。

Schneider 和 Shiffrin 发现，如果人们对某一任务进行训练，那么他们将能够更快、更准确地完成该任务，但他们的执行过程会更难改变。现实生活中一个明显的自动加工例子就是在我们学习开车的时候。首先，我们需要集中注意力到驾驶过程中的每一步，任何一处的分心都将影响驾驶表现。一旦学会了开车，并随着经验的增长，我们同时处理其他事情的能力也会得到提升。

在简单介绍了这些注意力模型后，我们将讨论这些内部和外部因素是如何影响我们处理事情的能力的。

21.3.5　影响注意力的因素

在所有影响注意力的因素中，压力是最主要的。压力是作用在我们身上的一种外部的、精神上的刺激，直接影响我们的唤起水平。这里，唤起与注意力不同，它指的是知觉和肌动活动的大体增加或者减少。比如，性唤起是以荷尔蒙分泌提高、瞳孔扩张、血流量增加以及一整套的交配行为为代表的。

压力源（stressor）（引起压力的刺激）包括噪声、光照、振动（比如，在飞机上遇到气流），以及各类心理因素，比如焦虑、疲劳、生气、威胁、失眠和担心（比如，想象临近考试

516

的日子）。早在 1908 年，Yerkes 和 Dodson 就发现了任务的执行效果和唤起水平的关系。图 21-5 是这种关系的图解，即所谓的 Yerkes-Dodson 法则。这种关系中，有两点值得注意。第一点，简单任务和复杂任务都有一个最优的唤起水平。随着唤起水平的提高，我们执行任务的能力也会得到提高，直到到达临界点时，我们被过度地唤起，随后执行任务的能力急剧下降。第二点，简单的任务比复杂的任务更能耐受唤起水平的提高，另一方面这也包含有个人能力的影响。一项对于能力很强的人来说是简单的任务，可能对于能力较差的人来说是十分复杂的。（唤起对于情感研究也很重要，在第 22 章介绍。）

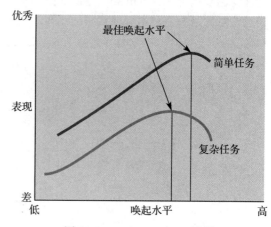

图 21-5　Yerkes-Dodson 法则

21.3.6　警惕性

警惕性（vigilance）是任务执行过程中的一个术语，这些任务要求人来监控一个仪器或者一种情况。警惕性任务最经典的例子可能就是在船上执勤。第二次世界大战期间，水手们被要求警惕地搜索视野范围内的敌舰、潜艇、敌机或者浮冰。除了战争期间以外，对于许多

工作，警惕性仍然是很重要的要素——比如在机场操作行李 X 光机的工作人员，或者检查铁轨裂纹和松动的安全检查人员。

框 21-5　司机的注意力

Wikman 等人（1998）报告过缺乏经验的（新手）司机和经验丰富的司机在开车时执行第二项任务的执行能力差异。司机们被要求在开车时做诸如换 CD、调车载收音机或者使用手机这样的任务。不出所料，新手司机比经验丰富的司机需要分更多的心（更低效地分配他们的注意力）。经验丰富的司机只将他们的视线移开道路三秒以内，而新手司机的视线则一直在车内和道路上徘徊。

进一步思考：车载系统

车载语音系统，特别是卫星导航系统的使用变得越来越常见。这些系统的设计师面临的挑战是：

（a）吸引司机的注意力，但不能使他分心。

（b）避免反应弱化，即司机会变得忽略那些喋喋不休的语音。

声音的选择也很关键。本田公司决定使用 "Midori" ——来命名一位有着 "光滑如酒" 般声音的不知名日本双语女演员的声音。与之相反，意大利的路虎揽胜（Range Rover）则装备有易辨语调的声音设备，捷豹（英国汽车制造商）则保持使用英国口音来强化它的品牌形象。除了这些品牌形象，制造商还发现，相比较而言，司机更喜欢听女性的声音。

车载人机交互式系统的其他问题涉及设备设计，比如电话和卫星导航系统。这些系统需要复杂的操作，因此需要分配注意力（Green，2012）。

21.3.7　心理负荷

心理负荷（mental workload）处理此类问题，比如用户或者操作者有多忙，他的任务有多难——他能够处理额外的工作负荷吗？关于该理论的一个经典案例发生于 20 世纪 70 年代，当时，联邦航空局决定将一个飞行小组的第三个机组成员调到一个大中型客机上。联邦航空局需要提前测试这名机组成员的心理工作负荷，以确保他能操作一个新的飞行器或一套新的控制系统。

回到关于心理负荷的设计问题，第一个结论是，关于心理负荷的讨论并不一定等同于工作量超载。然而，反过来却通常是成立的：想象一下操作者／用户的厌倦和疲劳（Wickens and Hollands，2000，p.470）可能带来的影响吧。有许多不同的方法来估计工作量，其中之一就是 NASA 的 TLX 测量表。该测量表（见表 21-2）是一个主观的评分过程，最终基于 6 个子测试的评分进行加权平均，得到一个全局的工作量得分。

表 21-2　负荷测量

标题	标准	描述
脑力需求	低／高	需要多少脑力和知觉活动（比如，想象、决定等）？ 任务要求高还是低，简单还是复杂

（续）

标题	标准	描述
体力需求	低 / 高	需要多少体力（比如，推、拉等）？ 任务要求高还是低，松懈还是紧张，轻松还是费劲
时间需求	低 / 高	在任务或任务片段中，由于任务完成的节奏你感受到了多少时间压力？这个节奏是慢悠悠的还是紧张的
自我表现	完美 / 失败	在完成由实验者（或你自己）设定的任务目标过程中，你认为有多成功？ 你对自己完成这些目标的结果有多满意
精力耗费	低 / 高	为了达到你的完成效果，你需要投入多少（脑力和体力）
受挫程度	低 / 高	在你完成任务的过程中，与有把握、称心、满意、悠闲、得意相反，你感受到了多少没把握、气馁、生气、有压力和烦闷

来源：Wickens, C.D.; Hollands, J.G.: *Engineering and Human Performance*,（3rd end），©2000. Pearson Education Inc., Upper Saddle River, New Jersey。转载得到许可。

21.3.8 视觉检索

心理学家和人类工程学家已经对视觉检索进行了广泛的研究，它指我们在视觉场景中定位某一特定条目的能力。视觉检索实验的参与者被要求完成诸如在一块混杂的字母块中找到某一个字母这样的事。试着在图 21-6 中的字母矩阵中找到字母 F。这是理解知觉和注意如何重叠的一个极佳的例子，理解视觉检索中的这个问题可以避免我们设计出如图 21-7 所示的交互式系统。

```
E    E    E    E    E    E    E    E
E    E    E    E    E    E    E    E
E    E    E    E    E    E    E    E
E    E    E    E    E    E    E    E
E    E    E    E    E    E    E    E
E    E    E    E    E    E    E    E
E    E    E    E    E    E    F    E
E    E    E    E    E    E    E    E
```

图 21-6　一个字母矩阵

图 21-7　视觉检索在实际应用中的例子

研究显示，没有可以提前预测的始终如一的视觉检索模式。视觉检索无法被推定是从左到右，或是顺时针方向而不是逆时针方向，只能说视觉检索会被引导到期望的目标所在位置。然而，视觉注意会被那些大的、亮的、变化的目标（比如，闪烁，这个可以用作警告）吸引。这些视觉特征可以用来引导注意力，特别当它们是快速地出现时（比如，打开灯或者汽车鸣笛）。Megaw 和 Richardson（1979）发现物理组织也能影响检索模式。显示器或按行组织的刻度盘更会被从左到右地搜索（就像阅读西文一样，不过这引起了一个文化偏误上的疑问——在那些从右到左或者从上到下阅读的文化中，这一点是否同样成立？）Parasuraman（1986）发现了边界效应（edge effect）的证据，监控任务（就是对显示器和刻度盘进行日常观测）操作者们更倾向于注意显示器的中央位置，而忽略边缘位置。正如 Wickens 和 Hollands（2000）所述，视觉扫描行为的研究得到了两个广泛的结论。第一，视觉扫描揭示了倾向使用选择性注意力的很多方面。第二，这些理解很可能在诊断学领域得到应用。很明显，这些最常被观测的仪器可能是操作者的任务中最重要的部分。这可以指导设计师将这些仪器放到突出的位置，或者将它们放到相邻的位置。

框 21-6 等待多长时间算合理

大家普遍接受，小于 0.1 秒的延时是有效的瞬时延迟，但是延时 1 ~ 2 秒，就会使交互式系统的用户感觉到连贯的交互过程被中断。超过 10 秒的延时则会给人们带来问题。对于那些展示大量的，经常是相对立的指南的网站，最小化延时在网站设计中非常重要。这里有两个非常合理的建议：

- 网页顶部应该非常有意义，并且能够快速展示出来。
- 由于复杂的表格展示过程很慢，所以需要简化它们。

21.3.9 信号检测理论

夜深了，你独自睡在房间，忽然被一个声音惊醒了，你会怎么做？大多数人做的第一件事就是等待，看是否能再次听到那个声音。这时我们就进入了信号检测理论（signal detection theory，SDT）的领域——是否真的存在一个信号（比如，当地连环杀人犯打碎玻璃的声音），如果有，我们是否会按照该信号行事；或者那个只是风声，或一只在垃圾箱旁的猫发出的声音？信号检测理论适用于任何有两种易于辨识的、不同的、无覆盖状态（比如，信号和噪声）的场景中，也就是说，信号是否出现在雷达屏幕上，是否移动，是否改变了大小或形状？这种情况下，我们关注那些必须被检测到的信号，在这个过程中，我们会产生两种响应中的一种，比如，"我检测到了信号的存在，是否该按下停止按钮"，或是"我什么也没看到，是否该继续观察"。那些不重要的任务，比如，发现打印任务已完成（打印标志从应用程序的状态栏消失），和与安全攸关的任务，比如火车司机点亮（或不点亮）停止信号灯，在重要性方面有所不同。

下面关于 SDT 重要性的令人信服的例子是由 Wickens 和 Hollands（2000）提出的：机场安检人员检查出隐藏的武器；放射科医生在 X 光片上发现恶性肿瘤；核电站检查员检查出系统故障。该列表仍在增长，包括在空中交通管制中发现危险事故、校正、测谎仪测谎、测定飞行器翅膀的裂纹，以及很多其他事。SDT 理论认为人们在面对这些情况时，会做出以下 4 种响应中的一种：信号出现的时候，操作者可能检测到（命中）或没有检测到（未命中）该信号；信号没有出现时，操作者可能正确丢弃（正确拒绝），或者错误识别（误警）该信号，如表 21-3 所示。

每种响应的概率通常是针对给定的情况计算的，得到的这些数据经常被用来保障人类和机器的行为。比如，飞行器上面的导航设备（比如，地面碰撞雷达）发生误警（也被称作假阳性）的概率低于 0.001——千分之一。类似的数据也可以为医疗筛查提供参考（比如，10 000 个实例中错误不超过 1 个，即以千分之一的概率错误地判定乳腺癌是可接受的）。

表 21-3　SDT 决策表

响应	状态	
	信号	噪声
是	命中	误警
否	未命中	正确拒绝

框 21-7　来自阿波罗 13 号的文本：旋转彩柱和月球

20 世纪 60 年代末 70 年代初，飞向月球的阿波罗号飞船就是一个很好的例子，它展现了以用户为中心的设计和杰出创新的人类工程学设计。阿波罗飞船设计中的一项创新就是使用旋转彩柱向宇航员展示信息。旋转彩柱是一个有条纹的柱状图，用来指示某一特定的电路或功能正在运转（比如，通信系统——对讲系统），或者如下面的文字记录，展示液氨的量和供电系统的状态。从下面的文字记录中，我们可以看到 Jim Lovell 向地面指挥中心报告主总线"B 正在处理，D 正在处理，氨 2，D 正在处理"：

55:55:35——Lovell："休斯敦，我们遇到了一个问题，我们的主总线 B 电压过低。"

55:55:20——Swigert："明白。休斯敦，我们这里遇到了一个问题。"

……

55:57:40——主总线 B 的电压降到 26.25 伏特以下，并且仍在极速下降。

55:57:44——Lovell："好的。我们正在查看服务模块 RCS 氨 1。B 正在处理，D 正在处理。氨 2，D 正在处理。二级推进剂，A 和 C 正在处理。"

AC 总线在两秒内失控。

有趣的是，在现代操作系统中也可以发现旋转彩柱的使用。比如，macOS 操作系统就使用了旋转彩柱（图 21-8）。

Please wait while your file is being downloaded

图 21-8　macOS 中的旋转彩柱

21.4　人为错误

人为错误得到了广泛的研究。一些研究者进行实验室调查，另外一些则调查产生重大事故背后的原因。一个典型的实验室研究的例子就是 Hull 等人（1998）的研究，他们让 24 个普通男女给电插头安装电线。他们发现，只有 5 个人安全地完成了这项工作，尽管这 24 个人当中有 23 个在前 12 个月内有做过同样的事。分析这个研究的结果可以发现，有许多不同的因素可以导致这些失败，包括：

- 没有阅读说明书。
- 没能制定适当的心理模型。（第 2 章介绍心智模型。）
- 插头设计师没有没能设计清晰的物理约束以避免误操作。最后一点被认为是最值得注意的。

不幸的是，在现实生活中，错误是不可避免的。通过分析重大事故产生的原因，可以发现在 60% ～ 90% 的重大事故中，人为错误是事故的主要原因（Rouse 和 Rouse，1983；Reason，1997）。这个数据与商业组织的发现一致：例如，根据飞机制造商波音公司的估测，所有"商业航班空难"中有 70% 是由人为错误导致的。

521

21.4.1 理解错误的行为

Reason（1992）做的研究让我们深入地了解了日常错误。在一个实验中，他让 36 个人持续记录 4 个星期内发生的错误行为（也就是那些偏离他们本来目的的行为）。经过对所有 443 个错误的分析，发现存储失败（比如，重复已经完成过的行为）是最频繁的错误。图 21-9 总结出了这项研究的主要发现，表 21-4 描述了每一种错误行为（混杂错误（miscellaneous error）过于多样而无法在此讨论）。

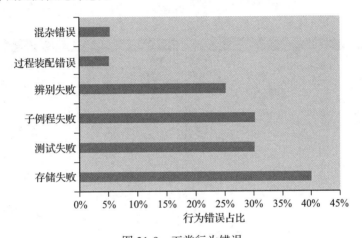

图 21-9 五类行为错误

（来源：Reason，1992，图 15.24）

表 21-4 行为错误

行为错误的类型	描述
存储失败	这是最常见的错误，例如重复进行一项已经完成的任务，比如，将同一封电子邮件发两次
测试失败	这指的是忘记了行为的目标，因为没能监控连续行为的执行过程，如开始写一封电子邮件，然后就忘记了你要将它发给谁
子例程失败	这个错误是由于在执行连续的行为中遗漏某一步造成的，比如，发送电子邮件时忘记添加附件
辨识失败	在行为的执行过程中没能辨识两个要使用的相似物体导致这种类型的失败，比如，想要发送一封邮件，但是错误地打开了 Word 程序
过程装配错误	这是最小的一类错误，总共只占了 5% 的比例。包括错误地整合各种行为，比如，保存邮件并删除附件而不是保存附件并删除邮件

522

这些错误中的每一种（还有其他的错误分类方法，比如 Smith 等人的分类（2012））对交互式系统设计师而言都是挑战。某些可以被减少或控制，有些则不能。

21.4.2 减少行为错误

设计师的设计应该将发生错误的概率降至最低。例如，"安装向导"提示用户并让用户想起完成某一任务需要处理的步骤，比如安装一个打印机。在图 21-10 一连串的图片中，系统安装向导获取信息以便在操作系统上安装打印机。这种方法的优点是一次只需要相对较少的信息。它也有一个系统纠错的优点（即"上一步"和"下一步"的使用）。

图 21-10　使用微软安装向导一步一步地提示用户输入信息

在学术研究中，要求最高的任务之一就是批改作业和考卷，并将结果制成表格而不犯错误。图 21-11 是由爱丁堡纳皮尔大学计算机学院的 John Kerridge 教授设计的电子表格的快照，该表格可以帮助减少该过程中的错误。这是对这类数据进行手工制表中的一个良好实践，

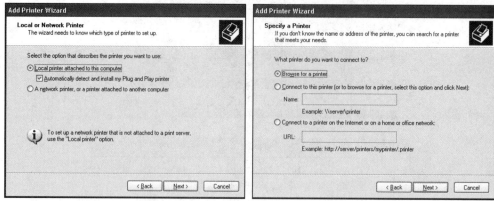

图 21-11　使用自动错误检测避免错误

（来源：John Kerridge 提供）

因为它使用了许多半自动的检查（伴随着相应的错误信息）：在标记有"Checked"的列中有一个注解，指示如果"输入的某题的得分比该题的最高得分要大，或者……"，将会出现错误信息。系统作者使用"注解"来注释该电子表格，并且使用了一系列的"条件语句"来检查输入数据。因此，若只能输入三个题目的分数，数据超过限制将会报错。

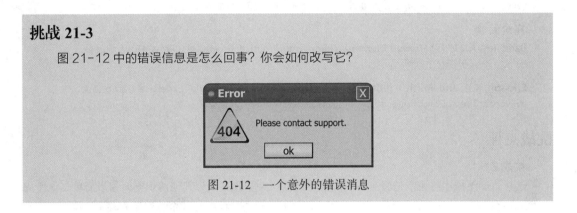

挑战 21-3

图 21-12 中的错误信息是怎么回事？你会如何改写它？

图 21-12 一个意外的错误消息

总结和要点

我们已经了解了记忆被分为若干不同的存储，它们有着不同的大小、构成和目的。感知器接收到的信息在到达工作记忆之前会非常短暂地存储在感知记忆中。如果不复述，工作记忆（现代版的短期记忆）能保存三到四个条目 30 秒。随后，信息会在附加处理过程的作用下存储到长期记忆中。长期记忆中的信息能保存很长时间（数分钟、数小时、数天，甚至数年），且能保存在几个不同类型的记忆中，包括保存技能的记忆（程序性记忆），保存单词意思、事实以及知识的语意记忆，保存我们自身经历的自传体记忆，以及按照字面上意思能够保存一辈子的永久记忆。

- 从设计的角度来讲，这些限制和能力可以转变为两个重要的原则：需要将材料分块，以减少工作记忆的负载；对于设计而言，识别比回忆更重要。
- 注意力可以被认为是分配性的或选择性的。分配性注意力指的是我们同时处理多个任务的能力，尽管我们执行多任务的能力也取决于自身技能（经验）和任务难度。相反，选择性注意力则与在日常工作中集中注意力于某一项任务或事情相关。
- 人们使用交互式设备时产生错误并不足为奇。这些错误已经被一些研究者分类并描述过，存储错误是最常见的。虽然无法避免所有的错误，但是我们仍然可以使用一些措施来最小化错误，比如使用诸如安装向导和自动错误检查之类的设备。

练习

1. 安装向导可以用来避免行为错误，那么在系统或应用的所有对话中使用它是否有意义？什么时候不会使用像向导这样的避免错误的对话风格？

2. 比较并对比你会如何设计一个用于回忆的网页浏览器及一个用于识别的浏览器。它们之间的关键不同点是什么？

3. (附加题）你负责设计一个核反应堆的控制台。操作者需要同时关注多个警戒、警报器，以及指示正常运行状态的设备（谢天谢地）。当出现异常状态时，操作者必须立即采取补救措施。讨论在考虑人类注意力的质量的情况下，该如何设计控制面板。

4. (附加题）对人类记忆机制的心理学研究会为有效的交互系统设计带来多大帮助？给出具体的例子。

深入阅读

Reason, J. (1990) *Human Error*. Cambridge University Press, Cambridge. 现在看来可能有些过时，但它不失为一本可读性很高的关于人类错误研究的入门读物。

Wickens, C.D. and Hollands, J.G. (2000) *Engineering Psychology and Human Performance* (3rd edn). Prentice-Hall, Upper Saddle River, NJ. 工程心理学的权威著作之一。

高阶阅读

Baddeley, A. (1997) *Human Memory: Theory and Practice*. Psychology Press, Hove, Sussex. 一本关于人类记忆的优秀导论。

Ericsson, K.A. and Smith, J. (eds) (1991) *Towards a General Theory of Expertise*. Cambridge University Press, Cambridge. 一本由很多专家联合写作的有趣读本。

挑战点评

挑战 21-1

这里面最难描述的通常是骑自行车的程序记忆。大多数人认为其他两个方面相当简单。众所周知，程序记忆难以清楚表达——因此，让用户向你展示他们如何执行某个特定任务，比让他们告诉你如何做更明智。

挑战 21-2

曲线应该类似于图 21-13。第一个、第二个、第三个……出现的单词很容易被记起，最后第四第五个单词同样如此。两个峰值分别代表长期（首因效应）和短期记忆（近因效应）。这是一个著名的效应，也解释了为什么在被问到指示或指令时，我们更倾向于记住开始和结尾，但对中间部分很模糊。

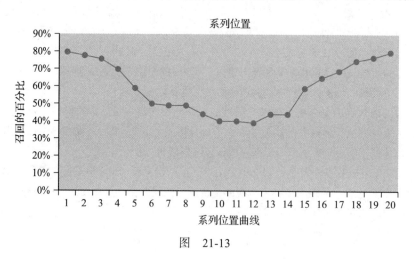

图　21-13

挑战 21-3

这个错误信息违反了许多优秀实践的指导方针。"危险"听起来很可怕。"请联络技术支持"并没有多大帮助——用户接下来该做什么呢？未来用户该如何避免错误再次出现？请看前面的指导方针。更好的描述形式可能是"系统出错，请重新启动应用程序"。

情　感

目标

在一本讨论情感计算的学术特刊中，罗萨琳德·皮卡德（Rosalind Picard）引用了 MORI 的一项调查，该调查发现，75% 的计算机使用者承认曾对它们破口大骂（Picard，2003）。本章重点关注情感在用户体验设计中的作用。首先介绍人类情感的理论，并展示它们在技术中的应用，包括能对情感做出反应和能够自己产生"情感"的技术。

在学习完本章之后，你应：

- 能够描述物理和认知的情感报告（模型）。
- 理解情感计算在交互系统设计中的潜力。
- 理解情感计算的应用。
- 能够描述感知和识别人类情感／情绪的信号，理解情感行为。
- 理解在交互设备中合成情绪反应的过程。

527

22.1　简介

情感关注的是描述所有的情绪、感觉、心境、情操，以及人类非认知（不旨在描述我们如何来认识和理解事物）和非意动（不旨在描述意图和意志）的其他方面。当然，情感会以复杂的方式与认识和意动相互作用。特别是，一个人的唤起水平和压力水平会影响他知道什么、他能记住什么、他要参加什么、他做事的完美程度以及他想要做什么。

有一些基本情绪如害怕、生气和诧异（下面会深入讨论），还有一些更长期的情绪，比如需要几年时间建立起来的爱或妒忌。人们可能在不同的时间有不同的心境。心境比情绪持续得更久，且发展更慢。情感与人的认识和意动方面相互作用。例如，如果你害怕某事，那么它会影响你在该事上的注意力。如果你处于一种积极的心态，那么它会影响你如何理解某些事。如果一个事件有强大的感情影响力，你更可能记住它。

情感计算关注计算设备如何处理情感。有三个基本的方面需要考虑：使交互式系统识别人类的情感并做出相应的修改；使交互式系统合成情感，从而显得更吸引人或令人满意；设计一个能够从人们的情感中得出响应，或允许人们表达情绪的系统。

让计算机识别人类情感并做出相应反应的一个极佳例子可能就是在汽车中使用传感器来检测驾驶员是否生气或紧张。可以使用传感器检测驾驶员是否在流汗，是否紧紧地握着方向盘，或者是否有高血压或高心率（如图 22-1 所示）。这些都是生理唤起的迹象。统计表明，紧张和生气是道路事故的主要原因，那么汽车可能就会进行干预，会拒绝启动（或其他令人生气的事），或提前拨打急救服务电话。另外两个例子，由 Picard 和 Healey（1997）提出，是（a）建立一个智能的网页浏览器，能够根据使用者对他发现的有趣话题的感兴趣程度做出响应，直至检测到兴趣下降；和（b）一个可以智能地过滤你的电子邮件或日程安排，考虑你的情感状态或活跃程度的情感助手。

528

图 22-1　传感器显示唤起的生理信号

　　情感合成关注的是给人以计算机的表现或反应具有情感的印象。关于这个的一个实例就是，当系统崩溃使几个小时的工作化为灰烬时，可以显示出痛苦的迹象。这个概念在很多科幻小说中有所体现。一个典型的例子就是 HAL，亚瑟·查尔斯·克拉克（Arthur C. Clarke）的小说 *A Space Odyssey*（Clarke，1968）中宇宙飞船上的机载计算机。在 Kubrick 的电影版中，HAL 的声音生动地表现出了对 Dave（那个考虑要把"他"关掉的宇航员）的害怕。HAL 的"死亡"极其缓慢且可怜：

　　　"Dave，停下。你会停下的，对吧？停下，Dave。你会停下吗，Dave？停下，Dave。我害怕。我害怕，Dave。Dave，我的心智正在消失。我可以感觉到。我可以感觉到。我的心智正在消失。这是毫无疑问的。我可以感觉到。我可以感觉到。我可以感觉到。我害怕。"

　　电影中，这段对话与 HAL 的"眼睛"中不变的表情对比起来尤为悲惨（如图 22-2 所示）。

　　情感计算的另一核心方面是设计出可以沟通或唤起人类情感的交互式系统。为了乐趣而设计是其中的一个方面——这在商业上，对手机这样的小型消费设备而言是至关重要的，但是还有其他方面，包括允许人们远距离交流情感的设备，创造虚拟环境，用来治疗恐惧症，或者尝试唤起对某一特定地点的感觉。（第 6 章包含了为了乐趣的设计。）

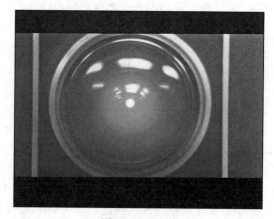

图 22-2　HAL

　　计算机是否能够真正感受到情感不在此讨论范围中，但是诸如菲利普·K·狄克（Philip K. Dick）（1968）的 *Do Androids Dream of Electric Sheep?* 一样的科幻小说对这个话题提出了有趣的讨论。乍一看，"给予"计算机情感的想法是违反直觉的。计算机是逻辑的代表，让计算机情感化地行动有着很强的负面含义——想想《星际迷航》中的斯波克先生，或者是 android 数据吧。毫无疑问，情感（情绪）一直有着坏名声。争论中的另一种观点是，情感识别是人类日常功能的一部分。情感在决策、社交，以及许多我们描述为认知能力的方面，比如解决问题、思考、感知，中起着至关重要的作用。

这些人类活动和功能越来越多地得到了交互式系统的支持，因此理解情感是如何工作可以帮我们设计出能够识别、合成，或者唤起情感的系统。或者是，有情感能力的计算机在数据不完整，或情感能帮助人们快速反应的情况下做决策，比传统技术更有效。毋庸置疑，我们必须现在就转向心理学家多年以来总结的方向。请注意研究的发现与人类行为的其他很多方面不一致。

挑战 22-1

　　尝试使用技术来操纵人类的情感是否符合伦理？在这方面，新技术和诸如电影这样的老媒介有没有什么不同？

22.2　情感的心理学理论

哪些是基本的人类情感？ Ekman 等人（1972）的研究结果被广泛引用。他们指出了 6 种基本情感，即恐惧、惊讶、厌恶、愤怒、快乐和悲伤（如图 22-3 所示）。这些情绪被认为是普遍的，也就是说，在所有的文化中以同样的方式（至少面部表情上是这样的）来识别和表达。Ekman 和 Friesen（1978）继续发展了"面部反应编码系统"（FACS），它运用面部的肌肉运动来测量情感；自动化的 FACS 设备也已生产出来（Bartlett 等人，1999）。迄今为止，FACS 仍然是使用最广泛的通过面部表情来检测情感表达的方法。

图 22-3　六种基本情感

Plutchik（1980）也做了类似的研究，他声称由 8 对基本情感或初级情感的组合可以产生次级情感。从图 22-4 中可以看到，厌恶和悲伤结合起来可以得到悔恨的情感体验。但是究竟什么才是基本的或者初级的情绪呢？对 Ekman 来说，这意味着它们具有适应值（也就是说，由于某些原因它们得到了演变），正如我们已经提到的，它们对所有人都是相同的，无关文化和个体差异，最后，它们都有一个快速开端，即迅速出现或开始。确实存在一些证据表明在 ANS（自主神经系统，它将心脏或胃等器官和大脑及脊髓中的中枢神经系统连接起来）的不同活动模式中存在某些基本情感。对情感系统的设计师而言，如果真的存在相对少量的可识别或模拟的基本情绪，这一理论显然将非常有用。

[530]

然而，受实验方法的大部分影响，有关基本情绪的观念遭到了挑战。有人认为，他们理论的主要缺陷在于，在 Ekman 和其他人的面部情绪识别实验中，参与者在识别面部表情时，被要求在 8 种基本情绪中做一个"强迫选择"，而不是完全自由地从情绪词条中选择。不同于 8 种情绪模型，Russell 及其同事指出仅仅通过两个维度的改变——愉快（或"价值感"）和唤起的增强或减弱，就可以描述情感的面部表情的变化（Russell 和 Fernandez-Dols，1997）。例如，"快乐"和"满足"处在快乐 / 不快乐这个维度上快乐的一端，在兴奋感维度上，它们则分别处于偏积极和偏消极的一面。

Ekman 和 Russell 的方法都被用到了情感计算的研究和发展中。特别是 Russell 的圆盘列出了位于以价值感为 x 轴、以兴奋感为 y 轴的二维空间里的大量情感。（如图 22-5 所示）。

人们普遍认为情绪有三个组成部分：

- 对恐惧等的主观体验或感觉。
- 中枢神经系统和内分泌系统（腺体和激素由它们分泌）中相关的生理变化。对于这些改变我们只知其一不知其二（例如，伴随恐惧的颤抖），并且几乎无法控制这些变化。
- 所诱发的行为，例如，逃跑。

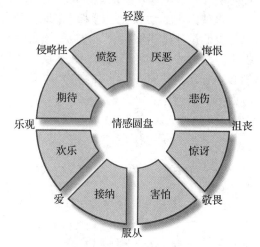

图 22-4 "情绪环"

（来源：After Plutchik, Robert, *Emotion: A Psychoevolutionary Synthesis, 1st,* ©1979. Printed and electronically reproduced by permission of Pearson Education, Inc., Upper Saddle River, NJ）

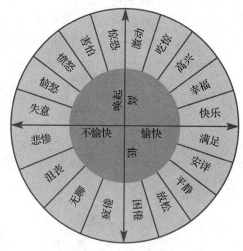

图 22-5 Russell 的情绪环理论

框 22-1 生理测量法

[531 ~ 532] 对情感的这三个方面的考虑可以在第 10 章中对虚拟环境的评价中看到。研究者可以从调查问卷和访谈中得到的人们的经历、各种传感器获取的生理改变，以及观察到的人们的行为中获得数据，从而评估"险境"在虚拟环境中的影响。在接近真实的虚拟环境中，恐惧、心率增加，以及躲避"险境"的情况都有发生。在这种情况下，自我报告的方法通常称为"主观法"，而行为的和生理的测量法称为"客观法"。然而，正如我们从本章所看

到的，所谓的客观法需要研究者做出一定程度的解释，因此会引入大量的主观性。生理测量法被越来越多地用于用户体验设计中，第 10 章对评估进行了介绍。

除了对情感及其成分进行简单编组外，便是用来解释它们的各种尝试。最初的理论是 William James（1884）和 Carl Lange（1885）提出的，他们认为行为先于情感，大脑将观察到的一个或多个行为解释为情感。因此，举例来说，我们看到一个挥舞斧头的疯子朝我们走来：作为回应，我们的脉率上升，开始出汗，加快步伐，然后逃命。身体状态的这些变化（脉搏增加、出汗和逃跑）被解释为恐惧。因此，通过解释身体的状态，就能得出我们在害怕的结论（如图 22-6 所示）。

图 22-6　James-Lange 情感理论

Cannon 和 Bard 是活跃于 20 世纪 20 年代的两位心理学家，他们不同意 James-Lange 理论，并且指出：当感知到能唤起情绪的刺激时，行为便会随着认知评价而来。他们还指出，不同情感可能产生相同的内脏变化。在他们看来，丘脑（大脑上一个复杂的结构）通过解释情感状态并同时向自主神经系统和大脑皮层传输解释这种状态的信号，而起着中枢的作用。自主神经系统负责管理无意识的功能，比如心跳频率和荷尔蒙（如肾上腺素）的分泌。

Schachter 和 Singer 在 20 世纪 60 年代进行了一系列实验，基本上与 James 和 Lange 的理论类似。然而，Schachter 和 Singer 更倾向于认同情感的体验来源于生理感觉的认知标签（cognitive labelling）。然而，他们也认同，这并不足以解释情感在自我感觉中的微妙差异，也就是愤怒和恐惧之间的差距。因此，他们提出，当个人体验到生理表征或刺激的时候，他就会从眼前的环境中采集信息，用来修改他们赋予该感觉的标签。

Lazarus（1982）对认知标签理论做了进一步发展，他提出了认知评价（cognitive appraisal）的概念。根据认知评价理论，对情境的某种程度的评价（评价该情境）通常先于情感反应发生，尽管这是无意识的且并不影响感觉的即时性。然而，Zajonc（1984）则认为有一些情感响应是发生在某些认知过程之前的。

总之，人们普遍认为有些认知评价或评估是在情感体验中发生的，但是，对于认知和情感反应之间的相对优势和顺序，并没有达成共识。Sherer（2005）提出的评价标准由人们在评估他们环境时使用的 4 点组成。他们认为：

- 对于幸福而言，事件的相关性和可能的结果。
- 对于长期目标而言，事件的相关性和可能的结果。
- 他们把事情处理得如何。
- 对于他们的自我意识和社会准则而言，这件事情的意义。

情感被定义为在自主神经系统和其他子系统（如中央神经系统）中的变化。对于设计师而言，关键信息是，其并不足以唤起情感，但是唤起的环境则必须支持它要唤起的特定情感的识别。

533

框 22-2　EMMA 项目

由欧盟赞助的 EMMA 项目的研究者研究过存在（"在那里"的感觉）和情感的关系。EMMA 使用像虚拟现实、智能代理、增强现实，以及无线设备这样的工具，为用户，包括那些有心理问题的人，提供了应对悲伤情绪的方法。情感刺激通过进入一个虚拟的公园而实现，该公园会随着所涉及情绪的变化而变化。图 22-7 展示了公园的冬景，这个场景用来唤起人们的悲伤感觉。

图 22-7　EMMA 项目建立的"悲伤"公园

（来源：www.psychology.org/The%20EMMA%20Project.htm。由 Mariano Alcañiz 提供）

来源：http://cordis.europa.eu/search/index.cfm?fuseaction-proj.document&PJ_RCN-5874162

挑战 22-2

利用 Sherer 的 4 项检查来评估，当有人跳到你面前，并大声地朝你喊"嘘！"时，你的反应。

22.3　情感检测和识别

如果科技需要根据人的情感行事，第一步就需要识别出不同的情感状态。正如从情感心理学理论中看到的一样，人类的情感状态有生理的、认知的和行为的成分。当然，行为上和（一些）生理上的改变对于外界来说是最明显的，除非我们故意掩饰我们的感觉。不管怎样，情感状态的某些信号比其他信号更容易被检测到，如表 22-1 所示。但是，虽然有些生理变化对别人来说也许是不明显的，除非他们离得非常近，或者有特殊的监视设备，但这些变化实际上都可以通过装有适当传感器的计算机来实现。

表 22-1　感知调制的形式

对别人而言很明显	对别人而言不太明显
面部表情	呼吸
语调	心率、脉搏
手势、动作	体温
姿势	生物电反应、出汗
瞳孔放大	肌肉动作电位
	血压

来源：转载自 Picard, R.W. *Affective Computing*, Table 1.1, ©1997 麻省理工学院，经麻省理工学院出版社授权许可。

然而，检测变化和将变化归到正确的情感中去，是两个完全不同的问题。第二个比第一个更棘手，导致人与人之间，以及可能会有的人与机器之间更多的误解。这一领域也被称为社会信号处理。这个方面的实用资料在 http://sspnet.eu 可以找到。

框 22-3　如果厌倦无法被掩饰，那么会怎样？

当然，我们能够掩饰不被社会接受的情感中更明显的表现。在 2003 年 9 月 7 日的 *Observer* 报中，专栏作家 Victoria Coren 这样思考道："如果你在感到厌倦时会无意识地脱下你的长裤（就像你在尴尬时会脸红，或感觉冷时会打哆嗦一样），那么将会怎样？礼貌地假装感兴趣的世界将会死亡并消失。你可以在跟老板寒暄时尽你所能地笑——但是这也没用，因为裤子会自动脱下。每个人都会更努力，少闲聊。但现实是，厌倦可以轻松地被掩饰，我们已经驯服了迷失的本能。"

22.3.1　识别情感的基本能力

成功识别出情感的技术需要利用诸如模式识别这样的方法，而且有可能需要对个人单独训练——例如语音输入技术。下面的列表复制于 Picard（1997，p.55），列出了计算机为了辨识情绪需要的一些能力。

- 输入。接收各种输入信号，例如脸部、手势、姿势和步法、呼吸、生物电反应、体温、心电图、血压、血量，以及肌动电流图（测量肌肉活动的测试）。
- 模式识别。在这些信号的基础上进行特征提取和分类。例如，分析视频运动特征来区分皱眉和笑。
- 推理。基于情感生成和表达的知识来推理潜在的情感。这种推理需要系统推出情感的上下文，以及关于社会心理学的广泛的知识。
- 学习。随着计算机"开始知道"某人，它需要学习上面那些因素中对于这个人而言最重要的那些，从而变得能够更快更好地识别出他的情感。
- 偏见。如果计算机有情感，那么它的情感状态将会影响到它对模糊不清的情感的识别。
- 输出。计算机命名（或描述）它识别出的表情以及潜在的情感。

上述很多方面都得到了发展。检测诸如心率、皮肤导电率以及其他生理变化的传感器和软件一直可用。然而，单独依赖这种数据有着实际的问题。传感器可能太具入侵性、太尴尬，不适合日常使用，且数据需要由专家进行分析或由智能系统来解释这些变化的意义。同样，个人生理信号更倾向于指示唤起水平的提升，而不是特殊的情感，并且，相同的生理信号的组合可以表示不同的情感——例如，厌恶和愉悦的信号就非常相似。因此，需要检测其生理指标和模式识别来支持情感识别计算。

框 22-4　StartleCam

StartleCam 是一个可穿戴的视频摄像头，计算机和传感系统保证摄像头可以被穿戴者的意识和潜意识事件所控制。通常，穿戴者有意识地点击视频摄像头上的录制键，或根据预先设定的频率运行一个计算机脚本来触发摄像头。这里描述的系统提供了一个额外的选项：系统在检测到穿戴者感兴趣的某一事件时，会保存图片。这个实现的目标在于捕捉并记录可能引起用户注意的事件。

注意力和记忆力与心理学家所称的唤醒级别高度相关，后者通常由皮肤导电性的变化而得知；因此，StartleCam 监视穿戴者的皮肤导电性。StartleCam 寻找指示"吃惊反应"的皮肤导电性信号模式。当这种反应被检测到时，最近一次由穿戴者的数字摄像头捕捉的数字图像缓冲区被下载，并可以选择是否通过无线传输到网页服务器上。这种对数字图像的选择性的存储为穿戴者创造了一个"闪光灯"式的记忆存档，其目的在于模仿穿戴者自身的选择性记忆响应。使用吃惊检测过滤器，StartleCam 系统已被证明可以在室内和室外的非固定环境中使用。

来源：StartleCam（1999）

536

正如第 10 章所介绍的评估和第 13 章所介绍的多模态，随着这些问题的快速变化，人们开发出更精确的无线传感器，并把它们相互结合，加入人工智能技术，以更好地推断某人的情绪状态。

22.3.2   在实践中识别情感

Picard 及其团队在工作中利用了模式识别技术，该技术旨在探索一台可穿戴计算机是否能够长时间识别一个人的情绪（Picard 等人，2001）。在"数周"的时间里，四个传感器捕捉了：

- 肌电图（指示肌肉活动）
- 皮肤电导
- 血容量脉搏（唤醒的量度）
- 呼吸率

通过使用模式识别算法，8 种情感以较高的识别概率被辨别出来了。然而，这并不意味着计算机能够以可靠的准确率识别出人类的情感——主要原因是识别软件被限制在 8 个已定义的情感中做出选择。但是正如 Picard 所说，当错误的情感没有被确切地识别出来时，即使是不完全的识别也是有用的。在麻省理工学院的其他项目中，工作的目标是识别出更分散的情感，比如"当一切在计算机上运行正常时你的状态"，和对照的"遇到恼人的可用性问题时你的状态"（Picard，2003）。设计很少让用户感到挫败的应用有着明确的价值。

跟踪面部表情的变化为扩展生物数据应用提供了另一种方式。例如，在 Ward 等人（2003）的一个实验中，他们使用了一个商用的面部跟踪软件包。该软件通过跟踪从一个脸部视频中检测到的面部移动而工作。实验发现如下：

- 面部表情变化甚至对相对较小的交互事件产生反应（本例中，抑制的惊奇和有趣的事，后者产生更微弱的反应）。
- 这些变化被跟踪软件检测到了。

作者得出结论：这个方法有可能成为一个检测由于计算机交互引起情感变化的工具，但是，使用多个数据源的结合或许能更好地进行情感识别（相比简单地跟踪身体变化）。

大多数计算机情感识别的应用在于开发系统来调节它们对用户的失望、压力和焦虑的反应。然而，在计算本身之外也有一些有价值的应用程序。最重要的一种就是健康护理，它把情感状态作为病人护理的一部分。然而，在远程健康护理中，临床医生可以做的事非常有限。远程医疗主要用于采集血压等"生命体征"、检查病人是否服药或是否遵守其他医疗指示。Lisetti 等人（2003）早期发布一个关于应用程序的研究，该应用程序旨在改善这种情境下的情感信息。该系统利用可穿戴传感器和相机等其他设备输入的多种信息来建模患者的情感状态。然后，识别出的情感被映射到智能代理，即所谓的虚拟代理。接下来，个人的虚拟代理会跟病人"聊天"，以确定识别出来的情感，同时也作为病人和医生文本交流的补充（如图 22-8 所示）。

图 22-8 反映用户悲伤状态的化身

初步结果显示，悲伤的识别成功率达 90%，愤怒的识别成功率达 80%，恐惧的识别成功率达 80%，挫败的成功率识别达 70%。

22.3.3 情感型可穿戴设备

"可穿戴情感设备是一套装配有传感器和工具的可穿戴系统，它能够识别出穿戴者的情感模式"（Picard，1997，p.227）。（第 20 章讨论了可穿戴设备。）可穿戴计算机不仅仅是像笔记本电脑或 Walkman 一样的便携设备，不管我们是在行走、站立，还是旅行，我们都可以使用它。可穿戴设备也一直处于工作状态（每一个传感器）。当前存在大量的可穿戴设备原型，尽管它们远未达到完整或完美，并且需要定期关注／维护。设计并使用可穿戴情感设备的一个明显好处就是它们可以自然地提供情感方面的信息。可穿戴情感设备为研究和测试情感理论提供了条件。当前最常见的可穿戴情感设备是情感首饰。

图 22-9 列举了一种情感首饰，在这个例子中是一个耳饰，同时它还可以使用光电容积扫描方法测量并显示佩戴者的血压。这其中包括使用一个 LED 来感应耳垂中的血流。通过读取此数据可以确定心跳和血管收缩。事实上，这个耳饰对移动特别敏感，但是未来的应用可能可以测量佩戴者对消费品的反应。

图 22-10 是关于可以采样并传输生物数据到大型计算机进行分析的系统的另外一个例子。数据经由红外（IR）连接传送。

图 22-9 血压（BVP）耳环 图 22-10 利用可穿戴设备采集生物数据
（来源：Frank Dabek 提供） （来源：Frank Dabek 提供）

挑战 22-3

我们已经确定，情感的一部分源于生理感觉，如脉率增加、出汗等。鉴于传感器的存在是为了检测这些变化，如何在交互式游戏的设计中利用这些现象？请考虑玩家的可接受性和技术可行性。

计算机是否能够体验情感是一个被长期争论的话题，而且这远远超出本章讨论的范围，但是这个诱人的问题并没有从根本上影响如何为情感而设计的思考。现在转向调查，对于计算机或任何其他的交互式系统来说，表达情感意味着什么。

22.4　情感表达

这是情感计算方程的另一部分。正如我们所见，人类通过面部表情、肢体动作与手势、小规模的生理变化，以及语调变化（也可以扩展为书面交流的语气和风格变化）来表达情感。对于交互式系统而言，需要考虑以下几方面：

- 计算机明显地表达情感可以如何提高人与技术之间交流的质量和效率？
- 人类如何做到通过表达情感的方式与计算机交流？
- 技术可以如何促进和支持人与人之间新的情感交流方式？

22.4.1　计算机能表达情感吗

关于计算机能够表达情感并没有多少争议。想想微软办公助手的情感表达——在图 22-11 中，他在被作者忽略之后变得"不高兴"。这种并不复杂的拟人化是否增强了交互体验也是有争议的。这里还存在一种风险，即系统所能提供的可能无法满足人们的期望，正如它给很多用户带来了愤怒感一样。

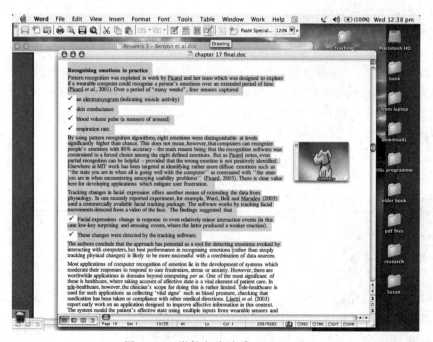

图 22-11　微软办公助手 "sulking"

在 22.3 节介绍的情感的可见外在表情中，有许多都可以被计算机应用程序模仿。即便非常简单的面部模型也被证实能够表达可识别的情感。这类研究中的一个代表性实例就是由 Schiano 和她同事所做的研究（Schiano 等，2000）。该实验是在一个早期的简单原型机器人上做的，这个机器人有着"一张盒子一样的脸，有着可移动眼睑和可倾斜眉毛的眼睛，以及可以独立上升或下降的上下嘴唇"。这张脸由金属制成，有着卡通形象的外观——无法展现大多表达人类表情特征的面部皱纹的细微变化。尽管有着这些限制，人类观察者仍然能够成功地识别出情感交流。

麻省理工学院的实验应用——"关系代理"（Bickmore，2003）证明，即使情感表达有限，它仍然具有效果。这被用于与那些正在执行某项计划来提高操作水平的人保持长期关系。这个虚拟代理可以询问和回应情感，可以适当地通过修改文字和肢体表达来表示关心。计算机并不隐瞒它有限的移情能力，人们也不会相信它所表现的"感觉"的真实性，然而，相比标准的交互式代理，这个虚拟代理在受欢迎程度、信任度、受尊重程度，以及它关心的感觉上的得分明显要高。

相比之下，由麻省理工学院制作的传神的机器人"Kismet"（如图 22-12 所示）则有着更复杂的物理实现。它装配有视觉、听觉，以及本体感受（触觉）传感器输入设备。Kismet 可以通过发声、面部表情，以及调整视线方向和头部方向来表达明显的情感。（参见第 17 章关于虚拟代理和拍档的相关内容。）

交互式系统的情感输入

如果计算机能向人类表达明显的情感，那么，除了一气之下咒骂或者关掉机器之外，人类如何向计算机表达情感呢？ 22.3 节介绍了计算机可以检测情感状态。那一节描述的交互式系统通常旨在监视人类不显眼的情感信号，以便识别当前的情感状态。但是如果一个人想要更积极地传达一种情感，例如可能想改变自己在游戏中角色的行为，那将会怎样？

SenToy 项目（Paiva 等，2003）开发的情感化、可触摸的用户接口为这类输入问题提供了一种富有想象力的解决方法。操纵 SenToy 玩偶（如图 22-13 所示），使其执行预先设定好的手势或动作，这让人们得以修改游戏中某个角色的"表情"和行为。人们可以通过手势表

图 22-12　机器人 Kismet

（来源：Sam Ogden/ 科学图片库）

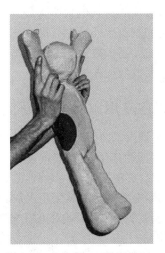

图 22-13　SenToy 情感接口

（来源：转载自 *International Journal of Human-Computer Studies*, 59(1-2), Paiva, A. *et al*., SenToy: 一个有效的交感界面。Copyright 2003，由 Elsevier 许可授权）

达愤怒、恐惧、惊讶、悲伤、洋洋得意和幸福，这些手势被玩偶内部的传感器采集并传输到游戏软件中。比如，悲伤是通过向前弯曲玩偶表达的，而要表达愤怒则可以摇动它的手臂。游戏角色的动作反映出检测到的情感。

在对成年人和儿童做的初步测试中，悲伤、愤怒和幸福的情绪在没有任何指导的情况下很容易地就能被表达出来，而洋洋得意的情感则过于困难——这需要让玩偶指向某处并跳一小段舞蹈。在有指导的情况下，除了惊讶之外，其他情感都被有效地表达出来。人们变得沉浸于这个游戏和玩偶之中，并享受这种体验。

22.4.2　增强人类的情感交流

研究人员也转而关注提高人与人之间的情感交流。发展将一些高度创造性的概念设计与（有时是非常简单的）科技相融合。有时候是为了传递一种特定的情感——通常是积极的，但更多的时候是为了通过感觉的相连来培养情感纽带。与其他情感计算领域内的很多创新类似，这些创新大都还处于停留在纸上的初级阶段，很少被实现。

Tollmar 和 Persson（2002）描述了一些为"远程情感交流"设计的典型例子。不同寻常的是，这些想法背后的灵感不仅来自设计师或技术人员，还来自对家庭的民族志研究，以及他们使用手工制品来维持亲密关系的方法。他们还包括了"第六感"（如图 22-14 所示），一个可以感应附近肢体运动的光雕品。如果有持续一段时间的连续运动，这盏灯就会将这条信息传送到它在另一个家庭中的姐妹灯上。这盏灯的亮起，意味着第一个家庭中有人在家——一种与朋友或家人保持联系的低调方式。

541

图 22-14　第六感

（来源：Tollmar and Persson (2002) Understanding remote presence, *Proceedings of the Second Nordic Conference on Human-Computer Interaction*, Aarhus, Denmark, 19-23 October, Nordi CHI'02, Vol. 31. ACM, New York, pp. 41-50. ©2002 ACM, Inc. 经许可转载。http://doi.acm.org/10.1145.572020.572027）

22.5　潜在应用以及未来研究的关键问题

表 22-2 列出了情感计算潜在的"影响领域"。"前景"应用是计算机在其中担任积极的、通常可见的角色的应用；在"背景"应用中，计算机则在后台存在。

尽管表 22-2 中列出了一系列引人注目的潜在应用，情感计算仍然处于发展之中，还有一些基础问题需要阐明。对交互式系统设计师而言，最突出的问题可能是：

- 情感能力在哪些领域对人机交互产生积极的影响，在哪些领域它们是不相干的甚至产生阻碍？
- 我们需要多高的情感识别精度——是否只需要识别一个普通的正面或负面情感就足够？为实现这个目的，哪种技术最适用？
- 如何评价情感对于一项设计的总体成功的贡献？

表 22-2　情感计算潜在的"影响领域"

	人与人交流	人机交互
前景	会话 ● 识别情感状态 无线移动设备 ● 表现——显示情感状态 电话 ● 语音合成情感和声音 视频电话会议 ● 情感成像	图形用户界面 ● 基于生理检测的自适应响应 可穿戴计算机 ● 生理状态的远程感应 虚拟环境 ● 情感捕捉和展示 决策支持 ● 制定决策的情感因素
背景	舷窗（办公室或其他空间之间的视频/音频链接） ● 情感交流——自适应监控 电子徽章 ● 情感提醒和显示系统 化身 ● 通过合成情感内容的个性化创造	智能住宅技术 ● 传感器和情感架构 普适计算 ● 情感学习 语音识别 ● 声音压力检测 凝视系统 ● 动作和情绪检测 智能代理 ● 社交和情商

来源：　转载自 McNeese, M.D. (2003) New visions of human-computer interaction: making affect compute, *International Journal of Human-Computer Studies*, 59 (1-2), ©2003，由 Elsevier 许可授权。

542

进一步思考：情感计算是可能的还是可取的？

Eric Hollnagel 于 2013 年在 *the International Journal of Human-Computer Studies* 情感计算专刊上写道：

> 情感可以提供一些冗余来提高交流的效力。此外，交流中情感的形态可以通过一些不同的方式表达，比如语法结构（礼貌的请求还是命令）、词语的选择或者语调（或颜色的选择，依赖于媒介或通道）。但是，就其本身而言，这些都不能代表情感计算。相较于计算的形式，交流或交互的方式更加有效。就其本身而言，它并不试着传输情感，但是却满足于调整交流的方式以获得最大的效益。
>
> 在工作中，人们通常被鼓励变得理性化和逻辑化，而不是情感化和情绪化。确实，在设计任务、人类工程学中，过程和训练都是为了这个目的。因此，从实践角度来看，需要的是能够识别和控制情感，而不是模仿情感。（这点在人与人之间交流和人机交互上都有效。）如果在一些情况中情感是一种优势，那么它们就应该被放大。但是如果在另一些情况中情感被看作劣势（包含很多现实工作的情况），那么它们就应该被抑制。所有的工作——从耕作田地到装配机器，不管有没有用到信息技术，其目标都在于用一种系统的、可复制的方式进行生产。情绪和情感通常无法提高那些效力，但是很有可能产生负面影响。相反，艺术的目的并不是生成事物的相同的副本，因此情感或无逻辑（不可复制）的过程和思考就显得尤为重要。
>
> 总之，情感计算并不是一个有意义的概念或一个合理的目标。我们应该做的是让交流更有效，而不是试着实现计算机（或计算）情感。相比尝试复制情感，我们

更应该尝试着模仿情感的那些已知可以提高交流效率的方面。

来源：转载自 Hollnagel, E. (2003) Is affective computing an oxymoron?, *International Journal of Human-Computer Studies*, 59 (1-2), p. 69, ©2003，由 Elsevier 许可授权。

Kristina Höök 等人（2008）在论证情感的相互作用时表达了类似的观点。我们不应该试着去猜测人们的情感，并基于这种猜测调整系统；我们应该设计支持人们在想要的时候以想要的方式表达情感的系统。

总结和要点

本章探讨了情感理论，探讨其如何被应用到发展中的情感计算领域。

- 本章讨论了为了让技术展示明显的情感、检测和响应人类情感，以及支持人类的情感交流，什么是必须的——这可能是一组非常多样化的，有先进技术的功能，但是我们认为，对情感的粗略的识别和表示可以满足多种用途。
- 从情感交流到支持远程交互的游戏等，这些应用已经证明了这一点。

练习

1. 为设计情感技术，有多大的必要去理解人类情感的理论？试举例说明。
2. 画一个故事板来展示情感操作系统设计用途，当该设计检测到用户沮丧或疲倦时会产生响应。

深入阅读

International Journal of Human–Computer Studies, **No. 59 (2003)** ——关于情感计算的一个特殊问题。包括评审论文、观点、理论治疗和应用，提供了一个对21世纪初的情感计算状态研究的极佳的概览。

Norman, D.A. (2004) *Emotional Design: Why We Love (or Hate) Everday Things*. Basic Books, New York. 一本非常值得读的写情感和设计之间关系的读物。

Picard, R.W. (1997) *Affective Computing*. MIT Press, Cambridge, MA. 基于（当时）麻省理工学院最新研究，对理论和技术话题做了一个振奋人心的讨论。

高阶阅读

Brave, S. and Nass, C. (2007) *Emotion in Human-Computer Interaction*. In *Sears A. and Jacko, J.A. (eds) The Handbook of Human-Computer Interaction: Fundamentals, Growing Technologies and Emerging Applications* (**2nd edn**). Lawrence Erlbaum Associates, Mahwah, NJ.

网站链接

HUMAINE 项目 http://emotion-research.net。

挑战点评

挑战 22-1

这里可能存在许多争论。我们对此的观点是，如果人们可以选择是否使用这项技术，即当他们意识到这项技术有情感的方面，可以随时停止使用，那么这就可能是可以接受的。这项技术与传统媒介的差异在于新技术有交互的本质，以及通过技术模仿人类情感的反应和表情可能会误导人们产生不合适的信任行为。

挑战 22-2

（1）事件的相关性和可能的结果，对你的幸福而言，最初可能会引起恐惧。

（2）事件的相关性和可能的结果，对长期目标而言，可能的结果会帮你理解这只是临时的。

（3）他们将如何应对这种情况，可能会让你跳起来大笑。

（4）从自我意识和社会准则的角度来看，如果你在别人面前表现得很愚蠢，那这件事的重要性将令你生气。

挑战 22-3

例如，当检测到游戏玩家的唤起状态从开始玩游戏到现在一直保持不变，就相应地加快速度，或者与此相反，在长期检测到高唤起状态后，减慢速度以提供一个平静的间隔，这些都是可行的。我猜想人们不会想戴（然后固定并校准）物理传感器，因此无接触式监测（如面部表情）可能是一种可接受的解决方案。

544
～
545

认知和行动

目标

令人感到惊讶的是，对于人们怎样思考和推理（认知），以及思想和行动之间的关系还没有一种统一的理论。本章将呈现许多不同的观点。认知心理学趋向于关注非具身认知观点——"我思故我在"，这是笛卡儿的名句。具身认知认为我们有物质身体，它可以不断进化并适应发生在世界上的一系列活动。该认知还表现在我们如何分类和组织事物。分布式认知认为思想可以在大脑、人造物和设备中传播，而不仅是简单地在大脑中处理。情境行动指出环境对决策的重要性，活动理论则关注实现某一目标的行动。

在学习完本章之后，你应：

- 掌握认知心理学，尤其是将人类作为信息处理器的思想。
- 掌握交互式系统设计中环境的重要性，以及决定的主要部分是所采取行动的范围和类型。
- 掌握身体对于思想和行动的重要性。
- 掌握认知和行动的两种观点——分布式认知和活动理论。

546

23.1 人类信息处理

1983 年，Card 等人发表了 *The Psychology of Human-Computer Interaction* 一书。这是首批有关心理学和人机交互最著名的图书之一。在本书序言中，作者表达了热切的愿望：

> 我们关心的领域以及这本书的主题是人类怎样同计算机进行交互。科学心理学有助于我们设计界面，使界面易用、高效、无误差，甚至很有趣。
>
> Card 等（1983），p.vii

本书的核心是人类处理器模型，它从如下两个角度将人类信息处理过程构建成一个简单的模型：（a）当时的心理学知识；（b）一种基于任务的人机交互方法。基于任务的人机交互方法的主要工作是观察那些试图实现某一特定目标的人（见第 11 章）。人类信息处理范式将人们的能力描述或者简化成三个"块"或子系统：（a）感官输入子系统；（b）中心信息处理子系统；（c）动作输出子系统。当然，这种划分和通常我们对计算机主要单元的划分非常类似。图 23-1 说明了人和计算机之间的关系。在该图中，人类和计算

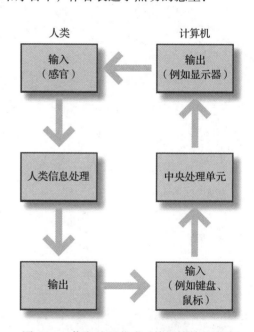

图 23-1　信息处理范式（其最简单的形式）

机的作用类似并且形成一个闭合环路。

　　在本模型中，我们所有的认知能力已经被整合进一个标记为"人类信息处理"的盒子中，但这个标签太过简单了。例如前面的章节已经讨论了记忆、注意力和情感对于理解人类思考和行动这一过程的作用。在人类和计算机的这一描述中，外部世界被简化为刺激，感官能够察觉这些刺激，因而该模型能够高效地实现人类的去情境化。同时，也存在更加复杂和经过验证的人类模型（见框 23-1），还有很多神经学学说说明大脑怎样进行组织及其处理信号的方式。作为研究人员、学者和设计师，我们对交互式系统用途的理解和预测很感兴趣，对于大多数人来说，通过一些基础理论（例如认知心理学）来实现是最好的做法。但是人类非常复杂，因此我们需要简化人类认知能力的一些观点使得它们易于管理。

框 23-1　认知模型

　　认知模型或者认知结构曾经是认知心理学和人机交互领域最为卓越的贡献。一些研究团队已经开发出若干认知模型（或架构），比如 SOAR 和 ACT-R，它们都能够符合由 Newell 命名的认知微理论。ACT-R（http://act-r.psy.cmu.edu/about/）模型支持"思维－理性的自适应控制"，严格来说，它是一种认知结构。相比于其他一些特殊理论，ACT-R 模型的应用情境更为广泛，且其框架能够普适多种理论。它已经用来建模问题解决、学习和记忆的过程。

　　ACT-R 看起来像是一门编程语言，只是它是以人类认知结构（或它的创建者认为是人类认知元素）为基础建立起来的。程序员、心理学家或认知科学家可以使用 ACT-R 解决或创建问题模型，例如逻辑题或控制一架飞机，然后研究相关结果。从这些结果，我们可以看到完成任务的时间和人们在从事这些活动时所犯的错误类型。相关例子见 Barnard（1985）。

　　其他认知架构的工作方式与之类似。

23.1.1　七阶段活动模型

　　自 20 世纪 70 年代以来，著名心理学家 Donald Norman 就已经投身于心理学和人机交互研究中。图 23-2 显示了 Norman 所提的一个七阶段模型，描述了一个个体怎样完成一个活动（Norman，1988）。Norman 认为我们从一个目标（goal）开始，例如在网页上查看比赛结果，或者给朋友打电话。下一步是形成一套实现这个目标的意图（intention），例如找到一台带有浏览器的计算机，或者想起上次使用手机时穿的哪一件外套。然后，将其转化为一系列将要执行的动作序列，例如，去计算机实验室或网络咖啡屋，然后登录到一台 PC 上，双击网页浏览器，输入 URL，按回车键，读取比赛结果。在这个过程中的每一步，我们都能够感知新的环境状态，解释所见到的，并把它和我们打算改变的东西做比较。如果目标没有实现，我们可能需要重复做这些动作。

　　在图 23-2 中，执行隔阂（gulf of execution）指的是个体将意图转换成动作过程存在的问题。评估隔阂（gulf of evaluation）则相反，指的是个体如何理解或评估动作的效果和知道其目标什么时候能够被满足。（第 5 章简要介绍了这些隔阂。）

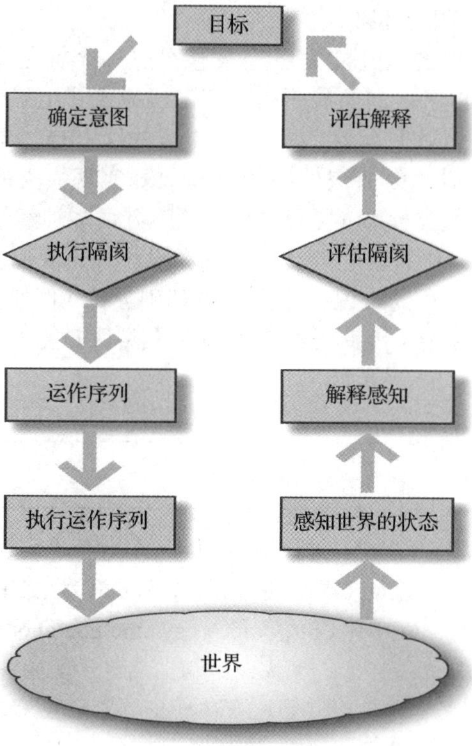

图 23-2　Norman 的七阶段活动模型

（来源：Norman,1988）

挑战 23-1

在那些你（或其他人）不易使用的设备或系统中，寻找执行隔阂和评估隔阂的具体例子。

23.1.2　为什么人类信息处理是有缺陷的

尽管人类信息处理学说在心理学和早期人机交互领域十分流行，但近些年，人们对其的关注度却显著降低。原因有以下几点：

- 太简单。人类要复杂得多，不能够仅用一堆文本框、云和箭头进行表示。人的记忆不是一个被动的容器，它与 SQL 数据库不同。它是主动的，其目标也具有多样性、并发且不断进化的特点，同时它也是多模态的。视觉感知和连接在计算机上的一对双目相机有很大区别。感知的存在目的是用来指导各种有目的的行动。
- 人类信息处理来源于实验室环境下的研究成果。人们的物理和社会环境种类繁多且变化无常，这些图表明显没有反映出这些内容。
- 人类信息处理模型假设我们在世界上是孤立的。但人类行为主要是社会性的，很难完全孤立。工作是社会性的，旅行和游戏通常是社会性的，文档书写（电子邮件、作业、书籍、短信、涂鸦）也是社会性的，因为文档是写给别人看的。那么在用方块和箭头表示的认知模型中，人体现在哪里呢？

显然，这些模型并不完备，因为它们遗漏了人类心理学的重要部分，例如情感（我们情绪上的反应）；它们也没有注意到人类肉体的存在。

进一步思考：创造和认知

人类的创造能力提供了一些挑战人类认知能力的事物。新的思想从哪里来？我们怎样投入创造性思维中？当然，这些问题有很多不同的答案，其中较为正确的是感情、社交、意图和意志都在其中起了重要作用。

已有的一种分类方法将思维分为收敛性思维和发散性思维（Guilford，1967）。收敛性思维旨在找到一个问题的最好解决方案，而发散性思维则是将多样的思想集中到一起并对很多不同寻常的思想和可能性进行探索。（有很多设计技术用来鼓励发散性思维，例如头脑风暴，在第 7 章和第 9 章有过讨论。）正如下面所要讨论的，创造力的另一个机会来自概念整合（Turner，2014）。

23.2　情境行动

20 世纪 80 年代后期和 90 年代涌现出大量对古典认知心理学学说（如人类信息处理）的批判。例如，Liam Bannon 主张要对心理学实验室范围之外的人进行研究，同时 1987 年，Lucy Suchman 在她的里程碑著作 *Plans and Situated Actions*（第 2 版，2007）中批判了人们会遵循简单计划这一思想。这表明了人们对真实世界环境会做出富有建设性的或许是无法预测的反应。

1991 年，Bannon 发表了一篇论文 From human factors to human actors（Bannon，1991）。该论文呼吁把那些使用协同系统的人理解成具有复杂特性的个体，这些个体具有一定的能力，能够解决问题，具有价值取向并且互相合作，而不仅仅是应用心理学实验中的对象。为适应这一新观点，我们需要走出实验室进入复杂的真实世界。该观点强调了如下两个观念的不同：一个仅仅把人类当作一组认知系统及其子系统（采用术语人为因素暗示了这一观念），另一个则把人类作为自主参与者或行动者来尊重，他们有控制自我行为的能力。Bannon 探讨了由观念转变所导致的结果。他认为这涉及一个重要转变，即从面向计算机系统使用者个体的狭隘的实验室研究转变为面向工作场所的完整社会场景。这也需要技术上的改变，从认知性和实验性的方法变为低侵入性的技术，这些技术可能更强调观察。在工作场所，我们应该研究专家以及他们在提高实践和竞争能力时所面对的障碍。这就需要从快照式的研究变为扩展的纵向式研究。最后，Bannon 认为我们应该采用一种新的设计方法，即通过参与式设计方法把人类置于设计过程的中心。（第 7 章包含更多关于参与式设计的介绍。）

Lucy Suchman 的 *Plans and Situated Actions* 可能是协同系统设计研究人员引用最多的著作。该书批判了人工智能（AI）和认知科学的部分核心假设，尤其是人们行为中计划的作用，但这样做就打开了将民族志方法与对话分析用于人机交互领域的大门。在反驳计划方法之前，Suchman 的出发点是明确计划在人工智能中的作用和认知心理学的一些信条，这些也是真实的人类表现。简单地说，人类和人工智能体的行为都能够用公式（formulation）和行为计划进行建模。一个计划就是一个脚本（script），即一个动作序列。（参见第 16 章关于协同的内容。）

549
∼
550

框 23-2　"寻找咖喱"脚本

当烧鸡咖喱（一种奶油咖喱）被说成是英国国菜时，我们不难想象出英国人对这道菜的喜爱程度。

　　场景设定为英国任何一座城市的周六晚上。潜在的咖喱爱好者（为便于论述，我们称他们为学生）一起聚会，在喝了许多啤酒之后，他们非常想吃咖喱。第二步是找到一个印度餐馆。在进入餐馆后，其中一位学生向服务员询问是否还有座位。服务员将他们请到一个餐桌旁，并帮他们拿走外套。接着，服务员为每位学生递上菜单，点菜时服务员问他们是否需要啤酒。然后学生们决定他们要点的菜并告诉服务员，然后开始讨论他们想要多少印度薄饼、薄煎饼或者印度烤饼面包（一般是先吃印度面包或和咖喱一起吃）。随后，咖喱被端上来吃光了。等每个人都吃饱后，其中一位买单。他们讨论了一下每个人点了什么菜，经过 20 分钟的讨论，学生们结了账并匆匆回家睡个好觉。

　　研究员 Schank 和 Abelson（1977）首次将脚本用来组织我们对世界的认知，更重要的是，脚本可以用来指导我们的行为（即计划）。脚本的优点是它能适应其他的情形。上述印度餐馆脚本很容易就可以应用于泰国、中国和意大利餐馆（即找餐馆、找餐桌、看菜单、点菜、付费），以及汉堡餐馆（找餐桌和点菜可以被略去）。

　　计划可以表示成一系列的程序，它开始于一个目标，然后逐步分解成子目标和元动作，再执行相应的计划。目标即为该系统想要得到的状态。（第 25 章导航的部分也对计划的传统观点进行了评价。）

　　Suchman 发现了计划模型的问题，他认为世界不是稳定、不变和客观的，而是动态且主观的，人会根据上下文或"情境"对世界有不同的解释。因此，计划无法执行，仅能作为一种塑造个体行为的办法。

551

挑战 23-2

　　现有的图形用户界面是如何支持计划之外的行为的？

23.3　分布式认知

　　1969 年 7 月 20 日，宇航员 Neil Armstrong 和 Buzz Aldrin 登上了月球。Charlie Duke 在指挥中心密切地跟踪了整个过程（与 6 亿广播听众和电视观众一同见证）。下面显示了登月舱着陆时最新几秒的文字记录。

　　Aldrin："每秒 4 英尺⊖向前。每秒 4 英尺向前。向右移动一点。20 英尺，下去一半。"

　　Duke："30 秒"

　　Aldrin："向前移动一点；好。"

　　Aldrin："连接灯光。"

　　Armstrong："关闭。"

　　Aldrin："好的，引擎停止。"

　　Aldrin："ACA 制动脱离。"

　　Armstrong："制动脱离。自动。"

　　Duke："我们把你拍摄下来了，Eagle（登月舱名称）。"

　　⊖　1 英尺≈30.48 厘米——编辑注

　　Armstrong："引擎臂已脱落。Houston（约翰逊航天中心所在地），这里是静海基地（Tranquillity Base，Armstrong 登月之后为登月点起的名字）。Eagle 已经着陆。"

　　Duke："收到，我们看到了静海基地。我们拍到了月球表面的你们。你们在蓝色的太空中非常耀眼。我们非常激动。谢谢！"

　　问题是，谁操控载人飞船着陆？历史上记录的是：Neil Armstrong 是任务指挥官，而 Buzz Aldrin 是登月舱的飞行员。当 Armstrong 操作下降发动机和推进控制器时，Aldrin 大声地读出速度和登月舱的高度（"向前"，就是说，我们正以每秒 4 英尺的速度向前）。而在离这里 25 万英里的地球上，Duke 确认剩余燃料的数量（30 秒）。那么谁操控登月舱着陆？某种程度上说是他们所有人：这是一种协作活动。

　　Ed Hutchins 提出了分布式认知（distributed cognition）理论来描述这样的场景（Hutchins，1995）。该理论认为认知过程本身及其使用和产生的知识都常常是分布在多个个人、工具和表现上。日常生活中的例子包括：

- 一个驾驶员和一个乘客使用地图和路标在一个国外城市穿梭。
- 使用辅助列表和超市货架贴出的提示进行日常购物。
- 同事用一个 Excel 电子表格和一些难以理解的金融打印资料使项目预算变得合理。

23.3.1　内部和外部表示

　　分布式认知的资源包括知识的内部表示（internal representation）（人类记忆，有时被称为大脑里的知识）和外部表示（external representation）（世界上的知识）。这可能包括了任何能支持认知活动的事物，但是实例同时还包括手势、物体布局、便签、图标、计算机读物等。这些只是认知过程的重要部分，并不仅是记忆助手（Zhang 和 Norman，1994）。Hutchins 在一系列团队合作情境中对分布式认知进行了研究，包括太平洋岛民在远距离岛屿间的寻路、美国军舰的导航和飞机驾驶舱中的场景。在一项关于飞行员怎样控制到达目的地时速度（飞机着陆速度）的研究中，Hutchins（1995）建议将驾驶舱系统作为一个整体，并让系统在某种意义上"记住"它的速度。他认为驾驶舱中的各种指令说明、飞行员的物理位置以及飞行员共享的方法使得驾驶舱系统成为一个整体（如图 23-3 所示）。

图 23-3　飞机驾驶舱中的一个典型的分布式认知的例子

（来源：Mike Miller/Science Photo Library）

飞行员的指令说明包括他们的话语、图表和手册，以及驾驶舱本身的指令。飞机驾驶舱还有大量的隐式信息，例如空速指示器和其他刻度盘的相对位置。Hutchins 也注意到各种指令说明的状态随时间而变化，甚至可能在系统操作过程中的媒介间转化。这些转化可能由个体使用一个工具（人工制品）完成，而在别的情况下，指令说明状态完全由人工制品进行生产或转化。

23.3.2   实现分布式过程的不同方法

当把这些法则应用于自然环境时，会出现三种不同的分布情形（第 18 章讨论了分布式信息）：

- 社会团体之间的认知过程可能是分布式的。
- 认知过程可能涉及内部和外部结构之间的协调。
- 处理过程在时间上呈分布式结构，这样早期事件的产物可以改变后续事件的属性。

总的来说，分布式认知提供了一个优秀的描述复杂系统操作的方法，并得到了实验论证的有力支持。然而，把这些描述转化成为交互式系统设计仍存在问题。Hollan 等（2000）展示了怎样从分布式认知视角来指导 PAD++ 系统的设计，但是这样的例子仍然很少。

23.4   具身认知

具身认知的潜在思想强调了将身体融入人类思想的重要性。与人类信息处理器（见 23.1 节）关注无实体大脑相反，具身认知认为我们之所以这样思考是因为我们拥有身体，任何试图理解大脑本身的尝试注定会失败。它没有解释人们如何思考和行动。许多著名学者从不同角度为这一领域做出了贡献。

23.4.1   James Gibson

James Gibson 在人机交互设计领域非常有名，他提出了可供性（affordance）的概念。可供性是环境提供给动物的资源或支持；反过来，动物则必须具备感知和使用这种资源的能力。

> 环境的可供性是环境提供给动物的，可供性可能是好的，也可能是坏的。

（Gibson，1977）

可供性的例子包括物体的表面能够提供支撑、物体可供操作、东西能吃以及提供各种互动的其他动物。这些似乎离人机交互很遥远，但是如果我们可以设计出能快速展示可供性的交互式系统，那么很多可用性方面的问题就可被快速解决（即使不是全部）：人们可以非常容易地预测某一行动能否成功，就像判断他们能否通过某一扇门一样简单。（可供性是第 5 章可用性原则中的一条。）

动物的可供性源于刺激信息。即使动物具有合适的属性和设备，它可能依然需要学会检测信息并完善动作以保证可供性是有用的，否则，忽略这些将导致可供性变得危险。可供性一旦被检测到，对于动物来说是有意义、有价值的。然而，它是客观的，因为它涉及动物生态位（环境束缚）的物理属性以及它自身的身体尺寸和能力。无论可供性能否被察觉或使用到，它都是客观存在的。可供性的检测和使用可能是无明确意识的行为。Gibson 在 1986 年对可供性的描述进行了改进：

可供性违背了主客观二分法，这有助于我们理解它的不足之处。它既是环境事实又是行为事实；既是生理的又是心理的；或者都不是。可供性既指向环境又指向观察者。

（Gibson，1986，p.129）

因此，令人感到困惑的是，可供性在观察者的世界和头脑中要么都存在，要么都不存在。图 23-4 是一扇门。开门这个动作可能是展示可供性的一个最为广泛引用的例子。它指出我们从门本身的可供性可以"看出"是通过推还是拉来打开这扇门。这样做对于门来说可能是有效的，但是这能够应用在交互系统的设计上吗？

554

图 23-4　现实世界中的可供性例子

（来源：Phil Turner）

挑战 23-3

在日常用品上找到更多的可供性。可供性是怎样被呈现的？再试着去找到一些表面上令人误解的可供性。

23.4.2　Donald Norman

Donald Norman 在把可供性这个概念引入人机交互领域发挥了很大的作用，他也认识到需要改进 Gibson 的可供性概念。他认为我们需要一种更进一步的定义来替换原有的生物学-环境公式，也就是可感知的可供性（Norman，1988）。他建议将可供性的概念推广成一个弱化的公式：人们能感知到交互窗口部件的刻意行为，例如一些软件应用中的按钮和刻度盘。这些刻意的和可感知的行为通常十分简单，包括滑动、按压和旋转。他写道：

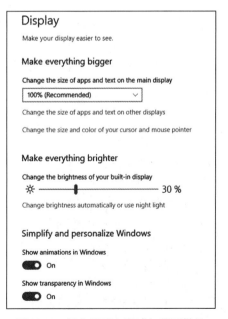

图 23-5　用户界面上可感知的可供性

真正的可供性远远不如可感知的可供性重要：可感知的可供性告诉使用者能对一个物体施加的动作，甚至在一定程度上能够告诉我们如何去做。相比于真实世界，可感知的可供性更为关注约定。

（Norman，1999，p.123）

他拿滑动条作为约定的一个例子。图 23-5 是一张展示许多可感知的可供性的截图。"Size"标签的滑块能够滑动；单选按钮（"Position on screen"）能够进行选择；但是"Show Animations in Windows"的复选框真的提供了能用的滑块吗？它们是真正的可控性还是说只是一些惯例。

虽然明确规定什么是可供性很难，但作为一个概念，它已被研究者广泛采用。在人类学领域中，可供性的使用十分常见（例如，Cole，1996；Wenger，1998；Hollan 等人，2000）。然而，令人惊奇的是该术语已经过度使用了，远远超出了 Gibson 所定义的那个温和的概念。例如，Cole（1996）所确定的可供性范围非常大，它提供了各种中介产物，包括嗜酒者通过互诚会戒酒的各种故事（提供康复）、人们在医院的谈话（提供某一病人的医疗历史）和"性感的"衣服（提供性别刻板印象）。Cole 注意到这些中间产物体现了自身的"发展史"，同时也是这些产物自身使用的反映。也就是说，这些产物已经被制作或生产，并继续作为人类刻意动作的一部分使用或与之相关。

555

23.4.3　Paul Dourish

在 *Where the Action Is* 一书中，Paul Dourish 以具身交互（Dourish，2001）为基础提出了自己的想法。具身交互观点考虑与事物本身的交互。Dourish 利用 Heidegger、Husserl 和 Merleau-Ponty 等作家所提的现象学哲学和有形计算与社会计算的最新发展建立了具身交互理论。对于 Dourish 来说，现象学将行动与含义紧密联系在一起。

框 23-3　动作性交互

　　动作性界面的关键特征是将感知－动作循环紧密耦合。基于现实世界的物理和社会经历，动作性交互是直接、自然且直观的。Bruner 描述了组织知识的三种系统或方法，以及相应的与真实世界交互的三种表现形式：能动、图标和符号（Bruner，1966，1968）。动作性知识建立在动作技能的基础上，通过行动来获取动作性表示，这里行动表示一种在能动环境中学习的方法。动作性交互是直接的、自然的和直观的。为了使动作性交互产生的经历更为可信，遵守同真实世界交互的某些条件是必须的，例如，行为在塑造感知内容所发挥的作用，主动探索的作用，感知在行为引导方面的作用。因此，动作性界面的关键特征是将感知－动作循环紧密耦合。

具身交互与如下两个主要特征相关：意图和耦合。意图可能与本体、主体间性或者意向性有关。本体与我们描述世界的方法有关，同时与实体及其和交互对象间的关系有关。主体间性与如何和他人分享意图有关，它包括了从设计师到其他任何人之间的交流，从而系统可以显露其目的并支持人们通过系统交流。意图的第三个方面是意向性。它处理意图的导向性作用，以及意图之间是如何关联的。

556

对人们来说，行动表现了意图。耦合关心的是让行动和意图之间的关联有效。如果建立了对象和关系之间的关联，那么可通过系统传递动作效果。Dourish 使用了一个熟悉的例子：锤子（也被 Heidegger 使用过）来说明耦合。当你使用锤子的时候，它成为胳膊的一个延伸（表示已经关联了），然后你通过锤子砸钉子。实际上，你参与了锤子的活动。

从具身交互的理论出发——"我们不仅仅依据科技行动，而是要超越它"（Dnourish，2001，p.154），Dourish 进而开发了一些高层的设计原则。

- 计算是一个媒介。
- 意图在多个层次都会出现。
- 创造和交流意图的人是使用者而不是设计师。
- 管理耦合的人是使用者而不是设计师。
- 具身技术能参与到它所表示的世界中。

- 具身交互把行动变成意图。

23.4.4　George Lakoff 和 Mark Johnson

具身认知也是 George Lakoff 和 Mark Johnson（Lakoff 和 Johnson，1981，1999）思想的核心。他们认为语言和思想以有限数量的基本概念隐喻为基础。隐喻的含义比文学上的比喻更广泛，是人类思考方法的核心。很多隐喻不能被识别，因为它已经根深蒂固地融入我们的思考和说话的方式中，以至于我们根本看不到它。他们给出了一些例子，比如"知道就是看见"（例如，我了解你的意思），"向上就是好的"（例如，他正在攀爬成功的梯子）。而计算机方面的例子如"剪切"、"粘贴"或者"菜单"，在大多数情况下，不会被识别为隐喻；这是我们用计算机所做的事情。

隐喻的系统性嵌入伴随着另一个关键的深刻见解。这些隐喻以具身经验为基础。这些基础性和概念性的隐喻是从我们是生活在现实世界上的人这一事实中获得的：

> 三种自然体验——身体体验、物理环境体验和文化体验，构成了被隐喻利用的基本始源域。
>
> （Rohrer，2005，p.14）

在许多方面，该哲学变化将分布式认知和具身认识进行结合，它强调认知是具身性的并且是嵌入在真实世界中的。我们看到人们正在物质和文化媒介中思考和行动（第 9 章已对这些隐喻和混合思想进行了讨论）。

他们在后来的研究中继续探索这些思想，进一步产生了 *The Philosophy of the Flesh*（Lakoff and Johnson，1999）一书。本书汇集了所有的哲学和生理学证据，以支持这一观点，即认知源于我们是具身人的事实。

Lakoff 和 Johnson 理论的另一个核心方面是意象图示；"有意义的有组织的体验的具身模式，例如身体运动和感知互动的结构"（Johnson，1990，p.19）。Johnson 说："图示是这些正在进行的排序活动中的经常性模式、形状和规律性。这些模式对我们来说是有意义的结构，主要体现在我们通过空间的身体运动、对物体的操纵以及我们的感知互动中"（Johnson，1990）。换句话说，经验是在任何概念之前并且独立于任何概念的重要方式构建的。意象图示基于我们一出生就体验到的物理和社交体验，这些模式为图示提供了基本的逻辑和概念。

经研究，整个意象图示集合可反映出这些具身体验。图示包括部分 – 整体（事物由组件组成）、中心 – 边缘（某物的中心或在边缘上）、链接、循环、迭代、接触、邻接、推动、拉动、推进、支撑、平衡、弯 – 直、远 – 近、前 – 后、上 – 下（参见 Johnson，1990）。意象图示对此自有逻辑，当我们将隐喻从更具体化的概念应用到更抽象的概念时，就会保留这种逻辑。通过隐喻将以现实为基础的意象图示的结构和功能投射到更抽象的域上，可以得出抽象的思想。在交互设计中使用意象图示（例如，Hurtienne 等，2009）是帮助人们理解交互式体验特征的好方法。

具身在社会文化层面也很明显。这种情况的第一个特征是认识到，当人们思考时，他们会利用外部世界的资源。这里经常举的一个简单示例是使用购物清单。当你去购物时，不要把所有东西都记在脑子里，而是要借助周围的事物分担这种认知性的活动。购物清单就是一个很好的例子。在旅行等活动中，人们总是会利用周围的路标来引导他们到达目的地。（但是，请反思卫星导航系统的诞生如何改变了这种情况。）

557

第二个特征是世界上的事物会影响我们的思考方式。Andy Clark 提供了许多嵌入式认知的例子（Clark，2008）。他主张"扩展思维"的认知理论，并举例说明一个人使用笔记本记录他想要访问的博物馆的地址，以及一个将这些知识记录在脑中的人。克拉克认为认知基本相同。只要外部实体"随时可用"、"值得信赖"且易于获取，它就可以作为认知系统的一部分。

23.4.5 Gilles Fauconnier 和 Mark Turner

Fauconnier 和 Turner 在该领域的贡献是引入了"概念整合"的概念（Fauconnier 和 Turner，2002）。以 Lakoff 和 Johnson 提出的隐喻思想为基础，他们认为，人们不是将知识从一个领域投射到另一个领域，而是将领域融合在一起。通过这样做，人们得以提出新的概念，并创建了具有自己的逻辑和结构的新整合域。这再次强调了将整合物置于具身经验中的重要性。

我们已经介绍了 HCI 整合的想法（Imaz 和 Benyon，2005），并讨论了如何将这些想法应用于设计混合空间以进行交互（见第 18 章）。Bødker 和 Klokmose（2016）在活动理论的背景下发展了概念整合的一些概念及其对用户体验设计的贡献（见下文）。他们得出结论，设计师需要在设计中建立整合的概念，而不是假设人们会自然地理解某些整合物。我们的方法建议将整合原则应用于 UX 设计（参见第 9 章）。

23.5 活动理论

活动理论是一批研究成果的结合体，源于苏联心理学家 Lev Vygotsky（1896-1934）、Vygotsky（1978）及其学生 Luria 和 Leontiev 的工作。一开始它只应用于心理学和教育领域，而最近已经逐渐被应用到其他领域，包括对工作的研究（例如，Engeström，1995，1999）、信息系统和 CSCW（例如 Christiansen，1996；Heeren 和 Lewis，1997；Hasan 等人，1998；Turner 和 Turner，2001，2002）和组织理论（例如 Blackler，1993，1995）。

Engeström 和其他人已经将初始的哲学思想推广成为包含人类活动和方法的一个模型，以分析活动并带来变化。大多数作者同意活动理论（全称是文化历史的活动理论（Cultural Historical Activity Theory，CHAT））的核心特征认识到了文化、历史和活动对理解人类行为的重要性。当然，其他作者强调活动理论的不同方面，从多个方面反映了个人的研究需要以及活动理论的动态性和演化性的本质。

558

23.5.1 CHAT——活动理论的现代表述

这里采用的活动理论主要利用的是同时代的 Engeström 的成果。他的成果已经被很多斯堪迪纳亚人（例如，Bødker 和 Christiansen，1997；Bardram，1998）、美国人（例如，Nardi，1996）、澳大利亚人（例如 Hasan 等人，1998）和英国人（例如，Blackler，1993，1995）采用和完善。Engeström 的活动理论学说在信息系统、HCI 和 CSCW 的研究中可能处于统治地位。该研究中或许更多地关注于自身活动的作用，而不是历史和文化。为反映这种现象，Engeström 建立了三条基本原则，这些原则以一些早期的活动理论为基础，并在活动理论领域中被广泛使用和引用。

（1）活动是最小的有意义的分析单元（由 Leontiev 最初定义）。

（2）矛盾驱动的自组织活动系统准则。

（3）活动的变化（可扩展为托管变化的组织）是扩展性学习周期的一个实例。

23.5.2 活动的结构

活动理论的核心观念是认为一切有目的的人类活动都可以表示为三个元素的交互：一个主体（一个或多个个人）、群体的客体（或目的）和起媒介作用的人造物或工具。对活动理论而言，主体是执行活动的个体或个体群，人造物是在活动中使用的任何工具或表现形式，包括在主体外部和内部的，而客体包含活动的目的及其产品或输出。Engeström 和其他人随后对活动理论进行进一步扩展，在原表述上增加了更多元素：社区（和活动有关系的所有其他群体）、劳动部门（活动中的横向和纵向责任和权力部门）和实践（一些正式的和非正式的规则和规范，用于管理活动主体和更广的社区间的关系）。这些关系常常用一个活动三角形来表示。事实上，活动具有社会性和集中性。活动三角形广泛使用在活动理论文献中，但是一定要记住这只是对活动理论的部分描述。这个三角形应该被看作是一个关系，表示为发展和学习的连续统一体，并隐藏它内部的结构。在活动内部，活动通过个体动作执行。每一个动作通过使用人造物实现一个特定目标。行动则依次通过操作执行；无须特意关注低层步骤。因此，活动具有社会性和集中性（如图 23-6 所示）。

图 23-6　活动三角形（有时被称为活动图解）

23.5.3 活动的内部结构

中介动作的集合实现了活动，而一系列低层的操作实现了动作，然而，这个结构是灵活的，并且它会随着学习结果和环境改变（如图 23-7 所示）。

以学习使用某一复杂交互装置如汽车为例。该活动的目标可能是复杂且广泛的，可能是由于工作上需要驾驶技能，可能是想吸引异性，可能由于朋友的压力，也可能由于宽纵的父母给了你一辆车。活动通过动作集合的方法实现（例如，包括获得驾驶执照；给车投保；上驾校；学习交通规则；为支付汽油钱找一份工作等）。这些单个动作又被一系列的操作所实现（例如拿到驾驶执照申请表格，完成表格，为执照写支票，寄驾照……）。当然，这是一个不完全、静态的活动描述，

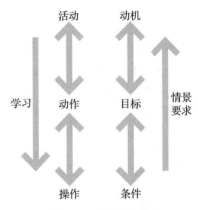

图 23-7　活动的结构

然而，人类的学习是一个不断的练习过程，因此，当第一次接触变速杆（手动挡）这种复杂事物时，松开引擎、换挡、重新接入引擎的过程都是处在有意识的控制下（其中，换挡动作由以下步骤完成：压离合器、换到左上方、松离合器）。一开始注意力集中在操作这一层，但是随着不断的练习，注意力的层次会不断下降，就好像动作是完全自动的一样。随着时间的推移，动作趋于自动化，同时活动本身也会有效地降为动作，除非环境改变。这种改变可能包括在右侧行驶（英国人在左侧行驶）、改变轿车的构造、驾驶一辆卡车或者遭遇可能的撞车。在这种情况下，意识将根据环境的要求重新集中。

因此，这个改进后的关于活动本质和结构的表述由于如下两个原因受到很多人的欢迎。首先，该活动理论的核心具有一个层次化的类似于任务的结构。第二，它将意识和动机引入

活动的核心中。在 Leontiev（2009）所提的机制中，意识焦点（和轨迹）在不同的抽象层次间的上下移动取决于环境的需要。

活动理论或许是众多学说中唯一一个强调个体学习和群体（或集体）学习的作用的。Vygotsky 在发展性学习上的工作对 Engeström 的思想有很大影响，Engeström 扩展了该思想，融入了集体学习的思想，并定义了扩展性学习这一术语（Engeström，1987）。Engeström 已经证明了扩展性学习对于各种领域的活动开发十分有用，扩展性学习的周期包括理解、提问、反思和具体化 4 个过程（例如，Engeström，1999）。学习和发展这一周期不断扩展的驱动力来源于活动内部及其之间的矛盾。尽管部分内容偏离了 Vygotsky 的思想，但经证明，它对于 HCI 和 CSCW 的研究者有巨大的价值。我们现在考察矛盾的更多细节。

23.5.4　Engeström 关于矛盾的描述

活动是动态的实体，根节点在早期活动上，子节点在它们各自的后继者上。活动按照矛盾而不断变化。第一矛盾指那些存在于某一个活动单个节点内的矛盾。事实上，我们可以通过对实现活动的动作或动作集进行分解从而理解这种矛盾。这些动作是典型的多动机，也就是，同样的动作因为不同的原因而被不同的人执行，或者作为两个不同活动的一部分由同一个人执行，随后的矛盾可能来源于这种多动机特性。下一类矛盾存在于节点之间，被称为第二矛盾。而当某一活动要根据新的动机或工作方式进行改造时，会产生第三矛盾。因此，它们存在于一个已有活动和一个由此变化得到的新活动之间，这个新活动被称为原活动的"在文化角度上更为先进的形式"。通过解决某一已有活动的内部矛盾，我们可以得到一个文化上更先进的活动，这一过程可能包括创造一些新的工作实践、人造物或责任部门。最后，那些存在于各种共存或者并发的不同活动之间的矛盾被称为第四矛盾。据此，我们可以生成一个复杂且不断进化的矛盾网络（图 23-8）。某一活动中的第一和第二矛盾可能产生一个新的活动，该新活动和原始活动之间产生了一系列第三矛盾。而那些共存的活动可以组合生成第四矛盾。

560
~
561

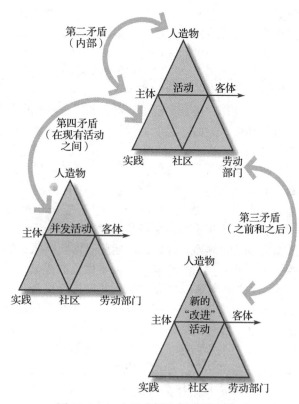

图 23-8　一个活动系统及其潜在矛盾

23.5.5　矛盾的具体例子

表 23-1 列出了一组现代大学中的矛盾例子。一所大学被想象成是一个活动系统，也就是说，一所大学可被视为一个活动集合。简单来看，大学由教育、研究和（目前最大的）管理活动组成。表 23-1 列举了一些在这些活动内部及其之间的潜在矛盾。

表 23-1 矛盾举例

矛盾类型	
第一	人机交互部分的那套书已经过时了，因此需要一本新书。这将让教育活动的人造物节点出现障碍
第二	在教育活动中，学习人机交互的学生数量已经显著上升（或下降），使得员工、学生的比例从 20∶1 改变为 50∶1。主体和客体节点之间存在矛盾（障碍）
第三	第三矛盾发生在当前已被规划好的活动和这些活动的新变体之间。因此，如果引进一个基于网页的学生登记系统来替换基于学术的人工系统，那么精确的学生数量就导致了矛盾的出现。精确学生数量使得时间表更为精确。不是所有的矛盾都是消极的
第四	第四矛盾发生在不同的活动之间。在所有的大学中（可能没有例外），管理是仅有的可靠增长区域，它会引起其他教育和研究活动中的问题

上述的矛盾分析方法可以用来指导新交互式系统的评估。（值得注意的是，矛盾分析法非常类似于丰富图创建法——见第 3 章及 Checkland 和 Scholes，1999。）

23.5.6 实践中的活动理论

爱丁堡纳皮尔大学计算机学院和爱丁堡西部普通医院信托的肠胃（GI）科联合创建了个人数字助手（PDA）的无线网络。人们在肠胃科使用该 PDA 无线网络期望得到的收益为：

- 直接将病人记录、关键检测结果和临床历史传递到门诊医生手里，并能够将数据直接送入医疗护理点。
- 药物检测的要求。
- 进入肠胃科的在线指导和药物说明书。
- 同其他计算机同步，即能够相互更新医生桌面上的文件和其他资料。
- 便携式邮件，允许医生在家使用 PDA 以离线方式阅读邮件。
- 在医院内及一般执业医师和医院之间加强管理病人的手段。

该工作得到了电子临床通信实现（ECCI）工程的支持。该工程着眼于促进普通执业医师和医院之间的交流。

为了确定这样做是否有益，评估网络的有效性和可用性很重要。活动理论使得我们可以去组织评估工作。图 23-9 是为该任务所创建的一个层次化组织的评估框架。临床背景下，PDA 评估的账户信息可以在 Turner 等（2003）中找到。

562
~
563

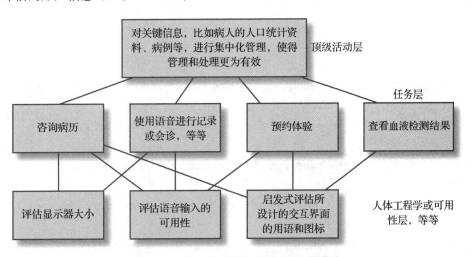

图 23-9 使用活动理论评估 PDA 操作者

总结和要点

认知和行动的早期观点主要关注将人类作为"信息处理机"去进行一些简单的目标驱动的任务，在任务中，人们遵循一个计划进而去实现目标。这一观点在 20 世纪 80 年代受到了巨大的挑战，主要表现在其所采用的计划方法和过于简单的认知观点。具身交互认识到身体对于动作理解和决定的作用和重要性。尤其重要的是从中产生可供性这一概念。

- 分布式认知认为认知过程不是局限于个体的思想中的，而是分布在思想和外部人造物中的。
- 分布式认知存在于合作参与者的思想和人造物中，最好的一种理解是将其作为一个带有特定目标的统一认知系统。例如，使用一个计算器、一个购物清单，或者驾车在国外城市中穿梭。
- 具身认知强调具身化的重要性——从认知角度讲，人类具有物质性和社会性。
- 概念整合将思想作为一种积极的创作过程，通过将来自其他领域的概念汇集在一起来创建新的领域。
- 活动理论来源于苏联心理学，它强调社会和团体，而不是孤立的个体。它同时认为人类活动本身是一个环境，人类在其中实现活动相应的目标。

564

练习

1. 用具身交互方法来思考交互式系统的设计在当前比较流行，但是脱离实体的交互将意味着什么？可以设想一下可用系统、不可用系统以及审美上愉悦和丑陋的设计，哪一个看起来更脱离实体？具身交互是冗余的吗？或者它是否强调了设计中往往会被忽略的某一方面？

2. 我们已经看到，可供性概念起初只用于简单的真实世界场景。之后 Norman 建议用户交互程序提供可感知的可供性（例如，滑动条提供文档滚动的功能）。但是，可感知的可供性仅仅是一些约定吗？（我们已经学习了一些图形交互接口的使用，例如 Windows，而滑动条只是文档滚动的一种方式。这些只是约定，不是可供性。）

深入阅读

具身交互

Dourish, P. (2001) *Where the Action Is: The Foundations of Embodied Interaction*. MIT Press, Cambridge, MA.

Winograd, T. and Flores, F. (1986) *Understanding Computers and Cognition: A New Foundation for Design*. Ablex Publishing, Norwood, NJ.

可供性

Gibson, J.J. (1977) The theory of affordances. In Shaw, R. and Bransford, J. (eds), *Perceiving, Acting and Knowing*. Wiley, New York, pp. 67–82.

Gibson, J.J. (1986) *The Ecological Approach to Visual Perception*. Lawrence Erlbaum Associates, Hillsdale, NJ.

Norman, D. (1988) *The Psychology of Everyday Things*. Basic Books, New York.

情境行动

Schank, R. and Abelson, R. (1977) *Scripts, Plans, Goals and Understanding*. Lawrence Erlbaum Associates, Hillsdale, NJ.

Suchman, L. (1987) *Plans and Situated Actions*. Cambridge University Press, New York.

分布式认知

Hollan, J., Hutchins, E. and Kirsh, D. (2000) Distributed cognition: toward a new foundation for human–computer interaction research. *ACM Transactions on Computer-Human Interaction*, 7(2), 174–196.

Hutchins, E. (1995) *Cognition in the Wild*. MIT Press, Cambridge, MA.

活动理论

Engeström, Y. (1987) *Learning by Expanding: An Activity-Theoretical Approach to Developmental Research*. Orienta-Konsultit, Helsinki.

Hasan, H., Gould, E. and Hyland, P. (eds) (1998) *Information Systems and Activity Theory: Tools in Context*. University of Wollongong Press, Wollongong, New South Wales.

Kaptelinin, V., Nardi, B.A. and Macaulay, C. (1999) The Activity Checklist: a tool for representing the 'space' of context. *Interactions*, 6(4), 27–39.

Monk, A. and Gilbert, N. (eds) (1995) *Perspectives on HCI – Diverse Approaches*. Academic Press, London.

Nardi, B. (ed.) (1996) *Context and Consciousness: Activity Theory and Human-Computer Interaction*. MIT Press, Cambridge, MA.

Vygotsky, L.S. (1978) *Mind in Society: The Development of Higher Psychological Processes* (English trans. ed. M. Cole). Harvard University Press, Cambridge, MA.

565

高阶阅读

Carroll, J. (ed.) (2002) *HCI in the New Millennium.* Addison-Wesley, Harlow.

Rogers, Y. (2012) *HCI Theories: Classical, Modern, and Contemporary*. Morgan & Claypool, San Rafael, CA.

挑战点评

挑战 23-1

思考当前的手写技术，你可能观察到很多电话按键的尺寸和布局大小，手指大小正常的人也无法容易而快速地操作。因此，物理上的执行隔阂保证你按到了正确的按键。这个设计是人类工程学和风格的折中，这里设计师认为风格是更为重要的市场卖点。你能够在很多消费产品中发现类似的折中。

挑战 23-2

例如，一些计算机系统提供"安装向导"，规定了人们的动作序列，人们无须制定计划。大多数图形用户界面提供的丰富的上下文感知按钮以及其他小控件也有助于提示我们能做什么。大多数网站，尤其是电子商务站点鼓励浏览器和其他目标导向的活动。

挑战 23-3

可能的例子有很多。较为容易的是先从门把手开始，通常物体上的把手被设计成用来拾取的。图中的那个用来推门的门把手显示了一种反向可供性，这种可供性到处可见，几近泛滥。

566

社　交

目标

通常来说，人类是社会生物，对交互在社会方面的理解是用户体验设计的一个重要组成部分。设计师应该考虑他们的设计所产生的社会影响。有助于理解社会问题的学科包括（社会）人类学、社会学和社会心理学。这些学科倾向于利用不同的方法研究，并且关注社会的不同方面。例如，人类学率先提出民族志方法来理解社会环境，心理学则倾向于控制实验法，而社会学所在的立场则往往更注重整个社会的需求。本章的目的是探讨人生活在不同文化之下及与其他人沟通时的表现。

在学习完本章之后，你应：

- 了解人际交往的主要问题。
- 了解团队参与的相关问题。
- 了解存在的意义。
- 了解身份和文化的主要问题。

567

24.1　引言

社会心理学汇集了心理学和社会学。社会心理学的经典定义陈述如下：

　　　试图理解和解释个人的思想、情感和行为是怎样受他人现实的、想象的和隐含的存在所影响。

Allport（1968）

随着社交网站和网上社区的兴起，例如第二人生和魔兽世界，社会交往成为用户体验设计中越来越重要的组成部分。人们需要能够与他人进行合作。（更多关于团队合作和社交网络支持的讨论在第 15 章和第 16 章。）另一方面，越来越重要的是，知道你在哪，你是谁！增强现实和虚拟现实系统的目的是让人感觉身处异地。存在感的意义是"在那里"，可以是在某一个地点或者在其他人面前。由于人们在网上有多重身份的"自己"，因此文化和身份的问题也就变得越来越重要。

本章无法探索全世界积累的关于社会问题的知识。但是，我们可以从人类参与社会交往的 4 个核心方面进行了解，这 4 个方面包括：人际交往、团体参与、存在感问题以及文化与身份。

24.2　人际交往

社会交往是从沟通开始的。对沟通的理解通常要追溯到符号学理论，以及通过一些交流渠道来交换符号的方法。Ferdinand de Saussure 提出了很多语言相关的概念，但 Umberto Eco 等其他人将交流中的符号学理论拓宽至各种各样的符号。O'Neil（2008）探讨了符号学在新媒体中的作用，Sickiens de Souza（2005）提出了一种基于符号学的设计方法。

　　符号学，或者说记号学，是一门研究符号及其作用的学科。符号可以采用的表现形式有很多，如文字、图像、声音、手势或实物。符号是由能指与所指构成的。这两者总是一同出现，这也是 Eco（Eco，1976）偏爱"符号载体"这一术语的原因（如图 24-1 所示）。符号是从传达者通过沟通渠道传送至接收者。

话语是通过听觉交流通道来诉说或通过视觉通道来书写。能指是具象的概念，所指是抽象的概念，由能指来表示。符号通常会有更为宽泛的解释及内涵。

图 24-1　符号由能指和所指构成

　　符号学是一个非常普遍的沟通理论。在人与人沟通方面需要考虑两个主要的部分：语言元素（即说什么）和非语言元素。非语言元素更普遍地被认为是"肢体语言"或者非语言沟通（NVC）。非语言沟通包括移动以及身体的姿态、眼睛注视、触摸和手势。同时还包含了沟通所在环境方面的因素，包括人与人间沟通的距离。非语言沟通处理沟通的副语言特征，如语调（音调、音高和讲话节奏），以及语言行为的运用，如幽默和讽刺。虽然人们普遍认为，非语言沟通是沟通的重要组成部分，但是目前还没有明确的观点指出它到底起着多大的作用。如果人们彼此间要建立关系，那么沟通就是必要的。沟通对于这些关系是如何被认知的，其带来的信任、协商和说服的问题，以及建立共享和达成共识（"共同点"）这三个方面都很重要。沟通需要从短期和长期进行观察。在交互式系统设计中，沟通通常以技术作为中介，而沟通的有效性则取决于技术上的设计。

24.2.1　言语和语言

　　显然，人与人之间的多数沟通是通过语言完成的，包括口语及书面沟通。语言是人类与生俱来的能力，还是通过后天学习获得的，关于这一问题存在一些争议。尽管在人类信息处理（HIP）观念仍然处于主导地位的时期，Noam Chomsky 的研究成果并未深深铭刻在那时的理论基础中，被人们理解，但他无疑是语言理解的先驱。（第 23 章讨论 HIP。）

　　近些年，哈佛大学的哲学家 Steven Pinker 认为语言对于我们表达方式和思维方式极为重要，Nass 和 Brave 出版了 *Wired for Speech* 一书，其中提出了大量的实证研究表明：言语和语言能力是与生俱来的（Nass 和 Brave，2005）。

　　口语相比于文字具有更多特性。韵律涉及口语的节奏、重音以及语音语调。音调的变化、讲话的语气以及讲话的速度都有助于传达其含义。韵律对于情绪的传达非常重要，但在书面语言中可能会丢失情绪的微妙变化。我们都知道，书面沟通形式如电子邮件，由于缺少非语言信号，可能会造成理解困难。当然，书面语言一直使用斜体、粗体或其他排版线索来表示强调。最近，人们开发了一些表情符号（如图 24-2 所示）来为书

图 24-2　表情符号

（来源：©Geo Icons/Alamy Images）

面沟通添加额外的线索。

框 24-1　话语分析

有相当多的知识体系涉及理解书面和口语沟通。话语分析和会话分析是分析如何沟通的两个例子。话语分析着眼于涉及沟通的各种言语行为。例如，"你好"是一句问候语，"你好吗？"则是一个问题。在会话分析中更注重话轮转化和谈话是如何继续下去的。

24.2.2　非语言沟通

非语言沟通是指在非口述中，有意识或无意识使用的各种符号。非语言交流有很多种不同的方式。

1. 面部表情

非语言交流的重要组成部分是面部表情的变化（FACS 面部编码系统的讨论见第 22 章），事实上，我们认为大量的脑力被用于了解对方的表情（如图 24-3 所示）。

图 24-3　女性面部机器人：第三代微笑的女性面部机器人。机器人的头部里面有一个 CCD 摄像头，用来收集视觉刺激因素。它会对刺激做出反应，表现出 6 种基本情绪（愤怒、恐惧、厌恶、快乐、悲伤、惊讶）中的一种面部表情。不同于先前几代的机器人，这一代机器人可以与人进行实时互动。前几代机器人需要太长时间去形成和消除面部表情。这个机器人是日本东京理科大学 Fumio Hara 和 Hiroski Kobayashi 实验室发明的

（来源：Peter Menzel/Science Photo Library）

面部表情关注眼睛、嘴巴、脸颊和其他面部肌肉的变化。Sensory Logic 这样的公司利用此来推断和管理情感方面的问题。

2. 手势

对于许多人来说，非语言沟通的一个重要方面是手势。我们讲话时会移动手、头部以及身体。这样做通常用来通过列举元素或显示其组合的方法来表示话语的结构，指向人或物时为了表示强调（一种消除歧义的手势），并能有效说明形状、大小或移动。手势在交流中（特别是在一定距离之内）是表示位置或移动非常有效的方法。它们在交互式系统的沟通方式中会越来越重要。手势不局限于手部运动：全身运动经常用于指明话语中所指的目标，如当要讨论相关内容时，人会转向白板。

挑战 24-1

找其他人来一起完成这个练习。首先，轮流向对方解释说明

（1）指明建筑的出口方向。

（2）最近你最喜欢的电影情节（最好有很多动作）。

请保持站立姿势完成，且不能够使用手势。其次，请注意选择大概站在相隔多远的位置上。

3. 肢体语言

身体姿势和动作表达了态度、心情和更加强烈的全部情感。身体姿势本身也揭示了我们的态度和情绪状态。自信的人是直立挺拔的。通过身体前倾且微笑并注视着对方可以展现出积极的态度。多数情况下身体接触仅限于握手、拍拍对方的背（大多发生在政治家和资深学者间）以及亲吻。这是有严格的规则制约的，其中一些是具有法律约束力的，其他的则是个人喜好问题。社会人类学家通常将文化归类为接触文化与非接触文化。

解读肢体语言及它们真正表达的意思，对于新闻界来说是一种流行的消遣，特别是针对政治家或名人夫妇（如图24-4所示）。握手通常作为关系中权力平衡的一个例子。双手交叉则视为在两个讨论者之间放置屏障。眼神接触对于建立信任和信心是非常重要的，而移动眼球或向下看则传达了安全感的缺失。镜像是一个有趣的现象，人们会不自主地模仿与之接触人的肢体动作。在会议上通常会发生这种现象，人们会一个接一个地向前倾斜，然后再一个接一个地向后靠。个人空间是肢体语言的另一个方面。

图24-4　肢体语言：查尔斯王子和戴安娜王妃1992年的合影

（来源：©Trinity Mirror/Mirrorpix/Alamy Images）

框24-2　第一印象

越来越多证据表明，第一印象在形成对某个人的看法上非常重要。根据 Tricia Prickett 的研究可以发现，观察员能够通过观看一个申请人前15秒的采访记录预测出该申请人是否能够得到这份工作。Malcolm Gladwell 的畅销书 Blink，是目前提出"切片理论"想法的众多图书之一，书中指出：我们的潜意识能力，基于我们经验的少量切片来识别我们所熟悉的行为模式。在某种程度上，我们都是权衡人和事的专家，并且我们迅速形成的第一印象往往都是正确的（Gladwell，2000）。

第一印象已经成为网页设计的一个重要组成部分，衡量第一印象可以作为网页设计的评价方法（Lindgaard 等人，2006）。

---

4. 空间关系学

Edward Hall（1966）创造了空间关系学这一术语，用来描述我们对空间的利用，以及各种不同的空间距离可以使我们感觉更加放松或者焦虑的研究。空间关系学的应用主要有两种情况：（a）物理领域，例如为什么书桌面向教室的前方而不是面向中间的过道；（b）个人领域，可以看作是维持我们与他人关系的"泡沫"空间。人与人之间的物理距离暗示着亲密程度与友谊。在空间行为上存在一些主要的跨文化差异：例如，阿拉伯人和拉丁美洲人更偏好离得更近，而瑞典人与苏格兰人则需要更多的私人空间。但是我们能忍受相隔多远呢？空间关系学告诉我们，拥抱或低头耳语的亲密距离大概是 15～50 厘米（有时甚至更近），好朋友间交谈的个人距离是 50～150 厘米，熟人间交谈的社交距离是 1～3 米，而公众演讲的公众距离是 3 米以上。当空间规范受到侵犯时，我们可能会做出以下一种或几种行为：

- 移动位置。
- 减少眼神接触。
- 调转方向（离开某人）。
- 减少反应持续时间。
- 减少亲和反应。

然而，有一些相反的证据表明，在这种情况下如果我们花更多的时间去接受，那么我们会察觉到某些人其实更温暖、更有说服力。

5. 共同点

Gray 和 Judith Olson 进行一项关于同步、同地协同（即同一时间在同一地点一起工作）的研究，并在 2000 年报告了相关结果，研究包括观察 9 家公司员工的工作情况。Olson 等人发现所观察的人通常在共享办公空间。表 24-1 总结了他们的研究成果，转载自 Olson 和 Olson（2000）。我们来看下面表格的第五行，共享局部环境这一部分，共享同一空间的人们对于一天的时间（午餐时间、加班时间）都很有概念，而这一认识使得大家有一个共同的认知，即一周的结束，是发薪日，由于当地节日的时间导致下一个工作日是一个星期之后。所有这些东西看起来都很不起眼，但考虑到通过技术手段来提供背景与环境信息，通知给那些没有出席的人，这些就变得很重要了。

表 24-1　同步共享相同空间的优势与优点

特征	描述	含义
快速反馈	随着沟通的进行，快速得到反馈	快速修正成为可能
多渠道	信息通过声音、面部表情、手势、身体姿势等在参与者之间传递	有很多方式来传递精细或者复杂的信息（也会提供冗余）
个人信息	参与者参与谈话的身份通常是已知的	人的特性有助于意图的解释
细致入微的信息	这种流动的信息通常具有类似的（连续的）细微维度（比如，手势）	可以传达具有非常小差异的意图，容易调整信息
共享局部环境	参与者有着类似的环境（一天的时间、当地的活动）	便于社交，也有利于对彼此想法互相理解
时间前后的信息"大厅"	在参与者抵达和离开时与参与者进行即兴的互动	伺机信息交换和社交结合
共指关系	解除对象的共指	目光和手势可以轻易地识别所指的对象
个人控制	每位参与者可以自由选择要参加什么	丰富灵活地监控参与者的反应
隐含的线索	在外围有可利用的各种各样的关于正在发生什么的线索	人类注意力的自然运作使我们可以得到重要的环境信息
参考的空间性	人与工作对象位于空间中	人和思想都可涉及空间性："air boards"

来源：Olson 和 Olson（2000），第 149 页图 3

Olson 他们从 9 家公司的公司日志研究中醒悟过来，他把注意力转移到现有技术的充分性上，来支持创建上面所述的共享的共同点。（第 7 章讨论民族志。）表 24-2 总结了这些思考。

表 24-2　实现共同点

	共存性	可见性	可听性	合作时间性	同时性	顺序性	可审查性	可修改性
面对面	√	√	√	√	√	√		
电话			√	√	√	√		
视频会议	√	√	√	√	√	√		
双向聊天				√	√	√	√	√
电话应答机		√					√	
电子邮件							√	√
信件							√	√

来源：Olson 和 Olson（2000），第 160 页图 8

　　Olsons 将这些特征定义如下。共存性意味着谈话中双方可以使用相同的事物。共存性也意味着共享引用和共享环境。共同暂时性使得有相同的"生理节奏"环境（参与者知道是否是早上、午餐时间、傍晚或者更晚）。可见性和可听性对于该情况的理解提供了"丰富的线索"。同时性和顺序性"缓解了接收当前信息时不得不记住以前话语环境的压力"。可审查性和可修改性使人们仔细审查与修改他们的意思，并有机会弄清楚彼此交流内容的手段。（回到共存性的思想上，一些其他存在的形式将在 24.4 节中讨论）。

　　物理距离会对我们如何看待他人，以及在涉及信任、游说和合作的情况下如何与他们互相交流产生影响。Bradner 和 Mark（2002）的一项研究着手调查此事。研究人员让两个同学一组成为"同盟"（调查工作人员装作普通的参与者）。实验设置的细节如下：

- 每组进行的任务被设计用来调查欺骗性、说服力与合作行为。
- 小组间的交流通过即时消息或视频会议（每组只能用一种方式）进行。
- 一些参与者会被告知他们的同伴在相同的城市，而其他人则被告知在 3000 英里外，事实上，同盟者就在隔壁的房间。

研究人员通过让他们画出与对方的相对位置来确认参与者对于同盟者位置的认知，如图 24-5 所示的两个例子。

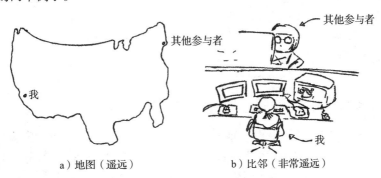

a）地图（遥远）　　　　　　b）比邻（非常遥远）

图 24-5　参与者勾勒出自己与对方的距离

（来源：Bradner 和 Mark（2002）pp. 226-35. ©2002 ACM, Inc. 经许可转载）

　　那些被告知他们的同盟者在一座遥远城市的人似乎更有欺骗性，更不易被同事说服，并且相对于那些相信同盟者都在同一座城市的人，他们在初期与同盟者合作更少。不同的媒介对结果没有影响。为什么会是这样呢？

　　Brander 和 Mark 表示，社会作用理论可用来解释产生该结果的主要原因。从本质上讲，

574 人们更容易受到附近人的影响，且不太可能去欺骗附近的人。研究还进一步发现添加视频交互对于人际互动而言并没有太大的作用。他们认为，技术的设计师需要关注的是"不仅要桥接社会距离，同时需要桥接地理距离"。

24.3   团队成员

> "两个或两个以上拥有共同利益（积极的相互依赖）的人的行为。每个人都会认识到朝着自己目标的进步会被其他人的进步所增强，每个人都希望有所回报。"

> Raven 和 Rubin（1976）

从这句话就能看到，合作不是一种无私的行为，而是取决于互惠互利的认知。合作的研究属于多学科交叉，包括人类学、自然动物学（尤其是灵长类动物学）、实验性学科、社会心理学和数学学科。例如，Axelrod（1984 年，2006 年修订版）研究了在现实世界中许多不同领域的合作，从国际政治到计算机下棋，得出如下结论：在所观察的行为中投桃报李是成功的典范。投桃报李是一种以明确的合作开始的策略，之后一方会重复对方最后做出的行为。

24.3.1   灵长类动物学一瞥

在狩猎过程中的合作促进了人类社会和道德行为的进化，这种观点最近得到了支持。已观察到卷尾猴会因为另一只猴子在获取食物中所做的工作而给它相应的回报。美国灵长类动物学家发现，合作狩猎成功后，猴子左手握着愿意分享的战利品食物。一个团队指出："投桃报李在我们的经济中，甚至我们行善积德的道德中是必不可少的。生活依赖于我们彼此的
575 合作以及回报他人帮助的能力。"

框 24-3   瑞士游戏

瑞士心理学家一直试图找出人类进化为有更多合作行为，而不是自私行为的原因。他们发明了一种室内游戏，即参与者给彼此传递钱。规则是参与者不能直接把钱给提供钱的人，而是必须将现金交给第三方。随着游戏的进行，研究人员发现，最慷慨的玩家事实上积累了最多的钱。研究人员得出结论，做善事增加了别人更好地对待你的可能性。

24.3.2   团队形成

团队不是突然间跳出来的事物，而是需要建立。社会心理学家研究表明，大多数团队（多于两个人，两人团队是一个特例）都经过了一系列可预见的阶段。图 24-6 显示了这些阶段，其特点是从 Tuckerman（1965）和其他作者衍生而来的，需要注意的是，"衰退"并不总是被视为团队的生命阶段。你可能很熟悉这种想法，因为当领导团队各种各样的活动时经常用到或误用这种观点。

挑战 24-2

想想你曾经参加过的团队。在团队生活的哪些阶段，你可以使用技术来支持通信过程。

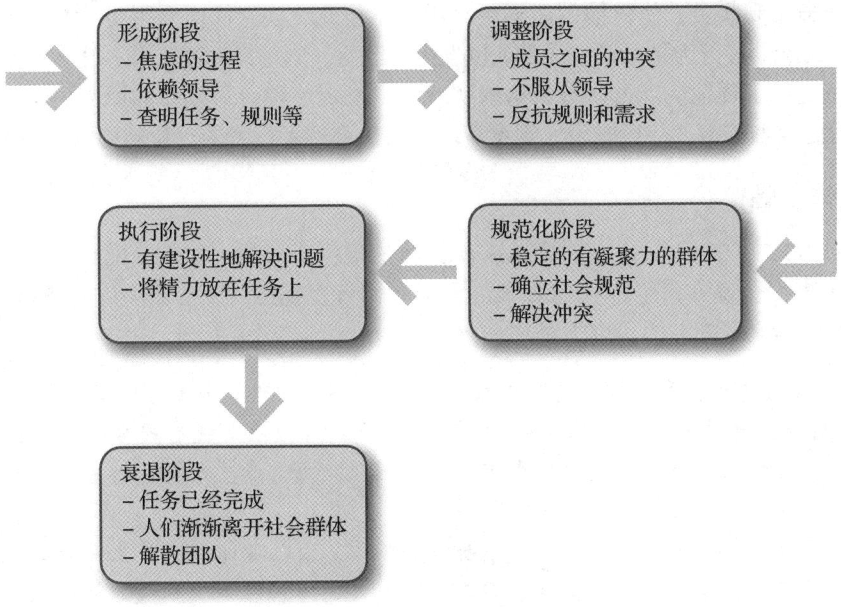

图 24-6 团队的生命阶段

（来源：Tuckerman，1965）

Jenny Preece 和 Howard Rheingold 两人研究过在线社区团体的形成，发现它们同样有着形成、规范化和衰退阶段（Rheingold，2000，2003；Preece，2000）。在线社区需要一些共同利益和目标，需要其成员的积极参与。共同的社区规范、语言、协议发展或多或少是必须的。在某种情况下，这些团队会发展出更多的高度专业化和细腻的共同观点，在这种情况下，它们就成为"实践社区"（Wenger，1998）。此外，网络中也存在着生命短暂的社区。

如果有一个版主负责督管团体活动，那么这将为在线社区带来显著的帮助。版主需要鼓励大家的讨论，让大家发表专题，并且停止任何具有挑衅行为的话题讨论，需要删除旧的或者不相关的讨论话题，提升和管理社区。

框 24-4 社交网络分析

社交网络分析（Social Network Analysis，SNA）是对人们社会关系的研究。社会网络图（sociogram）是用于显示人们之间如何相互关联，以及关联强度的网络图。通过社会网络图可以识别和说明人与人之间的派系。

24.3.3 社会规范

社会规范影响人们在团队中的交流方式。经典案例是 20 世纪 20 年代末 30 年代初在西方电气公司的霍桑工厂开展的研究。其初衷是探讨在工厂的"银行配线室"中，改善工作条件是如何提高生产效率的。研究者操纵的变量有温度、光照、湿度和工作日的长短（包括诸如休息时间）。工人被单独安置在所有这些因素都不相同的实验室内。结果发现，每个变化都提高了生产效率。在最后的测试中，撤销所有的改进，但是生产率仍然保持在同一高度。关于这种现象产生的原因，有很多的思考。一种普遍的结论是，在实验中的工人感觉到，由于往常的监督员变成了观察员，使得他们能够更自由地跟彼此交谈，从而变得更愉快。此外，社会规范（用来判断哪些行为是可以接受的）也发生了改变，其中缺勤率下降，士气有所增加，努力工作等都变成了规范。当重新分析这些实验时，发现这种行为改变的原因更多是因为工人们知道自己是被监控着。一般来说，观察者改变了被观察者行为的现象被称为"霍桑效应"。

24.3.4 依从性

Haney 等人（1973）对人们在团队中所扮演的角色感兴趣。如果分配到了一个角色，在多大程度上人们会遵守角色本身的要求，无论它们有多任意或不合理？（注：这通常被称为津巴多研究，他是最知名的研究人员之一。）

577

从斯坦福大学的一组志愿者中挑选 18 名男性大学生。通过访谈与问卷调查对这 18 名志愿者进行测试，确保他们是"正常"的（即他们没有严重的情绪问题）。然后抛硬币，将该组划分为 9 个警卫和 9 个囚犯。每名学生此前都曾表示更愿意当一名囚犯。

第 1 天：与当地警方（作为一个惊喜）合作。囚犯被逮捕，带上手铐，脱去衣服并穿上囚服。然后他们被关在 6 英尺 ×9 英尺的牢房。警卫则被给予制服，戴反光太阳眼镜，并佩戴有警棍与警哨。他们被告知不能使用暴力。

2 ～ 3 天以后：每个人都适应了自己的角色。警卫拒绝囚犯洗澡和睡觉，并让他们做俯卧撑。而囚犯变得顺从和被动，并且开始通过编号而不是名字称呼彼此。

6 天以后（到第 14 天）：囚犯开始出现明显的紧张情绪，出现哭闹、皮疹和抑郁等迹象。此时，终止实验。

参与者发生了什么事？Haney 和同事得出的结论是，他们已不再表现个人行为，而是服从群体规范，同时其他人的服从行为又会促使自己服从规范。

该实验的一个修改版本最近在英国 BBC 电视台上演。在后期阶段，囚犯和警卫反抗强加的角色，并暂时地彼此互相合作而结成"公社"。然而，实验的设计者规定的结构和组织没有对公社留出足够的自主权，使之有效地发挥作用。经过短暂的时间，该团体再次两极化，警卫提出了对囚犯更为严峻的管理体制。跟 Haney 的原始版本一样，实验在计划的结束日期之前被终止。

24.3.5 群体思维

群体思维指的是在群体里面工作，特别是关系密切的群体里面，对人们思维和决策可能产生的影响。根据这一观点，群体会采取比个人更为极端的观点，该观点可能是高风险或是高度谨慎的。

群体往往会接受比个人更高的风险：这是经过许多实验研究出来的，Stoner（1961）首次发现这一观点。在许多日常发生的事情里可以找到其证据，但通常只有发现灾难或接近灾难的情况下才会显露。以阿波罗十一号的宇航员为例，据报道，升空前就已经知道他们只有50% 的可能性从月球返回。解释这种效应的原因包括，主导或支配群体的人往往是冒险者，并且群体会分散个人的责任。

24.3.6 一致性

Asch（1951，1956）早期所做的经典研究，以及后来的研究调查了不同维度的一致性和跨文化的比较。在经典研究中，Asch 要求参与者从三根不同长度的线中找出与标准线相匹配的那一根。简要地说，当对每个参与者进行单独测试时，参与者几乎总能做出正确的决策。当把参与者分到给出错误答案的群体中时，32% 的人会同意大多数人的答案，尽管其中存在着广泛的个体差异，但也有些人从来不会顺从大多数。原因包括：

- 不想因为自己的不同意见而扰乱了实验。
- 认为自己看到的可能有误。
- 不知道给了错误答案。
- 不想"表现出不同"。

[578]

可能被诱导以至于听从他人意见的人数取决于群体的大小、意见不一致的程度、任务的难度和是否私下给出答案。后来的许多研究发现了与之相矛盾的结果，文化因素是其中重要的原因之一。大部分的研究对象是学生（容易招募，容易被说服远离其他的任务），并且研究发生在校园暴力率低于平均水平的年份。随着时间的推移，文化发生了改变，民族和国家之间的文化建立了明显的差异。

24.3.7 团队和技术

这些调查结果可能会促使人们转向洞察自身行为，但这一理论如何帮助我们理解计算机技术对团体工作的影响？某个研究领域涉及这样一种说法，即群体决策支持系统（Group Decision Support System，GDSS）有助于弥补群体决策的不良方面，如一致性的影响。更具体地说，研究人员调查了"社会距离"和通过技术执行交互以成为无形的存在的匿名是否能够克服这些影响。

在一个典型研究中，Sumner 和 Hostetler（2000）比较了使用计算机会议（电子邮件）和进行面对面的会议来完成系统分析项目的学生。在计算机条件下的学生相对做出更好的决策：更多的团体成员参与进来，产生更加广泛的意见，以及有更为严谨的分析。他们还认为彼此间有更大的心理距离，需要较长时间来达成一项决定。然而，匿名效应不太明确。Postmes 和 Lea（2000）进行了一项由 12 个独立研究组成的系统分析。匿名的唯一可靠的效应是产生了更多的贡献，特别是对那些比较挑剔的人。他们认为决策的性能受到群体的认同力度、群体规范以及系统特性（如匿名效应）的影响。这是因为匿名会影响两个截然不同的社会过程，即人格解体和问责制。一些思想学家认为，新的网络和通信技术正在从根本上改变人们一起工作的方式，这将影响着世界（Rheingold，2003）。

24.3.8 团队生产力和社会惰性

人们倾向于在群体中不能完全发挥自我，这一点是公认的（如 Harkins 和 Szymanski，1987；Green，1991）。通常情况下，例如，头脑风暴小组的研讨意见的产生量往往少于同样数量的个体独立工作的意见产生总量。这种现象被称之为社会惰性（social loafing），且往往更频繁地发生在个人努力很难被发现的，或者群体认同感较弱，或者群体的凝聚力薄弱时。然而，有些人可能会更加努力地工作，这是社会补偿（social compensation）现象，即如果团队对他们而言很重要，那么他们则会弥补同事的懒惰。另一种降低了团队的生产力的现象是生产阻塞（production blocking），即其中一个人所做的事阻碍了其他人，主要是通过让第二个人忘记他们在说什么来实现的。有人提出通过计算机进行交流可能有助于避免社会惰性和生产阻塞。McKinlay 等人（1999）在对在校大学生的实验研究中调查了这一点。我们用合

[579]

理的细节展示这一点，因此你可以领会这种类型的实验是如何实施的。

这些小组进行了头脑风暴和决策任务，三个人为一组。第一组采用正常面对面的工作方式，第二组利用计算机会议软件。其余各小组则只是"名义上的团队"，即他们各自独立工作，但是合并他们产生的结果，以便与真正的团队进行比较。对这两种主要的研究假设（或想法）进行了测试：

假设 1：名义上的团队会产生更多的想法。这正与之前研究所表明的一致。头脑风暴小组的产生结果证实了这一点（该组不得不列出一个额外观点的优点和缺点的清单。）但是在生产阻塞方面似乎没有区别，因为以计算机为媒介和面对面的团队都能记录下他们所想到的想法。

假设 2：在由计算机做媒介的团队中相比于面对面的团队要少一些社会补偿。这基于计算机团队有较少的社会凝聚力的理论。这些团队需要处理在北极或是沙漠的意外场景中幸存的方案，需要根据它们的生存价值列出一系列项目的清单。讨论在桌子上进行或通过文字会议进行。通过加入一个同盟者来故意引入社会惰性（某个人按照指令行事，不考虑其他人的意见）。每个同盟者要么有建设性的意见，要么"游手好闲"。结果发现，当有一个游手好闲的人在场时，人们在面对面的团队中会发言更多，但在以计算机为媒介的团队中发言更少。

研究人员从这些结果中得到什么结论？首先，他们想知道以计算机为媒介的团队是否真的缺少凝聚力，还是它只是更难以明确地确定有人是懒散的。通过审查会议的记录可以发现，以计算机为媒介的团队更加独立地工作，所以游手好闲的人可能出现懒散的情况却未被发现。在现实生活中，以文本会议为媒介可能足够社会化，以至于出现了游手好闲的情况，但不能促进补偿行为。建议如果团队要以计算机技术为媒介在一起有效地工作，那么可能需要辅以能够增强群体同一性的活动。

24.3.9　小结：团队中的社会心理学

- 人们在团队中有着不同的行为。
- 社会心理学告诉我们从个人到群体有很多行为的改变。
- 技术有可能减轻或增强这些影响。
- 预测以计算机为媒介的团队的社会影响需要仔细去确定真正的问题。
- 最后，也要考虑个体差异的问题。我们对该领域还缺乏足够的认识和掌控能力，但应该意识到，诸如性格、性别等个人因素，也会影响个人在团队中的工作。

挑战 24-3

考虑一下你参与过的小组，它是怎样运作的？

24.4　存在感

存在感是社交的重要组成部分。存在感究竟是什么在哲学中仍然是一个有争议的问题。这一术语存在的一部分问题是，它被同时用在两个场合：作为一个哲学的概念，以及在谈及远程呈现时的简称。这两个含义在讨论中经常会让人感到困惑。远程呈现是利用技术以给人一种身处异地的感觉。（在 13.1 节以及第 16 章中有所讨论。）图 24-7 展示了一个实现远程呈现的系统。

图 24-7 远程呈现

（来源：Marmaduke St John/Alamy）

存在感可以用多种方式来描述，如"身临其境"感，或是交互中的技术消失的"没有通过媒介的幻觉"（Lombard 和 Ditton，1997）。正如对存在感的很多讨论所言，交互是否是媒介实现的问题变得至关重要。如果一个人感觉不到他用来体验某物所使用的媒介的存在，那么就会得到高度的存在感。

尽管存在感通常被认为是一种高保真、高科技的通信设备，即远程呈现，但它也可适用于任何媒介。例如，人可能在读书时感受到强烈的存在感。他们可能感觉自己身处在书中所描述的另一片土地，或是感觉自己更接近于书中的某个角色。在广播戏剧和电视中也是如此，并且在像电影院这样更身临其境的媒介中更加如此。即使是在电影院，你的存在感也可能会被迟到的人所打破。在完全的虚拟现实（VR）中有非常生动的显示，去掉了其他不必要的内容，且需要通过移动头部来调整你的视野。这种沉浸式的体验使得人更难感觉到媒介的存在。不幸的是，现今许多设备仍然很笨重，并没有达到理想的效果。

581

进一步思考：幸福感心理学

人们生活和社交的方式对其感受产生了巨大的影响。幸福感心理学是一个纯学术性的学科，研究令人感觉满足、满意和幸福的因素。也存在很多"流行"的心理学，目的是使人为拥有幸福感而奋斗。交互设计师应该重视这项工作，可以说，他们工作的一部分就是要加大人们获得幸福感的机会。情感研究、心理学、存在感、态度、金融和职业安全度，有许多促进幸福感的因素。

Riva 等人（2004）提出一个哲学上的处理方法。他们认为，人类是社会的存在，会优先考虑到他人的存在。他人的存在感产生于对被感知人的三个层次信息的整合，它们都源于对行动中实体线索的观察，包括物理的、生理的和心理的层面（如图 24-8 所示）。他们将存在感分为三个层次。在物理层，人们要么确认这种肢体动作形式来源于一个认识的人，或者将其记录为某个不认识的人。在生理层，人们根据他人的表现来推断情绪状态。在心理层，人们根据他人的认知模式来解读他们所观察到的东西。

存在感可以被描述为在某地的感觉，共同存在指与他人共在某地的感觉。当存在以技术作为媒介时，通过通信信道而体验到的存在感具有综合功能，综合了人们在三个层次上的处理程度：感觉运动（系统是否对肢体运动做出适当的反应，如何反应，反应的时间尺度为多少）、感知（例如，声音和视觉呈现的质量）以及概念。诸如"网络故障"可能会导致存在感的中断。

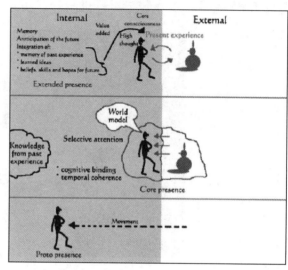

图 24-8　Riva 和 Waterworth 的存在感观点
（来源：Riva, G. 等人（2004））

高保真式的存在感并不总是意味着强烈的存在感，特别是在我们的重点是与他人共同存在的情况下。概念级的共同存在很大程度上是由参与者的信息交换产生的，如一次谈话。活动对于整体的存在而言或多或少是重要的。

强烈的存在感对于远距离控制的任务是很有必要的，如远程医疗或控制火星着陆器（如图 24-9 所示）。

图 24-9　火星着陆器
（来源：美国国家航空航天局 / 加州理工学院喷气推进实验室 / 太阳系可视化项目）

社会存在感

存在感是社交的重要组成部分。这种感觉包括在世界上的存在感、身处某地的感觉以及与别人在一起的感觉。社会存在感由 Short 等人在 1976 年定义，其定义为"通过媒介交流的人的显著程度和随后他们人际交往的显著性"（p.65）。他们将这个想法回溯到先前的即时性与亲密性概念，以及这两者在人际交往的重要性上。Biocca 等人（2001）把共同存在、协同定位和相互感知视为伴随着心理上和行为上的参与的社会存在感的方面。意识在计算机支持协同工作（CSCW）领域是重要的，伴随着新颖的技术解决方案的出现，人们能够知道在遥远地方的其他人在做什么（详见第 16 章）。有几种技术能帮助实现高度的社会存在感，最引人注目的是那些全新视频会议设备，如思科的网真系统和惠普的光环系统（如图 24-7 所示）。这些系统使用真人大小的显示器，拥有精心的设计和会议室布局的镜像，从而建立与距离很远的人在一起的真实感觉。

　　社会存在的另一种观点涉及连通性。Smith 和 Mackie（2000）认为，连通性的追求是推动寻找社会关系和归属社区的基本需要。连通性可以由相对较为轻便且可移动的技术提供。例如，hug-me T 恤会在远程设备激活执行器时给穿着者一个轻轻的挤压。另一种设备是连接恋人的戒指和耳环。摩擦戒指会使得耳环变得温暖。图 24-10 展示了被称为"众包"按摩的压力外包设计。人们通过互联网连接到穿戴者，就可以使用他们的可穿戴设备给倍感压力的人来一次按摩。

图 24-10　附在 SOS 成员外套上的原型按摩模块
（来源：MIT 多媒体实验室，有形媒体组）

583

　　连通感可以由电子邮件、电话、即时通信等来提供。人们很少意识到这是由这些技术所提供的（电话另一端的人可以做任何事情），但是却又有一些存在感。技术发展的明确的领域包括网络存在的概念，这种观念中人们认为自己是大型网络的一部分，而不是简单的一对一的连接。随着更有效工具的利用，人们能在社交网络中感受到更强的存在感，同时也衍生出经济效益和社会效益。

　　支持社会存在的技术面临的挑战包括技术问题和设计问题。技术方面需要变得更轻便且有更少的侵入性（参见 2.4 节）。强烈的存在感只有通过高科技的方案来实现，如上面提到过的光环系统。同样，在虚拟环境中与他人建立连接仍然相对缓慢且烦琐，这些限制影响了他人真实存在的感觉。当然，Presenccia 项目中的一些工作表明，人们对于虚拟替身的反应在某种程度上与他们在真实情况的反应是类似的（例如，具有吸引力的女性虚拟替身太过接近时，人们可能会觉得尴尬）。这说明了某种程度的社会存在感。虚拟替身越来越逼真，人们会越来越感觉到与他们同在（如图 24-11 所示）。

图 24-11　虚拟替身越来越生活化
（来源：©Image Source Pink/Alamy Images）

　　然而，在虚拟替身成为有效的虚拟人之前，需要做更多的工作。技术应该更容易融入人们的生活中，无论是在家里（如在墙壁内嵌入大屏显示器），还是在路上。技术需要被设计为可以更好地满足人们的社会活动，这将会提供社会存在的新形式以及人们之间联系的新途径。

> **挑战 24-4**
>
> 社会存在感有多重要，以及物理存在的重要性是什么？

24.5　文化与身份

我们生活在全球化的世界中，文化和身份的问题变得越来越重要。人们担心全球化会导致大的组织（通常是美国）的态度和价值观主宰世界。有时候也会称之为世界的麦当劳化。此外，这是一个以新的方式将互联网融于文化之中的盘根错节的世界。很多人认为这是对文化多样性的威胁，他们认为文化多样性是观点和思想活力的重要组成部分。如果每个人对某一观点的定义都是来自维基百科，那么能够产生新思路和新观点的争论和辩论何在？除了国家和民族的文化，有必要考虑亚文化和社会群体认同的事情。

Marcus 和 Gould（2012）讨论了全球化、国际化（设计系统以便提供国际化分布的支持）和地方化（使系统适用于特定文化的过程）。他建议要确保隐喻、图标、语言、外观和系统的其他方面都能够将其适用于本地的文化习俗。

24.5.1　文化差异

交互式系统的设计者应该对文化差异和亚文化的价值保持敏感。（国家）文化差异最知名的分析来自 Geert Hofstede（1994）。自 20 世纪 70 年代末以来，Hofstede 及其同事一直在研究文化差异的理论，并创造了帮助商人处理与不同文化背景的人做生意的产业。他的理论产生于对 53 个国家的 IBM 员工的采访的详细分析。他从 5 个维度描述了这些文化的思维、感觉和行为模式。

- 权力差距在一定程度上关注的是一个国家通过强有力的层次结构集中权力或以更加公平、分层的方式分配权力。这种差异会影响人们认知和获得专业知识、权威与安全保障等。Aaron Marcus 给出了一个例子，是关于马来西亚大学网站与荷兰大学网站之间的差别的。马来西亚在权力差距方面尺度较大，这体现在网站的设计上。设计师着重考虑的是如何展示他们的设计。如果它体现了截然不同的态度，那么人们会尊重该设计吗？
- 个人主义与集体主义是另一个维度，它将与文化的相关的问题划分为个人的挑战、诚信、真理和隐私，以及与之对应的社会支持的培训及集体和谐。
- 男性和女性的文化差异在于男性以自信、竞争性和坚韧为特点，而女性以家庭、温柔和待人接物为特点。
- 不确定性规避关心的是文化程度，包含了一种有表现力的、积极的且有情感的立场，以及与之对立的只关注于清晰、简洁和减少错误的文化。
- 第五个维度是长期或短期的视角，涉及有长期传统的文化和与之对立的较短期的文化。

文化之间存在一些令人惊奇的差异。例如，Marcus 和 Gould（2012）认为，中国人布置家居和北美人完全不同。不同的排版、美学和色彩也都需要加以考虑。

24.5.2　身份

另一个被交互技术改变的重要领域是人们对身份的想法。作为个体，人们由所处的文化和所持有的价值观塑造。在"信息时代"全球化的世界中，这些价值观的形成不只是受当前的环境和工作、吃、玩等基本需求的影响，同样受全球的趋势所影响。人们现在有多重身份，如在"第二人生"（如图 24-12 所示）中，我们会变得无所适从吗？

图 24-12 第二人生

（来源：http://secondlife.com，Linden Lab）

Manuel Castells 写了三本书（1996，1997，1998）来分析后工业时代带来的变化。随着互联网日益占主导地位，那些被排除在主流价值观外的人可能对于这样被排除产生强烈的反应。对于其余的人来说，互联网上占据主导地位的图像和思想可能失去我们在过去所持有的合适的道德背景。Castells 看到越来越多的个人主义和社群主义相结合。我们在 Facebook 或 Twitter 上使用个人资料，并使用带有个人偏好的一组网站和 RSS 订阅。另一方面，我们加入在线社区，对不同的群体和个体集合产生认同。互联网使这些更容易实现。

Castells 强调教育对于未来的学生是非常重要的，因为教育使人们学会适应，学会学习。人们需要具备灵活变通的能力以应对快速变化的 21 世纪。

另一个重要的作家 Sherry Turkle（2005）写了有关身份和网络文化的文章。她讲述了通过参与网上社区和游戏，如大型多人在线角色扮演游戏，我们在如何了解自己方面的变化。这些不同的虚拟环境让我们可以有多重的性格和身份，使我们能够实现角色扮演并探索未知的自己。在这些虚拟环境中的代入感，在很大程度上是我们获得存在感的原因。即使游戏的技术含量相当低，人们也能全神贯注于游戏。Turkle 认为这并不一定是坏事，因为文化可以阻碍人们进入其价值观，正如文化支撑它们一样。她还写到了网络陪伴，以及人们如何识别机器人、网络宠物和其他人工设备之间的关系。

586

总结和要点

通常来说，人类是社会生物，了解社会交互是交互式系统设计的一个重要部分。在设计过程中，设计者需要注意他们的设计可能对人产生的社会影响。

- 社会交互是研究交互式系统设计的一个重要部分。
- 设计者需要注意他们的设计可能对人产生的社会影响。
- 了解言语和非言语的交流都是很重要的。
- 人们通常是组成团队一起工作，这经历了典型的形成阶段、调整阶段、规范化阶段以及执行阶段。

- 存在感，即"在那里"的感觉，是交互设计的另一重要方面。
- 设计者需要注意不同的文化以及了解身份的重要性。

练习

1. 思考另一个人处于相同地点意味着什么。例如，在大演讲厅的后排的人与前排的人是在同一个地点吗？利用好的音频系统可以使他们感受到好像是在前排吗，或是还需要视频系统的支持？这同在摇滚音乐会或电影院中是一样的吗？

2. 影响团体的形成和与他人在一起的其他方面的文化差异是什么？例如，英国人喜欢排队等候，而印度人更喜欢聚集在一起。意大利人相对于荷兰人更喜欢接近彼此。这些是荒谬的成见还是真正的文化差异呢？

深入阅读

IJsselsteijn, W.A. and Riva, G. (2003) Being there: the experience of presence in mediated environments. In Riva, G., Davide, F. and IJsselsteijn, W.A. (eds), *Being There – Concepts, Effects and Measurements of User Presence in Synthetic Environments.* IOS Press, Amsterdam, pp. 3–16.

Lombard, M. and Ditton, T. (1997) At the heart of it all: the concept of presence. *Journal of Computer-Mediated Communication*, 3(2). Available at www.ascusc.org/jcmc/vol3/issue2/lombard.html

高阶阅读

Marcus, A. and Gould, E.W. (2012) Globalization, localization, and cross-cultural user-interface design. In Jacko, J.A. (ed), *Handbook of Human–Computer Interaction: Fundamentals, Evolving Technologies and Emerging Applications* (3rd edn). CRC Press, Taylor and Francis, Boca Raton, FL, pp. 341–366.

网站链接

国际上关于社会存在感的研究在 http://ispr.info。

关于"聪明的暴民"的有趣研究在 www.smartmobs.com。

挑战点评

挑战 24-1

大多数人发现很难抗拒使用手势的冲动。非语言沟通是沟通过程中重要的组成部分。下面一个小节会谈到空间关系学：我们相隔有多远。

挑战 24-2

一些相关的想法见第 15 章和第 16 章所讨论的 Web 2.0 和 CSCW。技术使我们能够以不同的方式连接起来，这使我们对世界有了不同的看法。详见聪明的暴民的网页链接。

挑战 24-3

你可能早已成为许多团体中的一部分，这些团体成员有所重叠，有的团体则继续发展着。我所加入的悠久的足球支持者团队就一直坚持下来了。过去常常使用定期简报，之后我们转换到电子邮件，后来是 Facebook 群组。是对小组的爱让我们继续走下去。

挑战 24-4

存在感是沟通的基本组成部分，主要使我们之间建立关系。特别是，社会存在感是与他人在一起，与他们的情绪、社会态度和心理状态相结合的感觉。由于远程呈现技术的提高，物理存在感也许并不是那么重要了。

感知和导航

目标

感知与导航是人类拥有的两项重要的能力。感知关系到我们如何通过感官去认知环境。导航则涉及我们如何在环境中移动。到目前为止，关于感知和导航的研究还集中在物理世界中。由于我们的生活正越来越多地与信息空间和新的设备产生交互，这个世界也变成了一个更加复杂和富媒体化的地方。

本章着眼于感知问题（即我们如何察觉正在发生的事物）和导航（即我们是如何在环境中移动的）。

在学习完本章之后，你应：

- 理解关于视觉感知的多种理论。
- 理解不同的感知形式。
- 理解我们是如何在物理环境中导航的。
- 理解信息空间中的导航。

589

25.1　引言

如何感知、理解和行动对于作为人类的我们是非常重要的。我们从物理世界中感知某个东西在哪里，某个地方有什么东西，以及我们如何从一个地方到另一个地方。当下，计算机嵌入了物理世界的各个角落（见第 18 章）。这也就要求我们不仅要知道环境中有什么东西，还要知道这些东西能做什么或是这些东西能给我们提供什么信息。

此外，这个混合的现实世界是高度动态化的。有些时候，物理世界的许多事物是相对静止的（比如道路、建筑和其他拥有地理特性的东西），但信息世界却不是这样。人类的运动和道路交通以及很多公共空间都是高度动态化的。感知与导航、适应变化并估量这个变化的世界，是人类在环境中生存的重要技能。

对于用户体验设计而言，理解人类的感知能力是视觉设计的重要背景知识，也是我们在第 12 章和第 4 章中给出的一些设计建议的背景知识。听觉和触觉是第 13 章中多模态和混合现实系统设计的重要背景。导航是所有信息空间发展的中心问题，包括移动和普适环境、网站和协同环境。

25.2　视觉感知

视觉感知涉及从我们得到的光线中提取信息（识别和理解的原理相同）。视觉感知使我们能够识别一个房间和房间中的人与家具，或者识别 Windows 10 系统中的"开始"按钮，或者某个警告的意思。相比之下，视觉是一组更简单的计算过程，例如识别色彩、形状和对象轮廓等。

通常情况下，视力正常的人看到的是稳定的、三维的、全彩的世界。这是大脑通过提取人眼采集的图像数据实现的。对于视觉感知的研究一般分为几个相互交织的线程，即视觉感

知的理论（我们是如何感知世界以及是如何对它们进行解释的），比如深度感知、模式识别
（包括类似于我们是如何认识彼此的）和发展认知（我们是如何学习认知，或者说我们的认知
能力是如何发展的）。

　　Richard Gregory 提出了一个通过构造方法解释视觉感知的好例子（例如，Gregory
（1973）中有许多相关内容）。他认为我们对世界的感知能力源于我们的感知器官所收集到的
感觉数据。其理论基于 19 世纪德国物理学家 Helmholtz 的思想，即我们对世界的感知是通过
一系列无意识的推理得到的。Gregory 对此也提出了很多构造性 / 解释性的实例过程来支持
这个理论。基于这些支撑证据，我们应该考虑感知恒常性和视错觉（也可叫感知幻觉）。一
辆红色的小轿车在正常的日光下看起来是红色的，因为它能反射光谱中的红光波段。即便是
在黑夜中或是在黄色的街灯下，它也是红色的。这就是一个关于感知恒常性（perceptual
constancy）的例子，在这个例子中，颜色特征保持恒常。同样地，一枚硬币有着硬币的形
状，不管人是如何握住它的。这也是个感知恒常性的例子，即形状恒常。这种能够在不同光
照视角或其他能影响我们收集感知信息的条件下，感知某个对象或场景为不变的状态的能
力，就叫感知恒常性。

　　视错觉被广泛研究的主要原因是通过发现
感知器官不工作时的状态可以启发我们理解感知
的工作原理。该论点是这样的：感知系统正常工
作时是流畅的，如果不对它的不良工作状态进行
研究，很难去找到别的切入点进入整个系统。当
感知系统失效的时候，就给我们留下了机会去一
探其究竟。图 25-1 就是对 Müller-Lyer 错觉的展
示。图中上部的横杆看起来比下部的横杆长，但
其实它们的长度是一样的。Gregory 将这种情况
解释为人类的真实世界知识使我们推断上部的
横杆更长。图 25-2 是一张走廊角落的门的照片。
墙和门框就正好组成一对垂直的 Müller-Lyer 箭
头。指向观察者的 Müller-Lyer 箭头看起来比等
长的背离观察者的箭头要长。

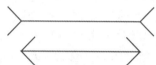

图 25-1　Müller-Lyer 错觉

　　图 25-3 展示了一对 Necker 立方。Necker 立
方有力地展示了假设测试（hypothesis testing）。
Gregory 提出当我们看到像 Necker 立方这样一幅
容易引起歧义的图像时，会不自觉地在心中形成
假设，比如，立方是向左的还是向右的。但是，
如果我们再凝视几秒，就会发现图像里的立方好
像是反过来的朝向。这就是无意识推理。

图 25-2　现实中的 Müller-Lyer 错觉
（来源：phil Turner）

　　Gregory 已经建立了大量十分有趣的视觉感
知集合。但是，他的观点的主要缺点在于没有回
答视觉感知的过程是如何开始的。如果说视觉感
知依赖于人类对真实世界的知识，那么我们又是
如何开始这个学习过程的呢？也就是说，存在这
样一个悖论：我们仅通过视觉感知获取真实世界

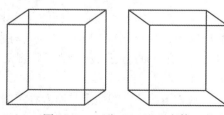

图 25-3　一对 Necker 立方体

的知识，但这个过程又依赖于真实世界的知识。

25.2.1　方向感知

与 Gregory 的工作形成鲜明对比的是 J. J. Gibson 的工作。Gibson 在视觉感知方面的研究可以追溯到二战时期（Gibson，1950），主要工作是帮助美国空军训练飞行员，特别是飞 〔591〕机起飞和降落过程的训练。他观察到飞行员坐在固定的位置上（飞机的前部），他们的视觉体验是世界都在朝他们身后流过。Gibson 把这种视觉信息的流称为光流阵（optic array）。光流阵给飞行员提供了所有准确的相关信息，包括飞行速度、飞行高度等。所以不存在什么无意识的推理或是假设测试。图 25-4 就是对光流阵的展示。当我们开车行驶时，四周的景色就向我们身后流过。我们观察到的就是环境纹理（texture）向四周扩散出去的现象。

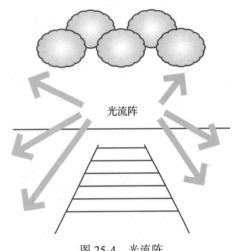

光流阵

纹理梯度给我们提供了重要的深度信息。沙滩上的鹅卵石、森林中的树都是纹理梯度的例子。当我们接近沙滩或是森林时，纹理梯度给我们的感觉就是眼前的鹅卵石与其背后茫茫的鹅卵石，眼前的树木和森林中无穷无尽的林海，这样的景致在我们前进中向我们展开。同样，当我们后退的时候，纹理梯度表现出来的效果则像是在将这些景致压缩回去。[^1]所以，Gibson 说环境提供了所有的必要信息使我们能正确理解它（Gibson，1966，1979）。Gibson 还提出了可供性

图 25-4　光流阵

（affordance）的概念（Gibson，1977），这一概念作为人机交互的常识已经存在很多年了（关于可供性和动作性思考可参考第 23 章）。

实践中，很多心理学家认为以上两种理论都有其可取之处：Gibson 的理论适用于最佳视角的情况，而 Gregory 的理论则契合次佳视角（限制性视角）的观察情况。　　　　　　　　　〔592〕

25.2.2　深度感知

我们对深度的感知并不仅仅与日常办公有关，深度感知也是很多游戏设计、多媒体应用和虚拟现实系统的重要组成部分。当我们要设计出 3D 效果时，需要能从环境中得到哪些是代表高度和哪些是代表深度的信息。深度感知通常被划分为首要（主要与沉浸式虚拟现实系统有关）和次要（对于非沉浸式应用，例如游戏等，更重要）深度线索。这里首先从首要深度线索及其在虚拟现实系统中的关键应用讲起。

1. 首要深度线索

4 个关键首要深度线索分别是双眼视差、立体视感、调焦和凝聚。线索（cue）是指能让我们从环境中获取信息的方法或机制。上述 4 个线索中的两个可帮助我们将世界呈现到双眼的视网膜上，另外两个则用来控制我们眼睛肌肉的移动与聚焦。

- 双眼视差。双眼的距离一般接近 7cm（除非是小孩或是你的脑袋特别大），每只眼睛接收到的真实世界的图像是有细微差别的。这种差异（双眼视差）会被我们的大脑处理并提取出其中包含的距离信息。

[^1]: 这就是日常所见的透视效果的动态表现。——译者注

- 立体视感。立体视感是指结合处理我们双眼从真实世界观察到的差异性图像，形成 3D 视觉感受的过程。
- 调焦。这是一个通过调节眼球晶状体形状来得到清晰图像的肌肉运动过程。我们无意识地运用这些肌肉提供的信息来得到深度信息。
- 凝聚。在 2 ～ 7m 的距离中，我们经常移动自己的眼睛以将目光凝聚到某个特定的对象上。这个凝聚过程给我们提供了附加的距离信息。

2. 次要深度线索

次要深度线索（也叫单眼深度线索，它们只依赖于单眼视觉）是平面视觉图像上深度感知的基础元素。次要深度线索分别是：光与影、线性透视、水平面高度、运动视差、重叠、相对大小和纹理梯度（未提到的基本上都是无关紧要的部分）。

图 25-5　一个 3D 茶杯
（来源：Steve Gorton/DK Images）

- 光与影。图 25-5 中有影子的物体对象加重了深度感。
- 线性透视。图 25-6 展示了通过线性透视制造深度感的例子。
- 水平面高度。远处的对象看起来比近处的对象更高（在水平面上）。图 25-7 是一幅国际象棋棋盘的图像，其中，水平面高度就给人带来了黑色棋子比白色棋子更远的视觉观感。

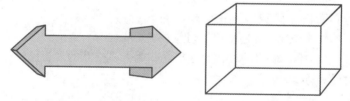

图 25-6　用线框和阴影呈现的线性透视的例子

图 25-7　运用水平面高度来表现深度效果

- 运动视差。因为运动视差依赖于运动，所以不能通过一幅静态图像展示。但是，当我们坐在高速运动的火车或汽车中时，都能体会到它的存在：离车窗进的电线杆之类的对象会从眼前快速闪过，而更远的建筑物的移动速度则相对较慢。

- 重叠。当一个对象遮蔽了另外一个对象，就可以认为该对象离我们更近。图 25-8 就展示了 3 个相互重叠的窗口图。

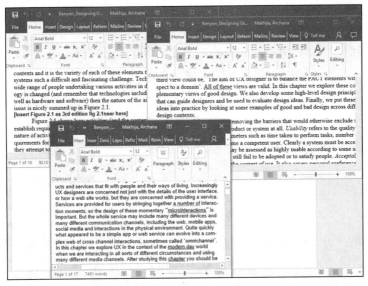

图 25-8　重叠的文档

594

- 相对大小。小的物体视觉上一般被认为离我们较远，特别当场景中的对象大小都差不多的时候（如图 25-9 所示）。

图 25-9　相对大小

- 纹理梯度。纹理清晰的地面显得离我们近，远处的纹理则显得平滑（如图 25-10 所示）。

图 25-10　纹理梯度

（来源：Phil Turner）

25.2.3 影响感知的要素

感知集合（perceptual set）主要与感知经验有关，包括我们曾经对别人、对物体、对环境的感知经验。例如，当我们还是孩子时，把生日那天的所有声音都当作是发放生日贺卡或是生日礼物；或者对于一个紧张的飞行员来说，每个噪音都像是引擎损坏或是机翼折断了。这些情形或是其他刺激条件所造成的影响早已被心理学家研究过，图 25-11 展示了这些要素的例子。

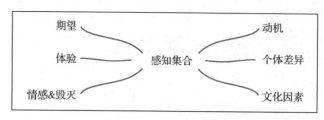

图 25-11　影响感知的因素选集

早在 50 年前，Bruner 和 Postman（1949）就证实了经验和感知之间的联系。他们将框 25-1 中的句子快速地展示一下，然后让人们把看到的内容写下来。人们写下了他们期望看到的内容，比如"Paris in the spring"，而不是他们所看到的框中的"Paris in the the spring"。框 25-1 给出了一个相似的例子，根据 Bruner 和 Postman 的发现，我们期望用户写下来的会是"patience is a virtue"而不是"patience is a a virtue"。

框 25-1　期望对感知的影响

PATIENCE	PRIDE COMES	THE END
IS A	BEFORE A	JUSTIFIES THE
A VIRTUE	A FALL	THE MEANS

来源：基于 Bruner 和 Postman（1949），pp. 206-23

25.2.4 格式塔法则

格式塔学派是指 20 世纪初期的一群心理学家，他们定义了一些感知法则，并认为这些法则是人与生俱来的。虽然他们并没有创造出一套视觉感知的理论体系，但是其影响至今都被认为是十分重要的。虽然这些法则年代久远，但是它们还是能和第 12 章描述的现代界面设计的一些特征很好地对应上。

1. 相近法则

相近法则的内容是，当我们观察到对象在时间或空间上邻近时，我们会倾向于认为这些对象是一体的。例如，对象间存在固定间距，会让人感觉它们是被专门放置成行或是列（如图 25-12 所示）。这项法则也适用于听觉感知，听觉上邻近的对象会被认知为一首歌曲。

图 25-12　相近法则

2. 连续性法则

比起分裂、中断的模式，我们更倾向于感知平滑的连续的模式。图 25-13 会被倾向于看成一个连续的曲线而不是组成这幅图的 5 个半圆。

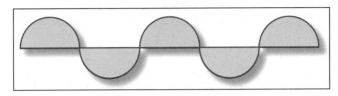

图 25-13　连续性法则

25.2.5　局部－整体关系

这是一个经典的"法则"，指整体大于个体的组合。图 25-14a 与图 25-14b 是由相同数量的 H 组成的不同整体。

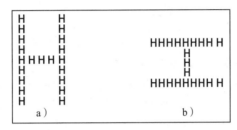

图 25-14　局部－整体关系

25.2.6　相似性法则

相似的图倾向于被划分为一组。图 25-15 是由两组圆形和一组菱形组成的"三明治"结构。

1. 闭合性法则

闭合的图比不完整的（或开放的）图更容易识别。这个感知特征强大到我们会主动忽略图中的一些信息以使其更容易被感知。图 25-16 可以被看作 4 个三角形或是一个马耳他十字。

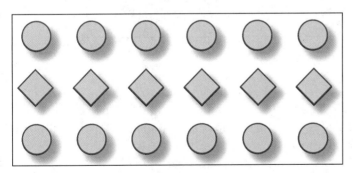

图 25-15　相似性法则

图 25-16　闭合性法则

2. 颜色感知

眼球的最底层就是视网膜，视网膜上包含了两种感光细胞，分别是视杆细胞和视锥细胞。视杆细胞（杆状细胞）的数量在 1.2 亿左右，而且比视锥细胞（锥状细胞）更加敏感。但是它们对颜色却不敏感。而数量为六七百万的视锥细胞则负责对色彩进行感知。视锥细胞集中分布在视网膜中名为小凹的区域（大小为直径 0.3mm）。色彩敏感的视锥细胞被分成三类："红"视锥（约占总量的 64%）、"绿"视锥（约占总量的 32%）和"蓝"视锥（约占总量的 2%）。视锥细胞的"颜色"代表它们独特的感光特性。视锥细胞还负责对高分辨率的视像进行感知（比如我们做阅读的时候），这就是眼球持续移动以保持观察对象正对小凹的原因。

25.3　非视觉感知

作为对视觉感知的补充，人类还被赋予了其他方式来感知外界环境。通常将这种感知能力定义为以下 4 类：味觉、嗅觉、触觉和听觉。然而，这种划分方式掩盖了这些感官中包含的精妙之处。随着科技的不断进步，我们可以期盼通过外部植入来提升我们的感知能力，以察觉环境中的其他现象。例如，可以想象在未来出现一种感知器来帮助我们察觉辐射。现在，只有在受到辐射损伤时，我们才会察觉到它的存在（比如在我们被晒黑时）。如果在体内植入辐射感应器并与大脑相连，我们就能远距离感知辐射的存在。

25.3.1　听觉感知

首先要区分听和听觉（听觉感知）。正如视像既是对光线的心理学反应也是神经学反应（视觉感知就是从光线中提取模式信息），听是指空气压力变化（声音）的过程，听觉感知是从声音中提取模式信息的过程，比如分辨出火警警报或是展开一场对话。

声音是物体运动产生的。这种运动通过介质（比如空气或水）以压力变化的形式传播。图 25-17 展示了一个单源声波。声波的高度表现了声音的响度，波峰之间的时间则表示声音的频率。

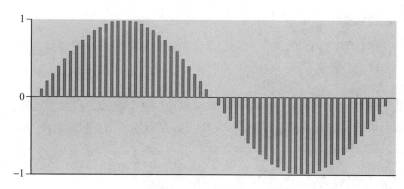

图 25-17　声波图

1. 响度

波峰的高度决定了声音的响度。响度的单位是分贝（dB）。在分贝度量体系中，最微弱的声音（接近于无声）是 0dB。分贝度量是对数级的，也就意味着 40dB 的响度是 30dB 的 10 倍。应当注意的是，长时间暴露在超过 85dB 的声音中会造成听觉损伤。

接近于无声	0dB
悄悄话	15dB
正常交谈	60dB
汽车鸣笛	110dB
摇滚音乐会	120dB

2. 频率

声波的频率就是声音的音高，低频的声音听起来像地震时的隆隆声，音高很低；而高频的声音听起来像是小孩的啼哭，音高很高。人类能察觉的声波频率其实是限制在一个范围内的，当我们变老的时候，就会丧失对高频声音的听觉。所以，小孩子可能会听到狗的吠叫或是蝙蝠的定位回声，而成年人一般是听不到的。（伏翼蝠的定位回声信号频率大概为 45kHz，褐色大蝙蝠则用频率更低的声音（大约 25kHz）来定位。）一个正常的青年的听力范围应该为 20 ～ 20 000Hz。

3. 我们如何听到声音

耳朵外部（耳郭）有着易于捕捉声波的外形。如果声音来源于听者的身后或是头顶，那么它在耳郭反应的情况就与来自身前或身下的声音不同。声音的反射改变了声音的模式，这样就可以帮助大脑来识别声源的方向。从耳郭开始，声波穿过耳道到达耳膜。耳膜很薄，是一片只有 10mm 厚的圆锥形表皮。然后，耳膜的运动被听小骨（由一组小骨组成）放大。听小骨包括锤骨、砧骨和镫骨。这个放大后的信号（大约 22 倍）被传递到耳蜗。耳蜗将这个物理震动转换成电信号。

耳蜗呈蜗牛壳形状，它由前庭阶、中央阶、基膜和螺旋器等结构组成。每个结构都在将声波转换为复杂的电信号的过程中发挥着重要作用。电信号又从耳蜗神经传递到大脑皮层，大脑皮层将完成对信号的翻译。图 25-18 简单展示了整个耳朵的结构。

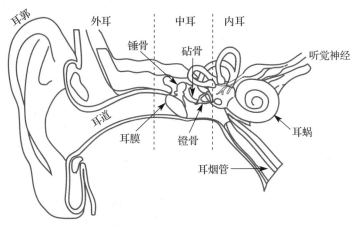

图 25-18 人耳结构图

25.3.2 触觉感知

触觉感知在近年来成为一个重要的研究领域。同样，我们要先区分触感和触觉感知的概念（如图 25-19 所示）。触觉感知从触摸开始，触感来源于分布在皮肤表面及内部（皮肤接收器）和分布在关节及肌肉中（动觉接收器）的接收器。当我们接触物体时，这种感官提供了对象的表面信息。需要提醒的是，即便我们没有直接接触物体，热度和震动信息也是能感觉到的。触觉感知提供了个

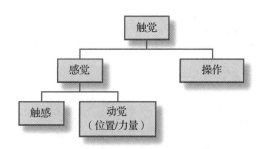

图 25-19 触觉定义

（来源：Tan (2000), pp.40-1.©2000 ACM, Inc，经许可转载）

体所处环境的丰富信息，这对于操作某个对象是极其重要的。

在人机交互中，触觉的含义包括通过触摸的感知与操作两个过程（Tan，2000）。键盘和鼠标是触觉输入设备。Tan 将触觉分为两部分：触碰感知——即通过肢体表面去感知（皮肤、指甲和头发等），以及动觉感知——与我们对自身位置的认知有关。当我打字时，我能感觉到我的前臂放在桌子上，脖子有点僵硬，脚上的鞋有点松。这些信息都是由本体感觉神经产生的。不像视觉感知或是听觉感知有单独的输入系统，触觉感知系统是双向的。如盲人在阅读盲文时，就用到了触觉感知系统中的感觉和操作两个方面。Tan 注意到，历史上触觉感知系统的发展是为了开发"视觉或听力受损后的替代感知系统"。

框 25-2	触觉的关键项目
触觉	与触感有关
本体感受	与自身身体状态的感觉信息有关（包括肤感、动觉和前庭觉）
前庭觉	与头部的位置和头部的加速度、减速度有关
动觉	对于运动的感觉。与肌肉、关节、肌腱等处的感觉有关
肤感	与作为感觉器官的皮肤本身有关，包括皮肤对压力、温度和疼痛的感知
触感	强调皮肤对于特定压力的感知，而不是对温度或疼痛的感知
力度反馈	与人类的动觉系统感知出的力度信息有关

来源：Oakley 等人（2000）

25.3.3　味觉和嗅觉感知

味觉和嗅觉是在交互式系统中很少用到的两种感官，主要是因为它们还没有被数字化。系统如果要制造气味就必须通过向空气中释放化学物质，或是将气味封在某个容器中再释放出来。关于气味的第二个问题就是气味很难扩散。所以，对于交互来讲，很难在不同的时候提供不同的气味。20 世纪 50 年代，气味曾作为全感官体验的一部分被用到电影院中，但是收效甚微（如图 25-20 所示）。

味觉体验来源于我们嘴里的味蕾。在西方，味觉通常被分为 4 类：甜、咸、酸和苦；东方人传统上则认为味觉有第 5 种：鲜，可以被认为是可口的或是肉汤的味道（参见第 13 章的讨论）。

挑战 25-1

我们开发了一个植物园的虚拟视觉环境。当人们使用过后，你认为他们会怀念真实世界的什么东西？

图 25-20　体验剧场
（来源：www.telepresence.org）

25.4 导航

感知是指我们如何感受环境；导航则指我们如何在环境中移动。导航包含 3 个相关但又不同的动作：

- 对象识别，目的是理解并识别环境中的对象。
- 探索，目的是找到一个局部环境，并且弄清楚这个环境与其他环境的关系。
- 寻路，目的是导航到一个已知的目的地。

尽管对象识别在某些方面和探测类似，但是它们的目的不同。探测注重于理解环境中都存在什么对象，这些对象之间的关系如何。对象识别则通过寻找对象的结构和与对象相关的信息来确定分布在环境中的对象的种类及群体属性。

导航既关心物体的位置也关心物体对于个体的意义。多少次你听到这样的话语："前面的杂货店左转，你肯定能找到，"只需要开车经过标志性的建筑就能找到吗？同一个环境中的对象对于不同的人有着不同的意义。

心理学家对人类如何学习环境这个课题做了大量的研究工作，随着"认知地图"的发展，人们似乎在脑海中产生了自身环境的缩影（Tversky，2003）。Tversky 指出，人们的认知地图经常是不准确的，因为他们会受到其他因素的影响。爱丁堡城实际上在布里斯托尔的西面，但是人们总是搞混，因为他们觉得英国是南北向的。同样的原因，人们认为伯克利在斯坦福的东面（第 23 章讨论过分布认知）。

心智图的表征很少是完整或静态的。生态学是关于人们从与之交互的环境中提取线索的学科。人们通过与环境空间的交互不断地积累着对空间的知识。现在仍存在许多关于脑海中的知识与世界中的知识哪个多的争论。Hutchins（1995）在观察到波利尼西亚导航员对于导航的不同方法后，在他的分布式认知的思想里提出了心智图有不同存在形式的观点。

寻路涉及人们如何解决到达特定目的地的问题。对于 Downs 和 Stea（1973）与 Passini（1994）来说，寻路过程包含 4 个步骤：在环境中定向，选择正确的路线，沿着路线走，确认到达目的地。为了完成寻路，人们借助于路标、地图、向导等各种方式。他们建立地标以确定目的地位置。在大海或是没有地标的地方，他们通过航位测算来确定位置。通过前进的方向、速度和运动的时间来算出所在的位置。但是有地标的时候还是会多使用地标的。

对于心理学家来说，在一个新的空间中找到路径是导航的另外一个重要内容（Gärling 等人，1982；Kuipers，1982）。首先，学习一个项目的链表。接着知道一些地标，并且能够通过这些地标定位自身的相对位置。然后通过这些地标间的相对位置，能够在脑海中建立一个地标之间的地图。这些地图并不完整。有些"页"是很细节化的，有些则没有细节成分，并且页与页之间的关系也不是很完善。有些页的内容还可能跟其他页有冲突。

20 世纪 60 年代，心理学家 Kevin Lynch 定义了环境 5 要素：节点、地标、路径、区域和边（Lynch，1961）。图 25-21 就是一个此类地图的例子。

通过定义区域的边界能在环境中划分出特定区域。节点则是指环境中较小的点，有着特殊意义的点一般都称为地标。路径是节点之间的连接。虽然没有经过严格考证，但是这些概念沿用至今。一个重要的问题是环境对象特征的定义范围是多大。其他作者（比如 Barthes，1986）就曾指出这些特征的定义是很主观的。环境中的对象对人类的意义是很重要的。不同的人在不同的时间对事物的看法都不一样。消费者对于购物中心的看法就与溜冰者不同。街角在白天给人的感觉和在晚上也不一样。由于种族、性别或社会群体等文化上的差异，地标和区域的含义也不尽相同。船长对于潮汐和河流的看法就与新手不同，他能看到许多新手看不到的东西。荒野中的导航与博物馆中的导航可以看作是完全不同的两件事。

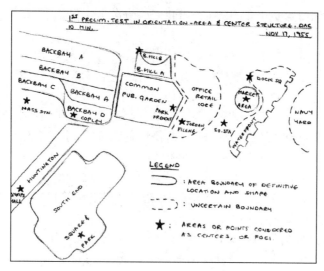

图 25-21 Kevin Lynch 的波士顿城俯瞰图

（来源：MIT, Kevin Lynch papers, MC208, box2, MIT 档案和特殊收藏品中心，剑桥，马萨诸塞州）

进一步思考：空间句法

建筑学中有一个有趣的理论，是由 Hillier（1996）提出的空间句法理论。该理论关注空间中节点的连接性：通过节点之间的路径，节点间的最短距离是多少。Hillier 通过这个理论来探索空间的易辨性：理解这些连接关系有多容易，看清连接之间的不同有多简单。通过研究人们在空间中的运动，揭示了空间的很多特征。运用这个理论，可以预测诸如盗窃率和房价等社会现象。Chalmers（2003）将该理论应用到了信息空间设计中。

作为对 Lynch 五大特征定义的补充，一般认为人们对环境的知识分为 3 类：地标、路径和俯瞰（Downs 和 Stea，1973）。地标知识是最简单的空间知识，人们只用记住环境中的某些特征就行。一般他们会通过路径来补充地标之间的细节知识。对环境愈加熟悉后，他们就会产生俯瞰知识，也就是对环境的认知地图。

挑战 25-2

记录下你从家到单位或学校的行程。找出脑海中对哪里的地图比较熟悉，对哪里的地图比较模糊。找出路径上的重要地标，看看你在哪里运用了路径知识，哪里运用了俯瞰知识。举出你运用生态学思考的例子。列出路径上的节点、路、边和区域，并和同事讨论下你们结果的异同。

导航设计

导航设计的一个关键问题是要牢记人们在空间中的不同行动（对象识别、寻路和探索）、不同目的和对空间带来的不同意义。导航设计与建筑学、室内设计以及城市规划都有着久远的紧密联系，所以人们为信息空间的设计创造了很多有用的法则。

导航的实践目标是鼓励人们通过地标、路径和俯瞰的知识对信息空间产生更好的理解。当然，另外一个目标是创造出快乐迷人的空间。设计的本质是将形式与功能达到和谐统一。

空间美学领域曾有两个著名的评论家，一个是 Norberg-Schulz（1971），另一个是 Bacon（1974）。Bacon 认为我们对空间的所有体验都取决于以下几点：

- 形状、色彩、位置和环境中其他性质的影响。
- 性格特征。
- 时空关系——每项体验都部分依赖于它之前的经验。
- 包含。

上述这些因素都会影响导航。在一个环境中区域的相似度太高就会让人们迷惑。一个好的设计应该帮助人们辨识、回忆出一个环境，并且能够理解环境的内容信息，将环境中的功能区域与实际的物理世界对应起来。另外一个从建筑学中得到的重要设计法则是：人们要通过对环境的使用来逐渐获取环境知识。设计者的目标应该是一个"反应敏捷的环境"，能够保证环境中有可用的替代路径，有容易辨识的地标、道路、区域和组织活动的能力。

Gordon Cullen 创造了许多城市设计的法则，被人们称为"序列视景"。Cullen 理论（1961）来源于当人们走进一个环境中那种逐渐展现的自然景象（见 Gosling，1996）。图 25-22 展示了他的理论。Benyon 和 Wilmes（2003）将这一理论应用到了网页设计中。

图 25-22 Gordon Cullen 的序列视景

（来源：Cullen，1961）

1. 指示牌

空间中清楚明确的指示牌对于空间设计工作是十分重要的。以下是设计者主要用到的三种标识类型：

- 信息标识通过提供对象、人和活动的信息来帮助人们识别目标和分类。
- 方向标识提供路径和俯瞰信息。通常会层次化结构，先给出大方向，再给出局部方向来实现这个过程。
- 警告和安全标识告诉人们环境中正在发生或是可能发生的事件信息。

当然，一些特殊的标识能够提供不止一种类型的信息。高效的标识系统不仅仅能够帮助人们到达想去的目的地，还能够告诉他们备用选项。指示牌应该与它所处的环境保持美学上的一体性，以保证它能够帮助各式各样的导航员。指示牌也要保持一致性，这样才能区分出它们之间的不同（如图 25-23 所示）。

[605]

图 25-23　伦敦街头的指示牌

（来源：Philip Enticknap/DK Images）

2. 地图及指南

地图是用来提供导航信息的。再补充上环境对象的细节信息，地图就变成了指南。从充满细节到高度抽象，地图的种类有很多。第 12 章已经介绍了伦敦地铁的概要图，我们在网站上也经常能见到信息分类的位置结构图。

地图是社会性的东西，它提供信息来帮助人们理解、探索空间，并在空间中寻路。地图的设计应该与指示系统保持一致。一个展示全局环境的地图应该有局部的细节图对其进行补充说明。图 25-24 展示了不同类型的地图。

[606]

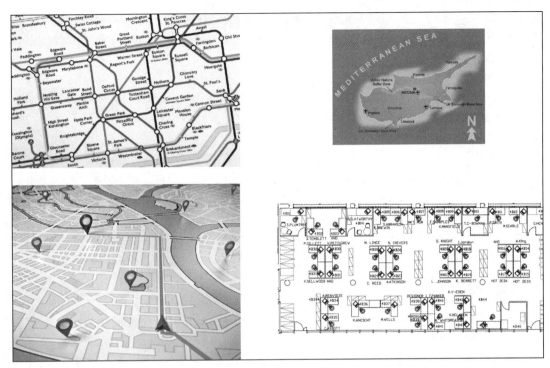

图 25-24　地图

（来源：2009 年伦敦地铁地图。版权归伦敦交通局，伦敦交通博物馆收藏。http://worldatlas.com；http://graphicmaps.com; Pearson Education）

挑战 25-3

我们如何将这些想法应用于信息空间（如网站）的设计？

3. 社交导航

设计完好的、拥有良好的指示系统和像地图这样的导航帮助的环境，会产生很好的导航效果。但是，即便是在最好的环境中，人们也可能去找其他人问路，而不是使用已有的导航信息来寻路。当需要指路时，人们倾向于问别人而不是研究地图。其他人提供的信息往往具有对个体的适应性，能够满足不同人的不同需要。当我们并不确定自己要找的信息时，往往参照他人的经验或是环境的特征来安排我们的行动（第 15 章关于社交媒体的部分采用了这些思想中的一部分）。可能因为某本书被大量翻阅过，我们就会拿过来看看；可能因为某个庭院的落日余晖，我们就会走进去瞧瞧；也可能因为朋友很喜欢某部电影，我们也会去欣赏。在环境中，我们会跟随他人的脚步前行。这种直接或间接地受他人影响的情况，统称为社交导航。

导航是一项重要而又普遍的人类活动。导航要求人们去探索、寻路并识别环境中的对象。在第 18 章中，这个一般模型被应用到普适计算的环境中，该环境拥有更多的诸如"综述，寻路，解释"等功能描述。在其他地方，我们看到了与 Shneiderman 的可视化口头禅相类似的东西："首先统观全局，随后缩放并过滤，再根据需要审视细节"。

总结和要点

感知依赖于从五种感官获取的信息和我们如何翻译处理这些信息。这是一个构造过程，有时需要我们从含糊不清的信号中推导出合理信息。导航则涉及如何在环境中移动，并感知环境中存在的对象。我们可以从地理空间的导航研究中学习很多有用的知识，还能将城市规划、建筑学等领域的设计法则应用到信息空间的设计中。

- 感知过程涉及如何认知环境，如何监控人与环境交互的问题。
- 好的设计能够帮助人们掌握关于环境的调查知识。
- 导航过程注重三个关键活动：寻路、探索与对象识别。

练习

607
~
608

　　1. 拿一个小型电子设备，比如手机、电子助手或是磁带、CD、广播播放器来研究一下。找找它们上面帮助你操作的标识、说明或其他信息。想想看，它们的设计中的地标、节点、区域分别是什么？它的设计如何？你是否总能知道你在使用它的什么功能？当你想使用别的功能时你是否总能找到？

　　2. 找一个如图 15-7 所示的 Amazon.co.uk 这样的大型网站，写下各种形式的全局和局部导航特征，包括搜索栏与标签栏。评论一下这个站点的信息设计（也可以用逆向工程完成不同页面的线框图）。

深入阅读

Passini, R. (1994) *Wayfinding in Architecture.* Van Nostrand, New York. 最易读懂的地理空间导航方向的书。

高阶阅读

Bacon, E.N. (1974) *Design of Cities.* Thomas Hudson, London.

Gibson, J.J. (1986) *The Ecological Approach to Visual Perception.* Lawrence Erlbaum Associates, Hillsdale, NJ.

Lynch, K. (1961) *The Image of the City.* MIT Press, Cambridge, MA.

挑战点评

挑战 25-1

人们会怀念异国花园的香气、热带地区的温度、鸟的鸣叫和土地的感觉。也就是说，人们会想起所有非视觉的特征。当这些感觉特征从景色中被移除后，单纯的图像所带来的表现力就弱了许多。

挑战 25-2

对于你所处的环境的情况我们能说的并不多，但是关于这个世界还是有很多有趣的点的。当我们在做这样一道练习题时，会启用一个脑海中的模型，就好像通过我们的"心眼"来做一场旅行一样。这也许意味着当我们的大脑被某些事情占据的时候，相比于真实的导航过程，我们要注意更多的细节。在这种情况下，我们对于生态学方面的依赖要比想象中的大得多。

挑战 25-3

导航设计是网站设计的中心部分，同时也是普适计算环境设计的重要部分。网站一般具有全局和局部导航栏。导航栏上有菜单标识和页面标题来告诉使用者他们所处的位置。信息空间导航中的许多例子都与地理空间导航有很多相似之处。

609

参 考 文 献

Abed, M., Tabary, D. and Kolski, C. (2004) Using formal specification techniques for the modeling of tasks and the generation of human–computer user interface specifications. In Diaper, D. and Stanton, N. (eds), *The Handbook of Task Analysis for Human–Computer Interaction*. Lawrence Erlbaum Associates, Mahwah, NJ.

Ackerman, M. (2000) The intellectual challenge of CSCW: the gap between social requirements and technical feasibility. *Human–Computer Interaction*, 15(2–3), 181–205.

Ahlberg, C. and Shneiderman, B. (1994) Visual information seeking: tight coupling of dynamic query filters with starfield displays. *CHI '94: Proceedings of the SIGCHI Conference on Human Factors in Computing Systems*. ACM Press, New York, pp. 313–317.

Alexander, C. (1979) *The Timeless Way of Building*. Oxford University Press, New York.

Alexander, I. and Maiden, N. (2004) *Scenarios, Stories, Use Cases Through the Systems Development Life Cycle*. John Wiley, Chichester.

Allport, G.W. (1968) *The Person in Psychology: Selected Readings*. Bacon Press, Boston, MA.

Anderson, C. (2008) *The Long Tail: Why the Future of Business Is Selling Less of More*, Revised and updated edition. Hyperion, New York.

Anderson, J.R. and Reder, L. (1979) An elaborate processing explanation for depth of processing. In Cermak, L.S. and Craik, F.I.M. (eds), *Levels of Processing in Human Memory*. Lawrence Erlbaum Associates, Hillsdale, NJ.

Annett, J. (2004) Hierarchical task analysis. In Diaper, D. and Stanton, N. (eds), *The Handbook of Task Analysis for Human–Computer Interaction*. Lawrence Erlbaum Associates, Mahwah, NJ.

Asch, S.E. (1951) Effects of group pressure upon the modification and distortion of judgement. In Guetzkow, H. (ed.), *Groups, Leadership and Men*. Carnegie Press, Pittsburgh, PA.

Asch, S.E. (1956) Studies of independence and conformity: A minority of one against a unanimous majority. *Psychological Monographs*, 70 (whole no. 416).

Ashbrook, D. and Starner, T. (2010) MAGIC: a motion gesture design tool. *CHI '10: Proceedings of the SIGCHI Conference on Human Factors in Computing Systems*. ACM Press, pp. 2159–2168.

Atkinson, R.C. and Shiffrin, R.M. (1968) Human memory: a proposed system and its control processes. In Spence, K.W. and Spence, J.T. (eds), *The Psychology of Learning and Motivation*, vol. 2. Academic Press, London.

Axelrod, R. (2006) *The Evolution of Cooperation* (rev. edn). Perseus Books Group, New York.

Azuma, R.T. (1997) A survey of augmented reality. *Presence: Teleoperators and Virtual Environments*, 6(4), 355–358.

Bacon, E.N. (1974) *Design of Cities*. Thomas Hudson, London.

Baddeley, A. (1997) *Human Memory: Theory and Practice*. Psychology Press, Hove, Sussex.

Baddeley, A.D. and Hitch, G. (1974) Working memory. In Bower, G.H. (ed.), *Recent Advances in Learning and Motivation*, vol. 8. Academic Press, New York.

Badre, A.N. (2002) *Shaping Web Usability: Interaction Design in Context*. Addison-Wesley, Boston, MA.

Bahrick, H.P. (1984) Semantic memory content in permastore: fifty years of memory for Spanish learned in school. *Journal of Experimental Psychology: General*, 113(1), March: 1–29.

Baillie, L. (2002) *The Home Workshop: a method for investigating the home*. PhD Thesis, School of Computing, Napier University, Edinburgh.

Baillie, L. and Benyon, D.R. (2008) Place and technology in the home. *Computer Supported Cooperative Work*, 17(2–3), 227–256.

Baillie, L., Benyon, D., MacAulay, C. and Petersen, M (2003) Investigating design issues in household environments. *Cognition Technology and Work*, 5(1), 33–44.

Balbo, S., Ozkan, N. and Paris, C. (2004) Choosing the right task modeling notation: a taxonomy. In Diaper, D. and Stanton, N. (eds), *The Handbook of Task Analysis for Human–Computer Interaction*. Lawrence Erlbaum Associates, Mahwah, NJ.

Bandura, A. (1977) Self-efficacy: toward a unifying theory of behavioral change. *Psychological Review*, 84 (2,), 191–215.

Bannon, L.J. (1991) From human factors to human actors: the role of psychology and human–computer interaction studies in system design. In Greenbaum, J. and Kyng, M. (eds), *Design at Work: Cooperative Design of Computer Systems*. Lawrence Erlbaum Associates, Hillsdale, NJ, pp. 25–44.

Bannon, L.J. and Schmidt, K. (1991) CSCW: four characters in search of context. In Bowers, J.M. and Benford, S.D. (eds), *Studies in Computer Supported Collaborative Work*. Elsevier North-Holland, Amsterdam.

Bardram, J.E. (1998) Designing for the dynamics of cooperative work activities. *Proceedings of CSCW '98 Conference*, Seattle, WA, 14–18 November. ACM Press, New York, pp. 89–98.

Bardzell, J. (2009) Interaction criticism and aesthetics. *CHI '09: Proceedings of the SIGCHI Conference on Human Factors in Computing Systems*. ACM Press, New York, pp. 2357–2366.

Bardzell, J. and Bardzell, S. (2014) *Humanistic HCI*. Morgan and Claypool, San Rafael, CA.

Barnard, P.J. (1985) Interacting cognitive subsystems: a psycholinguistic approach to short term memory. In Ellis, A. (ed.), *Progress in the Psychology of Language*, vol. 2. Lawrence Erlbaum Associates, London, pp. 197–258.

Barthes, R. (1986) Semiology and the urban. In Gottdiener, M. and Lagopoulos, A.P. (eds), *The City and the Sign*. Columbia University Press, New York.

Bartlett, M.S., Hager, J.C., Ekman, P. and Sejnowski, T.J. (1999) Measuring facial expressions by computer image analysis. *Psychophysiology*, 36, 253–263.

Beale, R. and Creed, C. (2009) Affective interaction: How emotional agents affect users. *International Journal of Human-Computer Studies*, 67(9):755–776.

Beaudouin-Lafon, M. and Mackay, W. (2012) Prototyping tools and techniques. In Jacko, J. A. (ed.), *The Human—Computer Interaction Handbook: Fundamentals, Evolving Technologies and Emerging Applications* (3rd edn). CRC Press, Taylor and Francis, Boca Raton, FL, pp. 1081–1104.

Beck, K. and Andres, C. (2004) *Extreme Programming Explained: Embrace Change* (2nd edn). Addison-Wesley, Boston, MA.

Bellotti, V., Begole, B., Chi, E.H., *et al.* (2008) Activity-based serendipitous recommendations with the Magitti mobile leisure guide. *CHI '08: Proceedings of the SIGCHI Conference on Human Factors in Computing Systems*. ACM, New York, pp. 1157–1166.

Benda, P. and Sanderson, P. (1999) New technology and work practice: modelling change with cognitive work analysis. In Sasse, M. and Johnson, C. (eds), *Proceedings of INTERACT '99*. IOS Press, Amsterdam, pp. 566–573.

Benford, S., Fraser, M., Reynard, G., Koleva, B. and Drozd, A. (2002) Staging and evaluating public performances as an approach to CVE research. *Proceedings of CVE '02 Conference*, Bonn, Germany, 30 September–2 October ACM Press, New York, pp. 80–87.

Benford, S., Giannachi, G., Koleva, B. and Rodden, T. (2009) From interaction to trajectories: designing coherent journeys through user experiences. *CHI '09: Proceedings of the SIGCHI Conference on Human Factors in Computing Systems*. ACM, New York, pp. 709–718.

Benford, S., Lindt, I., Crabtree, A., Flintham, M., Greenhalgh, C. and Koleva, B. (2011) Creating the Spectacle. *ACM TOCHI*, 18(3), 1–28.

Benford, S., Snowdon, D., Colebourne, A., O'Brien, J. and Rodden, T. (1997) Informing the design of collaborative virtual environments. *Proceedings of Group '97 Conference*, Phoenix, AZ, 16–19 November. ACM Press, New York, pp. 71–80.

Benyon, D. (2014) *Spaces of Interaction, Places for Experience*. Morgan & Claypool, San Rafael, CA.

Benyon, D. and Mival, O. (2008) Landscaping personification technologies. *CHI '08: Proceedings of the SIGCHI Conference on Human Factors in Computing Systems*. ACM Press, New York, pp. 3657–3662.

Benyon, D.R. and Murray, D.M. (1993) Adaptive systems; from intelligent tutoring to autonomous agents. *Knowledge-based Systems*, 6(4), 197–219.

Benyon, D.R. and Skidmore, S. (eds) (1988) *Automating Systems Development*. Plenum, New York.

Benyon, D.R. and Wilmes, B. (2003) The application of urban design principles to navigation of web sites. In O'Neill, E., Palanque, P. and Johnson, P. (eds), *People and Computers XVII – Proceedings of HCI 2003 Conference*. Springer-Verlag, London, pp. 105–126.

Benyon, D.R., Crerar, A. and Wilkinson, S. (2001) Individual differences and inclusive design. In Stephanidis, C. (ed.), *User Interfaces for All: Concepts, Methods and Tools*. Lawrence Erlbaum Associates, Mahwah, NJ.

Benyon, D.R., Green, T.R.G. and Bental, D. (1999) *Conceptual Modelling for Human–Computer Interaction, Using ERMIA*. Springer-Verlag, London.

Benyon, D., Smyth, M., O'Neill, S., McCall, R. and Carroll, F. (2006). The place probe: exploring a sense of place in real and virtual environments. *Presence: Teleoperators and Virtual Environment* 15(6), 668–687.

Benyon, D.R. and Mival, O. (2015) Blended spaces for collaboration. *Journal of Computer Supported Collaborative Work*, 24(2), 223–249.

Benyon, D.R., Mival, O. and Ayan, S. (2012) Designing blended spaces. *BCS–HCI '12: Proceedings of the 26th Annual BCS Interaction Specialist Group Conference on People and Computers*. British Computer Society, Swindon, 398–403.

Benyon, D., O'Keefe, B., Riva, G. and Quigley, A. (2013a) Presence and digital tourism. *Journal of AI and Society*, in press.

Benyon, D.R., Mival, O. and O'Keefe, B. (2013b) Blended spaces and digital tourism. *Proceedings of CHI2013 Workshop on Blended Interaction Spaces*, 28 April, Paris.

Bertin, J. (1981) *Graphics and Graphic Information Processing*. Walter de Gruyter, Berlin.

Beyer, H. and Holtzblatt, K. (1998) *Contextual Design*. Morgan Kaufmann, San Francisco, CA.

Bickmore, T. (2003) *Relational agents: Effecting change through human–computer relationships*. PhD thesis, MIT Media Arts and Science.

Bickmore T. and Picard R. (2005) Establishing and maintaining long-term human–computer relationships. *ACM Transactions on Computer–Human Interaction* (TOCHI), 12(2), 293–327.

Biocca, F., Harms, C., Burgoon, J. and Stoner, M. (2001) Criteria and Scope Conditions for a Theory and Measure of Social Presence. *Presence 2001, 4th Annual International Workshop on Presence*, Philadelphia, PA, 21–23 May.

Blackler, F. (1993) Knowledge and the theory of organizations: organizations as activity systems and the reframing of management. *Journal of Management Studies*, 30(6), 863–884.

Blackler, F. (1995) Activity theory, CSCW and organizations. In Monk, A.F. and Gilbert, N. (eds), *Perspectives on HCI – Diverse Approaches*. Academic Press, London.

Blackwell, A. and Green, T. (2003) Notational systems – the cognitive dimensions of notations framework. In Carroll, J.M. (ed.), *HCI Models, Theories and Frameworks*. Morgan Kaufmann, San Francisco, CA.

Blackwell, A.F. (2006) The reification of metaphor as a design tool. *ACM Transactions on Computer–Human Interaction (TOCHI)*, 13(4), 490–530.

Blakemore, C. (1988) *The Mind Machine*. BBC Publications, London.

Blandford, A., Green, T., Furniss, D. and Makri, S. (2008) Evaluating system utility and conceptual fit using CASSM. *International Journal of Human–Computer Studies*, 66(6), 393–409.

Blast Theory (2007) *Blast Theory Website*. Retrieved 14 August 2007 from http://www.blasttheory.co.uk/.

Blauert, J. (1999) *Spatial Hearing*. MIT Press, Cambridge, MA.

Blomberg, J. and Darrah, C. (2015) *An Anthropology of Services*. Morgan & Claypool, San Rafael, CA.

Boden, A., Roßwog, F., Stevens, G. and Wulf, V. (2014) Articulation spaces: bridging the gap between formal and informal coordination. *CSCW*, 1120–1130. doi: 10.1145/2531602.2531621

Bødker, S. (2006) When second wave HCI meets third wave challenges. *Proceedings of the Fourth Nordic Conference on Human–Computer Interaction* (Oslo, Norway, 14–18 October 2006). NordiCHI '06. ACM Press, New York, pp. 1–8.

Bødker, S. and Buur, J. (2002) The Design Collaboratorium: a place for usability design. *ACM Transactions on Computer–Human Interaction (TOCHI)*, 9(2), 152–169.

Bødker, S. and Christiansen, E. (1997) Scenarios as springboards in CSCW design. In Bowker, G.C., Star, S.L., Turner, W. and Gasser, L. (eds), *Social Science, Technical Systems and Cooperative Work: Beyond the Great Divide*. Lawrence Erlbaum Associates, Mahwah, NJ, pp. 217–234.

Bødker, S. and Klokmose C.N. (2016) Dynamics, multiplicity and conceptual blends in HCI. *CHI '16: Proceedings of the SIGCHI Conference on Human Factors in Computing Systems*.

Bødker, S., Ehn, P., Kammersgaard, J., Kyng, M. and Sundblad, Y. (1987) A UTOPIAN experience: on design of powerful computer-based tools for skilled graphical workers. In Bjerknes, G., Ehn, P. and Kyng, M. (eds), *Computers and Democracy – A Scandinavian Challenge*. Avebury, Aldershot, pp. 251–278.

Boehner, K., Sengers, P. and Warner, S. (2008) Interfaces with the ineffable: meeting aesthetic experience on its own terms. *ACM Transactions on Computer–Human Interaction (TOCHI)*, 15(3), pp. 1–29.

Bolt, R.A. (1980) 'Put-that-there': Voice and gesture at the graphics interface. *Proceedings of the 7th annual conference on Computer graphics and interactive techniques*, Seattle, WA. ACM Press, New York, pp. 262–270.

Borges, J.L. (1999) Essay: 'The Analytical Language of John Wilkins'. Retrieved 17 August 2009 from http://www.alamut.com/subj/artiface/language/johnWilkins.html.

Bowers, J., Pycock, J. and O'Brien, J. (1996) Talk and embodiment in collaborative virtual environments. *CHI '96: Proceedings of the SIGCHI Conference on Human Factors in Computing Systems*. ACM Press, New York, pp. 58–65.

Bradner, E. and Mark, G. (2002) Why distance matters: effects on cooperation, persuasion and deception. *Proceedings of CSCW '02 Conference*, New Orleans, LA, 16–20 November. ACM Press, New York, pp. 226–235.

Bransford, J.R., Barclay, J.R. and Franks, J.J. (1972) Sentence memory: a constructive versus interpretative approach. *Cognitive Psychology*, 3, 193–209.

Brave, S. and Nass, C. (2007) Emotion in human–computer interaction. In Sears, A. and Jacko, J.A. (eds), *The Human–Computer Interaction Handbook: Fundamentals, Evolving Technologies and Emerging Applications* (2nd edn). Mahwah, NJ: Lawrence Erlbaum Associates.

Brems, D.J. and Whitten, W.B. (1987) Learning and preference for icon-based interface. *Proceedings of the Human Factors and Ergonomics Society 31st Annual Meeting*, 19–22 October, New York, pp. 125–129.

Brewster, S.A., Wright, P.C. and Edwards, A.D.N. (1993) An evaluation of earcons for use in auditory human–computer interfaces. *Proceedings of INTERCHI '93*. ACM Press, New York, pp. 222–227.

Brinck, T., Gergle, D. and Wood, S.D. (2002) *Designing Web Sites that Work: Usability for the Web*. Morgan Kaufmann, San Francisco, CA.

Broadbent, D.E. (1958) *Perception and Communication*. Pergamon, Oxford.

Brown, R. and McNeill, D. (1966) The 'tip-of-the-tongue' phenomenon. *Journal of Verbal Learning and Verbal Behaviour*, 5, 325–327.

Browne, D.P., Totterdell, P.A. and Norman, M.A. (1990) *Adaptive User Interfaces*. Academic Press, London.

Bruner, J. (1966) *Toward a Theory of Instruction*. Belknap Press of Harvard University Press, Cambridge, MA.

Bruner, J. (1968) *Processes of Cognitive Growth: Infancy*. Clark University Press, Worcester, MA.

Bruner, J. and Postman, L. (1949) On the perception of incongruity: a paradigm. *Journal of Personality*, 18, 206–223.

Brusilovsky, P. (2001) Adaptive hypermedia. *User Modeling and User-adapted Interaction*, 11(1–2), 87–110.

Bullivant, L. (2006) *Responsive Environments Architecture, Art And Design*. V&A Publications, London.

Burrell, J., Broke, T. and Beckwith, R. (2004) Vineyard computing: sensor networks in agricultural production. *IEEE Pervasive Computing*, 3(1), 38–45. IEEE Computer Society Press, Washington, DC.

Bush, V. (1945) As we may think, *The Atlantic Monthly*, 11 July.

Busilovsky, P. (2007) Adaptive navigation support. In Brusilovsky, P., Kobsa, A. and Nejdl, W. (eds), *The Adaptive Web, LNCS 4321*. Springer-Verlag, Berlin Heidelberg, pp. 263–290.

Buxton, B. (2007) *Sketching User Experiences*. Morgan Kaufman, San Francisco, CA.

Cairns, P. and Cox, A.L. (2008) *Research Methods for Human–Computer Interaction*. Cambridge University Press, Cambridge.

Card, S. (2012) Information visualization. In Jacko, J.A. (ed.), *The Human—Computer Interaction Handbook: Fundamentals, Evolving Technologies and Emerging Applications* (3rd edn). CRC Press, Taylor and Francis, Boca Raton, FL, pp. 515–548.

Card, S., Mackinlay, S. and Shneiderman, B. (1999) *Information Visualization: Using Vision to Think*. Morgan Kaufmann, San Francisco, CA.

Card, S.K., Moran, T.P. and Newell, A. (1983) *The Psychology of Human–Computer Interaction*. Lawrence Erlbaum Associates, Hillsdale, NJ.

Carroll, J.M. (ed.) (1995) *Scenario-based Design*. Wiley, New York.

Carroll, J.M. (2000) *Making Use: Scenario-based Design of Human–Computer Interactions*. MIT Press, Cambridge, MA.

Carroll, J.M. (2002) *HCI in the New Millennium*. Addison-Wesley, Harlow.

Carroll, J.M. (ed.) (2003) *HCI Models, Theories and Frameworks*. Morgan Kaufmann, San Francisco, CA.

Cassell, J. (2000) Embodied conversational interface agents. *Communications of the ACM,* 43(4), 70–78.

Castells, M. (1996) *The Information Age: Economy, Society and Culture. Volume 1. The Rise of the Network Society*. Blackwell, Oxford.

Castells, M. (1997) *The Information Age: Economy, Society and Culture. Volume 2. The Power of Identity*. Blackwell, Oxford.

Castells, M. (1998) *The Information Age: Economy, Society and Culture. Volume 3. End of Millennium*. Blackwell, Oxford.

Chalmers, M. (2003) Informatics, architecture and language. In Höök, K., Benyon, D.R. and Munro, A. (eds), *Designing Information Spaces: The Social Navigation Approach*. Springer-Verlag, London, pp. 315–342.

Checkland, P. (1981) *Systems Thinking, Systems Practice*. Wiley, Chichester.

Checkland, P. and Scholes, J. (1999) *Soft Systems Methodology in Action* (paperback edn). Wiley, Chichester.

Cheok, A.D., Fong, S.W., Goh, K.H., Yang, X., Liu, W. and Farbiz, F. (2003) Human Pacman: a mobile entertainment system with ubiquitous computing and tangible interaction over a wide outdoor area. In Chittaro, L. (ed.) *Human–Computer Interaction with Mobile Devices and Services – 5th International Symposium – Mobile HCI 2003*, 8–11 September, Udine, Italy. Springer, New York, pp. 209–223.

Cherry, E.C. (1953) Some experiments on the experiments on the recognition of speech with one and two ears. *Journal of the Acoustical Society of America,* 26, 554–559.

Choe, E.K., Lee, N.B., Lee, B., Pratt, W. and Kientz, J.A. (2014) Understanding quantified-selfers' practices in collecting and exploring personal data. *CHI '14. Proceedings of the SIGCHI Conference on Human Factors in Computing Systems*, pp. 1143–1152.

Christiansen, E. (1996) Tamed by a rose. In Nardi, B.A. (ed.), *Context and Consciousness: Activity Theory and Human–Computer Interaction*. MIT Press, Cambridge, MA, pp. 175–198.

Clark, A. (2008) *Supersizing the Mind: Embodiment, Action, and Cognitive Extension*. Oxford University Press, New York, p. 320.

Clarke, A.C. (1968) *2001: A Space Odyssey*. New American Library, New York.

Cockton, G. (2009) Getting there: six meta-principles and interaction design. *CHI '09: Proceedings of the SIGCHI Conference on Human Factors in Computing Systems*. ACM Press, New York, pp. 2223–2232.

Cockton, G., Woolrych, A., Hornbæk, K. and FrØkjær, E. (2012) Inspection-based evaluations. In Jacko, J.A. (ed.), *The Human–Computer Interaction Handbook: Fundamentals, Evolving Technologies and Emerging Applications* (3rd edn). CRC Press, Taylor and Francis, Boca Raton, FL, pp. 1279–1298.

Cohen, N.J. and Squire, L.R. (1980) Preserved learning and retention of pattern-analysing skills in amnesia: dissociation of knowing how from knowing that. *Science,* 210, 207–210.

Cole, M. (1996) *Cultural Psychology*. Harvard University Press, Cambridge, MA.

Constantine, L.L. and Lockwood, L.A.D. (2001) Structure and style in use cases for user interface design. In van Harmelen, M. (ed.), *Object Modeling and User Interface Design: Designing Interactive Systems*. Addison-Wesley, Boston, MA.

Cooper, A. (1999) *The Inmates are Running the Asylum*. SAMS, Macmillan Computer Publishing, Indianapolis, IN.

Cooper, A., Reiman, R. and Cronin, D. (2007) *About Face 3: The Essentials of Interaction Design*. Wiley, Hoboken, NJ.

Corbin, J.M. and Strauss, A. (2014) *Basics of Qualitative Research: Techniques and Procedures for developing Grounded Theory*. Sage Publications.

Coughlan, T., Collins, T.D., Adams, A., *et al.* (2012) The conceptual framing, design and evaluation of device ecologies for collaborative activities. *International Journal of Human-Computer Studies*. doi: 10.1016/j.ijhcs.2012.05.008 12.

Coutaz, J. and Calvary, G. (2012) Human–computer interaction and software engineering for user interface plasticity. In Jacko, J.A. (ed.), *The Human—Computer Interaction Handbook: Fundamentals, Evolving Technologies and Emerging Applications* (3rd edn). CRC Press, Taylor and Francis, Boca Raton, FL, pp. 1195–1220.

Cowan, N. (2002) The magical number four in short-term memory: a reconsideration of mental storage capacity. *Behavioural and Brain Sciences,* 24(1), 87–114.

Craik, F.I.M. and Lockhart, R. (1972) Levels of processing. *Journal of Verbal Learning and Verbal Behaviour,* 12, 599–607.

Crampton-Smith, G. (2004) From material to immaterial and back again. *Proceedings of Designing Interactive Systems (DIS) 2004*. Cambridge, MA, p. 3.

Csikszentmihalyi, M. (1990) *Flow: The Psychology of Optimal Experience*. Harper & Row, New York.

Cullen, G. (1961) *The Concise Townscape*. Van Nostrand Reinhold, New York.

Davenport, E. (2008) Social informatics and sociotechnical research – a view from the UK. *Journal of Information Science*, 34(4), 519–530.

De Bono, E. (1993): *Serious Creativity*. Harper Collins, London.

De Shutter, B. and Vanden Abeele, V. (2015) Towards a Gerontoludic manifesto. *Anthropology and Ageing*, 36(2), 112–120.

Dennett, D. (1989) *The Intentional Stance*. MIT Press, Cambridge, MA.

DeSanctis, G. and Gallupe, B. (1987) A foundation for the study of group decision support systems. *Management Science*, 33(5), 589–609.

DesignCouncil http://www.designcouncil.org.uk/sites/default/files/asset/document/ElevenLessons_Design_Council%20(2).pdf

Desmet, P.M.A. (2002) *Designing Emotions*. Delft University of Technology, Delft.

Deutsch, J.A. and Deutsch, D. (1963) Attention: some theoretical considerations. *Psychological Review, 70*, 80–90.

Dew, P., Galata, A., Maxfield, J. and Romano, D. (2002) Virtual artefacts to support negotiation within an augmented collaborative environment for alternate dispute resolution. *Proceedings of CVE '02 Conference*, Bonn, Germany, 30 September–2 October. ACM Press, New York, pp. 10–16.

Diaper, D. (2004) Understanding task analysis for human–computer interaction. In Diaper, D. and Stanton, N. (eds), *The Handbook of Task Analysis for Human–Computer Interaction*. Lawrence Erlbaum Associates, Mahwah, NJ.

Diaper, D. and Stanton, N. (eds) (2004a) *The Handbook of Task Analysis for Human–Computer Interaction*. Lawrence Erlbaum Associates, Mahwah, NJ.

Diaper, D. and Stanton, N. (2004b) Wishing on a star: the future of task analysis. In Diaper, D. and Stanton, N. (eds), *The Handbook of Task Analysis for Human–Computer Interaction*. Lawrence Erlbaum Associates, Mahwah, NJ.

Dick, P.K. (1968) *Do Androids Dream of Electric Sheep?* Doubleday, New York.

Dietrich, H., Malinowski, U., Kühme, T. and Schneider-Hufschmidt, M. (1993) State of the art in adaptive user interfaces. In Schneider-Hufschmidt, M., Kühme, T. and Malinowski, U. (eds), *Adaptive User Interfaces*. North-Holland, Amsterdam.

Dix, A. (2012) Network-based interaction. In Jacko, J.A. (ed.), *The Human—Computer Interaction Handbook: Fundamentals, Evolving Technologies and Emerging Applications* (3rd edn). CRC Press, Taylor and Francis, Boca Raton, FL, pp. 237–272.

Dix, A., Rodden, T., Davies, N., Trevor, J., Friday, A. and Palfreyman, K. (2000) Exploiting space and location as a design framework for interactive mobile systems. *ACM Transactions on Computer–Human Interaction (TOCHI)*, 7(3), 285–321.

Doubleday, A., Ryan, M., Springett, M. and Sutcliffe, A. (1997) A comparison of usability techniques for evaluating design. *Proceedings of DIS '97 Conference*, Amsterdam, Netherlands. ACM Press, New York, pp. 101–110.

Dork, M.C. and Sheelagh, W.C. (2011) The information flaneur: a fresh look at information seeking. *CHI 2011*, May 7–12, 2011, Vancouver, BC, Canada.

Dourish, P. (2001) *Where the Action Is: The Foundations of Embodied Interaction*. MIT Press, Cambridge, MA.

Dourish, P. and Bell, G. (2011) *Divining a Digital Future: Mess and Mythology in Ubiquitous Computing*. MIT Press, Cambridge, MA.

Dourish, P. and Bly, S. (1992) Portholes: supporting awareness in a distributed work group. *CHI '92: Proceedings of the SIGCHI Conference on Human Factors in Computing Systems*. ACM Press, New York, pp. 541–547.

Dowell, J. and Long, J. (1998) A conception of human–computer interaction. *Ergonomics*, 41(2), 174–178.

Downs, R. and Stea, D. (1973) Cognitive representations. In Downs, R. and Stea, D. (eds), *Image and Environment*. Aldine, Chicago, IL, pp. 79–86.

Dubberly, H. and Evenson, S. (2008) On modeling – the experience cycle. *Interactions* 15: 11–15. doi: 10.1145/1353782.1353786

Dumas, J. and Fox, J. (2012) Usability testing. In Jacko, J.A. (ed.), *The Human—Computer Interaction Handbook: Fundamentals, Evolving Technologies and Emerging Applications* (3rd edn). CRC Press, Taylor and Francis, Boca Raton, FL, pp. 1221–1242.

Dunne, A. (1999). *Hertzian Tale: Electronic Products, Aesthetic Experience and Critical design*. London: Royal College of Art.

Dunne, L.E., Brady, S., Tynan, R., Lau, K., Smyth, B., Diamond, D. and O'Hare, G.M.P. (2006) Garment-based body sensing using foam sensors. In Piekarski, W. (ed.), *Proceedings Seventh Australasian User Interface Conference (AUIC2006)*. Australian Computer Society, Sydney, pp. 165–171.

Eason, K.D., Harker, S.D. and Olphert, C.W. (1996) Representing socio-technical systems options in the development of new forms of work organization. *European Journal of Work and Organizational Psychology, 5*(3), 399–420.

Eco, U. (1976) *A Theory of Semiotics*. Indiana University Press, Bloomington, IN.

Economou, D., Mitchell, L.W., Pettifer, R.S. and West, J.A. (2000) CVE technology development based on real world application and user needs. *Proceedings of WET ICE '00 Conference*, Gaithersburg, MD, 14–16 June. IEEE Computer Society Press, Washington, DC, pp. 12–20.

Eggen, B., Hollemans, G. and van de Sluis, R. (2003) Exploring and enhancing the home experience. *Cognition Technology and Work*, 5(1), 44–54.

Ehn, P. and Kyng, M. (eds) (1987) *Computers and Democracy – A Scandinavian Challenge*. Avebury, Aldershot, pp. 251–278.

Ekman, P. and Friesen, W.V. (1978) *The Facial Action Coding System*. Consulting Psychologists' Press, Palo Alto, CA.

Ekman, P., Friesen, W.V. and Ellsworth, P. (1972) *Emotion in the Human Face*. Pergamon, New York.

Ellis, C., Adams, T.E. and Bochner, A.P. (2011) Autoethnography: an overview. *Forum: Qualitative Social Research*, 12(1) Art. 10 – January 2011.

Elrod, S., Bruce, R., Gold, R., Goldberg, D., Halasz, F., Janssen, W., Lee, D., McCall, K., Pederson, E., Pier, K., Tang, J. and Welch, B. (1992) Liveboard: a large interactive display supporting group meetings, presentations and remote collaboration. *CHI '92: Proceedings of the SIGCHI Conference on Human Factors in Computing Systems*. ACM Press, New York, pp. 599–607.

Emmanouilidis, C., Koutsiamanis, R.-A. and Tasidou, A. (2013) Mobile guides: Taxonomy of architectures, context awareness, technologies and applications. *Journal of Network and Computer Applications*, 36(1), 103–125.

Engeström, Y. (1987) *Learning by Expanding: an Activity-Theoretical Approach to Developmental Research*. Orienta-Konsultit, Helsinki.

Engeström, Y. (1995) Objects, contradictions and collaboration in medical cognition: an activity-theoretical perspective. *Artificial Intelligence in Medicine, 7*, 395–412.

Engeström, Y. (1999) Activity theory and individual and social transformation. In Engeström, Y., Miettinen, R. and Punamaki, R.-L. (eds), *Perspectives on Activity Theory*. Cambridge University Press, Cambridge, pp. 19–38.

Erickson, K.A., Smith, D.N., Kellogg, W.A., Laff, M., Richards, J.T. and Bradner, E. (1999) Socially translucent systems: social proxies, persistent conversation, and the design of 'Babble'. *CHI '99: Proceedings of the SIGCHI Conference on Human Factors in Computing Systems*. ACM Press, New York, pp. 72–79.

Erickson, T. (2003) http://www.pliant.org/personal/Tom_Erickson/InteractionPatterns.html, accessed 5 January 2004.

Erickson, T. and Kellogg, W.A. (2003) Social translucence: using minimalist visualisations of social activity to support collective interaction. In Höök, K., Benyon, D.R. and Munro, A. (eds), *Designing Information Spaces: The Social Navigation Approach*. Springer-Verlag, London, pp. 17–42.

Ericsson, K.A. and Simon, H.A. (1985) *Protocol Analysis: Verbal Reports as Data*. MIT Press, Cambridge, MA.

Ericsson, K.A. and Smith, J. (eds) (1991) *Towards a General Theory of Expertise*. Cambridge University Press, Cambridge.

Eslami, M., Karahalios, K., Sandvig, C., Vaccaro, K., Rickman, A., Hamilton, K. and Kirlik, A. (2016) First I "like" it, then I hide it: Folk theories of social feeds. *CHI '16: Proceedings of the SIGCHI Conference on Human Factors in Computing Systems*.

Esteves, A., Velloso, E., Bulling, A. and Gellersen, H. (2015) Orbits: gaze interaction for smart watches using smooth pursuit eye movements. *Proceedings of the 28th Annual ACM Symposium on User Interface Software Technologies (UIST)*.

Fauconnier, G. and Turner, M. (2002) *The Way We Think: Conceptual Blending and the Mind's Hidden Complexities*. Basic Books, New York.

Fischer, G. (1989) Human–computer interaction software: lessons learned, challenges ahead. *IEEE Software*, 6(1), 44–52.

Fischer, G. (2001) User modelling in human–computer interaction. *User Modeling and User-adapted Interaction*, 11(1–2), 65–86.

Flach, J. (1995) The ecology of human–machine systems: a personal history. In Flach, J., Hancock, P., Caird, J. and Vicente, K. (eds), *Global Perspectives on the Ecology of Human–Machine Systems*. Lawrence Erlbaum Associates, Hillsdale, NJ, pp. 1–13.

Floridi, L. (2014) *The Fourth Revolution*. Oxford University Press.

Fogg, B., Cuellar, G. and Danielson, D. (2007) Motivating, influencing and persuading users: an introduction to captology. In Sears, A. and Jacko, J.A. (eds), *The Human–Computer Interaction Handbook: Fundamentals, Evolving Technologies and Emerging Applications* (2nd edn). Lawrence Erlbaum Associates, Mahwah, NJ, pp. 1265–1275.

Fogg, B.J. (2003) *Persuasive Technologies: Using Computers to Change What We Think and Do*. Morgan Kaufman, Amsterdam.

Follmer, S., Leithinger, D., Olwal, A., Hogge, A. and Ishii, H. (2013) inFORM: dynamic physical affordances and constraints through shape and object actuation. *Uist*: 417–426. http://doi.org/10.1145/2501988.2502032.

Forlizzi, J. and Batterbee, K. (2004) Understanding experience in interactive systems. *Proceedings of Designing Interactive Systems (DIS) 2004*. Cambridge, MA, pp. 261–268.

Forsythe, D.E. (1999) It's just a matter of common sense: ethnography as invisible work. *Computer Supported Cooperative Work*, 8(1/2), 127–145.

Freeman, E., Brewster, S. and Lantz, V. (2016) Do that, there: an interaction technique for addressing in-air gesture systems. *CHI '16: Proceedings of the SIGCHI Conference on Human Factors in Computing Systems*.

Friedberg, E. and Lank, E. (2016) Learning from green designers: green design as discursive practice. *Proceedings CHI '16: Proceedings of the SIGCHI Conference on Human Factors in Computing Systems*.

Friedman, B. and Kahn, P.H. (2007) Human values, ethics and design. In Jacko, J.A. and Sears, A. (eds), *The Human–Computer Interaction Handbook: Fundamentals, Evolving Technologies and Emerging Applications* (2nd edn). Lawrence Erlbaum Associates, Mahwah, NJ.

Frosini, L. and Paternò, F. (2014) User interface distribution in multi-device and multi-user environments with dynamically migrating engines. *EICS*, 55–64. doi: 10.1145/2607023.2607032

Gabriel-petit, P. (2005) http://www.uxmatters.com/mt/archives/2005/11/welcome-to-uxmatters.php

Gaggioli, A., Ferscha, A., Riva, G., Dunne, S. and Viaud-Delmon, I. (2016) *Human Computer Confluence;*

Transforming Human Experience Through Symbiotic Technologies. De Gruyter OPE.

Garbett, A., Comber, R., Jenkins, E. and Olivier P. (2016) App movement: a platform for community commissioning of mobile applications. *Proceedings CHI '16: Proceedings of the SIGCHI Conference on Human Factors in Computing Systems*.

Gärling, T., Böök, A. and Ergesen, N. (1982) Memory for the spatial layout of the everyday physical environment: different rates of acquisition of different types of information. *Scandinavian Journal of Psychology, 23*, 23–35.

Garrett, J.J. (2003) *The Elements of User Experience*. New Riders, Indianapolis, IN.

Garrett, J.J. (2011) *The Elements of User Experience* (2nd edn). New Riders, Indianapolis, IN.

Gaver, W. (2011) Making spaces: how design workbooks work. *Proc. CHI '11*, ACM Press, pp. 1551–1560.

Gaver, W., Beaver, J. and Benford, S. (2003) Ambiguity as a resource for design. *Proceedings of CHI '03*, ACM (2003), 233–240.

Gaver, W., Dunne, T. and Pacenti, E. (1999) Cultural probes. *Interactions, 6*(1), 21–29.

Geen, R. (1991) Social motivation. *Annual Review of Psychology, 42*, 377–399.

Gibson, J.J. (1950) *The Perception of the Visual World*. Houghton Mifflin, Boston, MA.

Gibson, J.J. (1966) *The Senses Considered as Perceptual Systems*. Houghton Mifflin, Boston, MA.

Gibson, J.J. (1977) The theory of affordances. In Shaw, R. and Bransford, J. (eds), *Perceiving, Acting and Knowing*. Wiley, New York, pp. 67–82.

Gibson, J.J. (1979) *The Ecological Approach to Human Perception*. Houghton Mifflin, Boston, MA.

Gibson, J.J. (1986) *The Ecological Approach to Visual Perception*. Lawrence Erlbaum Associates, Hillsdale, NJ.

Gladwell, M. (2000) The new-boy network: what do job interviews really tell us? *The New Yorker,* 29 May. See also www.gladwell.com/.

Glaser, B.G. and Strauss, A. (1967) *Discovery of Grounded Theory. Strategies for Qualitative Research*. Sociology Press, Mill Valley, CA.

Goffman, E. (1959) *The Presentation of Self in Everyday Life*. Anchor: New York.

Gosling, D. (1996) *Gordon Cullen: Visions of Urban Design*. Academy Editions, London.

Goth elf, J. and Seiden, J. (2013) *Lean UX*. O'Reilly, Sebastopol, CA.

Gould, J.D. and Lewis, C. (1985) Designing for usability: key principles and what designers think, *Communications of the ACM* 28(3), 300–311.

Gould, J.D., Boies, S.J., Levy, S., Richards, J.T. and Schoonard, J. (1987) The 1984 Olympic Message System: a test of behavioral principles of system design. *Communications of the ACM, 30*(9), 758–769.

Graham, C., Rouncefield, M., Gibbs, M., Vetere, F., and Cheverst, K. (2007). How probes work. *Proceedings of the 19th Australasian Conference on Computer-Human Interaction: Entertaining User Interfaces* (Adelaide, Australia, 28–30 November 2007). OZCHI '07, vol. 251. ACM Press, New York, pp. 29–37.

Graham, I. (2003) *A Pattern Language for Web Usability*. Addison-Wesley, Harlow.

Green, P. (2012) Motor vehicle-driver interfaces. In Jacko, J.A. (ed.), *The Human—Computer Interaction Handbook: Fundamentals, Evolving Technologies and Emerging Applications* (3rd edn). CRC Press, Taylor and Francis, Boca Raton, FL, pp. 749–770.

Green, T.R.G. and Benyon, D.R. (1996) The skull beneath the skin: entity–relationship modelling of information artefacts. *International Journal of Human–Computer Studies, 44*(6), 801–828.

Greenberg, S., Carbondale, S., Marquardt N. and Buxton, B. (2012) *Sketching User Experiences, The Workbook*. Morgan Kaufman, San Francisco, CA.

Greenfield, A. (2006) *Everywhere; The Dawning Age of Ubiquitous Computing*. New Riders, Indianapolis, IN.

Gregory, R.L. (1973) *Eye and Brain* (2nd edn). World Universities Library, New York.

Gross, M. (1996) The Electronic Cocktail Napkin – a computational environment for working with design diagrams. *Design Studies, 17*(1), 53–69.

Gross, R. (2001) *Psychology: the Science of Mind and Behaviour*. Hodder Arnold, London.

Gruber, T.R. (1995) Toward principles for the design of ontologies used for knowledge sharing? *International Journal of Human-Computer Studies, 43*(5–6), 907–928.

Grudin, J. (1988) Why CSCW applications fail: problems in the design and evaluation of organization interfaces. *Proceedings of CSCW '88 Conference,* Portland, OR, 26–28 September. ACM Press, New York, pp. 85–93.

Grudin, J. (1994) Groupware and social dynamics: eight challenges for developers. *Communications of the ACM, 37*, 93–105.

Grudin, J. and Poltrock, S.E. (1997) Computer-supported cooperative work and groupware. In Zelkowitz, M.V. (ed.), *Advances in Computing*. Academic Press, New York, pp. 269–320.

Guilford, J.P. (1967) *The Nature of Human Intelligence*. McGraw-Hill, New York.

Hall, E.T. (1966) *The Hidden Dimension*. Doubleday, New York.

Haller, M., Leitner, J., Seifried, T., Wallace, J., Scot, S., Richter, C., Brandl, P., Gokcezade, A. and Hunter, S. (2010) The NiCE discussion room: integrating paper and digital media to support co-located group meetings. *CHI '10: Proceedings of the SIGCHI Conference on Human Factors in Computing Systems*. ACM Press, pp. 609–618.

Halskov, K. and Dalsgaard, P. (2006) Inspiration card workshops. *Proceedings of the 6th Conference on Designing Interactive Systems*. ACM Press, New York.

Hamilton, P. and Wigdor, D.J. (2014) Conductor: enabling and understanding cross-device interaction. *CHI,* 2773–2782. doi: 10.1145/2556288.2557170

Haney, C., Banks, W.C. and Zimbardo, P.G. (1973) Interpersonal dynamics in a simulated prison. *International Journal of Penology and Criminology,* 1, 69–97.

Harkins, S. and Szymanski, K. (1987) Social loafing and social facilitation: new wine in old bottles. In Hendrick, C. (ed.), *Review of Personality and Social Psychology: Group Processes and Intergroup Relations,* vol. 9. Sage, London, pp. 167–188.

Harper, R.H.R. (1992) Looking at ourselves: an examination of the social organisation of two research laboratories. *Proceedings of CSCW '92 Conference,* Toronto, 1–4 November. ACM Press, New York, pp. 330–337.

Hartman, J., Sutcliffe, A. and de Angeli, A. (2008) Investigating attractiveness in web user interfaces. *CHI '08: Proceedings of the SIGCHI Conference on Human Factors in Computing Systems.* ACM Press, New York, pp. 387–396.

Hasan, H., Gould, E. and Hyland, P. (eds) (1998) *Information Systems and Activity Theory: Tools in Context.* University of Wollongong Press, Wollongong, New South Wales.

Hassenzahl, M. (2007) Aesthetics in interactive products: Correlates and consequences of beauty. In Schifferstein, H.N.J. and Hekkert, P. (eds), *Product Experience.* Elsevier, Amsterdam, pp. 287–302.

Hassenzahl, M. (2010) *Experience DESIGN: Technology for All the Right Reasons.* Morgan & Claypool, San Rafael, CA.

Hayward, V., Astley, O., Cruz-Hernandez, M., Grant, D. and Robles-De-La-Torre, G. (2004) Haptic interfaces and devices. *Sensor Review,* 24(1), 16–29. Retrieved 14 September 2007 from http://www.cim.mcgill.ca/~haptic/pub/VH-ET-AL-SR-04.pdf.

Heath, C. and Luff, P. (2000) *Technology in Action.* Cambridge University Press, Cambridge.

Hebb, D.O. (1949) *The Organization of Behavior.* Wiley, New York.

Heeren, E. and Lewis, R. (1997) Selecting communication media for distributed communities. *Journal of Computer Assisted Learning,* 13, 85–98.

Herring, S.R., Chang, C-C., Krantzler, J. and Bailey, B.P. (2009) Getting inspired!: understanding how and why examples are used in creative design practice. *CHI '09: Proceedings of the SIGCHI Conference on Human Factors in Computing Systems.* ACM Press, New York, pp. 87–96.

Hillier, B. (1996) *Space is the Machine.* Cambridge University Press, Cambridge.

Hoffman, T. (2003, 24 March) Smart dust: mighty motes for medicine, manufacturing, the military and more. *Computer World.* [Electronic Version]. Retrieved August 12, 2007 from http://www.computerworld.com/mobiletopics/mobile/story/0,10801,79572,00.html.

Hofstede, G. (1994) *Cultures and Organisations.* HarperCollins, London.

Hoggan, E. and Brewster, S. (2012) Nonspeech auditory and crossmodal output. In Jacko, J.A. (ed.), *The Human—Computer Interaction Handbook: Fundamentals, Evolving Technologies and Emerging Applications* (3rd edn). CRC Press, Taylor and Francis, Boca Raton, FL, pp. 211–236.

Hollan, J., Hutchins, E. and Kirsh, D. (2000) Distributed cognition: toward a new foundation for human–computer interaction research. *ACM Transactions on Computer–Human Interaction (TOCHI),* 7(2), 174–196.

Hollnagel, E. (1997) Building joint cognitive systems: a case of horses for courses? *Design of Computing Systems: Social and Ergonomic Considerations, Proceedings of HCI '97 International Conference.* Elsevier, New York, vol. 2, pp. 39–42.

Hollnagel, E. (2003) Is affective computing an oxymoron? *International Journal of Human–Computer Studies,* 59(1–2), 65–70.

Holmquist, L.E. *et al.* (2004) Building intelligent environments with Smart-Its. *IEEE Computer Graphics and Applications,* 24(1), 56–64.

Holtzblatt, K. (2012) Contextual design. In Jacko, J.A. (ed.), *The Human—Computer Interaction Handbook: Fundamentals, Evolving Technologies and Emerging Applications* (3rd edn). CRC Press, Taylor and Francis, Boca Raton, FL, pp. 983–1002.

Holtzblatt, K. and Beyer, H. (2015) *Contextual Design: Evolved.* Morgan & Claypool, San Rafael, CA.

Höök, K. (2000) Seven steps to take before intelligent user interfaces become real. *Interacting with Computers,* 12(4), 409–426.

Höök, K., Benyon, D.R. and Munro, A. (2003) *Designing Information Spaces: The Social Navigation Approach.* Springer-Verlag, London.

Höök, K., Ståhl, A., Sundström, P. and Laaksolaahti, J. (2008) Interactional empowerment. *CHI '08: Proceedings of the SIGCHI Conference on Human Factors in Computing Systems.* ACM Press, New York, pp. 647–656.

Horton, W. (1991) *Illustrating Computer Documentation: The Art of Presenting Graphically on Paper On-line.* John Wiley, Toronto.

Hoschka, P. (1998) CSCW research at GMD-FIT: from basic groupware to the social Web. *ACM SIGGROUP Bulletin,* 19(2), 5–9.

Howe, J. (2006) The rise of crowdsourcing, *Wired,* Issue 14.06, June.

Hudson, W. (2012): Card sorting. In Soegaard, M. and Dam, R.F. (eds), *Encyclopedia of Human–Computer Interaction.* The Interaction Design Foundation, Aarhus, Denmark. Available online at www.interaction-design.org/encyclopedia/card_sorting.html.

Hughes, C.E., Stapleton, C.B., Micikevicius, P., Hughes, D.E., Malo, S. and O'Connor, M. (2004) *Mixed Fantasy: An Integrated System for Delivering MR Experiences.* Paper presented at VR Usability Workshop: Designing and Evaluating VR Systems, Nottingham, England, 22–23 January.

Hulkko, S., Mattelmäki, T., Virtanen, K. and Keinonen, T. (2004) Mobile probes. *Proceedings of the Third Nordic Conference on Human–Computer Interaction* (Tampere, Finland, 23–27 October 2004). NordiCHI '04, vol. 82. ACM Press, New York, pp. 43–51.

Hull, A., Wilkins, A.J. and Baddeley, A. (1988) Cognitive psychology and the wiring of plugs. In Gruneberg, M.M.,

Morris, P.E. and Sykes, R.N. (eds), *Practical Aspects of Memory: Current Research and Issues, vol. 1: Memory in Everyday Life*. Wiley, Chichester, pp. 514–518.

Hurtienne, J., Stößel, C. and Weber, K. (2009) Sad is heavy and happy is light – population stereotypes of tangible object attributes. *Proceedings of TEI '09*, ACM Press, New York, pp. 61–68.

Hutchins, E. (1995) *Cognition in the Wild*. MIT Press, Cambridge, MA.

Hyowon, L., Cheah, A., Yoong, H., Lui, S., Vaniyar, A. and Balasubramanian, G. (2016) Design exploration for the 'squeezable' interaction. *Proceedings of 28th Australian Conference on Computer–Human Interaction (OzCHI 2016)*, pp. 586–594.

IJsselsteijn, W.A. and Riva, G. (2003) Being there: the experience of presence in mediated environments. In Riva, G., Davide, F. and IJsselsteijn, W.A. (eds), *Being There – Concepts, Effects and Measurements of User Presence in Synthetic Environments*. IOS Press, Amsterdam, pp. 3–16.

Imaz, M. and Benyon, D.R. (2005) *Designing with Blends: Conceptual Foundations of Human Computer Interaction and Software Engineering*. MIT Press, Cambridge, MA.

Insko, B.E. (2001) *Passive haptics significantly enhance virtual environments*. Doctoral Dissertation, University of North Carolina at Chapel Hill, NC.

Insko, B.E. (2003) Measuring presence: subjective, behavioral and physiological methods. In Riva, G., Davide, F. and IJsselsteijn, W.A. (eds), *Being There: Concepts, Effects and Measurement of User Presence in Synthetic Environments*. IOS Press, Amsterdam.

It's Alive (2004, July) *Company website: Botfighters 2*. Retrieved 18 July 2005 from http://www.itsalive.com/page.asp.

Iwata, H., Yano, H., Uemura, T. and Moriya, T. (2004) Food simulator: a haptic interface for biting. *Proceedings of the IEEE Virtual Reality 2004 (Vr'04)*. IEEE Computer Society Press, Washington, DC.

Jacobson, R. (ed.) (2000) *Information Design*. MIT Press, Cambridge, MA.

Jameson, A. (2007) Adaptive interfaces and agents. In Sears A. and Jacko, J.A. (eds), *The Human–Computer Interaction Handbook: Fundamentals, Evolving Technologies and Emerging Applications* (2nd edn). Lawrence Erlbaum Associates, Mahwah, NJ.

Jeners, W.P. (2014) Metrics for cooperative systems Group '14: *Proceedings of the 18th International Conference on Supporting Group Work*.

Jetter, H.-C., Geyer, F., Schwarz, T. and Reiterer, H. (2012) Blended interaction – toward a framework for the design of interactive spaces. *Workshop Designing Collaborative Interactive Spaces* DCIS, at AVI 2012, Human-Computer Interaction Group, Univ. of Konstanz, May 2012, http://hci.uni-konstanz.de/downloads/dcis2012_Jetter.pdf. AVI Workshop, Capri, 25 May.

John, B. (2003) Information processing and skilled behaviour. In Carroll, J.M. (ed.), *HCI Models, Theories and Frameworks*. Morgan Kaufmann, San Francisco, CA.

Johnson, M. (1990) *The Body in the Mind: The Bodily Basis of Meaning, Imagination, and Reason*. University of Chicago Press, Chicago, IL.

Johnson, J. and Henderson, A. (2011) *Conceptual Models; Core to Good Design*. Morgan and Claypool, San Rafael, CA.

Jones, M. and Marsden, G. (2006) *Mobile Interaction Design*. Wiley, Chichester.

Jordan, P.W. (2000) *Designing Pleasurable Products*. Taylor & Francis, London.

Jungk, R. and Müllert, N. (1987) *Future Workshops: How to Create Desirable Futures*. London: Institute for Social Inventions.

Jungk, R. and Müllert, N. (1987) *Future Workshops: How to Create Desirable Futures*. Institute for Social Inventions, London.

Kahneman, D. (1973) *Attention and Effort*. Prentice-Hall, Englewood Cliffs, NJ.

Kane, S., Shulman, J., Shockley, T. and Ladner, R. (2007) A web accessibility report card for top university web sites. *Proceedings of the 2007 International Cross-Disciplinary conference on Web accessibility (W4A)*. ACM International Conference Proceeding Series. ACM Press, New York, pp. 148–156.

Kaptelinin, V., Nardi, B.A. and Macaulay, C. (1999) Methods and tools: the Activity Checklist: a tool for representing the 'space' of context. *Interactions*, 6(4), 27–39.

Kay, A. (1990) User interface: a personal view. In Laurel, B. (ed.), *The Art of Human–Computer Interface Design*. Addison Wesley, Reading, MA.

Kay, A. and Goldberg, A. (1977) Personal dynamic media. *IEEE Computer*, 10(3), 31–44.

Kay, J. (2001) Learner control. *User Modeling and User-adapted Interaction*, 11(1–2), 111–127.

Kelley, D. and Hartfield, B. (1996) The designer's stance. In Winograd, T. (ed.), *Bringing Design to Software*. ACM Press, New York.

Kelley, H. (1983) Epilogue: An essential science. In Kelly, H., Berscheid, A., Christensen, J. *et al.* (eds) *Close Relationships*. Freeman, New York, pp. 486–503.

Kellogg, W. (1989) The dimensions of consistency. In Nielsen, J. (ed.), *Coordinating User Interfaces for Consistency*. Academic Press, San Diego, CA.

Kelly, G. (1955) *The Psychology of Personal Constructs*. Vol. I, II. Norton, New York (2nd printing: 1991, Routledge, London, New York).

Kemp, J.A.M. and van Gelderen, T. (1996). Co-discovery exploration: an informal method for the iterative design of consumer products. In Jordan, P.W., Thomas, B., Weerdmeester, B.A. and McClelland, I.L. (eds) *Usability Evaluation in Industry*. Taylor and Francis, London, pp. 139–146.

Kieras, D. (2004) GOMS models for task analysis. In Diaper, D. and Stanton, N. (eds), *The Handbook of Task Analysis for Human–Computer Interaction*. Lawrence Erlbaum Associates, Mahwah, NJ.

Kieras, D. (2012) Model-based evaluation. In Jacko, J. (ed.) *The Human—Computer Interaction Handbook:*

Fundamentals, Evolving Technologies and Emerging Applications (3rd edn). CRC Press, Taylor and Francis, Boca Raton, FL, pp. 1299–1318.

Klann, M. (2009) Tactical navigation support for firefighters: the LifeNet ad-hoc sensor-network and wearable system. In *Mobile Response,* LNCS 5424. Springer-Verlag, Berlin, pp. 41–56.

Kobsa, A. and Wahlster, A. (1993) *User Models in Dialog Systems.* Springer-Verlag, Berlin.

Konstan, J.A. and Riedl, J. (2003) Collaborative filtering: supporting social navigation in large, crowded infospaces. In Höök, K., Benyon, D.R. and Munro, A. (eds), *Designing Information Spaces: The Social Navigation Approach.* Springer-Verlag, London, pp. 43–82.

Kozinets, V. (2010) *Netography.* Sage Publications.

Kruger, R., Carpendale, S., Scott, S.D. and Tang, A. (2005) Fluid integration of rotation and translation. *CHI '05: Proceedings of the SIGCHI Conference on Human Factors in Computing Systems.* ACM Press, New York, pp. 601–610.

Kuipers, B. (1982) The 'map in the head' metaphor. *Environment and Behaviour,* 14, 202–220.

Kuniavsky, M. (2003) *Observing the User Experience – a Practitioner's Guide to User Research.* Morgan Kaufmann, San Francisco, CA.

Lakoff, G. and Johnson, M. (1981) *Metaphors We Live By.* Chicago University Press, Chicago, IL.

Lakoff, G. and Johnson, M. (1999) *Philosophy of the Flesh.* Basic Books, New York.

Lapham, L.H. (1994) Introduction to the MIT Press edition. In McLuhan, M. (ed.), *Understanding Media: The Extensions of Man* (new edn). MIT Press, Cambridge, MA.

Laurel, B. (ed.) (1990a) *The Art of Human–Computer Interface Design.* Addison-Wesley, Reading, MA.

Laurel, B. (1990b) Interface agents. In Laurel, B. (ed.), *The Art of Human–Computer Interface Design.* Addison Wesley, Reading, MA.

Lavie, T. and Tractinsky, N. (2004) Assessing dimensions of perceived visual aesthetics of web sites. *International Journal of Human–Computer Studies,* 60(3), 269–298.

Lawson, B. (2001) *The Language of Space.* Architectural Press, Oxford.

Lazarus, R.S. (1982) Thoughts on the relations between emotion and cognition. *American Psychologist,* 37, 1019–1024.

Lazzaro N. (2012) Why we play: affect and the fun of games – designing emotions for games, entertainment interfaces, and interactive products. In Jacko, J. (ed.) *The Human—Computer Interaction Handbook: Fundamentals, Evolving Technologies and Emerging Applications* (3rd edn). CRC Press, Taylor and Francis, Boca Raton, FL, pp. 725–748.

Leach, M. and Benyon, D.R. (2008) Navigating in a speckled world: interacting with wireless sensor networks. In P. Turner and S. Turner (eds), *The Exploration of Space, Spatiality and Technology.* Springer, Amsterdam.

LeCompte, D. (1999) Seven, plus or minus two, is too much to bear: three (or fewer) is the real magic number. *Proceedings of the Human Factors and Ergonomics Society 43rd Annual Meeting,* 27 September–1 October, Houston, TX, pp. 289–292.

Lee, H., Gurrin, C., Jones, G. and Smeaton, A.F. (2008) Interaction design for personal photo management on a mobile device. In Lumsden, J. (ed.), *Handbook of Research on User Interface Design and Evaluation for Mobile Technology.* IGI Global, Hershey, PA, pp. 69–85.

Lei, P. and Wong, A. (2009) The multiple-touch user interface revolution. *IT Pro,* 42–49.

Leontiev, A.N. (2009) *The Development of Mind,* a reproduction of the Progress Publishers 1981 edition, plus 'Activity and consciousness', originally published by Progress Publishers, 1977, published by Erythros Press, see Erythrospress.com

Lessiter, J., Freeman, J., Keogh, E. and Davidoff, J.D. (2001) A cross-media presence questionnaire: the ITC sense of presence inventory. *Presence: Teleoperators and Virtual Environments,* 10(3), 282–297.

Lester, J.C., Converse, S.A., Kahler, S.E., Barlow, S.T., Stone, B.A. and Bhogal, R.S. (1997) *CHI '97: Proceedings of the SIGCHI Conference on Human Factors in Computing Systems.* ACM Press, New York, pp. 359–366.

Lewis, C., Polson, P., Wharton, C. and Rieman, J. (1990) Testing a walkthrough methodology for theory-based design of walk-up-and-use interfaces. *CHI '90: Proceedings of the SIGCHI Conference on Human Factors in Computing Systems.* ACM Press, New York, pp. 235–242.

Licklider, J.C.R. (2003) http://memex.org/licklider.html, accessed 7 November 2003.

Lieberman, H. (1995) Letizia: an agent that assists Web browsing. *Proceedings of 14th International Joint Conference on Artificial Intelligence,* Montreal, August. Morgan Kaufmann, San Francisco, CA, pp. 924–929.

Lieberman, H. and Selker, T. (2000) Out of context: Computer systems that adapt to, and learn from, context. *IBM Systems Journal,* 39(3, 4). [Electronic version]. Retrieved 15 August 2007 from http://www.research.ibm.com/journal/sj/393/part1/lieberman.html.

Lieberman, H., Fry, C. and Weitzman, L. (2001) Exploring the Web with reconnaissance agents. *Communications of the ACM,* 44(8), 69–75.

Likert, R. (1932) A technique for the measurement of attitudes. *Archives of Psychology,* 140, 1–55.

Lim, K.Y. and Long, J. (1994) *The MUSE Method for Usability Engineering.* Cambridge University Press, Cambridge.

Lim, Y.-K., Stolterman, E. and Tenenberg, J. (2008) The anatomy of prototypes: Prototypes as filters, prototypes as manifestations of design ideas. *ACM Transactions on Computer–Human Interaction (TOCHI),* 15(2), 7.

Lindgaard, G., Fernandes, G., Dudek, C. and Brown, J. (2006) Attention web designers: You have 50 milliseconds to make a good first impression! *Behaviour and Information Technology* 25(2), 115–126.

Lisetti, C., Nasoz, F., LeRouge, C., Ozyer, O. and Alvarez, K. (2003) Developing multimodal intelligent affective interfaces for tele-home health care. *International Journal of Human–Computer Studies,* 59, 245–255.

Lombard, M. and Ditton, T. (1997) At the heart of it all: the concept of presence. *Journal of Computer-Mediated Communication,* 3(2), 1–39.

Lucero, A. (2009) *Co-Designing Interactive Spaces for and with Designers: Supporting Mood-Board Making.* PhD Thesis, Eindhoven University of Technology.

Lucero, A. (2012) Framing, aligning, paradoxing, abstracting, and directing: how design mood boards work. *Proceedings of DIS 2012.*

Lucero, A., Aliakseyeu, D. and Martens, J.-B. (2008) Funky wall: presenting mood boards using gesture, speech and visuals. In Levialdi, S. (ed.), *Proceedings AVI '08 Working Conference on Advanced Visual Interfaces.* ACM Press, New York, pp. 425–428.

Lundberg, J., Ibrahim, A., Jönsson, D., Lindquist, S. and Qvarfordt, P. (2002) 'The snatcher catcher': an interactive refrigerator. *Proceedings of the Second Nordic Conference on Human–Computer Interaction* (Aarhus, Denmark, 19–23 October 2002). NordiCHI '02, vol. 31. ACM Press, New York, pp. 209–212.

Lutters, W.G. and Ackerman, M.S. (2007) Beyond boundary objects: collaborative reuse in aircraft technical support. *Computer Supported Cooperative Work,* 16(3), pp. 341–372.

Lynch, K. (1961) *The Image of the City.* MIT Press, Cambridge, MA.

MacGregor, J.N. (1987) Short-term memory capacity: limitation or optimization? *Psychological Review,* 94(1), 107–108.

Mackay, W., Ratzer, A. and Janecek, P. (2000) Video artifacts for design: bridging the gap between abstraction and detail. In Boyarski, D. and Kellogg, W. (eds), *Proceedings of DIS '00.* ACM Press, New York, pp. 72–82.

MacLean, A., Young, R., Bellotti, V. and Moran, T. (1991) Questions, options and criteria: elements of design space analysis. *Human–Computer Interaction,* 6, 201–251.

Maes, P. (1994) Agents that reduce work and information overload. *Communications of the ACM,* 37(7), 30–41.

Majaranta, P., Ahola, U. and Špakov, O. (2009) Fast gaze typing with an adjustable dwell time. *CHI '09: Proceedings of the SIGCHI Conference on Human Factors in Computing Systems.* ACM Press, New York, pp. 357–360.

Mann, S. (1998) Wearable computing as a means for personal empowerment. Keynote address, *First International Conference on Wearable Computing,* ICWC-98, Fairfax, VA, 12–13 May.

Mann, S. (2013) Wearable computing. In M. Soegaard and R.F. Dam (eds), *The Encyclopedia of Human–Computer Interaction,* 2nd edn. The Interaction Design Foundation, Aarhus, Denmark. Available online at www.interaction-design.org/encyclopedia/wearable_computing.html.

Marcus, A. (1992) *Graphic Design for Electronic Documents and User Interfaces.* ACM Press, New York.

Marcus, A. and Gould, E.W. (2012) Globalization, localization, and cross–cultural user–interface design. In Jacko, J. (ed.) *The Human—Computer Interaction Handbook: Fundamentals, Evolving Technologies and Emerging Applications* (3rd edn). CRC Press, Taylor and Francis, Boca Raton, FL, pp. 341–366.

Martinie, C., Palanque, P.A., Fahssi, R., Blanquart, J.-P., Fayollas, C. and Seguin, C. (2016) Model-based systematic analysis of both system failures and human errors. *IEEE Trans. Human–Machine Systems,* 46(2), 243–254.

Masmoudi, S., Yun Dai, D. and Naceur, A. (2012) *Attention, Representation and Human Performance: Integration of Cognition, Emotion and Motivation.* Psychology Press, New York.

Mayhew, D.J. (2008) *Principles and Guidelines in Software User Interface Design.* Prentice Hall, Upper Saddle River, NJ.

Marcus, A. and Chen, E. (2002) Designing the PDA of the future. *Interactions,* 9(1), 34–44.

McCarthy, J. and Wright, P. (2004) *Technology as Experience.* MIT Press, Cambridge, MA.

McCullough, M. (2002a) *Abstracting Craft: The Practiced Digital Hand.* MIT Press, Cambridge, MA.

McCullough, M. (2002b) Digital ground: fixity, flow and engagement with context. *Archis,* no. 5 (special 'flow issue', Oct/Nov); also on Doors of Perception website, www.doorsofperception.com.

McGlynn, S., Smith, G., Alcock, P. Murrain and Bently, I. (1985) *Responsive Environments.* Elsevier.

McKinlay, A., Proctor, R. and Dunnett, A. (1999) An investigation of social loafing and social compensation in computer-supported cooperative work. In Hayne, S.C. (ed.), *Proceedings of Group '99 Conference.* ACM Press, New York, pp. 249–257.

McLuhan, M. (1964) *Understanding Media.* McGraw-Hill, New York. Reprinted 1994, MIT Press, Cambridge, MA.

McNeese, M.D. (2003) New visions of human–computer interaction: making affect compute. *International Journal of Human–Computer Studies,* 59, 33–53.

Meehan, M. (2001) *Physiological reaction as an objective measure of presence in virtual environments.* Doctoral Dissertation, University of North Carolina at Chapel Hill, NC.

Megaw, E.D. and Richardson, J. (1979) Target uncertainty and visual scanning strategies. *Human Factors,* 21, 303–316.

Mekler, E.D. and Hornbook, K. (2016) Momentary pleasure or lasting meaning? Distinguishing eudaimonic and hedonic USER experiences. *CHI '16: Proceedings of the SIGCHI Conference on Human Factors in Computing Systems.*

Microsoft (2008) *Being Human: Human–Computer Interaction in the Year 2020.* Retrieved 18 August 2009 from http://research.microsoft.com/en-us/um/cambridge/projects/hci2020/default.html.

Milgram, P., Takemura, H., Utsumi, A. and Kishino, F. (1994) Augmented reality: a class of displays on the reality–virtuality continuum. In Das, H. (ed.), *Proceedings of Telemanipulator and Telepresence Technologies.* Boston, MA. *SPIE,* 2351, pp. 282–292.

Miller, G.A. (1956) The magical number seven, plus or minus two: some limits on our capacity for processing information. *Psychological Review,* 63, 81–97.

Miller, S. (1984) *Experimental Design and Statistics* (2nd edn), Routledge, London.

Mitchell, V. (2005) *Mobile Methods: Eliciting User Needs for Future Mobile Products.* Unpublished PhD thesis, Loughborough University, UK.

Mitchell, W. (1998) *City of Bits*. MIT Press, Cambridge, MA.

Mival, O. (2004) Crossing the chasm: developing and understanding support tools to bridge the research design divide within a leading product design company. In Marjanovic, D. (ed.), *Proceedings of Design 2004,* Faculty of Mechanical Engineering and Naval Architecture, Zagreb, pp. 61–73.

Monk, A. and Gilbert, N. (eds) (1995) *Perspectives on HCI – Diverse Approaches.* Academic Press, London.

Monk, A. and Howard, S. (1998) The rich picture: a tool for reasoning about work context. *Interactions,* 5(2), 21–30.

Monk, A., Wright, P., Haber, J. and Davenport, L. (1993) *Improving Your Human–Computer Interface: a Practical Technique.* BCS Practitioner Series, Prentice-Hall, New York and Hemel Hempstead.

Morville, J. and Rosenfeld (2006) *Information Architecture for the World Wide Web* (3rd edn). O'Reilly, Sebastopol, CA.

Muller, M.J. (2001) Layered participatory analysis: new developments in the CARD technique. *CHI '01: Proceedings of the SIGCHI Conference on Human Factors in Computing Systems.* ACM Press, New York, pp. 90–97.

Muller, M.J., Matheson, L., Page, C. and Gallup, R. (1998) Methods and tools: participatory heuristic evaluation. *Interactions,* 5(5), 13–18.

Mumford, E. (1983) *Designing Human Systems.* Manchester Business School, Manchester.

Mumford, E. (1993) The participation of users in systems design: an account of the origin, evolution and use of the ETHICS method. In Schuler, D. and Namioka, A. (eds), *Participatory Design: Principles and Practices.* Lawrence Erlbaum Associates, Hillsdale, NJ, pp. 257–270.

Myst (2003) www.riven.com/home.html, accessed 7 November 2003.

Nardi, B. (ed.) (1996) *Context and Consciousness: Activity Theory and Human–Computer Interaction.* MIT Press, Cambridge, MA.

Nass, C. and Brave, S. (2005) *Wired For Speech. How voice activates and advances the human–computer relationship.* MIT Press, Cambridge, MA.

Negroponte, N. (1995) *Being Digital.* Knopf, New York.

Nelson, T. (1982) *Literary Machines.* Mindful Press, New York.

Newell, A. (1995) Extra-ordinary human–computer interaction. In Edwards, A.K. (ed.), *Extra-ordinary Human–Computer Interaction: Interfaces for Users with Disabilities.* Cambridge University Press, New York.

Newlands, A., Anderson, A.H. and Mullin, J. (1996) Dialog structure and cooperative task performance in two CSCW environments. In Connolly, J.H. and Pemberton, L. (eds), *Linguistic Concepts and Methods in CSCW.* Springer-Verlag, London, pp. 41–60.

Nielsen, J. (1993) *Usability Engineering.* Academic Press, New York.

Nielsen, J. and Mack, R.L. (eds) (1994) *Usability Inspection Methods.* Wiley, New York.

Nilsen, T., Linton, S. and Looser, J. (2004) Motivations for AR gaming. *Proceedings Fuse '04, New Zealand Game Developers Conference.* ACM Press, New York, pp. 86–93.

Nilsson, L. and Svensson, S. (2014) Presenting the kludd: a shared workspace for collaboration Group '14: *Proceedings of the 18th International Conference on Supporting Group Work.*

NNGroup (2010) https://www.nngroup.com/articles/ mental-models/ retrieved 23.06.16.

Norberg-Schulz, C. (1971) *Existence, Space, Architecture.* Studio Vista, London.

Norman, D. (1968) Towards a theory of memory and attention. *Psychological Review,* 75, 522–536.

Norman, D. (1981) The trouble with UNIX: the user interface is horrid. *Datamation,* 27(12), 139–150.

Norman, D. (1983) Some observations on mental models. In Gentner, D. and Stevens, A.L. (eds), *Mental Models.* Lawrence Erlbaum Associates, Hillsdale, NJ, pp. 7–14.

Norman, D. (1986) Cognitive engineering. In Norman, D.A. and Draper, S. (eds), *User-centred System Design: New Perspectives on Human–Computer Interaction.* Lawrence Erlbaum Associates, Hillsdale, NJ, pp. 31–61.

Norman, D. (1988) *The Psychology of Everyday Things.* Basic Books, New York.

Norman, D. (1993) *Things That Make Us Smart.* Addison-Wesley, Reading, MA.

Norman, D. (1998) *The Design of Everyday Things.* Addison-Wesley, Reading, MA.

Norman, D. (1999) *The Invisible Computer: Why Good Products Can Fail.* MIT Press, Cambridge, MA.

Norman, D. (2004) *Emotional Design: Why We Love (or Hate) Everyday Things.* Basic Books, New York.

Norman, D. (2007) The next UI breakthrough: command lines. *Interactions,* 14(3), 44–45.

Norman, D. and Draper, S. (eds) (1969; 1986) *User-centred System Design: New Perspectives on Human–Computer Interaction.* Lawrence Erlbaum Associates, Hillsdale, NJ.

O'Hara, K., Kjeldskov, J. and Pay, J. (2011) Blended interaction spaces for distributed team collaboration. *ACM Transactions on Computer–Human Interaction,* 18(1), 1–28.

Oakley, I., Sunwoo, J. and Cho, I.-Y. (2008) Pointing with fingers, hands and arms for wearable computing.

CHI EA '08: Extended Abstracts on Human Factors in Computing Systems. ACM Press, New York, pp. 3255–3260.

Oakley, I., McGee, M.R., Brewster, S. and Gray, P. (2000) Putting the feel in 'look and feel'. *CHI '00: Proceedings of the SIGCHI Conference on Human Factors in Computing Systems*. ACM Press, New York, pp. 415–422.

Obendorf, H. and Finck, M. (2008) Scenario-based usability engineering techniques in agile development processes. *CHI EA '08: Extended Abstracts on Human Factors in Computing Systems*. ACM Press, New York, pp. 2159–2166.

Olson, G. and Olson, J. (2007) Collaboration technologies. In Jacko, J. (ed.) *The Human—Computer Interaction Handbook: Fundamentals, Evolving Technologies and Emerging Applications*. CRC Press, Taylor and Francis, Boca Raton, FL, pp. 549–564.

Olson, G.M. and Olson, J.S. (2000) Distance matters. *Human–Computer Interaction*, 15, 139–179.

Olson, J.S. and Olson, G.M. (2012) Collaborative technologies. In Jacko, J.A. (ed.) *The Human–Computer Interaction Handbook: Fundamentals, Evolving Technologies, and Emerging Applications*. Dawson Books, Swindon.

Olson, J.S., Olson, G.M., Storrøsten, M. and Carter, M. (1992) How a group editor changes the character of a design meeting as well as its outcome. *Proceedings of CSCW '92 Conference*, Toronto, 1–4 November. ACM Press, New York, pp. 91–98.

O'Neil, S. (2008) *Interactive Media: The Semiotics of Embodied Interaction*. Springer, London.

Oades, L. (2016) MSc Thesis. Edinburgh Napier University.

Oppenheim, A.N. (2000) *Questionnaire Design, Interviewing and Attitude Measurement* (new edn). Continuum, London.

Osgood, C.E., Suci, G. and Tannenbaum, P. (1957) *The Measurement of Meaning*. University of Illinois Press, Urbana, IL.

Oviatt, S. and Cohen, P. (2015) *The Paradigm Shift to Multimodality in Contemporary Computer Interfaces*. Morgan and Claypool, San Rafael, CA.

Paiva, P., Costa, M., Chaves, R., Piedade, M., Mourão, D., Sobrala, D., Höök, K., Andersson, G. and Bullock, A. (2003) SenToy: an affective sympathetic interface. *International Journal of Human–Computer Studies*, 59, 227–235.

Parasuraman, R. (1986) Vigilance, monitoring, and search. In Boff, K.R., Kaufman, L. and Thomas, J.P. (eds), *Handbook of Human Performance, vol. 2: Cognitive Processes and Performance*. Wiley, Chichester.

Pashler, H.E. (1998) *The Psychology of Attention*. MIT Press, Cambridge, MA.

Passini, R. (1994) *Wayfinding in Architecture*. Van Nostrand, New York.

Patrício, L., Fisk, R.P., Falcao e Cunha, J. and Constantine, L. (2011) Multilevel service design: from customer value constellation to service experience blueprinting. *Journal of Service Research* 14:180–200. doi: 10.1177/1094670511401901

Payne, S. (2007) Mental models in human—computer interaction. In Jacko, J. (ed.) *The Human—Computer Interaction Handbook: Fundamentals, Evolving Technologies and Emerging Applications*. CRC Press, Taylor and Francis, Boca Raton, FL, pp. 41–54.

Payne, S.J. (1991) A descriptive study of mental models. *Behaviour and Information Technology*, 10, 3–21.

Pekkola, S., Kaarilahti, N. and Pohjola, P. (2006) Towards formalised end-user participation in information systems development process: bridging the gap between participatory design and ISD methodologies. *Proceedings of the Ninth Conference on Participatory Design: Expanding Boundaries in Design*, 1–5 August , Trento, Italy.

Pender, T. (2003) *UML Bible*. John Wiley & Sons, Chichester.

Perry, M. (2003) Distributed cognition. In Carroll, J. (ed.) *HCI Models, Theories and Frameworks*. Morgan Kaufman, San Francisco, CA.

Persson, P., Espinoza, F., Fagerberg, P., Sandin, A. and Cöster, R. (2003) GeoNotes: a location-based information system for public spaces. In Höök, K., Benyon, D.R. and Munro, A. (eds), *Designing Information Spaces: The Social Navigation Approach*. Springer-Verlag, London, pp. 151–174.

Petersen, M., Madsen, K. and Kjaer, A. (2002) The usability of everyday technology – emerging and fading opportunities. *ACM Transactions on Computer–Human Interaction (TOCHI)*, 9(2), 74–105.

Petrelli, D., Dulake, N., Marshall, M.T., Pisetti, A. and Not, E. (2016) Voices from the war: design as a means of understanding the experience of visiting heritage. *CHI '16: Proceedings of the SIGCHI Conference on Human Factors in Computing Systems*.

Pew, R.W. (2003) Introduction: Evolution of human–computer interaction: from Memex to Bluetooth and beyond. In Jacko, J.A. and Sears, A. (eds), *The Human–Computer Interaction Handbook: Fundamentals, Evolving Technologies and Emerging Applications*. Lawrence Erlbaum Associates, Mahwah, NJ.

Philips (2005) *Philips Research Technology* magazine, issue 2 3, May. www.research.philips.com/password/download/password_23.pdf

Picard, R. (1997) *Affective Computing*. MIT Press, Boston, MA.

Picard, R.W. (2003) Affective computing: challenges. *International Journal of Human–Computer Studies*, 59(1–2), 55–64.

Picard, R.W. and Healey, J. (1997) Affective wearables. *Proceedings of First International Symposium on Wearable Computers, ISWC '97*, Cambridge, MA, 13–14 October. IEEE Computer Society Press, Washington, DC, pp. 90–97.

Picard, R.W., Vyzas, E. and Healey, J. (2001) Toward machine emotional intelligence: analysis of affective physiological state. *IEEE Transactions on Pattern Analysis and Machine Intelligence*, 23(10), 1175–1191.

Piper, B., Ratti, C. and Ishii, H. (2002) Illuminating Clay: a 3-D tangible interface for landscape analysis. *CHI '02:*

Proceedings of the SIGCHI Conference on Human Factors in Computing Systems. ACM Press, New York, pp. 355–362.

Pirolli, P. (2003) Exploring and finding information. In Carroll, J. (ed.), *HCI Models, Theories and Frameworks*. Morgan Kaufmann, Boston, MA.

Plaue, C., Stasko, J. and Baloga, M. (2009) The conference room as a toolbox: technological and social routines in corporate meeting spaces. *Proceedings C&T 2009*. ACM Press, New York, 95–104.

Plutchik, R. (1980) *Emotion: A Psychobioevolutionary Synthesis*. Harper and Row, New York.

Postmes, T. and Lea, M. (2000) Social processes and group decision making: anonymity in group decision support systems. *Ergonomics, 43*(8), 1252–1274.

Prasolova-Førland, E. and Divitini, M. (2003) Collaborative virtual environments for supporting learning communities: an experience of use. *Proceedings of Group '03 Conference,* Sanibel Island, FL, 9–12 December. ACM Press, New York, pp. 58–67.

Preece, J. (2000) *Online Communities: Designing Usability, Supporting Sociability*. John Wiley, Chichester.

Pruitt, J. and Adlin, T. (2006) *The Persona Lifecycle: Keeping People in Mind Throughout Product Design*. Morgan Kaufmann, San Francisco, CA. ISBN 0-12-566251-3.

Pylyshyn, Z.W. (1984) *Computation and Cognition*. MIT Press, Cambridge, MA.

Randell, C., Phelps, T. and Rogers, Y. (2003) Ambient wood: demonstration of a digitally enhanced field trip for school children, *Adjunct Proc. UbiComp 2003,* 12–15 October, Seattle, WA, pp. 100–104.

Rasmussen, J. (1986) *Information Processing and Human–Machine Interaction*. Elsevier North-Holland, Amsterdam.

Rasmussen, J. (1990) Mental models and their implications for design. In Ackermann, D. and Tauber, M.J. (eds), *Mental Models and Human—Computer Interaction*. North Holland, Amsterdam, 41–69.

Raven, B.H. and Rubin, J.Z. (1976) *Social Psychology*. Wiley, New York.

Read, J.C. and MacFarlane, S.J. (2000) Measuring Fun – Usability Testing for Children. *Computers and Fun 3,* York, England, BCS HCI Group.

Reason, J. (1990) *Human Error*. Cambridge University Press, Cambridge.

Reason, J. (1992) Cognitive underspecification: its variety and consequence. In Baars, B.J. (ed.), *Experimental Slips and Human Error: Exploring the Architecture of Volition*. Plenum Press, New York.

Reason, J. (1997) *Managing the Risks of Organizational Accidents*. Ashgate, Brookfield, VT.

Reeves, B. and Nass, C. (1996) *The Media Equation: How People Treat Computers, Television and New Media Like Real People and Places*. Cambridge University Press, New York.

Relph, E. (1976) *Place and Placelessness*. Pion Books, London.

Resmini, A. (2014) *Reframing Information Architecture*. doi: 10.1007/978-3-319-06492-5.

Resmini, A. and Rosati, L. (2011) Pervasive information architecture: designing cross-channel user experiences book review. *TPC* 54:408–409. doi: 10.1109/TPC.2011.2170911.

Rheinfrank, J. and Evenson, S. (1996) Design languages. In Winograd, T. (ed.), *Bringing Design to Software*. ACM Press, New York.

Rheingold, H. (2000) *The Virtual Community: Homesteading on the Electronic Frontier*. MIT Press, Cambridge, MA.

Rheingold, H. (2003) *Smart Mobs. The Next Social Revolution*. Perseus Books, Cambridge, MA.

Rich, E. (1989) Stereotypes and user modelling. In Kobsa, A. and Wahlster, W. (eds), *User Models in Dialog Systems*. Springer-Verlag, Berlin.

Riva, G., Waterworth, J.A. and Waterworth, E.L. (2004) The layers of presence: a bio-cultural approach to understanding presence in natural and mediated environments. *Cyberpsychology and Behavior, 7*(4), 402–416.

Robertson, S. and Robertson, J. (2012) *Mastering the Requirements Process: Getting Requirements Right* (3rd edn). Addison-Wesley, Harlow.

Robles, E. and Wiberg, M. (2011) From materials to materiality: thinking of computation from within an Icehotel. *Interactions, 18*(1), 32–37.

Robson, C. (1993) *Real World Research: A Resource for Social Scientists and Practitioner–Researchers*. Blackwell, Oxford.

Robson, C. (1994) *Experiment, Design and Statistics in Psychology*. Penguin, London.

Rogers, Y. (2012) *HCI Theories: Classical, Modern, and Contemporary*. Morgan & Claypool, San Rafael, CA.

Rogers, Y. and Bellotti, V. (1997) Grounding blue-sky research: how can ethnography help? *Interactions, 4*(3), 58–63.

Rogers, Y., Lim, Y., Hazelwood, W. and Marshall, P. (2009) Equal opportunities: do shareable interfaces promote more group participation than single user displays? *Human–Computer Interaction, 24*(2), 79–116.

Rohrer, T. (2005) Image schemata in the brain. In Hampe, B. and Grady, J. (eds), *From Perception to Meaning: Image Schemas in Cognitive Linguistics*. Mouton de Gruyter, Berlin, pp. 165–196.

Rohrer, C., Wendt, J., Sauro, J., Boyle, F. and Cole, S. (2016) Practical usability rating by experts (PURE): A pragmatic approach for scoring product usability. *Proceedings of the 2016 CHI Conference Extended Abstracts on Human Factors in Computing Systems*, May 07–12, 2016, Santa Clara, California, USA.

Romer, K. and Mattern, F. (2004) The design space of wireless sensor networks. *IEEE Wireless Communications, 11*(6), 54–61. IEEE Computer Society Press, Washington, DC.

Rosenfeld, L. and Morville, P. (2002) *Information Architecture for the World Wide Web*. O'Reilly, Sebastopol, CA.

Ross, P.R., Overbeeke, C.J., Wensveen, S.A.G. and Hummels, C.C.M. (2008) A designerly critique on enchantment. *Personal and Ubiquitous Computing,* 12(5), 359–371.

Rosson, M.-B. and Carroll, J. (2002) *Usability Engineering.* Morgan Kaufmann, San Francisco, CA.

Rosson, M.-B. and Carroll, J. (2012) Scenario-based design. In Jacko, J. (ed.) *The Human—Computer Interaction Handbook: Fundamentals, Evolving Technologies and Emerging Applications* (3rd edn). CRC Press, Taylor and Francis, Boca Raton, FL, pp. 1105–1124.

Rouse, W.B. and Rouse, S.H. (1983) Analysis and classification of human error. *IEEE Transactions on Systems, Man, and Cybernetics,* SMC-13, 539–549.

Rowley, D.E. and Rhoades, D.G. (1992) The cognitive jogthrough: a fast-paced user interface evaluation procedure. *CHI '92: Proceedings of the SIGCHI Conference on Human Factors in Computing Systems.* ACM Press, New York, pp. 389–395.

Rudd, J., Stern, K. and Isensee, S. (1996) Low vs. high fidelity prototyping debate. *Interactions,* 3(1), 76–85.

Russell, J.A. and Fernandez-Dols, J.M. (1997) *The Psychology of Facial Expression.* Cambridge University Press, New York.

Saffer, D. (2008) *Designing Gestural Interfaces.* O'Reilly, Sebastopol, CA.

Saffer, D. (2009) *Designing for Interaction* (2nd edn). New Riders, Indianapolis, IN.

Saffer, D. (2013) *Microinteractions.* O'Reilly.

Santosa, S. and Wigdor, D. (2013) A field study of multi-device workflows in distributed workspaces. In *Proceedings of the 2013 ACM International Joint Conference on Pervasive and Ubiquitous Computing – UbiComp '13.* ACM Press, New York.

Santosa, S. and Wigdor, D. (2013) A field study of multi-device workflows in distributed workspaces. *UbiComp '13 Proceedings of the 2013 ACM International Joint Conference on Pervasive and ubiquitous Computing.* doi: 10.1145/2493432.2493476.

Schachter, S. and Singer, J.E. (1962) Cognitive, social and physiological determinants of emotional state. *Psychological Review,* 69, 379–399.

Schank, R. and Abelson, R. (1977) *Scripts, Plans, Goals and Understanding.* Lawrence Erlbaum Associates, Hillsdale, NJ.

Schiano, D.J., Ehrlich, S.M., Rahardja, K. and Sheridan, K. (2000) Face to InterFace: facial affect in (hu)man and machine. *CHI '00: Proceedings of the SIGCHI Conference on Human Factors in Computing Systems.* ACM Press, New York, pp. 193–200.

Schneider, W. and Shiffrin, R.M. (1977) Controlled and automatic human information processing: 1. Detection, search and attention. *Psychological Review,* 84, 1–66.

Schoenfelder, R., Maegerlein, A. and Regenbrecht, H. (2004) TACTool: freehand interaction with directed tactile feedback. *Proceedings of Beyond Wand and Glove Based Interaction,* Workshop at IEEE VR2004, Washington. IEEE Computer Society Press, Washington, DC, pp. 13–15.

Schon, D. (1959) *The Reflective Practitioner.* Basic Books.

Schütte, S. (2005) *Engineering Emotional Values in Product Design – Kansei Engineering in Development.* PhD Thesis, Institute of Technology, Linköping.

Shackel, B. (1959) Ergonomics for a computer. *Design,* 120, 36–39.

Shackel, B. (1990) Human factors and usability. In Preece, J. and Keller, L. (eds), *Human–Computer Interaction: Selected Readings.* Prentice Hall, Hemel Hempstead.

Shedroff, N. (2001) *Experience Design 1.* New Riders, Indianapolis, IN.

Shen, C., Ryall, K., Forlines, C., Esenther, A., Vernier, F.D., Everitt, K., Wu, M., Wigdor, D., Morris, M.R., Hancock, M. and Tse, E. (2006) Informing the design of direct-touch tabletops. *IEEE Computer Graphic and Application,* 26(5), 36–46.

Sherer, K. (2005) What are emotions? How can they be measured? *Social Science Information,* 44(4), 695–729.

Shneiderman, B. (1980) *Software Psychology: Human Factors in Computer and Information Systems.* Winthrop, Cambridge, MA.

Shneiderman, B. (1982) The future of interactive systems and the emergence of direct manipulation. *Behaviour and Information Technology,* 1(3), 237–256.

Short, J., Williams, E. and Christie, B. (1976) *The Social Psychology of Telecommunications.* John Wiley, London.

Shusterman, R. (2013) Somaesthetics. In M. Soegaard and R.F. Dam (eds), *The Encyclopedia of Human–Computer Interaction,* 2nd edn. The Interaction Design Foundation, Aarhus, Denmark. Available online at www.interaction-design.org/encyclopedia/somaesthetics.html.

Sickiens de Souza, C. (2005) *The Semiotic Engineering of Human–Computer Interaction.* MIT Press, Boston, MA.

Siewiorek, D., Smailagic, A. and Starner, T. (2008) *Application Design for Wearable Computing.* Morgan & Claypool, San Rafael, CA.

Slater, M. (1999) Measuring presence: a response to the Witmer and Singer questionnaire. *Presence,* 8(5), 560–566.

Smith, D.C., Irby, C., Kimball, R., Verplank, B. and Harslem, E. (1982) Designing the Star user interface. *BYTE,* 7(4), 242–282.

Smith, E. and Mackie, D. (2000) *Social Psychology* (2nd edn). Psychology Press, New York.

Smith, P.J., Beatty, R., Hayes, C.C., Larson, A., Geddes, N.D. and Domeich, N.C. (2012) Human–centred design of decision–support systems. In Jacko, J. (ed.) *The Human—Computer Interaction Handbook: Fundamentals, Evolving Technologies and Emerging Applications* (3rd edn). CRC Press, Taylor and Francis, Boca Raton, FL, pp. 589–622.

Smyth, M., Benyon, D.R., McCall, R., O'Neill, S.J. and Carroll, F. (2015) patterns of place – a toolkit for the design and evaluation of real and virtual environments. In Ijsselsteijn, W., Biocca, F. and Freeman, J. (eds) *Immersed in Media*. Lawrence Erlbaum Associates.

Snyder, C. (2003) *Paper Prototyping: The Fast and Easy Way to Design and Refine User Interfaces*. Morgan Kaufmann, San Francisco, CA.

Solso, R.L. (1995) *Cognitive Psychology* (4th edn). Allyn & Bacon, Boston, MA.

Sommerville, I. and Sawyer, P. (1997) *Requirements Engineering: a Good Practice Guide*. Wiley, Chichester.

Specht, J., Egloff, B. and Schmukle, S.C. (2011) Stability and change of personality across the life course: the impact of age and major life events on mean-level and rank-order stability of the big five. *Journal of Personality and Social Psychology*, 101(4), 862–882.

Spence, R. (2001) *Information Visualization*. ACM Press/Addison-Wesley, New York.

Spencer, R. (2000) The streamlined cognitive walkthrough method, working around social constraints encountered in a software development company. *CHI '00: Proceedings of the SIGCHI Conference on Human Factors in Computing Systems*. ACM Press, New York, pp. 353–359.

SRI International (2003, 5 February) *Wireless Micro- Sensors Monitor Structural Health*. [Electronic version]. Retrieved 9 August 2007 from http://www.sri.com/rd/microsensors.pdf.

Ståhl, O., Wallberg, A., Söderberg, J., Humble, J., Fahlén, L.E., Bullock, A. and Lundberg, J. (2002) Information exploration using The Pond. *Proceedings of CVE '02 Conference*, Bonn, Germany, 30 September–2 October. ACM Press, New York, pp. 72–79.

Stanton, N. (2003) Human error identification in human–computer interaction. In Jacko, J.A. and Sears, A. (eds), *The Human–Computer Interaction Handbook: Fundamentals, Evolving Technologies and Emerging Applications*. Lawrence Erlbaum Associates, Mahwah, NJ.

StartleCam (1999) http://vismod.media.mit.edu/tech-reports/TR-468/node3.html.

Stephanidis, C. (ed.) (2001) *User Interfaces for All: Concepts, Methods and Tools*. Lawrence Erlbaum Associates, Mahwah, NJ.

Stewart, J. (2003) The social consumption of information and communication technologies (ICTs): insights from research on the appropriation and consumption of new ICTs in the domestic environment. *Cognition Technology and Work*, 5(1), 4–14.

Stoner, J.A.F. (1961) *A comparison of individual and group decisions involving risk*. Unpublished Master's Thesis, MIT, Cambridge, MA.

Streitz, N.A., Geissler, J., Holmer, T., Konomi, S., Müller-Tomfelde, C., Reischl, W., Rexroth, P., Seitz, P., Steinmetz, R. (1999) i-LAND: an interactive landscape for creativity and innovation. *CHI '99 Proceedings of the SIGCHI conference on Human Factors in Computing Systems*. ACM New York, pp. 120–27.

Streitz, N.A., Geissler, J., Holmer, T. (1998) Roomware for cooperative buildings: integrated design of architectural spaces and information spaces. *Proceedings of CoBuild' 1998. Cooperative Buildings: Integrating Information, Organization and Architecture*. LNCS 1370, Springer, Heidelberg, pp. 4–21.

Streitz, N.A., Rexroth, P. and Holmer, T. (1997) Does 'roomware' matter? Investigating the role of personal and public information devices and their combination in meeting room collaboration. *Proceedings of ECSCW '97 Conference*, Lancaster, UK, 7–11 September. Kluwer, Dordrecht, pp. 297–312.

Stroop, J.R. (1935) Studies in inference in serial verbal reactions. *Journal of Experimental Psychology*, 18, 643–662.

Suchman, L. (1987) *Plans and Situated Actions*. Cambridge University Press, New York (2nd edn, 2007).

Sumner, M. and Hostetler, D. (2000) A comparative study of computer conferencing and face-to-face communications in systems design. *Proceedings of SIGCPR '00 Conference*, Chicago, IL, 6–8 April. ACM Press, New York, pp. 93–99.

Sutcliffe, A. (2007) Multimedia user interface design. In Jacko, J. (ed.) *The Human—Computer Interaction Handbook: Fundamentals, Evolving Technologies and Emerging Applications*. CRC Press, Taylor and Francis, Boca Raton, FL, pp. 387–404.

Sutcliffe, A. (2009) *Designing for User Engagement: Aesthetic and Attractive User Interfaces*. Morgan & Claypool, San Rafael, CA.

Sweester, P. and Wyeth, P. (2005) GameFlow. *Computers in Entertainment*, 3(3).

Sweester, P., Johnson, D. and Wyeth, P. (2012) Revisiting the GamFlow model with detailed heuristics. *Journal of Creative Technologies*, 3(3).

Symon, G., Long, K. and Ellis, J. (1996) The coordination of work activities: cooperation and conflict in a hospital context. *Computer Supported Cooperative Work*, 5, 1–21.

Tan, H.Z. (2000) Perceptual user interfaces: haptic interfaces. *Communications of the ACM*, 43(3), 40–41.

Tang, J.C. and Isaacs, E. (1993) Why do users like video? *Computer Supported Cooperative Work*, 1, 163–196.

Taylor, B. (1990) The HUFIT planning, analysis and specification toolset. *Proceedings of INTERACT '90 Conference*, Cambridge, UK, 27–31 August. North-Holland, Amsterdam, pp. 371–376.

Teixeira, J.G., Patrício, L., Nunes, N.J. and Nóbrega, L. (2011) Customer experience modeling: designing interactions for service systems. *Interact* 6949, 136–143. doi: 10.1007/978-3-642-23768-3_11.

Terrenghi, L., Quigley, A.J. and Dix, A.J. (2009) A taxonomy for and analysis of multi-person-display ecosystems. *Pers Ubiquit Comput*, 13, 583–598. doi: 10.1007/s00779-009-0244-5 13.

Thomas, B., Close, B., Donoghue, J., Squires, J., De Bondi, P., Morris, M. and Piekarski, W. (2000) ARQuake: an outdoor/indoor augmented reality first person application. *Proceedings of 4th International Symposium on Wearable Computers,* Atlanta, GA, October, pp. 139–146. [Electronic Version]. Retrieved 10 June 2004 from http://www.tinmith.net/papers/thomas-iswc-2000.pdf.

Tiger, L. (1992) *The Pursuit of Pleasure.* Little, Brown & Co., Boston, MA.

Tollmar, K. and Persson, J. (2002) Understanding remote presence. *Proceedings of the Second Nordic Conference on Human—Computer Interaction* (Aarhus, Denmark, 19–23 October 2002). NordiCHI '02. ACM Press, New York, pp. 41–49.

TRI-Council Policy Statement (2010) Ethical Conduct for Research Involving Humans Canadian institutes of Health Research Natural Sciences and Engineering Research Council of Canada Social Sciences and Humanities Research Council of Canada.

Triesman, A.M. (1960) Contextual cues in selective listening. *Quarterly Journal of Experimental Psychology,* 12, 242–248.

Tuckerman, B.W. (1965) Development sequence in small groups. *Psychological Bulletin,* 63, 316–328.

Tudor, L.G., Muller, M.J., Dayton, T. and Root, R.W. (1993) A participatory design technique for high-level task analysis, critique and redesign: the CARD method. *Proceedings of the Human Factors and Ergonomics Society 37th Annual Meeting,* Seattle, WA, 11–15 October, pp. 295–299.

Tufte, E.R. (1983) *The Visual Display of Quantitative Information.* Graphics Press, Cheshire, CT.

Tufte, E.R. (1990) *Envisioning Information.* Graphics Press, Cheshire, CT.

Tufte, E.R. (1997) *Visual Explanations.* Graphics Press, Cheshire, CT.

Turkle, S. (2005) *The Second Self: Computers and the Human Spirit,* Twentieth Anniversary Edition. MIT Press, Boston, MA.

Turner, M. (2014) *The Origin of Ideas: Blending, Creativity, and the Human Spark.* Oxford University Press, New York.

Turner, P. and Turner, S. (2001) Describing Team Work with Activity Theory. *Cognition, Technology and Work,* 3(3), 127–139.

Turner, P. and Turner, S. (2002) Surfacing issues using activity theory. *Journal of Applied Systems Science,* 3(1), 134–155.

Turner, P., Milne, G., Turner, S. and Kubitscheck, M. (2003) Towards the wireless ward: evaluating a trial of networked PDAs in the National Health Service. In Chittaro, L. (ed.), *Human—Computer Interaction with Mobile Devices and Services, Proceedings of Mobile HCI 2003 Symposium,* Udine, Italy, 8–11 September. Lecture Notes in Computer Science Proceedings Series, Springer-Verlag, Berlin, pp. 202–214.

Tversky, B. (2003) Structures of mental spaces: how people think about space. *Environment and Behavior,* 35, 66–80.

Ullmer, B. and Ishii, H. (2002) Emerging frameworks for tangible user interfaces. In Carroll, J.M. (ed.), *Human–Computer Interaction in the New Millennium.* ACM Press, New York.

Usoh, M., Arthur, K., Whitton, M.C., Bastos, R., Steed, A., Slater, M. and Brooks, F.P. (1999) Walking > walking-in-place > flying, in virtual environments. *Proceedings of SIGGRAPH '99 Conference.* ACM Press, New York, pp. 359–364.

Usoh, M., Catena, E., Arman, S. and Slater, M. (2000) Using presence questionnaires in reality. *Presence,* 9(5), 497–503.

Van der Veer, G.C., Tauber, M., Waern, Y. and van Muylwijk, B. (1985) On the interaction between system and user characteristics. *Behaviour and Information Technology,* 4(4), 284–308.

van Harmelen, M. (ed.) (2001) *Object Modeling and User Interface Design: Designing Interactive Systems.* Addison-Wesley, Boston, MA.

Venkatesh, A., Kruse, E. and Chuan-Fong Shih, E. (2003) The networked home: an analysis of current developments and future trends. *Cognition, Technology and Work,* 5(1), 23–32.

Vera, A.H. and Simon, H.A. (1993) Situated action: a symbolic interpretation. *Cognitive Science,* 17, 7–48.

Vermeulen, K.L., van den Hoven, E. and Coninx, K. (2013) Crossing the bridge over Norman's Gulf of Execution: revealing feedforward's true identity. *CHI '13: Proceedings of the SIGCHI Conference on Human Factors in Computing Systems.*

Verplank, W. (2007) *Designing Interactions.* MIT Press, Boston, MA.

Vertelney, L. (1989) Using video to prototype user interfaces. *ACM SIGCHI Bulletin,* 21(2), 57–61.

Vicente, K.J. (1999) *Cognitive Work Analysis: Toward Safe, Productive, and Healthy Computer-based Work.* Lawrence Erlbaum Associates, Mahwah, NJ.

Vicente, K.J. and Rasmussen, J. (1992) Ecological interface design: theoretical foundations. *IEEE Transactions in Systems, Man and Cybernetics,* 22(4), 589–605.

Viller, S. and Sommerville, I. (1998) *Coherence: an approach to representing ethnographic analyses in systems design.* CSEG Technical Report, CSEG/7/97, Lancaster University, UK, available at ftp://ftp.comp. lancs.ac.uk/pub/reports/1997/CSEG.7.9.

Vredenburg, K., Mao, J.-Y., Smith, P.W. and Carey, T. (2002) A survey of user-centred design practice. *CHI '02: Proceedings of the SIGCHI Conference on Human Factors in Computing Systems.* ACM Press, New York, pp. 471–478.

Vygotsky, L.S. (1978) *Mind in Society: The Development of Higher Psychological Processes* (English trans. ed. M. Cole). Harvard University Press, Cambridge, MA.

Ward, R., Bell, D. and Marsden, P. (2003) An exploration of facial expression tracking in affective HCI. In O'Neill, E., Palanque, P. and Johnson, P. (eds), *People and Computers XVII – Proceedings of HCI 2003 Conference.* Springer-Verlag, London, pp. 383–399.

Weiser, M. (1991) The computer of the 21st century. *Scientific American*, 265(9), 66–75.

Weiser, M. (1993) Some computer science issues in ubiquitous computing. *Communications of the ACM*, 36(7), 75–84.

Wenger, E. (1998) *Communities of Practice: Learning Memory and Identity*. Cambridge University Press, Cambridge.

Wexelblat, A. (2003) Results from the Footprints project. In Höök, K., Benyon, D.R. and Munro, A. (eds), *Designing Information Spaces: The Social Navigation Approach*. Springer-Verlag, London, pp. 223–248.

Wharton, C., Rieman, J., Lewis, C. and Polson, P. (1994) The cognitive walkthrough method: a practitioner's guide. In Nielsen, J. and Mack, R.L. (eds), *Usability Inspection Methods*. Wiley, New York.

Wiberg, M. (2011) Making the case for 'architectural informatics': a new research horizon for ambient computing? *International Journal of Ambient Computing and Intelligence*, 3(3), 1–7.

Wickens, C.D. and Hollands, J.G. (2000) *Engineering Psychology and Human Performance* (3rd edn). Prentice-Hall, Upper Saddle River, NJ.

Wigdor, D., Jiang, H., Forlines, C., *et al.* (2009) WeSpace: the design development and deployment of a walk-up and share multi-surface visual collaboration system. *CHI*, 1237–1246. doi: 10.1145/1518701.1518886.

Wilson, B. and Van Haperen, K. (2015) *Soft Systems mythology and the Management of Change*. Palsgrave.

Wikman, A.-S., Nieminen, T. and Summala, H. (1998) Driving experience and time-sharing during in-car tasks on roads of different width. *Ergonomics*, 41, 358–372.

Williams, J., Bias, R. and Mayhew, D. (2007) Cost justification. In Sears, A. and Jacko, J.A. (eds), *The Human–Computer Interaction Handbook: Fundamentals, Evolving Technologies and Emerging Applications* (2nd edn). Lawrence Erlbaum Associates, Mahwah, NJ, pp. 1265–1275.

Wilson, A. (2012) Sensor- and recognition-based input for interaction. In Jacko, J. (ed.) *The Human—Computer Interaction Handbook: Fundamentals, Evolving Technologies and Emerging Applications* (3rd edn). CRC Press, Taylor and Francis, Boca Raton, FL, pp. 133–156.

Winograd, T. (ed.) (1996) *Bringing Design to Software*. ACM Press, New York.

Winograd, T. and Flores, F. (1986) *Understanding Computers and Cognition: A New Foundation for Design*. Ablex Publishing, Norwood, NJ.

Witmer, B.G. and Singer, M.J. (1998) Measuring presence in virtual environments: a presence questionnaire. *Presence*, 7(3), 225–240.

Wixon, D. and Ramey, J. (eds) (1996) *Field Methods Casebook for Software Design*. Wiley, New York.

Wobbrock, J.O., Morris, M.R. and Wilson, A.D. (2009) User-defined gestures for surface computing. *CHI '09: Proceedings of the SIGCHI Conference on Human Factors in Computing Systems*. ACM Press, New York, pp. 1083–1092.

Wodtke, C. (2009) *Information Architecture: Blueprints for the Web*. New Riders, Indianapolis, IN.

Wodtke, C. and Govella, A. (2009) *Information Architecture: Blueprints for the Web* (2nd edn). New Riders, Indianapolis, IN.

Won, S.S., Jin, J. and Hong, J.I. (2009) Contextual web history: using visual and contextual cues to improve web browser history. *CHI '09: Proceedings of the SIGCHI Conference on Human Factors in Computing Systems*. ACM Press, New York, pp. 1457–1466.

Wood, J. and Silver, D. (1995) *Joint Application Development*. Wiley, New York.

Woolrych, A. and Cockton, G. (2000) Assessing heuristic evaluation: mind the quality, not just percentages. In Turner, S. and Turner, P. (eds), *Proceedings of British HCI Group HCI 2000 Conference*, Sunderland, UK, 5–8 September. British Computer Society, London, vol. 2, pp. 35–36.

Woolrych, A. and Cockton, G. (2001) Why and when five test users aren't enough. In Vanderdonckt, J., Blandford, A. and Derycke, A. (eds), *Proceedings of the IHM–HCI '01 Conference*. Cepadeus, Toulouse, Vol. 2, pp. 105–108.

Wright, P.C., Fields, R.E. and Harrison, M.D. (2000) Analyzing human–computer interaction as distributed cognition: the resources model. *Human–Computer Interaction*, 15(1), 1–42.

Wurman, R.S. (1991) *New Road Atlas: US Atlas*. Simon and Schuster, New York.

Wurman, R.S. (1997) *Information Architects*. Printed in China through Palace Press International, distributed by Hi Marketing, London.

Wurman, R.S. (2000) *Understanding USA*. TED Conferences, Menlo Park, CA.

Xuan Zhao, Lampe, C. and Ellison, N.B. (2016) The social media ecology: user perceptions, strategies and challenges. *Proceedings CHI '16: Proceedings of the SIGCHI Conference on Human Factors in Computing Systems*.

Yatani, K., Partridge, K., Bern, M. and Newman, M.W. (2008, April) Escape: a target selection technique using visually-cued gestures. *CHI '08: Proceedings of the SIGCHI Conference on Human Factors in Computing Systems*. ACM Press, New York, pp. 285–294.

Yerkes, R.M. and Dodson, J.D. (1908) The relation of the strength of stimulus to rapidity of habit formation. *Journal of Comparative Neurological Psychology*, 18, 459–482.

Zajonc, R.B. (1984) On the primacy of affect. *American Psychologist*, 39, 117–123.

Zhang, J. and Norman, D.A. (1994) Representations in distributed cognitive tasks. *Cognition Science*, 18, 87–122.

Zimmerman, J. (2009) Designing for the self: making products that help people become the person they desire to be. *CHI '09: Proceedings of the SIGCHI Conference on Human Factors in Computing Systems*. ACM Press, New York, pp. 395–404.

索　引

索引中的页码为英文原书页码，与书中页边标注的页码一致。